Eisenbahnanlagen
und
Fahrdynamik

Von

Dr.-Ing., Dr.-Ing. E. h. Wilhelm Müller

ord. Professor und Direktor des Verkehrswissenschaftlichen Instituts
der Technischen Hochschule Aachen

Zweiter Band

Bahnlinie und Fahrdynamik
der Zugförderung

Mit 102 Abbildungen

Springer-Verlag
Berlin / Göttingen / Heidelberg
1953

ISBN-13: 978-3-642-92607-5   e-ISBN-13: 978-3-642-92606-8
DOI: 10.1007/978-3-642-92606-8

Alle Rechte, insbesondere das der Übersetzung
in fremde Sprachen, vorbehalten.
Copyright 1953 by Springer-Verlag OHG., Berlin/Göttingen/Heidelberg.
Softcover reprint of the hardcover 1st edition 1953

Vorwort zum zweiten Band.

In meinem 1940 im Verlag Julius Springer, Berlin, erschienenen Buch „Die Fahrdynamik der Verkehrsmittel" wurden die Fahrbewegungen der Schienen-, Straßen-, Wasser- und Luftfahrzeuge nach einem einheitlichen zeichnerischen Verfahren ermittelt. Diese Ermittlungen erstrecken sich auch auf den Energieverbrauch sowie auf die Arbeit der Zugkräfte und Widerstände. Durch Multiplikation der Fahrzeit, des Fahrweges, des Energieverbrauchs, der Zugkrafts- und der Widerstandsarbeit mit den Kostensätzen für die Einheiten dieser Verbrauchswerte erhält man die Kostenanteile, aus denen sich die Selbstkosten für die Fahrten der Verkehrsmittel zusammensetzen. Ebenso wurden aus den Fahrzeiten und den Stellwerksbedienungszeiten die Zugfolgezeiten der Züge berechnet. Diese Anwendungen der Fahrdynamik wurden in obigem Buch nur in ihren Anfängen gebracht.

Das vorliegende zweibändige Werk „Eisenbahnanlagen und Fahrdynamik" behandelt lediglich regelspurige Eisenbahnen. Während der erste Band die Bahnhöfe und die Fahrdynamik der Zugbildung zum Gegenstand hat, befaßt sich der zweite mit der Bahnlinie und der Fahrdynamik der Zugförderung. Hier bringen die beiden ersten Abschnitte die Grundlagen und die fahrdynamische Ermittlung der Verbrauchswerte der Zugförderung mit Dampf- und Elektro-Lokomotiven. Auf der Grundlage der Fahrdynamik werden im dritten und vierten Abschnitt schnell zum Ziele führende Verfahren zur zuverlässigen Vorausbestimmung der Zugförderkosten sowie der maßgebenden Zugfolgezeiten bekanntgegeben. Aus letzteren wird die Leistungsfähigkeit einer Bahnlinie bestimmt.

Die Verwendung der bei den Eisenbahndirektionen vorhandenen zeichnerischen Fahrzeitermittlungen gestattet es, diese Untersuchungen mit geringem Zeitaufwand durchzuführen.

Der einheitliche Aufbau der Verfahren zur Ermittlung der Verbrauchswerte, der Zugförderkosten, der maßgebenden Zugfolgezeiten sowie der Leistungsfähigkeit der Bahnlinien wurde erst möglich durch die Entwicklung **neuen Rüstzeuges**, das nachstehend durch Sperrdruck gekennzeichnet ist.

Für das Veranschlagen der Kosten einer Zugfahrt werden die zeichnerisch ermittelten **reinen Fahrzeiten** in einer **Zuglauftabelle** unterteilt nach Strecken, die 1. mit gleichbleibender Energiezufuhr aber veränderlichen Geschwindigkeiten bzw. 2. mit veränderlicher Energiezufuhr aber gleichbleibender Geschwindigkeit (Höchstgeschwindigkeit oder Geschwindigkeit der Langsamfahrstellen) sowie 3. ohne Energiezufuhr (Gefällstrecken stärker als das Bremsgefälle) befahren werden. Für jede dieser drei verschiedenen Strecken einer Zugfahrt kann man mit einem **Lokkostenmaßstab** die der Lok anzulastenden Kosten ermitteln. Im Lokkostenmaßstab einer Lokomotivgattung sind von den 25 Kostengleichungen der Dienstanweisung für die Berechnung der Kosten einer Zugfahrt (Zuko) 18 zusammengefaßt. Für weitere 4 Zukogleichungen ist je ein **Fahrwegkostenmaßstab** für ein- bzw. zweigleisige Hauptbahnen und für eingleisige Nebenbahnen in Abhängigkeit von der Streckenbelastung entworfen, so daß nur wenige Kostenanteile z. B. für Wagen, Unterwegsaufenthalte sowie Vorbereitungs- und Abschlußdienst übrigbleiben, die einzeln zu berechnen sind. Der Lokkostenmaßstab der Dampflok ist auch für kleinere Lokbeanspruchungen als die an der Kesselleistungsgrenze entworfen worden. Somit können an ihm auch die Kosten für unterbelastete Züge und für solche, die mit den planmäßigen Fahrzeiten gefahren werden, abgelesen werden. Es brauchen daher beim Veranschlagen der Zugfahrten mit verändertem Zuggewicht oder mit planmäßigen Fahrzeiten, die länger als die reinen Fahrzeiten der Zuglauftabelle sind, keine neuen Fahrzeitermittlungen durchgeführt zu werden. Die entsprechenden Kosten können dank der obigen Unterteilung der Zugbewegung nach der Energiezufuhr des ausgelasteten Zuges durch Veränderung der Lokomotivbeanspruchung erfaßt werden. Dies gilt auch für elektrischen Betrieb. Über die Zuko hinaus werden also bei diesem Verfahren nicht nur die Kosten der Züge mit reinen Fahrzeiten, sondern auch der ausgelasteten und nichtausgelasteten Züge mit planmäßigen Fahrzeiten erfaßt, was für den Betrieb von ausschlaggebender Bedeutung ist. Vergleichungsrechnungen seitens der Bundesbahn haben gezeigt, daß die Zugförderkosten nach dem Verfahren des Verfassers gegenüber der Veranschlagung nach der Zuko bei praktisch gleicher Genauigkeit in wesentlich kürzerer Zeit erfaßt werden können. Alle diese Vorzüge haben die Bundesbahn veranlaßt, ihre Ermittlungen der Zugförderkosten nach dem Verfahren des Verfassers durchzuführen. Es sei noch bemerkt, daß die Zuglauftabellen ebenso wie die bereits vorliegenden Fahrzeitermittlungen nur einmal angefertigt zu werden brauchen, da sich ihre Werte nicht ändern. Nur die Lok- und Fahrwegkostenmaßstäbe sind bei Änderung der Kostensätze von einer Zentralstelle neu aufzustellen.

Auch die Mehrkosten z. B. durch außerplanmäßiges Halten oder Befahren von Langsamfahrstellen werden mit Hilfe der Kostenmaßstäbe erfaßt. Diese Ermittlungen werden durch die Verwendung von Netztafeln für das Bremsen auf Halt und vor Langsamfahrstellen erheblich abgekürzt.

Am Schluß des dritten Abschnittes wird für die Überquerung von Gebirgen ein allgemeines Verfahren zur Berechnung der wirtschaftlichsten maßgebenden Steigung der Rampen aus dem Kostenminimum zur Beförderung einer Tonne Zuglast auf einer Linie gleichbleibenden Widerstandes bekanntgegeben. Durch die Verwendung der Lok- und Fahrwegkostenmaßstäbe wird diese schwierige Aufgabe verhältnismäßig einfach gelöst. Hierbei werden für eine Lokgattung die Beziehungen zwischen der maßgebenden Steigung, der Zuglast sowie der Geschwindigkeit aus der fahrdynamischen Charakteristik abgelesen.

Im vierten Abschnitt wird ebenfalls unter Verwendung der bei den Eisenbahndirektionen vorhandenen Fahrzeitermittlungen ein einheitliches Verfahren zur Berechnung der maßgebenden Zugfolgezeiten und weiterhin der Leistungsfähigkeit zweigleisiger und eingleisiger Bahnen mit und ohne Abzweigung sowie der Bahnhöfe entwickelt. Zur Leistungsermittlung einer Bahnlinie sind zunächst die Sperrzeiten des ungünstigsten Streckenabschnittes zu berechnen. Diese sind die Summen der Stellwerksbedienungszeiten (Stellwerkszeitplan) und der Fahrzeiten auf der Sperrstrecke, die größer als die Blockstrecke ist. Verlängert man die Sperrzeiten um die mittleren Verspätungen infolge Betriebsstörungen und der Behinderungen durch schienengleiche Kreuzungen, so erhält man die maßgebenden Zugfolgezeiten. Letztere sind die Konstruktionselemente des stabilen Fahrplans, bei dem die mittleren Verspätungen nicht auf die nachfolgenden Züge übertragen werden. Für stärkere Verspätungen besteht die Möglichkeit, daß diese auf den günstigeren Streckenabschnitten und in den Tageszeiten mit schwächerer Streckenbelastung wieder abgebaut werden. Zu Beginn des vierten Abschnittes ist auch die Ermittlung der günstigsten Blockausteilung einer zweigleisigen Eisenbahn angegeben.

In ähnlicher Weise, wie im ersten Band Verfahren für den Entwurf der Bahnhöfe und für die Gestaltung ihres Betriebes bekanntgegeben werden, sind im zweiten Band zuverlässige Hilfsmittel zur Bewertung der Planungen von Neu- und Umbauten der Bahnlinien und ihres Betriebes entwickelt worden.

Der Aufbau des zweiten Bandes ist deshalb im Vorwort aufgezeigt, damit die Ziele, denen die Verfahren dienen sollen, durch Einzelheiten nicht verwischt werden.

Zum Schluß ist es mir eine angenehme Pflicht, den gleichen Mitarbeitern wie beim ersten Bande meinen Dank auszusprechen. In erster Linie möchte ich meinem Assistenten, Herrn Dr.-Ing. habil. Richard Graßmann für seine wertvollen Ratschläge beim Aufbau und der Durchsicht des zweiten Bandes meinen besonderen Dank aussprechen. Sodann danke ich meinen Assistenten, Herrn Dipl.-Ing. Heinrich Verhasselt, Dr.-Ing. Oskar Happel und Dr.-Ing. Albert Delpy für das Lesen der Korrekturen herzlich.

Besonders möchte ich noch Herrn Oberreichsbahnrat Dr.-Ing. Nebelung und Herrn Reichsbahnoberinspektor Nickel von der Eisenbahndirektion Frankfurt a. M, meinen Dank aussprechen. Sie haben im Auftrag der Bundesbahn einen eingehenden Vergleich der Kostenermittlung nach der Zuko und nach dem Verfahren des Verfassers durchgeführt und letzteres erstmalig in der Praxis angewendet.

Aachen, den 31. Juli 1952. **Wilhelm Müller.**

Inhaltsverzeichnis.

Erster Abschnitt.
Bahnlinie und Grundlagen der Fahrdynamik.

	Seite
I. Der Bahnkörper der freien Strecke	1
II. Die Grundlagen der Fahrdynamik	5
A. Die Grundgleichungen	5
1. Die Grundgleichungen für die geradlinige Bewegung	6
2. Die Grundgleichungen für die krummlinige Bewegung	8
B. Die Bewegung des Rades auf der Fahrbahn	9
1. Rollen	10
2. Gleiten	10
3. Schlüpfen	11
C. Die Masse der Fahrzeuge	11
1. Der Zug als Massenpunkt	11
2. Der Massenfaktor	11
D. Die Fahrzeugwiderstände	13
1. Die Getriebewiderstände der Antriebsmaschinen	13
2. Der Widerstand aus der Lagerreibung	14
3. Der Rollwiderstand	17
4. Das Restglied	18
5. Der Luftwiderstand	18
6. Die Widerstände der Lokomotiven auf der waagerechten geraden Bahn	19
7. Die Widerstände der Wagenzüge	20
a) Der Widerstand der Güterwagen auf waagerechter gerader Bahn	20
b) Der Widerstand der Wagen von Schnell- und Personenzügen	20
8. Der Zugwiderstand	21
E. Die Streckenwiderstände	21
F. Die Lokomotivleistungs- und Verbrauchstafeln	21
1. Dampflokomotiven	21
2. Elektrische Lokomotiven	24
G. Die Lokomotivcharakteristik	26
1. Die Charakteristik der Dampflokomotiven	27
2. Die Charakteristik der Elektroloks	30
H. Die fahrdynamische Charakteristik	33
I. Das s-V-Diagramm als Grundlage der Fahrzeitermittlung der Züge	40
1. Begriff und Aufgabe der s-V-Diagramme	40
2. Ermittlung der Zugkräfte an der Kesselleistungsgrenze mit Hilfe der Bremslokomotive	41
3. Die Gleichung der s-V-Linien	42
a) aus den Ergebnissen der Bremslokomotiven	42
b) aus den Lokomotiv-Leistungs- und Verbrauchstafeln	43
4. Die Beschleunigungs- und Verzögerungskräfte einer Zugfahrt	44

Zweiter Abschnitt.
Fahrdynamik der Zugförderung.

                                                                               Seite

I. Die Ermittlung der Verbrauchswerte einer Zugfahrt 45
   A. Die Verbrauchswerte. 45
   B. Die Fahrzeitermittlung des Verfassers 46
      1. Grundsätzliches zur Fahrzeitermittlung 46
      2. Das Verfahren des Verfassers. 48
      3. Die Mittelung der Streckenneigungen 51
      4. Genauigkeit der Fahrzeitermittlungen 52
      5. Beispiel für die Fahrzeitermittlung 53
   C. Die Ermittlung der Fahrweise ausgelasteter und nichtausgelasteter Dampfzüge mit planmäßigen Fahrzeiten aus der Fahrweise des ausgelasteten Zuges mit reiner Fahrzeit 55
      1. Die planmäßigen Fahrzeiten bei Grundlast 55
         a) Die Mittel zur Verlängerung der Fahrzeiten. 56
         b) Die Verlängerung der Fahrzeiten auf Gefällstrecken durch stärkeres Bremsen. 56
         c) Die Verlängerung der Fahrzeiten durch Auslauf. 57
      2. Die Fahrweise nichtausgelasteter Züge bei planmäßigen Fahrzeiten. . . . 59
   D. Die Ermittlung des Kohlenverbrauchs 61
      1. Kohlenverbrauch bei ungedrosselter Dampfzufuhr 61
      2. Kohlenverbrauch bei gedrosselter Dampfzufuhr 62
      3. Kohlenverbrauch bei abgestelltem Dampf während der Zugfahrt und bei Stillstand. 62
   E. Die Zugkrafts- und Widerstandsarbeit der Dampflok. 62
      1. Die zeichnerische Ermittlung der indizierten Zugkraftsarbeit 62
      2. Die indizierte Leerlaufarbeit der Lok. 63
      3. Der mechanische Wirkungsgrad der Lok 63
      4. Die näherungsweise Berechnung der Zugkraftsarbeit 65
   F. Ermittlung der Widerstandsarbeit des Zuges in Bogenstrecken. 67
   G. Die Bremsarbeit des Zuges 68
   H. Die Ermittlung des Stromverbrauchs am Fahrdraht und der Motorzugkraftsarbeit 70
      1. Stromverbrauch am Fahrdraht 70
      2. Die Arbeit der Motorzugkraft 72
      3. Energieverbrauch für das Heizen der Reisezüge 72
         a) Elektrischer Arbeitsverbrauch für das Heizen der Reisezüge 72
         b) Kohlenverbrauch für das Heizen der Reisezüge 73
      4. Beispiel für die Ermittlung der Verbrauchswerte einer Güterzugfahrt (Elektrobetrieb). 73
         a) Fahrzeitermittlung 73
         b) Der Stromverbrauch am Fahrdraht 74
         c) Die Motorzugkraftsarbeiten 74
   I. Zeichnerisches Verfahren zur Vorausbestimmung der betriebsmäßigen Erwärmung der Bahnmotoren. 75
      1. Die physikalischen Grundlagen 75
      2. Erwärmungskennlinie nach Wolf 76
      3. Die Erwärmungstafel 77
   K. Die Verbrauchswerte der Motorschienenfahrzeuge 79

	Seite
II. Die Zugfahrt auf Anlaufsteigungen	80
A. Die Ableitung der Bewegungsgleichung	80
B. Die Streckenkraftlinie	82
1. Streckenkräfte beim Übergang über einen Neigungsknick	82
2. Streckenkraftlinie durch zeichnerische Differentiation des Längenprofils	83
C. Konstruktion einer Anlauframpe	84
III. Bremsnetztafeln für Schnell- und Güterzüge	87
A. Allgemeines über Netztafeln für die Fahrzeugbewegungen	87
B. Bremsbauarten der Deutschen Bundesbahn	89
1. Die Güterzugbremsen nach Kunze-Knorr	89
2. Die Kunze-Knorr-Bremse für Personen- und Schnellzüge	90
3. Die Hildebrand-Knorr-Bremse	91
C. Die Berechnung der Bremskräfte	91
D. Bremsnetztafeln für Schnellzüge	93
1. Netztafel für die Bremsfahrten auf Halt	93
2. Netztafel für die Bremszeitzuschläge	97
3. Bremsnetztafeln für Schnellzüge vor Langsamfahrstellen	97
a) Die Berechnung der Bremsnetztafeln	97
b) Die Bedienungsweise des Führerbremsventils vor Langsamfahrstellen	102
c) Die Netztafeln für die Zeitzuschläge vor Langsamfahrstellen	104
E. Bremsnetztafeln für Güterzüge	104
1. Die Eigenart der Bremsfahrtberechnung der Güterzüge	104
2. Die Berechnung der Bremsnetztafeln der Güterzüge	106
3. Diagramm für die Bremszeitzuschläge der Güterzüge	112
4. Die Bremswege für Geschwindigkeiten zwischen V_b und $V = 0$	112
5. Bremsfahrt über einen Neigungsknick	114

Dritter Abschnitt.
Die Kostenermittlungen.

I. Die Zugförderkosten	115
A. Einführung in die Kostenermittlung	115
1. Die Grundgedanken der Kostenermittlung für Verkehrsbetriebe	115
2. Die bisherige Entwicklung der Veranschlagungsverfahren einer Güterzugfahrt	116
3. Übersicht über die Dienstvorschrift für die Berechnung der Kosten einer Zugfahrt	119
B. Das Verfahren des Verfassers zur Veranschlagung der Zugförderkosten für Dampfzüge	125
1. Die Zuglauftabelle und das Zuglaufbuch als Grundlage für die Veranschlagung der Zugförderkosten	125
2. Der Lokomotivkostenmaßstab für Dampfloks	130
a) Der Kilometerkostenmaßstab für Selbstkosten	130
α) Die vom Energieverbrauch unabhängigen Kilometerkosten der Lok	132
β) Die Berechnung der vom Kohlenverbrauch abhängigen Kilometerkosten	132
b) Der Kilometerkostenmaßstab für volle und veränderliche Kosten	136
c) Das Diagramm des Selbstkostenabzuges für das Anfahren des ausgelasteten Zuges	137
d) Umrechnungsfaktoren für die Anfahrabzüge	140

Inhaltsverzeichnis.

Seite

    3. Die Lokomotivbeanspruchung der Dampfzüge 142
        a) Die Lokbeanspruchung bei reinen Fahrzeiten 142
        b) Die Lokbeanspruchung bei planmäßigen Fahrzeiten 147
        c) Beispiele 151
    4. Die gedrosselte Fahrweise und die Fahrweise mit Ausläufen 153
    5. Der Fahrwegkostenmaßstab 155
    6. Die Einzelkostenangaben 158
        a) Die von der indizierten Zugkrafts- und der Widerstandsarbeit der Lok abhängigen Kostenanteile 158
        b) Die Kosten für Oberbauerneuerung in Bogen- und auf Bremsstrecken 161
        c) Kosten für Stillstand eines Güterzuges je Minute 163
        d) Die Kosten für den Vorbereitungs- und Abschlußdienst 163
        e) Güterwagenkosten 164
        f) Die Kosten des Betriebs- und Bahnbewachungsdienstes 164
    7. Die Ermittlung der Zugförderkosten bei Verwendung von Schiebeloks . 165
    8. Beispiel für die Ermittlung der Selbstkosten einer Zugfahrt mit Dampflok 166
        a) Verbrauchswerte und Lokbeanspruchung 166
        b) Selbstkostenermittlung des ausgelasteten Zuges mit planmäßigen Fahrzeiten 167
        c) Selbstkostenermittlung des nichtausgelasteten Zuges mit planmäßigen Fahrzeiten 169
    9. Kostenvergleiche für gleiche Züge und gleiche Strecken 171
        Beispiel für die Ermittlung der Mehrkosten durch das Befahren einer Langsamfahrstelle 172
  C. Berechnung der Lok- und Fahrwegkostenmaßstäbe sowie der Einzelkostenangaben 176
    a) Zusammenstellung der Formeln zur Berechnung des Lokkostenmaßstabs und ihre Beziehung zu den einzelnen Zukoformeln sowie die Auswertung für die R 50 177
    b) Die Durchführung der Rechnung für die G 56.15 (50) 180
    c) Berechnung des Fahrwegkostenmaßstabes für Güterzüge (Dampfloks) Selbstkosten 184
  D. Die Kostenermittlung für die mit Elloks bespannten Züge 188
    1. Vergleich der fahrdynamischen Charakteristiken der Dampf- und der Elloks 188
    2. Der Lokkostenmaßstab 190
    3. Der Fahrwegkostenmaßstab 192
    4. Die Reduktion des Stromverbrauchs 194
        a) Reduktion des Stromverbrauchs auf Drosselstrecken 194
        b) Reduktion des Stromverbrauchs für planmäßige Fahrzeiten bei Stunden- bzw. Dauerzugkraft 195
    5. Beispiel für die Ermittlung der Selbstkosten einer Zugfahrt mit Ellok . . 199
  E. Vergleichende Berechnungen nach dem vereinfachten Verfahren des Verfassers und dem Zuko-Verfahren sowie die Beurteilung des Arbeitsaufwandes . . . 200
II. Ermittlung der gesamten Selbstkosten des Eisenbahnbetriebes 203
  A. Die Aufteilung der gesamten Selbstkosten 203
  B. Die Aufgaben der Selbstkosten bei der Betriebsführung der Eisenbahnen . . 205
    a) Die Pfennigkarte 205
    b) Die Kosten der Beförderungseinheit Pf/Bruttotonnenkilometer 206
    c) Die Selbstkosten des Güterwagenumlaufs 207

Inhaltsverzeichnis.

	Seite
C. Die Verwendung der Selbstkosten bei der Tarifbildung	209
a) Ausnahmetarife	209
b) Regeltarife	210
D. Die Selbstkosten des Lastkraftwagenbetriebes	210
III. Die Ermittlung der wirtschaftlichsten Steigung	211
A. Zur Einführung	211
B. Die günstigste Geschwindigkeit	213
C. Die Kilometerkosten eines Güterzuges auf einer Linie gleichbleibenden Widerstandes	214
D. Beispiele	221
1. Ellok	221
2. Dampflok	225
3. Vergleich der Linienführung bei Dampf- und elektrischem Betrieb	227

Vierter Abschnitt.
Leistungsermittlung der Bahnanlagen.

	Seite
A. Einleitung	230
B. Die Sperrzeiten der Bahnhöfe und der freien Strecken	233
1. Die Sperrabschnitte einer Bahnlinie	233
2. Die Fahrzeiten auf den Sperrabschnitten	236
3. Die Stellwerkszeiten und der Stellwerkszeitplan	236
4. Die Ermittlung der Strecken- und Bahnhofssperrzeiten	246
5. Die Zugfolgezeiten verschiedenartiger Züge	251
6. Die ungünstigste Zugfolgezeit	252
C. Die günstigste Blockteilung	253
1. Blockteilung durch eine Blockstelle	253
2. Blockteilung durch zwei Blockstellen	255
3. Beispiele	256
D. Die Leistungsermittlung zweigleisiger Bahnen	259
1. Die ungünstigsten Zugfolgezeiten einer Bahnlinie	259
2. Einfluß der Bahnhofssperrzeit auf die ungünstigste Zugfolgezeit	264
3. Die Verspätungen durch Betriebsstörungen	264
4. Maßgebende Zugfolgezeit	267
5. Die Zugfolgezeiten der Überholungen ohne Kreuzung der Gegenrichtung	267
a) Zughalt im Überholungsgleis	267
b) Fliegende Überholung	270
6. Die günstigste Entfernung der Überholungsbahnhöfe	272
7. Die Lage der Güterzugüberholungsgleise und die Signalanlagen	274
8. Die Kreuzung der Gegenrichtung durch eine Rangierfahrt	277
9. Das Verfahren zur Ermittlung der Leistungsfähigkeit der durchgehenden Hauptgleise einer zweigleisigen Bahn bei Kreuzung der Gegenrichtung durch Rangierfahrten	278
10. Die Ermittlung der Leistungsfähigkeit der durchgehenden Hauptgleise bei Kreuzung der Gegenrichtung durch eine Zugfahrt	284
a) Berechnung der mittleren Verspätungen bei Kreuzung der Gegenrichtung durch einen ausfahrenden Zug	286

Inhaltsverzeichnis.

Seite

    b) Berechnung der mittleren Verspätungen bei Kreuzung der Gegenrichtung durch einen einfahrenden Zug. 288
    c) Beispiele 290

E. Die Leistungsermittlung eingleisiger Bahnen 295

F. Die Leistungsfähigkeit der Abzweigstellen 304
    a) Allgemeines. 304
    b) Die Sperrzeiten und die Verspätungszuschläge durch Anschluß- und Kreuzungsbehinderungen 309
    c) Drei Berechnungsbeispiele 321

G. Die Leistungsfähigkeit der Spitzkehrgleise eines Kopfbahnhofes 329

H. Der Bahnhofleistungsplan. 335

I. Schlußbemerkungen 345

Literaturverzeichnis 346

Namen- und Sachverzeichnis 349

Verzeichnis der Druckfehler und Berichtigungen des 1. Bandes 355

Inhalt des ersten Bandes.

    I. Haltepunkte und einfache Zwischenbahnhöfe.

   II. Hoch- und Ingenieurbauten der Bahnhöfe.

  III. Verkehrsermittlung und Gesamtanordnung der Bahnhofsanlagen großer Städte.

  IV. Personen- und Güterbahnhöfe.

   V. Die Zugbildungsbahnhöfe für Güter- und Personenverkehr.

Erster Abschnitt.

Bahnlinie und Grundlagen der Fahrdynamik.

I. Der Bahnkörper der freien Strecke.

Von den mit dem Boden verbundenen Bahnanlagen sind die Bahnhöfe, die Haltepunkte und die Abzweigstellen im ersten Bande behandelt. Im vorliegenden Abschnitt wird noch der Bahnkörper der freien Strecke beschrieben, soweit es für die Fahrdynamik und deren Anwendungen erforderlich ist.

Der Bahnkörper der freien Strecke wird nach der Eisenbahnbau- und Betriebsordnung (BO) gestaltet, die Haupt- und Nebenbahnen unterscheidet. Unter Nebenbahnen verstehen die Technischen Vereinbarungen (TV) vollspurige, dem öffentlichen Verkehr dienende Eisenbahnen, auf welche Fahrzeuge, aber keine Züge, der Hauptbahnen übergehen können.

Auf Nebenbahnen darf nach den TV die Fahrgeschwindigkeit von 50 km/h an keinem Punkte der Bahn überschritten werden. Die Nebenbahnen dienen dazu, weniger dicht bevölkerte Gegenden aufzuschließen und mit den

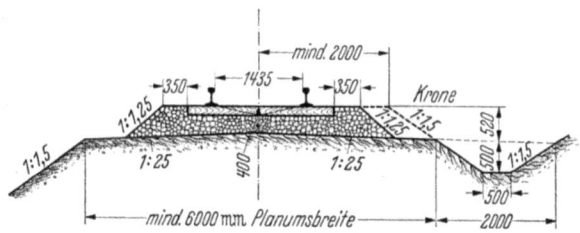

Abb. 1. Querschnitt durch einen eingleisigen Bahnkörper.

Hauptbahnen zu verbinden. Sie berühren möglichst viele Orte, ohne dabei einige Umwege zu scheuen. Es sind stärkere Neigungen und kleinere Halbmesser der Krümmungen zugelassen. Daher sind auch geringere Erdarbeiten und weniger Kunstbauten erforderlich. Sie haben in der Regel nur ein Gleis und der Oberbau ist wegen der leichteren Lokomotiven gleichfalls leichter. Wegübergänge in Schienenhöhe ohne Schrankenabschluß sind im allgemeinen zulässig. Die Bahnhöfe sind in der einfachsten Weise ausgestattet. Auch der Betrieb wird so sparsam wie möglich geführt. Das Signalwesen ist auf das Notwendigste beschränkt.

Die Hauptbahnen haben flachere Neigungen und größere Halbmesser. Sie sind eingleisig und mehrgleisig. Der Oberbau ist wegen der schwereren Lokomotiven kräftiger. Wegübergänge in Schienenhöhe, die auf alle Fälle durch Schranken abzuschließen sind, sind möglichst durch Über- oder Unterführung der Wege zu ersetzen. Die Hauptbahnen dienen mehr dem Durchgangsverkehr mit schweren Güterzügen und schnellen Reisezügen und sind mit Bahnhofs- und Streckenblockung auszustatten.

Im einzelnen ist der Bahnkörper der freien Strecke, wie nachstehend beschrieben, zu gestalten. Er ist festgelegt durch den Querschnitt (Abb. 1) und durch seine Längsachse, deren Verlauf durch das Längenprofil und den Lageplan (Abb. 2a, b,) gegeben ist.

Der Erdkörper als Unterbau der Gleise ist der Träger der Gleisanlage. Er ist als Damm, Einschnitt oder Anschnitt ausgebildet. Das Längenprofil, das die Abwicklung der lotrechten Schnittfläche entlang der Bahnachse ist, gibt nach Einzeichnen der Steigungslinie der Bahn ein Bild von der Lage der Bahnachse zum

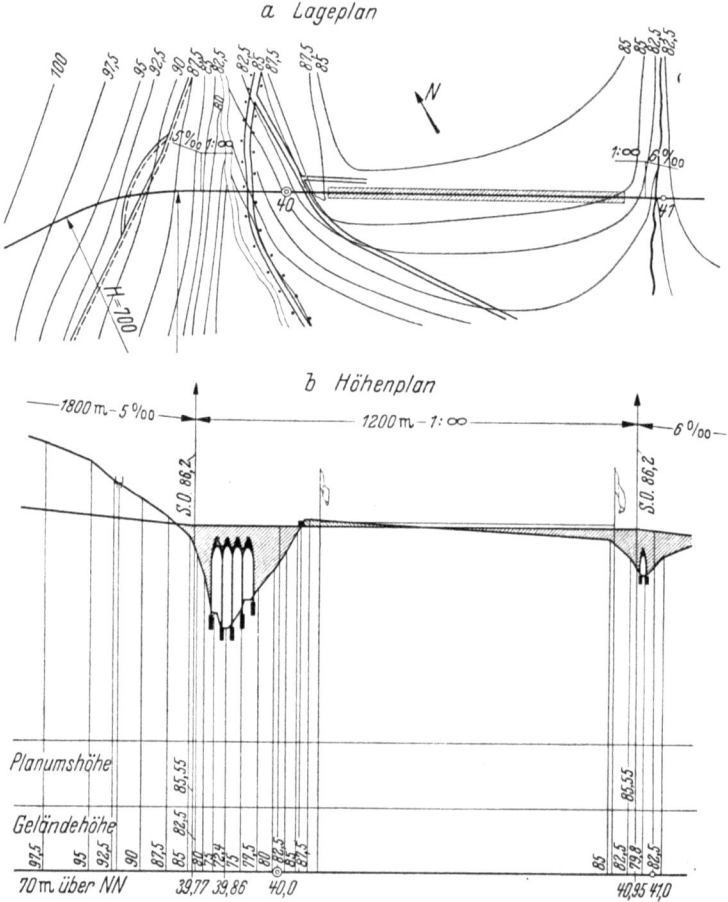

Abb. 2a, b. Darstellung einer Bahnlinie im Lage- und Höhenplan.

Gelände. Die obere Begrenzung der Erdkörper ist das Planum. Die Breite des Planums ist bei eingleisigen Bahnen $B = 6$ m, bei zweigleisigen Bahnen mit dem Gleisabstand von 4 m ist $B = 10$ m. Gegenüber dem Damm rechnet man bei Einschnitten zur Planumsbreite noch die Breite der beiderseitigen Gräben von je 2,0 m hinzu, so daß bei Einschnitten $B_1 = B + 4$ ist. Dann ist bei eingleisigen Bahnen $B_1 = 10$ m und bei zweigleisigen Bahnen $B_1 = 14$ m. Auf dem Planum ruht der Oberbau, der aus dem Gleis mit der Regelspur 1,435 m und der Bettung besteht. Letztere soll den Raddruck auf das Planum verteilen und zugleich das Wasser abführen. Der Oberbau der Hauptgleise hat bei Hauptbahnen eine Tragfähigkeit

a) im allgemeinen von 18 t,

b) auf besonders stark beanspruchten Strecken von mindestens 20 t Achsdruck (im Stillstand gemessen).

Der Bahnkörper muß so breit sein, daß der Schnitt der Böschung mit einer Waagerechten, die durch die Unterkante der nicht überhöhten Schiene des nächsten Gleises gelegt ist, mindestens 2 m von der Mitte dieses Gleises entfernt ist (Kronenbreite). Bei Neubauten ist, abgesehen von eingedeichten Strecken, die Schienenunterkante mindestens 0,6 m über den höchsten Wasserstand zu legen.

Die Längsneigung auf der freien Strecke darf in der Regel bei Hauptbahnen 25°/₀₀, bei Nebenbahnen 40°/₀₀ nicht überschreiten. Die Anwendung einer stärkeren Neigung als 12,5°/₀₀ bei Hauptbahnen und 40°/₀₀ bei Nebenbahnen auf der freien Strecke bedarf der Genehmigung der Aufsichtsbehörde. Innerhalb dieser größten Neigungen wird nach den Ausführungen dieses Buches die wirtschaftlichste bestimmt. Die Neigungsverhältnisse der Hauptgleise eines Bahnhofs dürfen nicht mehr als 2,5°/₀₀ betragen. Hauptgleise sind die Gleise, die von Zügen im regelmäßigen Betrieb befahren werden. Die Hauptgleise der freien Strecke und ihre Fortsetzung durch die Bahnhöfe sind die durchgehenden Hauptgleise. Alle nicht zu den Hauptgleisen zählenden Gleise sind Nebengleise. In den durchgehenden Hauptgleisen sind, wenn Fahrzeuge von der Nebenbahn auf eine Hauptbahn übergehen sollen, Krümmungen von weniger als 180 m Halbmesser nicht zulässig. Die Anwendung eines Halbmessers unter 300 m in durchgehenden Hauptgleisen der Hauptbahnen bedarf der Genehmigung des Bundesverkehrsministers. In den Hauptgleisen sind Übergangsbögen einzulegen a) zwischen Geraden und Krümmungen, b) zwischen entgegengesetzt gerichteten Krümmungen und c) zwischen gleichgerichteten Krümmungen mit wesentlich verschiedenen Halbmessern. Die Übergangsbögen müssen zur Hälfte vor und zur Hälfte hinter dem eigentlichen Bogenanfang oder Bogenwechsel liegen. Die Länge des Übergangsbogens richtet sich nach der größten zulässigen Geschwindigkeit. Entgegengesetzt gerichtete Krümmungen stoßen mit ihren Übergangsbogenanfängen unmittelbar aneinander. Hierbei muß die Überhöhung des ersten Bogens stetig in die Überhöhung des Gegenbogens übergehen. Der äußere Strang gekrümmter Gleise ist zu überhöhen. Diese Überhöhung muß auf eine möglichst große Länge, mindestens aber auf das 400fache (bei Nebenbahnen 300fache) ihres Betrages auslaufen. Weichen haben in der Regel keine Überhöhung.

Neigungswechsel in durchgehenden Hauptgleisen sind durch einen Kreisbogen, dessen Halbmesser von der Geschwindigkeit abhängig ist, auszurunden. Er beträgt nach den Oberbauvorschriften (Obv 1948 S. 11) für Vollspurbahnen $H_a = V^2$ [m]. Auf Hauptbahnen darf man bei Neigungswechsel in und vor Bahnhöfen und Haltepunkten bis auf $H_a = V^2 : 4$ aber nicht unter 2000 m herabgehen.

Die Umgrenzung des lichten Raumes der Eisenbahn und die Bauhöhe einer Brücke sind bestimmend für den Höhenunterschied zwischen Straßen- und Schienenoberkante bzw. zwischen Schienenoberkanten zweier sich schienenfrei kreuzender Gleise. Die Höhe des Lichtraumprofils ist nach Abb. 3 bei Dampfbahnen 4,8 m und bei Bahnen mit elektrischem Betrieb 5,5 m. Der Spielraum zwischen Brückenunterkante und dem Lichtraumprofil soll 0,1—0,2 m betragen. Der Gleisabstand vom Brückenwiderlager und sonstigen Kunstbauten beträgt mindestens 2,2 m, für die übrigen Gegenstände auf der freien Strecke beträgt er 2,5 m von der Gleisachse aus gemessen. Während das Lichtraumprofil die

Abstände festlegt, bis zu denen man sich der Bahnachse nähern darf, geben die Fahrzeugprofile (BO Anlage E—G) die Größtmaße des Fahrzeugquerschnittes an.

Kreuzungen der dem allgemeinen Verkehr dienenden Bahnen dürfen in Schienenhöhe außerhalb der Einfahrsignale der Bahnhöfe oder der Deckungssignale der Abzweigstellen nicht angelegt werden. Die Kreuzung in Schienenhöhe zwischen einer dem allgemeinen Verkehr dienenden Bahn und einer dieser Ordnung nicht unterstellten Bahn kann von der Aufsichtsbehörde auch außerhalb der Einfahrsignale der Bahnhöfe zugelassen werden.

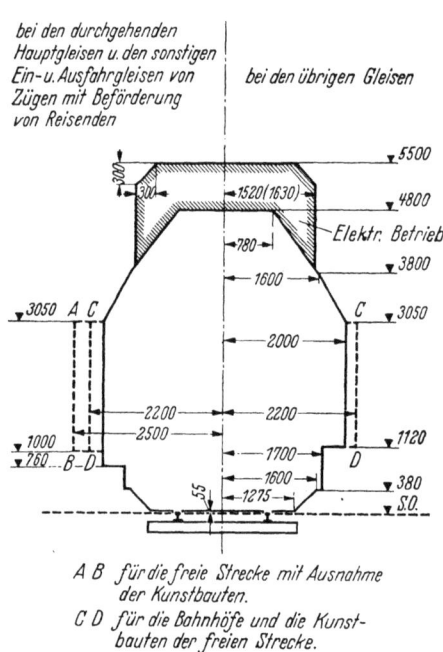

Abb. 3. Regellichtraumprofil.

Die Bahnhöfe sollen möglichst in der Geraden angelegt werden, damit die Gleisentwicklung einfach und der Betrieb übersichtlich wird.

Entfernungen von weniger als 8 km zwischen benachbarten Kreuzungsbahnhöfen und nutzbare Gleislängen von mehr als 550 m können nicht vorgeschrieben werden. Die Bahnanlagen der freien Strecke sind ihrer Gestalt und Herstellung nach einfach, aber die Neigungen und Krümmungen der Bahnachse sind von ausschlaggebender Bedeutung für die Leistungsfähigkeit und Wirtschaftlichkeit der Zugförderung. Denn der Oberbau soll nicht nur die rollenden Lasten auf den Erdboden übertragen, sondern auch die Voraussetzung dafür schaffen, daß die Fahrzeuge sicher rollen und die Frachten schnell und billig befördert werden können. Diese Forderungen werden am besten erfüllt, wenn die Bahnlinie aus der Eigenart der Triebfahrzeuge und der angehängten Wagen heraus gestaltet wird. Man wird daher eine Eisenbahnlinie mit möglichst wenig wechselnden Neigungen trassieren, weil bei schweren Güterzügen die Zugkraft je Tonne gering ist und daher die Geschwindigkeiten nach einem Neigungs- und Krümmungswechsel sich nur langsam ändern können. Eine Linie gleichbleibenden Widerstandes, auf der die Steigungen in den Krümmungen um den Krümmungswiderstand flacher sind als die in den geraden Streckenabschnitten (maßgebende Steigung), ist daher bei Neubaulinien für den Durchgangsgüterverkehr das gegebene.

Neubaulinien werden gebaut für den Ortsverkehr oder für den Durchgangsverkehr. Die Bahnen des Ortsverkehrs sind so zu trassieren, daß die Bau- und Betriebskosten möglichst klein und die Verkehrseinnahmen dadurch möglichst groß werden, daß die Bahnlinie weitgehend an die Siedlungen herangeführt wird. Bei Bahnen des Durchgangsverkehrs, deren Zubringer und Verteiler die Bahnen des Ortsverkehrs sind, tritt die letztere Bedingung zurück. Hier kommt es darauf an, zur Überwindung eines gegebenen Höhenunterschiedes eine Bahnlinie gleichbleibenden Widerstandes mit einer solchen maßgebenden Steigung zu trassieren, daß die Selbstkosten zur Beförderung einer Tonne Last für eine gegebene Lokgattung und Streckenbelastung zu einem Kleinstwert werden.

Hierdurch wird das Trassieren einer Bahnlinie des Durchgangsverkehrs mit der Fahrdynamik und mit der Ermittlung der Zugförderkosten in mathematische Beziehung gesetzt und dadurch die Kunst des Trassierens wissenschaftlich überprüfbar.

II. Die Grundlagen der Fahrdynamik.

Die Fahrdynamik ist ein Sondergebiet der technischen Mechanik und behandelt zunächst die physikalischen Gesetzmäßigkeiten der Fahrbewegungen in Abhängigkeit von der Beschaffenheit der Fahrzeuge, insbesondere der Triebfahrzeuge, der Bremsen, der Fahrbahn und der Witterung. Die Aufgabe der Fahrdynamik ist es, den Aufwand an Zeit, Arbeit und Energie für eine Fahrt zu ermitteln. Dieser Aufwand gestattet die Beurteilung der Zweckmäßigkeit der mit dem Boden verbundenen Anlagen, der Fahrzeuge und der Betriebsgestaltung. Die Zweckmäßigkeit wird durch die Leistungs- und Kostenermittlung des Verkehrsbetriebes bestimmt. Daher werden letztere Aufgaben auch zur Fahrdynamik gerechnet.

A. Die Grundgleichungen.

Da die Eisenbahnlinien so gebaut sind und so betrieben werden, daß die quer zur Zugbewegung auftretenden Kräfte gegenüber denen in der Fahrrichtung sehr stark zurücktreten, so kommen in der Fahrdynamik in erster Linie die **Grundgleichungen der Mechanik für die geradlinige Bewegung** zur Anwendung. Sie sollen daher auch zuerst angegeben werden. Sodann werden diese Gleichungen durch diejenigen für die krummlinige Bewegung ergänzt, weil hiernach die Bogenstrecken einer Bahnlinie im Grund- und Aufriß so zu gestalten sind, daß beim Befahren mit den vorgeschriebenen Höchstgeschwindigkeiten der Ruck in tragbaren Grenzen bleibt. Ein Ruck kann aber auch bei einer geradlinigen Bewegung z. B. beim Anfahren und beim Bremsen auftreten.

Die Bewegungskräfte entstehen dadurch, daß z. B. der Dampf der Dampfmaschine, der elektrische Strom dem Elektromotor, das Benzin dem Ottomotor bzw. das Rohöl dem Dieselmotor und die Druckluft dem Bremsapparat als Energieträger zugeführt werden. Bei voller Energiezufuhr nehmen die Zugkräfte mit der Geschwindigkeit stetig ab, wie die Charakteristiken der Dampfloks und der Elloks (Abb. 19, 20 und 22) zeigen. Bei Otto- und Dieselmotoren nimmt die Bewegungskraft bei Fahrzeugen, die mit Flüssigkeitsgetrieben ausgerüstet sind, ebenso bei elektrischer Kraftübertragung, auch stetig ab. Bei mechanischer Kraftübertragung ist die Abnahme der Bewegungskräfte mit der Geschwindigkeit unstetig. Bei Druckluftbremsen nimmt die Bremskraft zwischen den Bremsklötzen und dem Rad bei gleichem Druck ebenfalls mit der Geschwindigkeit stetig ab, weil die Reibung der gußeisernen Bremsklötze bei gleichbleibendem Klotzdruck mit der Geschwindigkeit stetig abnimmt.

Beim Beginn einer Bewegung wächst die Energiezufuhr mit der Zeit von Null bis zu einer gleichbleibenden Stärke an. Hier ändert sich mit wachsender Energiezufuhr die Bewegungskraft nicht nur mit der Geschwindigkeit, sondern auch mit der Zeit. Ändern sich hierbei die Bewegungskräfte plötzlich, so erhalten die Fahrzeuge in ihrer Bewegungsrichtung einen Ruck, der von einer gewissen Stärke ab von den Fahrgästen unangenehm empfunden wird bzw. die Ladung der Wagen verschieben kann. Dies tritt insbesondere ein, wenn die Veränderung der Bewegungskräfte nach Zeit und Geschwindigkeit im gleichen Sinne erfolgt, wie dies bei der Einleitung der Druckluftbremsung zutrifft. Hier steigt der Druck in den Bremsapparaten an, dadurch wachsen die Bremskräfte zwischen Bremsklotz und Rad sowohl mit abnehmender Geschwindigkeit als auch mit der Zeit. Die Druckluftbremsen der Güter- und Reisezüge sind so konstruiert, daß ein Ruck in der Fahrrichtung stets in tragbaren Grenzen bleibt. Auch beim Anfahren tritt bei sachgemäßer Bedienung der Triebfahrzeuge kein zu großer Ruck ein.

Im vorliegenden Bande werden zeichnerische Verfahren angegeben zur Ermittlung der Fahrbewegung sowohl bei gleichmäßiger als auch ungleichmäßiger Energiezufuhr. Nach dem letzteren Verfahren kann die jeweilige Größe des Rucks in einfacher Weise, wie S. 112 gezeigt, erfaßt werden. Die Gleichungen, auf die sich die Verfahren zur Ermittlung der Fahrbewegung aus der Energiezufuhr aufbauen, sollen nachstehend angegeben werden.

1. Die Grundgleichungen für die geradlinige Bewegung.

Wirkt eine Kraft P [kg] auf eine Masse $M \left[\frac{\text{kg} \cdot \text{s}^2}{\text{m}}\right]$ während dt [sec] ein, so erhält letztere eine Geschwindigkeitsänderung dv [m/sec] in Richtung der Kraft P. Es besteht dann nach Newton die Gleichung

$$P \cdot dt = M \cdot dv \qquad (\text{I}).$$

Das ist der Impulssatz, der besagt, daß der Impuls $P \cdot dt$ gleich der Bewegungsgröße $M \cdot dv$ ist. Bei Fahrzeugbewegungen bleibt die Masse konstant. Wirkt die Kraft P, die veränderlich sein kann, nicht dt Sekunden sondern $t = \int dt$ Sekunden lang, so ist

$$\int_0^t P \cdot dt = M \int_0^v dv = M \cdot v \qquad (\text{Ia})$$

d. h. in der Zeit $t = \int dt$ hat die Masse die Geschwindigkeit v infolge der Kräfte P erreicht. Je länger also die Kräfte auf die Masse M einwirken, um so größer wird v. Es bleibt $M \cdot v$ konstant, wenn keine Kraft P mehr auf die Masse einwirkt. Dann bewegt sich die Masse mit gleichförmiger Geschwindigkeit geradlinig weiter (Beharrungszustand). Während also $M \cdot v$ die Größe der Bewegung im Beharrungszustand ist, gibt der Impulssatz $P \cdot dt = M \cdot dv$ die Veränderung des Impulses und der Bewegungsgröße an, wenn die Kräfte P wirken. Die vorgenannten Größen v und dt stellen durch die Gl. (III) $v = dl : dt$ ihre Beziehung zum Weg dl [m] her, und die Geschwindigkeitsänderung ist durch die Gleichung

$$dv = b \cdot dt \qquad (\text{II})$$

mit der Beschleunigung b [m/s²] verbunden.

Aus dem Impulssatz und aus diesen beiden Bewegungsgleichungen, also aus den Gleichungen

$$\left.\begin{array}{l} \text{I. } M \cdot dv = P \cdot dt \\ \text{II. } dv = b \cdot dt \\ \text{III. } v = dl : dt \end{array}\right\} \text{ als Grundgleichungen}$$

kann man, wie nachstehende Abb. 4 zeigt, alle dynamischen Gleichungen der geradlinigen Bewegung ableiten. In der Abb. 4 ist ein gleichseitiges Dreieck mit einbeschriebenem Kreis sowie den Transversalen gezeichnet. Die senkrechte Transversale ist bis zum Boden verlängert. Die Kraft P [kg] bringt man im Schnittpunkt der Transversalen an, also im Schwerpunkt des gleichseitigen Dreiecks. Auf dem oberen Teil des einbeschriebenen Kreises ist im Uhrzeigersinn die III. Grundgleichung $v = dl : dt$, auf dem unteren Teil des einbeschriebenen Kreises im entgegengesetzten Uhrzeigersinn die II. Grundgleichung $dv = b \cdot dt$ eingetragen. Es ist nun auf der nach links geneigten Transversalen bereits der Impuls $P \cdot dt$ angeschrieben. Schreibt man noch an die linke Ecke des Dreiecks die Bewegungsgröße $M \cdot dv$, so steht auf dieser Transversalen die I. Grundgleichung $M \cdot dv = P \cdot dt$. Setzt man an das obere Ende der nach rechts fallenden Transversalen die Geschwindigkeit v, so ergibt sich auf dieser $v \cdot P$. Dieses Produkt ist die Leistung N.

N schreibt man an die rechte Ecke. Auf der rechten Dreiecksseite ist das Produkt $N \cdot dt$ abzulesen. Das ist das 1. Differential der Arbeit also dA (Dreiecksspitze). Das 1. Differential der Arbeit er-

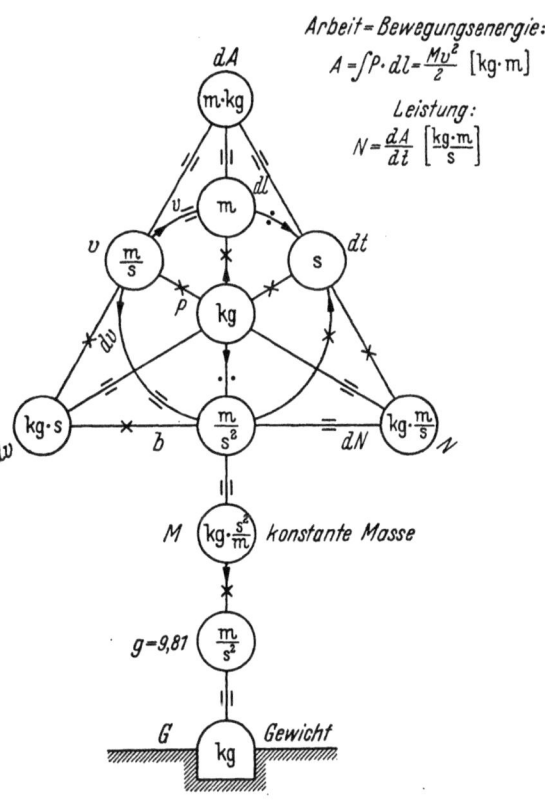

Abb. 4. Grundgleichungen der Fahrdynamik in geometrischer Anordnung.

hält man auch, wenn man vom Schwerpunkt aus nach oben das Produkt $P \cdot dl$ bildet, da $P \cdot dl = dA$ ist. Vervielfältigt man auf der linken Dreiecksseite die Bewegungsgröße $M \cdot dv$ mit der Geschwindigkeit v, so ist auch $M \cdot v \cdot dv = dA$. Integriert man diese Gleichung, so erhält man $M \cdot \int v \cdot dv = \int dA = M \cdot v^2 : 2 = A$, d. h. die Arbeit ist gleich der Bewegungsenergie. Auf der unteren Dreiecksseite ist das Produkt $b \cdot M \cdot dv = dN$. Zum Beweise der Richtigkeit setzt man nach dem Impulssatz $P \cdot dt$ statt $M \cdot dv$ ein. Dann ist $b \cdot P \cdot dt = P \cdot dv \cdot dt : dt = dN$, das man ans rechte Ende der Dreiecksbasis schreibt. Auf der Mittelsenkrechten von P aus nach unten teilt man die Kraft P durch die Beschleunigung b und erhält wieder aus dem Impulssatz $P : b = M \left[\dfrac{\text{kg} \cdot \text{s}^2}{\text{m}}\right]$ die Masse. Diese steht als substantielle Größe außerhalb des Dreiecks. Ordnet man unterhalb der Masse M entsprechend der Beschleunigung b die Erdbeschleunigung $g = 9{,}81$ [m/s²] an, so ist das Produkt $M \cdot g = G$ das Gewicht, das auf dem Boden ruht, während P die Bewegungskraft ist, deren Funktionen das Dreieck enthält.

2. Die Grundgleichungen für die krummlinige Bewegung.

Für die Gestaltung der gekrümmten Fahrbahn im Grundriß und Aufriß dienen die Gleichungen der Zentripetalkraft und des Seitenrucks. Die Zentripetalkraft muß von den Schienen auf die Fahrzeugräder nach dem Bogenmittelpunkt zu ausgeübt werden, damit die krummlinige Bewegung zustande kommt. Die Zentripetalkräfte werden durch die Spurkränze und durch die Haftreibung von den Schienen auf die Räder übertragen. Das Fahrzeug reagiert hierauf durch eine gleich große aber entgegengesetzte Kraft, das ist die nach außen wirkende Zentrifugalkraft. Die Zentrifugalkraft wird nach der Gleichung $C = M \cdot v^2/H$ berechnet, wo M [kg·s²/m] die Masse des Fahrzeuges, v [m/s] die Fahrgeschwindigkeit und H [m] der Halbmesser ist. Die Zentrifugalbeschleunigung ist $b_s = v^2/H$ [m/s²]. Diese läßt sich durch die Ausnützung der Erdbeschleunigung verringern und meist sogar ausschalten. Einspurige Fahrzeuge, z. B. Fahrräder, Motorräder und Schwebebahnen erreichen dies durch Querneigen der Fahrzeuge. Zweispurige Fahrzeuge bedürfen zu einer solchen Abweichung von der Richtung des Erdlotes einer Querneigung durch die Überhöhung $ü$ der Außenschiene (Abb. 5). Die der Zentrifugalkraft entgegenwirkende Seitenkraft S des Fahrzeuggewichtes G [t] ist $S = \dfrac{G \cdot \sin\alpha}{\cos\alpha}$.

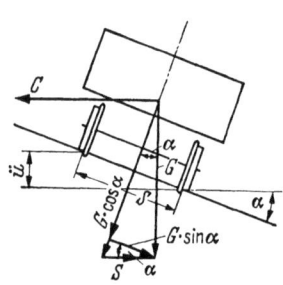

Abb. 5. Querkräfte am Fahrzeug in der Krümmung.

Bei kleinem Winkel α ist $\dfrac{ü}{s} = \sin\alpha \cong \operatorname{tg}\alpha$ und $\cos\alpha \cong 1$. Es ist s die Spurweite. Damit ist $S = G \cdot \operatorname{tg}\alpha = G \cdot \dfrac{ü}{s}$ [t]. Soll die Seitenkraft S die Zentrifugalkraft C aufheben, dann muß $S = C$ sein. Mit $v = \dfrac{V}{3{,}6}$ [m/s] ist mit den Werten für S und C dann $G \cdot \dfrac{ü}{s} = \dfrac{M \cdot V^2}{3{,}6^2 \cdot H} = \dfrac{G \cdot \varrho \cdot V^2}{g \cdot 3{,}6^2 \cdot H}$ und die Überhöhung ist $ü = \dfrac{\varrho \cdot V^2 \cdot s}{g \cdot 3{,}6^2 \cdot H}$ [m].

Hier ist ϱ der Massenfaktor des Fahrzeugs (s. S. 11). Die Überhöhung der Außenschiene steigt auf der Überhöhungsrampe von Null bis zu dem gleichbleibenden Werte $ü$ [m] an. Damit die durch die windschiefe Lage der beiden Schienen entstehende Fahrzeugverwindung lediglich durch die federnden Achsen und die Nachgiebigkeit des Wagengestelles aufgenommen werden kann, darf die Überhöhungsrampe nicht zu steil ansteigen.

Wenn sich an einen Kreisbogen eine Gerade tangential anschließt, dann würde am Anfang und Ende des Bogens die zentrifugale Beschleunigung plötzlich auftreten und das Fahrzeug könnte nach außen bzw. innen einen Seitenruck erhalten, durch den es entgleisen könnte. Um dies zu verhüten, selbst wenn die Überhöhung fehlt, sind nach Folgendem Übergangsbögen einzulegen. Der Seitenruck der die Änderung der Zentrifugalbeschleunigung in der Zeit dt ist, ist $r_s = db_s : dt$ [m/s³]. Die Zentrifugalbeschleunigung ist nach Obigem $b_s = v^2 : H = v^2 \cdot k$ [m/s²], wo $k = 1 : H$ die Krümmung ist. Dann ist der Seitenruck bei konstantem v [m/s] und mit $dt = dx : v$ [s] $r_s = v^3 \cdot dk : dx$. [m/s³]. Hier ist $dk : dx$ die Krümmungsänderung, d. h. die Änderung des Halbmessers, die sich auf der Länge x des Übergangsbogens vollzieht. (Länge dx = Weg dl s. S. 6).

Wie bei der Durchbiegung eines Balkens kann man auch beim Übergangsbogen die Krümmung $k = d^2y : dx^2$ setzen. Dann ist die Krümmungsänderung $dk : dx = d^3y : dx^3$. Ist letztere sowie die Geschwindigkeit $v = V : 3,6$ auf der Länge des Übergangsbogens konstant, so ist auch der Seitenruck $r_s = \dfrac{V^3}{3,6^3} \cdot \dfrac{dk}{dx} = \dfrac{V^3}{3,6^3} \cdot \dfrac{d^3y}{dx^3} = c$ konstant und die Differentialgleichung des Übergangsbogens ist $\dfrac{d^3y}{dx^3} = \dfrac{c \cdot 3,6^3}{V^3}$.

Hier ist $r_s = c$ [m/s³] der Seitenruck, der beim Befahren des Übergangsbogens als nicht unangenehm empfunden wird, durch Versuche gefunden. Durch dreimalige Integration der Differentialgleichung erhält man dann $y = \dfrac{c \cdot 3,6^3}{V^3} \cdot \dfrac{x^3}{6}$, wenn für $x = 0$ und $x = l$ die Integrationskonstanten zu Null werden. Dies ist die Gleichung einer kubischen Parabel, aus der Fahrzeugbewegung abgeleitet.

Halbmesser, Höchstgeschwindigkeit, erforderliche Überhöhung und Übergangsbogenlänge in Gleisbögen sind auf der Grundlage der vorgenannten Gleichungen in den Oberbauvorschriften der Bundesbahn berechnet und tabellarisch zusammengestellt. Ist die Fahrbahn hiernach gebaut, und werden die Bögen mit der vorgeschriebenen Geschwindigkeit befahren, dann sind die Seitenbeschleunigungen und der Seitenruck der Fahrzeuge so gering, daß sie bei der Berechnung der Fahrzeugbewegungen unberücksichtigt bleiben können und die Gleichungen der geradlinigen Bewegung auch in Bogenstrecken (Abb. 4) für die fahrdynamischen Ermittlungen ausreichen. Die Ausrundung der Neigungsknicke mit Halbmessern $H_a = V^2$ [m] erübrigt ferner, die in der lotrechten Ebene auftretenden Zentrifugalkräfte zu berücksichtigen. Dies ist um so eher zulässig, weil die Federungen der Räder in lotrechter Richtung den etwa entstehenden Ruck elastisch verarbeiten.

B. Die Bewegung des Rades auf der Fahrbahn.

Ist die gleichmäßige Geschwindigkeit eines Fahrzeuges v [m/s] und macht das Rad hierbei n Umdrehungen je min, so ist die Winkelgeschwindigkeit des Rades um seine Achse

$$\omega = \frac{2\pi \cdot n}{60} \left[\frac{1}{\text{sec}}\right].$$

Die Geschwindigkeit des Punktes B des Radumfanges, der augenblicklich mit der Fahrbahn in Berührung steht, ist nach Abb. 6a

$$v_B = v - R \cdot \omega \text{ [m/s]}.$$

Hier ist R [m] der Radhalbmesser. Ist v_B positiv, dann hat sie nach Abb. 6b den Pfeilsinn von v, also den der Fahrt.

1. Rollen.

In Abb. 6b steht der Durchmesser ab des Rades zu Beginn des unendlich kleinen Zeitabschnittes dt senkrecht zur Fahrbahn. Bewegt sich das Fahrzeug, so steht am Ende des Zeitabschnittes dt derselbe Durchmesser in Richtung der Bewegung vornübergeneigt, wie er mit $a'b'$ in der Abb. 6b gezeichnet ist. Der Schnittpunkt O der zwei Stellungen desselben Durchmessers zu Anfang und Ende der Zeit dt liegt auf der Fahrbahn. Der Weg

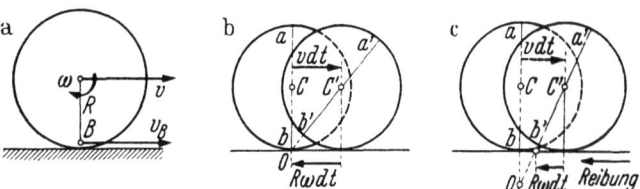

Abb. 6a—c. Bewegung des Rades auf der Fahrbahn.

einer Achse ist $CC' = v \cdot dt$, und der Rollweg des Radumfanges auf der Fahrbahn $\omega \cdot R \cdot dt$ ist nach Abb. 6b genau so groß wie der Weg des Fahrzeugs. Diese Bewegung, bei der also die Geschwindigkeit des Fahrzeugs gleich der des Radumfanges ist, also $v = R \cdot \omega$ [m/s] nennt man Rollen. Beim reinen Rollen ist auf dem Weg l zwischen zwei Stationen die Anzahl der Umdrehungen des Rades $l : 2R \cdot \pi$.

Beim Rollen fällt der Schnittpunkt O der zwei Stellungen desselben Durchmessers zu Beginn und Ende der Zeit dt mit dem Punkt B des Radumfanges, der augenblicklich mit der Fahrbahn in Berührung steht, zusammen. Der Punkt $O = B$ wird der augenblickliche Drehpunkt der rollenden Räder genannt.

2. Gleiten.

In Abb. 6c liegt der Schnittpunkt O der 2 Stellungen desselben Durchmessers zu Beginn und Ende des Zeitabschnittes dt unterhalb der Fahrbahn. Der Rollweg des Radumfanges auf der Fahrbahn $\omega \cdot R \cdot dt$ in dieser Zeit ist kleiner als der Weg des Fahrzeugs $CC' = v \cdot dt$. Dann hat das Rad den Weg $(v - R \cdot \omega) \cdot dt$ durch Gleiten zurückgelegt. Die hierbei auftretende Gleitreibung der Fahrbahn ist nach Abb. 6c rückwärts gerichtet. Ist also die Fahrzeuggeschwindigkeit größer als die des Radumfanges, also $v > R \cdot \omega$, so tritt außer dem Rollen noch Gleiten ein. Das Maß des Gleitens ist

$$\left(\frac{v \cdot dt - R \cdot \omega \cdot dt}{v \cdot dt}\right) 100 = \alpha \% .$$

Die Anzahl der Umdrehungen des Rades auf der Strecke l ist hier nur

$$\frac{l\left(1 - \frac{\alpha}{100}\right)}{2R \cdot \pi}.$$

Hört das Drehen des Rades auf, so ist $\omega = 0$, und das Maß des Gleitens ist $\alpha = 100\%$ (festgebremstes Rad).

3. Schlüpfen.

In Abb. 7 liegt der Schnittpunkt O desselben Durchmessers zu Anfang und Ende des Zeitabschnittes dt oberhalb der Fahrbahn. Hier ist der Rollweg des Rades auf der Fahrbahn $\omega \cdot R \cdot dt$ größer als der Weg des Fahrzeugs $v \cdot dt$. Diese Art der Bewegung, das Schlüpfen des Rades, tritt ein auf schlüpfriger Bahn, auf der die Zugkraft größer ist als die Haftreibung. Die hierbei auftretende Reibung ist nach Abb. 7 vorwärts gerichtet. Es ist also hier $v < R \cdot \omega$ [m/s]. Das Maß des Schlüpfens ist

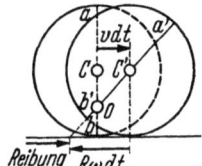

Abb. 7. Schlüpfen eines Rades.

$$100 \cdot \left(\frac{R \cdot \omega \cdot dt - v \cdot dt}{R \cdot \omega \cdot dt}\right) = \beta\%.$$

Bleibt das Fahrzeug bei drehenden Rädern stehen, so ist $v = 0$ und das Maß des Schlüpfens ist $\beta = 100\%$ (Radschleudern beim Anfahren). Beim Schlüpfen wird die Anzahl der Radumdrehungen auf der Strecke l vergrößert. Sie ist hier

$$l : \left[2 R \pi \left(1 - \frac{\beta}{100}\right)\right].$$

C. Die Masse der Fahrzeuge.

1. Der Zug als Massenpunkt.

Auf den Fahrbahnen mit Zwangsführung, den Schienenwegen, überwiegen die Züge, auf den Straßen die Einzelfahrzeuge. Bei den Zügen bewegen sich ebenso wie bei Einzelfahrzeugen alle Teile fortschreitend. Gegenüber dieser fortschreitenden Hauptbewegung treten die umdrehenden Bewegungen der Räder, der Anker der elektrischen Motoren und des Vorgeleges, ferner die kleinen schwingenden und stoßartigen Bewegungen zurück und werden daher bei der Ermittlung des technischen Aufwandes der Fahrten nicht besonders berechnet. Ein einzelner Punkt kann also symbolisch für den ganzen Zug gelten und die fortschreitende Bewegung des Zuges durch die eines Punktes dargestellt werden. Die vorgenannten umdrehenden und schwingenden Bewegungen werden dadurch berücksichtigt, daß man die Masse des Zuges mit dem sogenannten Massenfaktor multipliziert.

Da bei gleicher Kraft die Bewegung eines Zuges sich mit dessen Gewicht ändert, so wäre dem Punkt das Gewicht des Zuges zuzuschreiben. Genauer schreibt man ihm die Masse des Zuges zu, weil diese im Gegensatz zum Gewicht für alle Punkte der Erde gleich ist. Der Punkt, auf den die Bewegung eines Zuges bezogen wird, heißt daher der Massenpunkt.

Man ist übereingekommen, als Einheit der Kraft das Gewicht eines Liters Wasser von 4° C anzunehmen, das eine Federwaage anzeigt, die in Höhe des Meeresspiegels in dem durch Paris gehenden Breitengrad geeicht worden ist. Diese Einheit ist ein Kilogramm. Die Erdbeschleunigung bei dem Breitengrad von Paris ist $g = 9{,}81$ [m/s²]. Hat bei diesem also ein Körper ein Gewicht $G = 1000$ kg, so ist seine Masse $m = G : g = 1000 : 9{,}81 = 102$ [kg · s²/m] überall gleich.

2. Der Massenfaktor.

Bewegt sich ein Wagen mit einer Geschwindigkeit v [m/s], so führen außer der fortschreitenden Bewegung des gesamten Fahrzeugs die Räder noch eine Drehbewegung aus. Die gesamte Bewegungsenergie eines Zuges setzt sich daher aus einer Translationsenergie $E_1 = m \cdot \frac{v^2}{2}$ und einer Rotationsenergie der Räder $E_2 = \frac{J \cdot \omega^2}{2}$ zusammen. Hier ist m die Masse des gesamten Wagens einschließlich der Radsätze und $J = \int r^2 \cdot dm$ das polare Trägheitsmoment der Radsätze. Letzteres erhält man, wenn man alle Massenteilchen dm der Räder mit dem Quadrate ihres Abstandes r von der Achse multipliziert und alle diese Produkte summiert. Ferner ist ω die Winkelgeschwindigkeit der Räder. Multipliziert man diese mit dem Laufkreishalbmesser R, so erhält man $\omega \cdot R = v$ [m/s] die Bahngeschwindigkeit des Fahrzeugs, wenn dieses rollt. Hiermit ist die Rotationsenergie $E_2 = \frac{J \cdot v^2}{2 R^2}$, und die gesamte Bewegungsenergie ist

$$E = E_1 + E_2 = \frac{v^2}{2} \cdot \left(m + \frac{J}{R^2}\right) = m \frac{v^2}{2} \cdot \left(1 + \frac{J}{m R^2}\right) = \frac{m v^2}{2} \varrho.$$

Man nennt $\varrho = 1 + \frac{J}{m \cdot R^2}$ den Massenfaktor. Vervielfältigt man die Masse m des Zuges mit ϱ und berechnet für die Masse $m \cdot \varrho$ die fortschreitende Bewegung, so ist hierdurch auch der Einfluß der drehenden Massen auf die Bewegung berücksichtigt.

Außer für die Räder ist auch für die umdrehenden Motoranker sowie für die Vorgelege der elektrischen Triebfahrzeuge nach vorigem der Massenfaktor zu berechnen. In der Regel wird dieser von der Lieferfirma angegeben.

Ist ϱ_w der Massenfaktor des angehängten Wagenzuges vom Gewicht G_w und ϱ_l der Massenfaktor der Lokomotive vom Gewicht G_l, so ist der Massenfaktor des Zuges

$$\varrho = \frac{\varrho_w \cdot G_w + \varrho_l \cdot G_l}{G_w + G_l}.$$

Nimmt man der Einfachheit halber an, daß die Masse der Radreifen m_r im Laufkreis vom Halbmesser R vereinigt ist, so ist das Trägheitsmoment $J = m_r \cdot R^2$. Für das Gewicht der Radreifen G_r ist deren Masse $m_r = G_r/g$ und $J = G_r \cdot R^2/g$. Die gesamte Bewegungsenergie eines Wagens vom Gewicht G ist dann

$$E = E_1 + E_2$$
$$= \frac{G \cdot v^2}{2 g} + \frac{J \cdot \omega^2}{2} = \frac{G \cdot v^2}{2 g} + \frac{G_r \cdot R^2 \cdot v^2}{2 g \cdot R^2} = \frac{v^2}{2 g}(G + G_r) = \frac{v^2}{2 g} \cdot G \left(\frac{G + G_r}{G}\right) = \frac{m \cdot v^2}{2} \cdot \varrho.$$

Hier ist $\varrho = (G + G_r) : G$ der Massenfaktor. Man braucht also hier nur zum Wagengewicht G das Radreifengewicht G_r zu addieren und die Summe durch G zu teilen, um ϱ zu erhalten.

Nachstehende Untersuchung von Prof. Dr.-Ing. Potthoff soll den Unterschied des Massenfaktors nach dieser Berechnungsart sowohl für neue als auch für stark abgenutzte Radreifen von beladenen und leeren Güterwagen zeigen:

Für den in der Hütte, Bd. III, 26. Aufl., S. 988 abgebildeten Radsatz mit neuen Radreifen und $R_{neu} = 50$ cm ist das Trägheitsmoment $J_{neu} = 1349$ [kg · cm · s²]. Für einen Radsatz mit stark abgenutzten Radreifen kann man $R_{alt} = 45$ cm und $J_{alt} = 441$ [kg · cm · s²] berechnen. Betrachtet man einen unbeladenen Wagen vom Gewicht $G_u = 10$ [t] und einen beladenen mit $G_b = 30$ [t] je mit neuen und alten Radsätzen, so ist $m_u = \frac{10\,000}{981} = 10{,}2$ [kg · s²/cm] und $m_b = 30{,}6$ [kg · s²/cm].

Für einen unbeladenen Wagen mit neuen Radsätzen ist $\varrho_w = 1 + \frac{2 \cdot 1349}{10,2 \cdot 50^2} = 1,106$.

Bei alten Radsätzen ist $\varrho_w = 1,052$. Für einen beladenen Wagen ist bei neuen Radsätzen $\varrho_w = 1,035$ und bei alten $\varrho_w = 1,017$. Der Massenfaktor schwankt also in ziemlich weiten Grenzen. Der übliche Mittelwert $\varrho_w = 1,06$ dürfte aber im allgemeinen für Wagen brauchbar sein.

Die Massenfaktoren der Elloks der Bundesbahn sind nach „Elektrische Bahnen", Ergänzungsheft 1941, S. 143:

Loktyp	bei neuen ϱ_{ln}	bei alten ϱ_{la}
1′ Do 1′ — E 18	1,156	1,153
Bo′ — Bo′ — E 44	1,251	1,265
Co′ — Co′ — E 94	1,264	1,282

Zum Massenfaktor der Dampfloks und der Züge wird auf S. 50 verwiesen.

D. Die Fahrzeugwiderstände.

Die Fahrzeugwiderstände setzen sich bei Schienenfahrzeugen zusammen:

1. aus dem Getriebewiderstand der Antriebsmaschinen,
2. aus dem Widerstand, der von der Lagerreibung herrührt,
3. aus dem Rollwiderstand. Man nennt 2) + 3) den Grundwiderstand.
4. aus den Widerständen, die auf die Gleislage, die Einwirkung der Schienenstöße und auf die durch die Bauart der Fahrzeuge hervorgerufenen Einzelbewegungen der Wagen zurückzuführen sind. Diese Fahrzeugwiderstände werden als Restglied zusammengefaßt[1].
5. aus dem Luftwiderstand.

1. Die Getriebewiderstände der Antriebsmaschinen.

Die Getriebewiderstände, durch die die indizierten Zugkräfte bzw. die Motorzugkräfte bei ihrer Übertragung auf den Triebradumfang verringert werden, treten in den Gelenken sowie in den Zahnradeingriffsstellen auf. Durch den Getriebewiderstand wird die indizierte Zugkraft der Dampflokomotiven und der elektrischen Triebfahrzeuge sowie die Zugkraft der Triebfahrzeuge mit Verbrennungsmotoren um $c_{l_s} < 1$ verringert. Man erhält daher die Zugkraft am Triebradumfang Z_t, wenn man die indizierte Zugkraft Z_i bzw. die Motorzugkraft Z_{mo} mit $1 - c_{l_s}$ vervielfältigt. Es ist also $Z_t = (1 - c_{l_s}) \cdot Z_i$. In der Zuko A I. Abschnitt (Ermittlung der Verbrauchswerte) gültig ab 1. 5. 1951 wird im allgemeinen für Dampfloks $c_{l_s} = 0,04$ und für Elloks $c_{l_s} = 0,03$ angegeben. Diese Werte wurden auch bei den durchgerechneten Beispielen benutzt. In den Lokomotiv-

---

[1] Sauthoff: Die Bewegungswiderstände der Eisenbahnwagen. Dr.-Ing.-Diss. Berlin: VDI-Verlag 1933.

tafeln A (Zuko A I. Abschnitt Anl. B 1951) sind jedoch für jede Lokgattung spezielle Werte für c_{l_s} angegeben, die auch in der Zusammenstellung der Widerstandsbeiwerte der Loks (Tabelle 1) enthalten sind. Von der Zugkraft am Triebradumfang sind die nachfolgend beschriebenen Fahrzeug- und Streckenwiderstände abzuziehen.

2. Der Widerstand aus der Lagerreibung (Abb. 8).

Ist G die Belastung des Lagers, μ_l [kg/t] die Reibungsziffer zwischen Achsschenkel und Lagerschale, r der Achsschenkel- und R der Laufkreishalbmesser und W_a die Kraft, die am Radumfang zur Überwindung der Lagerreibung aufgewendet werden muß, so ist das Moment auf die Radachse $W_a \cdot R = r \cdot G \cdot \mu_l$. Dann ist
$$W_a = G \cdot \mu_l \cdot r : R,$$
und auf 1 [t] bezogen ist der Widerstand aus der Lagerreibung:
$$w_a = W_a : G = \mu_l \cdot r : R \text{ [kg/t]}.$$

Die Reibungsziffer μ_l des Lagers hängt ab:

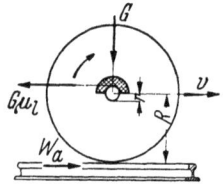

Abb. 8. Widerstand aus der Lagerreibung.

a) von der Bauart, dem Einlaufzustand und dem Lagermetall,
b) von der Art der Schmierung und des verwendeten Öls,
c) von der Geschwindigkeit (Zapfenumfangsgeschwindigkeit),
d) von dem Achsdruck (Wagengewicht),
e) von der durchlaufenen Strecke und der Dauer des vorhergehenden Stillstandes,
f) von der Außentemperatur.

Für den Anfang der Drehbewegung wurde durch Versuche von Garbers[1] mit Reibungswaagen der Anfahrwert, d.h. die Lagerreibung beim Drehbeginn der Lagerzapfen vom Wagenachslager ermittelt. Bei Gleitlagern mit Polsterschmierung und mechanischen Schmiervorrichtungen schwankt die Lagerreibung μ_l zwischen 0,1 und 0,25, bei Rollagern zwischen 0,005 und 0,006. Diese Lagerwerte treten schon nach einer Ruhezeit der Räder von etwa 1 Minute auf und sind nach einer Ruhezeit von 1 Stunde fast noch die gleichen. Bei einem Achszapfenhalbmesser eines Eisenbahnwagens von $r = 5{,}75$ cm und einem Laufkreishalbmesser des Rades von $R = 50$ cm schwankt der Anfahrwert der Lagerreibung auf den Radumfang bezogen zwischen

$$w_a = \mu_l \cdot r : R = 0{,}1 \cdot 5{,}75 : 50 = 11{,}5\,^0/_{00} = \mathbf{11{,}5} \text{ [kg/t]}$$
und
$$w_a = 0{,}25 \cdot 5{,}75 : 50 = 28{,}8\,^0/_{00} = \mathbf{28{,}8} \text{ [kg/t]}.$$

Bei Gleitlagern besteht bei Beginn der Drehung trockene Reibung von der Größe $\mu_l = 0{,}1$ bis 0,25. Der Ölfilm ist hier gerissen. Bei Bewegung geschmierter Flächen tritt, solange die Ölschicht noch nicht tragfähig ist, also bei hohem spezif. Flächendruck $q = \dfrac{G}{2 \cdot r \cdot l}$ [t/cm²] — ($l = 20$ cm ist die Länge des Zapfens) — und geringer Geschwindigkeit, gemischte Reibung auf. Der Übergang von trockener zur gemischten Reibung und von der gemischten zur flüssigen Reibung

---
[1] Garbers: Org. Fortschr. Eisenbahnw. 1936, S. 304.

kann rechnerisch nur schwer festgestellt werden. Zwar lassen sich Zähigkeit des Öls und die Lagertemperatur für jede Zeit und Geschwindigkeit bestimmen, jedoch ist bei gemischter Reibung die Schmierfähigkeit oder Schlüpfrigkeit des Öls wichtiger als die Zähigkeit. Die Schmierfähigkeit kann aber nur durch Versuche gefunden werden.

Durch Versuche[1] wurde der von der Gleitlagerreibung abhängige Fahrzeugwiderstand am Radumfang w_a [kg/t] vom Verfasser an einem DWV-Gleitachslager mit Regelpolsterschmierung für kleine Geschwindigkeiten in Abhängigkeit von dem Lagerdruck, dem Weg und der Geschwindigkeit ermittelt. In Abhängigkeit von Geschwindigkeiten, wie sie im Zugbetrieb vorkommen, und vom Lagerdruck für verschiedene Lagerausführungen und Schmiervorrichtungen hat, wie vorher gesagt, Garbers die Lagerreibungswerte μ_l durch Versuche festgestellt.

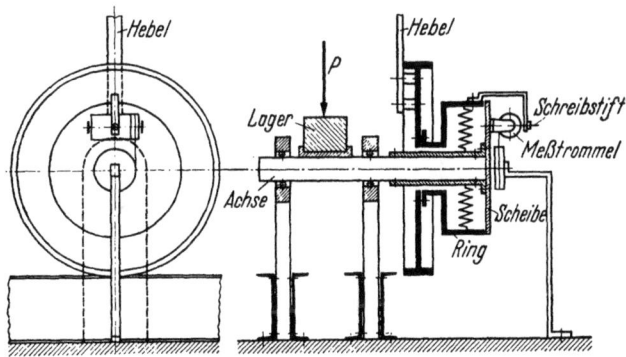

Abb. 9. Versuchsanordnung zur Feststellung der Lagerreibung.

Die Versuche des Verfassers wurden angestellt, um eine Grundlage für die Berechnung der Anlaufbewegung eines Güterzuges auf einer Rampe des Rangierbahnhofs zu erhalten, von der aus die Züge durch Schwerkraft der Ablaufanlage zurollen sollen[2]. Bei diesen Versuchen, die auf dem maschinentechnischen Versuchsfeld der Technischen Hochschule Berlin ausgeführt wurden, war das betriebsmäßig geölte Lager entsprechend den Gewichten eines leeren bzw. eines mit 10 oder 20 [t] beladenen Wagens mit 2,5; 5 und 7,5 [t] belastet. Mit dem entgegengesetzten Ende der Achse war nach Abb. 9 eine Scheibe fest verbunden, an der sich eine Meßtrommel befand. Auf diese wurde die Drehung der Scheibe übertragen. Der Schreibstift für die Meßtrommel war über die Scheibe übergreifend an einem Ring befestigt, der durch Federn mit der Achse verbunden war. Der Schreibstift zeichnete in Richtung der Meßtrommelachse die Verdrehung des Ringes gegen die Scheibe auf. Diese Verdrehung ist ein Maß der am Ring wirkenden Kraft und daher auch das der Lagerreibung. Es wurde also auf der Meßtrommel die Lagerreibung μ_l in Abhängigkeit von der Achsdrehung aufgezeichnet. Aus diesen Diagrammen wurde für den Achsschenkeldurchmesser $2r = 11,5$ cm und den Laufkreisdurchmesser $2R = 100$ cm mittels geeichter Maßstäbe der auf den Radumfang bezogene Widerstand w_a [kg/t] ausgewertet. Um eine ruckweise

---

[1] Müller, W.: Bahningenieur 1936, Heft 35.
[2] Müller, W.: Eisenbahnanlagen, Bd. I, S. 237.

16 Bahnlinie und Grundlagen der Fahrdynamik.

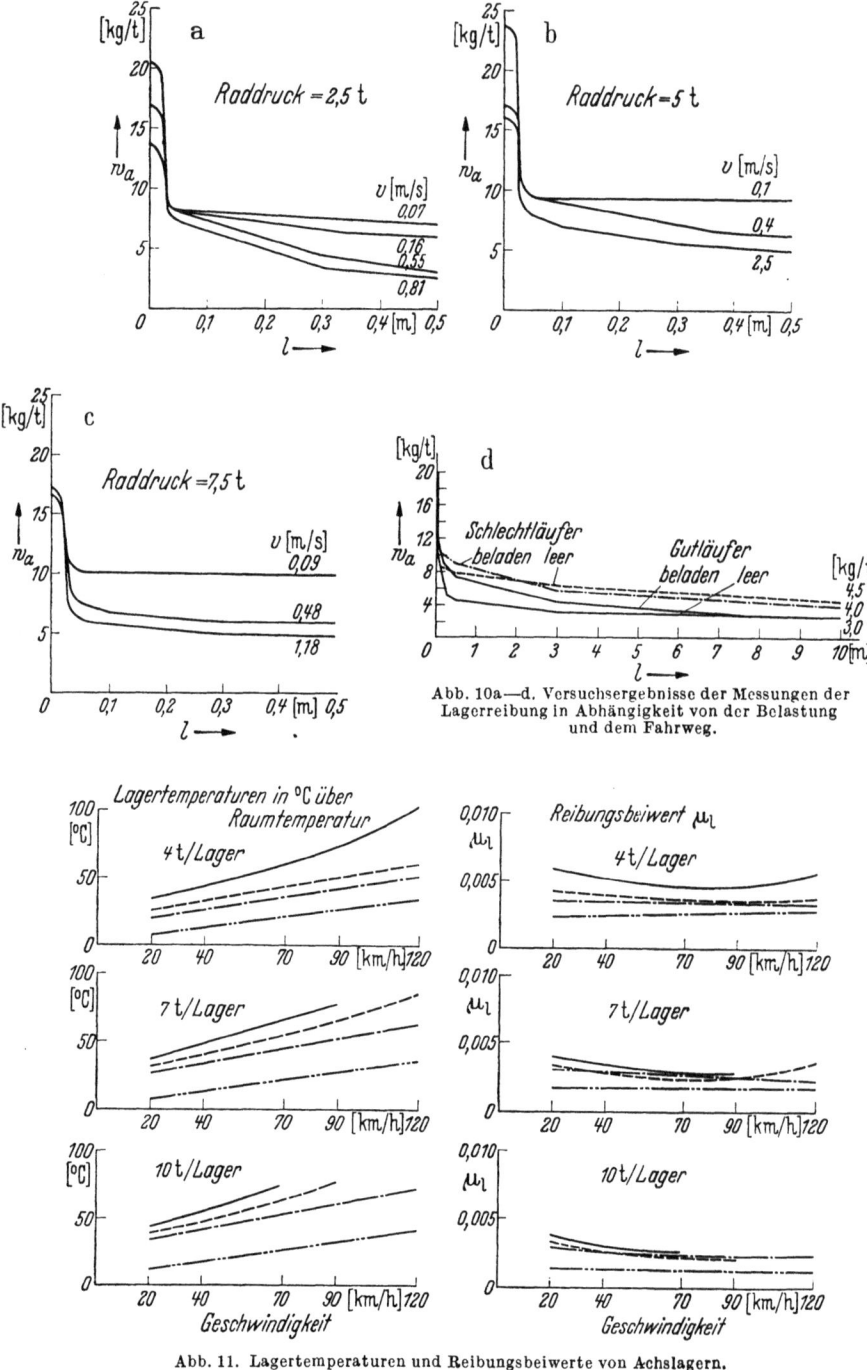

Abb. 10a—d. Versuchsergebnisse der Messungen der Lagerreibung in Abhängigkeit von der Belastung und dem Fahrweg.

Abb. 11. Lagertemperaturen und Reibungsbeiwerte von Achslagern.
Zeichenerklärung:
——————— DWV-Gleitachslager mit Regelpolster-Schmierung.
— — — — — DWV-Gleitachslager mit mechanischer Schmiervorrichtung.
— · — · — Sondergleitachslager mit mechanischer Schmierölförderung.
— ·· — ·· — Zylinderwellenlager mit Fettschmierung.

Einleitung der Drehbewegung zu vermeiden, wurde der Ring mittels eines langen Hebels mit den verschiedenen in Frage kommenden Geschwindigkeiten gedreht. Die Abb. 10a—d geben die ausgewerteten Messungen für den von der Lagerreibung herrührenden Widerstand w_a [kg/t] in Abhängigkeit von Belastung, Weg und Geschwindigkeit der Wagen an. Die Anfangswerte liegen zwischen $w_a = 13$ und 24 [kg/t], also innerhalb des von Garbers berechneten Bereichs. Die Versuche zeigen, daß bei normaler Temperatur nach etwa 4 cm Laufweg gemischte Reibung von im Mittel $w_a = 9$ [kg/t] auftritt. Bleibt die Geschwindigkeit unter 0,1 [m/s], so nimmt der Widerstand nicht weiter ab, weil dann ebensoviel Öl von der Reibfläche abläuft, wie ihr in derselben Zeit durch die Umdrehung des Rades zugeführt wird. Zu diesem Widerstand aus der Lagerreibung w_a tritt noch der Rollwiderstand zwischen Rad und Schiene (s. unten). Beide zusammen ergeben den Anrückwiderstand des Güterwagens.

Die von Garbers ermittelten Lagerreibungswerte und -Temperaturen sind in Abb. 11 wiedergegeben. Sie ändern sich mit der Geschwindigkeit verhältnismäßig wenig. Auf 1 [t] bezogen ist z. B. für das DWV-Gleitachsenlager mit Regelpolsterschmierung bei $V = 40$ [km/h] oder 11,1 [m/s] die Lagerreibungsziffer $\mu_l = 0,005$ und daher der entsprechende Widerstand am Radumfang

$$\mu_l \cdot r : R = 0,005 \cdot 5,75 : 50 = 0,58\%_{00} = 0,58 \text{ [kg/t]}.$$

3. Der Rollwiderstand.

Der Flächendruck des Rades auf die Schiene ist $G = a \cdot b \cdot p$, wo b die Breite der Berührungsfläche, a das Maß quer dazu und p [kg/cm²] der mittlere Flächendruck ist. Bewegt sich das Rad um die Strecke Δl vorwärts, und wird hierbei die Schiene auf der Fläche $a \cdot \Delta l$ um die Höhe Δh zusammengedrückt, so ist die dabei geleistete Arbeit

$A_r = \Delta h \cdot a \cdot p \cdot \Delta l$ und mit $a \cdot p = G : b$ ist

$$A_r = \frac{\Delta h \cdot G \cdot \Delta l}{b} = W_\varrho \cdot \Delta l.$$

Hier ist der Rollwiderstand $W_\varrho = G \cdot \Delta h : b$ [kg].

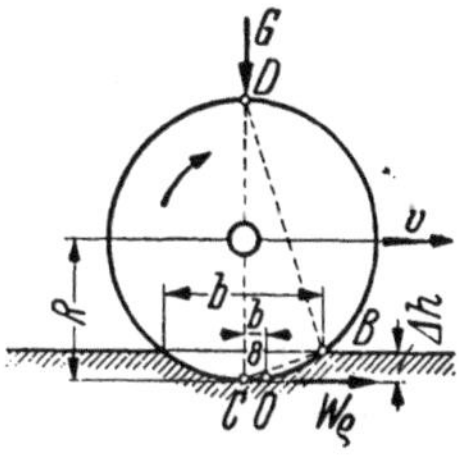

In dem rechtwinkligen Dreieck DBC des Laufkreises vom Halbmesser R

Abb. 12. Der Rollwiderstand.

(Abb. 12) ist $b^2 : 4 = (2R - \Delta h) \cdot \Delta h \cong 2R \cdot \Delta h$ oder $\Delta h = \dfrac{b^2}{8 \cdot R}$.

Auf 1 [t] bezogen ist der Rollwiderstand

$$w_\varrho = \frac{W_\varrho}{G} = \frac{G \cdot \Delta h}{G \cdot b} = \frac{b}{8R} \text{ [kg/t]}.$$

Durch den Rollwiderstand rückt der augenblickliche Drehpunkt um $b/8$ in der Bewegungsrichtung von der Achssenkrechten ab, und das Moment $\dfrac{G \cdot b}{8}$ wirkt der Bewegung entgegen.

Bei Eisenbahnrädern auf Schienen ist $b : 8 = 0,28$—$0,5$ [mm]. Für $b : 8 = 0,5$ [mm] und $R = 0,5$ [m] $= 500$ [mm] Raddurchmesser ist $w_\varrho = 0,5 : 500 = 1\%_{00} = 1$ [kg/t]. Nach Sauthoff ist w_ϱ abhängig von der Geschwindigkeit, und zwar ist bei $V = 40$ [km/h] mit $b : 8 = 0,28$ [mm] $w_\varrho = 0,56$ [kg/t], bei $V = 60$ [km/h] mit

$b:8 = 0{,}33$ [mm] $w_\varrho = 0{,}66$ [kg/t] und bei $V = 90$ [km/h] mit $b:8 = 0{,}48$ [mm] $w_\varrho = 0{,}96$ [kg/t]. Bei Schienenbahnen ist der Rollwiderstand im Gegensatz zu den Straßen dem Absolutwert nach gering. Je härter also die Fahrbahn und die Räder sind, um so geringer ist die rollende Reibung.

4. Das Restglied.

Die Widerstände, die als Restglied zusammengefaßt werden, gehören ihrem Wesen nach zu den Lager- und Rollwiderständen. Während in den Gleichungen für die Fahrzeugwiderstände der Schienenfahrzeuge die Roll- und Lagerwiderstände zu einem **gleichbleibenden** Wert für jede Zuggattung vereinigt werden können, ändert sich das sog. Restglied linear mit der Fahrgeschwindigkeit. Den Faktor, mit dem die Fahrgeschwindigkeit vervielfältigt werden muß, um den dem Restglied entsprechenden Widerstand zu erhalten, hat für Personenwagen Sauthoff (s. S. 20) ermittelt.

5. Der Luftwiderstand.

Im Gegensatz zu der Lagerreibung und dem Rollwiderstand, die von dem auf den Achsen ruhenden Gewicht abhängen, ist der Luftwiderstand vom Fahrzeuggewicht unabhängig, und seine Größe wird von der Form und der Oberfläche der Fahrzeuge sowie von deren Geschwindigkeit und der sie umströmenden Luft bestimmt.

Bewegt sich ein Körper in strömenden Luftmassen, so entsteht an dessen Oberfläche durch Druck- und Reibungskräfte der Luftwiderstand. Der größte Druck tritt an der Stelle auf, an der die Luft sich relativ zum Körper in Ruhe befindet. Das ist z. B. an der gewölbten Spitze eines Luftschiffes der Fall. An dieser Stelle wird durch Stau die Geschwindigkeit zwischen den strömenden Luftmassen und dem Luftschiff gleich Null. Der Staudruck an dieser Stelle ist

$$q = \frac{\gamma \cdot v_r^2}{2g} \ [\text{kg/m}^2].$$

Es ist v_r [m/s] die Relativgeschwindigkeit zwischen den strömenden Luftmassen und dem sich bewegenden Luftschiff. Ferner ist γ das Gewicht von 1 [m³] Luft und $g = 9{,}81$ [m/s²] die Erdbeschleunigung. Setzt man $v_r = V_r : 3{,}6$ [m/s], so ist der Staudruck auf die Einheit des vom Wind getroffenen Querschnittes eines Landverkehrsmittels mit $\gamma = 1{,}25$ [kg/m³] in Bodennähe

$$q = \frac{1{,}25}{2g}\left(\frac{V_r}{3{,}6}\right)^2 \cong 0{,}5\left(\frac{V_r}{10}\right)^2 \ [\text{kg/m}^2].$$

Die Luftmassen, deren Geschwindigkeit nicht Null wird, strömen an der Oberfläche des Fahrzeugs entlang und rufen dort Reibungskräfte hervor. Sie schließen sich bei der Stromlinienform des Körpers hinter dem spitzen Ende ohne Sog wieder zusammen. Bei Körpern, die von der Stromlinienform abweichen, tritt an deren Ende ein Sog auf. Es ist schwierig, durch Rechnung festzustellen, wieviel Luftwiderstand durch Stau und wieviel durch Reibung auftritt, und wie groß der Einfluß des Sogs ist. Deshalb wird nicht nur bei Luft-, sondern auch bei Landverkehrsmitteln durch Modellversuche im Windkanal die Abhängigkeit der Druck- und Reibungskräfte durch den Luftwiderstandsbeiwert c_w angegeben. Dieser ist um so größer, je mehr das Verkehrsmittel von der Stromlinienform abweicht.

Die Grundlagen der Fahrdynamik.

Die gesamten Druck- und Reibungskräfte, also der gesamte Luftwiderstand auf den von der strömenden Luft getroffenen Querschnitt $F\,[m^2]$ ist dann

$$c_w \cdot F \cdot q = 0{,}5 \cdot c_w \cdot F \left(\frac{V_r}{10}\right)^2 \; [kg].$$

Der Beiwert $0{,}5 \cdot c_w \cdot F$ wird in der Formel des Lokwiderstandes mit c_{l_s} bezeichnet.

Aus den vorgenannten Anteilen setzt sich der Fahrzeugwiderstand der Verkehrsmittel zusammen.

Die in allgemeiner Form angegebenen Widerstände eines Zuges auf waagerechter gerader Bahn sollen nun auf Grund von Versuchsergebnissen getrennt für Lokomotiven, Personen- und Güterwagen mitgeteilt werden, um hieraus unter Berücksichtigung des Lokomotiv- und Wagenzuggewichts den Zugwiderstand berechnen zu können.

6. Die Widerstände der Lokomotiven auf der waagerechten geraden Bahn.

Die Widerstände der Dampf-, der Elloks sowie der Motorfahrzeuge werden nach der Formel

$$W_l = c_{l_1} \cdot G_{l_1} + c_{l_2} \cdot G_{l_2} + c_{l_3} \cdot \left(\frac{V_r}{10}\right)^2 \; [kg]$$

berechnet. Hierzu kommt noch der Widerstandsbeiwert c_l, der im Triebwerk bei der Übertragung der indizierten Zugkräfte Z_i auf den Triebradumfang auftritt. Nach Mitteilung des Eisenbahnzentralamtes Minden wird in den s-V-Diagrammen S. 42 grundsätzlich mit einem Gegenwind von 15 [km/h] gerechnet, so daß der Lokomotivwiderstand, der der Berechnung der s-V-Diagramme und somit auch der Berechnung der reinen Fahrzeiten zugrunde liegt,

$$W_l = c_{l_1} \cdot G_{l_1} + c_{l_2} \cdot G_{l_2} + c_{l_3} \cdot \left(\frac{V+15}{10}\right)^2 \; [kg]$$

lautet. Hier ist $V + 15 = V_r$ [km/h] die Relativgeschwindigkeit zwischen Fahrzeug und Gegenwind. Es ist in der neueren Formel $c_{l_1} = 2$ [kg/t] statt des früheren Strahlschen Wertes 2,5 [kg/t]. In den Beispielen ist noch mit letzterem Wert gerechnet worden. Die alten und neuen Werte für c_{l_1}, c_l und c_{l_2} sind aus nachstehender Tabelle 1 zu ersehen. Das Dienstgewicht G_l [t] von Lok und Tender wird für $^2/_3$ Vorräte angegeben. Es ist $G_l = G_{l_1} + G_{l_2}$, wo G_{l_1} das Gewicht auf den Lauf- und Tenderachsen und G_{l_2} das Gewicht auf den Triebachsen (identisch mit dem Reibungsgewicht) ist.

Tabelle 1: *Neue Widerstandsbeiwerte und technische Daten einiger Dampflokomotiven.*

Betriebs-gattung	S 36.20	S 36.20	S 36.17	S 36.18	S 48.20	P 35.17	G 56.20	G 56.15
Baureihe	01	01[10]	03	03[10]	06	38[10]	44	50
c_{l_1}	6,54	3,6	8,45	3,59	5,5	5,6	7,115	5,75
c_{l_2}	0,0244	0,061	0,0291	0,0521	0,0826	0,02	0,061	0,0741
c_{l_3}	7,25	3,5	7,63	3,7	4,0	6,18	6,88	9,4
G_{l_1} [t]	112,3	120,3	107,0	109,8	129,0	67,0	73,9	60,5
G_{l_2} [t]	59,7	60,2	51,6	54,4	80,0	50,0	95,3	75,3
G_l [t]	172,0	180,5	158,6	164,2	209,0	117,0	169,2	135,8
H_v [m²]	247	246,9	202,2	203,4	289	144,96	237	177,6
R [m²]	4,5	4,3	4,5	3,9	5,04	2,64	4,55	3,9

H_v [m²] = Verdampfungsheizfläche, R [m²] = Rostfläche

Die alten c_{l_2}-Werte sind für 2 Dampfzylinder:

$c_{l_2} = 5{,}8$ [kg/t] bei 2 gekuppelten Achsen,
$c_{l_2} = 7{,}3$,, ,, 3 ,, ,,
$c_{l_2} = 8{,}4$,, ,, 4 ,, ,,
$c_{l_2} = 9{,}3$,, ,, 5 ,, ,,
$c_{l_2} = 10{,}0$,, ,, 6 ,, ,,

für 4 Dampfzylinder:

$c_{l_2} = 7{,}8$ [kg/t] bei 2 gekuppelten Achsen,
$c_{l_2} = 9{,}3$,, ,, 3 ,, ,,
$c_{l_2} = 10{,}4$,, ,, 4 ,, ,,
$c_{l_2} = 11{,}3$,, ,, 5 ,, ,,
$c_{l_2} = 12{,}0$,, ,, 6 ,, ,,

Die Lokwiderstände in Abhängigkeit von der Geschwindigkeit sind für das Beispiel mit der Güterzuglok R 44 noch nach den alten c_{l_2}-Werten gerechnet. Hierbei wurde $c_{l_2} = 5{,}6$ eingesetzt.

Bei Elloks wurde im Beispiel der Widerstand der E 94 nach der Formel

$$W_l = 2{,}5\,G_{l_1} + 5\,G_{l_2} + 4 \cdot \left(\frac{V+15}{10}\right)^2 \text{ [kg] gerechnet.}$$

Der zusätzliche Widerstand ist bei Kraftübertragung vom Motor zum Triebradumfang durch Zahnräder $c_{l_2} \cdot Z_i = 0{,}03 \cdot Z_i$ gesetzt.

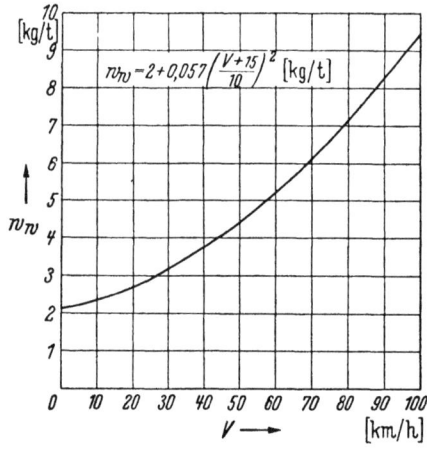

Abb. 13. Güterwagen-Widerstand.

7. Die Widerstände der Wagenzüge.

a) Der Widerstand der Güterwagen auf waagerechter gerader Bahn. Dieser wird von Strahl durch die Formel:

$$w_w = 2 + (0{,}007 + m)\left(\frac{V+15}{10}\right)^2 \text{ [kg/t]}$$

angegeben. Für gewöhnliche Güterzüge mit gemischter Zusammensetzung ist $m = 0{,}050$. Hiernach ist die Abb. 13 gezeichnet.

Für Kohlen- und Erzzüge ist $m = 0{,}032$, für Leerwagenzüge $m = 0{,}1$ zu setzen. Für die angehängte Zuglast G_w[t] ist dann der Widerstand $w_w \cdot G_w$ [kg].

b) Der Widerstand der Wagen von Schnell- und Personenzügen. Für Schnell- und Personenzüge ist nach Sauthoff (Glasers Ann. 1932, S. 113):

$$w_w = 1{,}9 + b \cdot V + \frac{0{,}48}{g_w}(n+2{,}7)\,f \cdot \left(\frac{V_r}{10}\right)^2 \text{ [kg/t]}.$$

Es ist: $b = 0{,}0025$ für vierachsige Wagen ⎫ berücksichtigt die Gleisunebenheiten
$\quad\quad b = 0{,}004\quad$ „ dreiachsige „ ⎬ und die Eigenbewegung der Wagen.
$\quad\quad b = 0{,}007\quad$ „ zweiachsige „ ⎭

$n =$ Wagenzahl.

$f = 1{,}45\,\mathrm{m}^2$ ist die Äquivalentfläche für D-Wagen neuerer Bauart,
$f = 1{,}55\,\mathrm{m}^2$ „ „ „ „ D-Wagen älterer Bauart,
$f = 1{,}15\,\mathrm{m}^2$ „ „ „ „ zwei- und dreiachsige Personenwagen.

Die Zahl 2,7 berücksichtigt den Sog am Zugende.

$V_r = V + 15\,[\mathrm{km/h}]$ ist die relative Luftgeschwindigkeit bei der üblichen Annahme von 15 [km/h] Gegenwind, g_w bezeichnet das Wagengewicht, das bei D-Zugwagen mit halber Besetzung und halben Vorräten zu einem Durchschnittswert von 50 [t] je Wagen anzusetzen ist.

8. Der Zugwiderstand.

Der Zugwiderstand auf der waagerechten geraden Bahn ist dann das arithmetische Mittel aus Lok- und Wagenzugwiderstand, also:

$$w = \frac{W_l + w_w \cdot G_w}{G_l + G_w}\,[\mathrm{kg/t}],\quad \text{da ja}\quad W_l + w_w \cdot G_w = (G_l + G_w) \cdot w = G_z \cdot w$$

ist. Der Gesamtzugwiderstand auf der maßgebenden Steigung $s_{ma}{}^0/_{00}$ ist dann

$$W_l + w_w \cdot G_w + G_z \cdot s_{ma} = G_z \cdot w + G_z \cdot s_{ma} = G_z \cdot (s_{ma} + w)\,[\mathrm{kg}].$$

Bezieht man die Zugkräfte auf den Triebradumfang, so sind nach S. 13 die indizierten Zugkräfte der Dampfloks und die Motorzugkräfte der Elloks um $c_{l_a} \cdot Z_i$ zu ermäßigen. Dann sind die Zugkräfte am Triebradumfang $Z_t = (1 - c_{l_a}) \cdot Z_i$ $= G_z \cdot (w + s_{ma})\,[\mathrm{kg}]$ bei gleichmäßiger Bewegung.

E. Die Streckenwiderstände.

Die Züge haben auf ihrer Fahrt nicht nur die durch ihr Gewicht, ihre Bauart und Form hervorgerufenen Fahrzeugwiderstände, sondern auch die durch die Linienführung des Verkehrsweges bedingten Streckenwiderstände der Steigung und der Krümmung zu überwinden. Die Linienführung wird dargestellt durch den Lageplan und das Längenprofil (Abb. 2). Der Lageplan wird gewöhnlich durch das Bogenband unter dem Längenprofil ersetzt (Abb. 34). Aus ersterem sind die Krümmungen zu ersehen, die bei den Schienenfahrzeugen die Krümmungswiderstände hervorrufen. Aus dem Längenprofil entnimmt man die Steigungs- und Gefällstrecken, auf denen die Steigungswiderstände, die die Zugkraft verringern, bzw. die Gefällkräfte, die sie vergrößern, auftreten. Der Widerstand auf der Steigung und die Gefällkräfte $\pm s\,[\mathrm{kg/t}] = s\,[{}^0/_{00}]$ sind im Bd. I, S. 179 und der Bogenwiderstand, $w_b = (233{,}2 + 103{,}4 \cdot a) : H\,[\mathrm{kg/t}]$ Bd. I, S. 180 behandelt. Hier ist $H\,[\mathrm{m}]$ der Bogenhalbmesser und $a\,[\mathrm{m}]$ der Achsabstand der Wagen (s. S. 52).

F. Die Lokomotivleistungs- und Verbrauchstafeln.

1. Dampflokomotiven.

Es wurden für die verschiedenen Fahrgeschwindigkeiten die indizierten Zugkräfte sowie der zugehörige Kohlenverbrauch je Sekunde zur Anfertigung der

Lokomotivleistungs- und Verbrauchstafeln ermittelt. Mit diesen Werten wurden die Linien gleicher Fahrgeschwindigkeit sowie gleicher Füllungsgrade ε [%] der Zylinder aufgezeichnet. Um eine unbeschränkte Verwendung der Tafeln zu gewährleisten, wurde als Zugkraft die indizierte Zugkraft Z_i und nicht die Zugkraft Z_t am Triebradumfang oder die von der befahrenen Neigung abhängige effektive Zugkraft Z_e am Zughaken gewählt (s. S. 27).

In Abb. 14 ist die Lokomotiv-Leistungs- und Verbrauchstafel einer Heißdampflokomotive der Gattung R 50 wiedergegeben. Im oberen Teil, der als Ordinatenachse die indizierten Zugkräfte Z_i [kg] und als Abszissenachse β [kg/s] den Verbrauch an Kohlen von 6800 [kcal] Heizwert in einer Sekunde hat, sind die Linien gleicher Fahrgeschwindigkeiten V [km/h] aufgetragen. Diese sind mit zunehmendem Füllungsgrad wegen der schlechter werdenden Dampfausnützung nach unten abgebogen. Die Linien der Füllgrade ε fallen mit kleiner werdendem ε stärker wegen der steigenden Drosselverluste. Den Kohlenverbrauch β [kg/s] kann man mittels der Verdampfungsziffer z_d aus dem Dampfverbrauch d [kg/s] nach der Gleichung $\beta = d \cdot z_d$ berechnen. Die Verdampfungsziffer gibt an, wieviel kg Wasser von 1 kg Kohle in Dampf verwandelt werden können. Sie ist abhängig von dem stündlichen Dampfverbrauch D [kg/h] sowie von den Kessel- und Rostabmessungen. Man erhält sie durch Auswertung von Versuchsfahrten. Die Abhängigkeit d [kg/s] von dem sekundlichen Kohlenverbrauch β [kg/s] ist im unteren Teil

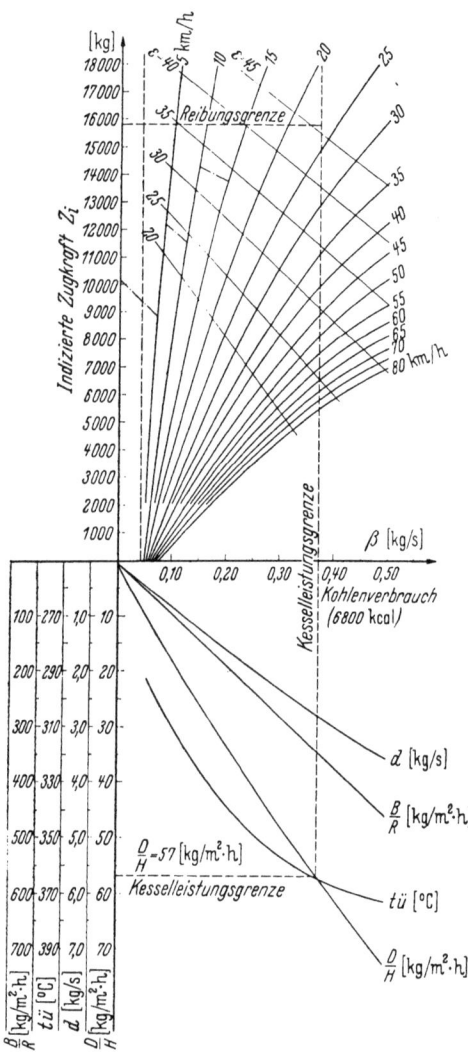

Abb. 14. Llv-Tafel der Dampflok G 56.15 (50).

der Llv-Tafel durch die Kurve d [kg/s] dargestellt. Mit $3600 \cdot \beta = B$ erhält man den stündlichen Kohlenverbrauch und auf 1 [m²] der Rostfläche R bezogen ist $B:R$ [kg/m²·h] die Rostanstrengung, die sich linear mit dem sekundlichen Kohlenverbrauch nach der zweiten Linie des unteren Teils der Llv-Tafel ändert. Entsprechend der B/R-Kurve ist $3600 \cdot d = D$ der stündliche Dampfverbrauch und $D:H$ ist der auf die Verdampfungsheizfläche bezogene stündliche Dampfverbrauch oder die Heizflächenanstrengung, dargestellt durch die D/H-Kurve. Für die

Fahrzeitermittlung ist in der Regel $D/H = 57$ [kg/m²·h] (Kesselleistungsgrenze). Jedoch besteht wegen der Elastizität des Dampfes im Kessel keine scharfe Grenze.

Die $t_{\ddot u}$-Kurve der Abb. 14 gibt die Heißdampftemperatur in Abhängigkeit von β an. Ist die Heizflächenanstrengung D/H gegeben, so ist durch die D/H-Kurve auch β und durch die $t_{\ddot u}$-Kurve für dasselbe β auch die Heißdampftemperatur $t_{\ddot u}$ [°C] bestimmt. Die Zugkraftlinien gleicher Geschwindigkeiten sind durch eine Senkrechte begrenzt, die durch den β-Wert bestimmt wird, der der Kesselleistungsgrenze 57 [kg/m²·h] entspricht. Diese Senkrechte besagt, daß für die in Frage kommenden Kesselzugkräfte an der Kesselleistungsgrenze der Heizer immer die gleiche Kohlenmenge je Minute verfeuert.

In der Richtung der Ordinatenachse sind die Zugkraftlinien oben durch eine Gerade begrenzt, die die Reibungszugkräfte angibt, die im normalen Betrieb stets vorhanden sind (Abb. 14). Die indizierten Reibungszugkräfte sind bei Dampfloks $Z_{ir} = \mu_h \cdot G_r : (1 - c_{l_i})$ [kg]. Es ist $(1 - c_{l_i})$ der Wirkungsgrad des Triebwerkes bei der Kraftübertragung vom Zylinder auf den Triebradumfang. G_r [t] ist das auf den Triebachsen ruhende

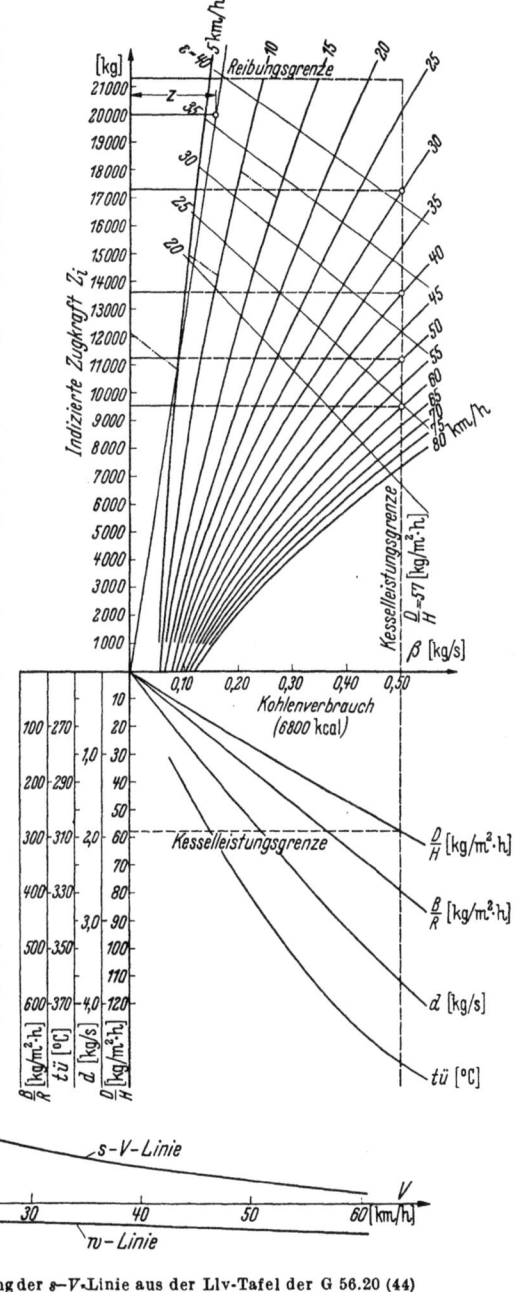

Abb. 15a, b. Ermittlung der s–V-Linie aus der Llv-Tafel der G 56.20 (44) für eine bestimmte Zuglast.

Gewicht (Reibungsgewicht) und μ_h [kg/t] ist die Haftreibung zwischen Rad und Schiene.

In „Elektr. Bahnen" (1950), Heft 9, S. 210 empfehlen Curtius und Kniffler, bei elektrischen Lokomotiven mit Haftwerten von nur 170—200 kg/t zu rechnen. Die hiernach ermittelte indizierte Reibungszugkraft wäre dann die obere Begrenzung der Llv-Tafeln, die als Rechnungswert für die Fahrzeitermittlung beim Anfahren dient. Der niedrigere Wert gilt vorzugsweise für kurze Lokomotiven und lange (leere) Züge und der hohe Wert für lange Lokomotiven und bei kurzen (beladenen) Zügen und bei Rollenlagern. Die höheren Werte für lange Lokomotiven sind durch den Einfluß der Achsdruckentlastung bedingt, die hier überhaupt nicht oder nur ganz untergeordnet in Erscheinung tritt. Nordmann [Glasers Ann. 65 (1945), S. 289] hat in seinen Untersuchungen über die Anfahrverhältnisse bei Dampflokomotiven ähnliche Werte gefunden und gibt dort den Wert $\mu_h = 204$ [kg/t] für die Fahrzeitberechnung der anfahrenden Züge an. Neuere Ermittlungen der möglichen Haftreibung s. S. 26. Die Kesselzugkräfte sind beim Anfahren so zu drosseln, daß sie kleiner als die Reibungskräfte werden, damit die Räder nicht schleudern.

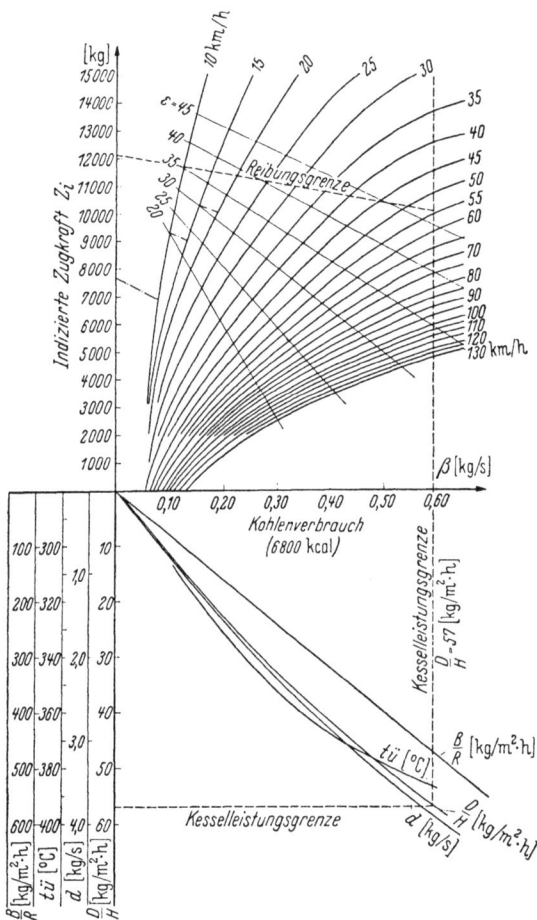

Abb. 16. Llv-Tafel der Dampflok S3 6.20 (01).

2. Elektrische Lokomotiven.

Will man für elektrische Lokomotiven oder Triebwagen Leistungs- und Verbrauchstafeln aufstellen, so rechnet man für jede Spannungsstufe E [Volt] und für mehrere Werte von V die Motorzugkräfte Z_{mo} und den sekundlichen Verbrauch an elektrischer Arbeit (d. i. die Leistung) aus, der bei Wechselstrommotoren

$$\beta = \frac{E \cdot J \cos \varphi}{1000} \text{ [kWsec/sec] ist.}$$

$$\cos \varphi = \frac{\text{Nutzleistung des Motors}}{\text{scheinbare Leistung in kVA}} \text{ ist der Leistungsfaktor.}$$

Er gibt an, der wievielte Teil des am Amperemeter gemessenen Gesamtstromes J zur eigentlichen Motorleistung nutzbar ist. Der Leistungsfaktor $\cos \varphi$ ist aus den Prüffeldmessungen für alle Drehzahlen n und die Zugkräfte bekannt. Die Zugkraft am Triebradumfang ist $Z_t = (1 - c_{l_2}) \cdot Z_{mo}$, und die Zugkraft an der Motorwelle $Z_{mo} = Z_t : (1 - c_{l_2})$ entspricht der indizierten Zugkraft der Dampflok und hat daher in der Llv-Tafel auch dieselbe Bezeichnung Z_i. Die Förderleistung ist $Z_i \cdot V : 3{,}6$ [kg · m/sec]. Es ist c_{l_2} der Verlust durch das Zahnradgetriebe.

Da 1 [kW] = 102 [kg · m/sec] ist, so ist die mechanische Förderleistung an der Motorwelle durch elektrische Maßeinheiten ausgedrückt $\dfrac{Z_{mo} \cdot V}{3{,}6 \cdot 102} = \dfrac{Z_i \cdot V}{367}$ [kW].

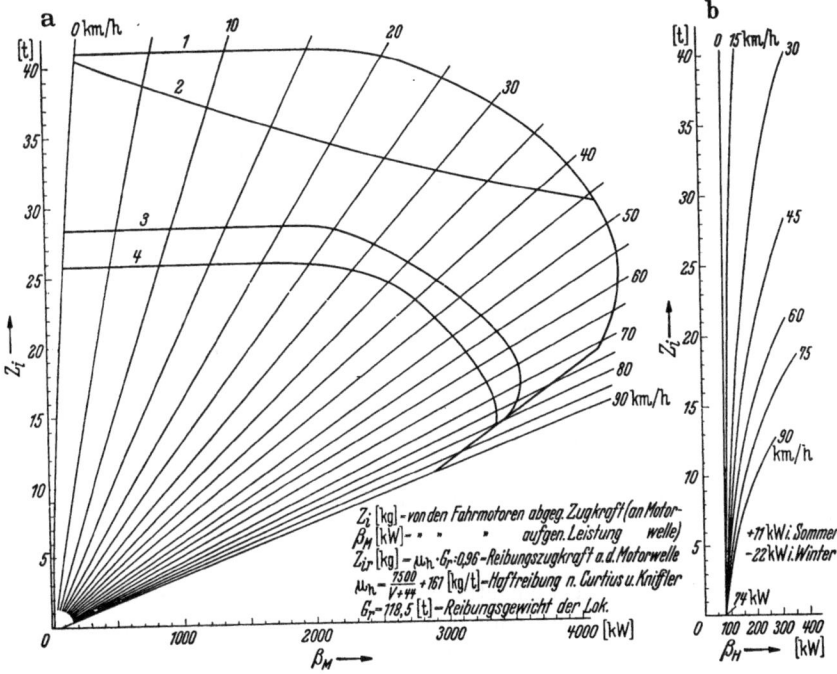

Abb. 17 a u. b. Llv-Tafel der Ellok Co'—Co'-Lok E 94.

a) Stromverbrauch der Fahrmotoren.

1 = Anfahrzugkraft
2 = Reibungszugkraft
3 = Stundenzugkraft
4 = Dauerzugkraft
} an der Motorwelle.

b) Stromverbrauch des Trafo und der Hilfsmotoren.

Mit den zusammengehörigen Werten von Z_i und β für gleiche Geschwindigkeiten ist nach Abb. 17 die Leistungs- und Verbrauchstafel der Güterzugslok Co' Co' E 94 aufgezeichnet. Es ist $\beta = \beta_M + \beta_H$ [kW sec/sec] aus den beiden Llv-Tafeln der Ellok (Abb. 17a, b) zu entnehmen.

In den Leistungs- und Verbrauchstafeln der elektrischen Triebfahrzeuge werden die Zugkraftlinien durch Linien für die Anfahr-, Stunden- und Dauerzugkraft nach Abb. 17a begrenzt.

Die Anfahrzugkraft (1) wird durch die Haftreibung (Abb. 18) begrenzt. Mit ihr darf im Bereich von Null bis 30% der Höchstgeschwindigkeit zusammenhängend nicht länger als 10—15 min gefahren werden. Von da ab ist mit der sog. Stundenzugkraft (3) etwa eine Stunde zu fahren, weil sonst die Erwärmung der Fahrmotoren unzulässig groß wird. Mit der unter der Stundenzugkraft liegenden Dauerzugkraft (4) kann beliebig lange gefahren werden.

Die Leistung eines elektrischen Triebfahrzeugs und somit auch die Linien der Fahrweise sind durch die Erwärmung der Fahrmotoren begrenzt. Diese Erwärmung rührt von den Stromwärmeverlusten in den Wicklungen und bei Gleichstrommotoren noch von denen am Kommutator der Motoren her. Die Erwärmung der Fahrmotoren muß daher bei jeder Berechnung der Fahrzeiten und Verbrauchswerte überwacht werden (s. S. 75).

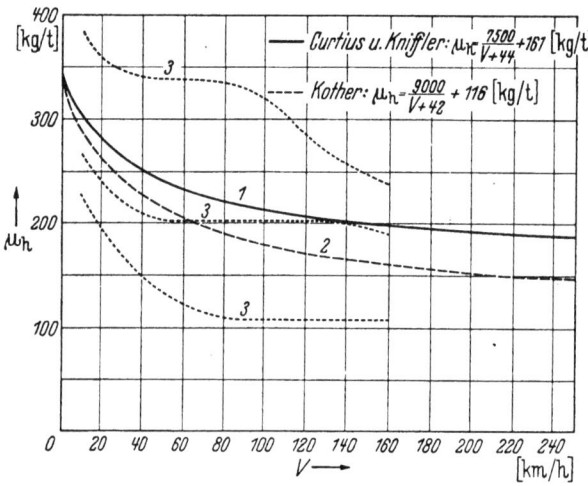

Abb. 18. Haftwerte zwischen Rad und Schiene. (Aus Elektr. B. 44, S55.)
1 = Haftwertkurve nach Curtius u. Kniffler
2 = Haftwertkurve nach Kother
3 = Streubereich der Meßpunkte.

In die Llv-Tafel (Abb. 17) ist noch die Linie (2) der indizierten Reibungszugkräfte

$$Z_{ir} = \frac{G_r}{1-c_{l_i}} \cdot \mu_h = \frac{G_r}{1-c_{l_i}} \cdot \left(\frac{7500}{V+44} + 161\right) \text{ [kg]}$$

nach Curtius und Kniffler eingetragen, oberhalb der die Triebräder schleudern. $G_r \cdot \mu_h$ ist die Reibungszugkraft am Triebradumfang. Abb. 18 stellt die μ_h-V-Linien nach den neuesten Meßfahrten von Curtius und Kniffler dar. In Abb. 17b folgt nun rechts neben der Llv-Tafel für die Zugkräfte die Llv-Tafel für den Stromverbrauch des Trafo und der Hilfsmotoren β_H [kW] für die verschiedenen Geschwindigkeiten. Die Summe $\beta_M + \beta_H$ ist die Leistung am Fahrdraht in kW. Seit Mai 1931 werden alle Lokomotiv-Leistungs- und Verbrauchstafeln der Dampf- und Elektro-Lokomotiven ausschließlich und unmittelbar mit Meßwerten (auch für den Laufwiderstand) aufgezeichnet, die den Versuchsberichten der Lokomotiv- und Wagenversuchsämter entnommen sind. Die Zuverlässigkeit der Llv-Tafeln ist damit gewährleistet.

G. Die Lokomotivcharakteristik.

Unter der Charakteristik eines Triebfahrzeugs für die Zugförderung ist die Abhängigkeit der Zugkraft Z von der Geschwindigkeit V zu verstehen, also

$Z = f(V)$. Die Anforderungen des Betriebes verlangen für jede Gattung von Triebfahrzeugen eine bestimmte Charakteristik. Im folgenden sollen diese Charakteristiken insbesondere für die Dampf- und Elektro-Lokomotiven der Haupt- und Nebenbahnen erläutert werden. Die Leistung ist

$$Z \cdot V \text{ [kg} \cdot \text{km/h]} \quad \text{bzw.} \quad Z \cdot v = \frac{Z \cdot V}{3{,}6} \text{ [kg} \cdot \text{m/s]} \quad \text{bzw.} \quad \frac{Z \cdot V}{75 \cdot 3{,}6} = \frac{Z \cdot V}{270} \text{ [PS]}$$

für Dampfloks bzw. für Elloks $\frac{Z \cdot V}{367}$ [kW]. Setzt man hier $Z = f(V)$ ein, so ist die Leistung $N = V \cdot f(V) = \Phi(V)$ auch eine Funktion der Geschwindigkeit.

Aus den am Kolben gemessenen indizierten Zylinderdrücken und den entsprechenden Füllungsgraden des Zylinders berechnet man die **indizierten Zugkräfte** in Abhängigkeit von der Geschwindigkeit der Dampflokomotiven. Aus den Motorkennlinien des Elektromotors berechnet man die **Zugkraft der Lok auf die Motorwelle** bezogen. Beide werden mit Z_i bezeichnet. Kennt man die Getriebewiderstände c_{l_i}, die bei der Übertragung der Zugkräfte vom Zylinderkolben bzw. von der Motorwelle bis zum Triebradumfang auftreten, so erhält man die **Zugkräfte am Triebradumfang** Z_t [kg].

Wird die Charakteristik $Z = f(V)$ durch Versuchsfahrten ermittelt, so wird hierbei die Zugkraft Z_e am Tenderzughaken gemessen. Für die Berechnung der Zugbewegung ist die indizierte Zugkraft Z_i geeigneter als die Zugkraft Z_e am Tenderzughaken, weil in letzterer der mit dem Weg sich ändernde Steigungswiderstand der Lok enthalten ist, während sich Z_i ebenso wie der Fahrzeugwiderstand der Lok nur mit der Geschwindigkeit ändert.

1. Die Charakteristik der Dampflokomotiven.

Die Ursache für das Verhalten der Dampflokomotive liegt darin, daß sie die Dampferzeugungsanlage für die Energieumformung selbst mitführt und ihre Leistung durch die Leistungsfähigkeit des Dampfkessels begrenzt ist. Die im Kessel erreichbare Dampferzeugung je Zeiteinheit nimmt innerhalb eines gewissen Bereiches mit steigender Drehzahl der Lokomotivdampfmaschine zu, weil durch den kräftigeren Auspuff die Zugwirkung verstärkt, mithin mehr Brennstoff verbraucht und mehr Energie umgesetzt wird. Nach Strahl[1] wird jedoch die Lokomotive über eine gewisse durch das Verhältnis von Kessel zu Zylindergröße bedingte Grenze unwirtschaftlich.

Auch die Steigerung der Zugwirkung und Feueranfachung erreicht schließlich ihre Grenzen und die zu groß werdenden Verluste bewirken, daß die Leistung sinkt. Zu bemerken ist hierbei noch, daß die Charakteristik der Dampflokomotiven sich auf die Kesselbeanspruchung bezieht, die ihr dauernd auferlegt werden kann.

Als dauernde Kesselbeanspruchung, ausgedrückt durch die Verdampfungsleistung, ist von der Deutschen Bundesbahn eine Heizflächenbelastung von $D:H=57$ [kg/m² · h] zugelassen. Dieser Wert stellt keine physikalisch gegebene obere Grenze dar, sondern er konnte bisher als Sicherheit gegen zu stark wachsende Ausbesserungskosten bei genügender Verdampfungsleistung angesehen werden. Bei Versuchsfahrten ergab sich andererseits, daß die durchschnittliche Kesselbeanspruchung der Loks erheblich unter 57 [kg/m² · h] liegt, und zwar bei Schnellzugloks werden sie

---

[1] Strahl: Org. Fortschr. Eisenbahnwes. 1908, S. 360.

im Mittel zu 41,5 [kg/m² · h] und bei Güterzugloks zu 36,6 [kg/m² · h] an den wichtigsten Zügen gemessen[1]. Weitere Versuchsfahrten brachten das Ergebnis, daß als technische Grenze 80 [kg/m² · h] Verdampfungsleistung ohne Erschöpfung des Kessels möglich ist. Nach Nordmann[2] läßt sich bei Stahlfeuerbüchsen mit eingeschweißten Rohren die Kesselgrenzleistung vereinzelt auf über 100 [kg/m² · h] hochtreiben, ohne daß dadurch bisher nennenswerte Schäden entstanden wären.

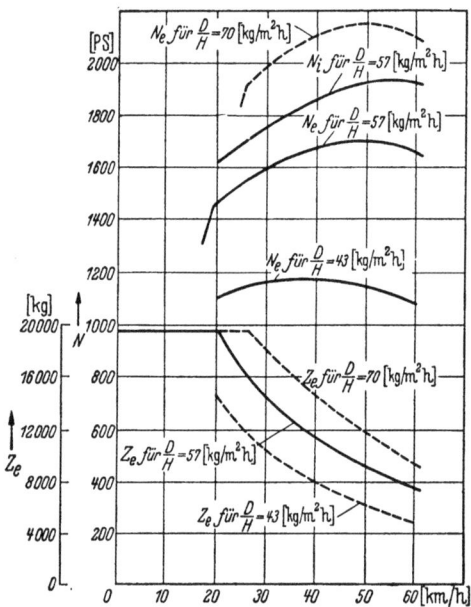

Abb. 19. Leistung und Zugkraft am Tenderzughaken in Abhängigkeit von der Kesselleistung bei der Dampflok 1 E-h 3 (Baureihe 44).

Die Zeitgewinne im Zugbetrieb durch Steigerung der Kesselleistung ohne gleichzeitige Erhöhung der Höchstgeschwindigkeit sind geringfügig. Je leichter ein Zug ist, desto weniger wirkt sich die Erhöhung der Kesselleistung aus, da die Streckenabschnitte, in denen die leistungsfähigere Lokomotive eingesetzt werden kann, nur kurz sind. Das sind insbesondere die Beschleunigungsstrecken. Neuere Versuche mit der Güterzuglok Baureihe 50 der Deutschen Bundesbahn ergaben, daß bei 70 [kg/m² · h] die Mehrleistung am Zughaken 25% betrug (Abb. 20). Dabei wurden weder an der Rohrwand noch an den übrigen Teilen der Feuerbüchse Schäden festgestellt. 70 [kg/m² · h] sind auch hinsichtlich der Brennstoffaufgabe durch den Heizer jederzeit zu verwirklichen. Bei der hohen Anstrengung des Kessels ist die Dampftemperatur erheblich höher als sonst, was sich auf den Dampfverbrauch günstig auswirkt. Für die Güterzuglokomotiven Baureihe 44 und 50 sind in Abb. 19 und 20 die Zugkräfte in Z_e-V-

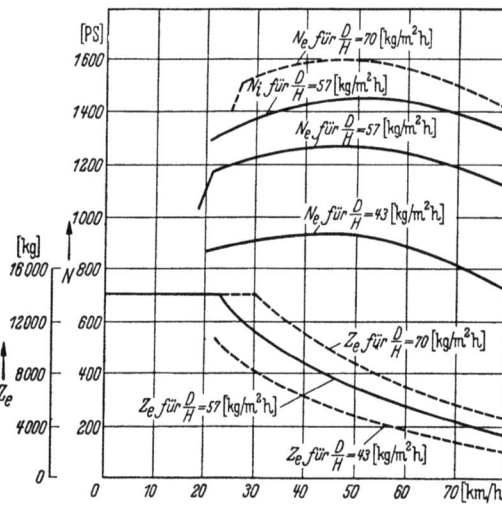

Abb. 20. Leistung und Zugkraft am Tenderzughaken in Abhängigkeit von der Kesselleistung bei der Dampflok 1 E-h 2 (Baureihe 50).

---

[1] Nordmann: Glasers Ann. 1939, S. 308.
[2] Nordmann: Die Leistungsbeurteilung des Lokomotivkessels. Fortschr. Technik, 1948, Heft 1, Berlin: G. Siemens.

Linien, die Leistung in den N_e-V-Linien für die Heizflächenbeanspruchungen 70, 57 und 43 [kg/m² · h] dargestellt[1].

Bei der Führung einer Dampflokomotive müssen stets zwei Charakteristiken in Einklang gebracht werden. Einer gewissen Füllung des Zylinders entspricht ein bestimmter indizierter Druck, der bei verlustloser Maschine konstant wäre, tatsächlich aber von der Geschwindigkeit abhängig ist, da bei großer Drehzahl der Maschine auch die Dampfgeschwindigkeit groß wird, so daß die Drosselverluste stark wachsen (Abb. 21). Der indizierte Druck und daher auch die indizierte Zylinderdruckkraft nimmt somit bei unveränderter Füllung nach den Kurven a—a, b—b (Abb. 21) ab. Diese Kurven stellen die Charakteristik der Lokomotivdampfmaschine bei verschiedenen Füllungen dar, AB jene des Kessels für die vorgenannte Heizflächenbeanspruchung. Die Zugkraft im Punkt A (Anfangspunkt) ist bekannt durch die Reibungskraft, die von der Haftreibung zwischen Rad und Schiene und dem Reibungsgewicht abhängt.

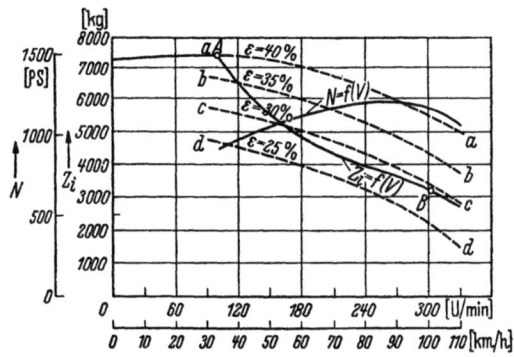

Abb. 21. Zugkraftslinien in Abhängigkeit vom Füllungsgrad ε.

Die Haftreibung μ_h nach S. 26 ist mit der Witterung veränderlich, kann aber durch Sandstreuen gesteigert werden. Die Zugkraft im Punkte B ist durch die für Fahrzeuge in der Ebene vorgesehene Höchstgeschwindigkeit bestimmt. Der rechts von AB liegende Teil der Charakteristiken a—a, b—b der Dampfmaschine ist meist nicht verwertbar, weil der Kessel dafür dauernd nicht genug Dampf liefern kann. Sie wäre also nach vorigem begrenzt durch die Heizflächenbeanspruchung 80 [kg/m²·h] als höchst technisch mögliche. In der Regel sollen 70 [kg/m²·h] nicht überschritten werden. Für den Dauerbetrieb ist aber von der Bundesbahn die Heizflächenbelastung 57 [kg/m²·h] festgelegt. Soll daher die Lokomotive in Dauerbetrieb immer voll ausgenützt sein, so muß bei jeder Veränderung des Dampfgefälles die Füllung neu eingestellt werden, so daß einerseits Fahrwiderstand und Zylinderzugkraft, anderseits Dampfverbrauch der Maschine und Dampferzeugung des Kessels in Einklang stehen. Der Konstrukteur der Dampflok hat es in der Hand, durch Wahl der Triebradgröße, der Zylinderabmessungen und der Blasrohranordnungen die Maximalleistung $N = \dfrac{Z \cdot V}{270}$ [PS] innerhalb gewisser Grenzen nach einer bestimmten Geschwindigkeit zu verlegen, die entsprechend der programmäßigen Verwendung gewählt wird. Der Spielraum, innerhalb dessen die Charakteristik der Dampflokomotive gewählt werden kann, ist nicht groß. Es ist nicht möglich, sie qualitativ zu ändern, denn die Leistungssteigerung mit steigender Geschwindigkeit (Abb. 21) bis zu einem Maximum wird immer bestehen. Man kann jedoch bewirken, daß das Maximum der Leistung bei einer günstigen Geschwindigkeit eintritt.

---

[1] Eckhardt, C. H.: Elektr. Bahnen 1943, S. 148.

2. Die Charakteristik der Elektroloks.

Die Elektroloks entnehmen den Strom aus der Netzleitung. Durch die Stromlieferung tritt daher wohl kaum eine Begrenzung der Leistung der Elektromotoren ein. Die Motorleistung wird nur durch die Verluste und die dadurch bedingte Erwärmung begrenzt. Die Charakteristik der Ellok $Z = f(V)$ bzw. $N = \Phi(V)$ ist durch die in der Konstruktion und Schaltung begründete Abhängigkeit des Arbeitsfeldes und der Stromaufnahme miteinander bzw. durch die Drehzahl des Motors zwangsläufig bestimmt. Der Motor hält daher seine Charakteristik von selbst inne, ohne Zutun des Fahrers. Sollen Betriebszustände erreicht werden, die außerhalb der natürlichen Charakteristik des Motors liegen, so müssen besondere Schaltungen vorgenommen werden. Durch diese wird der Motor unter sprunghafter, also nicht stetiger Änderung der Stromaufnahme auf eine der ersteren qualitativ ähnliche, quantitativ verschiedene neue Charakteristik gebracht, die er nun wieder selbsttätig innehält, bis eine neue Veränderung der Schaltung erfolgt.

In Europa (Deutschland, Schweden, Norwegen, Schweiz) kommt auf den meisten Strecken nur die Einphasen-Wechselstromlokomotive mit $16^2/_3$ Hertz und 15000 V Nennspannung in Betracht. Der Gleichstromlokomotive mit 3000 V Nennspannung ist ebenfalls Beachtung entsprechend der Verbreitung zu schenken. Die bei den französischen Fernbahnen eingeführten Lokomotiven für eine Fahrleitungsspannung von 1500 V ähneln in ihren Eigenschaften weitgehend denjenigen mit 3000 V in Italien. Die bei 3000 V gewonnenen Erkenntnisse können daher auch auf die 1500-V-Lokomotive übertragen werden.

Bei Gleichstrom- wie bei Einphasen-Wechselstrom-Lokomotiven herrscht der Reihenschlußmotor (Hauptschlußmotor) wegen seiner für den Bahnbetrieb äußerst günstigen Eigenschaften vor.

Die Eigenschaften der Antriebsmotoren kennzeichnen auch die Betriebseigenschaften der Elloks. Die Grenze der Leistungsfähigkeit der Elloks ergibt sich — abgesehen von den Kommutationseigenschaften — durch die bei der Belastung auftretende Erwärmung der Fahrmotoren. Bei steigender Belastung steigt die Temperatur, und die entstehende Wärmemenge muß an die Umgebung oder an die Kühlluft abgegeben werden. Die Dauerleistung des Elektromotors ist erreicht, wenn die Endtemperatur, bei der die Wärmeerzeugung gleich der Wärmeabgabe ist, eine mit Rücksicht auf die Isolierstoffe gegebene Höchstgrenze erreicht hat. Solange die Geschwindigkeit klein ist, sind für die Erwärmung des Fahrmotors die Verluste im Ohmschen Widerstand der Wicklungen maßgebend, wobei der zulässigen Erwärmung bei Fremdlüftung ein bestimmter von der Geschwindigkeit wenig abhängiger Strom, Dauerstrom, entspricht. Daher wächst in diesem Bereich die Dauerleistung $N = \dfrac{Z \cdot V}{367}$ [kW] geradlinig mit der Geschwindigkeit an.

Da der Elektromotor stark überlastbar ist, braucht die höchste Dauerzugkraft mit der Reibungsgrenze nicht zusammenzufallen, bzw. bei höheren Geschwindigkeiten werden beim Elektromotor die Eisenverluste und vielfach die Kommutierungszusatzverluste so groß, daß sie nicht vernachlässigt werden können. Hinzu kommt noch die Erwärmung durch die Bürstenreibung. Der Dauerstrom muß daher mit wachsender Geschwindigkeit abnehmen, wodurch die Dauerleistung nicht mehr gleichmäßig weitersteigen kann (Abb. 22).

Die Grundlagen der Fahrdynamik. 31

Die größte während einer Stunde von der Ellok aus kaltem Zustande heraus abgebbare Leistung wird Stundenleistung genannt. Bei dieser tritt eine unzulässige Erwärmung der Motore noch nicht ein. Für den Bereich kleinster Geschwindigkeiten, das ist beim Anfahren, kann die Ellok eine Leistung hergeben, die weit über der Stundenleistung liegt. Diese Anfahrleistung und damit die Anfahrzugkraft ist jedoch durch die Haftreibung begrenzt (Abb. 17a). Bei modernen Elloks ist die Leistung so groß, daß bis zu verhältnismäßig hohen Geschwindigkeiten hinauf an der Reibungsgrenze bei dauerndem Sanden gefahren werden kann. Die Ellok kann daher für einen weiten Geschwindigkeitsbereich als Maschine konstanter Dauerzugkraft angesehen werden. Sie kann auch größere Steigungen mit hoher Geschwindigkeit befahren und im allgemeinen rasch anfahren. In der Steigung zeigt die Ellok somit ein der Dampflok entgegengesetztes Verhalten. Soll bei einer gegebenen Steigung ein gegebener Zug mit erhöhter Geschwindigkeit gefahren werden, so ist die erforderliche Leistung größer. Bei der Dampflok zieht nach S. 27 die Kesselleistung eine Grenze, die auch bei Ausnutzung der Kesselreserve nicht weitgehend überschritten werden darf. Die Ellok ist in der Lage, mit erheblicher Überlastung zu arbeiten. Die Überlastung der Elloks wird um so kürzere Zeit anhalten, und damit die Erwärmung der Fahrmotoren um so niedriger sein, je schneller die Steigung befahren wird. Schnelles Anfahren wirkt sich in der Regel für die Motorerwärmung günstig aus.

Je schärfer ein Motor gelüftet wird, um so geringer ist der Unterschied zwischen

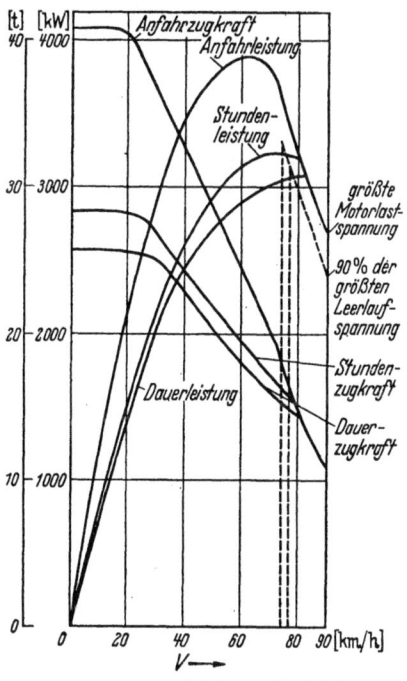

Abb. 22. Zugkraft und Leistung der Ellok E 94 für Anfahr-, Stunden- und Dauerleistung.

Dauer- und Stundenleistung, so daß bei einer Wechselstromschnellzuglok die Dauerleistung fast an die Stundenleistung heranreicht (Abb. 22).

Bei stark wechselnden Steigungsverhältnissen einer Strecke liegt die mittlere Geschwindigkeit des mit der Ellok gefahrenen Zuges näher an der Höchstgeschwindigkeit als bei der Dampflok. Bei längeren Flachlandstrecken, die ohne Halt durchfahren werden, sind diese Unterschiede erheblich geringer.

Bei Gleichstromsystemen wird die Energie den Landesnetzen als 50-Perioden-Drehstrom entnommen und in Unterwerken auf Gleichstrom in Spannung bis zu 3000 V umgeformt.

Bei der Gleichstromlokomotive beeinflußt die Übersetzung vom Motor zu den Triebachsen entscheidend die Leistungscharakteristik $N = \Phi(V)$. Prof. Kother weist in „Elektr. Bahnen" 1941 (Ergänzungsheft, S. 127) nach, daß es zweckmäßig ist, für die Gleichstromlok, die mit verhältnismäßig niedrigen Höchstgeschwindigkeiten arbeitet (100 km/h), eine große Übersetzung zu wählen.

Bei Gleichstromlokomotiven für hohe Geschwindigkeit (200—250 km/h) muß die Übersetzung kleiner gewählt werden (z. B. 2:1). Die Anfahrt auf Widerstände geht dabei bis zu verhältnismäßig hohen Geschwindigkeiten hinauf. Von der Tatsache, daß man bei Gleichstrom mit einer einzigen Lokomotivbauart nur mit verschiedenen Übersetzungen auskommen kann, haben die italienischen Staatsbahnen weitgehend Gebrauch gemacht.

Im Jahre 1936 wurden auf der Höllentalbahn Großversuche des elektrischen Vollbahnbetriebes mit 50 Hz Einphasenwechselstrom begonnen[1]. Der Strom wurde hierbei dem Landesnetz entnommen. Als Versuchslokomotiven dienten Entwürfe der AEG- und der BBC-Gleichrichterlokomotiven, die zwar als erste mit je einem Quecksilberdampfgleichrichter, im übrigen aber mit Gleichstromreihenschlußmotoren ausgerüstet wurden, aber wenig von der üblichen Bauart abweichen. Der Lokentwurf der SSW mit Wechselstrommotoren für 50 Hz verzichtet auf die Verwendung eines Stromrichters. Die Firma Krupp trat mit einem von Punga und Schön entwickelten neuartigen kommutatorlosen 50-Hz-Wechselstrommotor auf den Plan, der mit einem Drehstrommotor kombiniert wird. Dank der geleisteten Pionierarbeit wurden wertvolle technische Erfahrungen und physikalische Erkenntnisse gewonnen. Jedoch konnte bisher noch kein befriedigendes Gesamturteil insbesondere für den Massenbetrieb gefällt werden.

Das Endergebnis der ganzen vorstehenden Betrachtungen faßt Prof. P. Müller[2] wie folgt zusammen: Das 50-Hertz-System verdankt seine Entstehung dem Bestreben, die Stromversorgung der elektrischen Vollbahnen dadurch einfacher und wirtschaftlicher zu gestalten, daß man sie unmittelbar an vorhandene, infolge ihrer Größe besonders rationell arbeitende Landesnetze anschließt. Gegenüber dem Gleichstromsystem erspart man die zahlreichen Gleichrichterunterwerke und den großen Materialaufwand für die Fahrleitung, gegenüber dem $16^2/_3$-Hertz-System die kostspielige Errichtung eigener Anlagen für die Erzeugung und Fortleitung dieser besonderen Stromart oder mindestens die wenig wirtschaftliche Umformung aus Drehstrom mittels rotierender Maschinensätze. Grundlegende Voraussetzung für die Brauchbarkeit des 50-Hertz-Systems ist also das Bestehen eines leistungsfähigen Netzes von Großkraftwerken und Fernleitungen, dessen technische Ausstattung und Betriebsführung die Gewähr dafür bietet, daß der Energiebedarf der Bahn zu jeder Zeit und an jedem als Speisepunkt ausersehenen Ort ohne nennenswerte Erweiterungen mit unbedingter Sicherheit in voller Höhe gedeckt werden kann, und zwar zu einem Strompreis für die Kilowattstunde, der um einen gewissen Betrag niedriger sein muß als der Selbstkostenpreis, zu dem die Bundesbahn den $16^2/_3$-Hertz-Strom bei Eigenerzeugung liefern kann. Diese Ersparnis an Stromkosten ist deshalb notwendig, weil die Triebfahrzeuge für den 50-Hz-Strom einen größeren Aufwand an Herstellungs- und Betriebskosten erfordern als solche für den $16^2/_3$-Hz-Strom. Es sei hier auch auf den sehr beachtenswerten Aufsatz „Zur Wahl von Bahnstromsystemen" von Prof. Kother[3] verwiesen.

---

[1] Fritzsche-Kilb: Ergebnisse des 50-Hertz-Betriebes auf der Höllentalbahn. Elektr. Bahnen 1944, Heft 3/4.

[2] Müller, P.: Die elektrischen Vollbahnen und das 50-Per-System. Berlin: G. Siemens, 1948.

[3] Kother, Prof. Dr.-Ing.: Elektr. Bahnen 22. Jahrg. 1951, Heft 7/8.

H. Die fahrdynamische Charakteristik.

Die Güterzüge werden am wirtschaftlichsten befördert, wenn sie ausgelastet sind. Dann sind die Förderkosten je Tonne klein. Aber man darf bei der Auslastung der Züge des Guten nicht zu viel tun. Kommt ein Zug auf der größten längeren Steigung, der sog. maßgebenden Steigung zum Halten, muß er auf ihr, wenn auch langsam, wieder anfahren können. Ist das nicht möglich, wird die Strecke verstopft, und wenn der Zug zum nächsten Bahnhof zurücksetzt, um auf dessen flacher Neigung wieder anzufahren, so besteht die Gefahr, daß er beim Zurücksetzen in den bereits verlassenen Blockabschnitt auf den nachfolgenden Zug stößt. Es genügt also nicht, die Zuglast lediglich für eine gleichmäßige Geschwindigkeit auf der maßgebenden Steigung zu berechnen.

Bei gleichmäßiger Geschwindigkeit ist auf der maßgebenden Steigung die Zugkraft am Triebradumfang.

$$Z_t = G_z (w + s_{ma}).$$

Ist die Zuglast G_w und daher auch das Zuggewicht $G_z = G_l + G_w$ bekannt, und die maßgebende Steigung gesucht, dann ist diese

$$s_{ma} = \frac{Z_t}{G_z} - w \; [^0/_{00}].$$

Ist aber umgekehrt $s_{ma}[^0/_{00}]$ bekannt und die Zuglast G_w gesucht, dann ist infolgedessen $w\,[\text{kg/t}]$ unbekannt. Daher führt man nicht den Zugwiderstand $w\,[\text{kg/t}]$, sondern den Lok- und Wagenwiderstand getrennt ein, also

$$G_z \cdot w = W_l + w_w G_w \quad \text{und} \quad G_z \cdot s_{ma} = (G_l + G_w) \cdot s_{ma}.$$

Dann ist $Z_t = (G_l + G_w) \cdot s_{ma} + W_l + w_w \cdot G_w$ und die gesuchte Zuglast ist

$$G_w = \frac{Z_t - W_l - G_l \cdot s_{ma}}{s_{ma} + w_w} \; [\text{t}].$$

Die Zuglast darf nur so groß sein, daß ein auf der maßgebenden Steigung zum Halten gekommener Zug, wenn auch langsam, unter Überwindung des zusätzlichen Anrückwiderstandes $w_{az}[\text{kg/t}]$ anfährt. Letzterer kommt beim Anfahren zu dem Zugwiderstand w hinzu, weil bei stehenden Fahrzeugen das Öl zwischen Lagerschale und Achsschenkel wegfließt. Nach Versuchen des Verfassers (S. 17) ist der Anfangswiderstand aus der Lagerreibung 13—24 [kg/t], im Mittel also 18,5 [kg/t], der nach einem Vorrückweg der Wagen von 3—5 cm plötzlich auf rund 9 [kg/t] sinkt. Auf diesem Vorrückweg straffen sich die Schraubenkupplungen der weichgekuppelten Güterzüge. Zu dem Widerstand aus der Lagerreibung kommt noch der Rollwiderstand zwischen Rad und Schienen, der bei geringen Geschwindigkeiten (s. S. 17) etwa 0,5 [kg/t] ist. Der Luftwiderstand kann bei diesen geringen Geschwindigkeiten vernachlässigt werden. Der Widerstand beim Anrücken des Zuges auf der waagerechten geraden Bahn ist dann $w_a = 9{,}5$ [kg/t]. Nun ist der aus Gleichung

$$w = \frac{W_l + w_w \cdot G_w}{G_l + G_w} \; [\text{kg/t}]$$

berechnete Zugwiderstand bei $V \cong 0$ im Mittel $w = w_0 \cong 3{,}5$ [kg/t].

Dann ist der zusätzliche mittlere Anrückwiderstand

$$w_{az} = w_a - w_0 = 9{,}5 - 3{,}5 = 6 \; [\text{kg/t}]. \tag{I}$$

Nach Mitteilung von Dr.-Ing. Steinbauer (Siemens-Werke, Abt. Bahnen) gibt das Eisenbahn-Zentralamt München für die weichgekuppelten Güterzüge, deren Wagen nicht auf einmal, sondern nacheinander in Bewegung geraten, auch einen zusätzlichen Anrückwiderstand $w_{az} = 6$ [kg/t] an.

Nach § 93 (1) der Fahrdienstvorschriften 1951 werden in Güterzügen mit höchstens 60 [km/h] Geschwindigkeit die Fahrzeuge so gekuppelt, daß sich die Puffer berühren, wenn die Wagen im geraden Gleis stehen. In Durchgangsgüterzügen mit höchstens 60 [km/h] sind die Fahrzeuge möglichst so fest zu kuppeln, daß die Pufferfedern etwas angespannt sind. Jedoch ist etwa jeder zehnte Wagen loser zu kuppeln, so daß sich hier die Puffer nur berühren. In allen diesen Fällen sind die Güterzüge weich gekuppelt, für die der zusätzliche mittlere Anrückwiderstand $w_{az} = 6$ [kg/t] in Ansatz zu bringen ist.

Beim Anrücken auf der maßgebenden Steigung muß also der Gesamtwiderstand des Zuges $G_z(w_{az} + w_0 + s_{ma})$ [kg] von den Reibungszugkräften bei niedrigen Geschwindigkeiten überwunden werden. Es muß also beim Anrücken bei $V = 0$

$$Z_{r_0} > G_z \cdot (w_0 + w_{az} + s_{ma})$$

sein.

Die Reibungszugkraft am Triebradumfang ist hierbei

$$Z_{r_0} = G_r \cdot \mu_{h_0} \text{ [kg]}.$$

Für die Anfahrt auf der maßgebenden Steigung ist bei trockenen sauberen Schienen die mögliche Haftreibung nach Curtius und Kniffler[1] $\mu_h = \dfrac{7500}{V + 44} + 161$ [kg/t] nach Versuchsfahrten (Abb. 18). In der Praxis wird jedoch meist die von Prof. Kother[2] aufgestellte Formel $\mu_h = \dfrac{9000}{V + 42} + 116$ [kg/t] angewendet, die aus den in der Literatur bekanntgegebenen Haftreibungswerten aufgestellt worden ist und mit Ausnahme des Wertes für $V = 0$ kleinere μ_h-Werte liefert. Diese Werte sind, insbesondere bei kleinen Geschwindigkeiten, größer als die Haftreibung, mit der die Reibungskräfte der Llv-Tafel berechnet wurden. Für $V = 0$ ist nach beiden Formeln $\mu_{h_0} = 332$ [kg/t]. Für Zwillingsloks ist wegen der ungleichförmigen Kraftübertragung durch das Kurbelgetriebe

$$\mu_{h_0} = 0{,}8 \cdot 332 = 265 \text{ [kg/t]},$$

während $\mu_{h_0} = 332$ [kg/t] für Elloks mit Einzelantrieb gilt. Bei nassen Schienen ist die Haftreibung etwa 30% geringer, aber durch Sandstreuen kann man diese nach Versuchen von Richey um 25—35% erhöhen und die obigen Werte μ_{h_0} sind daher stets mit Sicherheit bei Verwendung des Sandstreuers erreichbar. Dann ist mit den obigen Werten bei $V = 0$ die Reibungszugkraft bei Elloks $Z_{r_0} = 332 \cdot G_r$ und bei Zwillingsloks $Z_{r_0} = 265 \cdot G_r$, bei Vierzylinderloks ist der Mittelwert einzusetzen. Nun ist aber nach Versuchen von Müller-Genf bei $V = 0$ für Elloks die Haftreibung $\mu_{h_0} = 350$ [kg/t] und daher für Zwillingsloks $\mu_{h_0} = 0{,}8 \cdot 350 = 280$ [kg/t]. Da diese Versuchswerte größer als die in Rechnung gesetzten sind, ist tatsächlich ein kleiner, aber ausreichender Überschuß vorhanden, damit der Zug zum Anrücken kommt.

---

[1] Curtius u. Kniffler: Elektr. Bahnen 1942, S. 139.
[2] Kother: Elektr. Bahnen 1940, S. 219.

Dies wird auch in dem Aufsatz[1] von Curtius und Kniffler durch folgenden Satz bestätigt: „Wie Beobachtungen bei der Anfahrt langer schwerer Züge zeigten, kann der Haftwert mit Hilfe des Sandstreuers noch über den Wert von 330 [kg/t] gehoben werden."

Der Gesamtwiderstand ist bei $V=0$ gleich der in Rechnung gestellten Reibungszugkraft Z_r, also ist für Elloks

$$G_z(w_0 + w_{az} + s_{ma}) = 332\, G_r = Z_{r_0}$$

und für Zwillingsloks

$$G_z(w_0 + w_{az} + s_{ma}) = 265\, G_r = Z_{r_0}$$

(IIa)

Für die Bestimmung der wirtschaftlichsten maßgebenden Steigung ist die maßgebende Zuglast nicht nur in Abhängigkeit von $s_{ma} + w_0 + w_{az}$ [kg/t], sondern auch in Abhängigkeit von den gleichbleibenden Geschwindigkeiten V_s auf den verschiedenen maßgebenden Steigungen darzustellen. Die Beharrungsgeschwindigkeiten ändern sich wieder mit der Zugkraft am Triebradumfang.

Bei der gleichmäßigen Geschwindigkeit V_s auf der maßgebenden Steigung ist die Zugkraft am Triebradumfang

$$Z_t = G_z(s_{ma} + w)\ [\text{kg}] \quad \text{(IIIa)},$$

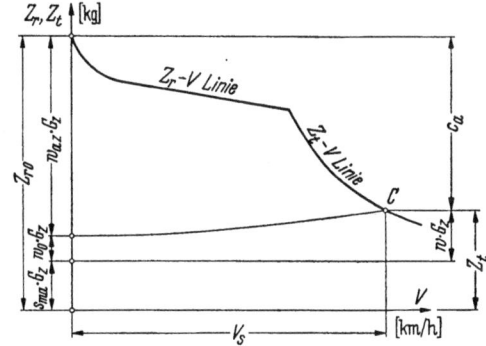

Abb. 23. Zugkräfte und Widerstände beim Anfahren.

die im Punkte C der Abb. 23 besteht. In dieser Abbildung ist über der V-Achse die Z_t-V-Linie gezeichnet. Hier ist der gleichbleibende Steigungswiderstand $G_z \cdot s_{ma}$ und der von der Geschwindigkeit abhängige Zugwiderstand $G_z \cdot w$ der waagerechten geraden Bahn eingetragen.

Setzt man nun in die Gl. (IIa) und (IIIa) das Zuggewicht

$$G_z = G_l + G_w$$

ein, so ist

$$(G_w + G_l) \cdot (s_{ma} + w_{az} + w_0) = Z_{r_0} \quad \text{und} \quad (G_w + G_l) \cdot (s_{ma} + w) = Z_t$$

oder die Zuglast

$$G_w = \frac{Z_{r_0}}{s_{ma} + w_{az} + w_0} - G_l\ [\text{t}] \quad \text{(IIb)} \quad \text{bzw.} \quad G_w = \frac{Z_t}{s_{ma} + w} - G_l\ [\text{t}]. \quad \text{(IIIb)}$$

Die Gl. (IIb) gibt die Abhängigkeit der Zuglast von der veränderlichen maßgebenden Steigung an bei gegebenem Z_{r_0} und w_{az}, die Gl. (IIIb) diese Abhängigkeit bei gegebenem Z_t. Aus der Gleichung

$$Z_t = (G_w + G_l) \cdot (s_{ma} + w)$$

kann man für ein gleichbleibendes V_s, also auch für ein konstantes Z_t, eine hyperbelähnliche Kurve zeichnen, deren Ordinaten G_w und deren Abszissen s_{ma} [°/₀₀] sind.

---

[1] Curtius u. Kniffler: Elektr. Bahnen 1950, Heft 9, S. 210, rechte Spalte.

Wenn man dies für verschiedene Werte von V_s durchführt, so erhält man nach Abb. 25 eine Schar dieser Kurven.

In Abb. 24 ist aber nur die hyperbolische Kurve für die Übergangsgeschwindig-

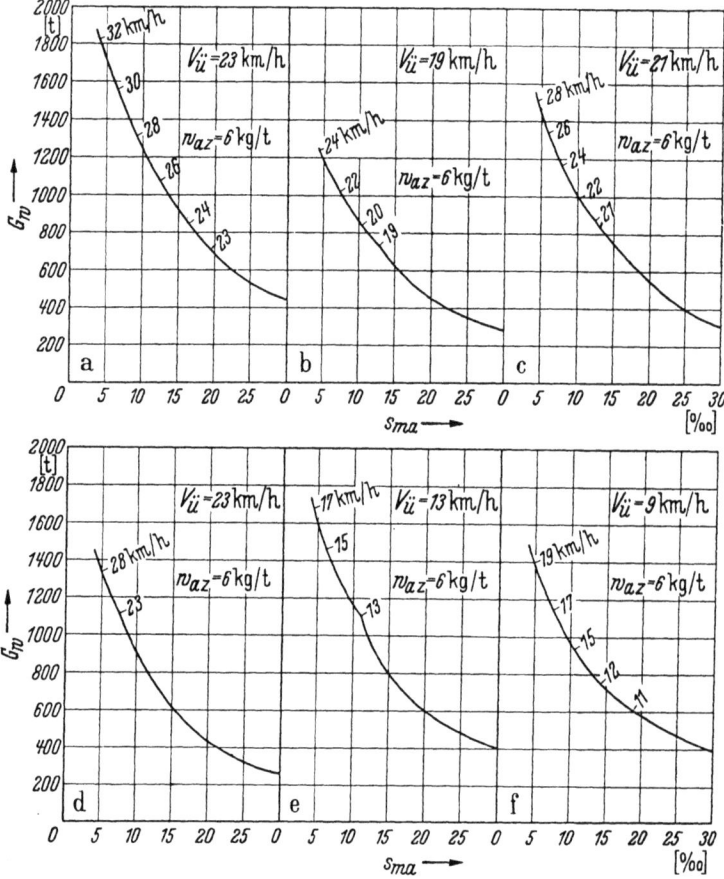

Abb.24. Fahrdynamische Charakteristiken der Güterzug-Dampflokomotiven.
a) G 56.20 (44); b) G 44.17 (G 8); c) 56.16 (G 12); d) G 56.15 (50); e) Gt 55.17 (T 16); f) G 55.15 (G 10).

keit $V_{ü}$ von der Reibungszugkraft zur Kesselzugkraft gezeichnet, weil diese Übergangsgeschwindigkeit für Güterzüge die günstigste ist.

Nun ist aber nach Abb. 23

$$Z_{r_0} = Z_t + c_a,$$

wo c_a der für ein gegebenes V_s bekannte Unterschied zwischen den Zugkräften für $V=0$ und $V=V_s$ ist. Setzt man weiterhin wieder

$$Z_t = (G_w + G_l) \cdot (s_{ma} + w),$$

so wird aus Gl. (IIa)

$$Z_{r_0} = (G_w + G_l) \cdot (s_{ma} + w_{az} + w_0) = (G_w + G_l) \cdot (s_{ma} + w) + c_a.$$

Dasselbe G_w und dasselbe s_{ma} bestimmt also den Schnittpunkt der hyperbelähnlichen Kurve für $V_ü$ mit der oberen Begrenzungslinie für $V_s > V_ü$. Für diesen Schnittpunkt gilt dann

$$c_a = (G_w + G_l) \cdot (s_{ma} + w_{az} + w_0 - s_{ma} - w)$$

oder

$$c_a = (G_w + G_l) \cdot (w_{az} + w_0 - w) \qquad (IV)$$

oder die Zuglast ist

$$G_w = \frac{c_a}{w_{az} + w_0 - w} - G_l.$$

Da jeder hyperbelähnlichen Kurve eine gleichbleibende Geschwindigkeit V_s zugeordnet ist, so wird durch die Schnittpunkte dieser in Abb. 24 nicht gezeich-

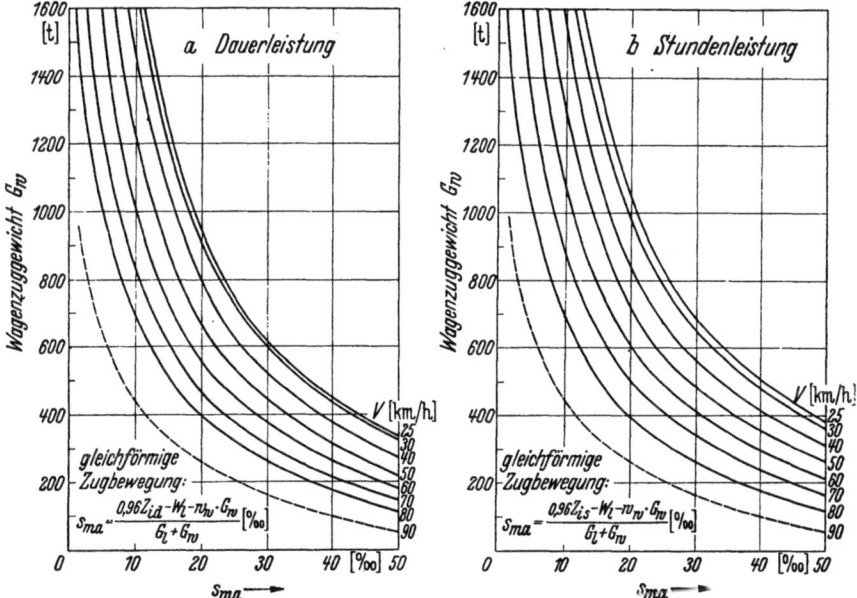

Abb. 25 a u. b. Fahrdynamische Charakteristiken der Co'—Co'-Lok E 94. (Die obere Begrenzungslinie beim Anfahren für den Anrückwiderstand $w_{az} = 6$ [kg/t] tritt für G_w bis 1600 [t] nicht in Erscheinung.)

neten Kurvenschar mit der oberen Begrenzungslinie letztere nach den Geschwindigkeiten V_s unterteilt, mit denen die Zuglasten G_w auf den maßgebenden Steigungen s_{ma} gleichmäßig gefahren werden. Die einzelnen Schnittpunkte sagen dann aus, daß ein Zug, der nach Überwindung des Anrückwiderstandes w_{az} auf der maßgebenden Steigung s_{ma} anfährt, die größtmögliche Zuglast G_w auch gleichmäßig mit V_s weiterbefördert. Die Zuglasten, deren Ordinaten über der oberen Begrenzungslinie liegen, können auf dieser Steigung nach einem Halten nicht mehr weiterbefördert werden.

Nun ändern sich aber für dasselbe G_l mit den Zuglasten G_w die Zugwiderstände w und w_0. Zur Berechnung ihrer Schnittpunkte mit der oberen Begrenzungslinie sind daher die Werte w und w_0 noch durch den Lokomotivwiderstand W_l und durch den Güterwagenwiderstand w_w [kg/t] auszudrücken. Es ist der Zugwiderstand dann

$$w = \frac{W_l + w_w \cdot G_w}{G_l + G_w} \quad [kg/t].$$

Dies in Gl. (IIIb) eingesetzt und nach G_w aufgelöst, ergibt
$$G_w = (Z_t - W_l - G_l \cdot s_{ma}) : (s_{ma} + w_w).$$
Das ist die Gleichung, nach der die hyperbelähnlichen Kurven ausgerechnet werden. Für $V = 0$ ist nach der Gleichung für W_l (S. 19)
$$c_{l_1} \cdot G_{l_1} + c_{l_2} \cdot G_{l_2} = W_{l_0}$$
und nach S. 20 $w_{w_0} \cong 2$ der Güterwagen.

Im Beispiel wurde $w_0 = \dfrac{W_{l_0} + w_{w_0} \cdot G_w}{G_l + G_w} = \dfrac{2,5\, G_{l_1} + c_{l_2} \cdot G_{l_2} + 2\, G_w}{G_l + G_w}$ für Dampfloks

und $w_0 = \dfrac{2,5\, G_{l_1} + 5\, G_{l_2} + 2\, G_w}{G_l + G_w}$ für Elloks gesetzt.

Mit den Werten
$$W_l = W_{l_0} + 5,6 \left(\frac{V_s + 15}{10}\right)^2 \text{ für Dampfloks (4,0 statt 5,6 bei Elloks)}$$

und $G_w \cdot w_w = G_w \cdot w_{w0} + G_w \cdot 0,057 \cdot \left(\dfrac{V_s + 15}{10}\right)^2$ für Güterwagen

ist für Dampfloks $w = w_0 + \dfrac{5,6 \left(\dfrac{V_s + 15}{10}\right)^2 + G_w \cdot 0,057 \left(\dfrac{V_s + 15}{10}\right)^2}{G_l + G_w}$,

oder $\qquad w_0 - w = -\dfrac{\left(\dfrac{V_s + 15}{10}\right)^2 \cdot (5,6 + 0,057\, G_w)}{G_l + G_w}$ [kg/t]. \hfill (V)

Nach (Gl. IV) S. 37 ist
$$c_a = Z_{r_0} - Z_t = (G_l + G_w) \cdot (w_0 - w + w_{az}).$$
Setzt man den Wert für $w_0 - w$ nach Gl. (V) ein, so ist mit $w_{az} = 6$ [kg/t] aus Gl. (I)
$$c_a = (G_l + G_w) \cdot 6 - \left(\frac{V_s + 15}{10}\right)^2 \cdot (5,6 + 0,057\, G_w).$$
Nun ist $c_a = Z_{r_s} - Z_t = 265 \cdot G_r - 0,96\, Z_i$ bekannt, da Z_i für die Geschwindigkeiten V_s aus der Llv-Tafel entnommen werden kann. Dann ist die größte Zuglast, die auf der maßgebenden Steigung s_{ma} in Fahrt gebracht werden kann, für Dampfloks mit 2 Zylinder

$$G_w = \frac{265\, G_r - 0,96\, Z_i - 6\, G_l + 5,6 \left(\dfrac{V_s + 15}{10}\right)^2}{6 - 0,057 \left(\dfrac{V_s + 15}{10}\right)^2} \quad [t], \hfill (VIa)$$

oder bei der E 94 ist mit $w_{az} = 6$ [kg/t] die Zuglast bei $V_s < 70$ [km/h]

$$G_w = \frac{332\, G_r - 0,97\, Z_i - 6\, G_l + 4,0 \left(\dfrac{V_s + 15}{10}\right)^2}{6 - 0,057 \left(\dfrac{V_s + 15}{10}\right)^2} \quad [t]. \hfill (VIb)$$

Die obere Begrenzungslinie wird dadurch konstruiert, daß man nach Gl. (VI) die Schnittpunkte für G_w mit den Hyperbeln berechnet, aufträgt und diese verbindet.

Wenn diese Zuglast auf der maßgebenden Steigung, die durch den Schnitt der oberen Begrenzungslinie mit der hyperbelähnlichen Kurve gekennzeichnet ist, in Fahrt kommen und mit der Geschwindigkeit V_s gleichmäßig weiterfahren kann, dann können auch alle kleineren Zuglasten auf der maßgebenden Steigung an- und mit V_s gleichmäßig weiterfahren, die durch die Ordinaten der Hyperbel unterhalb des obigen Schnittpunktes gekennzeichnet sind. In Abb. 24 sind für die Dampfloks der Gattungen G 56.20 (44), G 56.16 (G 12), G 56.15 (50), G 55.15 (G 10), G 44.17 (G 8[1]), Gt 55.17 (T 16[1]) die fahrdynamischen Charakteristiken für den Anrückwiderstand $w_{az} = 6$ [kg/t] gezeichnet worden. Da nach der Llv-Tafel der E 94 (Abb. 17) sowohl die Stundenzugkraft als auch die Dauerzugkraft von $V = 0$ bis $V = 25$ [km/h] konstant ist, sind in den fahrdynamischen Charakteristiken für die Dauer- und die Stundenleistung dieser Ellok (Abb. 25) die hyperbelähnlichen Linien nur für die gleichmäßige Fahrgeschwindigkeit von $V = 25$ bis $V = 90$ [km/h] gezeichnet worden.

Der zusätzliche Anlaufwiderstand $w_{az} = 6$ [kg/t] kommt also für die fahrdynamische Charakteristik der Ellok im Güterzugdienst nicht in Frage. Fährt die E 94 vom Reibungsgewicht $G_r = 118,5$ t mit der Dauerzugkraft $Z_{id} = 25800$ [kg] an, so ist die Haftreibung zwischen Rad und Schiene $\mu_h = 0,96 \cdot 25800 : 118,5 = 209$ [kg/t]. Erfolgt die Anfahrt mit der Stundenzugkraft $Z_{is} = 28400$ kg, so ist $\mu_h = 0,96 \cdot 28400 : 118,5 = 230$ [kg/t].

Nach „Elektrische Bahnen" 1950, S. 210 sind die Fahrmotoren neuerer elektrischer Lokomotiven so gebaut, daß die erzeugbaren Stundenzugkräfte sich hart den Werten der möglichen Haftzugkräfte nähern. Das trifft demnach auch für die E 94 zu (Abb. 25).

Die Zuglast, die von einer Dampflok auf einer Steigung wieder in Fahrt gebracht werden soll, ist nach der fahrdynamischen Charakteristik Abb. 24 bei dem zusätzlichen Anrückwiderstand $w_{az} = 6$ [kg/t] kleiner als die mit den Rechnungshaftwerten und dem Laufwiderstand des Zuges von 2,5 °/₀₀ sowie dem zusätzlichen Krümmungswiderstand von 1°/₀₀ ermittelten Wagenzuggewicht. Die Werte der fahrdynamischen Charakteristik liegen also im Vergleich zu dieser empfohlenen Berechnung[1] auf der sicheren Seite. Rechnungen, die die benötigte Anfahrzugkraft und damit das erforderliche Haftungsgewicht aus dem Haftwert 332 [kg/t] bei $V = 0$ [km/h] und aus der Summe der einzelnen Anfahrwiderstände bestimmen, liefern daher ein brauchbares Ergebnis.

Durch die fahrdynamische Charakteristik einer Lok wird eine Zugfahrt nach ihrer Last, ihrer Beharrungsgeschwindigkeit und der maßgebenden Steigung charakterisiert. Sie ist ein Hilfsmittel nicht nur für das wirtschaftliche Trassieren der Neubaulinien, sondern auch für die Betriebsgestaltung bestehender Bahnen sowie für die Wahl der geeigneten Lokgattung.

Aus den für jede Lokgattung nur einmal aufgestellten fahrdynamischen Charakteristiken kann man nämlich

1. bei Neubaustrecken für ein aus der Streckenbelastung gefordertes Wagenzuggewicht G_w [t] die maßgebende Steigung ablesen;

2. bei bestehenden Bahnen für die gegebene maßgebende Steigung die größten Wagenzuggewichte ablesen;

3. die für den Betrieb einer Bahnlinie zweckmäßigste Lokgattung bestimmen.

---
[1] Curtius u. Kniffler: Elektr. Bahnen 1950, S. 210; am Schluß des Aufsatzes: Neue Erkenntnisse über die Haftung zwischen Treibrad und Schiene.

I. Das s–V-Diagramm als Grundlage der Fahrzeitermittlung der Züge.

1. Begriff und Aufgabe der s–V-Diagramme.

Das Diagramm, das die Beschleunigungskräfte p_0 [kg/t] eines Zuges auf waagerechter gerader Bahn in Abhängigkeit von der Geschwindigkeit darstellt, müßte eigentlich p_0–V-Diagramm heißen. Man nennt es aber allgemein s–V-Diagramm. Diese Umbenennung ist dadurch gerechtfertigt, daß auf den Zug keine Kräfte ausgeübt werden, wenn $p_0 = s$ ist. Denkt man sich bei den einzelnen Geschwindigkeiten die p_0-Kräfte durch gleich große, aber entgegengesetzt wirkende Steigungswiderstände s [kg/t] aufgehoben, die durch die Steigungen s [°/$_{00}$] entstehen, so hat der Zug auf diesen die entsprechenden gleichförmigen Geschwindigkeiten.

Die Steigungen s [°/$_{00}$] sind durch das Längenprofil der Strecke gegeben, und das s–V-Diagramm gibt daher die Geschwindigkeiten an, mit denen die verschiedenen Steigungen des Längenprofils gleichmäßig von einer Lok gegebener Gattung mit gegebener Zuglast befahren werden. Die Lok ist hierbei an der Kesselleistungsgrenze beansprucht. Das s–V-Diagramm stellt demnach die Beziehung zwischen den Beschleunigungskräften des Zuges auf der waagerechten geraden Bahn und dem Längenprofil her. s–V-Diagramm und Längenprofil bilden die Unterlagen der Fahrzeitermittlung.

Die s–V-Diagramme sind vom Eisenbahnzentralamt nicht nur für jede Lokomotivgattung und die verschiedenen Zuglasten, sondern auch wegen der verschiedenen Zugwiderstände für die einzelnen Zugarten aufgestellt, die von der gleichen Lok gezogen werden.

Als Kesselleistungsgrenze bezeichnet man, wie gesagt, die Leistung der Maschine bei einem Dampfverbrauch D, der einer Heizflächenbelastung des Kessels ohne Überhitzer von $D:H = 57$ [kg/m² · h] entspricht[1] (s. S. 23). Diese Kesselanstrengung bildet den Grundwert des s–V-Diagramms. Im Gegensatz zu den aus Versuchsfahrten gewonnenen Fahrzeiten geben die aus dem s–V-Diagramm berechneten die Gewähr dafür, daß alle Fahrten möglichst gleichmäßig durchgeführt werden, ohne die zulässige Beanspruchung des Triebfahrzeugs zu überschreiten. Die Fahrzeitermittlung gibt daher allen Lokomotivführern eine Anweisung, ihre Maschinen sowohl für eine schnelle Fahrt als auch im Interesse der Erhaltungswirtschaft zu bedienen.

Dem Betriebe will man also durch das s–V-Diagramm, das auf wissenschaftlicher Grundlage und auf Versuchsergebnissen beruht, ein Mittel in die Hand geben, das die Maschinen vor schädlichen Überanstrengungen bewahrt, sie aber bis zur wirtschaftlichen Leistungsgrenze, der vorerwähnten Kesselleistungsgrenze, ausnutzt. Dieser Begriff blieb früher auf die Verwendung in der Fahrplanaufstellung beschränkt, wenn auch die wirkliche Ausnutzung der Lok stark von den Fähigkeiten des Lokführers abhängt. Da als Maßstab für die Heizflächenbelastung mit hinreichender Genauigkeit der Füllungsgrad auf der Steuerungsskala abzulesen ist, sind vom Eisenbahnzentralamt Tabellen aufgestellt, die dem Lokführer für die Kesselgrenzbelastung bei der jeweiligen Fahrgeschwindigkeit die entsprechenden Füllungsgrade angeben. Zum Teil werden die Füllungsgrade auf dem Geschwindigkeitsmesser angeschrieben. In seiner Verwendung bei der

---
[1] Günther u. Solveen: Glasers Ann. 108 (1931), S. 55.

Bundesbahn stellt das s-V-Diagramm also eine der praktischen Auswertungen der bei den Versuchsfahrten gewonnenen Ergebnisse für den Betrieb dar, und zwar erfolgt die Festlegung der Lokomotivleistung unter zwei Gesichtspunkten:

1. der Reibung,
2. der Kesselleistung.

Für die Reibungszugkräfte gelten dieselben Haftreibungswerte μ_h, die auf S. 24 für die obere Begrenzung der Zugkräfte der Llv-Tafeln bestimmend sind.

2. Die Ermittlung der Zugkräfte an der Kesselleistungsgrenze mit Hilfe der Bremslokomotive.

Nun wird bei Versuchsfahrten mit dem Meßwagen die Schleppleistung der Lok auf den Tenderzughaken bezogen. Deshalb muß auch die effektive Zugkraft Z_e auf diese bezogen werden.

Mit der Einführung der Bremslokomotive werden die Z_e-V-Linie rein versuchsmäßig für die gewollte Kesselanstrengung in der Beharrung festgelegt und die s-V-Diagramme für die verschiedenen Zuglasten wirklich für 57 [kg/m² · h] aufgestellt.

Hat man die Z_e-V-Linie aufgetragen, so erhält man die Übergangsgeschwindigkeit von der Reibungs- zur Kesselzugkraft dadurch, daß man bei Güterzügen,

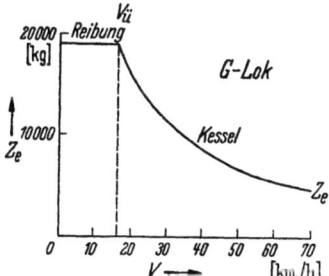
Abb. 26. Z_e-V-Linie einer Güterzug-Dampflokomotive.

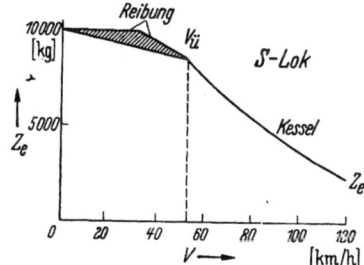
Abb. 27. Z_e-V-Linie einer Schnellzug-Dampflokomotive.

bei denen allgemein diese Geschwindigkeit $V_{\ddot{u}} = 0{,}3 \cdot V_{max}$ der Lok, also 17—25 [km/h] ist, für die Haftreibung $\mu_h = 200$ [kg/t], die bereits den Ungleichförmigkeitsgrad der Zwillingsloks berücksichtigt, die effektive Zugkraft für $s = 0$ [⁰/₀₀]

$$Z_e = 200 \cdot G_r - 2{,}5\, G_{l_1} - 0{,}6\, F \left(\frac{V}{10}\right)^2$$

berechnet. Bei Güterzugloks zieht man hierfür, wie in Abb. 26, bis zum Schnitt mit der Z_e-V-Linie eine Waagerechte. Bei Schnellzugloks, bei denen $V_{\ddot{u}} = 0{,}4 \cdot V_{max}$ bis $0{,}5 \cdot V_{max}$, d. h. 50—60 [km/h] ist, berechnet man für $V_{\ddot{u}} = 50$ und 60 [km/h], also mit $\mu_h = 164$ [kg/t] bzw. $\mu_h = 153$ [kg/t] die Z_e-Werte und trägt diese in der Z_e-V-Linie für die S-Lok auf (in Abb. 27 nicht gezeichnet). Durch Verbindung der beiden oberen Endpunkte erhält man im Schnitt mit der Z_e-V-Linie die Übergangsgeschwindigkeit $V_{\ddot{u}}$. Diesen Punkt verbindet man in $V = 0$ [km/h] mit dem für $\mu_h = 200$ [kg/t] berechneten Z_e-Wert geradlinig.

3. Die Gleichung der s–V-Linien

a) aus den Ergebnissen der Bremslokomotive. Da mit der Bremslokomotive die Z_e-V-Linie rein versuchsmäßig für die gewollte Kesselanstrengung in der Beharrung festgestellt worden ist, so muß bei gleichmäßiger Geschwindigkeit die Zugkraft gleich dem Widerstand, also $Z_e = G_w \cdot w_w + (G_l + G_w) \cdot s$ sein. Es ist G_l das

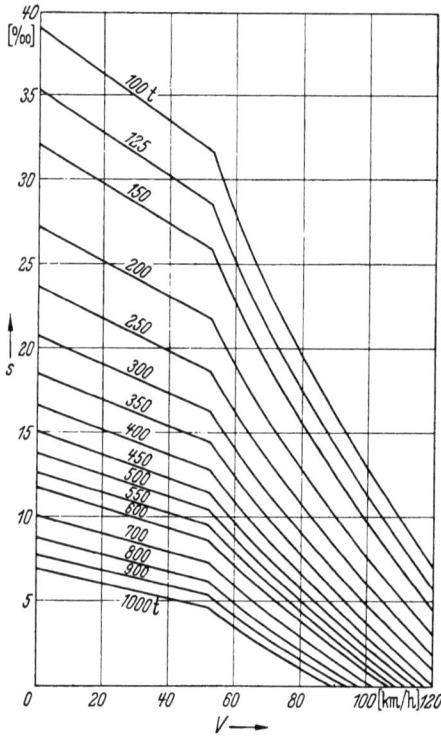

Abb. 28. s-V-Diagramm der S 36.17 (Diagramm der Deutschen Bundesbahn).

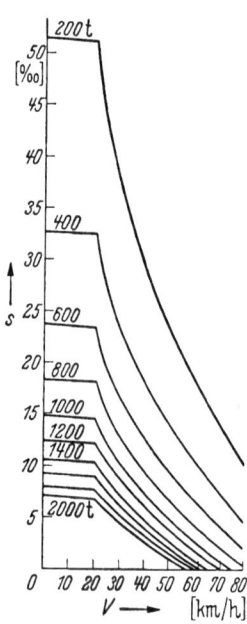

Abb. 29. s-V-Diagramm der G 56.20 (Diagramm der Deutschen Bundesbahn).

Gewicht von Lok und Tender und $G_l + G_w = G_z$ [t] das Zuggewicht. Hierbei gehören die Werte von Z_e zur gleichen Geschwindigkeit V wie die von w_w. Dann sind die Steigungen s [⁰/₀₀], auf denen der Zug die den Werten Z_e und w_w entsprechende Beharrungsgeschwindigkeit hat,

$$s = \frac{Z_e - G_w \cdot w_w}{G_l + G_w} \; [^0/_{00}]$$

Nach dieser Gleichung wird also das s-V-Diagramm ermittelt, indem man, für bestimmte Geschwindigkeiten $V = 20, 40, 60, 80$ usw. [km/h], w_w nach der in Frage kommenden Widerstandsformel berechnet und für die gleichen Geschwindigkeiten aus dem Versuchsbericht der Versuchsfahrt die Zugkräfte Z_e entnimmt, somit für G_w bestimmte Werte $G_w = 100, 200, 300$ usw. [t] annimmt. Die errechneten s [⁰/₀₀] trägt man in ein Koordinatensystem mit der Geschwindigkeit V [km/h] als Abszisse und der Steigung s [⁰/₀₀] als Ordinate auf (Abb. 28 u. 29).

b) aus den Lokomotiv-Leistungs- und Verbrauchstafeln. Sind die vom Zentralamt aufgestellten s-V-Diagramme nicht greifbar, dagegen die Lokomotiv-Leistungs- und Verbrauchstafeln vorhanden (Abb. 15), so kann man aus diesen die indizierten Zugkräfte Z_{ig} an der Kesselleistungsgrenze entnehmen. Die Zugkräfte am Triebradumfang erhält man aus der Gleichung $Z_t = (1 - c_{l3}) \cdot Z_{ig}$ für Dampfloks. Für die Widerstandsformeln der Lokomotiven (S. 19), sowie für die aus der fahrdynamischen Charakteristik abgelesene Zuglast G_w [t] für eine gegebene maßgebende Steigung s_{ma} [‰], berechnet man (s. auch S. 33) die Steigungen s [‰], auf denen der Zug mit den verschiedenen Beharrungsgeschwindigkeiten fährt, mit $1 - c_{l_3} = 0{,}96$ nach der Gleichung

$$s = \frac{0{,}96\, Z_{ig} - W_l - w_w \cdot G_w}{G_l + G_w}\ [‰].$$

Die Werte Z_{ig} und w_w können aus den Abb. 15 und 13 entnommen werden.

Da $\quad w = \dfrac{W_l + w_w \cdot G_w}{G_l + G_w}\ $ ist, so ist

$$s = \frac{0{,}96 \cdot Z_{ig}}{G_l + G_w} - w \quad \text{und mit} \quad z = \frac{0{,}96 \cdot Z_{ig}}{G_l + G_w}$$

ist dann $s = z - w = p_0$ [kg/t].

Setzt man daher von der Geschwindigkeitsachse der Abb. 15b nach unten die verschiedenen w-Werte ab, verbindet sie zur w-Linie und trägt von letzterer nach oben die z-Werte ab, so ergibt die Verbindungslinie dieser Punkte die $-V$-Linie. Denn die Ordinaten sind von der V-Achse ab

$$z - w = p_0 = s\ [\text{kg/t}].$$

Da $z = \dfrac{0{,}96 \cdot Z_{ig}}{G_z}$ [kg/t] ist, so kann man die z-Werte aus der Llv-Tafel für die verschiedenen Geschwindigkeiten abgreifen. In Abb. 15 a, b ist als Beispiel für die zeichnerische Ermittlung der s-V-Linie aus der Llv-Tafel der G 56.20 (44) (Abb. 15a) diejenige für die Fahrzeitermittlung auf S. 54 konstruiert. Das Lokgewicht ist $G_l = 169$ t, das Wagenzuggewicht ist $G_w = 1040$ [t] nach der fahrdynamischen Charakteristik (Abb. 24) für die maßgebende Steigung einer Bahnlinie $s_{ma} = 12{,}9 ‰$. Das Zuggewicht ist dann $G_z = 1209$ [t]. Für das beliebige $Z_i = 20000$ [kg] ist dann $z = \dfrac{0{,}96 \cdot Z_i}{G_z} = \dfrac{0{,}96 \cdot 20\,000}{1209} = 15{,}9 ‰$, die man bei dem Maßstab der s-V-Linie (1 [‰] = 2 [mm]) mit 31,8 [mm] in $Z_i = 20000$ [kg] der Llv-Tafel waagerecht absetzt. Verbindet man den Endpunkt durch eine Gerade mit dem Nullpunkt $Z_i = 0$, so hat diese Gerade die Neigung $\dfrac{Z_i}{z} = \dfrac{G_z}{0{,}96} = \operatorname{ctg} \alpha$.

Die zeichnerische Ermittlung der z-Werte für die Geschwindigkeiten 30, 40, 50 u. 60 [km/h] für die Zugkräfte an der Kesselleistungsgrenze ist in Abb. 15a eingetragen. In Abb. 15b sind unterhalb der V-Achse für die Geschwindigkeiten von 10 zu 10 [km/h] die Zugwiderstände w [kg/t] nach Tab. 2, S. 54 abgesetzt und zur w-Linie verbunden. In den betreffenden Geschwindigkeiten sind dann die waagerechten Strecken zwischen der Z_i-Achse und dem gezeichneten Strahl der Llv-Tafel, also die z-Werte, in Abb. 15b von der w-Linie nach oben übertragen. Die Verbindung der oberen Endpunkte ist dann die s-V-Linie. Die

Tab. 2 auf S. 54 zeigt die rechnerische Ermittlung der s-V-Linie und der w-Linie, und zwar für dieselbe Zuglast und Bespannung wie bei der zeichnerischen Ermittlung der s-V-Linie nach Abb. 15. Die Ergebnisse beider Ermittlungen zeigen volle Übereinstimmung.

Die Abb. 28 und 29 geben die s-V-Diagramme des Eisenbahnzentralamtes von der S 36.17 IV h (bad.) und der G 56.20 (44) wieder. Aus diesen wurden z.B. die s-V-Linien für die Zuglast $G_w = 500$ [t] eines Schnellzuges sowie für $G_w = 1000$ [t] eines Güterzuges entnommen, um die Fahrzeiten zu ermitteln, nach denen die Leistungsfähigkeit einer zweigleisigen Strecke in Abschnitt IV bestimmt wurde. Die S 36.17 IV h (bad.) entspricht der S 36.17 (03). Alle anderen s-V-Linien dieses Buches wurden nach dem obigen zeichnerischen Verfahren aus den Llv-Tafeln konstruiert oder berechnet.

4. Die Beschleunigungs- und Verzögerungskräfte einer Zugfahrt.

Das s-V-Diagramm (Abb. 30), gibt, wie gesagt, die Beschleunigungskräfte bezogen auf eine Tonne Zuggewicht auf der waagerechten geraden Bahn an. Hat aber der Zug auf einer Steigung eine andere Geschwindigkeit, als das s-V-Diagramm angibt, so ist diese nicht mehr gleichmäßig, sondern veränderlich, da nunmehr die Kräfte $p_0 \pm s \lessgtr 0$ sind.

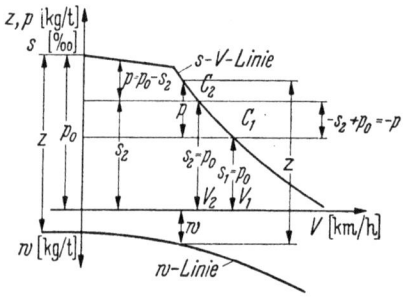

Abb. 30. s-V-Diagramm.

Da die Ordinaten der s-V-Linien mit zunehmender Geschwindigkeit abnehmen, so wird, bei konstanter Steigung und damit auch konstantem Steigungswiderstand, bei kleineren Geschwindigkeiten, als die s-V-Linie für eine Steigung angibt, der Zug auf dieser Steigung beschleunigt. Kommt dagegen ein Zug mit einer größeren Geschwindigkeit, als die s-V-Linie angibt, auf eine Steigung, so wird der Zug verzögert. Im ersteren Falle sind die Beschleunigungskräfte bezogen auf eine Tonne Zuggewicht $+p = p_0 \mp s$ [kg/t], im letzteren Falle sind die Verzögerungskräfte $-p = p_0 - s$ [kg/t]. Die Beharrungsgeschwindigkeiten V_1 und V_2, die auf den Steigungen s_1 und s_2 [⁰/₀₀] erreicht werden, sind durch die Ordinaten der s-V-Linie festgelegt. Man erhält im s-V-Diagramm die p-Kräfte dadurch, daß man bei Steigungen $+s$ [⁰/₀₀] über und bei Gefällen $-s$ [⁰/₀₀] unter der V-Achse eine Waagerechte im Abstand s [⁰/₀₀] zieht. Bei Steigungen schneiden diese Waagerechten die s-V-Linie z.B. für s_1 bzw. s_2 [⁰/₀₀] in C_1 bzw. C_2. Dann ist V_1 bzw. V_2 die erreichbare Geschwindigkeit, mit der der Zug gleichmäßig weiterfährt. Bei schwachen Steigungen und Gefällen wird die s-V-Linie bis zur Höchstgeschwindigkeit nicht geschnitten und der Geltungsbereich der Waagerechten ist hier durch die zulässige Höchstgeschwindigkeit des Zuges bzw. in Gefällen $(-s+w) > 0$ durch die nach den Bremstafeln vorgeschriebenen Geschwindigkeiten begrenzt. Das s-V-Diagramm für die Grenzkesselleistung, das Längenprofil und das Wagenzuggewicht des ausgelasteten Güterzuges aus der fahrdynamischen Charakteristik sind die Grundlagen für die Ermittlung der Zugbewegung und deren Kosten.

Zweiter Abschnitt.
Fahrdynamik der Zugförderung.
I. Die Ermittlung der Verbrauchswerte einer Zugfahrt.
A. Die Verbrauchswerte.

Die Zugfahrt ist ein physikalischer Vorgang, bei dem das Triebfahrzeug und die angehängten Wagen, vom Lokomotiv- und Zugbegleitpersonal bedient, durch die Zugkräfte auf der Schienenbahn rollen und durch die Bremskräfte zum Halten gebracht werden. Die Zugkräfte werden auf dem Triebfahrzeug erzeugt bzw. bei elektrischen Triebfahrzeugen aus einem Leitungsnetz entnommen. Der Weg, den der Zug zurücklegt, erfordert Zeit, Brennstoff bzw. elektrischen Strom und sonstige Betriebsstoffe. Bei der Zugfahrt wird außerdem das Material des Triebfahrzeugs, der Wagen, der Fahrbahn und der Stromleitungen verschlissen. Der Verschleiß des Dampfkessels wird dem Quadrate des Brennstoffverbrauchs, der des Motors dem Quadrat des Stromverbrauchs, der der Fahrgestelle der Triebfahrzeuge der Zugkraftsarbeit und deren Widerstandsarbeit verhältnisgleich gesetzt. Der Verschleiß der Schienen ist proportional der Widerstandsarbeit der Fahrzeuge insbesondere durch die Fahrt in den Bogenstrecken und die Bremsungen. Der Weg in km, die Zeit in min, der Brennstoff- und sonstige Betriebsstoffverbrauch (Speisewasser, Öl) in kg, der Stromverbrauch in kWh und die indizierte Zugkrafts- und Widerstandsarbeit in t·km gemessen, werden Verbrauchswerte genannt. Außer diesen Verbrauchswerten, deren Einheiten der Mechanik entnommen sind, ist der Verbrauchswert, nach dem auch der Verschleiß der Schwellen, des Kleineisenzeugs und der Bettung bemessen wird, im Gegensatz zu den t·km als Arbeitseinheit, also des Produkts von Fahrweg und der Kraft in der Wegrichtung, hier der t·km das Produkt des Fahrwegs und der senkrecht nach unten wirkenden Last. Dieses Produkt t·km ist das Maß der Ortsveränderung einer Last und ein statistischer Wert.

Um die Kosten einer Zugfahrt zu veranschlagen, werden diese zunächst nach dem Triebfahrzeug, den Wagen, der Fahrbahn und dem Zugpersonal unterteilt. Die Kosten für das Zugpersonal werden selbstverständlich nach der Zeit erfaßt. Der Brennstoff- und der Stromverbrauch sowie der Verbrauch an sonstigen Betriebsstoffen wird dem Triebfahrzeug angelastet und mit den vorgenannten Verbrauchswerten erfaßt. Das Triebfahrzeug, die Wagen und die Fahrbahn müssen aber auch noch verzinst und dauernd betriebsfähig gehalten werden. Der Zinsdienst wird nach dem Verbrauchswert Zeit ermittelt. Ebenso werden die durch den Verschleiß bedingten Erneuerungs- und Unterhaltungskosten, soweit sie nicht dem Energieverbrauch bzw. der Zugkraft- und Widerstandsarbeit verhältnisgleich gesetzt sind, nach der Zeit erfaßt. Es werden also die Triebfahrzeug-, die Wagen- und die Fahrbahnkosten hiernach nochmals unterteilt. Man erkennt nun, daß jeder dieser Kostenanteile von einem Verbrauchswert abhängig ist und daher durch das Produkt eines Verbrauchswertes mit einem Kostensatz für die Einheit dieses Verbrauchswertes ausgedrückt werden kann. Hierdurch werden die Kosten einer Zugfahrt in Abhängigkeit von der Zuglast, der Bespannung, der Energieart, der Fahrweise, den Fahrbahnneigungen und den Fahrbahnkrümmungen, also **individuell** erfaßt. Die Voraussetzung für diese individuelle Veranschlagung einer Zugfahrt ist die Ermittlung ihrer physikalischen **Verbrauchswerte**, also 1. der Zugbewegung nach Zeit, Weg und Geschwindigkeiten, 2. der auf der Zugfahrt verbrauchten Brennstoffe bzw. elektrischen Energie, 3. der hierbei geleisteten indizierten Zugkraft- und Widerstandsarbeit, **die sich im Gegensatz zu den Kostensätzen nur mit einer Änderung des Betriebes ändern**. Für die Ermittlung der Fahrbewegung, des Kohlen- und des elektrischen Stromverbrauchs sowie der Zugkraftsarbeit der Lokomotiven, das sind die von der Geschwindigkeit abhängenden Verbrauchswerte, sind vom Verfasser zeichnerische Verfahren entwickelt worden. Die Widerstandsarbeit ist für gleichbleibende Widerstände nur mit dem Wege veränderlich und wird daher in einfacher Weise berechnet.

Voraussetzungen für die Anwendung des Verfahrens sind das gemittelte Längenprofil der Strecke und das s-V-Diagramm, das die Beschleunigungskräfte der Triebfahrzeuge, abhängig von der Geschwindigkeit auf der waagerechten geraden Bahn, darstellt. Es muß weiterhin der Kohlen- oder Stromverbrauch sowie die Zugkraftsarbeit der Lokomotiven je Zeiteinheit als Diagramm gegeben sein. Für die Bremsfahrt, bei der die Energiezufuhr abgestellt ist, müssen die Verzögerungskräfte je Tonne Zuggewicht auf der waagerechten geraden Bahn für die in Frage kommenden Bremsbauarten in Abhängigkeit von der Geschwindigkeit und vom Bremsklotzdruck bekannt sein. Bei den elektrisch bespannten Zügen erwärmt die elektrische Energie, die nicht in die Bewegungsenergie des Zuges umgesetzt wird, den Motor. Übersteigt hierbei die Temperatur einen gewissen Grad, so werden die Isolierstoffe unbrauchbar. Der Zugbetrieb muß daher so gestaltet werden, daß die Motore der Elloks diese Temperatur während der Zugfahrt nicht erreichen. Zu diesem Zweck sind die Temperaturen, die während einer Zugfahrt in den Motoren entstehen, nach einem Verfahren von Kother (s. S. 75) zu ermitteln. Mit diesen Verfahren wird also eine Zugfahrt physikalisch **total** erfaßt.

B. Die Fahrzeitermittlung des Verfassers.
1. Grundsätzliches zur Fahrzeitermittlung.

Die Fahrzeiten werden in der Praxis durch stufenweise Integration ermittelt, weil man hierfür die auf dem Prüfstand gefundenen Zugkräfte bzw. die Differenz der Zugkräfte und Widerstände, das sind die Beschleunigungs- und Verzögerungskräfte, nicht durch eine Funktion auszudrücken braucht. Bei der stufenweisen Integration wird der Bewegungsvorgang entweder in gleiche Geschwindigkeits- oder in gleiche Zeitintervalle (Geschwindigkeitsschritt ΔV oder Zeitschritt Δt) eingeteilt.

Die Fahrzeitermittlung mit Geschwindigkeitsschritten wird entweder numerisch oder zeichnerisch durchgeführt. Ein rechnerisches Verfahren mit Geschwindigkeitsschritten ist in der Zuko bekanntgegeben. Bei der zeichnerischen Ermittlung der Fahrzeiten mit Geschwindigkeitsschritten gelingt es nicht, die Zugbewegung unmittelbar aus der s–V-Linie zu konstruieren. Man muß sich hierbei einer Zwischenkonstruktion bedienen. Bei dem ältesten Verfahren ist dies die Geschwindigkeits-Zeitlinie, bei dem Verfahren nach Strahl die Geschwindigkeits-Weglinie, bei dem Verfahren nach Pforr sind es die Geschwindigkeits-Zeit- und die Geschwindigkeits-Weglinien (s. Bd. I, S. 259). Aus den Geschwindigkeits-Zeit- und Geschwindigkeits-Weglinien wird dann die Zugbewegung als Zeit-Weglinie dargestellt.

Bei der zeichnerischen Fahrzeitermittlung mit dem Zeitschritt wird nach Unrein die Geschwindigkeits-Weglinie dadurch konstruiert, daß man für jeden Zeitschritt die auf Pauspapier gezeichnete Schablone der s–V-Linie um einen konstanten Winkel schwenkt. Die Geschwindigkeits-Weglinie wird sodann mit einem Zeitwinkel für konstante Zeitschritte in die Wege je Zeitschritt unterteilt. Man erhält dann die Fahrbewegung nach Zeit, Weg und Geschwindigkeit.

Nach dem Verfahren des Verfassers wird die Zugbewegung in einer Doppelskala festgelegt, deren Achse auf der einen Seite linear nach dem Fahrweg, auf der anderen Seite nach den in konstanten Zeitschritten zurückgelegten Wegen unterteilt ist, die zugleich die jeweiligen mittleren Zuggeschwindigkeiten sind. Die Stoßpunkte dieser Unterteilung sind nach der Fahrzeit beziffert. Hierdurch sind also Weg, Zeit und Geschwindigkeit entweder auf der Fahrbahn oder auf einer Geraden in einer Dimension dargestellt. Die ersparte Dimension kann man zur Darstellung der Zugbewegung in Abhängigkeit von einer anderen Veränderlichen, z. B. der Bahnneigungen benutzen, wie es in den Bremsnetztafeln (Abb. 47, 52, 55) geschehen ist.

Nun sind die Fahrzeiten nicht nur zu ermitteln, sondern es muß auch die Möglichkeit der Nachprüfung bestehen, ob die berechneten Fahrzeiten in der Praxis auch gefahren werden. Zu diesem Zweck ist auf der Fahrt mit dem Geschwindigkeitsmesser, der Stoppuhr und an Hand der Kilometrierung sowie den Neigungsweisern die Übereinstimmung an den Integrationsgrenzen der Fahrzeitermittlung nach Geschwindigkeit, Zeit und Ort mit den zeichnerisch ermittelten Werten nachzuprüfen. Diese Integrationsgrenzen sind außer den Anfahr- und Haltestellen: 1. die Neigungswechsel, 2. Beginn und Ende der Streckenabschnitte, die mit gleichmäßiger Geschwindigkeit befahren werden, 3. der Beginn des Auslaufs bzw. des Bremsens. Die Streckenabschnitte, die gleichmäßige Geschwindigkeit haben, sind Steigungsstrecken, die mit der Beharrungsgeschwindigkeit, und die Drosselstrecken, die mit der Höchstgeschwindigkeit bzw. Langsamfahrstellen, die mit der vorgeschriebenen Geschwindigkeit, sowie die Bremsgefälle, die bei abgestellter Energiezufuhr mit der vorgeschriebenen Bremsgeschwindigkeit befahren werden. Da in der Doppelskala (Zeit-Wegstreifen) an den Integrationsgrenzen diese Geschwindigkeiten angeschrieben sind, so ist die Nachprüfung der Fahrt einfach. Bei dem Unreinschen Verfahren müssen diese Geschwindigkeiten waagerecht links auf der V-Achse abgelesen werden. Noch viel umständlicher ist dies, wenn das Ablesen auf einer Geschwindigkeits-Weg- oder Geschwinkeits-Zeitlinie geschieht, die getrennt von der Zeit-Weglinie gezeichnet ist.

2. Das Verfahren des Verfassers.

Sind die Kräfte ± p [kg/t] in Abhängigkeit von der Geschwindigkeit als die Ursache der Bewegung aus dem s-V-Diagramm und dem Längenprofil bekannt, so ist aus der dynamischen Grundgleichung $p = m \cdot b$ [kg/t] die Beschleunigung $+ b = dv : dt$ [m/s²] bzw. die Verzögerung $- b = - dv : dt$ [m/s²] für die Masse m einer Tonne Zuggewicht zu berechnen. In der dynamischen Grundgleichung $p = m \cdot dv : dt$ sind dv die Geschwindigkeitsänderungen in der Zeit dt. Ersetzt man bei stufenweiser Integration das Differential dt durch die Differenz Δt [s] und dv durch Δv [m/s] und wählt Δt [s] als gleichbleibende Zeiteinheit (Zeitschritt),

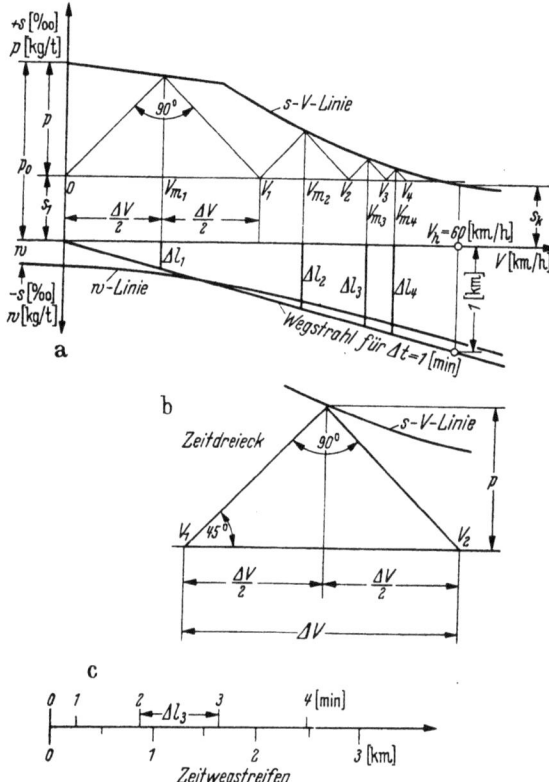

Abb. 31 a—c. Fahrzeitermittlung des Verfassers.

dann ist Δv gleich $v_2 - v_1$, wo v_1 die bereits ermittelte Geschwindigkeit zu Beginn des Zeitschrittes und v_2 die gesuchte Geschwindigkeit an dessen Ende ist. Da bei Fahrzeugen die Geschwindigkeit in V [km/h] angegeben wird, so ist

$$\Delta v = \Delta V : 3{,}6 = (V_2 - V_1) : 3{,}6 \; [\text{m/s}].$$

Bei dem Massenfaktor ϱ des Zuges ist die Masse einer Tonne Zuggewicht

$$m = \frac{1000 \cdot \varrho}{9{,}81} \; [\text{kg} \cdot \text{sec.}^2/\text{m}].$$

(Vgl. Abschnitt I, S. 12.) Hiermit lautet die dynamische Grundgleichung:

$$p = \frac{1000 \cdot \varrho \cdot \Delta V}{9{,}81 \, \Delta t \cdot 3{,}6} \; [\text{kg/t}].$$

In dieser Gleichung kann über den Faktor Δt sowie über die Maßstabverhältnisse der Kräfte p und der Geschwindigkeit V frei verfügt werden. Man wählt z. B. $p = 1$ [kg/t] $= 2$ [mm] und für $V = 1$ [km/h] $= 2$ [mm]. Bei einem Zeitschritt $\Delta t = 60$ [s] lautet die dynamische Grundgleichung $p = \dfrac{1000 \cdot \varrho \cdot \Delta V}{9{,}81 \cdot 60 \cdot 3{,}6}$.

Diese Gleichung läßt sich geometrisch durch ein gleichschenkliges Dreieck darstellen, in dem die mittlere Kraft p die Höhe und die Geschwindigkeitsänderung ΔV die Grundlinie ist. Damit man das handelsübliche rechtwinklige gleichschenklige Dreieck verwenden kann, macht man je Zeitschritt die mittlere Kraft p gleich der halben Geschwindigkeitsänderung und in Abb. 31b ist dann

$$p : \Delta V/2 = \operatorname{tg} 45° = 1 \quad \text{oder} \quad p : \Delta V = \tfrac{1}{2}.$$

Mit dieser Festsetzung ist ϱ bestimmt und für

$$\frac{p}{\Delta V} = \frac{1}{2} = \frac{1000 \cdot \varrho}{9{,}81 \cdot 60 \cdot 3{,}6} \quad \text{wird} \quad \varrho = \frac{9{,}81 \cdot 60 \cdot 3{,}6}{2 \cdot 1000} = 1{,}05948 = 1{,}06.$$

Dieses rechtwinklige gleichschenklige Dreieck wird für jeden einzelnen Zeitschritt gezeichnet und daher Zeitdreieck genannt. Die Zeitdreiecke zeichnet man bei der Fahrzeitermittlung nach Abb. 31a mit ihren Grundlinien aneinandergereiht in das s-V-Diagramm ein. Es liegen die Grundlinien auf den Waagerechten, die man im Abstand s [$^0/_{00}$] bei Steigung über oder bei Gefällen unter der V-Achse gezeichnet hat, und die Dreiecksspitzen berühren die s-V-Linie. Die Dreieckshöhen sind dann die mittleren Kräfte p [kg/t] je Zeitschritt. Durch die Aneinanderreihung der Zeitdreiecke erhält man die Geschwindigkeiten nach jedem Zeitschritt und die Anzahl der Zeitdreiecke gibt die Fahrzeit in Minuten an. Da die Grundlinien der Zeitdreiecke die Geschwindigkeitsänderungen ΔV sind, so ist durch Aneinanderreihung von n Zeitdreiecken

$$\sum_{1}^{n} \Delta V = V \text{ die Geschwindigkeit nach } n \text{ Zeitschritten.}$$

Soll der Zug nach Abb. 31a auf der Steigung s_1 [$^0/_{00}$] anfahren, so zeichnet man auf der Waagerechten im Abstand s_1 [$^0/_{00}$] über der V-Achse in $V = 0$ beginnend aneinandergereiht mit dem handelsüblichen gleichschenkligen rechtwinkligen Dreieck die Zeitdreiecke ein. Senkrecht unter der Dreiecksspitze liegt die mittlere Geschwindigkeit V_m des Fahrzeugs je Minute.

Setzt man in $V = 60$ [km/h] der V-Achse nach unten den Weg 1 [km] ab, den das Fahrzeug in 1 [min] zurücklegt, und verbindet man den unteren Endpunkt mit dem Nullpunkt der V-Achse, so erhält man den Wegstrahl. Bei dem Längenmaßstab 1 [km] = 40 [mm] (Maßstab 1:25000) ist diese Strecke in $V = 60$ [km/h] nach unten abzusetzen. Die Abstände des Wegstrahls von der V-Achse senkrecht unter den Zeitdreiecksspitzen sind dann die Wege Δl je Minute während der einzelnen Zeitschritte.

Es verhält sich für $\Delta t = 1$ [min] $\frac{V_m}{60} = \frac{\Delta l}{1}$, wie aus der Ähnlichkeit der Dreiecke der Abb. 31a unterhalb der V-Achse hervorgeht. Dann ist $\Delta l = \frac{V_m}{60}$ [km/min] der Weg je Minute bei der Geschwindigkeit V_m. Als Längenmaßstab ist der Maßstab der Meßtischblätter 1:25000 oder 1 [km] = 40 [mm] zu empfehlen, weil dann die Standorte der Haupt- und Vorsignale noch genau genug eingetragen werden können. Zeichnet man nun eine waagerechte Wegachse im gleichen Längenmaßstab 1 [km] = 40 [mm] und setzt auf dieser aneinandergereiht die unter den Dreiecksspitzen abgegriffenen Wege Δl ab und schreibt an die Anstoßpunkte die einzelnen Minuten der Reihe nach an, so erhält man den Zeit-Wegstreifen (Abb. 31c). Dieser ist unterhalb im Längenmaßstab und oberhalb nach Wegen je Minute unterteilt. Durch ihn wird die Fahrbewegung nach Zeit und Weg dargestellt. Da nach obigem die Abstände der Zeitstriche die Wege Δl sind, die bei konstantem Zeitschritt auch proportional den mittleren Geschwindigkeiten V_m je Zeitschritt sind, so ist durch den Zeit-Wegstreifen die Fahrbewegung nicht nur nach Zeit und Weg, sondern auch nach der Geschwindigkeit auf einer Linie dargestellt. Bei Verzögerung werden die Zeitdreiecke mit den Spitzen nach unten gezeichnet, und ihre Aneinanderreihung bringt dann die Verminderung der Geschwindigkeiten.

Nun ist aber in der Regel der Zeitschritt eine Minute zu grob und die Fahrzeiten werden hierbei zu kurz. Man wählt daher bei Zügen $\Delta t = 30$ sec. Ferner ist der tatsächliche Massenfaktor eines Zuges größer als 1,06 (s. unten).

Bei einem Zeitschritt $\Delta t = 30$ [sec] und dem unten angegebenen Massenfaktor $\varrho = 1,09$ berechnet sich unter Beibehaltung des handelsüblichen rechtwinkligen gleichschenkligen Dreiecks sowie des Kräftemaßstabes $p = 1$ [kg/t] $= 2$ [mm] der Geschwindigkeitsmaßstab für $V = 1$ [km/h] $= x$ [mm] aus der geometrischen Beziehung

$$\text{tg } 45° = 1 = \frac{p \cdot 2}{x \cdot \Delta V/2} \quad \text{oder} \quad x = 4 \cdot \frac{p}{\Delta V}.$$

Nun lautet aber die dynamische Grundgleichung:

$$\frac{p}{\Delta V} = \frac{1000 \cdot 1,09}{9,81 \cdot 3,6 \cdot 30} = \frac{1,09}{1,06} \quad \text{mit } \varrho = 1,09 \text{ und } \Delta t = 30 \text{ sec.}$$

Nach Einsetzen in die geometrische Beziehung erhält man als Geschwindigkeitsmaßstab

$$V = 1 \text{ [km/h]} = x = 4 \cdot \frac{p}{\Delta V} = 4 \cdot \frac{1000 \cdot 1,09}{9,81 \cdot 30 \cdot 3,6} = \frac{4 \cdot 1,09}{1,06} = 4,1 \text{ [mm]}.$$

Der unrunde Geschwindigkeitsmaßstab ist nicht störend, da ja die Geschwindigkeitsänderungen ΔV graphisch addiert werden. Dagegen haben die Kräfte p [kg/t] einen runden Maßstab, da man mit diesen in das s–V-Diagramm hineingeht.

Der Massenfaktor ϱ des Zuges wird berechnet nach der Gleichung (s. S. 12)

$$\varrho = \frac{G_l \cdot \varrho_l + G_w \cdot \varrho_w}{G_l + G_w}.$$

Hier ist G_l [t] das Lokgewicht, G_w [t] das Wagenzuggewicht, ϱ_l der Massenfaktor der Lok und ϱ_w derjenige des Wagenzuges. In der Dienstvorschrift für die Berechnung der Kosten einer Zugfahrt, Teil B (Zuko B), gültig vom 1. Januar 1951, ist in der Anlage 25[I], Teil B, § 3 die Berechnung des Massenfaktors für sich drehende und hin und her gehende Massen von Eisenbahnfahrzeugen angegeben. Es wurde z. B. für die Ellok der Baureihe E 94 $\varrho_l = 1,254$ und für die Dampflok der Baureihe R 50 $\varrho_l = 1,057$ angegeben. Für einen beladenen Güterwagen ist $\varrho_w = 1,033$ berechnet. Für einen Güterzug gebildet aus 30 leeren Om-Wagen bespannt mit Ellok E 94 ist $\varrho = 1,145$.

Für einen Güterzug gebildet aus 30 beladenen Om-Wagen bespannt mit einer Ellok E 94 ist $\varrho = 1,06$.

Für einen Güterzug gebildet aus 30 leeren Om-Wagen bespannt mit einer Dampflok R 50 ist $\varrho = 1,085$.

Für einen Güterzug gebildet aus 30 beladenen Om-Wagen bespannt mit einer Dampflok R 50 ist $\varrho = 1,036$.

Der Massenfaktor ist also nicht für alle Triebfahrzeuggattungen, Zuggattungen und Zuggewichte gleich groß. Nach Zuko B, §3, S.25 vom 1. 1. 1951 wird in der praktischen Rechnung aufgerundet $\varrho = 1,09$ gesetzt, um die beim Beschleunigen und Verzögern des Zuges entstehenden weiteren Beschleunigungskraftverluste durch Formänderungsarbeit an den Zug- und Stoßvorrichtungen sowie an den Tragfedern auszugleichen, und zwar nicht nur für Dampfloks, sondern nach Zuko A, I. Abschnitt, Anlage 10 auch für Elloks.

Dem zeichnerischen Verfahren des Verfassers zur Fahrzeitermittlung aus den Lokomotivkräften soll daher in Anlehnung an die Zuko sowohl für Dampf- als auch für elektrische Züge der Massenfaktor $\varrho = 1{,}09$ zugrunde gelegt werden.

Das vor der Herausgabe der Zuko B (1. 1. 1951) fertiggestellte Beispiel der Fahrzeitermittlung (S. 53) wurde noch mit dem Massenfaktor $\varrho = 1{,}07$ berechnet.

Dagegen ist bei Bremsfahrten der Massenfaktor $\varrho = 1{,}07$, weil nach Soltau (Dr.-Ing.-Diss. Darmstadt) bei gebremsten Zügen die Energieverluste durch die Formänderung im Zuge und der Tragfedern sehr gering sind.

Ist man mit der Fahrzeitermittlung an das Ende einer Neigungsstrecke gelangt, so geht man im s-V-Diagramm vom Ende des letzten Zeitdreiecks senkrecht zur Waagerechten für die nächste Neigung und reiht auf dieser die Zeitdreiecke aneinander. Greift die Wegstrecke Δl zu sehr über den Neigungswechsel herüber, so ermittelt man Δl für den halben Zeitschritt $\Delta t/2 = 0{,}25$ [min]. Da dieses seltener vorkommt, braucht man nur die eine unter 45° geneigte Seite des Zeitdreiecks zu zeichnen und für deren Mitte am Wegstrahl, dessen Neigung nur halb so groß wie die für $\Delta t = 0{,}50$ [min] ist, den Weg abzugreifen. Man könnte bei dem halben Zeitschritt $\Delta t/2 = 0{,}25$ [min] als Zeitdreieck auch ein spitzes gleichschenkliges Dreieck zeichnen, dessen Höhe gleich der Grundlinie ist. Zeichnerisch ist das Verfahren durch den einen unter 45° geneigten Strahl im Übergang von der einen Neigung zur anderen einfacher. Bei Beschleunigungskräften vor dem Neigungsknick erhält man durch die Näherung etwas zu große Fahrzeiten, bei Verzögerungskräften etwas zu kleine. Insgesamt sind aber die Fehler hierdurch unwesentlich. Wenn auch die Zeitdreiecke mitunter in der Nähe der Beharrungsgeschwindigkeit so klein werden, daß sie kaum mehr gezeichnet werden können, so wird dadurch die Fahrzeitermittlung doch nicht so ungenau, daß sie nicht mehr brauchbar wird, da sich ja die mittleren Geschwindigkeiten in diesen Zeitschritten nur ganz wenig von der genau festgelegten Beharrungsgeschwindigkeit unterscheiden. Ebenso unterscheiden sich die zu diesen kleinen Zeitdreiecken gehörenden Wege kaum von denen, die im Zeitschritt mit der Beharrungsgeschwindigkeit gefahren werden. Ist das Gefälle s [°/₀₀] größer als der Zugwiderstand w [kg/t] so wird die Triebkraft abgestellt und für die Ermittlung der Fahrzeiten tritt an Stelle des s-V-Diagramms die w-Linie.

3. Die Mittelung der Streckenneigungen.

Zur Verringerung der Arbeiten für die Fahrzeitermittlung können benachbarte Neigungsstrecken zu einer zusammengefaßt werden. Krümmungswiderstände sind hierbei als Steigungen in die Mittelung einzubeziehen. Die durchgehende Neigung s_m [°/₀₀] wird in der Regel aus dem arithmetischen Mittel der benachbarten Neigungen $s_1, s_2, \ldots, s_n$ [°/₀₀] von den Längen $l_1, l_2, \ldots, l_n$ [km] berechnet. Es ist dann

$$s_m = \frac{l_1 \cdot s_1 + l_2 \cdot s_2 + \cdots l_n \cdot s_n}{l_1 + l_2 + \cdots l_n} \; [°/_{00}].$$

Werden die benachbarten Neigungsstrecken mit annähernd gleichbleibenden Geschwindigkeiten befahren und berechnet man die durchgehenden Neigungen aus dem arithmetischen Mittel, so ist die Fahrzeit auf der gleich langen durchgehenden Neigungsstrecke kürzer als die Summe der Fahrzeiten auf den einzelnen Neigungsstrecken[1]. Der bequemen Zusammenfassung benachbarter Neigungsstrecken nach dem arithmetischen Mittel sind also mit Bezug auf die Genauigkeit der Fahrzeitermittlung Grenzen gesetzt. Mit Rücksicht hierauf gelten bei der Bundesbahn für die Mittelung der Neigungsstrecken für die Fahrzeitberechnung folgende Regeln:

1. Neigungsstrecken bis zu 5 [km] werden zu einer mittleren Neigung zusammengefaßt, wenn der kleinste Unterschied 2,5 [$^0/_{00}$] nicht übersteigt.

2. Neigungsstrecken unter 300 [m] können miteinander ohne Rücksicht auf die Größe des Neigungsunterschiedes gemittelt werden, falls die Gesamtstrecke der zusammengefaßten Neigungen nicht über 2,5 [km] beträgt.

3. Abgesehen von Anfahrstrecken sind bei kurzen Waagerechten der Kuppen und Wannen des Längenprofils die benachbarten Neigungen bis zu ihrem Schnitt zu verlängern.

4. Gefälle von mehr als 2,5 [$^0/_{00}$] sind unter sich zusammenzufassen.

5. Strecken mit Geschwindigkeitsbeschränkungen sind zu kennzeichnen.

6. Krümmungswiderstände sind von den Gefällen abzuziehen und den Steigungen zuzuzählen. Bei einem Halbmesser $H \geq 400$ [m] und einer Bogenlänge $l \geq 300$ [m] sind sie zu vernachlässigen.

Die gemittelten Neigungsstrecken sind für die Fahrzeitermittlung nach Abb. 32b als schematisches Längenprofil aufzuzeichnen.

Der Unterschied der im schematischen Längenprofil an derselben Neigungsstrecke angeschriebenen $^0/_{00}$ für die Fahrt in der einen und der anderen Richtung rührt daher, daß in der Steigungsrichtung der Krümmungswiderstand den Steigungen zugezählt und in der Gefällrichtung von der gemittelten Neigung abgezogen wird. Die Differenz der gemittelten Neigungen in $^0/_{00}$ ist also gleich dem doppelten Krümmungswiderstand bezogen auf die gleiche Neigungsstrecke. Die Krümmungswiderstände für zweiachsige Güterwagen von $a = 4,5$ [m] Achsabstand sind $w_b = 700 : H$ [kg/t] (s. S. 21). Aus dieser Gleichung kann man zu dem w_b den Bogenhalbmesser H [m] finden. Die Eisenbahndirektionen haben für die Strecken ihres Bezirkes die für die Fahrzeitberechnung gemittelten Längenprofile aufgestellt.

4. Genauigkeit der Fahrzeitermittlungen.

Potthoff[2] hat in seiner Dr.-Ing.-Dissertation (Berlin 1938) die ΔV-Verfahren und die Δt-Verfahren hinsichtlich ihrer Fehler untersucht.

Hiernach entstehen Fehler bei der stufenweisen Fahrzeitermittlung 1. dadurch, daß die Fahrzeiten nicht unmittelbar für die ganze Länge einer Neigungsstrecke bestimmt werden, sondern daß die Wege sich aus der schrittweisen Ermittlung ergeben. Die Änderungen der Beschleunigungen an den Neigungswechseln, die an sich die Grundlage der Ermittlungen bilden, erhält man daher erst als Ergebnis. Deshalb gehen die vorher zu machenden Annahmen über Zeit- und Geschwindigkeitsschritte nicht notwendigerweise in den Wegen glatt auf. Ein bestimmter Geschwindigkeitszuwachs ΔV kann daher zum Teil in der Neigung $s_1 [^0/_{00}]$, zum Teil in der Neigung $s_2 [^0/_{00}]$ liegen.

---

[1] Müller, W.: Verkehrstechn. Woche 1922, Heft 16 und 17.
[2] Potthoff: Dr.-Ing.-Dissertation. Berlin 1938. Erschienen unter dem Titel: „Fehler bei zeichnerischen Fahrzeitermittlungen". Borna: Verlag R. Noske (Bezirk Leipzig). 1939.

2. Bei dem Δt-Verfahren kommt hinzu, daß die angenommene Einteilung der Zeitschritte Δt nicht mit den Unstetigkeiten der s-V-Linie übereingehen. Die Fehler dieser beiden Arten kann man durch Verkleinern der Schritte ΔV und Δt oder durch Iteration kleinhalten.

3. Von vornherein ungewisser sind die Fehler, die durch die Annahme der mittleren Beschleunigungskräfte während des Schrittes ΔV und Δt entstehen. Die grundsätzlichen Fehler dieser Art hat Potthoff klargelegt und die beiden Verfahren in dieser Hinsicht miteinander verglichen. Bei dieser Untersuchung werden statt der Fahrkräfte p die Beschleunigungen $b = p : m$ [m/s²] eingeführt, was grundsätzlich an den Verhältnissen nichts ändert. Auch wurde, um einfachere Fehlergleichungen zu erhalten, angenommen, daß die von der Kesselzugkraft bzw. von der Motorzugkraft abhängigen Beschleunigungen sich geradlinig mit der Geschwindigkeit ändern. Potthoff weist nach, daß bei fallenden b-v-Linien die Fehler bei den Δt-Verfahren geringer sind als bei den ΔV-Verfahren. Letztere Verfahren sind günstiger bei steigenden b-v-Linien. Bei Verkehrsmitteln kommen aber nur die fallenden b-v-Linien vor.

Die Genauigkeit des zeichnerischen Verfahrens des Verfassers mit Zeitschritten gegenüber dem rechnerischen Verfahren der Zuko mit Geschwindigkeitsschritten wurde von der Eisenbahndirektion Frankfurt a. M. im Jahre 1951 u. a. für die Hin- und Rückfahrt eines Verwaltungssonderzuges vom Wagenzuggewicht $G_w = 300$ [t] bespannt mit der P 35.17 (38) von Frankfurt a. M. bis Rüdesheim untersucht. Nach der Zuko wurden ermittelt für die Hinfahrt 53,1 [min] und für die Rückfahrt 54,6 [min], nach dem Verfahren des Verfassers für die Hinfahrt 52,97 [min] und für die Rückfahrt 54,25 [min]. Die Fehler betrugen daher 0,245 [%] für die Hinfahrt und 0,64 [%] für die Rückfahrt. Ebenso wurde die Fahrzeitermittlung eines Nahgüterzuges mit $G_w = 1100$ [t] und der Lok R 50 nach Unrein (Δt-Verfahren) auf der Strecke Mainz-Bischofsheim bis Aschaffenburg mit der Ermittlung nach dem rechnerischen Verfahren der Zuko verglichen. Als reine Fahrzeit ergab sich nach dem Unreinschen Verfahren 107,60 [min], nach dem rechnerischen Verfahren der Zuko 109,34 [min]. Die Fahrzeiten nach Unrein sind daher 1,59 [%] zu kurz.

Hieraus geht hervor, daß das zeichnerische Verfahren des Verfassers, das dem rechnerischen der Zuko kaum nachsteht, dem Unreinschen hinsichtlich der Genauigkeit überlegen ist.

5. Beispiel für die Fahrzeitermittlung. (Abb. 32a bis f.)

Es ist die Fahrzeit eines ausgelasteten Güterzuges, der von einer G 56.20 (44) gezogen wird, auf der 18,079 km langen Teilstrecke einer Bahnlinie zu ermitteln. Es wurde für die maßgebende Steigung $s_{ma} = 12,9‰$ der ganzen Bahnlinie aus der fahrdynamischen Charakteristik (Abb. 24a) die Zuglast $G_w = 1040$ t abgelesen. Die 18,079 km lange Teilstrecke hat als größte Steigung jedoch nur 10,5 [‰].

Aus der Llv-Tafel (Abb. 15a) sind die Zugkräfte Z_{ig} [kg] an der Kesselleistungsgrenze und aus Abb. 13 die Güterwagenwiderstände w_w [kg/t] entnommen und in nachstehende Tabelle 2 eingetragen. In der letzten Zeile der Tabelle sind die Ordinaten der s-V-Linie enthalten. Mit diesen und mit den Werten des Zugwiderstandes w [kg/t] (6. Zeile der Tabelle) sind die s-V-Linie und die w-Linie in Abb. 32a gezeichnet. $G_z = G_w + G_l = 1040 + 169 = 1209$ [t].

Fahrdynamik der Zugförderung.

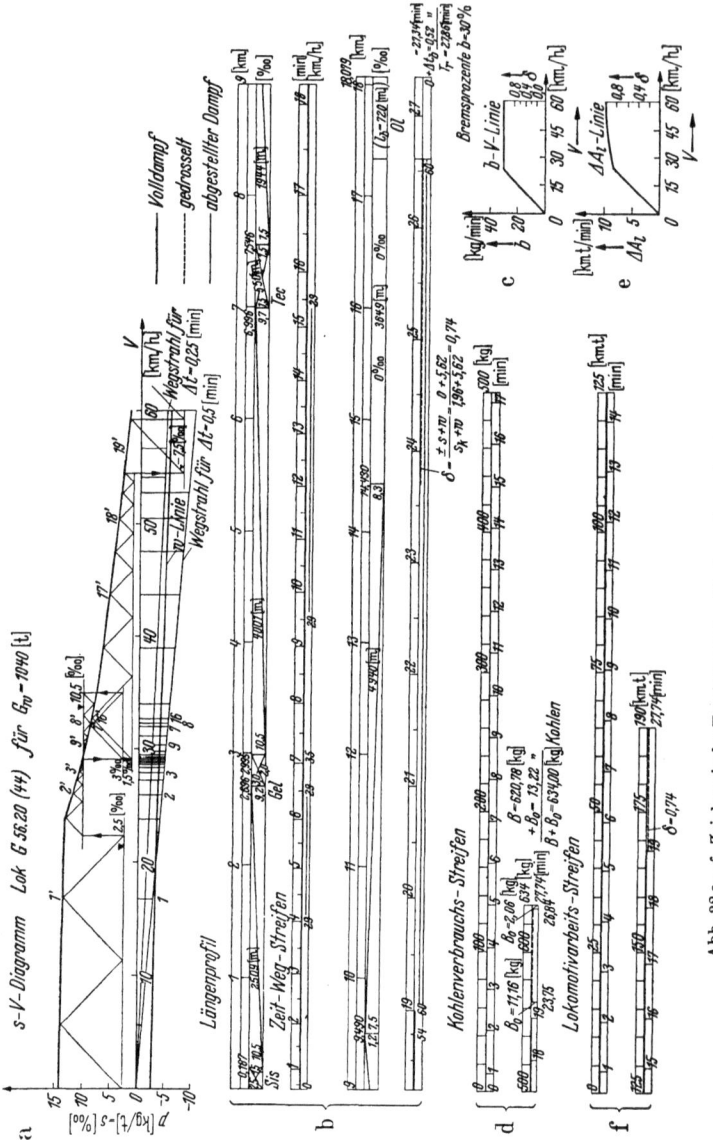

Abb. 32 a–f. Zeichnerische Ermittlung der Verbrauchswerte einer Güterzugfahrt (Dampfbetrieb).

Tabelle 2.

1	V	0	$V_{ü}=23$	30	40	50	60	70	80
2	$W_l =$	1090,6	1158,8	1191,3	1247,5	1324,5	1392,4	1482,0	1620
3	$w_w =$	2,13	2,82	3,16	3,73	4,41	5,20	6,10	7,13
4	$w_w \cdot G_w =$	2215	2930	3285	3880	4585	5405	6340	7410
5	$W_l + w_w \cdot G_w =$ $\Sigma W =$	3305,6	4088,8	4476,3	5127,5	5909,5	6797,4	7822,0	9030,0
6	$w = \Sigma W : G_z =$	2,73	3,38	3,70	4,24	4,88	5,62	6,46	7,46
7	$Z_i =$	21 350	21 300	17 350	13 650	11 300	9550	8350	7400
8	$z_t = 0,96 \cdot Z_i : G_z =$	16,96	16,92	13,79	10,85	8,98	7,58	6,63	5,87
9	$s = z_t - w \, [^0/_{00}] =$	14,23	13,54	10,09	6,61	4,10	1,96	—	—

Für die Fahrzeitermittlung wurde der Zeitschritt $\Delta t = 0{,}5 = \frac{1}{2}$ [min] gewählt und als Kräftemaßstab $1\,[^0/_{00}] = 2$ [mm]. Hierfür und für den Massenfaktor $\varrho = 1{,}07$ ist der Maßstab der Geschwindigkeitsachse

$$V = 1\,[\text{km/h}] = \frac{2 \cdot 2 \cdot 1{,}07}{1{,}06} = 4{,}04\,[\text{mm}].$$

Der Längenmaßstab ist 1 [km] = 40 [mm] (1 : 25000). Mit dem s–V-Diagramm und dem Längenprofil ergab sich nach dem Zeitwegstreifen eine reine Fahrzeit von 27,86 [min] einschließlich Bremszeitzuschlag. Der Bremszeitzuschlag ist $\Delta t_b = 32$ sec $= 0{,}52$ min für $V_b = 60$ km/h und $b = 30\%$ in Abb. 56 abgelesen. In dem Zeitwegstreifen sind die Streckenabschnitte, die mit Volldampf befahren werden, durch starke Linien, die mit abgestelltem Dampf befahrenen durch dünne Linien dargestellt. Falls nach Erreichung der Höchstgeschwindigkeit oder auf Langsamfahrstellen die Dampfzufuhr zu drosseln ist, sind diese Linien zu stricheln. An Anfang und Ende der mit gleichmäßiger Geschwindigkeit befahrenen Strecken sind diese in Abb. 32b eingetragen, ebenso die Geschwindigkeiten in den Neigungswechseln.

C. Die Ermittlung der Fahrweise ausgelasteter und nichtausgelasteter Dampfzüge mit planmäßigen Fahrzeiten aus der Fahrweise des ausgelasteten Zuges mit reiner Fahrzeit.

1. Die planmäßigen Fahrzeiten bei Grundlast.

Für die Praxis werden die planmäßigen Fahrzeiten durch eine prozentuale Verlängerung der reinen, das sind die für die Leistungsgrenze des Kessels ermittelten Fahrzeiten festgesetzt. Letztere werden für folgende Fahrweise des ausgelasteten Güterzuges ermittelt.

a) Die Zugbewegung von $V = 0$ bis $V = V_ü$ ist durch die Reibungszugkraft begrenzt, bestimmt durch die obere Begrenzungslinie der Llv-Tafel in diesem Geschwindigkeitsbereich. Von der Übergangsgeschwindigkeit $V_ü$ von der Reibungs- zur Kesselzugkraft bis zur Höchstgeschwindigkeit V_h erfolgt die Zugbewegung der vollen Fahrt auf Steigungen mit einer Beanspruchung der Dampflok an der Grenze ihrer Kesselleistung (57 kg/m² Heizfläche stündliche Dampferzeugung), gekennzeichnet durch die senkrechte Begrenzungslinie der Llv-Tafel.

b) Die Gefälle größer als das Bremsgefälle werden bei abgestelltem Dampf mit den Geschwindigkeiten befahren, die die Bremstafeln der Fahrdienstvorschriften bei der vorhandenen Bremsausrüstung vorschreiben. Das Bremsgefälle ist gleich dem Zugwiderstand w [kg/t Zuggewicht] auf waagerechter gerader Bahn bei dieser vorgeschriebenen Geschwindigkeit. Auf stärkeren Gefällen wird diese Geschwindigkeit durch Bremsen gehalten.

c) Ist beim Anfahren die für den Zug vorgeschriebene Höchstgeschwindigkeit erreicht, so wird die Energiezufuhr so gedrosselt, daß Gleichgewicht der Zugkraft mit den gesamten Widerständen des Zuges besteht und letzterer mit der Höchstgeschwindigkeit gleichmäßig weiterrollt. Dies ist auf schwachen Steigungen kleiner als $s_k\,[^0/_{00}]$ und auf schwachen Gefällen kleiner als w [kg/t] der Fall. Man kann nach Abb. 31a $s_k\,[^0/_{00}]$ an den s–V-Linien für die einzelnen Zuglasten als Ordinaten bei der Höchstgeschwindigkeit ablesen. Zwischen der Steigung $+ s = s_k\,[^0/_{00}]$ und dem Bremsgefälle $- s = w\,[^0/_{00}]$ für $V = V_h$ [km/h] nimmt die Lokbeanspruchung von $\delta = 1$ bis $\delta = 0$ linear ab. Die dazwischenliegenden Lokbeanspruchungen bei Höchstgeschwindigkeit werden daher nach der Gleichung

$$\delta_d = \frac{\pm s + w}{s_k + w}$$

berechnet. Für diese Lokbeanspruchungen erhöht sich durch die Drosselverluste der Energieverbrauch. Dies ist durch den **Drosselgrad** β_δ/β_g festgelegt. Hier ist nach der Llv-Tafel β_g der sekundliche Energieverbrauch an der Kesselgrenzleistung der Dampflok bzw. bei der Stunden- oder Dauerleistung der Ellok für die Höchstgeschwindigkeit der Zugfahrt sowie die Geschwindigkeitsbeschränkungen auf Langsamfahrstellen. Bei geringer Drosselung ist die Erhöhung des sekundlichen Energieverbrauchs verschwindend klein. β_δ ist der sekundliche Energieverbrauch bei der Lokbeanspruchung δ_d.

d) Auf den Steigungen $s \, [^0/_{00}]$ und den Gefällen kleiner als das Bremsgefälle w [kg/t] kann man auch die Energiezufuhr abstellen. Diese Zugbewegung heißt **Auslauf**. Auf der Auslaufstrecke vermindert sich die Geschwindigkeit. Man läßt in der Regel den Zug vor dem Bremsen auf Halt auf Steigungen $s < s_k$ und auf Gefällen kleiner als das Bremsgefälle w auslaufen. Dadurch wird die durch die Bremsen zu vernichtende Bewegungsenergie kleiner und die Bremsen werden geschont. Die Auslaufstrecke ist von Fall zu Fall zu bestimmen.

Damit ist die Fahrweise des ausgelasteten Güterzuges bei reinen Fahrzeiten eindeutig festgelegt.

Es soll nun aus der Fahrweise des ausgelasteten Güterzuges mit reinen Fahrzeiten für den gleichen Zug die Fahrweise bei planmäßigen Fahrzeiten bestimmt werden, ohne daß hierfür erneut eine Fahrzeitermittlung durchzuführen ist.

a) Die Mittel zur Verlängerung der Fahrzeiten sind: α) **Verminderung der gleichmäßigen Geschwindigkeiten auf den Gefällen größer als das Bremsgefälle durch stärkeres Anziehen der Bremsen.** Das stärkere Bremsen für die erforderliche kleinere Geschwindigkeit kann man mit Hilfe des Geschwindigkeitsmessers einregulieren.

β) **Herabsetzen der Höchstgeschwindigkeit auf den Neigungen zwischen** $+ s = s_k$ **und** $- s = w$ **durch stärkeres Drosseln der Energiezufuhr.** Die stärkere Drosselung für die erforderliche kleinere Höchstgeschwindigkeit kann ebenfalls mit Hilfe des Geschwindigkeitsmessers einreguliert werden.

γ) **Auslauf durch Abstellen der Energiezufuhr auf Steigungen und auf Gefällen kleiner als das Bremsgefälle.** (Auf Gefällen stärker als das Bremsgefälle kommt kein Auslauf in Frage, da sich dort die Geschwindigkeit vergrößern würde.)

Von diesen drei Mitteln soll jedoch erst nach dem Anfahren, also bei voller Fahrt des Zuges, Gebrauch gemacht werden. Das Anfahren erfolgt bei planmäßigen Fahrzeiten ebenso wie bei reinen Fahrzeiten mit der genannten Grenzleistung des Kessels und der in der Llv-Tafel angegebenen Reibungszugkraft. Zunächst soll die Berechnung der Fahrzeitverlängerung durch stärkeres Bremsen auf Gefällen sowie durch Auslauf gezeigt werden.

b) Die Verlängerung der Fahrzeiten auf Gefällstrecken durch stärkeres Bremsen. Es sei l_{g_b} [m] der Gefällabschnitt mit der Neigung größer als das Bremsgefälle. Die reine Fahrzeit sei auf diesem t_{g_b} [sec], die aus dem Fahrzeitstreifen durch Interpolation gefunden werden kann. Die nach den Fahrdienstvorschriften festgelegte Bremsgeschwindigkeit sei V_{b_1} [km/h]. Bei einer Fahrzeitverlängerung z.B. um $\alpha = 5\%$ ist die planmäßige Fahrzeit $t_p = (1+\alpha) \cdot t_{g_b} = 1{,}05\, t_{g_b}$ [sec]. Die zur Verlängerung der Fahrzeiten herabgesetzte Bremsgeschwindigkeit V_{b_2} [km/h] sei auf der ganzen Gefällstrecke gleichbleibend.

Die erforderliche kleinere Geschwindigkeit ist

$$V_{b_2} = V_{b_1} : (1 + 0{,}01 \cdot \alpha) \text{ [km/h]}$$

oder mit $V_{b_1} = \dfrac{3{,}6 \cdot l_{g_b}}{t_{g_b}}$ [km/h] wird $V_{b_2} = \dfrac{3{,}6 \cdot l_{g_b}}{t_{g_b} \cdot (1 + 0{,}01 \cdot \alpha)}$ [km/h].

Beispiel:

Für $l_{g_b} = 4000$ [m], $t_{g_b} = 240$ [sec] und $\alpha = 5\%$ ist

$$V_{b_2} = \frac{3{,}6 \cdot 4000}{240\,(1+0{,}05)} = 57{,}2 \text{ [km/h]}.$$

Diese Gleichung gilt auch für die Herabsetzung der Höchstgeschwindigkeit durch stärkeres Drosseln. Bei der Fahrzeitverlängerung eines nichtausgelasteten Zuges ist $\alpha > 0{,}05$.

c) Die Verlängerung der Fahrzeiten durch Auslauf. Die Fahrzeitverlängerung, die durch den Auslauf erreicht werden soll, wird am einfachsten an der Geschwindigkeitszeitlinie durch Flächenausgleich visuell bestimmt. Da $\int v\, dt = l$ ist, so ist der Inhalt der über der Zeitachse gezeichneten Geschwindigkeitszeitfläche $\int v\, dt$ gleich dem zurückgelegten Wege l [m]. Stellt die Geschwindigkeitszeitfläche die Zugbewegung vom Anfahren auf den einen Bahnhof bis zum Halten auf dem nächsten Haltebahnhof dar, so ist ihr Inhalt, wie auch immer die Zugbewegung ist, stets gleich der Entfernung l der beiden Haltebahnhöfe (Abb. 33a, b).

Ist die Zugbewegung nach dem Verfahren des Verfassers durch den Zeitwegstreifen aus dem s-V-Diagramm nebst Wegstrahl und dem Längenprofil aufgezeichnet worden, so ist, wie nachstehend gezeigt, die Geschwindigkeitszeitlinie einfach aus dem Zeitwegstreifen aufzutragen. Soll nun in der Geschwindigkeitszeitlinie die Geschwindigkeit $V = 60$ [km/h] durch 120 [mm], also 10 [km/h] durch 20 [mm] dargestellt werden, so sind die Abstände zweier benachbarter Zeitstriche des Zeitwegstreifens, die ja proportional den mittleren Geschwindigkeiten je Zeitschritt sind, entsprechend vergrößert als Ordinaten der Geschwindigkeitszeitlinie über der Zeitachse aufzutragen. Letztere ist zweckmäßig im Maßstab 100 [sec] = 10 [mm] zu zeichnen. In den Abständen 6 [mm] für je 60 [sec] sind die entsprechenden mittleren Geschwindigkeiten je Minute als Ordinaten der Geschwindigkeitszeitlinie von der Zeitachse aus abzusetzen. Die sich so ergebende Linie ist für die Fahrt mit voller Energiezufuhr bei veränderlichen Geschwindigkeiten eine **Kurve**. Sie ist aber eine **Waagerechte**, wenn die Energiezufuhr so gedrosselt wird, daß nach Erreichung der Höchstgeschwindigkeit die Zugkräfte gleich den Widerständen sind und der Zug mit gleichbleibender Höchstgeschwindigkeit weiterfährt. Die Geschwindigkeitszeitlinie ist auch eine Waagerechte, wenn auf Gefällen stärker als das Bremsgefälle der Zug bei abgestellter Energiezufuhr so gebremst wird, daß er mit der nach den Bremstafeln der Fahrdienstvorschrift angegebenen Geschwindigkeit gleichmäßig weiterrollt. Die Geschwindigkeits-

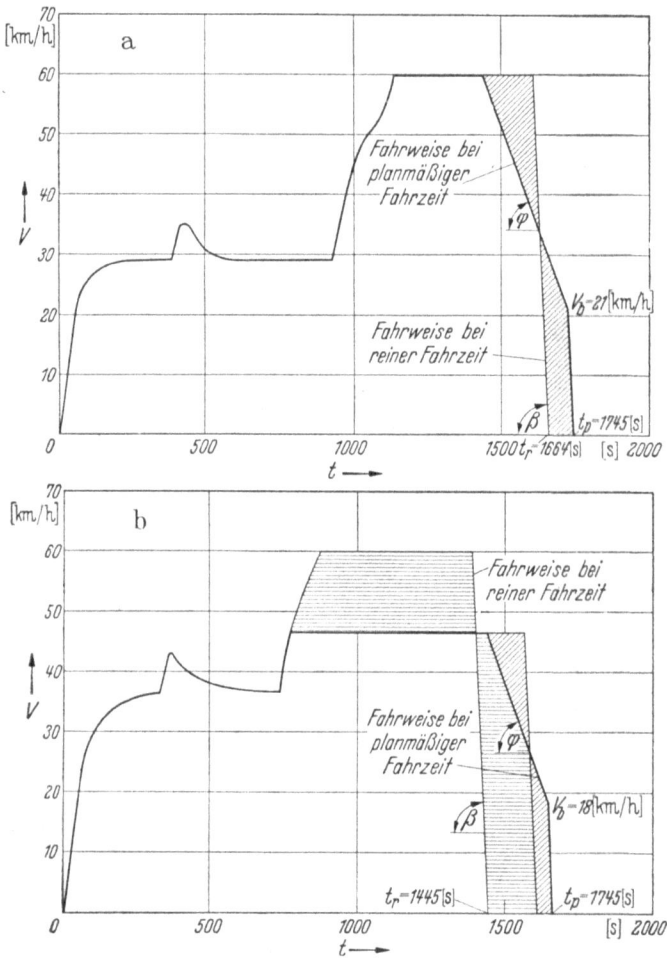

Abb. 33. Die Verlängerung der Fahrzeiten durch Auslauf (Lok G 56.20 (44)).
a) Die Geschwindigkeitslinie des ausgelasteten Zuges mit $G_w = 1040$ [t].
b) Die Geschwindigkeitslinie des nichtausgelasteten Zuges mit $G_w = 800$ [t].

zeitlinie fällt mit zunehmender Fahrzeit besonders stark, wenn der Zug auf Halt gebremst wird. Ist die Bremsverzögerung beim Bremsen auf Halt — wie dies mit guter Annäherung der Fall ist — gleichbleibend, so ist die fallende Geschwindigkeitszeitlinie eine Gerade, deren Neigung

$$\operatorname{tg} \beta = \frac{V_b}{3,6\, t_{b_r}} = b_r \ [\text{m/sec}^2]$$

die Bremsverzögerung ist. Entnimmt man aus den Bremsnetztafeln (s. S. 110) die Bremszeit t_{b_r} [sec] für die betreffenden Bremsprozente, Streckenneigung $\pm s$ [°/₀₀] und Abbremsgeschwindigkeit V_b [km/h], so kann man Zeit und Geschwindigkeit im Geschwindigkeits- und im Zeitmaßstab auftragen und erhält die Geschwindigkeitszeitlinie als Gerade, die die Neigung tg β hat (Abb. 33a). Ist die Energiezufuhr auf einem Gefälle kleiner als das Bremsgefälle oder auf einer Steigung abgestellt, so fällt auf der Auslaufstrecke die Geschwindigkeitszeitlinie ebenfalls mit der Fahrzeit, jedoch flacher als beim Bremsen auf Halt, da beim Auslauf der Bewegungswiderstand $\pm s + w_m$ [kg/t] bedeutend geringer als beim Bremsen auf Halt ist.

Es sei die Geschwindigkeit, bei der der Auslauf beginnt, bekannt. Die Geschwindigkeit am Ende der Auslaufstrecke ist unbekannt. Da aber der Zugwiderstand auf der waagerechten geraden Bahn w [kg/t], insbesondere bei Güterzügen, bei der flachverlaufenden w-Linie mit der Geschwindigkeit sich nur mäßig ändert, so kann man mit ziemlicher Genauigkeit den mittleren Zugwiderstand w_m [kg/t] auf der Auslaufstrecke an der w-Linie ablesen. Haben weiterhin die Abschnitte l_1 und l_2 in einer Auslaufstrecke verschiedene Neigungen s_1 [$^0/_{00}$] und s_2 [$^0/_{00}$], so kann man diese zu einer mittleren Neigung

$$s_m = \frac{s_1 \cdot l_1 + s_2 \cdot l_2}{l_1 + l_2} \ [^0/_{00}]$$

zusammenfassen. Nimmt man also den Widerstand $\pm s_m + w_m$ [kg/t] auf einer Auslaufstrecke konstant an, dann ist die entsprechende Verzögerung

$$b_s = \operatorname{tg} \varphi = \frac{(\pm s_m + w_m) \, 9{,}81}{1000 \cdot \varrho} \ [\text{m/sec}^2].$$

Mit dem in Abb. 32 angenommenen Massenfaktor $\varrho = 1{,}07$ ist die Verzögerung

$$b_s = \operatorname{tg} \varphi = \frac{(\pm s_m + w_m)}{109} = \frac{\varDelta V_{au}}{3{,}6 \, t_{au}} \ [\text{m/sec}^2].$$

Für eine angenommene Auslaufzeit t_{au} [sec] ist dann die Verminderung der Geschwindigkeit

$$\varDelta V_{au} = \frac{3{,}6 \, (\pm s_m + w_m) \cdot t_{au}}{109} \ [\text{km/h}].$$

Für das berechnete $\varDelta V_{au}$ [km/h] bei $t_{au} = 100$ [sec] (wegen der einfachen Rechnung) ist im Maßstab für V und t die Gerade mit der Neigung tg φ zu zeichnen. Bei $\varrho = 1{,}09$ ist 111 statt 109 zu setzen.

Soll nun die reine Fahrzeit eines ausgelasteten Güterzuges zwischen zwei Haltebahnhöfen z. B. um 5% auf die planmäßige Fahrzeit durch Auslauf vor dem Haltbremsen verlängert werden, so setzt man zunächst auf der Zeitachse die reine Fahrzeit t_r [sec] und die planmäßige Fahrzeit $t_p = 1{,}05 \, t_r$ [sec] ab. Durch die Punkte t_r und t_p zieht man je eine Gerade mit der Neigung tg β der Geschwindigkeitszeitlinie für das Bremsen auf Halt. Trägt man über dem Punkt t_p eine zweite Gerade mit der Neigung tg φ der Auslaufgeschwindigkeit ein, so ist diese Linie so lange parallel zu verschieben, bis ein Flächenausgleich zwischen den Endstücken der Geschwindigkeitszeitlinie für reine und planmäßige Fahrzeiten, also dem Dreieck und dem Trapez (schräg schraffierte Flächen in Abb. 33a), vorhanden ist.

2. Die Fahrweise nichtausgelasteter Züge bei planmäßigen Fahrzeiten.

Sind die Züge nicht ausgelastet, sollen sie aber mit den planmäßigen Fahrzeiten der ausgelasteten gefahren werden, so ist die Verlängerung der planmäßigen

Fahrzeiten gegenüber den im Zeitwegstreifen ermittelten reinen Fahrzeiten größer als 5%. Infolgedessen genügt oft nicht mehr der Auslauf für die Fahrzeitverlängerung. Vielfach wird zur Verwirklichung der erforderlichen Fahrzeitverlängerung vor dem Auslauf die Höchstgeschwindigkeit durch stärkeres Drosseln bzw. auf starken Gefällen die nach den Fahrdienstvorschriften begrenzte Geschwindigkeit durch kräftigeres Anziehen der Bremsen herabgesetzt. Am wirtschaftlichsten ist es, die Strecke, auf der die Geschwindigkeit herabgesetzt wird, möglichst lang zu machen, weil dann die Drosselung und die Vergrößerung der Bremskraft möglichst klein ist.

Man geht bei der Verlängerung der reinen Fahrzeiten des nichtausgelasteten Zuges auf die planmäßigen Fahrzeiten so vor, daß man zunächst einen Teil der Fahrzeitverlängerung durch Herabsetzung der gleichmäßigen Höchst- oder Bremsgeschwindigkeit verwirklicht, indem man in der Geschwindigkeitszeitfläche für reine Fahrzeiten des nichtausgelasteten Zuges durch Herabsetzung des waagerechten Teils der Geschwindigkeitszeitlinie für die Höchstgeschwindigkeit eine Fahrzeitverlängerung durch Flächenausgleich visuell ermittelt. Die an der planmäßigen Fahrzeit fehlende Fahrzeitverlängerung unmittelbar vor dem Halten erhält man dann durch Auslauf unter Berücksichtigung des Längenprofils.

Es gibt für den Flächenausgleich bei Herabsetzung der Brems- bzw. Höchstgeschwindigkeit und anschließender Auslaufbewegung viele Möglichkeiten. Der Beginn der Auslaufbewegung bei verschiedenen Zuggewichten ist aber so festzulegen, daß er leicht vom Lokführer verwirklicht werden kann. Hierfür läßt sich eine der vielen Möglichkeiten für Herabsetzung der Höchstgeschwindigkeit und des Auslaufbeginns fixieren. Der Auslaufbeginn bei Höchstgeschwindigkeit des ausgelasteten Zuges ist eindeutig nach Zeit und Weg festgelegt. Macht man nun die Annahme, daß die hier ermittelte Zeitdauer zwischen Auslaufbeginn und Zughalt auch bei nichtausgelasteten Zügen dieselbe bleiben soll, so läßt sich die Fahrweise zur Fahrzeitverlängerung vor dem Halten des Zuges mit der Uhr leicht bestimmen. In Abb. 33b ist nach dieser Bedingung auch der Auslaufbeginn des nichtausgelasteten Zuges ermittelt worden.

Beispiel: In Abb. 33a soll für den ausgelasteten Güterzug von $G_w = 1040$ [t] Last, dessen reine Fahrzeit in Abb. 32a, b ermittelt ist, die Fahrweise für die planmäßige Fahrzeit lediglich durch Auslauf ermittelt werden. Hier ist aus der Geschwindigkeitszeitfläche, die, wie beschrieben, aus dem Zeitwegstreifen (Abb. 32b) konstruiert wurde, der Flächenausgleich visuell bestimmt worden. Die Neigungen $\tg \beta$ und $\tg \varphi$ der Geschwindigkeitszeitlinien für Bremsen und Auslauf wurden wie folgt berechnet, die auch für den nichtausgelasteten Zug ($G_w = 800\, t$) gelten. Für den nichtausgelasteten Zug mit der Last $800\, t$ ist die Fahrzeitermittlung durchgeführt worden. Der Zeitwegstreifen ist nicht wiedergegeben, wohl aber die Geschwindigkeitszeitlinie (Abb. 33b).

Die Neigung $\tg \beta$ beim Bremsen wird wie folgt aufgetragen: Aus der Netztafel für das Bremsen der Güterzüge auf Halt (Abb. 55c) liest man für die Neigung $s = 0$ [°/$_{00}$] und die Abbremsgeschwindigkeit $V_b = 60$ [km/h] bei 30 Bremsprozenten $t_{b_r} = 73$ [sec] ab. Diese setzt man in Abb. 33a im Maßstab der Zeichnung von $t_r = 1664$ [sec] nach links ab und zieht eine Senkrechte bis zur waagerechten Geschwindigkeitszeitlinie für $V = 60$ [km/h]. (Nicht gezeichnet.) Verbindet man den Schnittpunkt mit $t_r = 1664$, so erhält man die Neigung $\tg \beta$.

Die Neigung tg φ der Geschwindigkeitszeitlinie des Auslaufs findet man wie folgt: Der mittlere Laufwiderstand ist an der w-Linie der Abb. 32a zu $w_m = 4,2$ [kg/t] geschätzt. Mit der gewählten Zeit $t_{au} = 100$ [sec] ist dann auf der waagerechten Auslaufstrecke die Geschwindigkeitsverminderung für $s_m = 0$ [⁰/₀₀].

$$\Delta V_{au} = \frac{3,6\,(\pm s_m + w_w) \cdot t_{au}}{109} = \frac{3,6 \cdot 4,2 \cdot 100}{109} = 13,9 \text{ [km/h]}.$$

Trägt man von $t_p = 1745$ [sec] nach links $t_{au} = 100$ [sec] auf und daran senkrecht 13,9 [km/h], so hat die Verbindungslinie des oberen Endpunktes mit dem Punkte für t_p die gesuchte Neigung tg φ. Die Gerade mit dieser Neigung verschiebt man so lange parallel, bis beiderseits der Linie mit der Neigung tg φ der Inhalt des Dreiecks gleich dem des Trapezes ist.

D. Die Ermittlung des Kohlenverbrauchs.

1. Kohlenverbrauch bei ungedrosselter Dampfzufuhr.

Soll der Kohlenverbrauch für eine Zugfahrt ermittelt werden, so muß die Linie der Fahrweise vorerst in der Llv-Tafel (Abb. 60a) eingetragen sein. Für die Beanspruchung der Lok an der Kesselleistungsgrenze ist die Linie der Fahrweise bereits als Senkrechte in der Llv-Tafel für den sekundlichen Kohlenverbrauch vorhanden. Nach dem Verfahren des Verfassers wird hierfür der Kohlenverbrauch je Minute, abhängig von der Fahrgeschwindigkeit, an der b-V-Linie (Abb. 32c) abgegriffen, die aus der Linie der Fahrweise der Llv-Tafel konstruiert wird. Es ist hier nur für die verschiedenen Geschwindigkeiten der sekundliche Kohlenverbrauch β an der Linie der Fahrweise abzulesen, mit 60 zu multiplizieren und in einem gewählten Maßstab $b = 60 \cdot \beta_g$ [kg/min] als Ordinate von der Geschwindigkeitslinie abzusetzen und die oberen Endpunkte zu verbinden. Für die senkrechte Linie der Fahrweise an der Grenze der Kesselleistung ist von der Übergangsgeschwindigkeit $V_ü$ bis zur Höchstgeschwindigkeit V_h die b-V-Linie eine Waagerechte. Von $V = 0$ bis $V = V_ü$ steigt diese Linie von Null bis b [kg/min] geradlinig an. Der doppelte Zeitschritt $2\,\Delta t = 1$ [min] ist für die Ermittlung des Kohlenverbrauchs bei dem flachen Verlauf der b-V-Linie auch bei der Kesselbeanspruchung kleiner als 57 [kg/m²·h] von ausgezeichneter Genauigkeit. Das Ermittlungsverfahren wird dadurch sehr einfach, daß man den Maßstab der Geschwindigkeitsachse mit dem Längenmaßstab dadurch in Beziehung setzt, daß man die Strecke für die Geschwindigkeit $V = 60$ [km/h] gleich der Strecke für den Weg macht, den der Zug mit $V = 60$ [km/h] in 1 [min] zurücklegt. Dies ist der Weg 1 [km], der in der Fahrzeitermittlung bei 1 : 25000 durch 40 [mm] dargestellt wird und die doppelte Höhe des Wegstrahls von der V-Achse bei $V = 60$ [km/h]. Als Maßstab der Ordinaten der b-V-Linie wählt man zweckmäßig $b = 10$ [kg] Kohle $= 5$ [mm] (Abb. 32c). In diesem Maßstab unterteilt man die obere Seite einer waagerechten Achse (Abb. 32d). Greift man sodann mit dem Zirkel nacheinander im Zeitwegstreifen zwei benachbarte Δl-Strecken, also den Abstand der Teilstriche für volle Minuten, ab, überträgt sie auf die V-Achse der b-V-Linie, entnimmt die zugehörigen Ordinaten, reiht diese b-Werte auf der unteren Seite der waagerechten Kohlenverbrauchsskala aneinander und beziffert die Stoßpunkte nach den Fahrzeiten in Minuten, so erhält man den Kohlenverbrauch bei ungedrosselter Dampfzufuhr in zeitlicher Folge. Die gleichen Fahrzeiten orientieren den Kohlenverbrauch im Zeitwegstreifen auch nach dem Fahrweg.

2. Kohlenverbrauch bei gedrosselter Dampfzufuhr.

Soll die Höchstgeschwindigkeit nicht überschritten werden, so ist die Dampfzufuhr so zu drosseln, daß die Zugkraft nicht größer als der Zugwiderstand bei V_h [km/h] auf dieser Neigungsstrecke wird. Den Bereich der Neigungen, auf denen bei V_h mit gedrosselter Dampfzufuhr gefahren wird, kann man aus der s-V-Linie ablesen, wenn man diese unterhalb der V-Achse noch durch die Linie des Zugwiderstandes w [kg/t] auf der waagerechten geraden Bahn ergänzt (Abb. 32. a). Zieht man in V_h der V-Achse eine Senkrechte, so gibt der Schnittpunkt mit der s-V-Linie die Steigung $s = s_k$ [⁰/₀₀] an, bei der die Lok noch an der Kesselleistungsgrenze beansprucht wird. Der Schnittpunkt der Senkrechten in V_h mit der w-Linie gibt das Gefälle $-s = w$ ⁰/₀₀ an, bei dem der Dampf abzustellen ist (Bremsgefälle). Die Lokbeanspruchung ändert sich dann von der Steigung s_k bis zum Gefälle $-s = w$ [⁰/₀₀] linear von $\delta = 1$ bis $\delta = 0$, und die Lokbeanspruchungen für zwischenliegende Steigungen s [⁰/₀₀] sind $\delta_d = \dfrac{\pm s + w}{s_k + w}$. Für diese Lokbeanspruchungen kann man den minutlichen Kohlenverbrauch wie folgt aus der Llv-Tafel bestimmen. Teilt man auf der Senkrechten für die Lokbeanspruchung an der Kesselleistungsgrenze (Abb. 60 a) die indizierte Zugkraft Z_{i_g} [kg] bei V_h [km/h] in fünf gleiche Teile und geht von jedem Teilpunkt waagerecht bis zur gekrümmten Z_i-Linie für das V_h und dann senkrecht nach unten zur β-Achse, so multipliziert man die abgelesenen Werte β_δ [kg/sec] mit 60, um den gedrosselten minutlichen Kohlenverbrauch für $\delta = 0,0; 0,2; 0,4; 0,6$ und $0,8$ zu erhalten. Hiernach unterteilt man in der b-V-Linie die Ordinate für V_h (Abb. 32 c). Rechnet man für die Neigungen zwischen s_k und w des Längenprofils $\delta_d = \dfrac{\pm s + w}{s_k + w}$ aus, so kann man für diese δ_d-Werte den gedrosselten minutlichen Kohlenverbrauch auf der Senkrechten durch V_h der b-V-Linie interpolieren und auf der unteren Seite der waagerechten Kohlenverbrauchsskala aneinanderreihen (Abb. 32 c, d).

3. Kohlenverbrauch bei abgestelltem Dampf während der Zugfahrt und bei Stillstand.

Ist der Dampf auf Gefällen $-s > w$ abgestellt, so sind nur soviel Kohlen je Minute erforderlich, um das Feuer in heller Glut zu erhalten. Dieser minutliche Kohlenverbrauch ist $0,5 \cdot R$ [kg/min], wo R [m²] die Rostfläche ist. Beim Halten ist der minutliche Kohlenverbrauch ebenso groß. Dieser ist dann mit den Fahrzeiten bei abgestelltem Dampf und mit der Stillstandszeit zu vervielfältigen. Der Kohlenverbrauch für Anheizen, Rangier- und Nebenleistungen und für die Heizung der Reisezüge wird nach S. 164 bzw. S. 72 berechnet.

E. Die Zugkrafts- und Widerstandsarbeit der Dampflok.

1. Die zeichnerische Ermittlung der indizierten Zugkraftsarbeit.

In ähnlicher Weise wie der Kohlenverbrauch wird nach dem Verfahren des Verfassers auch die Zugkraftsarbeit ermittelt. Auf der Linie der Fahrweise an der

Kesselleistungsgrenze werden für die verschiedenen V-Werte die indizierten Zugkräfte in der Llv-Tafel abgelesen und die minutliche indizierte Zugkraftsarbeit $\Delta A_l = \dfrac{Z_i \cdot V}{60 \cdot 1000}$ [t·km/min] berechnet.

Diese Werte trägt man nach Abb. 32e als Ordinaten wieder über einer V-Achse vom gleichen Maßstab wie bei der b-V-Linie auf (60 [km/h] = 40 [mm]) und erhält so die ΔA_l-V-Linie. Sodann zieht man wieder (Abb. 32f) eine waagerechte Achse, deren obere Seite man nach der Arbeit in kmt im gleichen Maßstab wie die Ordinaten der ΔA_l-V-Linie unterteilt. Nun überträgt man aus dem Zeitwegstreifen je zwei benachbarte Δl-Strecken, also wieder den Abstand der Teilstriche für volle Minuten, mit dem Zirkel auf die V-Achse der ΔA_l-V-Linie und reiht deren Ordinaten auf der unteren Seite der waagerechten Arbeitsskala aneinander. Dadurch erhält man die Zugkraftsarbeit in zeitlicher Folge, die durch die Teilstriche gleicher Fahrzeiten des Zeitwegstreifens (Abb. 32b) wieder örtlich orientiert wird.

Die minutliche indizierte Zugkraftsarbeit bei gedrosselter Dampfzufuhr erhält man, wenn man die Ordinate der ΔA_l-V-Linie in V_h in fünf gleiche Teile teilt. Für die im Zeitwegstreifen angegebene Lokbeanspruchung $\delta_d = \dfrac{\pm s + w}{s_k + w}$ kann man dann die zugehörige gedrosselte minutliche Zugkraftsarbeit auf der unteren Seite der Arbeitsskala aneinanderreihen und nach der Zeit beziffern. Bei abgestelltem Dampf ist die Zugkraftsarbeit gleich Null. Dafür wirkt dann die Arbeit des Getriebewiderstandes der ohne Kraftverbrauch fahrenden Lokomotive. Das ist die indizierte Leerlaufarbeit der Lok.

2. Die indizierte Leerlaufarbeit A_p der Lok.

Nach Zuko, B 1951, S. 29 u. 30 ist die in einer Minute Fahrzeit bei der Geschwindigkeit V geleistete Leerlaufarbeit (abgestellter Dampf)
$\Delta A_p = \dfrac{W_{l_i l} \cdot V}{60 \cdot 1000}$ [kmt/min]. Hier ist $W_{l_i l} = c_{l_2} \cdot G_{l_2} + c_{l_0} \cdot V$ [kg] der innere mechanische Widerstand der Lok bei Leerlauf.
Nun ist der Weg $\Delta l = V : 60$ [km/min]. Die Fahrzeit bei Leerlauf ist T_0 [min] und mit $V \cdot T_0 : 60 = L_0$ [km] ist die gesamte Leerlaufarbeit
$$A_p = \sum \Delta A_p = \dfrac{c_{l_2} \cdot G_{l_2} \cdot V \cdot T_0}{1000 \cdot 60} + \dfrac{c_{l_0} \cdot V^2 \cdot T_0}{1000 \cdot 60} = \dfrac{(c_{l_2} \cdot G_{l_2} + c_{l_0} \cdot V) \cdot L_0}{1000} \text{ [km·t]}.$$
Für die G 56.15 (50) ist mit $c_{l_2} = 5{,}75$, $G_{l_2} = 75{,}3$ (s. S. 19, Tab. 1) und $c_{l_0} = 0{,}07$ (Zuko, B vom 1. I. 51, S. 29) bei $V = 60$ [km/h] dann
$$A_p = \dfrac{(5{,}75 \cdot 75{,}3 + 0{,}07 \cdot 60) \cdot L_0}{1000} = 0{,}436 \cdot L_0 \text{ [km·t]}.$$

3. Der mechanische Wirkungsgrad der Lok.

Nach Zuko, B 1951, S. 52 ist der mechanische Wirkungsgrad der Lok
$$\eta_i = (Z_i - W_{l_i}) : Z_i.$$
Nach der gleichen Seite der Zuko B ist $W_{l_i} = c_{l_2} \cdot G_{l_2} + c_{l_3} \cdot Z_i$ [kg] der Getriebewiderstand der Lok bei Fahrt mit Kraftverbrauch. Hiermit ist
$$\eta_i = \dfrac{Z_i - c_{l_2} \cdot G_{l_2} - c_{l_3} \cdot Z_i}{Z_i} = \dfrac{(1 - c_{l_3}) \cdot Z_i - c_{l_2} \cdot G_{l_2}}{Z_i}$$
mit der Zugkraft, und daher auch mit der Geschwindigkeit veränderlich.

64 Fahrdynamik der Zugförderung.

In der Zukoformel 22 steht $\eta_i A_l$ und in Zukoformel 9 → $(1-\eta_i) \cdot A_l$. Demnach ist

$$1 - \eta_i = \frac{c_{l_3} \cdot Z_i + c_{l_2} \cdot G_{l_2}}{Z_i}.$$

Die Zugkraftsarbeit je Minute ist

$$\Delta A_l = \frac{Z_i \cdot V}{60 \cdot 1000} \text{ [kmt/min]}$$

und

$$\eta_i \cdot \Delta A_l = \frac{(1-c_{l_3}) \cdot Z_i - c_{l_2} \cdot G_{l_2}}{Z_i} \cdot \frac{Z_i \cdot V}{60 \cdot 1000} = \frac{(1-c_{l_3}) \cdot Z_i \cdot V}{60 \cdot 1000} - \frac{c_{l_2} \cdot G_{l_2} \cdot V}{60 \cdot 1000}.$$

Nun ist $A_l = \frac{\sum\limits^{T-T_0} Z_i \cdot V}{60 \cdot 1000}$ und mit $V:60 = \Delta l$ [km/min] ist $A_l = \frac{\sum\limits^{L-L_0} Z_i \cdot \Delta l}{1000}$ [kmt].

Ähnlich wie bei der Leerlaufarbeit ist ebenfalls mit $V:60 = \Delta l$ [km/min] die minutliche Arbeit des Getriebes bei Kraftverbrauch

$$\frac{c_{l_2} \cdot G_{l_2} \cdot V}{60 \cdot 1000} = c_{l_2} \cdot G_{l_2} \cdot \Delta l : 1000 \text{ [t} \cdot \text{km/min]}.$$

In der Zeit mit Kraftverbrauch wird der Weg $L - L_0$ [km] zurückgelegt, und die Getriebewiderstandsarbeit ist $c_{l_2} \cdot G_{l_2} (L - L_0) : 1000$ [kmt].

Dann ist

$$\eta_i \cdot A_l = (1 - c_{l_3}) \cdot A_l - \frac{c_{l_2} \cdot G_{l_2} \cdot (L - L_0)}{1000}.$$

Addiert man, wie es in Zukoformel 22 steht, noch A_p hinzu, so ist

$$\eta_i \cdot A_l + A_p = (1 - c_{l_3}) \cdot A_l - \frac{c_{l_2} \cdot G_{l_2} \cdot (L - L_0)}{1000} + \frac{c_{l_2} \cdot G_{l_2} \cdot L_0}{1000} + \frac{c_{l_0} \cdot V \cdot L_0}{1000}$$

$$\eta_i \cdot A_l + A_p = (1 - c_{l_3}) \cdot A_l - \frac{c_{l_2} \cdot G_{l_2}}{1000}(L - 2 L_0) + \frac{c_{l_0} \cdot V \cdot L_0}{1000} \text{ [kmt]}.$$

Es ist die minutliche Arbeit

$$(1-\eta_i) \cdot \Delta A_l = \frac{(c_{l_3} \cdot Z_i + c_{l_2} \cdot G_{l_2}) \cdot Z_i \cdot V}{Z_i \cdot 60 \cdot 1000} \quad (c_{l_3} \cdot Z_i + c_{l_2} \cdot G_{l_2}) \frac{V}{60 \cdot 1000} \text{ [t} \cdot \text{km/min]}.$$

Mit $\sum (1-\eta_i) \cdot \Delta A_l = (1-\eta_i) A_l = c_{l_3} A_l + c_{l_2} \cdot G_{l2} \cdot (L - L_0) : 1000$ [kmt] ist nach vorigem der Ausdruck der Zukoformel 9:

$$(1-\eta_i) \cdot A_l + A_p = c_{l_3} \cdot A_l + c_{l_2} \cdot G_{l_2} \cdot (L - L_0 + L_0) : 1000 + \frac{c_{l_0} \cdot V \cdot L_0}{1000} \text{[kmt]}.$$

Also ist $(1-\eta_i) A_l + A_p = c_{l_3} \cdot A_l + \frac{c_{l_2} \cdot G_{l_2} \cdot L}{1000} + \frac{c_{l_0} \cdot V \cdot L_0}{1000}$ [kmt].

Hiernach ist also die besondere Ausrechnung des mechanischen Wirkungsgrades η_i der Lok nicht erforderlich.

Bei Drosselstrecken L_d ist $L_0 = 0$ [km] und $A_p = 0$. Dann ist hier

$$\eta_i \cdot A_{l_d} + A_p = \eta_i \cdot A_{l_d} = (1 - c_{l_3}) \cdot A_{l_d} - c_{l_2} \cdot G_{l_2} \cdot L_d : 1000 \text{ [kmt]} \quad \text{(Zukof. 22)}.$$

und

$$(1-\eta_i) A_{l_d} + A_p = c_{l_3} \cdot A_{l_d} + c_{l_2} \cdot G_{l_2} \cdot L_d : 1000 \text{ [kmt]}. \quad \text{(Zukof. 9)}.$$

Die Ermittlung der Verbrauchswerte einer Zugfahrt. 65

$$c_{l_{2}} \cdot A_{l} + \frac{c_{l_{2}} \cdot G_{l_{2}} \cdot L}{1000} + \frac{c_{l_{0}} \cdot V \cdot L_{0}}{1000} \text{ [kmt]}$$ wird verhältnisgleich dem Verschleiß des Fahrgestells der Lok einschließlich Tender gesetzt. Der Ausdruck

$$(1 - c_{l_{2}}) \cdot A_{l} - \frac{c_{l_{2}} \cdot G_{l_{2}}}{1000} (L - 2 L_{0}) + \frac{c_{l_{0}} \cdot V \cdot L_{0}}{1000} \text{ [kmt]}$$

wird verhältnisgleich dem Materialverschleiß der Schienen durch die Triebfahrzeuge gesetzt zur Erfassung des entsprechenden Anteils an den Oberbauerneuerungskosten. Beides gilt auch für Drosselstrecken.

4. Die näherungsweise Berechnung der Zugkraftsarbeit.

Nach Abb. 32e verläuft zwischen den Geschwindigkeiten $V_{ü}$ und V_h die Linie der minutlichen indizierten Zugkraftsarbeit ziemlich flach. Man kann daher bei geringer Streuung zwischen $V_{ü}$ und V_h einen Mittelwert ΔA_{l_m} [kmt/min] einsetzen und diesen mit der Fahrzeit $T_v = T - T_0 - T_d$ [min] bei voller Lokbeanspruchung multiplizieren. T_d ist die Fahrzeit bei Drosselung und T die Gesamtfahrzeit. Da aber von $V = 0$ bis $V = V_{ü}$ in der Zeit $t_{ü}$ [sec] die Zugkraftsarbeit nicht gleichbleibend ist, sondern von 0 bis ΔA_{l_m} [kmt/min] ansteigt und daher im Mittel für diesen Geschwindigkeitsbereich nur halb so groß ist, so muß für jede Anfahrt ein Abzug der halben indizierten Zugkraftsarbeit erfolgen. Der Anfahrabzug der indizierten Zugkraftsarbeit ist dann: $\frac{\Delta A_{l_m} \cdot t_{ü}}{2 \cdot 60}$ [kmt]. Die Anfahrzeit $t_{ü}$ [sec] von $V = 0$ bis $V = V_{ü}$ kann man aus der Fahrzeitermittlung und $V_{ü}$ aus der s-V-Linie ablesen. $\Delta A_{l_m} \cdot \left(T_v - \frac{t_{ü}}{2 \cdot 60} \right)$ [kmt] ist die Zugkraftsarbeit bei Vollbeanspruchung der Lok. Bei Fahrt mit voller Lokbeanspruchung liegt die Ordinate der mittleren minutlichen Zugkraftsarbeit ΔA_{l_m} nicht bei der mittleren Geschwindigkeit, sondern näherungsweise bei der Geschwindigkeit $2/3 (V_h - V_{ü})$ zwischen $V_{ü}$ und der nach der Fahrzeitermittlung erreichten Höchstgeschwindigkeit V_h. Dann ist von $V = 0$ [km/h] ab gerechnet diese Geschwindigkeit $V_{m_a} = V_{ü} + 2/3 \cdot (V_h - V_{ü})$ $= \frac{2 \cdot V_h + V_{ü}}{3}$. Die mittlere minutliche Zugkraftsarbeit ist $\Delta A_{l_m} = \frac{Z_i \cdot V_{m_a}}{60 \cdot 1000}$ [tkm/min]. Hier ist Z_i die zu V_{m_a} gehörige Zugkraft.

Die Zugkraftsarbeit bei planmäßigen Fahrzeiten wird mit guter Annäherung gleich der Zugkraftsarbeit A_l bei reinen Fahrzeiten gesetzt, da sich die geringen Unterschiede kostenmäßig kaum auswirken (s. S. 160). Bei nichtausgelasteten Zügen wird die Zugkraftsarbeit A'_l im Verhältnis der Zuggewichte des nichtausgelasteten zum ausgelasteten reduziert, d. h. mit dem Quotienten $G'_z : G_z$ multipliziert.

Bei der Fahrt mit der Höchstgeschwindigkeit oder der Geschwindigkeit der Langsamfahrstelle ist die Zugkraft so zu drosseln, daß

$$Z_t = (1 - c_{l_{2}}) \cdot Z_i = 0{,}96 \cdot Z_i = W_l + G_w \cdot w_w \pm G_z \cdot s \text{ [kg]}$$

wird oder

$$Z_{i_\delta} = \frac{W_l + G_w \cdot w_w \pm G_z \cdot s}{0{,}96}.$$

Müller, Eisenbahnanlagen II.

Die indizierte Zugkraftsarbeit eines ausgelasteten Zuges auf der Drosselstrecke L_d mit Höchstgeschwindigkeit ist dann

$$A_{l_d} = \frac{Z_{i\delta} \cdot L_d}{1000} = \frac{(W_l + G_w \cdot w_w \pm G_z \cdot s_{d_m}) \cdot L_d}{0{,}96 \cdot 1000} \quad [\text{kmt}] .$$

Die Zugkraftsarbeit auf einer Langsamfahrstelle L_l [km] ist

$$A_{l_l} = L_l \cdot (W_l + G_w \cdot w_w \pm G_z \cdot s_{l_m}) : 0{,}96 \cdot 1000.$$

W_l und w_w ist für die planmäßige Höchstgeschwindigkeit bzw. für die Geschwindigkeit V_l der Langsamfahrstellen zu berechnen. s_{d_m} ist die gemittelte Neigung der Drosselabschnitte mit Höchstgeschwindigkeit und s_{l_m} die mittlere Neigung der Langsamfahrstellen.

Bei nichtausgelastetem Zug auf der Drosselstrecke ist die Zugkraftsarbeit A'_{l_d}, die man erhält, wenn man in obiger Gleichung für A_{l_d} [kmt] G'_w statt G_w und G'_z gleich $G_l + G'_w$ statt G_z setzt.

Durch diese näherungsweise Berechnung der Zugkraftsarbeit A_l erspart man ihre zeichnerische Ermittlung, und für das Veranschlagen der Zugförderkosten genügt die zeichnerische Fahrzeitermittlung der Zugfahrten. Diese sind aber in der Regel auf den Eisenbahndirektionen vorhanden. Hierdurch gestaltet sich die Ermittlung sehr einfach und die Ergebnisse sind auch bei dieser Näherung recht zuverlässig. Die Zugkraftsarbeit ist aus folgenden Gründen nicht in den Lokkostenmaßstab einbezogen worden. In den Zukoformeln 9 und 22 sind die gesamte Fahrzeit T [min] und der gesamte Fahrweg L [km] angegeben. Würden diese Formeln so umgearbeitet werden, daß die Kosten infolge der Zugkraftsarbeiten für volle, gedrosselte und abgestellte Energiezufuhr getrennt angegeben werden, dann könnte vielleicht bei Dampfzügen eine Einarbeitung der von A_l uns A_p abhängigen Kostenanteile erfolgen. Hierbei ist aber zu bedenken, daß die mittleren Geschwindigkeiten der Zuglauftabelle nicht gleichbedeutend sind mit den mittleren Geschwindigkeiten V_{m_a}. Jedoch ist der Unterschied in den Kosten durch diese Näherung auf die Zugförderkosten bezogen, unbedeutend.

Beispiel: In Abb. 32a ist $t_{\ddot{u}} : 60 = 1{,}25$ [min] bei $V_{\ddot{u}} = 23$ [km/h]. Für die Höchstgeschwindigkeit $V = 60$ [km/h] ist $V_{m_a} = \frac{1}{3} \cdot (2 \cdot 60 + 23) = 47{,}6$ [km/h]. Hierfür ist nach der Llv-Tafel der Lok G 56.20 (44) $Z_i = 11\,600$ [kg] und die minutliche Zugkraftsarbeit ist dann

$$\Delta A_{l_m} = \frac{Z_i \cdot V_{ma}}{60 \cdot 1000} = \frac{11\,600 \cdot 47{,}6}{60 \cdot 1000} = 9{,}18 \; [\text{kmt/min}].$$

Die Fahrzeit für die mit Volldampf befahrene Strecke ($V = 0$ bis $V = 60$ [km/h]) ist $T_v = 19$ [min] und $T_v - \frac{t_{\ddot{u}}}{2 \cdot 60} = 19 - \frac{1{,}25}{2} = 18{,}375$ [min]. Dann ist die indizierte Zugkraftsarbeit

$$\Delta A_{l_m} \cdot \left(T_v - \frac{t_{\ddot{u}}}{2 \cdot 60}\right) = 9{,}18 \,(19 - 0{,}625) = 168 \; [\text{kmt}].$$

Hierzu kommt noch die indizierte Zugkraftsarbeit mit $V = 60$ [km/h] auf der Drosselstrecke $s_d = 0$ [⁰/₀₀], die $L_d = 3{,}1$ [km] lang ist. Diese ist

$$\frac{(W_l + G_w \cdot w_w + G_z \cdot s) \cdot L_d}{0{,}96 \cdot 1000} = \frac{(1392 + 5405) \cdot 3{,}1}{0{,}96 \cdot 1000} = 22 \text{ [kmt]}.$$

Dann ist die gesamte indizierte Zugkraftsarbeit $168 + 22 = 190$ [kmt]. Dies ergibt auch die zeichnerische Ermittlung der Abb. 32f. Eine Ermittlung des Anfahrabzuges der Zugkraftsarbeit, wenn die für die Fahrzeitermittlung verwandte s-V-Linie nicht vorhanden ist, ist auf S. 139 angegeben.

F. Ermittlung der Widerstandsarbeit des Zuges in Bogenstrecken.

Die mittleren Bogenwiderstände kann man aus dem Längenprofil, das der Fahrzeitermittlung zugrunde liegt, wie folgt bestimmen (Abb. 32b):

Die Zahlen, die in Steigungen mit Bogenstrecken stehen, sind $+ s + w_{b_m}$ [⁰/₀₀] und die Zahlen, die in Gefällen mit Bogenstrecken stehen, sind $- s + w_{b_m}$ [⁰/₀₀]. Steht z. B. an der aufsteigenden Schrägen des schematischen Längenprofils 5 [⁰/₀₀] und an der absteigenden (Gefälle) $- 4$ [⁰/₀₀], so heißt dies:

$$\begin{aligned} + s + w_{b_m} &= 5 \,[⁰/₀₀] \\ - s + w_{b_m} &= -4 \,[⁰/₀₀] \\ \hline 2\, w_{b_m} &= 1 \,[⁰/₀₀]. \end{aligned}$$

Dann ist also der mittlere Bogenwiderstand auf dem Neigungsabschnitt l [km] $w_{b_m} = 0{,}5$ [⁰/₀₀]. Nach der Gleichung S. 21 bezieht sich der Bogenwiderstand w_b auf die Bogenlängen l_b [km]. Im Längenprofil der Fahrzeitermittlung ist aber w_{b_m} der auf die Neigungslänge l [km] bezogene mittlere Bogenwiderstand, für den die Beziehung $w_{b_m} = \frac{w_b \cdot l_b}{l}$ besteht. Auf die Gesamtlänge L [km] bezogen ist der mittlere Bogenwiderstand $w_{B_m} = \Sigma w_{b_m} \cdot l : L$ [⁰/₀₀]. Die Gesamtbogenwiderstandsarbeit des Zuges vom Gewicht G_z auf der Strecke L [km] ist dann $\frac{G_z \cdot w_{B_m} \cdot L}{1000}$ [kmt].

Diese Ermittlung ist für eine neue Bahnlinie einmal durchzuführen. Sie gilt für Hin- und Rückfahrt und für alle Zugarten. Beim Trassieren einer Neubaulinie sind die Bogenstrecken nach Länge und Halbmesser noch unbekannt. Hier ist daher der mittlere Bogenwiderstand zu schätzen. Das geschieht bei einer Linie gleichbleibenden Widerstandes wie folgt:

In Bogenstrecken ist die Steigung s_b [⁰/₀₀] um den Krümmungswiderstand w_b [⁰/₀₀] kleiner als die Steigung in den geraden Streckenabschnitten. Es tritt daher in jeder Bogenstrecke von l_b [m] ein Höhenverlust von $w_b \cdot l_b = \Delta H_b$ [m] ein. Auf die ganze Strecke L bezogen ist dieser Höhenverlust $\Sigma \Delta H_b = w_{B_m} \cdot L$ [m] oder

$w_{B_m} = \frac{\Sigma \Delta H_b}{L}$ [⁰/₀₀] ist der mittlere Bogenwiderstand der Strecke.

Soll ein Ort B, der H [m] über dem Ort A liegt und von diesem den waagerechten Abstand L [km] hat, durch eine gekrümmte Bahnlinie gleichbleibender Steigung verbunden werden, so ist der Widerstand in den Bogenstrecken größer als in den Geraden. Würde man, um eine Linie gleichbleibenden Widerstandes zu erhalten, die Steigungen in den Bogenstrecken um den Krümmungswiderstand ermäßigen, so läge der obere Endpunkt der Bahnlinie für dieselbe Bahnlänge L [km] unterhalb des Punktes B. Wenn man aber die gleichbleibende Steigung $\dfrac{H + \Sigma \Delta H_b}{L} = s_{ma}$ als maßgebende Steigung annimmt, so kommt die Linie im höhergelegenen Punkt C an (Abb. 34). Ermäßigt man nunmehr die Steigungen in den Bögen um den Bogenwiderstand, so entsteht hierdurch nach obigem ein Höhenverlust von

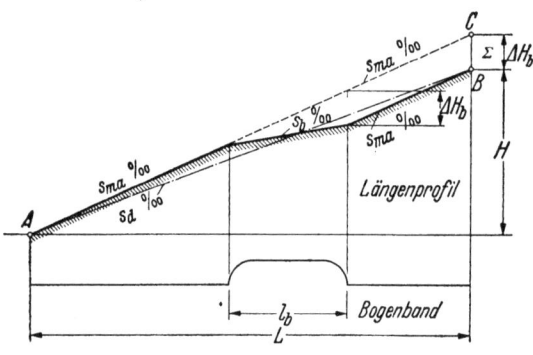

Abb. 34. Längenprofil einer Linie gleichbleibenden Widerstandes.

$$\Sigma w_b \cdot l_b = w_{B_m} \cdot L$$
$$= \Sigma \Delta H_b = CB,$$

und die Linie gleichbleibenden Widerstandes kommt, wie verlangt, im Punkt B an. Drückt man den mittleren Krümmungswiderstand w_{B_m} durch einen Prozentsatz $\zeta \cdot s_{ma}$ der maßgebenden Steigung aus, so ist $w_{B_m} = \zeta \cdot s_{ma}$ [°/₀₀] und mit $\dfrac{\Sigma \Delta H_b}{L} = w_{B_m}$ ist

$$s_{ma} = \frac{H}{L} + \frac{\Sigma \Delta H_b}{L} = \frac{H}{L} + w_{B_m} \text{ oder } s_{ma} = \frac{H}{L} + \zeta \cdot s_{ma}.$$

Dann ist

$$s_{ma} \cdot (1 - \zeta) = \frac{H}{L} = s_d \ [°/_{00}]$$

die Durchschnittssteigung. Nach der Erfahrung ist bei Bahnlinien im Flachland $\zeta = 0{,}02$ bis $0{,}05$, im Hügelland ist $\zeta = 0{,}07$ bis $0{,}09$ und im Gebirge ist $\zeta = 0{,}09$ bis $0{,}15$. Auf die Gesamtlänge L [m] einer Neubaulinie bezogen ist also hiernach die Widerstandsarbeit in Bogenstrecken für das Zuggewicht G_z [t] nunmehr

$$\frac{G_z \cdot w_{B_m} \cdot L}{1000} = \frac{G_z \cdot \zeta \cdot s_{ma} \cdot L}{1000} \ [\text{kmt}].$$

G. Die Bremsarbeit des Zuges.

Bei der Bremsarbeit unterscheidet man:
a) das Bremsen, damit die auf Gefällen für eine Bremsausrüstung des Zuges nach den Bremstafeln vorgeschriebene Geschwindigkeit nicht überschritten wird,
b) das Bremsen auf Halt;
c) das Bremsen vor Langsamfahrstellen.

Der Dampf ist beim Bremsen abgestellt.

Zu a): Die Bremsarbeit im Gefälle ist $\dfrac{G_z \cdot \Sigma (s - w) \cdot l_0}{1000}$ [kmt].

Hier sind $s[^0/_{00}]$ die Gefälle größer als der spezifische Zugwiderstand w [kg/t] auf der waagerechten geraden Bahn. Man bildet nun für jeden Gefällabschnitt mit $s > w$ die Differenz $s - w [^0/_{00}]$ und multipliziert ihn mit der Länge des Gefällabschnittes l_0.

Bei Neubaulinien gleichbleibenden Widerstandes ist auf den Gefällstrecken $\sum (s - w) l_0 = (s_d - w) \cdot L_0$. Nach vorigem war die Durchschnittsneigung $s_d = s_{ma} - w_{B_m}$. Hiermit und mit $w_{B_m} = \zeta \cdot s_{ma}$ ist dann $s_d = s_{ma} - \zeta \cdot s_{ma} = s_{ma}(1 - \zeta)$ durch die maßgebende Steigung ausgedrückt, die ja aus der fahrdynamischen Charakteristik bekannt ist. Die Werte für ζ sind dann wieder nach vorigem für Ebene, Hügelland und Gebirge zu schätzen. Da man den Zugwiderstand bei den Bremsgeschwindigkeiten auf Gefällen mit $w = 5 [^0/_{00}]$ einsetzen kann und in der Ebene s_{ma} höchstens $5 [^0/_{00}]$ beträgt, so fällt auf Flachbahnen die Bremsarbeit fort. Allgemein lautet nunmehr die Gleichung für die Bremsarbeit auf die ganze Gefällstrecke L_0 [km] bezogen

$$\frac{G_z \cdot \sum (s - w) l_0}{1000} = \frac{G_z [(1 - \zeta) \cdot s_{ma} - w] \cdot L_0}{1000} \quad [\text{kmt}]$$

und mit $w = 5$ [kg/t] ist sie

$$\frac{G_z [(1 - \zeta) \cdot s_{ma} - 5] \cdot L_0}{1000} \quad [\text{kmt}].$$

Zu b): Beim Bremsen auf Halt ist die Bremsarbeit A_b je Halt bei dem Massenfaktor 1,07:

$$A_b = \frac{1070 \cdot V_b^2 \cdot G_z}{2 \cdot 9{,}81 \cdot 3{,}6^2} - (\pm s + w) \cdot l_b \cdot G_z \cdot 1000$$

$$= 4{,}21 \cdot V_b^2 \cdot G_z - (\pm s + w) \cdot l_b \cdot G_z \cdot 1000 \quad [\text{mkg}]$$

$$= G_z \cdot \left[\left(\frac{V_b}{10}\right)^2 \cdot \frac{0{,}421}{1000} - \frac{\pm s + w}{1000} \cdot l_b \right] \quad [\text{tkm}],$$

wo V_b [km/h] die Abbremsgeschwindigkeit ist. Die Arbeit der Streckenwiderstände $\frac{s + w}{1000} G_z \cdot l_b$ ist gegenüber der Bremsarbeit gering und kann daher vernachlässigt werden. Hiermit wird die Summe dieser Bremsarbeiten bei n_b Halten

$$\sum A_b = G_z \cdot \frac{0{,}421}{1000} \sum_1^{n_b} \frac{V_b^2}{100} \quad [\text{tkm}].$$

Zu c): Vor Langsamfahrstellen wird die Geschwindigkeit von V_{b_1} auf V_{b_2} [km/h] herabgebremst. Dann ist die Bremsarbeit der Dampf- und elektrischen Züge bei Langsamfahrstellen $\frac{0{,}421}{1000} \cdot \sum_1^{n_l} \left(\frac{V_{b_1}^2 - V_{b_2}^2}{100} \right) \cdot G_z$ [tkm]. Die Strecken l_0 für die Bremsarbeit im Gefälle endigen vor den Bremsstrecken auf Halt und vor Langsamfahrstellen. Sie sind also über letztere Bremsstrecken nicht durchzurechnen. Zu dem Verschleiß des Oberbaues infolge der Zugkrafts- und der Widerstandsarbeit der Triebfahrzeuge nach S. 65 kommen noch hinzu der Verschleiß durch die Widerstandsarbeit des ganzen Zuges in Bogenstrecken und derjenige durch die Widerstandsarbeit auf der ganzen Strecke:

1. infolge des auf den Radumfang bezogenen Reibungswiderstandes in den Lagern sämtlicher Fahrzeuge und

2. durch Schwankungen der Fahrzeuge um die senkrechte Achse und durch das Gleiten der Räder infolge ungleicher Raddurchmesser. Nach der Zuko, B 1951, S. 69 und 70 ist der Reibungswiderstand zu 1. = 0,883 [kg/t] und der zu 2. = 0,108 [kg/t], insgesamt also 1 [kg/t], dessen Arbeit auf der Gesamtstrecke L [km] für das Zuggewicht G_z [t] dann $\frac{1,0 \cdot G_z \cdot L}{1000}$ [kmt] beträgt. Aus Verschleißversuchen und statistischen Aufschreibungen von Messungen ist der durchschnittliche Gewichtsverlust der Schienen durch die von den Zugkräften hervorgerufene Haftreibung und durch die vorgenannten Reibungen 1,0 [kg/t] sowie durch die Reibung in Bogenstrecken nach Zuko (B 1951, S. 74) $\frac{2,5}{1000}$ [kg/kmt]. Multipliziert man also die Zugkrafts- und Widerstandsarbeit des Triebfahrzeuges

$(1-c_{i_3}) \cdot A_l - \frac{c_{l_2} \cdot G_{l_2}}{1000} \cdot (L - 2 L_0) + \frac{c_{l_0} \cdot V \cdot L_0}{1000}$ sowie $\frac{1,0 \cdot G_z \cdot L}{1000}$ und $\frac{G_z \cdot w_{B_m} \cdot L}{1000}$ [kmt]

mit $\frac{2,5}{1000}$ [kg/kmt], so erhält man die entsprechende Schienenabnutzung der Zugfahrt. Nach der gleichen Quelle ist die Schienenabnutzung durch die Bremsarbeit $\frac{3,25}{1000}$ [kg/kmt]. Durch Multiplikation mit der gesamten Bremsarbeit nach Abschnitt G, a, b, c, erhält man die entsprechende Schienenabnutzung der Zugfahrt. Von der gesamten Abnutzung des Schienenkopfes durch die Reibungsarbeit hängt die Liegezeit des Oberbaues ab. Diese wird nach S. 65 verhältnisgleich den Erneuerungskosten des Oberbaues nach Zukoformel 22 gesetzt.

H. Die Ermittlung des Stromverbrauchs am Fahrdraht und der Motorzugkraftsarbeit.

1. Stromverbrauch am Fahrdraht.

Die Ermittlung des Stromverbrauchs am Fahrdraht ist analog der des Kohlenverbrauchs und der indizierten Zugkraftsarbeit und wird auch wieder für den doppelten Zeitschritt also 1 [min] durchgeführt. In Abb. 35c ist die Linie des minutlichen Stromverbrauchs am Fahrdraht in Abhängigkeit von der Geschwindigkeit aufgetragen. Der Maßstab der Geschwindigkeitsachse ist $V = 60$ [km/h] = 20 [mm]. In Abb. 17a (Llv-Tafel der E 94) sind die Motorzugkräfte und Geschwindigkeiten abhängig von der Leistung [kW] links in der Llv-Tafel für die Bahnmotore mit β_M [kW] und rechts der Llv-Tafel für den Trafo und die Hilfsmotore mit β_H [kW] dargestellt (Abb. 17b). Dann sind die Werte für den minutlichen Stromverbrauch am Fahrdraht $\frac{\beta_M + \beta_H}{60}$ [kWh/min] als Ordinaten über der V-Achse aufzutragen (Abb. 35c). Für die Höchstgeschwindigkeit V_h bzw. die Geschwindigkeit V_l der Langsamfahrstellen unterteilt man die Ordinaten in zehn gleiche Teile, um den minutlichen Stromverbrauch auf den Drosselstrecken durch Interpolieren zu erhalten. Die Ermittlung des Stromverbrauchs am Fahrdraht für die Zugfahrt in zeitlicher Folge geschieht in derselben Weise wie beim Kohlenverbrauch und der Zugkraftsarbeit der Dampfzüge. Bei abgestelltem Fahrmotor ist $Z_i = 0$. Hierfür ist in Abb. 17a auf der Abszissenachse der Stromverbrauch β_M abzulesen, der sich nur wenig mit der Geschwindigkeit

Die Ermittlung der Verbrauchswerte einer Zugfahrt.

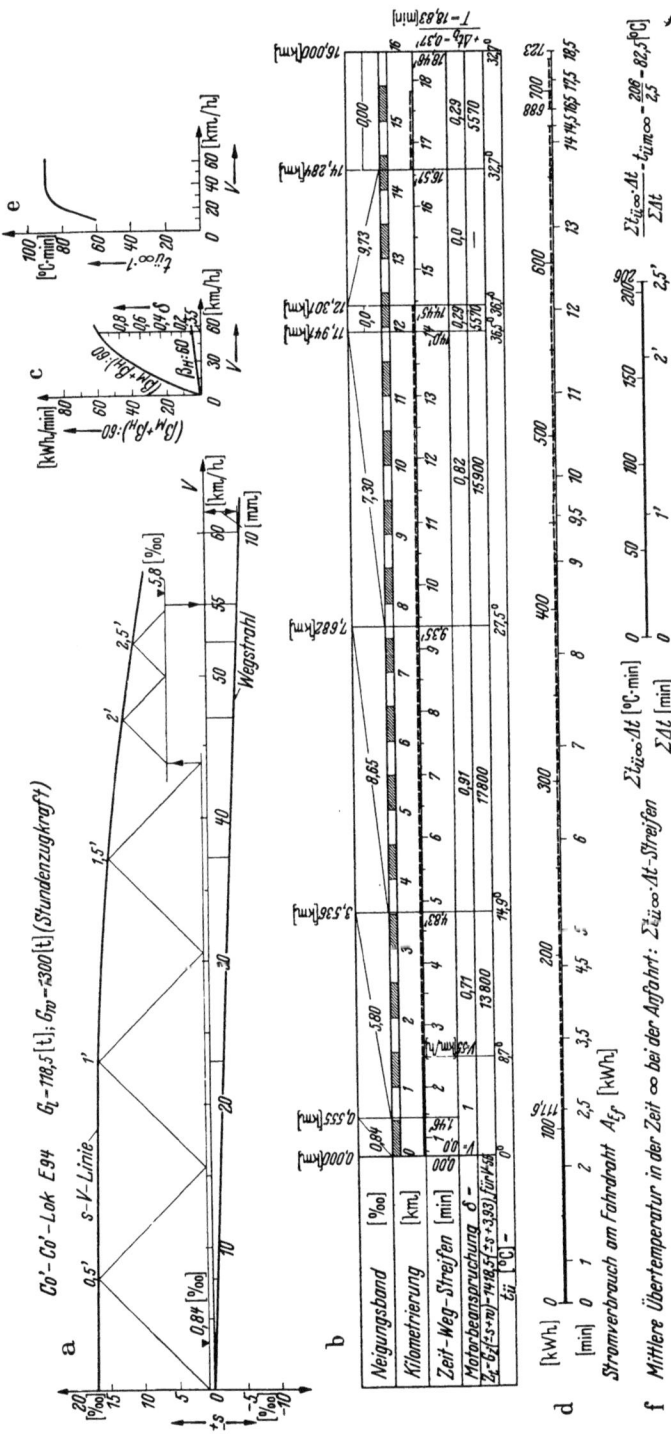

Abb. 35. Zeichnerische Ermittlung der Verbrauchswerte einer Güterzugfahrt (Elektrobetrieb).

ändert. Ebenso ist in Abb. 17b für $Z_i = 0$ auf der Abszissenachse der für alle Geschwindigkeiten bei abgestelltem Motor und auch für Stillstand geltende gleichbleibende Wert β_H abzulesen.

Für die Zugfahrt ist der gesamte Stromverbrauch am Fahrdraht A_{EF} [kWh].

2. Die Arbeit der Motorzugkraft.

Sie kann aus der zeichnerisch ermittelten elektrischen Fahrdrahtarbeit (Stromverbrauch) wie folgt berechnet werden: Da der minutliche elektrische Stromverbrauch des Trafo und der Hilfsmotore an und für sich gegenüber der elektrischen Motorarbeit sehr zurücktritt, so kann man nach Abb. 36c annehmen, daß sich der minutliche Stromverbrauch der Hilfsmotoren und des Trafo $\beta_H : 60$ [kWh/min] zum gesamten minutlichen Stromverbrauch $(\beta_M + \beta_H) : 60$ [kWh/min] annähernd proportional verhält. Ermittelt man daher den Proportionalitätsfaktor $\beta_M : (\beta_M + \beta_H) = \varkappa$, und multipliziert man den Stromverbrauch A_{E/m_o} bei Stunden- bzw. Dauerzugkraft und gedrosselter Zugkraft, das ist der um den Stromverbrauch bei abgestellten Motoren verminderte Stromverbrauch der Zugfahrt, mit $\varkappa \cdot 0{,}367$, so erhält man die Arbeit der Motorzugkraft $A_{m_o} = A_{E/m_o} \cdot \varkappa \cdot 0{,}367$ [kmt], da 1 [kWh] = 0,367 [kmt] ist. Mit dieser Motorzugkraftsarbeit werden die Unterhaltungskosten des Lokfahrzeuggestells und ein Teil der Oberbauerneuerungskosten ermittelt (Abschnitt III).

3. Energieverbrauch für das Heizen der Reisezüge.

Nach der Zuko ist der Energieverbrauch für die Zugheizung abhängig von der Zahl der beheizten Wagen, von deren Bauart, von der Heizstundenzahl (Vorheizzeit und Heizung während der Reisezeit), von der Witterung (Außentemperatur, Außenluftbewegung) und von der Fahrgeschwindigkeit. Der Energieverbrauch kann nur durch Versuche in Verbindung mit statistischen Ermittlungen bestimmt werden.

a) Elektrischer Arbeitsverbrauch für das Heizen der Reisezüge. Dieser ist $b'_h = L_H \cdot c_H$ [kWh]. Hier ist nach Zuko Teil A, II. Abschn. Anl. 16 E L_H die Heizleistung in [kWh], die in die Reisezugwagen der verwendeten Gattung eingebaut ist.

c_H ist die Zusatzzahl zur Berücksichtigung des Einflusses der Außentemperatur t_a.

$c_H = 0{,}425 + 0{,}0172 \cdot (20 - t_a)$ gültig von $t_a = +10°$ bis $t_a = -20°$.

Heizleistungen L_H [kW], die in die hauptsächlichsten Wagengattungen eingebaut sind:

C	= 15 [kW]	BC4i	= 25 [kW]	Pw3	= 3,0 [kW]
C_3	= 14 ,,	C4i	= 25 ,,	Pw3i	= 6,0 ,,
BCi	= 15 ,,	BC4ü	= 25 ,,	Pw4	= 4,0 ,,
C_i	= 15 ,,	C4ü	= 25 ,,	Pw4i	= 5,5 ,,
C_{3i}	= 16 ,,	Pw	= 4,5 ,,	Pw4ü	= 6,5 ,,
C_4	= 23 ,,	Pwi	= 5,0 ,,		

Allgemeine Richtzahl: 200 [W/m³ Abteilraum].

Die Ermittlung der Verbrauchswerte einer Zugfahrt. 73

b) Kohlenverbrauch für das Heizen der Reisezüge. Zu dessen Ermittlung dient die nachstehende Zusammenstellung (Zuko Teil A, 2. Abschn., Anl. 16D):

Tabelle 3. *Kohlenverbrauch für das Heizen der Reisezüge.*

Gewicht des geheizten Wagenzugteiles in t	Kohlenverbrauch in kg je Heizstunde bei einer Außentemperatur in Grad Celsius														
	+10	+8	+6	+4	+2	0	−2	−4	−6	−8	−10	−12	−14	−16	−18	−20
40	6	7	8	9	10	11	12	13	14	15	16	17	18	19	20	21
60	9	10	12	13	15	16	18	20	21	23	24	26	27	29	30	32
80	12	14	16	18	20	22	24	26	28	30	32	34	36	38	40	42
100	15	17	20	22	25	27	30	33	35	38	40	43	45	48	50	53
120	18	21	24	27	30	33	36	39	42	45	48	51	54	57	60	64
140	21	24	28	31	35	38	42	46	49	53	56	60	63	67	71	74
160	24	28	32	36	40	44	48	52	56	60	64	68	72	77	81	85
180	27	31	36	40	45	49	54	59	63	68	72	77	82	86	91	95
200	29	35	40	45	50	55	60	65	70	75	80	86	91	96	101	106
220	32	37	43	48	54	59	65	71	76	81	87	93	98	104	109	115
240	34	40	46	53	58	64	70	76	82	88	94	100	106	112	118	124
260	37	43	50	56	62	69	75	81	88	94	101	107	113	120	126	132
280	39	46	53	60	66	73	80	87	94	100	107	114	121	128	134	141
300	42	49	56	63	71	78	85	92	99	106	114	121	128	136	143	150
320	44	52	59	67	75	82	90	98	105	113	121	128	136	144	151	159
340	47	55	63	71	79	87	95	103	111	119	127	135	143	152	160	168
360	49	58	66	75	83	92	100	109	117	125	134	143	151	160	168	177
380	51	60	69	77	86	95	104	113	122	130	139	148	157	166	175	184
400	53	62	71	80	90	99	108	117	126	135	145	154	163	172	181	191
420	55	64	74	83	93	102	112	122	131	140	150	160	169	179	188	198
440	57	67	77	86	96	106	116	126	136	145	155	165	175	185	195	205
460	59	69	79	89	100	110	120	130	140	150	161	171	181	191	202	212
480	60	71	81	92	102	113	123	133	144	154	165	175	186	196	207	217
500	62	72	83	94	105	115	126	137	147	158	169	180	190	201	212	222
520	63	74	85	96	107	118	129	140	151	162	173	184	195	206	217	228
540	65	76	87	98	110	121	132	143	154	165	177	188	199	211	222	233
560	66	78	89	101	112	124	135	146	158	169	181	192	204	215	227	238
580	68	79	91	103	115	126	138	150	161	173	185	196	208	220	232	244
600	69	81	93	105	117	129	141	153	165	177	189	201	213	225	237	249

4. Beispiel für die Ermittlung der Verbrauchswerte einer Güterzugfahrt (Elektrobetrieb).

Die Ermittlung der Fahrzeiten, des Stromverbrauchs, der Zugkraftsarbeit sowie der Motorerwärmung wurde zeichnerisch für denselben Zug und das gleiche Längenprofil wie in der Zuko vom 1. März 1950 (Teil A, I. Abschnitt: Ermittlung der Verbrauchswerte) durchgeführt (Abb. 35a—f).

a) Fahrzeitermittlung. Die s-V-Linie wurde für einen mit einer Co'-Co'-Lok E 94 bespannten Güterzug von $G_l = 118{,}5$ [t] und $G_w = 1300$ [t] aus der Loktafel (Anl. Zuko 4 E) für die Stundenzugkraft aufgetragen. Bei $\Delta t = 0{,}5$ [min], dem Massenfaktor $\varrho = 1{,}09$ sowie bei dem Kräftemaßstab $s = 1[°/_{00}] = 2$ [mm] ist $V = 1$ [km/h] $= \dfrac{2 \cdot 2 \cdot 1{,}09}{1{,}06} = 4{,}1$ [mm]. Der Wegstrahl hat bei $V = 60$ [km/h] für den Längenmaßstab 1:50000 die Höhe 10 [mm]. Die Höchstgeschwindigkeit ist $V_h = 55$ [km/h]. Als reine Fahrzeit einschließlich des Bremszeitzuschlages $\Delta t_b = 0{,}37$ [min] für 45 Bremsprozente (Abb. 56) der auf der Waagerechten haltenden Züge wurde für 16 [km] Fahrt $T_r = 18{,}83$ [min] ermittelt (Abb. 35b). Dieser Wert stimmt für $L = 16$ [km] mit der Berechnung in der Zuko Teil A, I. Abschnitt Anlage 10 E¹ überein.

Die Lokbeanspruchung δ_d für die Fahrt mit $V_h = 55$ [km/h] auf den Drosselstrecken wurde nach der Gleichung

$$\delta_d = \frac{\mp s + w}{s_k + w}$$ ermittelt, wo für $V = 55$ [km/h] die Ordinate der s-V-Linie $s_k = 9{,}8$ [⁰/₀₀] und $w = 3{,}93$ [kg/t] der Zugwiderstand bei $V_h = 55$ [km/h] ist (s-V-Linie, Abb. 35a).

b) Der Stromverbrauch am Fahrdraht. Aus der Llv-Tafel (Abb. 17a, b) der Bahnmotoren sowie des Trafo und der Hilfsmotoren werden für die Stundenzugkraft für $V = 0, 15, 30, 45$ und 60 [km/h] die Werte β_M und β_H abgelesen und $(\beta_M + \beta_H) : 60$ gebildet und zur Abb. 35c aufgetragen. Ferner ist die Ordinate für $V_h = 55$ [km/h] der Drosselstrecken in 10 Teile geteilt. Die zeichnerische Ermittlung des Stromverbrauchs am Fahrdraht ergab $A_{E_f} = 723$ [kWh] (Abb. 35d) für reine Fahrzeiten.

c) Die Motorzugkraftsarbeiten. Im Beispiel Abb. 35b ist von 14,45 [min] bis 16,57 [min] sowie während der Bremszeit 50,7 [sec] = 0,84 [min] (interpoliert aus Abb. 55 c u. d) der Strom abgestellt. Die Fahrzeit bei abgestelltem Motor ist also $T_0 = 2{,}96$ [min]. Dann ist die Zeit $T_v = 18{,}83 - 2{,}96 = 15{,}87$ [min] die Fahrzeit mit angeschalteten Motoren. Bei $V = 55$ [km/h] ist nach Abb. 35c $\beta_H : 60 = 4{,}4$ [kWh/min] und mit $T_0 = 2{,}96$ [min] ist der Stromverbrauch bei abgeschalteten Motoren $B_0 = 2{,}96 \cdot 4{,}4 = 13{,}0$ [kWh]. Dann ist der Stromverbrauch der Zugfahrt bei angeschalteten Motoren $A_{E_{fmo}} = 723 - 13{,}0 = 710$ [kWh]. Die hierzu gehörende Zugkraftsarbeit ist $A_{mo} = A_{E_{fmo}} \cdot \varkappa \cdot 0{,}367$ [kmt]. Nach Abb. 35c ist das Verhältnis des minutlichen Stromverbrauchs der Bahnmotoren zu dem der Bahnmotoren einschließlich der Hilfsmotoren und des Trafo $\varkappa = \beta_M : (\beta_M + \beta_H) = 0{,}92$. Dann ist $A_{mo} = A_{E_{fmo}} \cdot \varkappa \cdot 0{,}367 = 710 \cdot 0{,}92 \cdot 0{,}367 = 240$ [kmt] die Motorzugkraftsarbeit des ausgelasteten Zuges bei reinen Fahrzeiten.

Für die mit geringeren Motorzugkräften befahrenen Streckenabschnitte wird der Stromverbrauch für die Stunden- und Dauerzugkraft bei reinen Fahrzeiten des ausgelasteten Zuges für die planmäßigen Fahrzeiten des ausgelasteten und nicht ausgelasteten Zuges reduziert. Entsprechend wird der Stromverbrauch auf den sog. Drosselstrecken reduziert, die mit Höchst- oder beschränkter Geschwindigkeit (Langsamfahrstellen) befahren werden, um eine gleichbleibende Geschwindigkeit des ausgelasteten und des nicht ausgelasteten Zuges bei reinen und planmäßigen Fahrzeiten zu erhalten. Auf Gefällstrecken — $s > w$ [⁰/₀₀] wird bei abgestellten Bahnmotoren nur noch der geringe Stromverbrauch für Trafo und Hilfsmotoren bei der Zugkraft $Z_i = 0$ in Rechnung gestellt. Diese Ermittlungen sind nach S. 70 durchzuführen.

I. Zeichnerisches Verfahren zur Vorausbestimmung der betriebsmäßigen Erwärmung der Bahnmotoren.

1. Die physikalischen Grundlagen.

Die einem Bahnmotor zugeführte elektrische Energie wird nicht restlos in mechanische Leistung umgesetzt. In den stromdurchflossenen Kupferleitungen und dem magnetisierten Eisen entstehen Verluste, die als Wärme in Erscheinung treten; die Reibung der Welle in den Lagern und die Luftreibung im Luftspalt — auch die Reibung der Kühlluft — erzeugen ebenfalls Wärme. Die dadurch verursachte Erhitzung des ganzen Motors darf mit Rücksicht auf die gegen Hitze empfindlichen Teile — das sind die Isolierungen — einen bestimmten Grad nicht überschreiten.

Läßt man einen Motor bis zur Erreichung des Wärmegleichgewichtes laufen, so erwärmt er sich auf eine Endübertemperatur $t_{ü\infty}$ [°C]. Die Wärmemenge, die er hierbei aufnimmt, kann aus der elektrischen Arbeit mittels des Wärmeäquivalents des elektrischen Stromes, aus dem Gewicht G [kg] des Motors und aus der spezifischen Wärmemenge $c \left[\dfrac{W \cdot s}{kg \cdot grd}\right]$ berechnet werden. Die in dieser Arbeit als spezifische Wärmemenge bezeichnete Größe ist diejenige Wärmemenge, die — ausgedrückt in elektrischer Arbeit — erforderlich ist, um die Temperatur von 1 [kg] Motorgewicht um 1 [°C] zu erhöhen. Sie ist für die verschiedenen Metalle, aus denen der Motor besteht, bekannt. Ebenso ist das Gewicht der verschiedenen Metallteile gegeben, und daher kann auch die mittlere spezifische Wärmemenge c_m je kg ermittelt werden. Der Wert $G \cdot c_m \left[\dfrac{W \cdot s}{grd}\right]$ kann dann als Wärmekapazität in Wattsekunden je Grad bezeichnet werden und ist für jeden Motor konstant.

Diese aufgenommene Wärmemenge gibt der Motor zum Teil, und unter Umständen auch ganz, wieder ab. Die spezifischen Wärmeverluste, die der Motor hierbei erleidet, werden ausgedrückt durch die abkühlende Fläche F [cm²] und durch den Wärmeabgabekoeffizienten $\lambda \left[\dfrac{W}{grd \cdot cm^2}\right]$. Es ist also der spezifische Wärmeverlust $\lambda \cdot F \left[\dfrac{W}{grd}\right]$. Wenn der Motor so lange läuft, daß die erzeugte Verlustwärme und die Abkühlung im Gleichgewicht stehen, und wenn er eine Übertemperatur $t_{ü\infty}$ angenommen hat, sind die Gesamtwärmeverluste

$$Q = \lambda \cdot F \cdot t_{ü\infty} \quad [W].$$

Teilt man die Wärmekapazität durch die spezifischen Wärmeverluste, so erhält man die jedem Motor eigene Zeitkonstante (in sec):

$$T_z = \dfrac{G \cdot c_m}{\lambda \cdot F} \quad [sec].$$

Die Endübertemperatur erhält man dann aus der Beziehung

$$t_{ü\infty} = \dfrac{Q \cdot T_z}{G \cdot c_m} \quad [°C].$$

Die Wärmeverluste Q eines Bahnmotors können in Abhängigkeit von den Zugkräften und den Geschwindigkeiten auf dem Prüffeld gemessen werden. Da bei bestimmter konstanter Wärmekapazität $G \cdot c_m$ der Motoren $t_{ü\infty}$ aus der Gleichung

$$\frac{Q \cdot T_z}{G \cdot c_m} = t_{ü\infty},$$

also die Übertemperatur in der Zeit ∞ aus den Wärmeverlusten Q und der Zeitkonstanten T_z ermittelt werden kann, so ist dadurch auch $t_{i\infty}$ den Zugkräften bei den verschiedenen Geschwindigkeiten zugeordnet. Hiernach können die Übertemperaturen $t_{ü\infty}$ nach Abb. 37a oben rechts als Ordinaten von Kurven gleichbleibender Geschwindigkeiten in Abhängigkeit von den Zugkräften am Triebradumfang der Elloks abgelesen werden. Da auf dem Prüffeld bei Wechselstrommotoren die Stunden- und die Dauerzugkräfte über den ganzen Drehzahlbereich gemessen werden, so kann man ferner die Übertemperaturen $t_{ü\infty}$ der Stunden- und Dauerzugkräfte als Querlinien durch die Kurvenschar für die Grenzerwärmung bei Stunden- und Dauerleistung ablesen.

Bei diesen Berechnungen der Übertemperaturen $t_{ü\infty}$ ist die Zeitkonstante T_z [min] in Abhängigkeit von der Geschwindigkeit nach Abb. 37b oben links einzuführen.

Auf diese physikalischen Grundlagen baut sich das nachstehend beschriebene, von Kother entwickelte zeichnerische Verfahren zur Vorausbestimmung der betriebsmäßigen Erwärmung elektrischer Maschinen, insbesondere von Bahnmotoren auf[1].

2. Erwärmungskennlinie nach Wolf.

Das Ansteigen der Übertemperatur mit der Zeit ist nicht linear, sondern vollzieht sich nach einer Exponentiallinie. Der Wert $t_{ü\infty}$ wird erst in unendlich langer Zeit erreicht. Die Schwierigkeit der Handhabung der Exponentialkurve hat Wolf[2] dadurch beseitigt, daß er die exponentielle Erwärmungskurve von unendlicher Länge durch eine Gerade von endlicher Länge darstellt (Abb. 36). Er verwendet zu diesem Zwecke eine exponentielle Einteilung der Zeitachse.

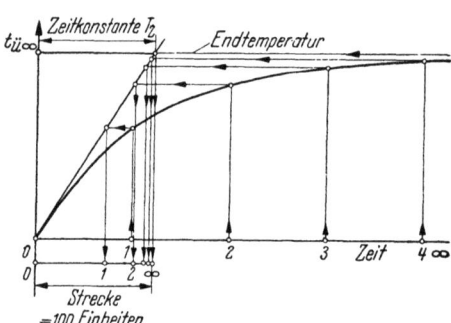

Abb. 36. Erwärmungskennlinie nach Wolf.

Hierbei ist jedoch nicht die Zeit als tatsächliche Größe, sondern $\frac{T}{T_z}$ das Verhältnis Zeit/Zeitkonstante als Maßeinheit gewählt. Zu diesem Zweck trägt man in Abb. 36 von der Ordinatenachse (Endtemperaturen $t_{ü\infty}$) nach rechts die Zeitkonstante T_z ab, die dann gleich der Zeit ∞ gesetzt wird. Auf die Verbindungslinie des Endpunktes

---
[1] Kother, Joh., Dr.-Ing.: Elektr. Bahnen 13 (1937), S. 108—26.
[2] Wolf: Wiss. Veröff. Siemens-Werk, Bd. 3 (1923), S. 77.

von T_z mit dem Koordinatennullpunkt projiziert man waagerecht die Ordinaten der Exponentialkurve und lotet diese Punkte auf die Abszissenachse, um so deren Exponentialteilung zu erhalten.

In Abb. 37a unten links ist die Abszissenachse nach der Gleichung

$$x = \left(1 - e^{-\frac{T}{T_z}}\right)$$

unterteilt. Unter dieser so geteilten Abszissenachse können die Fahrzeiten mit ein- und ausgeschalteten Fahrmotoren in Abhängigkeit von der Geschwindigkeit für das Anfahren und für jeden Neigungsabschnitt aus einer Kurvenschar abgelesen werden. Für diese Fahrzeiten und ihre Geschwindigkeiten kann man sodann aus der Anfangsübertemperatur $t_{ü_a}$ zu Beginn jedes Neigungsabschnittes und der Endübertemperatur $t_{ü\infty}$ in der Zeit ∞ die Übertemperatur am Ende des Streckenabschnitts zeichnerisch ermitteln.

3. Die Erwärmungstafel.

Soll die mittlere Übertemperatur in der Zeit ∞, also $t_{ü_m}$ [°C] in der Erwärmungstafel für das Anfahren mit Stundenzugkraft abgelesen werden, so geht man wie folgt vor: Man zeichnet zunächst, wie bei der Ermittlung des Stromverbrauchs, ein Koordinatenkreuz (Abb. 35e), dessen Abszissenachse wie in Abb. 35c den Maßstab $V = 60$ [km/h] $= 20$ [mm] hat. Über der V-Achse trägt man für die verschiedenen Geschwindigkeiten die Werte $t_{ü\infty} \cdot \Delta t$ [°C · min] ab. Es sind dies mit dem doppelten Zeitschritt $\Delta t = 1$ [min] die Werte $t_{ü\infty} \cdot \Delta t = t_{ü\infty}$ [°C · min], die im Schnitt der Geschwindigkeitsstrahlen (Abb. 37a) mit der Linie der Grenzerwärmung bei Stundenleistung abgelesen werden. Die Verbindungslinien der oberen Endpunkte der aufgetragenen Ordinaten (Maßstab $t_{ü\infty} \cdot 1 = 20$ [°C · min] $= 10$ [mm]) ergibt die $t_{ü\infty}$-V-Linie (Abb. 35e). Sodann zieht man eine Waagerechte (Abb. 35f), deren obere Seite man nach dem gleichen Maßstab unterteilt. Nun greift man für die Anfahrt mit Stundenleistung aus dem Zeitwegstreifen als Δl-Strecken den Abstand von je zwei Teilstrichen, also für volle Minuten, ab (Abb. 35b), überträgt diese als mittlere Geschwindigkeiten auf die V-Achse der Abb. 35e, greift die zugehörigen Ordinaten ab und reiht diese auf der unteren Seite der Waagerechten (Abb. 35f) aneinander für die Anfahrzeit $\sum\limits_{0}^{t_a} \Delta t$ [min]. Teilt man nun den auf der oberen Seite der Waagerechten der Abb. 35f abgelesenen Wert $\sum t_{ü\infty} \cdot \Delta t = 206$ [°C · min] durch den auf der unteren Seite abgelesenen Wert $\sum \Delta t = 2,5$ [min], so erhält man $t_{ü_{m\infty}} = 82,5$ [°C] als mittlere Übertemperatur in der Zeit ∞.

Diesen Wert interpoliert man auf der Linie der Grenzerwärmung bei Stundenleistung (Abb. 37a) und findet die entsprechende mittlere Anfahrgeschwindigkeit $V_{m_a} = 23,3$ [km/h]. In derselben Weise verfährt man für alle Streckenabschnitte, die mit der Stundenleistung befahren werden.

Die Übertemperatur wird nun für das Anfahren wie folgt bestimmt: Es sei beim Beginn der Fahrt die Übertemperatur $t_{ü_a} = 0$ [°C]. Diesen Wert auf der

78 Fahrdynamik der Zugförderung.

senkrechten $t_{ü_a}$-Skala (Punkt 1 links) verbindet man mit dem berechneten $t_{ü_{m\infty}}$ = 82,5 [°C] auf der $t_{ü_\infty}$-Skala (Punkt 1 rechts) geradlinig. Dann interpoliert man in Abb. 37a in dem Quadranten links unten den Punkt 1 für $V = 23,3$ [km/h]

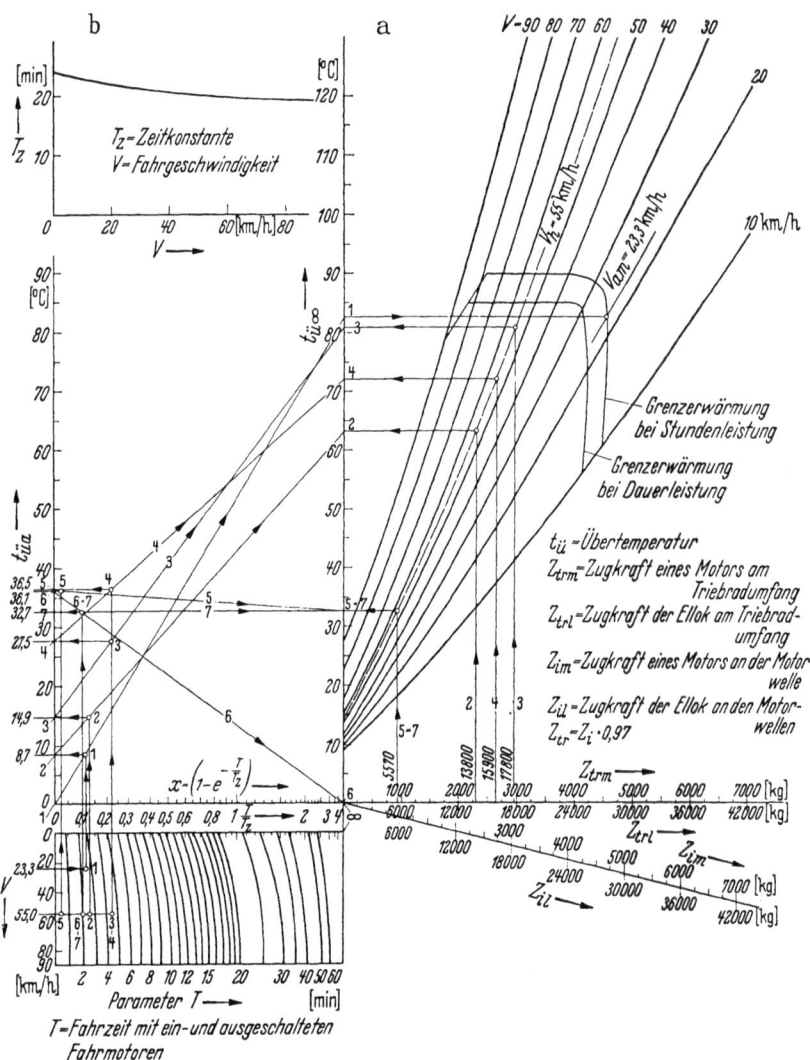

Abb. 37a u. b. Erwärmungstafel für die Fahrmotoren der Co′—Co′-Lok E 94.

und die Fahrzeit $T = 2,5$ [min]. Diesen Punkt lotet man senkrecht nach oben auf die vorgenannte Verbindungslinie 1—1. Den so erhaltenen Schnittpunkt 1 projiziert man nach links auf die $t_{ü_a}$-Skala und erhält als Übertemperatur nach dem Anfahren 8,7 [°C]. Dieser Punkt auf der $t_{ü_a}$-Skala ist Ausgangspunkt für den weiteren Ermittlungsgang und wird mit 2 bezeichnet. Der anschließende Streckenabschnitt wird mit der Höchstgeschwindigkeit $V_h = 55$ [km/h] befahren. Deshalb trägt man im oberen rechten Quadranten der Abb. 37a die Linie für $V_h = 55$ [km/h] ein. Sodann berechnet man für die einzelnen Neigungsabschnitte die Zugkräfte am Triebradumfang Z_t [kg], die bei gleichbleibender Geschwindigkeit $V = 55$ [km/h] gleich dem Widerstand $G_z(\pm s + w)$ [kg] sind. Für $V = 55$ [km/h] ist der Zugwiderstand $w = \dfrac{W_l + w_w \cdot G_w}{G_l + G_w} = 3{,}93$ [kg/t] für $G_w = 1300$ [t] und $G_z = G_l + G_w = 1418{,}5$ [t]. Die berechneten Werte $G_z \cdot (\pm s + w)$ sind für jeden Neigungsabschnitt in Abb. 35b eingetragen. Man überträgt der Reihe nach diese Werte auf die untere Seite der waagerechten Z_{tr_i}-Achse in Abb. 37a, geht senkrecht zur Linie für $V = 55$ [km/h] und vom Schnittpunkt waagerecht zur $t_{ü\infty}$-Senkrechten (Punkt 2 rechts) und verbindet Punkt 2 rechts mit Punkt 2 links der $t_{ü_a}$-Achse.

Nunmehr zieht man in Abb. 37a der Erwärmungstafel unten links für $V = 55$ eine Waagerechte, auf der man in der Kurvenschar die reinen Fahrzeiten auf den einzelnen Streckenabschnitten absetzt und der Reihe nach diese Punkte herauflotet auf die Linien 2—2, 3—3, 4—4. Das Lot trifft diese Verbindungslinie 2—2 in der Übertemperatur am Ende des Abschnitts von 14,9 [°C]. Bei Gefällen stärker als w [°/₀₀] werden die Motoren abgestellt. Dann ist hier $t_{ü\infty} = 0$ [°C].

Im Beispiel hat der Zug nach 16 [km] Fahrt die Übertemperatur 32,7 [°C] erreicht (Abb. 35b).

K. Die Verbrauchswerte der Motorschienenfahrzeuge.

Nach den in der „Dienstvorschrift für die Berechnung der Kosten einer Zugfahrt der Motorschienenfahrzeuge" enthaltenen Lokomotivtafeln A und B (Zuko Teil A, I. Abschnitt) können auch die zugehörigen Verbrauchswerte ermittelt werden. Im Teil A, II. Abschnitt dieser Dienstvorschrift, Ausgabe vom 1. 6. 1951, sind Kostenformeln für Motorschienenfahrzeuge enthalten, so daß hiernach auch die Kosten einer Triebwagenfahrt ermittelt werden können. In diesen Lokomotivtafeln sind die indizierten Zugkräfte und die Geschwindigkeiten in Abhängigkeit von dem sekundlichen Kraftstoffverbrauch angegeben.

Bei zweiachsigen 110 und 130 [PS] Schienenomnibussen mit mechanisch betätigter Hauptkupplung zwischen Motor und Getriebe sowie mit elektromagnetischem Sechs-Gangwechsel-Getriebe (Bundesbahn 1951, Heft 18, S. 626ff. mit Abbildungen der s-V-Diagramme), können die Fahrzeiten und der Kraftstoffverbrauch nach dem Verfahren ermittelt werden, das der Verfasser[1] für Omnibusse beschrieben hat.

Die Ermittlung der Verbrauchswerte der Motorschienenfahrzeuge mit elektrischer oder hydraulischer Kraftübertragung und daher stetigerem Verlauf der s-V-Linien kann nach den vorstehenden Ausführungen des zweiten Abschnittes erfolgen.

---

[1] Müller, W., Zeitschrift „Verkehr und Technik" 1949, Heft 2, S. 19.

II. Die Zugfahrt auf Anlaufsteigungen.
A. Die Ableitung der Bewegungsgleichung.

Eine Anlaufsteigung ist eine so starke Steigung, daß auf ihr ein zum Halten gekommener Zug nicht wieder anfahren kann. Sie ist also stärker als die maßgebende Steigung, die man für die gleiche Zuglast in der fahrdynamischen Charakteristik abliest. Mitunter muß die Steigung vor Bahnhöfen infolge nachträglicher Herstellung schienenfreier Kreuzungen aus Mangel an Entwicklungslänge stärker als die maßgebende werden. Jedoch soll der Betrieb der Strecke flüssig bleiben. Die Züge dürfen also bei den ungünstigsten Betriebsverhältnissen auf dieser starken Steigung nicht zum Halten kommen. Sie müssen die Steigungsstrecke stets überwinden, wenn auch mit größeren Fahrzeiten als bei der früheren Linienführung. Sie ersparen aber dabei das Halten vor schienengleichen Kreuzungen und daher die Zugverspätungen, so daß der Betrieb durch den Bau der schienenfreien Kreuzung selbst beim Befahren einer sog. Anlaufsteigung auf jeden Fall flüssiger bleibt.

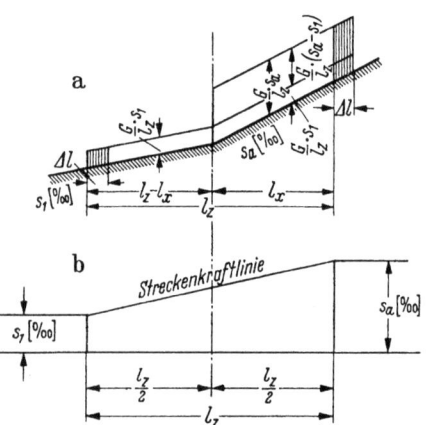

Abb. 38a u. b. Anlaufsteigung und Streckenkraftlinie.

Auf Anlaufsteigungen sind die Strecken- und Fahrzeugwiderstände eines Zuges größer als die Reibungskräfte der Lokomotiven. Auf einer zu langen Anlaufsteigung kommt ein Zug durch die genannten Widerstände zum Halten, wenn er keine durch den Anlauf gewonnene hohe Geschwindigkeit am Fuße der Steilrampe hat. Der ungünstigste Betriebsfall ist also der, daß der Zug am Fuße der Rampe zum Halten gekommen ist und wieder anfahren soll. Die Anlauframpe muß daher nach Steigung und Länge so bemessen werden, daß der ausgelastete Güterzug vom Rampenfuß anfährt und am Kopfe der Rampe nicht zum Halten kommt, sondern dort noch mit einer geringen Geschwindigkeit fährt. Für eine gegebene Anlaufsteigung ist die Fahrzeitermittlung durchzuführen, um für die Fahrt auf der Rampe den Weg zu bestimmen, bei der die kleinste zulässige Geschwindigkeit von 7—10 [km/h] erreicht ist. Die Länge der Anlauframpe ist dann gleich diesem Wege zu machen.

Bei dieser Untersuchung ist die vorherbeschriebene Fahrzeitermittlung, bei der der Zug als Massenpunkt betrachtet wird, etwas verändert, da hier die Bewegung unter Berücksichtigung der allmählichen Änderung des Streckenwiderstandes beim Übergang von der schwachen Neigung zur Anlaufsteigung zu ermitteln ist, und der Zug daher als Band mit gleichmäßig verteilter Zuglast zu betrachten ist.

Es ist dann $G_z : l_z$ [t/m] oder $1000\, G_z : l_z$ [kg/m] das Zuggewicht auf den laufenden Meter. Bezeichnet man die Anlaufsteigung mit $s_a [^0/_{00}] = s_a : 1000$ und die davorliegende schwächere Neigung mit $s_1 [^0/_{00}] = \pm s_1 : 1000$ (+ Steigung, — Gefälle), so ist nach Abb. 38a der Streckenwiderstand

$$S_x = 1000 \frac{G_z}{l_z} \left[\frac{\pm s_1}{1000} (l_z - l_x) + \frac{s_a \cdot l_x}{1000} \right] \quad [\text{kg}].$$

l_x [m] ist der bereits ermittelte Weg des Zugschwerpunktes auf der Anlauframpe. Rückt der Zug in der Zeit Δt [sec] um Δl [m] mit der mittleren Geschwindigkeit $v_m = V_m : 3,6$ [m/sec] vor, so ist $\Delta l = \Delta t \cdot V_m : 3,6$ [m]. Es ist $V_m = V_1 \pm {}^1/_2 \Delta V$, wo V_1 die Geschwindigkeit zu Beginn und ΔV die Geschwindigkeitsänderung am Ende des Zeitschritts Δt ist.

Also ist $\Delta l = \Delta t \cdot V_1 : 3,6 \pm \Delta t \cdot \Delta V : 3,6 \cdot 2$ [m] der Weg je Δt.

Der mittlere Streckenwiderstand während des Vorrückens Δl ist dann

$$S_{mx} = \left[\frac{\pm s_1}{1000} \cdot (l_z - l_x - \Delta l : 2) + \frac{s_a}{1000} \cdot (l_x + \Delta l : 2)\right] 1000 G_z : l_z$$

$$= \left[\frac{\pm s_1}{1000} \cdot (l_z - l_x - V_1 \cdot \Delta t : 2 \cdot 3,6 \mp \Delta V \cdot \Delta t : 4 \cdot 3,6)\right.$$

$$\left. + \frac{s_a}{1000} (l_x + V_1 \cdot \Delta t : 2 \cdot 3,6 \pm \Delta V \cdot \Delta t : 4 \cdot 3,6)\right] 1000 G_z : l_z$$

$$= \left[\frac{\pm s_1}{1000} \cdot (l_z - l_x - V_1 \cdot \Delta t : 2 \cdot 3,6) + \frac{s_a}{1000} \cdot (l_x + V_1 \cdot \Delta t : 2 \cdot 3,6)\right.$$

$$\left. \pm \frac{s_a \mp s_1}{1000} \cdot \Delta V \cdot \Delta t : 4 \cdot 3,6 \right] 1000 G_z : l_z \text{ [kg]}.$$

Durch das Zuggewicht G_z geteilt ist dann der mittlere Streckenwiderstand je Tonne Zuggewicht:

$$s_{mx} = \frac{S_{mx}}{G_z} = s_1 \pm \frac{s_a \pm s_1}{l_z} \left[l_x + \frac{V_1 \cdot \Delta t}{2 \cdot 3,6}\right] \pm \frac{s_a \pm s_1}{l_z} \cdot \frac{\Delta V \cdot \Delta t}{4 \cdot 3,6}.$$

In dieser Gleichung sind ΔV und damit auch s_{mx} [⁰/₀₀] unbekannt. Mit guter Annäherung kann man jedoch s_{mx} für kleine Zeitschritte aus der Streckenkraftlinie für den Weg

$$l_x + \frac{(V_1 + 0,5 \cdot \Delta V_1) \cdot \Delta t}{2 \cdot 3,6} \text{ [m]}$$

abgreifen. Hier ist statt des unbekannten $0,5 \cdot \Delta V$ des zu untersuchenden Zeitschritts das bereits bekannte $0,5 \cdot \Delta V_1$ des vorhergehenden Zeitschritts gesetzt, also $0,5 \cdot \Delta V \cong 0,5 \cdot \Delta V_1$. Der durch diese Gleichsetzung entstehende Fehler macht sich beim Abgreifen der Höhen zwischen der V-Achse und dem sehr flachen Wegstrahl für $\Delta t/2$ kaum bemerkbar. Diese Höhen entsprechen dann den Wegen $\frac{(V_1 + 0,5 \cdot V\Delta_1) \cdot \Delta t}{2 \cdot 3,6}$ und dürften sich von den genauen Wegen $\frac{(V_1 + 0,5 \cdot \Delta V) \cdot \Delta t}{2 \cdot 3,6}$ bei dem kleinen halben Zeitschritt $\Delta t/2$ kaum unterscheiden. Reiht man den Weg $\frac{(V_1 + 0,5 \cdot \Delta V_1) \cdot \Delta t}{2 \cdot 3,6}$ [m] an den bereits ermittelten Weg l_x des Zugschwerpunktes auf der Anlauframpe an (Abb. 41b), so kann man in der Streckenkraftlinie darunter die Ordinate mit ausgezeichneter Genauigkeit als mittleren Streckenwiderstand s_{mx} [⁰/₀₀] in dem zu untersuchenden Zeitschritt abgreifen (Abb. 41c). Nach dieser Ermittlung von s_{mx} ist dann in der Bewegungsgleichung

$$z - w - s_{mx} = \frac{1000 \cdot \varrho \cdot \Delta V}{3,6 \cdot 9,81 \cdot \Delta t} \text{ [kg/t]}$$

nur ΔV unbekannt. Für $\varrho = 1,06$ und $\Delta t = 10$ [sec] $= {}^1/_6$ [min] ist dann für den

Zeitschritt Δt das Verhältnis der halben Geschwindigkeitsänderung zur mittleren Bewegungskraft

$$\frac{0,5 \cdot \Delta V}{z - w - s_{mx}} = \frac{0,5 \cdot 3,6 \cdot 9,81 \cdot 10}{1000 \cdot 1,06} = \frac{1}{6}.$$

Wählt man den Kräftemaßstab $z = s = w = 1 \,[\text{kg/t}] = 2\,[\text{mm}]$ und bei $\varrho = 1,06$ den Geschwindigkeitsmaßstab $V = 1\,[\text{km/h}] = 2 \cdot 6 = 12\,[\text{mm}]$, so ist

$$\frac{0,5 \cdot \Delta V \cdot 12}{(z - w - s_{mx}) \cdot 2} = \frac{1 \cdot 12}{6 \cdot 2} = 1 = \operatorname{tg} 45°.$$

Danach kann man die Bewegungsermittlung wieder mit einem gleichschenklig-rechtwinkligen Zeichendreieck durchführen. Nimmt man nach S. 51 den Massenfaktor des Zuges zu $\varrho = 1,09$ an und verwendet wieder das rechtwinklig-gleichschenklige Dreieck für die Bewegungsermittlung, so ist bei dem gleichen Kräftemaßstab der Geschwindigkeitsmaßstab $V = 1\,[\text{km/h}] = \dfrac{12 \cdot 1,09}{1,06} = 12,35\,[\text{mm}]$.

B. Die Streckenkraftlinie.

1. Streckenkräfte beim Übergang über einen Neigungsknick.

Bevor die Konstruktion der Anlaufbewegung beschrieben wird, soll erst erklärt werden, daß die Streckenkraftlinie für den Übergang eines Zuges als Band über den Neigungsknick dieselbe ist wie die für ein Einzelfahrzeug als Massenpunkt über eine Ausrundung, wie sie im Bd. I, S. 210 beschrieben ist.

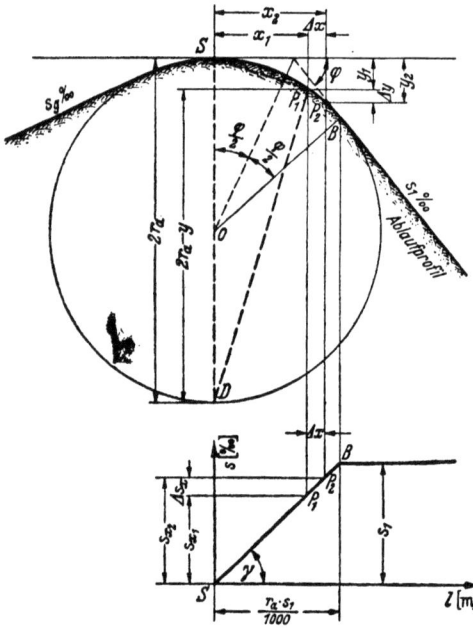

Abb. 39a, b. Ableitung der Streckenkraftlinie.

Nimmt man an, daß sich das Gewicht G_z des Zuges gleichmäßig über die Zuglänge l_z verteilt, so ist $q = G_z : l_z \,[\text{t/m}]$ das Zuggewicht je Meter. Dann ist der Streckenwiderstand beim Übergang des Zuges über den Neigungsknick, den nach Abb. 38b die Neigungen $s_1[{}^0/_{00}]$ und $s_a[{}^0/_{00}]$ bilden,

$$S_{mx} = q \cdot (l_z - l_x) \cdot s_1 + q \cdot l_x \cdot s_a \,[\text{kg}].$$

Es ändert sich also auf die Zuglänge l_z der Streckenwiderstand linear mit dem Weg l_x. Mit $q = G_z : l_z$ ist auf die Tonne Zuggewicht G_z bezogen die mittlere Neigung des Zuges

$$s_{mx} = \frac{S_{mx}}{q \cdot l_z} = \pm \frac{(l_z - l_x) \cdot q \cdot s_1}{l_z \cdot q} + \frac{l_x \cdot q \cdot s_a}{l_z \cdot q} \,[{}^0/_{00}].$$

oder mit $s_a > s_1$

$$s_{mx} = \pm s_1 + \frac{l_x \cdot (s_a - s_1)}{l_z} \,[{}^0/_{00}].$$

Das ist die Gleichung der Streckenkraftlinie eines Zuges als Massenband über dem Neigungsknick. Ist der Neigungsknick auf die Zuglänge ausgerundet, so kann bei den großen Ausrundungshalbmessern die Zuglänge gleich der Länge der beiden Tangenten gesetzt werden. Nach Abb. 39a, die der Abb. 153a im Bd. I entspricht, ist die Tangentenlänge $t = r_a \cdot \operatorname{tg} \frac{\varphi}{2}$. Nun ist bei kleinem Winkel φ

$$\operatorname{tg} \varphi = \frac{s_a - s_1}{1000} \text{ und } \operatorname{tg} \frac{\varphi}{2} \cong \frac{s_a - s_1}{2 \cdot 1000}.$$

Dann ist

$$t = \frac{r_a \cdot (s_a - s_1)}{2 \cdot 1000} \text{ oder } 2t = \frac{r_a \cdot (s_a - s_1)}{1000} = r_a \cdot (s_a - s_1) \, [^0/_{00}].$$

Macht man $2t = l_z$, so ist $l_z = r_a \cdot (s_a - s_1)$ und $\frac{s_a - s_1}{l_z} = \frac{1}{r_a}$ ist die Krümmung der Ausrundung. Setzt man nun $\frac{s_a - s_1}{l_z} = \frac{1}{r_a}$ in die Gleichung $s_{mx} = \pm s_1 + \frac{l_x \cdot (s_a - s_1)}{l_z}$ ein, dann ist $s_{mx} = \pm s_1 + \frac{l_x}{r_a} \, [^0/_{00}]$. Das ist aber nach Bd. I, S. 211 die Gleichung der Streckenkraftlinie, wenn ein Massenpunkt über eine Ausrundung rollt. Ersetzt man also den Neigungsknick durch eine Ausrundung von der Länge des Zuges, so gilt für diese bei der Bewegung eines Massenpunktes dieselbe **Streckenkraftlinie wie für den Neigungsknick bei der Bewegung des Zuges als Massenband**. Infolgedessen kann auch beim Übergang eines Zuges über einen Neigungsknick für die Einwirkung der Streckenkräfte wie bei den Zugkräften und den Fahrzeugwiderständen der Zug als Massenpunkt eingeführt werden. Die Konstruktion der Streckenkraftlinie über den Neigungsknick ist folgende: Beiderseits des Neigungsknicks trägt man die halbe Zuglänge $\frac{l_z}{2}$ auf die waagerechte Wegachse ab und zieht durch diese Punkte Senkrechte. Rechts und links davon zieht man nach außen Waagerechte im Abstand $\pm s_1 [^0/_{00}]$ bzw. $s_a \, [^0/_{00}]$ von der Wegachse. Die Schnittpunkte dieser Waagerechten mit den beiden Senkrechten im Abstand l_z verbindet man geradlinig und erhält so die Streckenkraftlinie des Zuges für den Übergang über den Neigungsknick.

2. Streckenkraftlinie durch zeichnerische Differentiation des Längenprofils.

Bewegt sich nun ein Zug von der Länge l_z über ein Längenprofil, das sich aus Neigungsabschnitten kleiner als die Zuglänge zusammensetzt, so ist der Höhenunterschied von Zugspitze und Zugende bei jeder Stellung h_x [m], und $h_x : l_z = s_{mx} [^0/_{00}]$ ist in jeder Zuglage die mittlere Neigung des Zuges. Da nun l_z konstant ist, so ist h_x proportional $s_{mx} [^0/_{00}] = s_{mx}$ [kg/t] der mittleren Streckenkraft des Zuges. Hieraus ergibt sich für die Aufzeichnung der Streckenkraftlinie eines Zuges, der z. B. ein Ablaufprofil hinauffährt, folgende Konstruktion: Wählt man für diese Streckenkräfte den Kräftemaßstab der s–V-Linie (s. S. 50) und trägt nach Abb. 42b diese Streckenkräfte der einzelnen Neigungsabschnitte $s [^0/_{00}] = s$ [kg/t] auf einer Senkrechten auf, wählt als Polabstand die Zuglänge l_z im Maßstab des Längenprofils und zeichnet das Kräftepolygon und hieraus als Seillinie das Längenprofil zweimal waagerecht um die Zuglänge verschoben, so erhält man die Streckenkraftlinie. Es sind dann auf das Zugende bezogen die Höhenunterschiede beider Längenprofile die mittleren Neigungen, also die mittleren Streckenkräfte des Zuges. Dies ist dieselbe Konstruktion wie bei einer zeichnerischen Differentiation. Diese besteht darin, daß man nach Abb. 40 eine Kurve $y = f(x)$ um Δx waagerecht verschoben nochmals zeichnet. Dann sind die Höhenunterschiede beider Kurven Δy, und $\Delta y : \Delta x =$ tg $\alpha = s : 1000 = s$ [$^0/_{00}$] sind die Neigungen dieser Kurve auf den Strecken Δx. Trägt man nun die Höhenunterschiede Δy über einer waagerechten Achse auf, so sind bei konstantem Δx die Δy proportional den s [$^0/_{00}$] Werten, die sich von ersteren also nur durch den Maßstab unterscheiden. Die Δy-Linie ist also die Differentiallinie der ursprünglichen Kurve, die somit die Integrallinie ist. Ist im vorliegenden Falle das Längenprofil um die Zuglänge l_z waagerecht verschoben, so ist also das Längenprofil $h_x = f(x)$ die Integrallinie, und die Streckenkraftlinie $s = f'(x)$ ist die Differentiallinie als Höhendifferenz der beiden Längenprofile.

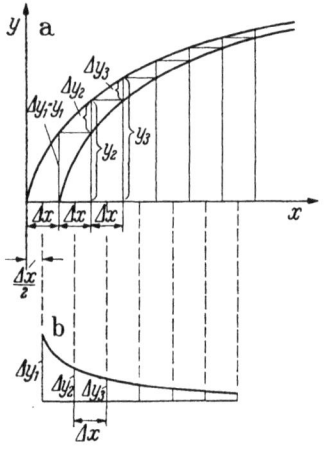

Abb. 40. Zeichnerische Differentiation.

C. Konstruktion einer Anlauframpe.

Die Konstruktion einer Anlauframpe sei am Beispiel der Abb. 41 beschrieben. Ein Güterzug vom Gewicht $G_z = 1235$ [t] und der Länge $l_z = 600$ [m], der mit einer Lok der Gattung G 56.20 vom Gewicht $G_l = 184{,}4$ [t] bespannt ist, ist am Fuße einer Anlauframpe von der Steigung $s_a = 20$ [$^0/_{00}$] auf einer schwachen Steigung $s_1 = 2{,}5$ [$^0/_{00}$] zum Halten gekommen und soll wieder anfahren. Auf der Anlauframpe soll der Zug die Geschwindigkeit $V = 7$ [km/h] nicht unterschreiten. Für die Fahrzeitermittlung wurde als Zeitschritt $\Delta t = {}^1/_6$ [min] = 10 [sec] gewählt. Der Kräftemaßstab sei 1 [kg/t] = 2 [mm], der Geschwindigkeitsmaßstab ist dann bei $\varrho = 1{,}09$, $V = 1$ [km/h] = 12,35 [mm], der Längenmaßstab ist 1 [km] = 200 [mm] (1 : 5000). Für den Wegstrahl wird bei $V = 60$ [km/h] in $^1/_6$ [min] der Weg 167 [m] zurückgelegt und hierfür im Maßstab 1 : 5000, also 33,3 [mm] aufgetragen. Auch ist der Wegstrahl für $\Delta t/2 = 5$ [sec] einzuzeichnen. Die s–V-Linie ist in der beschriebenen Weise berechnet, die w-Linie nach der Gleichung $w = \dfrac{W_l + G_w \cdot w_w}{G_z}$ [kg/t]. Hier ist $G_w = 1050$ [t]. Ferner wurde in Abb. 41c die Streckenkraftlinie nach S. 82 gezeichnet. Die Lok steht am Rampenfuß (Abb. 41b). Die Zugbewegung wird für die Zugmitte (Schwerpunkt) ermittelt. Man greift daher für die letztere in der Streckenkraftlinie den Anfangswert 2,5 [$^0/_{00}$] ab, überträgt ihn von der V-Achse des s–V-Diagramms (Abb. 41a) nach oben und zeichnet in diesem Abstand eine Waagerechte. Über dieser zeichnet man bei $V = 0$ beginnend das erste Zeitdreieck. Unter der Dreiecksspitze greift man sodann zwischen V-Achse und Wegstrahl

Die Zugfahrt auf Anlaufsteigungen. 85

für $\Delta t = 10$ [sec] den Weg Δl ab, den man vom Zugschwerpunkt aus auf den Zeitwegstreifen (Abb. 41b) abträgt. An das Ende dieser Strecke schreibt man die Zeit 10 [sec]. Um die mittlere Streckenkraft für den nächsten Zeitschritt zu erhalten, reiht man im s-V-Diagramm (Abb. 41a) auf der V-Achse an die Geschwindigkeit V_1 am Ende der Grundlinie jedes Zeitdreiecks die bereits ermittelte halbe Geschwindigkeitsänderung $\Delta V_1/2$ des vorherigen Zeitschrittes an und greift für diesen Endpunkt zwischen der V-Achse und dem Wegstrahl für $\Delta t/2$ die Höhe $\dfrac{(V_1 \pm 0{,}5 \cdot \Delta V_1) \cdot \Delta t}{2 \cdot 3{,}6}$ ab (in Abb. 41a mit a bezeichnet). Dieses Wegstück reiht man sodann (in Abb. 41b schraffiert) an den bereits ermittelten Weg des Zugschwerpunktes auf der Anlauframpe an und greift hierfür senkrecht

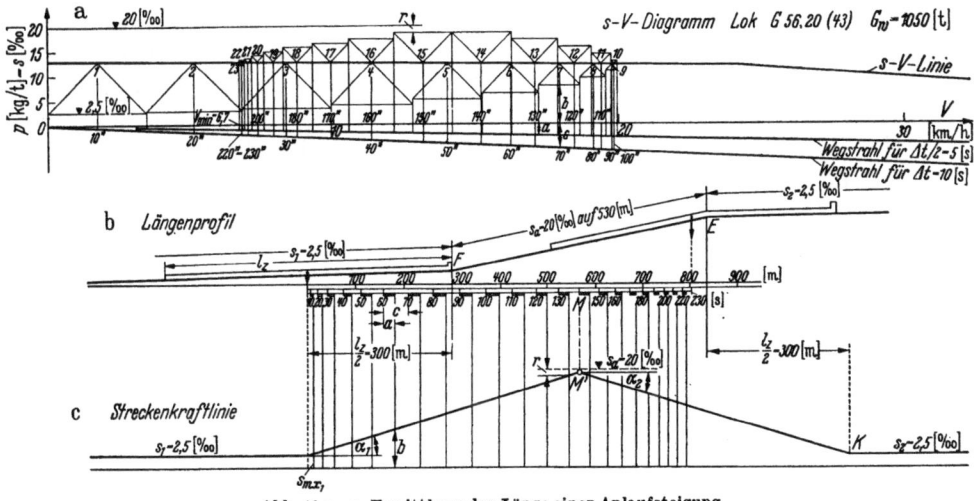

Abb. 41 a—c. Ermittlung der Länge einer Anlaufsteigung.

darunter die Ordinate der Streckenkraftlinie s_{mx} [⁰/₀₀] (in Abb. 41c mit b bezeichnet) ab. Diese Ordinate (b) überträgt man von der V-Achse des s-V-Diagramms nach oben (Abb. 41a) und zieht in diesem Abstand eine Waagerechte, auf der man bei Beschleunigung mit der Spitze nach oben und bei Verzögerung mit der Spitze nach unten die gleichschenklig-rechtwinkligen Zeitdreiecke zeichnet. Senkrecht unter der Zeitdreiecksspitze greift man nun zwischen der V-Achse und dem Wegstrahl für Δt als Höhe den Weg (in Abb. 41 mit c bezeichnet) ab, den man im Längenprofil (Abb. 41b) an den bisher ermittelten Weg anreiht.

Der Zug erreicht eine Höchstgeschwindigkeit von 20 [km/h], sodann verzögert er sich. Diese Verzögerung muß bei der Mindestgeschwindigkeit von etwa 7 [km/h] gleich 0 sein. Hat der Zug keine Verzögerung, dann muß die Ordinate der Streckenkraftlinie gleich der der s-V-Linie für diese Mindestgeschwindigkeit sein. Bei der Weiterfahrt des Zuges sind die Ordinaten der Streckenkraftlinie kleiner als die der s-V-Linie. Infolgedessen beschleunigt sich der Zug von dieser Mindestgeschwindigkeit wieder. Wenn man so die Länge der Rampe für diese Zugbewegung bestimmt, dann wird der Zug auf ihr nicht zum Halten kommen und die Rampe ist betriebstüchtig. Die Länge der Rampe aus dieser Verzögerungsabnahme kann aber nur durch Probieren gefunden werden. Man nimmt im Beispiel hierfür ver-

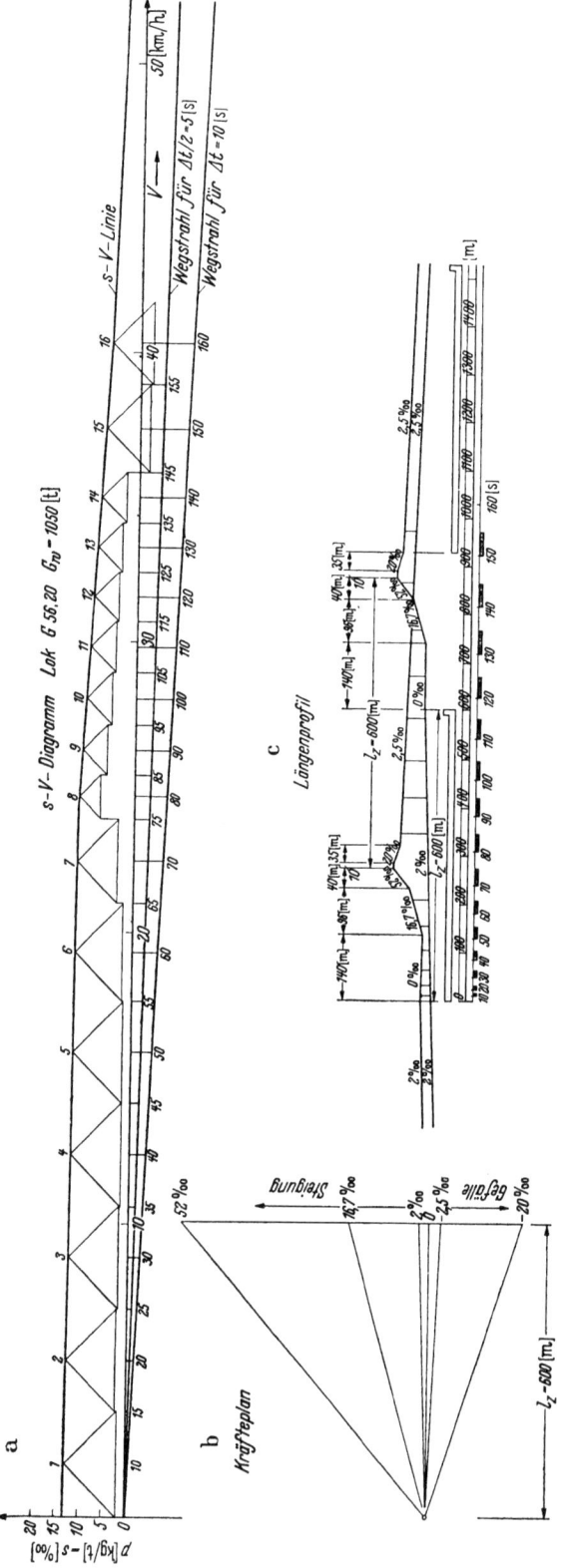

Abb. 42 a—c. Schleppfahrt über einen Ablaufberg.

suchsweise an, daß die Verzögerungsabnahme beginnt, wenn der Zugschwerpunkt im Zeitstrich 140 [sec] ist. Diesen Punkt der Bahn bezeichnet man mit M. Lotet man M auf den ansteigenden Ast der Streckenkraftlinie, so erhält man M' als Spitze der Streckenkraftlinie, da bei Abnahme der Verzögerung die Ordinaten der Streckenkraftlinie kleiner werden müssen. Die Spitze M' liegt um den Betrag r unter der Waagerechten für $s_a = 20\,^0/_{00}$. Letztere würde erreicht werden, wenn der Zug mit seiner ganzen Länge auf der Anlaufsteigung $s_a = 20\,[^0/_{00}]$ stände, also die Rampenlänge gleich oder größer der Zuglänge wäre.

Den fallenden Ast der Streckenkraftlinie zeichnet man von M' aus mit der Neigung $\operatorname{tg}\alpha_2 = (s_a \pm s_2) : l_z$ in derselben Weise, wie man den ansteigenden Ast mit der Neigung $\operatorname{tg}\alpha_1 = (s_a \pm s_1) : l_z$ gezeichnet hat. Es ist $s_2\,[^0/_{00}]$ die Streckenneigung hinter und $s_1\,[^0/_{00}]$ die vor der Anlauframpe. Bei $s_1 = s_2$ ist die Streckenkraftlinie symmetrisch, da beide Äste die gleiche Neigung haben. Der Schnitt der konstanten Streckenkraftlinie für

s_2 mit der fallenden bezeichnet man mit K. Trägt man von K der Zugbewegung entgegen die halbe Zuglänge ab, so erhält man dadurch den Endpunkt E der Rampe. Ist nämlich der Zugschwerpunkt über K, so ist der ganze Zug auf der anschließenden Streckenneigung $s_2\,[^0/_{00}]$ und nicht mehr auf der Anlauframpe $s_a\,[^0/_{00}]$. Für diese so angenommene Rampe zeichnet man nach dem beschriebenen Verfahren mit dem fallenden Ast der Streckenkraftlinie und mit der s-V-Linie den weiteren Verlauf der Zugbewegung. Ist letztere so, daß bei ungefähr $V_{min} = 7$ [km/h] die Verzögerung gleich 0 ist, d. h. daß die Ordinate der Streckenkraftlinie gleich der Ordinate der s-V-Linie bei der Mindestgeschwindigkeit wird, so ist die Betriebstüchtigkeit der Rampe nachgewiesen. Andernfalls ist für einen andern Beginn der Verzögerungsabnahme die Ermittlung zu wiederholen.

Beispiel: Schleppfahrt über den Ablaufberg. Als Beispiel für die Fahrzeitermittlung bei Neigungsstrecken, die kleiner als die Zuglänge sind, soll die Bewegung einer Schleppfahrt aus den Richtungsgleisen über den Ablaufberg in die Einfahrgleise eines Rangierbahnhofes aufgezeichnet werden. Die Konstruktion der Streckenkraftlinie ist auf S. 83 u. 86 gezeigt.

Die Bewegung wird für das gleiche Zeitintervall $\Delta t = 10$ [sec], die gleichen Maßstäbe und die gleiche Lokgattung wie vor in derselben Weise aufgezeichnet (Abb. 42a, b, c). In Abb. 42a fallen zwischen der V-Achse und dem Wegstrahl für $\Delta t/2 = 5$ [sec] die Senkrechten fort.

III. Bremsnetztafeln für Schnell- und Güterzüge.
A. Allgemeines über Netztafeln für die Fahrzeugbewegungen.

Wenn auch durch die Eisenbahnbau- und Betriebsordnung die Abstände vom Vorsignal zum Hauptsignal, 400 [m] für Nebenbahnen, 700 [m] für Hauptbahnen bei einer Höchstgeschwindigkeit unter 120 [km/h] und 1000 [m] bei einer Höchstgeschwindigkeit über 120 [km/h], mit Rücksicht auf die größten Bremswege vorgeschrieben sind und für diese Bremswege auf den Gefällstrecken die Bremsausrüstung der Züge nach den Bremstafeln der Fahrdienstvorschrift bemessen wird, so ist doch für die Fahrzeitermittlung sowohl beim Regelbetrieb als auch für die Langsamfahrstellen bei Aufstellung von Baubetriebsplänen die Kenntnis der Bremswege und der Bremszeiten erforderlich. Für die Fahrzeitermittlung ist es bequemer, die aus Bremsweg und Bremszeit ermittelten Bremszeitzuschläge zu den Fahrzeiten der durchfahrenden Züge hinzuzufügen, um die Fahrzeiten der haltenden Züge zu bekommen.

Die Kenntnis der Bremswege ist weiterhin wertvoll, wenn es gilt, Trennungs- und Kreuzungsbahnhöfe mit geringen Baukosten dadurch leistungsfähiger zu machen, daß man eine Anschlußweiche oder eine schienengleiche Kreuzung mindestens um den Durchrutschweg von den Haltestellen zweier Züge abrückt, damit gleichzeitige Einfahrten in zwei benachbarte richtungsweise geschaltete Gleise zugelassen werden können.

Für die Ermittlung der Bremsbewegung der Schnell- und der Güterzüge ist vom Verfasser bereits in seinem Buche „Fahrdynamik der Verkehrsmittel", S. 69 ein Verfahren bekanntgegeben, nach dem in jedem Falle Bremsweg und Bremszeit für eine gegebene Bremsausrüstung eines Zuges auf der Grundlage des Fahrzeitermittlungsverfahrens gefunden werden kann.

Um nun in jedem Einzelfalle diese Ermittlungen zu ersparen, sollen nachstehend für Schnell- und Güterzüge **Bremsnetztafeln** bekanntgegeben werden, aus denen man die Bremswege und -zeiten der mit Druckluftbremsen ausgerüsteten Züge für verschiedene Abbrems- und Endgeschwindigkeiten sowie Bahnneigungen ablesen kann. Aus diesen Bremsnetztafeln werden dann Netztafeln für die Bremszeitzuschläge aufgestellt, die besonders bequem für die Fahrzeitermittlung des Regelbetriebes sind. Auch für die Aufstellung von Baubetriebsplänen sind Netztafeln für die Bremswege und Bremszeiten vor Langsamfahrstellen angefertigt worden.

Die Herstellung dieser Netztafeln wird ermöglicht durch die Eigenart des Fahrzeitermittlungsverfahrens des Verfassers, nach dem der **Fahrweg der Träger des Bewegungsbildes** ist. Dies wird dadurch erreicht, daß man den Fahrweg in die Wege unterteilt, die während eines gleichbleibenden Zeitschrittes (z. B. $1/_{10}$ [min]) zurückgelegt werden (Abb. 31) und an die Teilstriche fortlaufend Fahrzeiten anschreibt. Bei dem gleichbleibenden Zeitschritt gibt der Abstand zwischen je zwei Teilstrichen nicht nur den Weg, sondern auch die mittlere Geschwindigkeit während eines Zeitschrittes an. Der Fahrweg ist also einmal nach seiner Längeneinheit und zum anderen nach einer gewählten Zeiteinheit (Zeitschritt) unterteilt, also wie in der Nomographie die Doppelskala, in der eine Funktion nicht durch rechtwinklige (kartesische) sondern durch Parallelkoordinaten dargestellt ist. Dadurch wird in der Darstellung eine Dimension gespart. Diese ersparte Dimension kann man zur Darstellung der Abhängigkeit der Bewegung von einer anderen Veränderlichen z. B. der Bahnneigung, wie es bei den Bremsnetztafeln geschehen ist, verwenden. Dadurch erreicht man, daß für dieselbe Bremsausrüstung die Bewegung des gebremsten Zuges nach Zeit, Weg und Geschwindigkeit auf allen Steigungen und Gefällen, für die die Netztafel gezeichnet ist, abgelesen werden kann, also die Einzelermittlung erspart wird.

Entsprechend hat der Verfasser auch für städtische Verkehrsmittel, z. B. für Straßenbahnen (Verkehrstechn. 1943, Heft 3 und 4) und für Omnibusse (Verkehr u. Technik 1949, Heft 2) Netztafeln für die Fahrzeiten und den Strom- bzw. den Brennstoffverbrauch in Abhängigkeit von der Bahnneigung und dem Widerstand der Fahrbahndecke aufgestellt. Für die Straßenbahnen ist aus den beiden Netztafeln für Fahrzeiten und Stromverbrauch eine weitere Netztafel[1] aufgestellt, aus der man, wie das eingetragene Beispiel zeigt, unter Berücksichtigung der zulässigen Motorerwärmung und der wirtschaftlichsten Fahrweise für jeden Haltestellenabstand und für jede Bahnneigung Fahrzeit, Abschaltgeschwindigkeit des Stromes, Abbremsgeschwindigkeit und Stromverbrauch ablesen kann.

Der Gebrauch aller dieser Netztafeln ist bequem, wenn sich die Bewegung vom Anfahren bis zum Halten bzw. von der Abbremsgeschwindigkeit bis zum Halten oder bis zu einer vorgeschriebenen Mindestgeschwindigkeit **auf einer durchgehenden Bahnneigung** vollzieht. Sind dagegen die Neigungen der Bahn so stark gebrochen, daß man sie nicht zu einer durchgehenden zusammenfassen kann, dann bildet jeder Neigungswechsel eine Integrationsgrenze. Das Anstoßen

---
[1] Vgl. Jahrbuch T. H. Aachen 1949, S. 121, Abb. 5. Essen: Verlag Girardet.

der Bewegungen an den Neigungsknicken bedingt, daß man die Geschwindigkeit und die Fahrzeit im Neigungswechsel interpolieren muß. Das Interpolieren erfordert aber Zwischenrechnungen, die besonders, wenn sie häufig auftreten, recht lästig werden können. Bei einer zeichnerischen Fahrzeitermittlung fallen diese Zwischenrechnungen im Neigungswechsel fort. Hier reiht man bei der gleichbleibenden Ermittlungsweise der stufenweisen Integration die zeichnerisch gefundenen Geschwindigkeiten und Fahrzeiten aneinander, ohne daß man erst die durch die Zeichnung gefundenen Werte in Zahlen auszudrücken und mit diesen Zwischenrechnungen durchzuführen braucht, die einen dauernd aus dem Tritt bringen. Wollte man die Fahrzeiten der Fernbahnen mit ihren wechselnden Neigungen aus Netztafeln ermitteln, so blieben einem diese Zwischenrechnungen nicht erspart. Zudem käme man bei Fernbahnen nicht mit einer Netztafel aus. Es müßten Netztafeln entworfen werden für Beschleunigung und für Verzögerung durch Lokomotivkraft auf den verschiedenen Neigungen, für die Fahrt mit abgestellter Triebkraft sowie die Bewegung mit gleichbleibenden Geschwindigkeiten.

B. Die Bremsbauarten der Deutschen Bundesbahn.

Bei den deutschen Eisenbahnen sind Handspindelbremsen und Druckluftbremsen im Gebrauch, und von letzteren die Bauart Kunze-Knorr (Zweikammerbremsen) und die Bauart Hildebrand-Knorr (Einkammerbremsen). Diese Bremsen sind niemals ganz erschöpfbar. Daher kann ein Zug auf langen Gefällen nicht durchgehen.

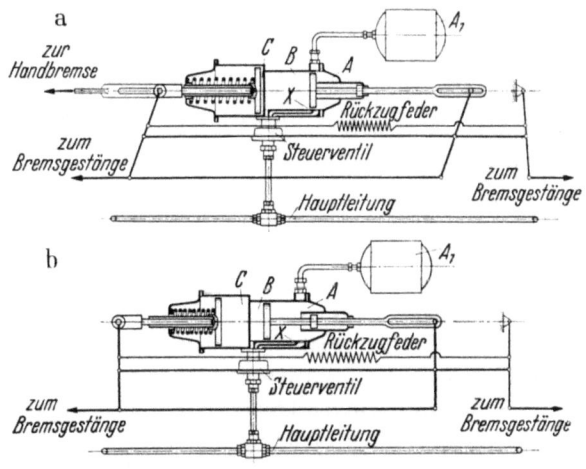

Abb. 43 a/b. Kunze-Knorr-Güterzugbremse
a) Lösestellung, b) Bremsstellung.

1. Die Güterzugbremsen nach Kunze-Knorr (Abb. 43).

Die Güterzugbremsen haben im Gegensatz zu denen für Personen- und Schnellzüge einen langsamen Bremsdruckanstieg, um bei langen Güterzügen ein Auflaufen der Wagen und ein Verschieben der Ladung zu verhindern. Ihre Wirkungsweise ist folgende: Die Druckluft wird von der Luftpumpe auf der Lok erzeugt und gelangt durch die Bremsleitung zu den Bremsapparaten unter den Wagen. Der Lokführer regelt den Bremsdruck mit dem Bremsventil, das vier Stellungen hat: Lösestellung, Abschlußstellung, Betriebsbremsung, Schnellbremsung. Bei 5 [at] Volldruck in der Bremsleitung, den Kammern A und B und dem Hilfsluftbehälter A_1, stehen die Bremsklötze von den Rädern ab. Bei Druckverminderung tritt Bremsung ein. Dies ist auch bei Zugzerreißungen der

Fall. Beide getrennte Zugteile werden gebremst. Das abgerissene Zugende kann daher auf einem Gefälle nicht durchgehen, und der Lokführer wird durch das plötzliche Bremsen von der Zugtrennung unterrichtet. Bei Druckverminderung in der Leitung schließt das Steuerventil (Abb. 43b) die Kammer C nach außen ab und die Druckluft fließt von B nach C, treibt den Bremskolben in der Kammer C vor und die Bremsklötze schlagen an die Räder an. Die Güterzugbremse hat einen Lastwechsel, dessen Hebel auf „leer" und „beladen" gestellt werden kann.

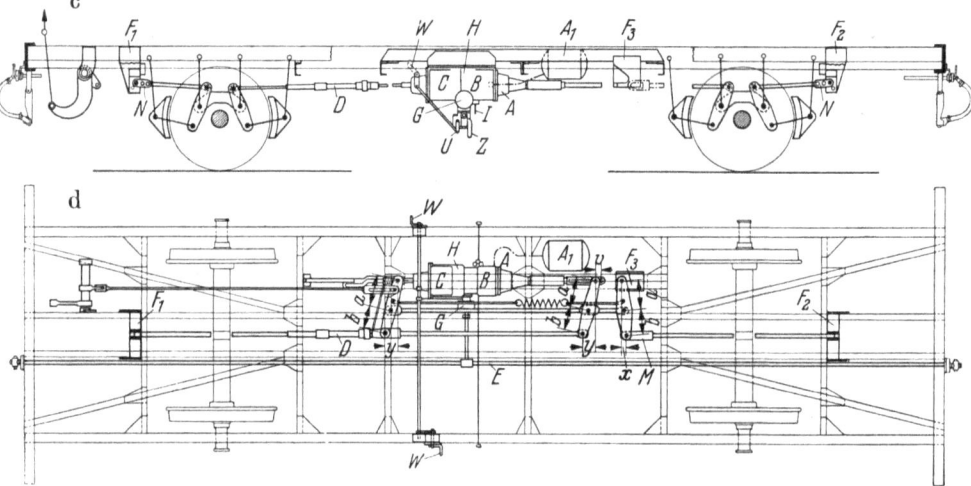

Abb. 43c, d. Güterwagen mit Kunze-Knorr-Bremse.

A_1 = Hilfsbehälter der A-Kammer
A = Arbeitsraum des Zweikammerzylinders
B = Totraum des Zweikammerzylinders
C = Arbeitsraum des Einkammerzylinders
D = Bremsgestängesteller
E = Hauptleitung
F_1 u. F_2 = Gestängefestpunkte an den Achsen
F_3 = Festpunktblock für den waagerechten Ausgleichshebel
G = Steuerventil
H = Bremszylinder
J = Bremszylinder-Auslösevorrichtung
M = Bremsgestänge-Nachstellschraube
N = Bremsgestänge-Nachstecklöcher
U = Steuerventil-Umstellhahn
W = Handgriff zur Steuerventil-Umstellvorrichtung
Z = Handgriff des Steuerventil-Absperrhahnes
a u. b = Teilungsverhältnisse der waagerechten Ausgleichshebel
v = Vorhub des Zweikammerkolbens
x u. y = Stellung der waagerechten Ausgleichshebel bei gelöster Bremse

Die Vollbremsung in Stellung „leer" ist bei Druckausgleich der Kammern B und C erreicht. Bei Stellung „beladen" wird die Bremskraft dadurch erhöht, daß nach dem Druckausgleich zwischen B und C die Kammer B entlüftet wird und noch der Zweikammerkolben durch den Druck in der Kammer A auf das Bremsgestänge von der anderen Seite her wirkt. Gelöst werden die Bremsen dadurch, daß der Druck in der Leitung erhöht, letztere durch das Steuerventil mit der Kammer B verbunden und Kammer C geöffnet wird. Die Bremse löst auch stufenweise, bis der Druck von 5 [at] in den Kammern A und B und dem Hilfsluftbehälter A_1 erreicht ist.

2. Die Kunze-Knorr-Bremse für Personen- und Schnellzüge.

Die Personen- und Schnellzugbremsen haben für eine schnellere und stärkere Bremswirkung noch ein Beschleunigungsventil. Außer dem Hilfsluftbehälter A_1 hat die Personenzugbremse noch den Steuerbehälter B_1 und die Schnellzugbremse statt des B_1-Behälters den Füllbehälter F_1. Beide sind mit Druckluft von 5 [atü] aufgefüllt. Die Bremse für Schnellzüge hat größere Abmessungen und daher eine größere Bremskraft. Die Kunze-Knorr-Bremsen für Schnellzüge und für Personenzüge arbeiten als Einkammerbremse, wobei die C-Kammer (mit dem größeren Durchmesser) die Arbeitskammer ist. Die B- und A-Kammern stellen die Hilfsluftbehälter der Einkammerbremse dar und verstärken daher nicht wie bei der Güterzugbremse den Bremsdruck. Die Schnellzugbremsen haben außerdem einen Bremsdruckregler, der die Bremsluft rechtzeitig aus dem Einkammerzylinder entweichen läßt und dadurch den Bremsklotzdruck verringert. Sonst würden bei zu hohem Bremsklotzdruck die Räder schleifen. Hierdurch würde die Bremswirkung vermindert und somit der Bremsweg verlängert werden. Die Bremsnetztafeln der Schnellzüge sind für eine Kunze-Knorr-Schnellzugbremse ermittelt (s. S. 96).

3. Die Hildebrand-Knorr-Bremse.

Sie ist eine selbsttätige Einkammerbremse. Durch das Steuerventil wird das Bremsen und Lösen eingeleitet und geregelt. Sinkt der Druck im Bremszylinder, so wird durch das Steuerventil selbsttätig Luft vom Vorrats- und weiterhin vom Hilfsluftbehälter nachgefüllt. Die Bremse ist also ebenfalls unerschöpfbar. Ein vollautomatisches Führerbremsventil auf der Lok erleichtert die Handhabung und verbessert die Bremswirkung. Die Durchlaßgeschwindigkeit wird durch die sog. gekoppelten Beschleuniger erhöht, durch die lange Schnellzüge stoßfrei gebremst werden. Für hohe Geschwindigkeiten (160—200 [km/h]) sind Bremsbauarten (HikSS) ausgearbeitet, deren Bremskraft fast doppelt so groß ist wie bei gewöhnlichen Bremsen und deren Vollwirkung in 2 [sec] erreicht wird. Um die Zuverlässigkeit des Bremsens noch zu verstärken, finden bei den Schnelltriebwagen statt der üblichen Klotzbremsen, die an den Laufflächen der Radreifen angreifen, Trommelbremsen Verwendung, die zwischen den Rädern auf den Achsen angebracht sind. Außerdem haben die Schnelltriebwagen, um Bremsweg und Bremszeit zu verkürzen, als Zusatz noch elektromagnetische Schienenbremsen.

Die Bremsnetztafeln der Güterzüge sind für eine Hildebrand-Knorr-Güterzugbremse ermittelt (s. S. 104).

C. Die Berechnung der Bremskräfte.

Den Gesamtdruck Q eines Bremsapparates auf die Bremsklötze erhält man, wenn man den spezifischen Bremsdruck q [kg/cm²] mit der Kolbenfläche F_z [cm²] des Bremszylinders vervielfältigt und davon die Kraft R [kg] der Rückzugfeder im Bremszylinder und die der Gestängefeder abzieht. Es ist dann $Q = q \cdot F_z - R$. Setzt man $R = q \cdot R : q$ ein, so ist $Q = q \cdot (F_z - R/q) = q \cdot F_z'$ [kg]. Aus dem Kolbendruck Q eines Bremsapparates erhält man den Bremsklotzdruck K_w je Bremswagen, wenn man Q mit dem Übersetzungsverhältnis i des Bremsgestänges und dem Wirkungsgrad η der Kraftübertragung multipliziert. Es ist dann $K_w = Q \cdot i \cdot \eta$ der Druck auf die von einem Bremsapparat bedienten n_k Bremsklötze eines Wagens, von denen jeder Bremsklotz die Angriffsfläche F_k [cm²] hat. Bei dem spezifischen Klotzdruck k [kg/cm²] ist der gesamte Bremsklotzdruck eines Wagens $K_w = k \cdot n_k \cdot F_k = i \cdot \eta \cdot q \cdot F_z'$ [kg]. Dann ist der spezifische Bremsklotzdruck

$$k = \frac{\left(F_z - \dfrac{R}{q}\right) \cdot i \cdot \eta \cdot q}{n_k \cdot F_k} = \frac{F_z' \cdot i \cdot \eta \cdot q}{n_k \cdot F_k} \quad [\text{kg/cm}^2]$$

und

$$\frac{k}{q} = \frac{i \cdot \eta \cdot (F_z - R/q)}{n_k \cdot F_k} = \ddot{u}$$

ist das Übersetzungsverhältnis der spezifischen Drücke an den Bremsklötzen und im Bremszylinder. Die Bremszylinderdrücke q erhält man aus den Bremsdruckschaulinien der einzelnen Bremsbauarten in Abhängigkeit von der Zeit. Die Gestängeübersetzungen und die Zylinderdurchmesser stehen in den „Vorschriften für den Bremsdienst".

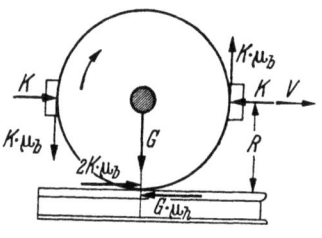

Abb. 44. Bremskräfte.

Wirkt der Klotzdruck auf die rollenden Räder, so entsteht der Drehbewegung entgegen zwischen Bremsklötzen und Rädern die Bremsreibung μ_b [kg/t]. Das Kräftespiel zwischen den zwei auf ein drehendes Rad einwirkenden Bremsklötzen, von denen jeder den Druck K hat, und der Bremsreibung μ_b ist in Abb. 44 dargestellt. Die Bremskraft eines Bremsapparates ist

$$P_k = \frac{K_w \cdot \mu_b}{1000} = \frac{n_k \cdot F_k \cdot k \cdot \mu_b}{1000} \quad [\text{kg}].$$

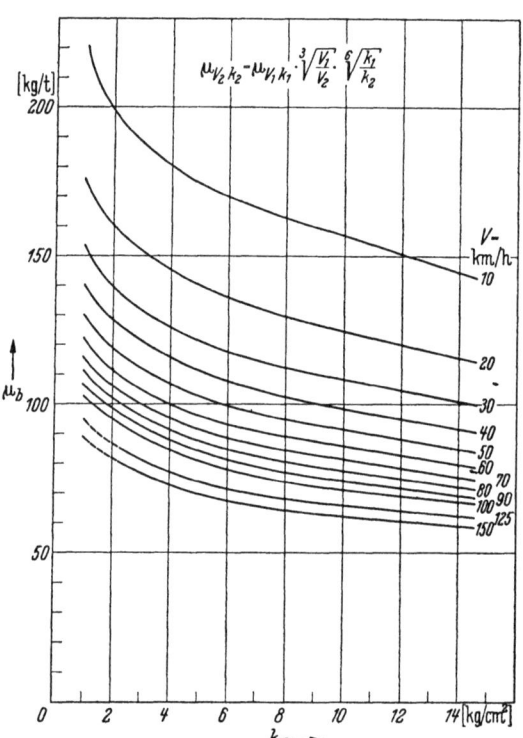

Abb. 45. Reibungsbeiwerte μ_b zwischen Rad und Bremsklotz nach Versuchen von Reckel, ausgewertet von Kother. (Elektr. Bahnen 1941, S. 25.)

Die Bremsreibung μ_b ändert sich mit der Geschwindigkeit V [km/h] und dem spezifischen Klotzdruck k [kg/cm²]. Kother[1] hat die bisher gemachten Versuche zur Bestimmung von μ_b ausgewertet und dargestellt. Hiernach wurden in Abb. 45 die μ_b-Werte in Abhängigkeit von k für die verschiedenen Geschwindigkeiten aufgetragen. Die durch Versuch gefundenen μ_b-Werte sind nach dem Vorschlag von Metzkow für die Praxis wegen der Verschmutzung der Anpreßflächen um 20% zu ermäßigen. Dann ist mit $k = \ddot{u} \cdot q$ die Bremskraft an den Bremsklötzen eines Wagens

$$P_k = \frac{n_k \cdot F_k \cdot \ddot{u} \cdot q \cdot 0,8 \cdot \mu_b}{1000} \quad [\text{kg}].$$

Für die Anzahl n_b der Bremswagen einschließlich Lok eines Zuges ist dann

$$\sum P_k = \frac{\sum_{1}^{n_b} n_k \cdot F_k \cdot \ddot{u} \cdot q \cdot 0,8 \cdot \mu_b}{1000} \quad [\text{kg}]$$

und auf eine Tonne des Zuggewichts G_z bezogen ist dann

$$p_k = \frac{\sum P_k}{G_z} = \frac{\sum_{1}^{n_b} n_k \cdot F_k \cdot \ddot{u} \cdot q \cdot 0,8 \cdot \mu_b}{1000 \cdot G_z} \quad [\text{kg/t}].$$

---
[1] „Elektr. Bahnen" 1941, S. 25.

Außer den Bremskräften p_k wirken der Fahrt entgegen noch die Zugwiderstände w auf der waagerechten geraden Bahn sowie der Steigungswiderstand s [⁰/₀₀] einschließlich Krümmungswiderstand. Dann ist die Fahrkraft beim Bremsen $p_x = p_k + w \pm s$ [kg/t], wo $w = (W_l + G_w \cdot w_w) : G_z$ ist. Es muß p_x [kg/t] kleiner sein als die Haftreibung $\mu_h \cdot G_b : G_z$ [kg/t] zwischen Rad und Schiene, da sonst die Räder blockiert werden. Hier ist G_b [t] das Gewicht der gebremsten Fahrzeuge.

D. Bremsnetztafeln für Schnellzüge.
1. Netztafel für die Bremsfahrten auf Halt.

In Abb. 46b ist das Bremsdruckdiagramm der Kunze-Knorr-Schnellzugbremse mit Bremsdruckregler (Normaldiagramm der Bundesbahn) wiedergegeben, das steil ansteigt. Zur Vereinfachung der Rechnung wird der steile Anstieg des Druckdiagramms zum Volldruck $q = 3{,}75$ [kg/cm²] durch einen senkrechten Anstieg ersetzt, und zwar so, daß das Rechteck für vollen Druck $3{,}75$ [kg/cm²] inhaltsgleich der Fläche des Normaldiagramms ist (Abb. 46b). Die Senkrechte des plötzlichen Druckanstiegs liegt $t_a = 1{,}7$ [sec] später als der Beginn der tatsächlichen Bremswirkung. Der Zug läuft also 1,7 [sec] länger ungebremst, als es nach dem Normaldiagramm der Fall ist. Durch diese Vereinfachung erhält man eine einzige Bremskraftfahrlinie, die bei $V = 50$ [km/h] einen plötzlichen Abfall von $q = 3{,}75$ auf $q = 2{,}6$ [kg/cm²] durch den Bremsdruckregler hat (Abb. 46a).

Wie gesagt (S. 91) wirken die Schnellzugbremsen System Kunze-Knorr ebenso wie die Hildebrand-Knorr-Bremsen als Einkammerbremse der Kammer C, deren Durchmesser nach den „Vorschriften für den Bremsdienst", Teil III (1933), Anlage 5, $D = 45$ cm ist. Dann ist die Kolbenfläche $F_z = \dfrac{\pi \cdot 45^2}{4} = 1595$ cm². Bei dem spezifischen Enddruck $q_E = 3{,}75$ [kg/cm²] ist der Kolbenenddruck dann $F_z \cdot q_E = 1595 \cdot 3{,}75 = 6000$ [kg]. Hiervon ist der Druck der Gestängerückzugfeder von $R = 180$ kg abzuziehen. Dann ist $F_z \cdot q_E - R = 6000 - 180 = 5820$ kg. Nach der gleichen Vorschrift, III. Teil, Anlage 12 ist für das Wagengewicht 46,1 bis 47,3 t die Gestängeübersetzung $i = 8{,}97$. Der C4ü-Wagen hat das Eigengewicht 47,2 t. Der Wirkungsgrad der Gestängeübersetzung eines 4-achsigen Wagens ist $\eta = 0{,}97$. Dann ist nach vorigem für den Enddruck

$$q_E = 3{,}75 \text{ [kg/cm}^2\text{]}, \text{ für } n_k = 16 \text{ und für } F_k = 504 \text{ [cm}^2\text{]}$$

das Übersetzungsverhältnis

$$\ddot{u}_E = \frac{(F_z - R/q_E) \cdot i \cdot \eta}{n_k \cdot F_k} = \frac{\left(1595 - \dfrac{180}{3{,}75}\right) \cdot 8{,}97 \cdot 0{,}97}{16 \cdot 504} = 1{,}67.$$

Der zugehörige spezifische Klotzdruck ist dann

$$k_E = \ddot{u}_E \cdot q_E = 1{,}67 \cdot 3{,}75 = 6{,}179 \text{ [kg/cm}^2\text{]}.$$

Das ist in die allgemeine Formel

$$p_x = \frac{\sum_{1}^{n_b} n_k \cdot F_k \cdot \ddot{u} \cdot q \cdot 0{,}8 \cdot \mu_b}{1000 \cdot G_z} \text{ [kg/t]}$$

einzusetzen.

Ein D-Zug besteht aus einer Lok vom Gewicht $G_l = 150$ [t] und aus 11 D-Zugwagen, deren Gewicht einschließlich Besetzung je Wagen $g_w = 52$ [t] betrage. Das Gewicht des Wagenzuges ist dann $11 \cdot g_w = G_w = 570$ [t] und das Zuggewicht ist $G_z = G_l + G_w = 720$ [t]. Praktisch ist die Bremskraft je Tonne Zuggewicht über Lok und Wagenzug gleichmäßig verteilt. Dann ist die Gleichung für die Bremskraft der Bremsklötze

$$p_k = \frac{\sum_1^{n_b} n_k \cdot F_k \cdot \ddot{u} \cdot q \cdot 0{,}8 \cdot \mu_b}{1000 \cdot G_z}$$ [kg/t] auf den ganzen Zug bezogen gleich der auf

einem Wagen bezogenen, also ist auch $p_k = \dfrac{n_k \cdot F_k \cdot \ddot{u} \cdot q \cdot 0{,}8 \cdot \mu_b}{g_w \cdot 1000}$ [kg/t]

und die **Fahrkraft beim Bremsen** ist $p_x = p_k + w_\bullet \pm s$ [kg/t].

Nun ist ein D-Zug mit 11 Wagen schon ein schwerer D-Zug, dessen spezifischer Zugwiderstand w [kg/t] auf der waagerechten geraden Bahn um ein Geringes kleiner ist als bei einem leichteren D-Zug. Bei der Berechnung der Bremsbewegung bewegt man sich daher auf der sicheren Seite, wenn man dieser einen schweren D-Zug zugrunde legt. Somit lautet dann mit den angegebenen Werten die Gleichung für

$$p_k = \frac{0{,}8 \cdot n_k \cdot F_k \cdot \ddot{u} \cdot q \cdot \mu_b}{g_w \cdot 1000} = C \cdot k \cdot \mu_b = \frac{0{,}8 \cdot 16 \cdot 504}{52 \cdot 1000} \cdot k \cdot \mu_b = 0{,}12406 \cdot k \cdot \mu_b \text{ [kg/t]}.$$

Für die Bremszylinderdrücke $q_E = 3{,}75$ [kg/cm²] und $q = 2{,}6$ [kg/cm²] des Bremsdruckdiagramms nach Abb. 46b sind nun die Werte $\ddot{u}, k, \mu_b$ und p_k berechnet worden, und in die Zeilen 2 und 5 der Tabelle 4a S. 98 eingetragen. Für die Werte $k = \ddot{u} \cdot q$ sind die Bremsreibungen μ_b [kg/t] bei den einzelnen Geschwindigkeiten aus Abb. 45 abgelesen.

Zu diesen p_k-Werten sind noch für Bremsfahrt auf der Waagerechten die Zugwiderstände hinzuzufügen. Diese sind für das Lokgewicht und die Zuglast

$G_l = 150$ [t] und $G_w = 570$ [t], dann $w = (W_l + w_w \cdot G_w) : (G_l + G_w)$

nach S. 54 berechnet.

Für $V = 0$ 36   72   108   144 [km/h]

ist $w = 2{,}5$ 3,0   4,0   5,4   7,5 [kg/t].

Hiernach trägt man über der V-Achse die w-Linie auf und darüber die p_k-Werte, um die Bremsfahrkraftlinie zu erhalten (Abb. 46a).

Für die Ermittlung der Bremsbewegung des D-Zuges wählt man den Zeitschritt $\varDelta t = 6$ [sec] $= \frac{1}{10}$ [min]. Bei dem Kräftemaßstab $p_x = 1$ [°/₀₀] $= 0{,}5$ [mm] und mit dem Massenfaktor $\varrho = 1{,}07$ ist dann der Maßstab der Geschwindigkeitsachse

$$V = 1 \text{ [km/h]} = \frac{0{,}5 \cdot 10 \cdot 1{,}07}{1{,}06} = 5{,}04 \text{ [mm]}.$$

Die Bremsfahrten werden mit dem Massenfaktor $\varrho = 1{,}07$ ermittelt, weil nach Soltau (Dr.-Ing.-Diss. Darmstadt) bei gebremsten Zügen die Energieverluste durch die Formänderung im Zuge und der Tragfedern sehr gering sind.

Der Längenmaßstab ist 1:5000 oder 1 [cm] = 50 [m]. Bei einer Geschwindigkeit von 120 [km/h] und bei dem Zeitschritt $\varDelta t = 6$ [sec] $= \frac{1}{10}$ [min] ist der Weg $120 : 10 \cdot 60 = 0{,}2$ [km] = 200 [m]. Hierfür sind 4 [cm] in $V = 120$ [km/h] der V-Achse nach oben abzusetzen und der obere Endpunkt ist mit $V = 0$ zu verbinden. Dadurch erhält man den Wegstrahl. Auf einer Waagerechten

z. B. $s = -12\ [^0/_{00}]$ über der V-Achse reiht man nun die Zeitdreiecke aneinander. Die an dem Wegstrahl unter den Zeitdreieckspitzen abgegriffenen Wege $\Delta l\,[\text{m}]$ je 6 [sec] reiht man auf der Waagerechten $s = -12\ [^0/_{00}]$ in Abb. 46c aneinander und beziffert die Teilstriche mit den Fahrzeiten je 6 [sec]. Ebenso verfährt man für die Steigung $s = +12\ [^0/_{00}]$ und für $s = 0\ [^0/_{00}]$. Diese nach Zeitschritten unterteilten Bremswege sind in Abb. 46c von einer Senkrechten aus auf den waagerechten Linien für die betreffenden Neigungen abzusetzen. Nunmehr verbindet man die Teilstrecken gleicher Fahrzeiten zu Isochronen. Sodann interpoliert man in Abb. 46a an den Enden der Zeitdreiecksgrundlinien die Geschwindigkeiten, die man in Abb. 46c an die Teilstriche der Bremswege anschreibt. Zwischen den Teilstrecken interpoliert man die Geschwindigkeiten je 5 [km/h] und verbindet die Punkte gleicher Geschwindigkeiten zu den Isotachen miteinander. Isochronen und Isotachen verlängert man bis zu den waagerechten Linien für $s = +14\ [^0/_{00}]$ und $s = -14\ [^0/_{00}]$ und erhält so die Netztafel für die Bremsfahrten auf Halt mit den Bremswegen $l'_b\,[\text{m}]$ und den Bremszeiten $t'_b\,[\text{sec}]$.

Diese Bremsnetztafel gilt für alle in Frage kommenden D-Zuggewichte, ohne Rücksicht auf die Lokgattung, da die Veränderung des Zugwiderstandes aus Wagenzug- und Lokgewicht im Vergleich zur Bremskraft verschwindend ist. Die für die Kunze-Knorr-Schnellzugbremse aufgestellten Netztafeln für Bremsen auf Halt und vor Langsamfahrstellen gelten mit guter Annäherung auch für die Hildebrand-Knorr-Schnellzugbremse. Die eigentliche Bremszeit ist $t_b = t'_b + t_a = t'_b + 1{,}7\,[\text{sec}]$. Den eigentlichen Bremsweg erhält man, wenn man zu den in den Netztafeln abgelesenen Bremswegen l'_b noch für die genannten $t_a = 1{,}7$ [sec] den Weg des ungebremsten Zuges von $1{,}7 \cdot V_b : 3{,}6 = V_b : 2{,}12$ [m] hinzuzählt. Hier ist V_b die Geschwindigkeit, bei der mit dem Bremsen begonnen wird.

Folgende Verlustzeiten kommen noch von der Betätigung des Führerbremsventils bis zum Eintreten der Bremswirkung hinzu:

1. Die Durchschlagszeit der Druckverminderung der Luft beim Bremsen und der Druckverstärkung beim Lösen in der Leitung vom Führerbremsventil zum Steuerventil am mittleren Wagen des Zuges. Diese Zeit ist nach Röder „Die Kunze-Knorr-Bremse", S. 42, Abb. 30 bei Güterzügen von 60 Wagen $t_0 = 2$ bis 2,5 [sec], bei Schnellzügen $t_0 = 0{,}75$ bis 1 [sec].

2. Der Druckanstieg nach Betätigung des Steuerventils der Bremsapparate bei der Kunze-Knorr-Bremse beginnt nach derselben Quelle (Röder, S. 148, Abb. 78) bei Güterzügen nach $t_D = 1{,}5$ [sec], bei Schnellzügen nach $t_D = 1$ [sec].

3. Die Zeit für die Übertragung der Bremskolbenbewegung auf die Bremsklötze, Schlupfzeit genannt, die $t_s = 1$ bis 2 [sec] ist.

Die Gesamtverlustzeit bei Betriebsbremsung ist daher bei Güterzügen $t_0 + t_D + t_s = 2{,}5 + 1{,}5 + 2 = 6$ [sec.], bei Schnellzügen $t_0 + t_D + t_s = 4$ [sec]. Die Verlustwege sind dann $6 \cdot V_b : 3{,}6 = 1{,}67 \cdot V_b$ bzw. $4 \cdot V_b : 3{,}6 = 1{,}1 \cdot V_b$ [m].

Ablesebeispiel für die Bremszeit einschließlich Verlustzeit: In Abb. 46c liest man für $V_b = 90$ [km/h] und das Gefälle $s = -10\,[^0/_{00}]$ $l'_b = 570$ [m] und $t'_b = 43$ [sec] ab. Mit $t_a = 1{,}7$ [sec] ist der eigentliche Bremsweg $l_b = l'_b + V_b : 2{,}12 = 570 + 42{,}5 = 612{,}5$ [m]. Hierzu kommt noch der Weg für die Verlustzeiten $t_0 + t_D + t_s = 4$ [sec]

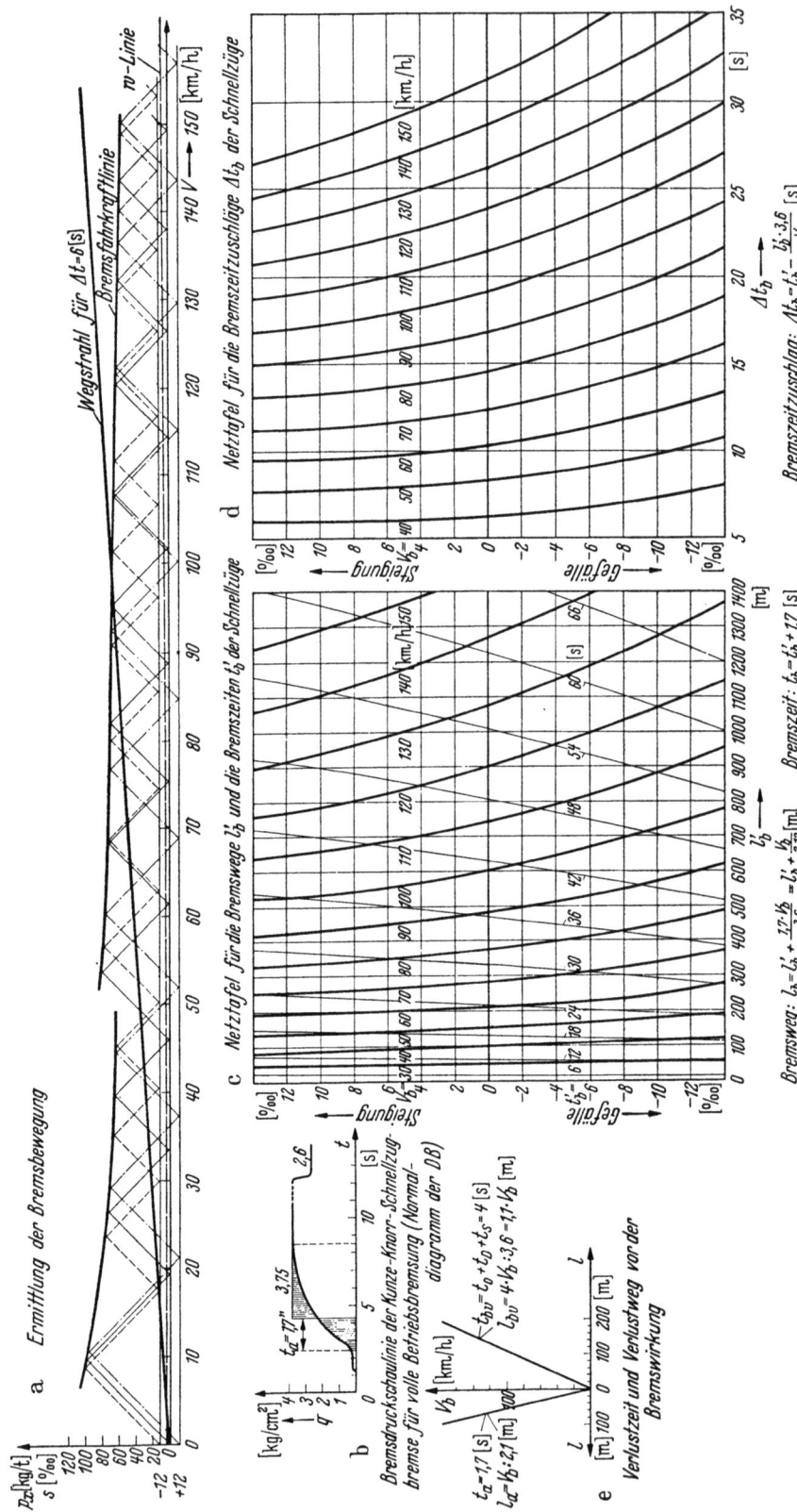

Abb. 46 a—e. Bremsnetztafel für Schnellzüge beim Bremsen auf Halt (KKSmBv-Bremse).

mit $4 \cdot V_b : 3{,}6 = 1{,}1 \ V_b$ [m]. In Abb. 46e liest man für $V_b = 90$ [km/h] den Verlustweg $l_{b_v} = 1{,}1 \ V_b = 99$ [m] ab.

2. Netztafel für die Bremszeitzuschläge.

Um nicht bei der Fahrzeitermittlung in jedem Einzelfall die Bremszeitzuschläge zu berechnen, durch die man aus der Fahrzeit eines durchfahrenden Zuges die des haltenden bekommt, wurde nach Abb. 46d noch eine Netztafel entworfen, aus denen man die Bremszeitzuschläge Δt_b für jede Durchfahrgeschwindigkeit und jede Bahnneigung ablesen kann. Sie werden berechnet nach der Gleichung

$$\Delta t_b = t'_b - \frac{l'_b \cdot 3{,}6}{V_b} \ [\text{sec}].$$

t'_b und l'_b werden hierbei für die Abbremsgeschwindigkeit V_b aus der Abb. 46c abgelesen. Verlustzeiten und -Wege fallen hier fort.

3. Bremsnetztafeln für Schnellzüge vor Langsamfahrstellen.

a) Die Berechnung der Bremsnetztafeln. Soll ein Schnellzug nach Abb. 47 auf die Geschwindigkeit einer Langsamfahrstelle abgebremst werden, so wird der Lokführer, nachdem durch die Bedienung des Führerbremsventils im Zuge eine Bremswirkung eingetreten ist, durch ein- oder mehrmaliges Lösen der Bremsen die geforderte Geschwindigkeit zu erreichen suchen.

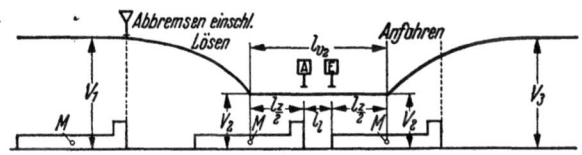

Abb. 47. Geschwindigkeits-Weg-Diagramm an einer Langsamfahrstelle.

Am geschicktesten, also am schnellsten wird diese Geschwindigkeitsverminderung erreicht, wenn die Bremsung eingeleitet und dann durch einen anschließenden Lösevorgang bei Erreichung der geforderten Geschwindigkeit abgeschlossen wird. Der Druck in den Einkammerbremszylindern, der beim Bremsen angestiegen ist, muß also beim Lösen langsam auf Null zurückgehen. Der Lösevorgang schließt sich aber nicht unmittelbar an den Bremsvorgang an, da das Führerbremsventil umgestellt werden muß. Als kleinste Umstellzeit wurde 3 [sec] gewählt beim Schnellzug gewählt.

Im Gegensatz zum Bremsen auf Halt, bei dem man nach Ausgleich

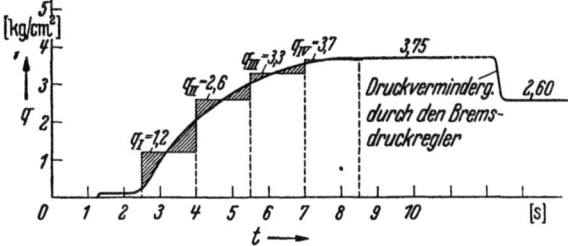

Abb. 48. Bremsdruckschaulinie der Kunze-Knorr-Schnellzugbremse.

des steilen Druckanstiegs nur eine Bremskraftlinie über der Geschwindigkeitsachse aufzutragen braucht, wird für das Bremsen vor einer Langsamfahrstelle der Druckanstieg nach Abb. 48a in vier Streifen zu je 1,5 [sec] unterteilt. Für jeden dieser vier mittleren Drücke $q_I = 1,2$, $q_{II} = 2,6$, $q_{III} = 3,3$, $q_{IV} = 3,7$ sowie für $q_V = 3,75$ [kg/cm²] wird der spezifische Bremsdruck nach der Gleichung

$$p_k = \frac{0,8 \cdot n_k \cdot F_k \cdot \ddot{u}}{1000 \cdot G_w} \cdot q \cdot \mu_b = C \cdot \ddot{u} \cdot q \cdot \mu_b \text{ [kg/t]}$$

in Abhängigkeit von der Geschwindigkeit in der Tabelle 4a, Zeile 1 bis 5 berechnet. Man zeichnet nun wieder über der V-Achse die Linien der Zugwiderstände und

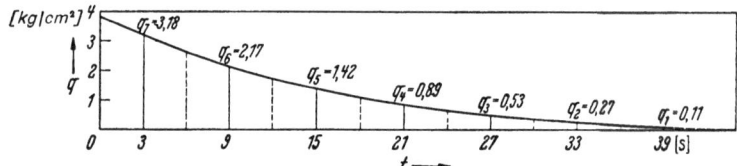

Abb. 49. Löseschaulinie der Kunze-Knorr-Schnellzugbremse.

setzt auf diese die p_k-Werte ab. Durch diese fünf strichpunktierten $(p_k + w)$-V-Linien (Abb. 50a) sind die Bremskräfte je Tonne nach der Zeit und der Geschwindigkeit dargestellt für die fünf q-Werte.

Entsprechend wurde die flache Löseschaulinie (Abb. 49) der Kunze-Knorr-Schnellzugbremse[1] in die Zeitschritte $\Delta t = 6$ [sec] unterteilt und für die sieben mittleren Drücke q_l dieser Streifen und für die gleichen C-Werte wie vorher wurden die Lösekräfte $p_{k_l} = C \cdot \ddot{u} \cdot q_l \cdot \mu_b$ in Tabelle 4b berechnet und mit $p_{k_l} + w$ über der gleichen V-Achse die sieben ausgezogenen p_{k_l}-Linien (mit den Ordinaten $p_{k_l} + w$) aufgetragen (Abb. 50a). Beide Linienscharen haben den

Tabelle 4.

a) Schnellzug (Bremsen).

$$\ddot{u} = \frac{\left(F_z - \dfrac{R}{q}\right) \cdot i \cdot \eta}{n_k \cdot F_k} = \frac{\left(1595 - \dfrac{180}{q}\right) \cdot 8,97 \cdot 0,97}{16 \cdot 504} = \left(1595 - \dfrac{180}{q}\right) \cdot 0,00108$$

$F_z = 1595$ [cm²]; $R = 180$ [kg]; $i = 8,97$ ($g_0 = 47,2$ t);

$\eta = 0,97$; $n_k = 16$; $F_k = 504$ [cm²]; $g_w = 52$ [t];

$$p_k = \frac{0,8 \cdot 16 \cdot 504 \, \ddot{u} \cdot q}{52 \cdot 1000} \cdot \mu_b = C \cdot \ddot{u} \cdot q \cdot \mu_b = 0,1241 \, \ddot{u} \cdot q \cdot \mu_b, \text{ wo } C = 0,1241.$$

	q	R/q	$F_z - R/q$	$\ddot{u}$	$k = q \cdot \ddot{u}$	$C \cdot \ddot{u} \cdot q$	$V =$	10	20	30	60	90	130
1	1,2	150	1445	1,56	1,872	0,232	$\mu_b =$			140,5	112	99	86
							$p_k =$			32,63	26,01	22,99	19,97
2	2,6	69,2	1525,7	1,65	4,29	0,532	$\mu_b =$	178	143,5	124	98,5	87	75
							$p_k =$	94,7	76,5	65,99	52,42	46,3	39,92
3	3,3	54,5	1540,4	1,66	5,48	0,679	$\mu_b =$			119	94,5	83	71,5
							$p_k =$			80,87	64,22	56,4	48,59
4	3,7	48,6	1546,3	1,67	6,18	0,766	$\mu_b =$			117	93	81	70
							$p_k =$			89,68	71,29	62,09	53,66
5	3,75	48	1547	1,671	6,26	0,776	$\mu_b =$			116	92,5	80,8	69,5
							$p_k =$			90	71,45	62,5	54

[1] Vgl. Röder: Die Kunze-Knorr-Bremse (Abb. 69). Nürnberg 1930.

Zugwiderstände w [kg/t]

für $V =$	0	36	72	108	144 [km/h]
ist $w =$	2,5	3,0	4,0	5,4	7,5 [kg/t].

b) Schnellzug (Lösen).

$$\ddot{u} = \frac{\left(F_z - \dfrac{R}{q}\right) i \cdot \eta}{n_k \cdot F_k}$$

$F_z = 1595 \,[\text{cm}^2]$ $n_k = 16$
$R = 180 \,[\text{kg}]$ $F_k = 504 \,[\text{cm}^3]$
$i = 8,97 \,(G_0 = 47,3 \,[\text{t}])$ $G_w = 52 \,[\text{t}]$
$\eta = 0,97$

$$\ddot{u} = \frac{\left(1595 - \dfrac{180}{q}\right) 8,97 \cdot 0,97}{16 \cdot 504} = \left(1595 - \frac{180}{q}\right) \cdot 0,00108$$

$$p_k = \frac{0,8 \cdot 16 \cdot 504 \cdot \ddot{u} \cdot q}{52 \cdot 1000} \cdot \mu_b = C \cdot \ddot{u} \cdot q \cdot \mu_b = 0,1241 \cdot \ddot{u} \cdot q \cdot \mu_b, \text{ wo } C = 0,1241.$$

	q	R/q	$F_z - R/q$	$\ddot{u}$	$k = q \cdot \ddot{u}$	$C \cdot \ddot{u} \cdot q$	$V =$	10	20	40	60	80	100
1	0,11	1638	−43										
2	0,27	667	928	1,004	0,272	0,0338	$\mu_b =$	274	217	173,5	150	138	126,5
							$p_k =$	9,25	7,32	5,85	5,06	4,66	4,27
3	0,53	340	1255	1,358	0,717	0,0891	$\mu_b =$	234	185	148	128	117,5	108
							$p_k =$	20,8	16,5	13,2	11,4	10,46	9,6
4	0,89	203	1392	1,505	1,340	0,1665	$\mu_b =$	210	168	135	117	107	99,5
							$p_k =$	34,9	28,0	22,4	19,45	17,8	16,55
5	1,42	127	1468	1,583	2,250	0,2790	$\mu_b =$	196	157,5	126	109	100	93,5
							$p_k =$	54,8	43,9	35,2	30,5	28,0	26,1
6	2,17	83,2	1511,8	1,632	3,540	0,4390	$\mu_b =$	183,5	148,0	117,5	101,5	93	`6 5
							$p_k =$	80,6	65,1	51,6	44,6	40,8	38,0
7	3,18	56,6	1538,4	1,660	5,270	0,6550	$\mu_b =$	173,	139	110	95,5	87	80,5
							$p_k =$	113,5	91	72	62,4	56,8	52,7

gleichen Kräfte- und Geschwindigkeitsmaßstab, letzterer ist wieder zehnmal größer als der Kräftemaßstab, da $\Delta t = 6 \,[\text{sec}] = ^1/_{10} \,[\text{min}]$ ist. Jetzt zeichnet man wie vor die Wegstrahlen für die Zeitschritte $\Delta t = 6 \,[\text{sec}]$ und für $\Delta t = 1,5 \,[\text{sec}]$. Nun ist aber der Zeitschritt für das Bremsen $\Delta t = 1,5 \,[\text{sec}]$ viermal kleiner als der für das Lösen gewählt worden, weil der Anstieg der Bremsdruckschaulinie steiler ist als die Lösedruckschaulinie. Die Neigung des Spitzenwinkels $\Delta V : p_x$ des Zeitdreiecks für $\Delta t = 1,5 \,[\text{sec}]$ muß deshalb 1:2 sein, wenn die Neigung des Spitzenwinkels 90° für $\Delta t = 6 \,[\text{sec}]$ 2:1 ist (Abb. 50a). Eigentlich müßten die Endgeschwindigkeiten eines Zeitschrittes von $\Delta t = 1,5 \,[\text{sec}]$ auch mit einem gleichschenkligen aber spitzeren Zeitdreieck ermittelt werden, da aber die strichpunktierten Bremskraftlinien über der Geschwindigkeitsachse fast waagerecht verlaufen, so kann man auch bei dem Zeitschritt $\Delta t = 1,5 \,[\text{sec}]$ mit einem ungleich-

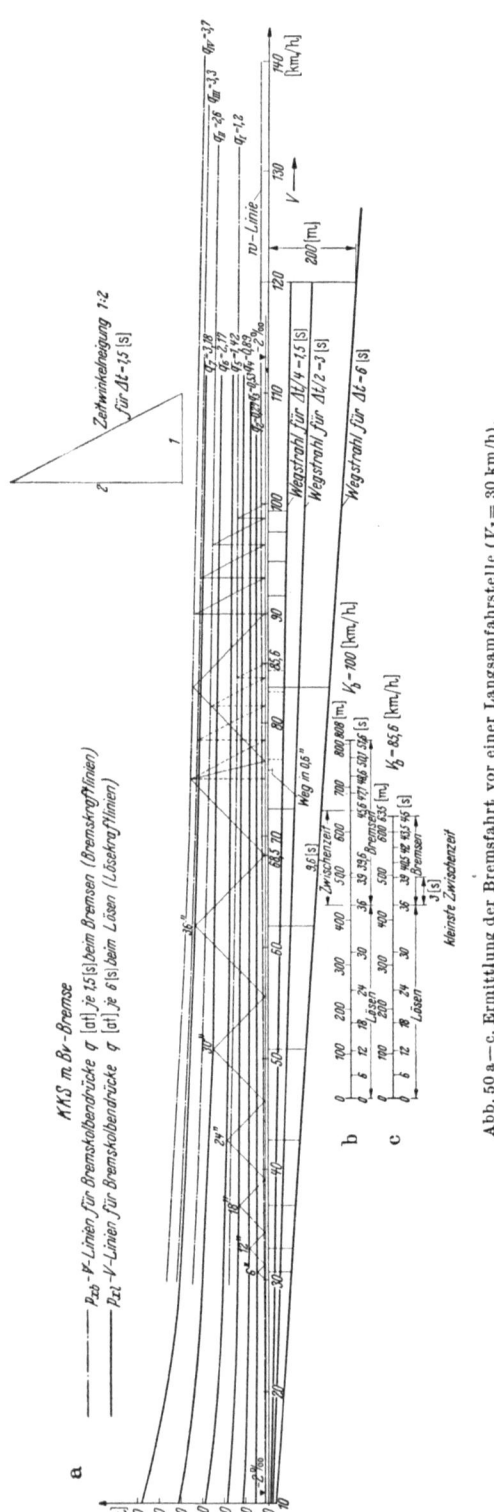

Abb. 50 a—c. Ermittlung der Bremsfahrt vor einer Langsamfahrstelle ($V_l = 30$ km/h).

schenkligen Zeitdreieck, dessen schräger Schenkel 1:2 ansteigt, die Geschwindigkeiten am Ende eines Zeitschrittes ermitteln. Bei der Ermittlung der Bremsfahrt vor einer Langsamfahrstelle geht man wie folgt vor: Man zeichnet mit der für die Langsamfahrstelle vorgeschriebenen Geschwindigkeit beginnend, zwischen der Waagerechten für $\pm s\ [^o/_{oo}]$ und der p_x-V-Linie für das kleinste q_l des Lösevorgangs, das gleichschenklige Zeitdreieck für $\Delta t = 6$ [sec] und sodann das nächste Zeitdreieck, dessen Spitze auf der p_x-V-Linie des nächst höheren q_l-Wertes liegt und setzt diese Ermittlung fort. Nunmehr zeichnet man, mit der Abbremsgeschwindigkeit beginnend, für den Bremsvorgang die spitzen Zeitdreiecke für $\Delta t = 1,5$ [sec] zwischen der Waagerechten für dieselbe Neigung $\pm s\ [^o/_{oo}]$ und der strichpunktierten p_x-V-Linie für den kleinsten q-Wert des Bremsvorgangs. Das nächste Zeitdreieck zeichnet man bis zur p_x-V-Linie des nächst größeren q-Wertes. Mit diesen Ermittlungen in den beiden entgegengesetzten Richtungen hört man auf, wenn die oberste p_{x_l}-V-Linie und die oberste p_{x_b}-V-Linie erreicht ist und wenn zwischen den letzten Zeitdreiecken dieser beiden Ermittlungen noch mindestens ein Zeitdreieck für 3 [sec] gezeichnet werden kann. Während dieser Zeit erfolgt die Umstellung vom Bremsen zum Lösen. Sie muß mindestens so lang wie die Durchschlagszeit t_0 und die Zeit t_D für die Bewegung des Steuerventils sein (s. S. 95). Beide sind für Schnellzüge 2—3 [sec] und für Güterzüge 4 [sec]. Für die Praxis wurde für Schnellzüge als Mindestzwischenzeit wie gesagt 3 [sec] gewählt. Für Güterzüge wäre als Mindestzwischenzeit 5 [sec] anzusetzen. Ist mit diesen Maßnahmen die Umstellzeit von 3 [sec] nicht zu erreichen, so wird die Ermittlung für Bremsen und Lösen nur bis zu einer niedrigeren p_{x_b}-V-Linie bzw. p_{x_l}-V-Linie durchgeführt.

Die Zwischenzeit zwischen dem Bremsen und Lösen auf den höchsten Linien der p_{x_b}-V- und der p_{xl}-V-Schar wird mit zunehmenden Abbremsgeschwindigkeiten größer.

Während der Zwischenzeit wird der erreichte Bremsdruck beibehalten. Für einen Schnellzug sind in Abb. 50a die p_{x_b}-V-Linien (—·—·—) für vier Bremsstufen von je 1,5 [sec] Dauer und die p_{x_l}-V-Linien (———) für sechs Lösestufen von je 6 [sec] Dauer über der V-Achse, sowie darunter die Wegstrahlen für 1,5 und 6 [sec] aufgetragen. Als Maßstäbe sind hier folgende zu wählen:

Längen: 50 [m] = 1 [cm].

Geschwindigkeiten: bei $\Delta t = 6$ [sec] und $\varrho = 1{,}07$ ist
$$V = 1 \, [\text{km/h}] = 0{,}5 \cdot 10 \cdot 1{,}07 : 1{,}06 = 5{,}04 \, [\text{mm}].$$

Kräfte: $p_x = 1 \, [\text{kg/t}] = 1 \, [^0/_{00}] = 0{,}5 \, [\text{mm}]$.

Es soll der Bremsweg und die Bremszeit eines Schnellzuges auf dem Gefälle $s = -2 \, [^0/_{00}]$ für die Abbremsung von $V = 100$ [km/h] auf 30 [km/h] ermittelt werden. Dafür ist zunächst über der V-Achse für $s = -2 \, [^0/_{00}]$ Gefälle eine Waagerechte zu ziehen. Auf dieser sind in $V = 30$ [km/h] beginnend die gleichschenkligen rechtwinkligen Zeitdreiecke für $\Delta t = 6$ [sec] zu zeichnen, deren Spitzen nacheinander die sechs p_{x_l}-V-Linien berühren (———). Sodann sind auf derselben Waagerechten $s = -2 \, [^0/_{00}]$ die spitzwinkligen unsymmetrischen Zeitdreiecke für 1,5 [sec] von $V = 100$ [km/h] in entgegengesetzter Richtung zu zeichnen, deren Spitzen die strichpunktierten p_{x_b}-V-Linien nacheinander berühren. Für die höchste Bremsdruckstufe sind dann noch ein Zeitdreieck für 6 [sec] sowie ein Zeitdreieck für 3 [sec] zu zeichnen. Es bleibt noch eine Zeit von 0,6 [sec] übrig. Die Zwischenzeit auf der höchsten Bremsstufe ist also 9,6 [sec]. Unter den Mitten der Zeitdreiecksgrundlinien sind dann zwischen der V-Achse und dem Wegstrahl für 6; 3 und 1,5 [sec] die Höhen abzugreifen. Für die restliche Zeit von 0,6 [sec] ist der Weg 0,6 : 1,5 mal dem Abstand zwischen der V-Achse und dem Wegstrahl für 1,5 [sec]. Diese sind dann auf der unteren Seite einer Waagerechten (Abb. 50b), die auf ihrer oberen Seite nach dem Längenmaßstab unterteilt ist, aneinander zu reihen und nach der Zeit zu beziffern. So erhält man den Zeitwegstreifen. Der gesamte Bremsweg ist $l'_b = 808$ [m] und die gesamte Brems- und Lösezeit $t'_b = 51{,}6$ [sec]. Hierzu kommt noch für die Vorbereitung der Bremsung die Zeit $t_{b_v} = t_0 + t_v + t_s = 4$ [sec]. In dieser Zeit legt der Zug bei $V_b = 100$ [km/h] den Weg $4 \, V_b : 3{,}6 = 1{,}1 \, V_b = 110$ [m] zurück.

In Abb. 51a, b ist der Zeitwegstreifen für das Anfahren vom Ende der Langsamfahrstelle mit der Geschwindigkeit $V = 30$ [km/h] bis zur Durchfahrtsgeschwindigkeit $V = 100$ [km/h] auf dem Gefälle $s = -2 \, [^0/_{00}]$ nach den Ausführungen S. 48 konstruiert. Der Anfahrweg ist 5,32 [km], die Anfahrzeit 4,37 [min].

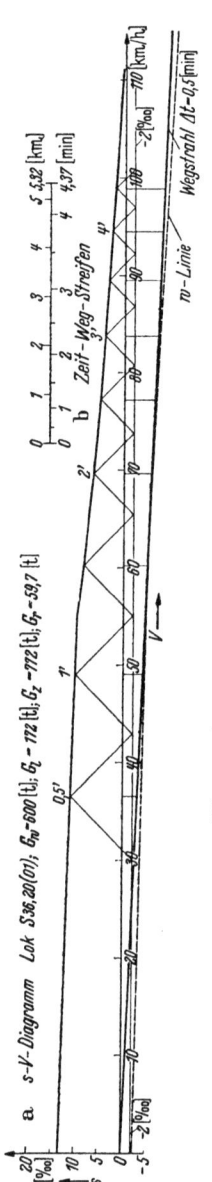

Abb. 51a u. b. Anfahren von $V = 30$ bis $V = 100$ [km/h].
a. s-V-Diagramm Lok S 36,20(01); G_W=600[t]; G_2'=172[t]; G_2''=172[t]; G_2'''=53,7[t]
b. Zeit-Weg-Streifen

Es sind nun, wie bei dem Bremsen auf Halt, auch **Netztafeln** für die Bremsfahrten vor **Langsamfahrstellen** für die jeweiligen Geschwindigkeiten, die für die Langsamfahrstelle vorgeschrieben sind, zu entwerfen. Für die Geschwindigkeiten, mit der eine Langsamfahrstelle befahren werden soll (meist sind es 30 oder 10 [km/h]), zeichnet man je eine Netztafel. Wie bei den Netztafeln für das Bremsen auf Halt überträgt man von einer Senkrechten aus auf die Waagerechten für die verschiedenen Neigungen die vorher zeichnerisch ermittelten Bremswege von den Abbremsgeschwindigkeiten zu der Geschwindigkeit, die auf der Langsamfahrstelle vorgeschrieben ist (s. Abb. 52a). Durch Verbindung der Endpunkte für die gleichen Abbremsgeschwindigkeiten erhält man wieder die **Isotachen**. An die Schnittpunkte der Isotachen mit den waagerechten Linien schreibt man noch die Gesamtzeiten für Bremsen und Lösen an. Zwischen diesen Zeiten interpoliert man auf den einzelnen Isotachen die Zeiten von 6 zu 6 [sec]. Durch die Verbindung der Punkte gleicher Bremszeiten erhält man die **Isochronen**.

Addiert man zu diesen Bremswegen noch diejenigen, die mit der Abbremsgeschwindigkeit während der Verlustzeiten $t_0 + t_D + t_s$ [sec] gefahren werden (Abb. 46e), so erhält man die Abstände, in denen die Signale vor der Langsamfahrstelle aufzustellen sind (Abb. 47). Der Weg für $t_a = 1{,}7$ [sec] (Abb. 46e) fällt fort, da die Bremsbewegung aus dem **Druckanstieg** konstruiert worden ist.

b) Die Bedienungsweise des Führerbremsventils vor Langsamfahrstellen. Durch die Abbremsgeschwindigkeit und die Fahrgeschwindigkeit auf der Langsamfahrstelle, ferner durch die Bremsdruck- und Lösedruckdiagramme (Abb. 48 u. 49) sowie durch die Streckenneigung ist die Bremsfahrt vor der Langsamfahrstelle eindeutig bestimmt. Der Druckanstieg beim Bremsen und der Druckabfall beim Lösen liegen hiermit für die betreffende Hebelstellung des Führerbremsventils fest. Nach den vorigen Ausführungen liegt auch die Zwischenzeit zwischen Bremsen und Lösen fest, wenn die höchste Bremsdruckstufe erreicht ist. Andererseits ist durch die Mindestzwischenzeit von 3 [sec] bei Schnellzügen und 5 [sec] bei Güterzügen die erreichbare Bremsdruckstufe bestimmt. Es kann daher eine Bedienungsweise angegeben werden, wann vor Langsamfahrstellen das Führerbremsventil in Brems- bzw. Lösestellung gebracht sein muß, damit die Bremsfahrt nach der in der Bremsnetztafel festgelegten Weise verläuft. Diese Bedienungsweise ist durch die in den Bremsnetztafeln (Abb. 52a) eingezeichneten strichpunktierten B_h-, L_h- und L_k-Linien sowie durch die Linie der kleinsten Abbremsgeschwindigkeit 50 [km/h] als B_k-Linie festgelegt. Bei

Bremsnetztafeln für Schnell- und Güterzüge. 103

Übereinstimmung der Geschwindigkeiten, die der Geschwindigkeitsmesser anzeigt, mit denen an den B_h-, L_h-, B_k- und L_k-Linien angeschriebenen Geschwindigkeiten ist der Hebel des Führerbremsventils in Brems- bzw. in Lösestellung zu bringen.

Es sind die beiden rechten strichpunktierten Linien in Abb. 52 a mit B_h und L_h bezeichnet. Die B_h-Linie gibt durch ihre Schnittpunkte mit den Geschwindigkeits-

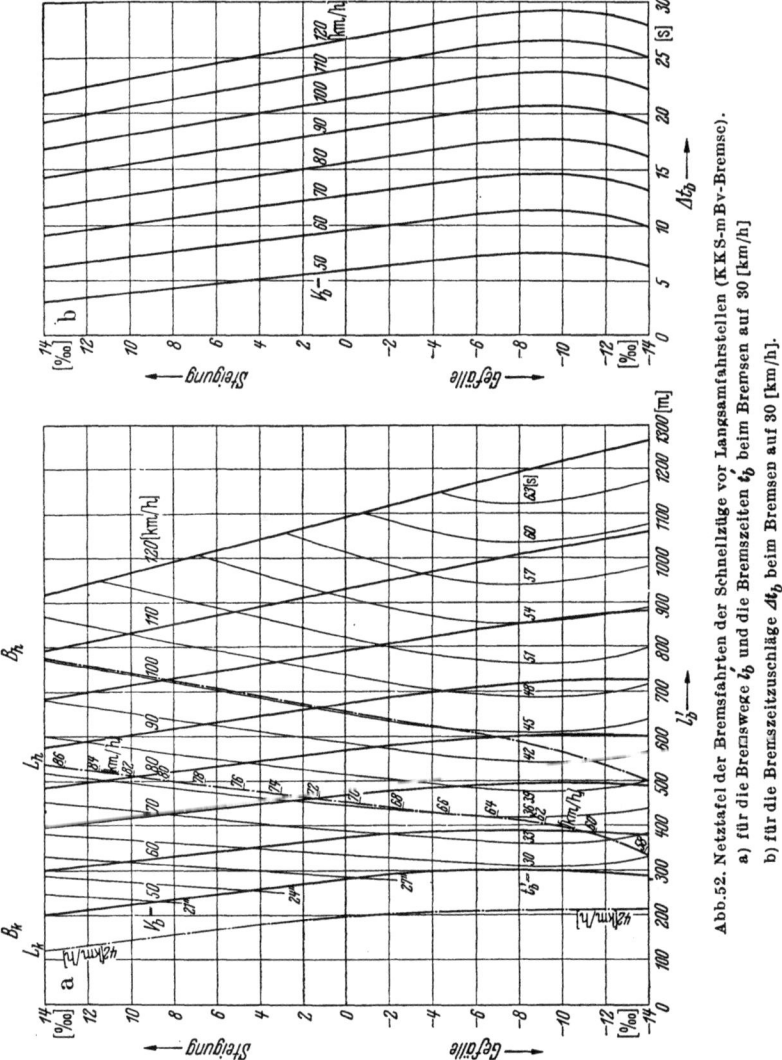

Abb. 52. Netztafel der Bremsfahrten der Schnellzüge vor Langsamfahrstellen (KKS-mBv-Bremse).
a) für die Bremswege l_b' und die Bremszeiten t_b' beim Bremsen auf 30 [km/h]
b) für die Bremszeitzuschläge Δt_b beim Bremsen auf 30 [km/h].

linien der Bremsnetztafel für die einzelnen Streckenneigungen die Abbremsgeschwindigkeiten an, bei denen nach Erreichung der höchsten Bremsdruckstufe (oberste strichpunktierte p_{x_b}-V-Linie, Abb. 50 a, c) noch 3 [sec] Zwischenzeit bis zum Lösen bleiben. In der Zeit des Druckanstiegs bis zur höchsten Bremsdruckstufe und in der Zwischenzeit bei diesem Bremsdruck ermäßigt sich die Fahrgeschwindigkeit. Die L_h-Linie gibt nun für die einzelnen Streckenneigungen an, wie groß diese ermäßigte Geschwindigkeit sein muß, wenn der Hebel des Führerbremsventils in Lösestellung gebracht wird, damit der Zug vor der Langsamfahrstelle die vorgeschriebene Geschwindigkeit nach dem in der Netztafel angegebenen Weg nebst Fahrzeit erreicht.

Durch die Linie der kleinsten Abbremsgeschwindigkeit $V = 50$ [km/h] der Bremsnetztafel als B_k-Linie und durch die L_k-Linie, die für alle Streckenneigungen die Geschwindigkeit 42 [km/h] für die Lösestellung des Bremshebels angibt, ist für die kleinste erreichbare Bremsdruckstufe die Bedienungsweise angegeben, wenn der Geschwindigkeitsmesser 50 bzw. 42 [km/h] anzeigt. Für die zwischen den L_k- und L_h-Linien liegenden Geschwindigkeiten lassen sich durch Interpolieren die Geschwindigkeiten bestimmen, bei denen mit dem Lösen für Abbremsgeschwindigkeiten zwischen 50 [km/h] und denen auf der B_h-Linie begonnen werden muß.

Die B_h-Linie erhält man, wenn man aus dem Zeitwegstreifen die Gesamtwege überträgt, bei denen die Zeit zwischen Erreichung der größten Bremsstufe und dem Eintritt des Lösens 3 [sec] beträgt. In der Abb. 50 a, c ist dieser Bremsweg 635 [m] für das Gefälle $-2 [^0/_{00}]$ und die Abbremsgeschwindigkeit 85,6 [km/h], die man anschließend an die Zwischenzeit 3 [sec] mit den gestrichelten vier Zeitdreiecken 1,5 [sec] erreicht. Für die Konstruktion der L_h-Linie überträgt man aus dem vorgenannten Zeitwegstreifen den Weg für das Lösen, der für $s = -2 [^0/_{00}]$ 435 [m] beträgt. Dieser Weg ergibt sich mit den Zeitdreiecken für 6 [sec] bei Erreichung der höchsten Druckstufe für das Lösen (p_{xl}-V-Linie). Die hierbei erreichte Geschwindigkeit ist nach Abb. 50a 68,5 [km/h]. Diese Geschwindigkeit ist bei $s = -2 [^0/_{00}]$ an die L_h-Linie angeschrieben. Konstruiert man noch 3 bis 4 weitere Punkte der L_h-Linie und schreibt die Geschwindigkeiten an, die mit den Abbremsgeschwindigkeiten in keinem unmittelbaren Zusammenhang stehen, so kann man zwischen diesen Punkten längs der L_h-Linie die zwischenliegenden Geschwindigkeiten von 2 zu 2 [km/h] interpolieren und anschreiben.

c) **Die Netztafeln für die Zeitzuschläge vor Langsamfahrstellen.** Die Netztafeln für den Bremszeitzuschlag Δt_b vor den Langsamfahrstellen (Abb. 52 b) erhält man in derselben Weise wie bei der Abbremsung der Schnellzüge auf Halt, indem man nach der Gleichung $\Delta t_b = t'_b - l'_b \cdot 3{,}6 : V_b$ [sec] die Abb. 52a nach Bremsweg l'_b [m] und Bremszeit t'_b [sec] auswertet.

E. Bremsnetztafeln für Güterzüge.
1. Die Eigenart der Bremsfahrtberechnung der Güterzüge.

Die Bremsdruckdiagramme der Güterzugbremsen sowohl der Bauart Kunze-Knorr als auch der Bauart Hildebrand-Knorr steigen allmählich an. Infolgedessen ist es nicht angängig, wie bei dem steilansteigenden Bremsdruckdiagramm der Schnellzugbremse den Druckanstieg durch eine Senkrechte auszugleichen, um aus einer einzigen p_x-V-Linie die Bremsfahrten bis zum Halten des Zuges zu konstruieren. Die Bremsnetztafeln der Güterzüge sind daher aus einer Schar von p_x-V-Linien ähnlich wie die Bremsnetztafeln der Schnellzüge für die Bremsfahrten vor Langsamfahrstellen zu entwerfen. Ein weiterer Unterschied gegenüber den Schnellzügen besteht darin, daß bei Güterzügen nicht alle Achsen gebremst werden, da nur ein Teil der Güterwagen mit Bremsapparaten ausgerüstet und die

Zugbildung der Güterzüge nicht so im einzelnen festgelegt ist wie die der Schnellzüge. Bei Güterzügen kann es daher vorkommen, daß für die Zugbildung zu wenig Bremswagen vorhanden sind. Infolgedessen ist für die Betriebssicherheit der Güterzüge vor Verlassen des Rangierbahnhofes jedes Mal die im Buchfahrplan geforderte Bremsausrüstung nachzuprüfen. Um die Bremsfahrt der Güterzüge für alle Möglichkeiten zu erfassen, sind daher für die Güterzüge mit mehr oder weniger Bremswagen Bremsnetztafeln aufzustellen. Die Güterwagen sowohl der Kunze-Knorr-Bremse als auch der Hildebrand-Knorr-Bremse haben einen Lastwechsel, mit dem die Abbremsung eines Güterwagens, je nach dem er ganz oder nur teilweise beladen bzw. leer ist, geändert wird. Da das Gewicht der Ladung eines voll beladenen Güterwagens größer als das Eigengewicht des Wagens ist, verlangt der beladene Wagen zur Erzielung einer ausreichenden Bremswirkung einen größeren Klotzdruck als der Leerwagen. Der größere Klotzdruck wird beim mechanischen Lastwechsel in der Stellung „beladen" durch eine größere Übersetzung des Bremsgestänges erreicht. Der Umstellhebel des Lastwechselkastens wird durch Umlegen der Handkurbel an der Wagenlängsseite betätigt. Der Griff des Umstellhebels bewegt sich vor einem Schildlager, auf dem das Umstellgewicht angeschrieben ist. Das Umstellgewicht gibt das Gesamtgewicht an, bei dem die Bremse von „leer" auf „beladen" umgeschaltet werden muß. Die Abbremsung der Güterwagen mit Lastwechsel wird nicht in allen Fällen durch Änderung der Gestängeübersetzung vergrößert oder verkleinert. Es kann dazu, z. B. bei der Hik-g-Bremse, auch ein zweiter Bremszylinder (Lastzylinder) vorgesehen werden. Bei der Kunze-Knorr-Güterzugbremse ist das Bremsdruckdiagramm für beladene Wagen völliger als das für leere, denn nach S. 90 wird in Stellung „beladen" die Bremskraft dadurch erhöht, daß nach dem Druckausgleich zwischen den Kammern B und C die Kammer B entlüftet wird und der Zweikammerkolben durch den Druck in der Kammer A noch auf das Bremsgestänge wirkt. Bei einem zweiten Bremszylinder ist der Umstellhebel am Längsträger des Wagens bei der Lastabbremsung der gleiche wie beim mechanischen Lastwechsel. Man bewegt sich bei den im allgemeinen geringen Unterschieden der Bremswege stets auf der sicheren Seite, wenn man die beladenen Bremswagen mit ihrem etwas größerem Bremsweg den Ermittlungen sicherungstechnischer, bautechnischer und betrieblicher Art zugrunde legt. Es braucht wohl kaum betont zu werden, daß diese Verhältnisse auch für die Bremsnetztafeln mit anderen Bremsprozenten zutreffen, da sich die Bremskraft p_k [kg/t] linear nach den Bremsprozenten ändert, und die gleichbleibende w-Linie gegenüber den p_k-Werten kleine Ordinaten hat. Nach diesen Überlegungen genügt es also für die Praxis, nur Bremsnetztafeln für Güterzüge mit beladenen Bremsachsen zu entwerfen.

Nach Besser[1] wird für langsam wirkende Bremsen, also für Güterzugbremsen, nach internationalen Vereinbarungen das Bremsgewicht G_b eines Wagens größer als der Klotzdruck K_w eines Wagens angenommen. Es ist daher nach der Formel

$$G_b = \frac{K_w \cdot \gamma}{0{,}7}$$

zu rechnen. Hier ist γ ein Beiwert, der abhängig ist von dem spezifischen Druck k des Bremsklotzes auf das Rad sowie von der Bremsdruckschaulinie der betrachteten Bremse, d. h. von der Art und der Zeit, in der der Bremsklotzdruck

---

[1] Kommentar zur Eisenbahnbau- und Betriebsordnung. — Berlin 1934, S. 154.

von 0 bis zu seinem Höchstdruck ansteigt. Für deutsche Verhältnisse schwankt γ zwischen 0,95 und 0,7. Als Mittelwert kann man $\gamma = 0,81$ annehmen. Bei $\gamma = 0,7$ ist $G_b = K_w$. Im gleichen Verhältnis wie die Bremsgewichte werden auch die Bremsprozente erhöht. Hiermit ist der Klotzdruck des Güterzuges vom Gewicht G_z [t]

$$\Sigma K_w = \frac{\sum_{1}^{n_b} n_k \cdot F_k \cdot k}{1000} = \frac{0,7 \cdot \Sigma G_b}{\gamma}$$

und auf eine Tonne Zuggewicht bezogen ist

$$\frac{\Sigma K_w}{G_z} = \frac{\sum_{1}^{n_b} n_k \cdot F_k \cdot k}{1000 \cdot G_z} = \frac{0,7 \cdot \Sigma G_b}{\gamma \cdot G_z}.$$

Es sind $\frac{\Sigma G_b}{G_z} = \frac{b}{100}$ die tatsächlichen Bremsprozente des Zuges. Die entsprechende Bremskraft ist

$$p_k = \frac{\Sigma K_w \cdot 0,8 \cdot \mu_b}{G_z} = \frac{\sum_{1}^{n_b} n_k \cdot F_k \cdot k \cdot 0,8 \cdot \mu_b}{1000 \cdot G_z} = \frac{0,7 \cdot G_b \cdot 0,8 \cdot \mu_b}{\gamma \cdot G_z} = \frac{0,7 \cdot b \cdot 0,8 \cdot \mu_b}{\gamma \cdot 100}.$$

Da die Bremsprozente b sich bei demselben spezifischen Klotzdruck k [kg/cm²] wie die Bremsprozente b_E beim Endklotzdruck k_E [kg/cm²] verhalten, so ist $b = b_E \cdot \frac{k}{k_E}$. Hier sind b_E die Mindestbremsprozente, die in den Bremstafeln der Fahrdienstvorschrift in Abhängigkeit von der Geschwindigkeit und dem Bahngefälle für den Güterzug auf einer Strecke angegeben sind. Hiermit ist dann für die Güterzüge

$$p_k = \frac{0,7 \cdot b_E \cdot k \cdot 0,8 \cdot \mu_b}{\gamma \cdot 100 \cdot k_E} = \frac{0,7 \cdot b_E \cdot \ddot{u} \cdot q \cdot 0,8 \cdot \mu_b}{\gamma \cdot 100 \cdot \ddot{u}_E \cdot q_E} \quad [\text{kg/t}].$$

Da die Bremsgewichte durch die international festgelegten γ-Werte auf die verschiedenen Bremssysteme abgestimmt sind, können die für die Hildebrand-Knorr-Güterzugbremse aufgestellten Bremsnetztafeln auch für die Kunze-Knorr-Güterzugbremse benutzt werden.

2. Die Berechnung der Bremsnetztafeln der Güterzüge.

Der Berechnung sind die Ausführungen S. 74—76 des Lehrstoffheftes m 15 II „Bremsen", Leipzig 1942, Verkehrswissenschaftliche Lehrmittelgesellschaft sowie der Druckschrift 106 „Hildebrand-Knorr-Bremse" Hik-g (Berlin 1935, Knorr-Bremse AG.) zugrunde gelegt. Nach diesen Unterlagen sind die Güterwagen mit einer Druckluftbremse (Hikgl) ausgerüstet. (Ein Bremszylinder, dessen Enddruck $q_E = 3,6$ [kg/cm²] ist.) Der 10"-Bremszylinder hat einen Durchmesser $D = 255$ [mm]. Die Kolbenkraft beim Enddruck q_E ist dann

$$\frac{\pi \cdot D^2 \cdot q_E}{4} = \frac{\pi \cdot 25,5^2 \cdot 3,6}{4} = 1840 \text{ [kg]}.$$ Von dieser Kraft muß die Kraft der Kolbenrückdruckfeder und der Gestängerückzugfeder unter Berücksichtigung ihres wirksamen Hebelarmes mit 140 [kg] abgezogen werden. Die wirksame Kolbenkraft ist daher $K_0 = 1840 - 140 = 1700$ [kg]. Die Übersetzung in der Stellung „beladen" des Lastwechsels ist nach obiger Quelle

$$i_b = \left(\frac{510}{190} + \frac{510}{190}\right) \cdot 2 = 10,7.$$

Bei einem Gestängewirkungsgrad $\eta = 0{,}98$ des zweiachsigen Güterwagens und bei dem auf dem Lastwechsel angeschriebenen Umstellgewicht $G_u = 22$ [t] ist die Abbremsung

$$\frac{K_0 \cdot i_b \cdot \eta}{G_u \cdot 1000} = \frac{1700 \cdot 10{,}7 \cdot 0{,}98}{22\,000} = 81\%.$$

Nach internationaler Vorschrift darf ein leerer Güterwagen in Stellung „leer" des Lastwechsels sowie ein bis zum Umstellgewicht beladener in Stellung „beladen" nicht mehr als 85% abgebremst werden, um Festbremsen der Achsen zu vermeiden. Die Abbremsung des voll beladenen Wagens ist infolge des größeren Gewichtes geringer als beim Umstellgewicht. Kennt man den spezifischen Enddruck q_E [kg/cm²] im Bremszylinder sowie das Übersetzungsverhältnis $ü_E$, so ist der spezifische Enddruck k_E der Bremsklötze $k_E = ü_E \cdot q_E$ [kg/cm²] und allgemein $k = ü \cdot q$.

Die Übersetzung ist nach S. 93

$$ü = \frac{(F_z - R/q) \cdot i \cdot \eta}{n_k \cdot F_k}.$$ Für $q_E = 3{,}6$ [kg/cm²], $F_z = \frac{25{,}5^2 \cdot \pi}{4} = 512$ [cm²], $R : q_E = 140 : 3{,}6 = 38{,}8$, $(F_z - R/q_E) = 473$, $F_k = 336$ [cm²], $n_k = 8$ Bremsklötzen ist

$$ü_E = \frac{473 \cdot 10{,}7 \cdot 0{,}98}{8 \cdot 336} = 1{,}848.$$ Dann ist $k_E = ü_E \cdot q_E = 1{,}848 \cdot 3{,}6 = 6{,}65$ [kg/cm²].

Der Klotzdruck im Endstadium ist dann

$$K_w = n_k \cdot F_k \cdot k_E = \frac{8 \cdot 336 \cdot 6{,}65}{1000} = 17{,}9 \text{ [t]}.$$

Nun ist in der Druckschrift 106 der „Hildebrand-Knorr-Bremse" (Hik-g) S. 17

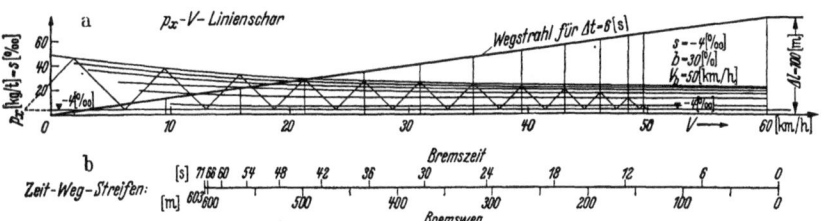

Abb. 83 a u. b. Ermittlung einer Güterzugfahrt beim Bremsen auf Halt Hik-g-Bremse)

auf dem Lastwechselschild (Bild 19) als Bremsgewicht $G_b = 21$ [t] für den beladenen Wagen angegeben. Setzt man in die Gleichung $G_b = \frac{K_w \cdot \gamma}{0{,}7}$ den Wert für $G_b = 21$ [t] und $K_w = 17{,}9$ [t] ein, so ist $\gamma = \frac{0{,}7 \cdot G_b}{K_w} = \frac{0{,}7 \cdot 21}{17{,}9} = 0{,}82$. Hiermit lautet dann die S. 106 angegebene Gleichung $p_k = \frac{0{,}7 \cdot b_E \cdot ü \cdot q \cdot 0{,}8 \cdot \mu_b}{\gamma \cdot 100 \cdot q_E \cdot ü_E}$. Mit $ü_E \cdot q_E = k_E = 6{,}65$ ist

$$p_k = \frac{0{,}7 \cdot b_E \cdot ü \cdot q \cdot 0{,}8 \cdot \mu_b}{0{,}82 \cdot 100 \cdot 6{,}65} = \frac{0{,}103 \cdot b_E \cdot ü \cdot q \cdot \mu_b}{100} \left[\frac{\text{kg}}{\text{t}}\right].$$

Die Bewegungskräfte einer Güterzugbremsfahrt bis zum Halten sind sodann

$$p_x = p_k + w \pm s = \frac{0{,}103 \cdot b_E \cdot ü \cdot q}{100} \cdot \mu_b + w \pm s.$$

Die w-Werte wurden für einen schweren Güterzug (aus den auf S. 94 genannten Gründen) berechnet, weil sie dann, wenn auch nicht viel, aber doch kleiner sind als bei einem leichteren Zug. Deshalb sind die Bremskräfte kleiner und man bewegt sich auf der sicheren Seite. Es wurden nun die p_x-Kräfte über der Geschwindigkeitsachse V [km/h] in Diagrammen für $b_E = 20, 30, 40$ und 50 Bremsprozente aufgetragen. In Abb. 53a ist ein derartiges p_x-Diagramm für $b_E = 30$ [%] wiedergegeben. Diese p_x-Diagramme bestehen aus einer Schar von sieben Linien. Über der V-Achse wurde zunächst die w-Linie aufgetragen und über dieser die p_k-Werte. Die Gleichungen der p_k-Werte für die verschiedenen Werte b_E sind

$$\text{für } b_E = 20\% \text{ ist } p_k = \frac{0{,}103 \cdot b_E \cdot \ddot{u} \cdot q \cdot \mu_b}{100} = 0{,}0206 \cdot q \cdot \ddot{u} \cdot \mu_b \text{ [kg/t]}$$
$$= 30\% \text{ ,, } p_k = \qquad\qquad\qquad\qquad = 0{,}0309 \cdot q \cdot \ddot{u} \cdot \mu_b \text{ ,,}$$
$$= 40\% \text{ ,, } p_k = \qquad\qquad\qquad\qquad = 0{,}0412 \cdot q \cdot \ddot{u} \cdot \mu_b \text{ ,,}$$
$$= 50\% \text{ ,, } p_k = \qquad\qquad\qquad\qquad = 0{,}0515 \cdot q \cdot \ddot{u} \cdot \mu_b \text{ ,,}$$

Zur Berechnung dieser Werte wurde die Bremsdruckschaulinie (Abb. 54) in sieben Streifen (I—VII) von je 6 sec Breite geteilt. Das Diagramm ist die C_{s_B}-Druckschaulinie für Vollasten in der obersten Abbildung S. 18 der vorgenannten Druckschrift 106. Die mittleren Ordinaten q dieser sieben Streifen sind in der Abb. 54 eingeschrieben. Für diese q-Werte berechnet man die zugehörigen $\ddot{u}$-Werte und bildet für jeden Streifen $\ddot{u} \cdot q = k$, für die man in Abb. 45 für die Geschwindigkeiten $V = 10, 20, 40$ und 60 [km/h] die μ_b-Werte abliest.

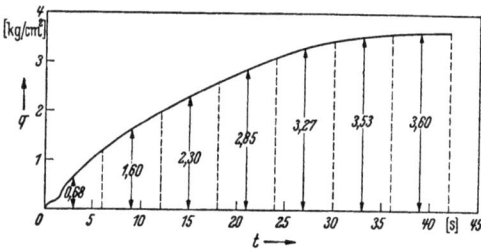

Abb. 54. Bremsdruckschaulinie der Hik-g-Bremse für Vollbremsung.

Diese Ermittlung ist für $b_E = 30$ [%] in der Tabelle 5 durchgeführt und nach ihr wurde die Kurvenschar für die 7 Bremskraftlinien in Abb. 53 aufgetragen.

Tabelle 5a. *Beladene Bremswagen.*

Hik-g-Bremse

$$\ddot{u} = \frac{(F_z \cdot q - R) \cdot i \cdot \eta}{n_k \cdot F_k \cdot q} = \frac{\left(F_z - \dfrac{R}{q}\right) q \cdot i \cdot \eta}{n_k \cdot F_k \cdot q} = \frac{(F_z - R/q) \cdot i \cdot \eta}{n_k \cdot F_k}$$

$F_z = 512$ [cm²] $\qquad\qquad\qquad \eta = 0{,}98$
$R = 140$ [kg] $\qquad\qquad\qquad n_k = 8 \qquad n_k \cdot F_k = 2688$ [cm²]
$i = i_b = 10{,}7 \quad i \cdot \eta = 10{,}5 \qquad F_k = 336$ [cm²]

$$\ddot{u} = \frac{\left(512 - \dfrac{140}{q}\right) \cdot 10{,}7 \cdot 0{,}98}{8 \cdot 336} = \left(512 - \frac{140}{q}\right) \cdot 0{,}0039 \,.$$

	q	R/q	$F_z - \dfrac{R}{q}$	$\ddot{u}$	$k = q \cdot \ddot{u}$	$\dfrac{k}{k_E}$	$V = 10$	μ_b $V = 20$	$V = 40$	$V = 60$
1	0,68	206	306	1,195	0,813	0,122	230	180	145	125
2	1,60	87,5	424,5	1,660	2,655	0,399	191,5	154,5	123,5	106,5
3	2,30	60,8	451,2	1,762	4,053	0,611	180	145	115	99,5
4	2,85	49,1	462,9	1,808	5,153	0,775	174	139,5	110,5	95,5
5	3,27	42,8	469,2	1,832	5,991	0,900	170	136	107,5	93,0
6	3,53	39,6	472,4	1,845	6,513	0,979	167,5	134	106,0	92,0
7	3,60	38,8	473,2	1,848	6,653	1,000	167	133,5	105,5	91,8

Hier ist $k_E = \ddot{u}_E \cdot q_E = 3{,}6 \cdot 1{,}848 = 6{,}65$ (s. S. 107).

Tabelle 5b.

Nunmehr sind die Bremskräfte $p_k = 0{,}103 \frac{b_E}{100} \cdot k \cdot \mu_b$ [kg/t] bei $b_E = 30$ Bremsprozenten

$p_k = 0{,}0309 \cdot k \cdot \mu_b$ [kg/t] für beladene Bremswagen

$30{,}9k:1000$		V [km/h]	10	20	40	60
0,02512	p_k w		5,78 2,50	4,52 2,77	3,64 3,39	3,14 4,50
$p_x =$		I	8,28	7,29	7,03	7,64
0,08204	p_k w		15,71 2,50	12,68 2,77	10,13 3,39	8,74 4,50
$p_x =$		II	18,21	15,45	13,52	13,24
0,12524	p_k w		22,54 2,50	18,16 2,77	14,40 3,39	12,46 4,50
$p_x =$		III	25,04	20,93	17,79	16,96
0,15922	p_k w		27,70 2,50	22,21 2,77	17,59 3,39	15,21 4,50
$p_x =$		IV	30,20	24,98	20,98	19,71
0,18512	p_k w		31,47 2,50	25,18 2,77	19,90 3,39	17,22 4,50
$p_x =$		V	33,97	27,95	23,29	21,72
0,20125	p_k w		33,71 2,50	26,97 2,77	21,33 3,39	18,52 4,50
$p_x =$		VI	36,21	29,74	24,72	23,02
0,20558	p_k w		34,33 2,50	27,44 2,77	21,69 3,39	18,87 4,50
$p_x =$		VII	36,83	30,21	25,08	23,37

Für den Zeitschritt $\Delta t = 6$ [sec] $= 1/10$ [min] hat diese p_x-V-Linie den Kräftemaßstab $p_x = p_k + w = 1[^0/_{00}] = 0{,}5$ [mm] und den Geschwindigkeitsmaßstab $V = 1$ [km/h] $= 5$ [mm]. Der Längenmaßstab ist 100 [m] $= 40$ [mm]. Da bei $V = 60$ [km/h] 100 [m] in $\Delta t = 1/10$ [min] zurückgelegt werden, so trägt man die 40 [mm] von der V-Achse in $V = 60$ [km/h] nach oben ab und erhält durch Verbindung des oberen Endpunkts mit $V = 0$ den Wegstrahl. Für die Ermittlung des Bremsweges und der Bremszeiten zeichnet man in der p_x-V-Schar von der Abbremsgeschwindigkeit V_b [km/h] aus die Zeitdreiecke auf den Waagerechten für die einzelnen Bahnneigungen. Die Spitzen der Zeitdreiecke berühren nacheinander die p_x-V-Linien für die einzelnen q_b-Werte. Unter den Dreiecksspitzen greift man am Wegstrahl die Δl-Werte ab, die man in Abb. 53b auf einer waagerechten Linie aneinanderreiht. Die Teilstriche in den Anstoßpunkten beziffert man mit den Bremszeiten.

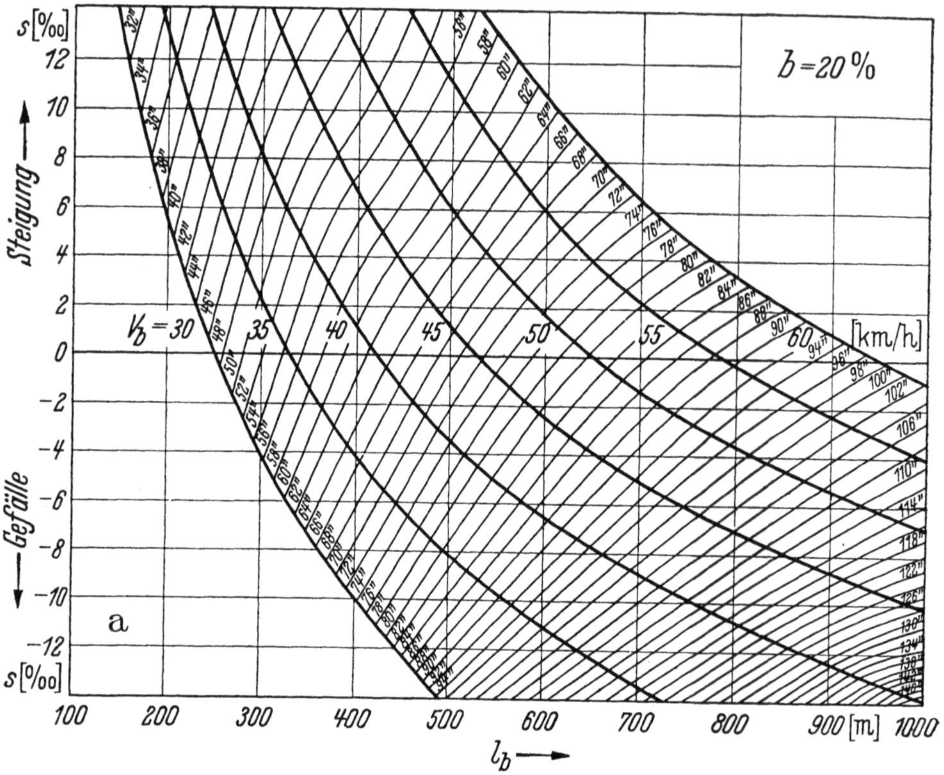

110   Fahrdynamik der Zugförderung.

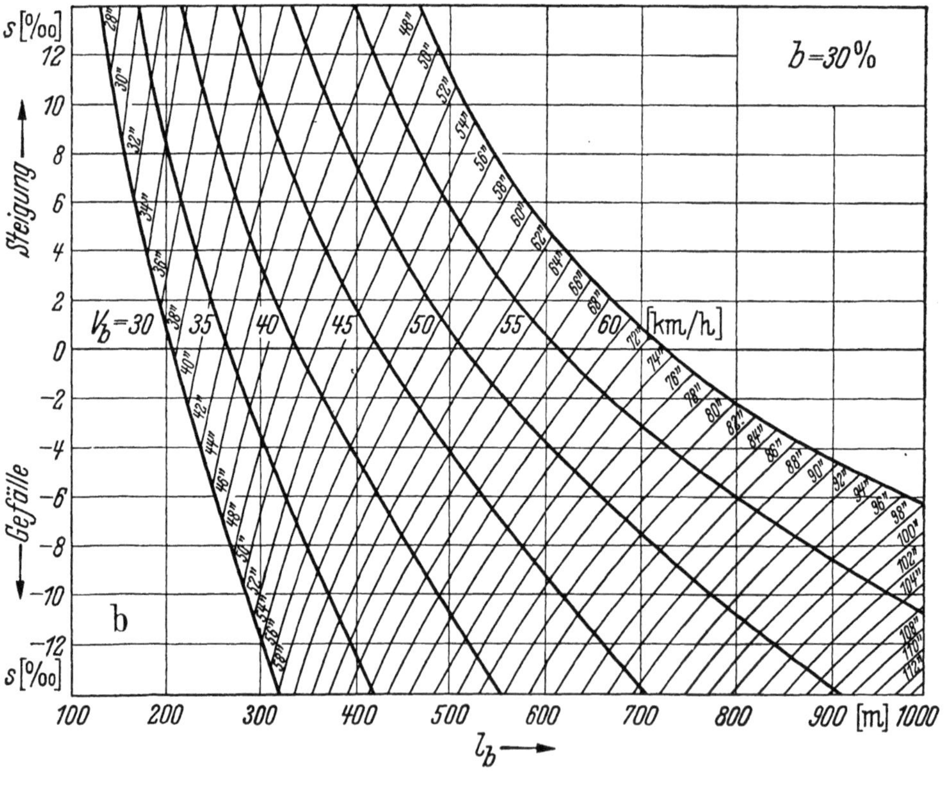

Bremsnetztafeln für Schnell- und Güterzüge.

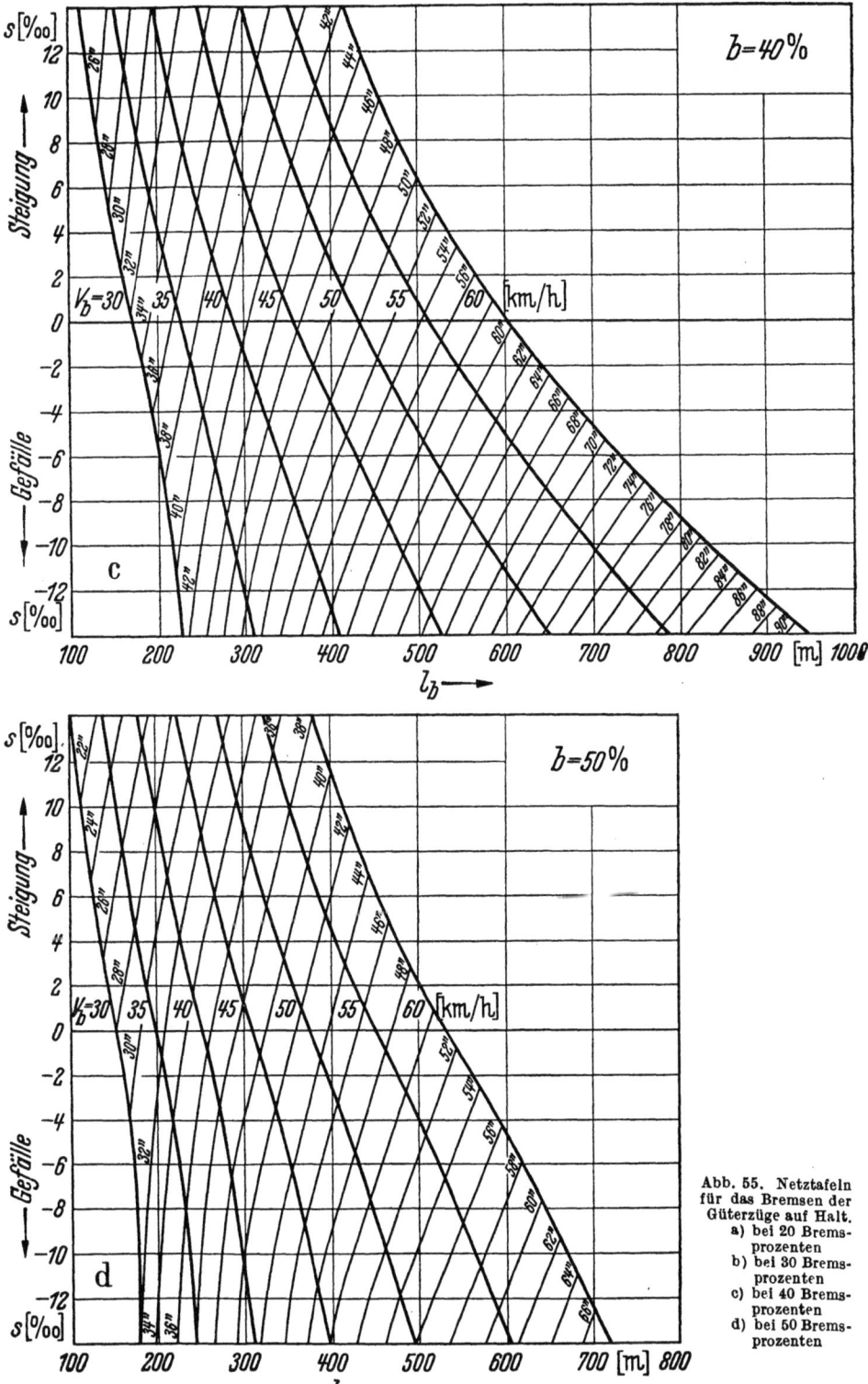

Abb. 55. Netztafeln für das Bremsen der Güterzüge auf Halt.
a) bei 20 Bremsprozenten
b) bei 30 Bremsprozenten
c) bei 40 Bremsprozenten
d) bei 50 Bremsprozenten

Diese Bremswege setzt man dann in Abb. 55 seitlich von den Senkrechten aus auf den Waagerechten für die einzelnen Steigungen und Gefälle ab und schreibt an die Enden die gesamten Bremszeiten. Die Bremswege für die gleichen Abbrems geschwindigkeiten verbindet man zu den **Isotachen**. Sodann interpoliert man auf den Isotachen wieder die Gesamtbremszeit von 2 zu 2 [sec] und verbindet die Teilpunkte gleicher Bremszeit zu den **Isochronen**, um die **Netztafeln** für die angegebenen Bremshundertstel zu erhalten.

Aus der Schar der Bremsfahrkraftlinie nach Abb. 53a kann auch in einfacher Weise der jeweilige **Ruck**, der der Fahrrichtung entgegengerichtet ist, ermittelt werden. Es ist dieser Ruck durch das Bremsen $r = \dfrac{db}{dt}$ [m/s³]. Mit $b = p : m$ [m/sec²], wo p die Bremsfahrkraft in kg/t und $m = 1000 \cdot 1{,}07 : g = 109 \left[\dfrac{\text{kg} \cdot \text{sec}^2}{m}\right]$ die Masse einer Tonne Zuggewicht ist, ist $r = \dfrac{dp}{109 \cdot dt}$. Für den Zeitschritt Δt ist dann $\Delta p = p_n - p_{n-1}$ der Höhenunterschied von zwei aufeinanderfolgenden Zeitdreiecken, der abzugreifen und zahlenmäßig auszudrücken ist. Dann ist der mit den Zeitschritten Δt [sec] veränderliche Ruck $r = \dfrac{\Delta p}{109 \cdot \Delta t}$ [m/sec³]. Dieser Betrag bleibt aber bei Güterzugbremsen stets in tragbaren Grenzen. Der Ruck kann auch für den Druckanstieg in den Bremszylindern der Schnellzugsbremsen beim Ziehen der Notbremse für entsprechend kleinere Zeitschritte in derselben Weise ermittelt werden.

3. Diagramme für die Bremszeitzuschläge der Güterzüge.

Auch die Bremszeitzuschläge $\Delta t_b = t_b - l_b \cdot 3{,}6 : V_b$ [sec] der Güterzüge wurden für die einzelnen Bremshundertstel und Bahnneigungen ermittelt. Hierbei zeigt sich, daß innerhalb des Bereichs von 5 [‰] Steigung bis 5 [‰] Gefälle der Einfluß der Bahnneigung auf die Bremszeitzuschläge vernachlässigt werden kann. Da nun bei den auf dem Bahnhof haltenden Güterzügen in der Regel der größte Teil des Bremsweges auf der flachen Bahnhofsneigung liegt, dürfte ±5 [‰] als mittlere Neigung der Bremswege von Bahnhöfen für Bahnen mit Höchstneigungen bis zu 15 [‰] meist zutreffend sein. Daher wurde in Abb. 56 für die Bremsprozente $b = 50, 40, 30$ und $20\,[\%]$ nur je eine Kurve für die Bremszeitzuschläge gezeichnet.

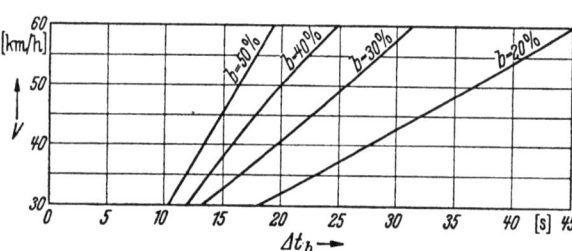

Abb. 56. Bremszeitzuschläge beim Bremsen der Güterzüge auf Halt (Hik-g-Bremse).

4. Die Bremswege für Geschwindigkeiten zwischen V_b und $V = 0$.

Bei der induktiven Zugbeeinflussung bestätigt der Fahrzeugführer durch die sog. Wachsamkeitsprobe die Beachtung der Vorsignalstellung. Wird aber die Abbremsung des Zuges unterlassen, so kann sich der Zug trotzdem mit hoher Geschwindigkeit dem Hauptsignal nähern. Das würde den Zug gefährden, wenn er nach Vorbeifahrt am Ankündigungssignal an einem für den Fahrweg nicht geltendes „Fahrt frei" zeigendes Signal mit Höchstgeschwindigkeit vorbeifahren oder schon bei bereits verminderter Geschwindigkeit diese wieder steigern würde. Es ist daher notwendig, auf die Ermäßigung der Geschwindigkeit hinzuwirken. Nach einer bestimmten Zeit, die nach den Bremskräften der verschiedenen Zuggattungen länger oder kürzer bemessen ist, muß die Höhe der Geschwindigkeit überprüft werden. Die Lage der Punkte, wo dann diese Geschwindigkeit geprüft wird, hängt ebenfalls von den Bremskräften des Zuges ab. Der Punkt muß aber so liegen, daß der Zug an dieser Stelle eine Geschwindigkeit hat, von der aus er am auf Halt stehenden Hauptsignal zum Halten kommt. Auf Grund dieser Überlegungen ist die Lage des Einwirkungspunktes (Gleismagnet) für Schnellzüge zu bestimmen. Hierfür bietet die Bremsnetztafel (Abb. 46c) ein ausgezeichnetes Mittel, da man aus ihr für jede Geschwindigkeit zwischen V_b und $V=0$ und für jede Neigung sowohl Bremsweg als auch Bremszeit ablesen kann. Bei Güterzügen kann man sie an Hand der mit den Zeitdreiecken durch Auswertung der p_x-V-Scharen aufgestellten Netztafeln durch Interpolieren finden.

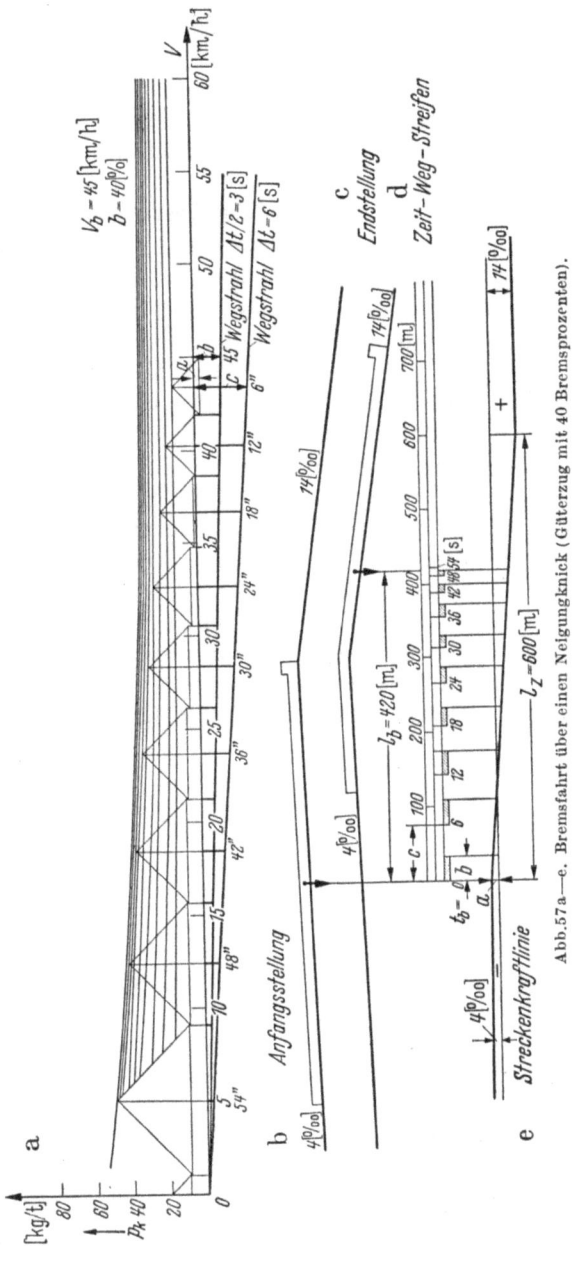

Abb. 57a—e. Bremsfahrt über einen Neigungknick (Güterzug mit 40 Bremsprozenten).

Die Bremsnetztafeln der Güterzüge für Langsamfahrstellen werden in derselben Weise wie die für die Schnellzüge entworfen. Nur ist hier die Umstellzeit zwischen Bremsen und Lösen länger, z. B. etwa 5 [sec], und die Brems- und Lösekräfte sind kleiner als beim Schnellzug.

In der Praxis werden aber meist die Signale vor Langsamfahrstellen nach den Bremswegen der Schnellzüge ausgestellt. Sind jedoch die Bremswege der Güterzüge länger, so kann man die Bremswege der Güterzüge vor Langsamfahrstellen nach dem beschriebenen Verfahren aufzeichnen.

5. Bremsfahrt über einen Neigungsknick.

Während in den vorhergehenden Ausführungen die Bremsfahrt auf einer gleichbleibenden Bahnneigung erfolgte, wird nach Abb. 57 a—e mit dem Bremsen begonnen, wenn die Spitze des Zuges den Neigungsknick erreicht hat (Anfangsstellung). Bei dieser Bremsfahrt ändern sich die Bremskräfte nicht nur mit der Geschwindigkeit und der Zeit, in der der Bremszylinderdruck ansteigt, sondern auch mit dem Wege, also mit allen drei Größen, aus denen sich die Zugbewegung zusammensetzt. Bei der Lösung dieser Aufgaben werden gleichzeitig das vorbeschriebene Verfahren für die Bremsfahrt der Güterzüge (Bremskraftlinienschar) und das in dem Abschnitt „Übergang eines Zuges über einen Neigungsknick" (Streckenkraftlinien) beschriebene, angewandt.

Der Einfluß der veränderlichen Streckenkräfte ist gering. Der Zug kommt bei $V_b = 45$ [km/h] und $b = 40$ [%] nach 420 [m] Bremsweg, der für den Zugschluß konstruiert wird, zum Halten (Endstellung). Die Bremszeit des 600 [m] langen Güterzuges ist 54 [sec]. Hierbei hat die Zugmitte (Zugschwerpunkt) den Neigungsknick bereits überschritten. (In der Abb. 57 a fallen die kleinen Senkrechten zwischen der V-Achse und dem Wegstrahl für $\Delta t/2 = 3$ [sec] fort.)

Dritter Abschnitt.

Die Kostenermittlungen.
I. Die Zugförderkosten.
A. Einführung in die Kostenermittlung.
1. Die Grundgedanken der Kostenermittlung für Verkehrsbetriebe.

Die Kostenermittlung eines Verkehrsunternehmens baut sich auf die drei Dinge auf, die zu seinem Betrieb vorhanden sein müssen: Kapital, Material und Personal. Als Material kommen bei einem Verkehrsunternehmen die Triebfahrzeuge, die Wagen und die Bahnanlagen, die mit dem Boden verbunden sind, in Frage, ferner die Betriebsstoffe: Wasser, Kohlen und die anderen Brennstoffe (Rohöl) bzw. der elektrische Strom zur Schaffung der Bewegungsenergie und die sonstigen Betriebsstoffe (z. B. Schmieröle). Während die Betriebsstoffe bei den Zugbewegungen verbraucht werden, sind das rollende Material und die Bahnanlagen dauernd betriebsfähig zu halten. Ihre Beschaffung erfordert die Aufnahme von Kapital, das zu verzinsen und zu tilgen ist. Für den Betrieb werden ferner noch Lok- und Zugbegleitpersonal benötigt. Die Gehälter und Löhne sowie die Kosten für die Energie und die Betriebsstoffe werden aus der laufenden Einnahme gedeckt. Eine Verzinsung kommt daher nicht in Frage, wohl aber Verwaltungskosten. Ferner sind Aufwendungen zu machen für Bedienung, Betriebspflege, Unterhaltung und Erneuerung der technischen Anlagen. Damit der Betrieb ohne erneute Aufnahme von Kapital weitergeführt werden kann, ist für die Erneuerung der Bahnanlagen und die Wiederbeschaffung der Triebfahrzeuge und der Wagen aus den Verkehrseinnahmen jährlich soviel Geld zurückzulegen, daß unter Berücksichtigung der Zinseszinsen während der rechnungsmäßigen Nutzungsdauer der Fahrzeuge und Anlagen das erforderliche Kapital zu ihrer Wiederbeschaffung angesammelt wird. Die rechnungsmäßige Nutzungsdauer wird am zuverlässigsten nach den physikalischen Gesetzen des Verschleißes ermittelt. Ist dies nicht angängig, dann ist sie statistisch zu bestimmen.

Nun wird der technische Aufwand einer Zugfahrt durch die sog. Verbrauchswerte, das sind Fahrweg, Fahrzeit, Betriebsstoffverbrauch sowie Zugkrafts- und Widerstandsarbeiten, erfaßt. Bildet man nach den obigen Grundgedanken Kostensätze für die Einheit der Verbrauchswerte und multipliziert letztere mit dem zu den Verbrauchswerten gehörigen technischen Aufwand, zu dem auch noch die Verzinsung des Kapitals für die Beschaffung der Fahrzeuge und für die Herstellung der Fahrbahnen hinzukommen, so erhält man die Selbstkosten einer Zugfahrt.

Wie diese Art des Veranschlagens einer Zugfahrt sich mit der Zeit entwickelt hat, wie die Bundesbahn zu diesem Zwecke in einer Dienstvorschrift Kostengleichungen aufgestellt und wie der Verfasser zur schnellen Auswertung der Kostengleichungen ein Verfahren zur Veranschlagung nicht nur der Zugförderkosten sondern auch der gesamten Betriebskosten ganzer Bahnnetze entwickelt hat, das soll im folgenden Abschnitt näher ausgeführt werden.

2. Die bisherige Entwicklung der Veranschlagungsverfahren einer Güterzugfahrt.

Die Entwicklung der Vorkalkulationsverfahren einer Güterzugfahrt aus ihren Verbrauchswerten begann mit dem Aufsatz des Verfassers: Der Personal- und Stoffverbrauch der Zugfahrt als Vergleichsmaßstab für die betriebliche Bewertung der Eisenbahnlinien[1]. Hier wurden für zwei Güterzugfahrten von Hanau (Main) nach Eberbach (Neckar) einmal auf dem kürzeren aber steileren Weg über den Odenwald (Heubach—Wiebelsbach) und zum anderen Mal auf dem flacheren Weg durch das Main-, Rhein- und Neckartal über Frankfurt, Heidelberg durch Auswertung der vorher berechneten Fahrzeiten und des Kohlenverbrauchs die Kosten des Zugbegleit- und Lokpersonals, sowie der Betriebsstoffe (Kohle, Wasser, Öl) ermittelt und miteinander verglichen. Das rollende Material (Lok und Wagen) wurde für diesen Vergleich durch eine sog. Gütezahl des Fahrzeugumlaufs dadurch berücksichtigt, daß für jede Bahnlinie die Achszahl durch die Beförderungszeit und sodann der größere Quotient durch den kleineren geteilt wurde. Die Ermittlung der durch die Zugfahrt entstehenden Kosten der Lokomotiven und Wagen war jedoch nicht möglich, da es einerseits für die Erfassung der Unterhaltungskosten an Beobachtungswerten fehlte, andererseits die Zins- und Erneuerungskosten in der damaligen Inflation nicht angegeben werden konnten.

Diese Ergänzung brachte nach der Stabilisierung der Mark die „Dienstvorschrift der Deutschen Reichsbahngesellschaft für die Berechnung der Kosten einer Zugfahrt (Zuko)", bekanntgegeben durch Verfügung der Hauptverwaltung der Reichsbahngesellschaft vom 14. 8. 1926. In dieser Dienstvorschrift, die 1949 und 1951 neu bearbeitet worden ist, sind die Kosten einer Zugfahrt mit Dampf-, elektrischen Triebfahrzeugen und Motorschienenfahrzeugen durch 25 bis 28 Kostenformeln erfaßt. Aufgebaut sind diese Kostenformeln in der Weise, wie es bereits im vorgenannten Aufsatz des Verfassers für den Personal- und Stoffverbrauch geschehen ist. Jede Kostenformel ist nämlich das Produkt eines Verbrauchswertes mit einem Kostensatz für die Einheit des Verbrauchswertes, die wie eingangs gesagt, der Fahrweg, die Fahrzeit, der Betriebsstoffverbrauch, sowie die Zugkrafts- und die Widerstandsarbeiten sind. Die Ermittlung der Verbrauchswerte erfolgt für die besonderen Verhältnisse der betrachteten Strecke unter Berücksichtigung der Dienstpläne des Lok- und Zugbegleitpersonals sowie der Verkehrsbelastung der Strecke. Die Summe der durch diese Kostenformeln festgelegten Kostenanteile ergibt dann die Selbstkosten der Zugfahrt. Die vorgenannten Kostensätze je Einheit des Verbrauchswertes erhält man zum Teil aus der „Betriebskostenrechnung der Reichsbahn" (Beko). Es werden jedoch hierbei die auf mittleren Verhältnissen beruhenden Kostensätze der Beko durch solche ersetzt, die auf bestimmte Verhältnisse zugeschnitten sind.

---

[1] Verkehrstechnische Woche 1922, Heft 26—28, S. 273.

Außer der Veranschlagung der Zugförderkosten für einen Einzelfall nach der Zuko werden auf Grund der „Betriebskostenrechnung" (Beko) und des „Wirtschaftsergebnisses des Fernverkehrs" (WiErg) eines Geschäftsjahres die Zugförderkosten für einen großen Bezirk als Durchschnittswerte mit Hilfe der Statistik von der Bundesbahn ermittelt. In dem „Wirtschaftsergebnis" sind für einen statistischen Durchschnittszug dessen durchschnittliche Zugförderkosten aus den Einheitssätzen je Leistungseinheit (z. B. Leistungstonnenkilometer, Zugkilometer usw.) zusammengefaßt.

Trotz des großen Vorzugs der organischen und wirklichkeitsgetreuen Erfassung der Kosten nach der Zuko wurde von dieser Dienstvorschrift wenig Gebrauch gemacht, obschon vom betriebswirtschaftlichen Standpunkt ein Bedürfnis vorlag. Der Grund lag nicht allein in der großen Anzahl der Kostenformeln, sondern vor allem in den fünf verschiedenen Verbrauchswerten, die einer Zusammenfassung der vielen Kostenformeln hindernd im Wege stehen. Eine wesentliche Zusammenfassung der vielen Kostenformeln wurde erst dadurch erreicht, daß der Verfasser in seinem Aufsatz „Die Kosten einer Zugfahrt mit Dampflokomotiven durch Auswertung der zeichnerischen Fahrzeitermittlung", Org. Fortschr. Eisenbahnwes., 1943, Heft 7 und 8, den Nachweis erbrachte, daß ohne Einbuße der Zuverlässigkeit die Kostengleichungen der Zuko so vereinfacht werden konnten, daß statt der fünf Verbrauchswerte nur zwei und zwar die Fahrzeit und der Fahrweg und daher als Kostensätze lediglich die Minuten- und die Kilometerkosten in Rechnung gesetzt zu werden brauchten. Die Minuten- und Kilometerkosten, die durch die Lokomotive entstehen, wurden für die einzelnen Lokomotivgattungen ermittelt und die Fahrbahnkosten, die ausschließlich Kilometerkosten sind, wurden hier bereits in Abhängigkeit von der Verkehrsstärke zu einem Diagramm zusammengefaßt. Der Vorteil der Aufteilung der Zugförderkosten nach Minuten- und Kilometerkosten war ein doppelter:

Erstens wurde hierdurch eine starke Zusammenfassung der Kostenformeln der Zuko ermöglicht, zweitens brauchte man für die Veranschlagung der Zugförderkosten jetzt nur noch die zeichnerischen Fahrzeitermittlungen, wie sie für die Züge der einzelnen Strecken bereits durchgeführt waren und bei den Eisenbahndirektionen aufbewahrt wurden, mit den Minuten- und Kilometerkosten auszuwerten.

Ein wesentlich anderes Gesicht bekam die Vorkalkulation der Zugförderkosten durch ein Verfahren des Verfassers zur Berechnung der wirtschaftlichsten maßgebenden Steigung einer Neubaulinie[1] (s. S. 211). Da bei demselben Höhenunterschied des Anfangs- und Endpunktes einer Bahnlinie gleichbleibenden Widerstandes sich mit der maßgebenden Steigung die Länge der Bahnlinie und damit auch der Fahrweg verändert, und für die wirtschaftlichste maßgebende Steigung die Selbstkosten zur Beförderung von einer Tonne Zuglast ein Minimum werden müssen, so dürfen für die Lösung dieser Aufgabe die Zugförderkosten nur als eine Veränderliche des Fahrweges erscheinen. Es sind daher die von der Zugfahrt abhängigen vorgenannten Minutenkosten in Kilometerkosten zu verwandeln. Dies geschieht dadurch, daß man die Minutenkosten, die bei gleichbleibender Lokbeanspruchung konstant sind, durch die Geschwindigkeit teilt.

---

[1] Organ für die Fortschritte des Eisenbahnwesens 1944, Heft 11/12, S. 137.

Nun ist aber bei einer Linie gleichbleibenden Widerstandes für die konstante Kesselbeanspruchung auch die Zugkraft konstant, und, wenn letztere gleich dem auf der ganzen Bahnlinie gleichbleibenden Widerstand ist, so rollt der ohne Halt durchfahrende Zug mit gleichbleibender Geschwindigkeit. Es kommt also auf einer Rampe gleichbleibenden Widerstandes für einen mit konstanter Lokbeanspruchung durchfahrenden ausgelasteten Güterzug bei der Verwandlung der Minutenkosten in Kilometerkosten nur eine Geschwindigkeit in Frage. Entsprechend wird bei abgestellter Triebkraft auf starkem Gefälle nur mit der durch die Bremstafeln vorgeschriebenen Geschwindigkeit gefahren, und auf Strecken mit geringen Neigungen wird die Betriebsstoffzufuhr so gedrosselt, daß der Zug mit der Höchstgeschwindigkeit fährt.

Lok- und Fahrwegkostenmaßstäbe wurden vom Verfasser zuerst für eine schnelle Berechnung der wirtschaftlichsten maßgebenden Steigung aufgestellt, aus denen man die auf den Kilometer bezogenen Kosten ablesen kann. Multipliziert man diese z. B. mit der Länge der Rampe der Neubaulinie bzw. die Ablesungen im Fahrwegkostenmaßstab noch mit dem Zuggewicht, so erhält man die der Lok bzw. dem Fahrweg anzulastenden Kosten für diese Fahrt.

Wenn aber ein Güterzug eine Linie befährt, die keinen gleichbleibenden Widerstand hat und wenn der Zug nicht durchfährt, sondern auf Bahnhöfen hält und wieder anfährt, dann ändern sich seine Geschwindigkeiten und infolgedessen auch die von der Geschwindigkeit abhängigen Kosten. Für die schnelle Ermittlung der Kosten einer Zugfahrt wurden auch hier wieder Lok- und Fahrwegkostenmaßstäbe entworfen. Der Fahrwegkostenmaßstab ist der gleiche wie der für Linien gleichbleibenden Widerstandes. Die Lokkostenmaßstäbe für die verschiedenen Lokgattungen sind hier jedoch etwas anders. Bei Zugfahrten mit wechselnden Geschwindigkeiten sind auch hier wieder durch die Lok- und Fahrwegkostenmaßstäbe die Kosten der Zugförderung örtlich zu orientieren. Dies ist nicht nur für den Vergleich der Kostenermittlungen von Zügen mit anderer Bespannung und anderen Lasten, sondern auch für den Vergleich mit den Tarifen [Pf/tkm] vorteilhaft. (Bei letzteren Pf/Nettotonnenkilometer, bei ersteren Pf/Bruttotonnenkilometer.)

Bei den veränderlichen Geschwindigkeiten einer Zugfahrt werden in den Lokkostenmaßstäben die Kilometerkosten für die mittleren Geschwindigkeiten abgelesen, mit denen die Streckenabschnitte bei voller oder gedrosselter oder abgestellter Kraftstoffzufuhr befahren werden. Die mittleren Geschwindigkeiten erhält man aus den Zuglauftabellen (s. S. 125), in denen die bei den Eisenbahndirektionen bereits vorliegenden zeichnerischen Fahrzeitermittlungen, also die Fahrwege und die Fahrzeiten nach Streckenabschnitten mit voller, gedrosselter und abgestellter Kraftstoffzufuhr unterteilt sind. Multipliziert man die entsprechenden Kilometerkosten mit der Länge der zugehörigen Streckenabschnitte, so erhält man wieder die der Lok anzulastenden Zugförderkosten. Wie bei dem Lokkostenmaßstab für konstante Geschwindigkeiten der Linien gleichbleibenden Widerstandes verwandelt man auch bei den Lokkostenmaßstäben für veränderliche Geschwindigkeiten die Minutenkosten der Zuko durch Teilung mit der Geschwindigkeit in Wegkosten. In diesen beiden Kostenmaßstäben ist die überwiegende Anzahl der Kostenanteile, aus denen sich die Zugförderkosten zusammensetzen, als Kilometerkosten abzulesen. Nur die von dem

Stillstand abhängigen Lokkostenanteile werden als Einzelkosten durch Multiplikation der Kostensätze mit den Stillstandszeiten berechnet.

Nicht in den Lokkostenmaßstab einbezogen sind die Wagenkosten. Das hat seinen Grund darin, daß die Kostensätze, das sind die Minutenkosten für die Unterhaltung, Erneuerung und Verzinsung der Wagen, bei jeder Wagengattung verschieden sind und die Zusammensetzung der Züge stark wechselt. Andererseits sind aber in den Kostengleichungen für die Wagen die Kostensätze für Stillstand und Bewegung die gleichen. Infolgedessen wird bei der Ermittlung der gesamten Selbstkosten des Eisenbahnbetriebes (s. S. 205) vorgeschlagen, die Güterwagenkosten nicht je besonders für Zugförderung, Zugbildung und Abfertigung, sondern für die gesamte Wagenumlaufzeit zu erfassen. Wenn man aber die Wagenkosten für eine Zugfahrt als Einzelkosten für die Fahrt- und Stillstandszeiten berechnet, so erhält man die auf den Kilometer bezogenen Wagenkosten des Zuges nach Division durch den zurückgelegten Weg. In derselben Weise kann man auch alle von den Stillstandszeiten abhängigen Kosten auf den Kilometer umlegen. So ist z. B. zu verfahren für den Entwurf der Pfennigkarte (s. S. 205) und die Ermittlung der Kosten für die Beförderungseinheit, durch die die einzelnen Bahnstrecken nach ihren Zugförderkosten gekennzeichnet werden.

3. Übersicht über die Dienstvorschrift für die Berechnung der Kosten einer Zugfahrt.

Nach dieser Dienstvorschrift Teil A (Zuko A) ,,Durchführung der Rechnung, II. Abschnitt, Berechnung der Kosten" sollen die Kosten der Zugförderung veranschlagt werden.

Im Abschnitt II dieser Dienstvorschrift sind die Kostenformeln enthalten, die sich aus den Verbrauchswerten für eine Zugfahrt als festen technisch physikalischen Werten, und aus dem entsprechenden geldlichen Aufwand für die Einheit der einzelnen Verbrauchswerte, das sind die Kostensätze zusammensetzen. Letztere schwanken mit der Wirtschaftslage.

Da eine Zugfahrt durch das Zusammenwirken von Triebfahrzeugen, Wagen, Lok- und Zugbegleitpersonal und der Fahrweganlagen vor sich geht, so sind in der Zuko die Kostenformeln unterteilt in diejenigen für

I. Triebfahrzeuge,

II. Wagen,

III. Lok- und Zugbegleitpersonal,

IV. Fahrweg.

Die Kosten für die Triebfahrzeuge sind in 13 Zukoformeln für Dampfloks und 12 Zukoformeln für elektrische Triebfahrzeuge zusammengefaßt, die in gleicher Weise unterteilt sind, nur fallen bei den Elloks die Kosten für das Lokspeisewasser (Zukof. 6) fort. Für Wagen gibt die Zuko drei Formeln: Zukof. 14 a, b und 15, für Lok- und Zugbegleitpersonal vier Formeln: Zukof. 16—19 und für den Fahrweg acht Formeln: Zukof. 20—25 an, wo Zukof. 23 und 24 in a und b unterteilt sind. Die Titel der einzelnen Zukoformeln und die Zeichenerklärung sind aus Tabelle 6 zu ersehen. Zu den Zukoformeln 1—7 und 16—19 kommt noch ein

Kostenzuschlag für den Verwaltungsdienst und zu den Kostenformeln 21—24b noch ein Zuschlag für Gemeinkosten. In den berechneten Beispielen wurden die Zuschläge für den Verwaltungsdienst der Beko (Ausgabe 1948 Anlage 21) bzw. dem „Wirschaftsergebnis des Fernverkehrs 1948" als Faktor 1,16 entnommen. Als Zuschlag für die Gemeinkosten diente in dem berechneten Beispiel der Faktor 1,43 aus der Beko 1948 (Anlage 28, Tafel II, Bautitel VII, 1 und VIIa). Die Gemeinkosten umfassen einen Teil der persönlichen Ausgaben für die Bediensteten im Bahnunterhaltungsdienst sowie die zugehörigen sächlichen Aufwendungen.

In der Zuko A sind tabellarisch für die verschiedenen Triebfahrzeuge sogenannte Festwerte (S. 180 u. 193) angegeben. Zu Festwerten sind die Ergebnisse der Werkstattstatistik (Fertigungsstunden) oder der Statistik der Betriebswirtschaft, der Stoffwirtschaft oder der statistisch ermittelten Nutzungsdauer der Fahrzeuge, der Liegedauer des Oberbaues usw. zusammengefaßt. Auch für die Wagen und die Fahrbahn sind Beiwerte in besonderen Tabellen der Zuko A angegeben.

Nach der Zuko A gibt es zwölf solcher Festwerte, die nach S. 180 u. 193 mit $f_1 - f_{12}$ für die verschiedenen Dampf- und Elloks sowie die Güterwagen und die Fahrbahn unter Angabe der zugehörigen Zukogleichungen bezeichnet sind. Im einzelnen wird auf den Abschnitt II der vorgenannten Dienstvorschrift verwiesen.

Bei den Kosten der Zugförderung werden nach der Zuko unterschieden:

1. die Selbstkosten,
2. die vollen Kosten,
3. die veränderlichen Kosten.

Zu 1. Um die Selbstkosten der Zugförderung zu erhalten, werden sämtliche Zukoformeln in die Rechnung eingeführt. Die Selbstkosten kommen in Frage beim Vergleich von Neubaulinien, von verschiedenen Betriebsarten, von Schienen- und anderen Verkehrsmitteln sowie bei gewissen Untersuchungen über Tariffragen.

Zu 2. Läßt man die Zinskosten des Triebfahrzeuges (Zukof. 13), der Wagen (Zukof. 15) und des Fahrwegs (Zukof. 25) fort, so erhält man die vollen Kosten. Mit diesen ist zu rechnen, wenn z. B. die Wirtschaftlichkeit verschiedener Leitungswege auf bestehenden Strecken zu vergleichen ist.

Zu 3. Läßt man für den Verwaltungsdienst den Kostenzuschlag zu den Zukoformeln 1 bis 7 sowie 16 bis 19 und den Zuschlag für die Gemeinkosten zu Zukof. 21 bis 24b sowie endlich die Zukoformeln 11, 12, 13, 14b, 15, 20, 22, 23b, 24b und 25 fort, so erhält man die veränderlichen Kosten. Diese werden berechnet, wenn z. B. die reinen Mehrkosten von Zusatzverkehren, Langsamfahrstellen, außerplanmäßigen Zughalten und Bedienen der Anschlußstellen oder die Ersparnisse durch Verkehrsausfälle zu ermitteln sind.

Um das Studium des im Abschnitt B beschriebenen Verfahrens des Verfassers zu erleichtern, werden in Tabelle 6 die Titel der Zukoformeln nebst deren Bezifferung aufgeführt und die in den Zukogleichungen vorkommenden Zeichen erklärt. Die Zukogleichungen selbst siehe Abschnitt B S. 125.

Tabelle 6. *Die Bezifferung und die Titel der Zukoformeln nebst deren Zeichenerklärung.*
(Zuko Teil A, Abschnitt II, gültig vom 1. 10. 49.)

Die in den Zukoformeln 8 D bis 13 D und 8 E bis 13 E angegebenen Festwerte sind mit f_1 bis f_7 bezeichnet. Ihre Zahlenwerte sind in Tabelle 9 bzw. 16 enthalten.

Zukoformel Nr.	a) Dampfloks

Personalkosten der Betriebspflege der Dampflok.

1 D	k_{bpf} = Durchschnittliche Kosten des Tagewerks eines Betriebsarbeiters einschließlich Sozialausgaben in DM T_{wbm} = Betriebsarbeitertagewerksköpfe für eine Lok in Betrieb ohne Kohlenlader, Festwerte Anl. 15 der Zuko A, Teil II l_f = Zahl der Zugfahrten der verwendeten Triebfahrzeuggattung im Tagesdurchschnitt zwischen zwei Lokbehandlungen (Betriebspflege), Lokumlaufpläne B_g = Gesamtbrennstoffverbrauch für die Zugfahrt in kg

Brennstoffverbrauchskosten für die Fahrt der Dampflok.

2 D	B = Brennstoffverbrauch in kg für die Fahrt mit Kraftverbrauch B_o = Brennstoffverbrauch in kg für die Fahrt ohne Kraftverbrauch k_b = Kosten für 1 kg Brennstoff ab Zeche (Erzeuger) einschließlich Dienstgutfracht

Brennstoffverbrauchskosten für Rangier- und Nebenleistungen der Dampflok.

3 D	b_n = Brennstoffverbrauch für Nebenleistungen in $[kg/m^2 \cdot min]$ b_{an} = Brennstoffverbrauch für Anbeizen in $[kg/m^2]$ R = Rostfläche der Dampflok in m^2 T_n = Zeit in min für Ruhe im Feuer für Bereitschaft für Fahrt zum und vom Zug für Rangierdienst

Brennstoffverbrauchskosten für die Stillstände der Dampflok innerhalb der Zugfahrt.

4 D	T_a = Stillstandszeit in min innerhalb der Zugfahrt b_a = Brennstoffverbrauch der Lok bei Stillstand innerhalb der Zugfahrt in $[kg/m^2 \cdot min]$

Brennstoffverbrauchskosten für das Heizen eines Reisezuges durch die Dampflok.

5 D	b_h = Brennstoffverbrauch in kg je Heizstunde T_h = Heizzeit in min (Gesamtfahrzeit und Stillstandzeit vor und während der Zugfahrt) $B_h = \dfrac{b_h \cdot T_h}{60} \cdot k_b$ = Brennstoffverbrauch in kg für das Heizen der Reisezüge (s. S. 73)

Kosten für das Lokomotivspeisewasser.

6 D	k_w = Kosten für 1 kg Wasser zuzüglich Enthärtungskosten in DM

Sonstige Betriebsstoffkosten der Dampflok.

7 D	k_{bs} = Sonstige Betriebsstoffkosten in Pf je Dampflokeinheitskilometer ϑ = Dampflokleistungsziffer L = Streckenlänge in km

Unterhaltungskosten des Dampflokkessels.

8 D	T = Gesamtfahrzeit in min T_o = Fahrzeit in min ohne Kraftverbrauch

Tabelle 6 (Fortsetzung).

Zukoformel Nr.	a) Dampfloks
	Unterhaltungskosten des Dampflokfahrgestells und des Tenders.
9 D	η_i = Mechanischer Wirkungsgrad der Dampflok A_l = Indizierte Arbeit in kmt der Dampflok A_p = Indizierte Leerlaufarbeit in kmt der Dampflok
	Unterhaltungskosten der Dampflok, die von der Zeit abhängig sind.
10 D	T_v = Vorbereitungs- und Abschlußzeiten der Lok in min D_{stl} = Jährliche Dienststunden einer Dampflok der verwendeten Gattung einschließlich technischer und betrieblicher Vorbereitungs- und Abschlußzeiten
11 D	Feste Zuschlagkosten (Werk- und Lagerkosten) für die Unterhaltung der Dampflok.
12 D	Erneuerungskosten der Dampflok.
	Zinskosten der Dampflok.
13 D	z_l = Zinszahl in Prozent

Zukoformel Nr.	b) Elloks
	Personalkosten der Betriebspflege des elektrischen Triebfahrzeugs.
1 E	k_{bpf} = Kosten eines Betriebsarbeitertagewerks einschließlich Sozialausgaben in DM T_{wbm} = Betriebsarbeitertagewerksköpfe für ein Triebfahrzeug in Betrieb, Festwerte Anl. 15 der Zuko A, Teil II l_f = Zahl der Zugfahrten der verwendeten Triebfahrzeuggattung im Tagesdurchschnitt zwischen zwei Lokbehandlungen (Betriebspflege), Lokumlaufpläne
	Kosten des Verbrauchs an elektrischer Arbeit für die Fahrt des elektrischen Triebfahrzeugs.
2 E	α = Arbeitsverlustfaktor für die Stromverteilung zwischen Kraftwerk und Fahrdraht, Festwerte Anl. 15 der Zuko A, Teil II B = Arbeitsverbrauch des elektrischen Triebfahrzeuges in kWh für die Fahrzeit mit Kraftverbrauch B_o = Arbeitsverbrauch des elektrischen Triebfahrzeuges in kWh für die Fahrzeit ohne Kraftverbrauch k_b = Arbeitskosten ab Kraftwerk-Hochspannungsklemmen in DM/kWh
	Kosten des Verbrauchs an elektrischer Arbeit bei Ruhe unter Spannung bzw. bei Nebenleistungen des elektrischen Triebfahrzeugs.
3 E	E_l = Wirkverluste des unbelasteten Triebfahrzeug-Transformators in kWh/h T_n' = Zeit für Ruhe unter Spannung in min G_l = Gewicht des elektrischen Triebfahrzeuges in t L_n = Fahrweg für Nebenleistungen in km E_v = Arbeitsverbrauch des elektrischen Triebfahrzeugs bei Fahrt zum und vom Zug in Wh/tkm

Die Zugförderkosten.

Tabelle 6 (Fortsetzung).

Zukoformel Nr.	b) Elloks

Kosten des Verbrauchs an elektrischer Arbeit für die Stillstände des elektrischen Triebfahrzeugs innerhalb der Zugfahrt.

4 E	E_H = Arbeitsverbrauch der Hilfsantriebe des elektrischen Triebfahrzeugs in kWh/h

Kosten für elektr. Heizen eines Reisezuges.

5 E	b'_h = Arbeitsverbrauch des elektrischen Triebfahrzeugs in kWh je Heizstunde T_h = Heizzeit in min $B_h = b'_h \cdot T_h$: s. Kostenformel 5 E
7 E	Sonstige Betriebsstoffkosten der Ellok.
8 E	Unterhaltungskosten des elektrischen Teils der Ellok.
9 E	Unterhaltungskosten des mechanischen Teils der Ellok.
10 E	Von der Zeit abhängige Unterhaltungskosten der Ellok.
11 E	Feste Zuschlagkosten (Werk- und Lagerkosten) für die Unterhaltung der Ellok.
12 E	Erneuerungskosten der Ellok.
13 E	Zinskosten der Ellok.

Zukoformel Nr.	c) Wagen

Kosten der Unterhaltung, Erneuerung und Zinsen der Wagen.

14a b und 15	z_w = Zinszahl in % a = Wagenzahl der bei der Zugfahrt verwendeten Gattung D_{stw} = Jahreswagendienststunden für Zugförderung (Jahresreisestunden)

Zukoformel Nr.	d) Personal

Kosten des Triebfahrzeugpersonals.

16	n_l = Zahl der Lokfahrer E_{lp} = Durchschnittliches Jahreseinkommen eines Lokfahrers einschließlich Nebenbezüge und Sozialausgaben in DM T_{vl} = Vorbereitungs- und Abschlußzeit des Lokfahrers in min D_{stlp} = Jährliche Dienststunden eines Lokfahrers, z. Zt. 2496 Stunden bei 48 Stunden-Wochenarbeitszeit η_{lp} = Verhältniszahl aus Beurlaubungs- u. Erkrankungsstunden zu jährlichen Dienststunden eines Lokfahrers, im Jahresdurchschnitt 0,15

Kosten des Zugführers.

17	E_z = Durchschnittliches Jahreseinkommen eines Zugführers einschließlich Nebenbezüge und Sozialausgaben in DM T_{vz} = Vorbereitungs- und Abschlußzeit des Zugführers in min D_{stz} = Jährliche Dienststunden eines Zugführers, z. Zt. 2496 Stunden bei 48 Stunden-Wochenarbeitszeit η_z = Verhältniszahl aus Beurlaubungs- und Erkrankungsstunden zu jährlichen Dienststunden eines Zugführers, im Jahresdurchschnitt 0,13

124 Die Kostenermittlungen.

Tabelle 6 (Fortsetzung).

Zukoformel Nr.	d) Personal

Zug- und Fahrladeschaffnerkosten.

18
- n_s = Zahl der Zug- und Fahrladeschaffner
- E_s = Durchschnittliches Jahreseinkommen eines Schaffners einschließlich Nebenbezüge und Sozialausgaben in DM
- T_{vs} = Vorbereitungs- und Abschlußzeit des Schaffners in min
- D_{sts} = Jährliche Dienststunden eines Schaffners z. Zt. 2496 Stunden bei 48 Stunden-Wochenarbeitszeit
- η_s = Verhältniszahl aus Beurlaubungs- und Erkrankungsstunden zu jährlichen Dienststunden eines Schaffners, im Jahresdurchschnitt 0,13. Da $\eta_s = \eta_z = 0,13$ ist, wird für beides zusammen η_{zs} gesetzt (s. S. 132 u. 177).

Dienstfraukosten bei Reisezügen.

19
- E_f = Durchschnittliches Jahreseinkommen einer Dienstfrau einschließlich Nebenbezüge und Sozialausgaben in DM
- T_{vf} = Vorbereitungs- und Abschlußzeit einer Dienstfrau in min
- D_{stf} = Jährliche Dienststunden einer Dienstfrau, z. Zt. 2496 Stunden bei 48 Stunden-Wochenarbeitszeit
- η_f = Verhältniszahl aus Beurlaubungs- und Erkrankungsstunden zu jährlichen Dienststunden einer Dienstfrau, im Jahresdurchschnitt 0,13

Zukoformel Nr.	e) Fahrweg

Kosten des Betriebs- und Bahnbewachungsdienstes für Zugfahrten.

20
- k_{fb} = Personal- und Sachausgaben für den Betriebs- und Bahnbewachungsdienst für Zugfahrten je Zugart (Reise- oder Güterzüge) für 1 Zugkilometer in Pf
- L = Streckenlänge in km

Unterhaltungskosten des Oberbaues.

21
- V_B = Tägliche Streckenbelastung in Lokleistungstonnen (Summe der Zuggewichte einschließlich Lokgewichte in beiden Richtungen)
- G_z = Gesamtzuggewicht in t
- n = Tägliche Zugzahl in beiden Richtungen
- G_l = Lokgewicht mit $^2/_3$ Vorräten in t
- G_w = Wagenzuggewicht in t
- e_{lo} = Einflußziffer der Lokbauart auf die Oberbauunterhaltung
- e_{wa} = Einflußziffer der Wagenbauart auf die Oberbauunterhaltung
- 1,21 und 1,50 = Faktoren zur Berücksichtigung des erhöhten Unterhaltungsaufwands gegenüber 1931.

Erneuerungskosten des Oberbaues.

22
- w_b = Mittlerer Krümmungswiderstand der Strecke in kg/t
- L_b = Länge der Krümmungsabschnitte in km
- A_b = Bremsarbeit des Zuges in km · t

Die Zugförderkosten. 125

Tabelle 6 (Fortsetzung).

Zukoformel Nr.	e) Fahrweg

Bedienungs-, Unterhaltungs- (a) und Erneuerungskosten (b) der elektrischen Zugförderung.

23 a, b
- E_{bst} = Summe der jährlichen Gehälter einschließlich Nebenbezügen und Ruhegehaltszuschlägen in DM für Beamte zur Bedienung, Unterhaltung und Erneuerung der Anlagen der elektrischen Zugförderung
- E_{nst} = Summe der jährlichen Löhne einschließlich Nebenbezügen und Sozialausgaben in DM für Lohnempfänger zur Bedienung, Unterhaltung und Erneuerung der Anlagen der elektrischen Zugförderung
- E_{est} = Summe der jährlichen Stoffkosten in DM, die für die Anlagen der elektrischen Zugförderung anfallen
- Z = Summe des jährlichen elektrischen Arbeitsverbrauchs für die Zugförderung in kWh ab Hochspannungsklemmen der Kraftwerke
- α = Arbeitsverlustfaktor für die Stromverteilung zwischen Kraftwerk und Fahrdraht
- B'_g = Gesamter elektrischer Arbeitsverbrauch für die Zugfahrt in kWh

Unterhaltungs- (a) und Erneuerungskosten (b) der Bahnanlagen ausschließlich Oberbau und Anlagen der elektrischen Zugförderung.

24 a, b
- k_{fu} = Personal- und Sachausgaben für die Unterhaltung und Erneuerung der Bahnanlagen ausschließlich Oberbau und Anlagen der elektrischen Zugförderung in Pf/Lokleistungstonnenkilometer

Zinskosten des Fahrwegs, ohne Anlagen für elektrische Zugförderung.

25 a | k_{zf} = Ursprüngliche Anlagekosten je Kilometer-Streckenlänge

Zinskosten der Anlagen für elektrische Zugförderung.

25 b | k_{zfe} = Zinskosten in DM/kWh ab Kraftwerkhochspannungsklemmen

B. Das Verfahren des Verfassers zur Veranschlagung der Zugförderkosten für Dampfzüge.

1. Die Zuglauftabelle und das Zuglaufbuch als Grundlage für die Veranschlagung der Zugförderkosten.

Die Ermittlung der Zugbewegung eines nach der fahrdynamischen Charakteristik (s. S. 36) oder nach den Angaben des Buchfahrplans ausgelasteten Güterzuges bzw. eines Reisezuges mit einer Zuglast, die für das Verkehrsbedürfnis nach dem Buchfahrplan der Bundesbahn festgelegt ist, liefert bei Beanspruchung der Dampflok an der Kesselleistungsgrenze bzw. der Ellok mit Stunden- oder Dauerleistung die sog. reinen Fahrzeiten der Zugfahrt auf einer Bahnlinie, die durch ihr Längenprofil gegeben ist. Die so eindeutig nach Weg, Zeit und Geschwindigkeit festgelegte Bewegung des ausgelasteten Zuges ist die unveränderliche Grundlage nicht nur für die Fahrplanbildung, sondern auch für die Veranschlagung der mit den planmäßigen Fahrzeiten gefahrenen ausgelasteten oder nichtausgelasteten Züge. Da die Zugbewegung ihre Ursache in der Energiezufuhr, Dampf oder elektrischer Strom, hat, und diese entweder in voller Stärke oder gedrosselt auf die Antriebsmaschinen wirkt oder ganz abgeschaltet ist, so liegt es nahe, die Gesamtstrecke L [km] nach der Lokbeanspruchung zu zerlegen:

1. In Streckenabschnitte L_v [km], die mit gleichbleibender Energiezufuhr. aber mit veränderlicher Geschwindigkeit befahren werden (Anfahr- und Steigungsstrecken).
2. In Streckenabschnitte L_d [km], die mit veränderlicher Energiezufuhr (Drosselstrecken) aber mit gleichbleibender Geschwindigkeit (Höchstgeschwindigkeit V_h auf flachen Neigungen) oder mit kleiner Geschwindigkeit auf Langsamfahrstellen V_l befahren werden. Die Geschwindigkeiten V_h und V_l müssen getrennt behandelt werden.
3. In Streckenabschnitte L_o [km], die ohne Energiezufuhr befahren werden; das sind Strecken mit einem Gefälle stärker als der Zugwiderstand, die ein Zug gebremst mit gleichmäßigen Geschwindigkeiten befährt, sowie die Bremsstrecken vor einem Zughalt.

Für diese Unterteilung einer Bahnlinie werden in der sogenannten Zuglauftabelle (Abb. 58a) von Zugmeldestelle zu Zugmeldestelle fortlaufend Wege und Zeiten eingetragen, addiert und aus dem Quotient der Summen von Wege und Zeiten die mittleren Geschwindigkeiten berechnet.

Zunächst stellt man im Längenprofil der zeichnerischen Fahrzeitermittlung die Neigungen zwischen s_k [⁰/₀₀] und $-s = w$ [⁰/₀₀] fest. Das sind die Neigungen, auf denen nach Erreichung der Höchstgeschwindigkeit die Dampfzufuhr gedrosselt wird. Diese Strecken sind insgesamt L_d [km]. Es ist s_k [⁰/₀₀] die Ordinate zwischen der s-V-Linie und der V-Achse in V_h des ausgelasteten Zuges.

Auf den Gefällen $-s \geq w$ [⁰/₀₀] bei V_h (Bremsgefälle) ist der Dampf abgestellt.

Da die Spanne zwischen den Neigungen $s = s_k$ und $-s = w$ bei ausgelasteten Zügen verhältnismäßig gering ist, so kann man alle diese flachen Neigungsstrecken von der Gesamtlänge L_d zu einer mittleren Neigung zusammenfassen. Nun ist die Fahrzeit auf den mit V_h befahrenen Strecken abzüglich der Bremsstrecken vor den Bahnhofshalten $T_d = 60 \cdot L_d : V_h$ [min].

Stellt man in der zeichnerischen Fahrzeitermittlung für die restliche Strecke die Summe der Längen $L_v = L - L_d - L_o$ [km] und die Summe der Fahrzeiten $T_v = T - T_d - T_o$ [min] fest und bildet

$$\frac{(L - L_d - L_o) \cdot 60}{T - T_d - T_o} = 60 \cdot L_v : T_v = V_{v_m} \text{ [km/h]},$$

so erhält man die mittlere Geschwindigkeit der reinen Fahrzeiten auf den Volldampfstrecken.

Diese Unterteilung der Zugfahrt berücksichtigt man bei der Eintragung der Verbrauchswerte in die sog. Zuglauftabelle (Abb. 58a), die folgende Spalten hat:

Spalte 1: Bahnhofsbezeichnung (◄ ► Bahnhof mit Zughalt).
,, 2: s_b [⁰/₀₀] Bahnhofsneigungen.
,, 3: t_a [min] Stillstands- und Aufenthaltszeiten.
,, 4: $A_a = q \cdot A_z$ [km · t] Anfahrarbeitsabzug. (Abb. 59 b und 63 b).
,, 5: l [km] Streckenlänge zwischen benachbarten Bahnhöfen (+ Zeile).
   $\Sigma l = L$ [km] Gesamtstreckenlängen ab Anfangsbahnhof (Bahnhofszeile).
,, 6: t [min] Fahrzeit zwischen benachbarten Bahnhöfen (+ Zeile).
   $\Sigma t = T$ [min] Gesamtfahrzeit ab Anfangsbahnhof (Bahnhofszeile),

Die Zugförderkosten. 127

Abb. 58a. Zuglauftabelle.

Strecke: Sis–Ol Zugart und -Nr. Dg 6834

Lokgattung: G 56.20 (44) | Höchstgeschwindigkeit $V_h = 60$ [km/h] | Maßgebende Bremshundertstel $b = 30\%$ | Lokarbeit $\Delta A_{lm} = 9{,}36$ [km·t/min]

Maßgebende Steigung $s_{ma} = 12{,}9\%_{00}$ | Lokgewicht $G_L = 169$ t | Maßgebende Zuglast $G_w = 1040$ t | Zuggewicht $G_z = 1209$ t

1	2	3	4	5	6	7	8	9	10	11	12	13	14	15	16	17	18	19	20	21	22
				von Bf. zu Bf.			volle					Kesselbeanspruchung							ohne		
														teilweise							
Bahnhof	s_b	t_a $\Sigma t_a = T_a$	A_a ΣA_a	$\Sigma l = L$	$\Sigma t = T$	$l_v = L_v$ $\Sigma l_v = L_v$	t_v $\Sigma t_v = T_v$	$V_{om} = \frac{60 \cdot \Sigma l_v}{\Sigma t_v}$	s_v s_{vm}	$l_v \cdot s_v$ $\Sigma l_v \cdot s_v$	$\frac{\Sigma V_E^2}{100}$	l_d $\Sigma l_d = L_d$	t_d $\Sigma t_d = T_d$	$V_{hm} = \frac{60 \cdot \Sigma l_d}{\Sigma t_d}$	s_d s_{dm}	$l_d \cdot s_d$ $\Sigma l_d \cdot s_d$	$l_o = L_o$ $\Sigma l_o = L_o$	t_o $\Sigma t_o = T_o$	$V_{om} = \frac{60 \cdot \Sigma l_o}{\Sigma t_o}$	V_b	$\frac{\Sigma V_b^2}{100}$
	‰	min	kmt	km	min	km	min	km/h	‰	‰·km		km	min	km/h	‰	‰·km	km	min	km/h	km/h	
▲Sis.	2,5	5	4,74																		
+ Gel.				2,696	6,65	2,696	6,65		9,94	26,81											
+ Tec.				2,696	6,65	2,696	6,65		9,94	26,81											
+				4,300	8,68	4,300	8,68		9,98	42,91											
▼Ol.				6,996	15,33	6,996	15,33		9,96	69,72								5,479	5,96			
	0	5	3,88	11,083	12,53	2,704	3,67		0,80	2,16		2,90	2,90		0	0	5,479	5,96	55,2	60	36
		10	8,62	18,079	27,86	9,700	19,00	30,6	7,41	71,88	36	2,90	2,90	60	0	0					

Abb. 58b. Zuglaufbuch (D).

Strecke: Sis–Ol Maßgebende Steigung $s_{ma} = 12{,}9\%_{00}$

$w_{B_m} \cdot L = $ [kg · km/t] $\Sigma(s-w) \cdot \Delta L = $ [kg · km/t]

1a	1b	1c	2a	2b	2c	3	4	5	6	7	8	9	10	11	12	13	14	15	16	17
Zugart und -Nr.	Lokgattung	G_w	Maß. Bremsproz.	$\frac{\Sigma V_E^2}{100}$	ΔA_{lm}	Haltezeiten	Anfahrabzüge	Gesamtstrecke			volle			teilweise			ohne			
						T_a	ΣA_a	L	T	Σl_v	Σt_v	V_{vm}	s_{vm}	Σl_d	s_{dm}	V_{hm}	Σl_o	Σt_o	V_{om}	$\Sigma \frac{V_b^2}{100}$
		t	%		km·t/min	min	km·t	km	min	km	min	km/h	‰	km	‰	km/h	km	min	km/h	
Dg 6834	G 56.20 (44)	1040	30	36	9,36	10	8,62	18,079	27,86	9,70	19,00	30,6	7,41	2,90	0	60	5,479	5,96	55,2	36

Spalte 7: l_v, L_v [km] Fahrwege mit voller Lokbeanspruchung.

„ 8: t_v, T_v [min] Fahrzeiten mit voller Lokbeanspruchung.

„ 9: $V_{r_m} = 60 \cdot L_v : T_v$ [km/h] mittlere Geschwindigkeit auf den gesamten mit voller Beanspruchung befahrenen Teilstrecken.

„ 10: s_v [⁰/₀₀] sind die Neigungen, die mit gleichbleibender Energiezufuhr an der Kesselleistungsgrenze bei reinen Fahrzeiten auf der Strecke L_v [km] befahren werden. s_{v_m} [⁰/₀₀] ist die mittlere Neigung auf der Strecke L_v [km].

„ 11: $l_v \cdot s_v$ bzw. $\sum l_v \cdot s_v$ [⁰/₀₀ · km]. Hier sind l_v [km] die mit Energiezufuhr an der Kesselleistungsgrenze befahrenen Streckenabschnitte zwischen zwei Bahnhöfen und s_v [⁰/₀₀] ist die zugehörige Neigung.

„ 12: V_E [km/h] ist die Endgeschwindigkeit der mit gleichbleibender Energiezufuhr an der Kesselleistungsgrenze befahrenen Strecke zwischen zwei Halten (s. S. 143, 150, 196 u. 197).

„ 13: l_d, L_d [km] Fahrstrecken mit teilweiser Lokbeanspruchung bei Höchstgeschwindigkeit V_h [km/h].

„ 14: t_d, T_d [min] Fahrzeiten mit Teilbeanspruchung.

„ 15: $V_{h_m} = 60 \cdot L_d : T_d$ [km/h], mittlere Höchstgeschwindigkeit auf den gesamten Strecken mit Teilbeanspruchung.

Sind nach dem Buchfahrplan mehrere Höchstgeschwindigkeiten bei reinen Fahrzeiten (z. B. $V_h = 47$ bis 60 [km/h]) auf einer Bahnlinie vorhanden, so ist ein mittleres

$$V_{h_m} = \frac{V_{h_1} \cdot l_{d_1} + V_{h_2} \cdot l_{d_2} + \cdots}{L_d} \text{ [km/h] zu bilden.}$$

„ 16: s_d [⁰/₀₀] sind die gemittelten Neigungen $+ s_d < s_k$ und $- s_d < w$ zwischen benachbarten Bahnhöfen ($+$ Zeile).
s_k ist die Ordinate der s-V-Linie in V_{h_m}.
Die mittlere Neigung der Drosselstrecke für V_{h_m} ist

$$s_{d_m} = \frac{l_{d_1} \cdot s_{d_1} + s_{d_2} \cdot l_{d_2} + \cdots}{l_{d_1} + l_{d_2} + \cdots} = \frac{\sum l_d \cdot s_d}{\sum l_d} \text{ [⁰/₀₀] (Bahnhofszeile).}$$

s_{d_m} [⁰/₀₀] ist der Quotient aus den Werten der Spalten 17 und 13. und ist später in das s-V-Diagramm für V_{h_m} als Waagerechte einzutragen (Abb. 62 b).

„ 17: $l_d \cdot s_d$ bzw. $\Sigma l_d \cdot s_d$ ist das Produkt der Spalten 13 und 16.
Sind Langsamfahrstellen mit V_l [km/h] außer den Drosselstrecken mit V_h vorhanden, so sind getrennt von V_h anschließend an die Spalte 22 besondere Spalten für V_l vorzusehen (Wiederholung der Spalten 13—17).
Sind die Geschwindigkeiten $V_l < V_{ü}$, so kann man die Neigungen der kurzen Langsamfahrstellen mit $V_l = 10$ und $V_l = 30$ [km/h] mitteln und für diese mittlere Neigung die Lokbeanspruchung bestimmen, da ja der durch die Reibungszugkraft bedingte Verlauf der s-V-Linie von $V = 0$ bis $V_{ü}$ ziemlich konstant ist.

Nun unterscheidet man im Betrieb ständige und vorübergehende Langsamfahrstellen. Die ständigen Langsamfahrstellen können mit der vorgelegenen Bremsstrecke und der nachfolgenden Anfahrstrecke auch in die Zuglauftabelle eingefügt und bei der Veranschlagung der Zugförderkosten berücksichtigt werden.

Die Mehrkosten der vorübergehenden Langsamfahrstellen werden zweckmäßig nachträglich nach dem Beispiel S. 171 ermittelt und den bereits berechneten Zugförderkosten zugeschlagen.

Spalte 18: l_o, L_o [km] Fahrwege ohne Lokbeanspruchung.
„ 19: t_o, T_o [min] Fahrzeiten ohne Lokbeanspruchung.
„ 20: $V_{o_m} = 60 \cdot L_o : T_o$ [km/h] mittlere Geschwindigkeit auf den ohne Lokbeanspruchung befahrenen gesamten Teilstrecken.
„ 21a: V_b [km/h] Abbremsgeschwindigkeit.
„ 22: $V_b^2 : 100$.

Es sind l_v, l_d, l_o [km] und t_v, t_d und t_o [min] die Wege und Zeiten zwischen benachbarten Bahnhöfen, L_v, L_d, L_o [km] und T_v, T_d, T_o [min] die Gesamtwege und -fahrzeiten der Zugfahrt bei voller, bei gedrosselter und bei abgestellter Energiezufuhr.

Die Fahrwege und Fahrzeiten jeder Zeile werden von Bahnhof zu Bahnhof fortlaufned addiert und die Summen durcheinander dividiert, um die mittleren Geschwindigkeiten V_{v_m}, V_{h_m} und V_{o_m} bei reinen Fahrzeiten zu erhalten. Ferner sind in Spalte 3 die Bahnhofshalte t_a zu $\Sigma t_a = T_a$ [min] zu summieren. Addiert man die für jeden Haltebahnhof in Spalte 22 eingetragenen Werte $V_b^2 : 100$, so ist $\Sigma V_b^2 : 100$ proportional der Bremsarbeit auf Halt und weiterhin der hierdurch entstehenden Kosten für die Oberbauerneuerung. In Spalte 2 trägt man aus dem Längenprofil die Neigungen s_b [⁰/₀₀] der Haltebahnhöfe ein. Für jedes s_b [⁰/₀₀] liest man auf der Skala des Arbeitsabzugs (Abb. 59 b) für das Anfahren den Arbeitsabzug A_a [kmt] des ausgelasteten Dampfzuges ab, trägt diese Werte in Spalte 4 ein und summiert sie. Bei elektrisch bespannten Zügen entfällt in der Zuglauftabelle die 2. und 4. Spalte, da hier eine zeichnerische Ermittlung des Stromverbrauches notwendig ist.

Die letzte Zeile der Zuglauftabelle ergibt die Verbrauchswerte sowie die mittleren Geschwindigkeiten und die Summe der Anfahrarbeitsabzüge ΣA_a sowie $\Sigma V_b^2 : 100$ für die ganze Zugfahrt. Den Anfahrkostenabzug der Selbstkosten aller Bahnhöfe erhält man als $\Sigma A_z = \Sigma A_a : q$, wenn man A_a durch den Umrechnungsfaktor q (s. S. 140) teilt.

In die Zuglauftabelle sind die Fahrwege und die reinen Fahrzeiten eingetragen, die in dem Beispiel nach Abb. 32 ermittelt wurden, und zwar unterteilt für Volldampf- und Drosselstrecken sowie für die Strecken mit abgestelltem Dampf. Für die Anfahrt in Sis. (Bahnhofsneigung $+2,5$ [⁰/₀₀]) ist für die Zuglast $G_w = 1040$ [t] der Anfahrarbeitsabzug $A_a = 4,74$ [kmt].

Die Zuglauftabellen für Züge, die mit Elloks bespannt sind, werden entsprechend denen für Dampfloks aufgestellt. Da aber bei elektrisch betriebenen Zügen nach Abschnitt 2 der Stromverbrauch für die Zugfahrt besonders ermittelt wird, so ist letzterer für den ausgelasteten Zug mit reinen Fahrzeiten in der Zuglauftabelle zu unterteilen nach dem Stromverbrauch auf Strecken

1. die mit Stunden- bzw. Dauerzugkraft bei veränderlichen Geschwindigkeiten;
2. die mit gedrosseltem Stromverbrauch bei Höchstgeschwindigkeit oder der Geschwindigkeit der Langsamfahrstellen;
3. die mit abgeschaltetem Strom befahren werden. In letzterem Falle ist nur der Stromverbrauch der Hilfsmotoren und des Trafo zu berücksichtigen. Hierfür wären in der Zuglauftabelle drei weitere Spalten vorzusehen. Da aber in der Zuglauftabelle für elektrisch bespannte Züge die Spalten für den Anfahrarbeitsabzug A_a [km · t] und für die Bahnhofsneigungen s_b [$^0/_{00}$] der Zuglauftabelle für Dampfzüge entfallen, so vermehrt sich erstere gegenüber letztere nur um eine Spalte.

Die letzte Zeile der Zuglauftabelle ist in das Zuglaufbuch (Abb. 58b) zu übertragen, das die Verbrauchswerte der Züge eines Eisenbahndirektionsbezirks bzw. der Bundesbahn streckenweise zusammenfaßt. Der Kopf der Tabelle enthält als Angaben die maßgebende Steigung s_{ma} [$^0/_{00}$] sowie die Widerstandsarbeit je Tonne Zuggewicht in Bogen- und Gefällstrecken $w_{B_m} \cdot L$ und $\sum (s-w) \cdot \varDelta l$, ferner die mittlere indizierte Zugkraftsarbeit an der Kesselleistungsgrenze $\varDelta A_{l_m}$ [km· t/min], Zugart, Lokgattung, ausgelastetes Wagenzuggewicht G_w, Bremsprozente und Höchstgeschwindigkeit V_h.

Jede dieser Zeilen des Zuglaufbuches wird für die Veranschlagung der Selbstkosten sowie der vollen und veränderlichen Kosten einer Zugfahrt nach dem Verfahren des Verfassers ausgewertet mit Hilfe

α) des Lokkostenmaßstabes, der bei Dampfloks aus zwei Diagrammen, nämlich dem Kilometerkostenmaßstab und dem Diagramm für den Anfahrkostenabzug besteht,

β) des Fahrwegkostenmaßstabes sowie

γ) der Einzelkostenangaben für Betriebspflege der Lok, für Wagenkosten sowie für die von der Zugkrafts- und Widerstandsarbeit abhängigen Kosten für den Verschleiß.

2. Der Lokkostenmaßstab für Dampfloks.

a) Der Kilometerkostenmaßstab für Selbstkosten. Im Kilometerkostenmaßstab (Abb. 59a und 63a) sind eine Anzahl hyperbolisch gekrümmter Linien über der Geschwindigkeitsachse aufgetragen, deren Ordinaten die Fahrpersonal- und Lokkosten in Pf/km sind. Die Geschwindigkeitsachse (Abszissenachse) beginnt bei $V = 10$ [km/h] als der meist kleinsten Geschwindigkeit, mit der die Langsamfahrstellen befahren werden.

Die gestrichelte gekrümmte Linie ist die P_l-Linie, auf ihr werden keine Kilometerkosten abgelesen. Sie ist die Linie, welche die der Lok anzulastenden Kilometerkosten mit Ausnahme der vom Kohlenverbrauch abhängigen Kosten angibt. Auf ihr bauen sich die Kilometerkosten auf, die den Kohlenverbrauch berücksichtigen. Die oberste Linie heißt E_{k_g}-Linie. Auf dieser werden die Lok- und Personalkosten je Kilometer abgelesen, die entstehen, wenn die Lok an der Kesselleistungsgrenze (stündliche Dampferzeugung 57 [kg/m² Heizfläche]) bei der Fahrt mit den sog. reinen Fahrzeiten beansprucht wird, letztere sind diejenigen, die bei der zeichnerischen Fahrzeitermittlung errechnet sind. Auf der E_{ab}-Linie liest man die kilometrischen Lokkosten für abgestellten Dampf ab (s. S. 133), ferner werden zwischen der P_l-Linie und der E_{k_g}-Linie die Lokkosten entsprechend der geringeren Lokbeanspruchung bei planmäßigen Fahrzeiten und auf den sog. Drosselstrecken durch die E_δ-Linien unterteilt. Auf die P_l-Linie setzt man zunächst die E_{ab}-Linie auf, die die Kilometerkosten bei abgestelltem Dampf angibt, wenn das Feuer nur in

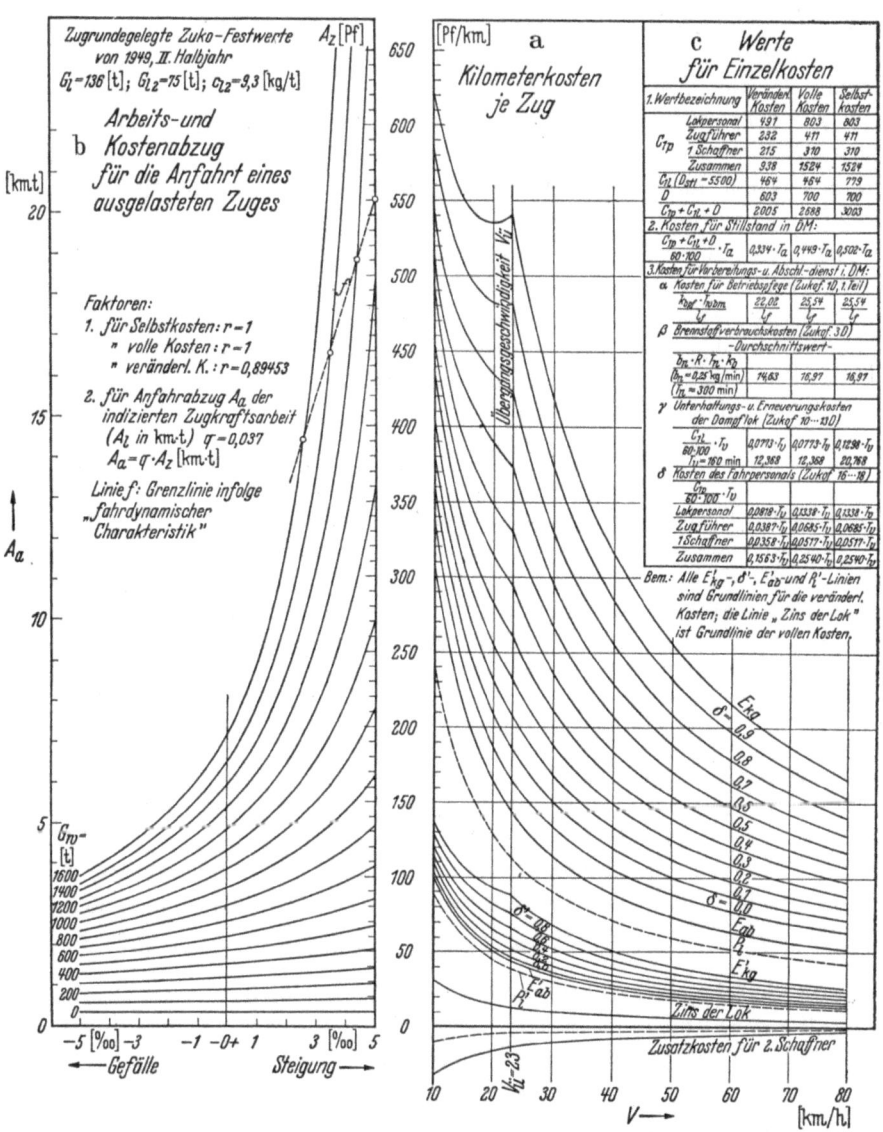

Abb. 59 a—c: Lokkostenmaßstab der Dampflok G 56.15 (50)

heller Glut gehalten werden soll. Über ihr liegt die E_δ-Linie für $\delta=0$, bei der die Dampfzufuhr in den Zylindern ebenfalls abgestellt ist, der Kohlenverbrauch aber aus der Llv-Tafel (Abb. 14) für den sekundlichen Kohlenverbrauch β_δ bei $Z_i=0$ berechnet wird. Dieser ist größer als derjenige für helles Feuer. In Zukunft soll die E_{ab}-Linie fortfallen. An ihre Stelle tritt die E_δ-Linie für $\delta = 0$. Die P_l-Linie, die E_{ab}-Linie sowie die E_δ-Linie für $\delta=0$ verlaufen von $V=0$ (also auch für $V=10$ km/h) bis zur Höchstgeschwindigkeit hyperbolisch. Anders ist es aber bei der E_{k_g}-Linie und den E_δ-Linien für $\delta > 0$. Bei der E_{k_g}-Linie ist der sekundliche Kohlenverbrauch für eine größere Geschwindigkeit als $V_ü$ konstant und zwar entspricht der sekundliche Kohlenverbrauch β_g [kg/sec] der Lokbeanspruchung $\delta=1$ an der Grenze der Kesselleistung. Die E_δ-Linien gelten für gedrosselte Dampfzufuhr. Bei Geschwindigkeiten kleiner als $V_ü$ ist die sekundliche Dampfzufuhr kleiner. Sie entspricht den Reibungszugkräften an der oberen Begrenzung der Llv-Tafel. Infolgedessen sind die E_{k_g}-Linien und die E_δ-Linien für $\delta > 0$ nur bei Geschwindigkeiten größer als $V_ü$ hyperbolisch, unter $V_ü$ wie die Abb. 59a zeigt aber nicht.

α) **Die vom Energieverbrauch unabhängigen Kilometerkosten der Lok.** Diese Kilometerkosten werden durch die P_l-Linie gekennzeichnet. Zu ihnen gehören die mit der Geschwindigkeit abnehmenden Kosten $C_{1p} : V$ [Pf/km]. Sie setzen sich zusammen aus denen für das Lokpersonal (Zukof. 16), Zugführer (Zukof 17) und für einen Schaffner (Zukof. 18). Die Kostenlinie für den zweiten Schaffner ist unter der V-Achse aufgetragen. Es ist

$$\frac{C_{1p}}{V} = \frac{100 \cdot 1{,}16}{V}\left[\frac{n_l \cdot E_{lp}}{D_{stlp}\cdot(1-\eta_{lp})} + \frac{E_z + n_s \cdot E_s}{D_{stzs}(1-\eta_{zs})}\right] \text{ [Pf/km]}.$$

Die einzelnen Buchstaben sind in Tabelle 6 erläutert. Faktor 1,16 s. S. 120.

Ferner gehören zu den mit der Fahrzeit und damit auch mit der Geschwindigkeit veränderlichen aber vom Kohlenverbrauch unabhängigen Lokomotivkosten die Unterhaltungskosten der Dampflok, die von der Zeit abhängig sind (Zukof. 10 D), die festen Zuschlagkosten (Zukof. 11 D), die Erneuerungskosten (Zukof. 12 D) und die Zinskosten der Dampflok (Zukof. 13 D). Sie sind entsprechend:

$$\frac{C_{1l}}{V} = \frac{60 \cdot 100}{V}\left(\frac{f_4 + f_5 + f_6 + 0{,}01 \cdot z_l \cdot f_7}{D_{stl}}\right) \text{ [Pf/km]}.$$

Zu den vom Energieverbrauch unabhängigen aber mit dem Fahrweg und bei veränderlicher Geschwindigkeit konstant bleibenden kilometrischen Lokkosten gehören nach der Zukof. 7 die sonstigen Kosten für Betriebsstoffe $k_{bs} \cdot \vartheta \cdot 1{,}16$ [Pf/km] und der 1. Summand der Zukof. 9 (Lokunterhaltung) $f_2 \cdot 100$ [Pf/km]. Mit diesen ist $C_2 = k_{bs} \cdot \vartheta \cdot 1{,}16 + 100 \cdot f_2$ [Pf/km] und die Ordinaten der P_l-Linie sind dann: $\frac{C_{1p}+C_{1l}}{V} + C_2$ [Pf/km]. Die Festwerte f_1 bis f_7 siehe Tabelle. 9 bzw. 16.

β) **Die Berechnung der vom Kohlenverbrauch abhängigen Kilometerkosten.** β₁) **Die Berechnung des Kohlenverbrauchs.** Zur Auswertung der Zukof. 2D (Brennstoffverbrauchskosten für die Fahrt der Dampflok) $K_b = (B + B_o) \cdot k_b$ [DM], der Zukof. 6D (Lokspeisewasserkosten) $K_w = 7{,}5 \cdot B \cdot k_w$ [DM], der Zukof. 1D (Personalkosten der Betriebspflege der Dampflok)

$$K_{bpf} = k_{bpf} \cdot \left[\frac{T_{wbm}}{l_f} + \frac{1{,}1 \cdot (B + B_o)}{10\,000}\right] \text{ [DM]}$$

und schließlich für die Zukof. 8D (Unterhaltungskosten des Dampflokkessels) $K_{ku} = f_1 \cdot B^2 : (T - T_o)$ [DM] wäre an und für sich außer der Fahrzeitermittlung nach S. 48 noch die vorherige Ermittlung des Brennstoffverbrauchs der Zugfahrt erforderlich. Eine besondere Ermittlung des Kohlenverbrauchs ist aber bei der

Die Zugförderkosten. 133

Veranschlagung nach dem Verfahren des Verfassers nicht notwendig. Die Erfassung des Kohlenverbrauchs sei aber kurz beschrieben.

Es wäre zunächst der Kohlenverbrauch auf den Strecken $L_v = L - L_o - L_d$ [km] zu ermitteln, auf denen der ausgelastete Güterzug mit den aus der zeichnerischen Fahrzeitermittlung gefundenen reinen Fahrzeiten $T_v = T - T_o - T_d$ [min] gefahren wird. Den Geschwindigkeiten von $V_{\ddot{u}}$ bis V_h entspricht die Lokbeanspruchung $\delta = 1$ an der Kesselleistungsgrenze, die durch die rechte senkrechte Begrenzung der Llv-Tafel (Abb. 14) festgelegt ist. Auf dieser haben die Zugkräfte Z_{ig} den konstanten sekundlichen Kohlenverbrauch β_g [kg/sec]. Der minutliche Kohlenverbrauch ist dann $b_g = 60 \cdot \beta_g$ [kg/min] und $b_g \cdot (T - T_o - T_d) = b_g \cdot T_v$ [kg] ist der Kohlenverbrauch des durchfahrenden ausgelasteten Zuges je Minute. Wenn aber der Zug noch anfährt, dann wäre von $b_g \cdot (T - T_o - T_d)$ [kg] noch ein Abzug $\beta_g \cdot t_{\ddot{u}} : 2$ [kg] zu machen, weil von $V = 0$ bis $V_{\ddot{u}}$ der sekundliche Kohlenverbrauch nicht konstant ist, sondern von $\beta = 0$ bis β_g [kg/sec] wächst (s. auch S. 138). Bei der Fahrzeit $t_{\ddot{u}}$ [sec] für das Anfahren bis $V_{\ddot{u}}$ [km/h] ist dann der mittlere Kohlenverbrauch $\beta_g : 2$ [kg/sec] gleich dem abzuziehenden Kohlenverbrauch $\beta_g : 2 = \frac{b_g}{60 \cdot 2}$. Der Brennstoffverbrauch in kg für die Fahrt des ausgelasteten Zuges auf den mit voller Lokbeanspruchung befahrenen Streckenabschnitten ist dann $B = b_g \cdot (T - T_o - T_d) - b_g \cdot t_{\ddot{u}} : 120$ [kg]. Hat der Zug nicht das Zuggewicht G_z, sondern das Gewicht G'_z und fährt er mit planmäßigen Fahrzeiten, so ist der Kohlenverbrauch, wie auf S. 143 gezeigt, zu reduzieren. Mit $T - T_o - T_d = T_v = 60 \cdot (L - L_o - L_d) : V$ [min] ist für $L_v = L - L_o - L_d = 1$ [km] der Kohlenverbrauch je Kilometer $b_g \cdot 60 : V$ [kg/km]. Bei Fahrt mit abgestelltem Dampf ist $B_o = 0,5 \cdot R \cdot T_o$ [kg] und mit $T_o = 60 \cdot L_o : V$ [min] ist $B_o = 0,5 \cdot R \cdot L_o \cdot 60 : V_o$. Dann ist für $L_o = 1$ [km] der kilometrische Kohlenverbrauch $0,5 \cdot R \cdot 60 : V_o$ [kg/km]. R [m²] ist die Rostfläche der Lok.

Befährt der Zug eine Langsamfahrstelle mit einer Geschwindigkeit $V < V_{\ddot{u}}$ [km/h], so sind hierfür die Kilometerkosten auch für die Geschwindigkeiten von $V = 10$ [km/h] bis $V_{\ddot{u}}$ im Lokkostenmaßstab aufzutragen, wie es für die Güterzuglok R 50 in Abb. 59a und für die Schnellzuglok 01 in Abb. 63a geschehen ist. Da bei den Geschwindigkeiten von $V = 10$ [km/h] bis $V_{\ddot{u}}$ der minutliche Kohlenverbrauch mit der Geschwindigkeit anwächst, also kleiner ist als der konstante Wert des minutlichen Kohlenverbrauchs $60 \cdot \beta_g$ [kg/min] für die Geschwindigkeiten $V > V_{\ddot{u}}$, so sind die Linien in der Abb. 59a bzw. 63a unterhalb der Geschwindigkeit $V_{\ddot{u}}$ etwas eingesattelt, und zwar um so mehr, je weniger der minutliche Kohlenverbrauch bei $V_{\ddot{u}}$ [km/h] gedrosselt ist. In Tabelle 10b sind für die R 50 die Ordinaten der Linien des Kostenmaßstabes für die Geschwindigkeiten kleiner und größer als $V_{\ddot{u}}$ berechnet.

β_2) **Die Konstruktion der E_{ab}-Linie des Lokkostenmaßstabs.** Nach S. 62 ist der Brennstoffverbrauch bei abgestelltem Dampf mit $L_o = 1$ [km] $0,5 \cdot R \cdot 60 : V_o$ [kg/km]. Es sind die kilometrischen Kosten einschließlich des Kostenzuschlags für den Verwaltungsdienst von 1,16 mit $V_o = V$ sodann $k_b \cdot 1,16 \cdot 0,5 \cdot R \cdot 60 \cdot 100 : V$ [Pf/km]. Nach Zukof. 2D und 1D sind die Personalkosten für Betriebspflege bei abgestelltem Dampf

$$\frac{1,16 \cdot 0,5 \cdot R \cdot 60 \cdot 100}{10\,000 \cdot V} \cdot 1,1 \cdot k_{bpf} \quad [\text{Pf/km}],$$

wo 0,5 der Brennstoffverbrauch in [kg/min · m²] für die Fahrt mit hellem Feuer ohne Dampfverbrauch ist. Die Ordinaten, die auf der P_l-Linie aufgesetzt werden, um die E_{ab}-Linie zu erhalten, sind dann für $L_o = 1$ [km]

$$E_{ab} = D : V = 100 \cdot 60 \cdot 1{,}16 \cdot 0{,}5 \cdot R\left(k_b + \frac{1{,}1 \cdot k_{bpf}}{10\,000}\right) : V \text{ [Pf/km]}.$$

In dem Lokkostenmaßstab der Güterzuglok R 50 Abb. 59a ist noch eine E_{ab}-Linie enthalten, die für abgestellten Dampf nach der Zukof. 4 D berechnet wurde. Nach dem Vorschlag der Bundesbahn soll aber zur Vereinfachung der Lokkostenmaßstäbe in Zukunft die E_{ab}-Linie durch die etwas höher liegenden E_δ-Linie für $\delta = 0$ ersetzt werden. Dies ist bereits in Abb. 63 im Lokkostenmaßstab der Schnellzugmaschine R 01 geschehen.

β_3) Die Konstruktion der E_δ-Linien. Hier kommt zunächst der vom Kohlenverbrauch abhängige Teil der Zukof. 1 D sowie 2 D und 6 D bei Beanspruchung des Kessels mit einer stündlichen Dampferzeugung von 57 [kg/m² Heizfläche] in Frage. Der erste Teil der Zukof. 1 D kommt bei den Einzelkostenangaben zum Ansatz. Die vom Kohlenverbrauch abhängigen Kosten einer Zugfahrt sind für Vollbeanspruchung

$$1{,}16 \cdot B\left(\frac{k_{bpf} \cdot 1{,}1}{10\,000} + k_b + 7{,}5\, k_w\right) \text{[DM]}. \text{ Mit } B = (T - T_o - T_d) \cdot b_g$$

$$= \frac{b_g \cdot 60}{V}(L - L_o - L_d) \text{ und für } L - L_o - L_d = L_v = 1 \text{ [km] ist}$$

$$\frac{F_1}{V} = \frac{1{,}16 \cdot b_g \cdot 60 \cdot 100}{V}\left(\frac{k_{bpf} \cdot 1{,}1}{10\,000} + k_b + 7{,}5\, k_w\right) \text{ [Pf/km]}.$$

Weiterhin kommen nach Zukof. 8 D für die Kesselunterhaltung noch die vom Quadrat des Kohlenverbrauchs abhängigen Kosten

$$\frac{(B + B_h)^2 \cdot f_1}{(T - T_o)} \text{ [DM]}$$

hinzu. Da die Güterzüge nicht geheizt werden, fällt der Betrag B_h für diese fort. Nun ist $B = b_g \cdot (T - T_o)$; daher wird $\frac{B^2 \cdot f_1}{T - T_o} = b_g^2 \cdot (T - T_o) \cdot f_1$ [DM]. Zieht man von letzterem Ausdruck noch $b_g^2 \cdot T_d \cdot f_1$ ab, so ist für die Konstruktion der E_{k_g}-Linie der Wert $b_g^2 \cdot (T - T_o - T_d) \cdot f_1$ anzusetzen. Mit $T - T_o - T_d = 60 \cdot f_1 \cdot (L - L_o - L_d) : V$ [min] und mit $L - L_o - L_d = 1$ [km]

$$\text{ist } \frac{F_2}{V} = \frac{60 \cdot 100 \cdot b_g^2 \cdot f_1}{V} \text{ [Pf/km]}$$

ebenfalls für Vollbeanspruchung. Dann sind die Ordinaten, die auf die P_l-Linie aufzusetzen sind, um die E_{k_g}-Linie zu erhalten,

$$\frac{F_1 + F_2}{V} \text{ [Pf/km]}.$$

Nun wird aber die Lok bei ungedrosseltem Dampf voll und durch Drosselung des Dampfes teilweise beansprucht. Hierfür sollen die Ermittlungen bei $V > V_ü$ und sodann die bei $V < V_ü$ durchgeführt werden.

1. $V > V_ü$.

Hierbei ist die sekundliche Dampfzufuhr nicht β_g (Kesselleistungsgrenze), sondern $\beta_\delta < \beta_g$. Es kann β_δ für die in der Llv-Tafel (Abb. 60a) eingetragene Linie der Fahrweise bei geringerer Lokbeanspruchung auf der Abszissenachse abgelesen werden. Hierbei verkleinern sich die von der Energiezufuhr abhängigen Kosten F_1 und F_2 im Verhältnis

$$\frac{\beta_\delta}{\beta_g} \quad \text{bzw.} \quad \left(\frac{\beta_\delta}{\beta_g}\right)^2$$

Dann sind allgemein die von der Energiezufuhr abhängigen Kilometerkosten

$$\left[F_1 \cdot \frac{\beta_\delta}{\beta_g} + F_2 \left(\frac{\beta_\delta}{\beta_g}\right)^2\right] : V \; [\text{Pf/km}]$$

zu berechnen und als Ordinaten auf die P_l-Linie aufzusetzen. Für $\beta_\delta = \beta_g$ erhält man die obigen Werte $(F_1 + F_2) : V$ [Pf/km]. Man muß also für die verschiedenen Lokbeanspruchungen $\delta = 0{,}9; 0{,}8; 0{,}7$ usw. bis $\delta = 0$ und die verschiedenen Geschwindigkeiten die β_δ-Werte aus der Llv-Tafel ablesen und die $\beta_\delta : \beta_g$-Werte bilden. Hierbei geht man wie folgt vor:

Man unterteilt in der Llv-Tafel (Abb. 14) auf der Senkrechten für die Kesselbeanspruchung 57 [kg/m² · h] für drei bis vier Geschwindigkeiten die zugehörigen Z_{ig}-Werte in je fünf bzw. 10 gleiche Teile, zieht von den Teilpunkten Waagerechte zu den gewölbten Z_i-Linien der drei oder vier gewählten Geschwindigkeiten, geht von den Schnittpunkten nach unten und erhält die β_δ-Werte auf der β-Achse. Die oberste E-Linie im Lokkostenmaßstab mit $\beta_\delta : \beta_g = 1$ bezeichnet man als E_{k_g}-Linie für die Lokbeanspruchung an der Kesselleistungsgrenze und die Linien für $\beta_\delta : \beta_g < 1$ als E_δ-Linien. Die Berechnung der E_{k_g}-Linien und der E_δ-Linien ist für die R 50 auf Seite 177 durchgeführt (Tabelle 10 b).

2. $V < V_ü$ (bei Langsamfahrstellen).

Bei $V < V_ü$ sind die F_1- und F_2-Werte nicht mehr konstant, sondern entsprechend den Ablesungen des sekundlichen Kohlenverbrauchs in der Llv-Tafel zu kürzen. Die Formeln lauten dann allgemein für die Reibungsgrenze

$$F_{r_1} = 1{,}16 \cdot b_g \cdot 60 \cdot 100 \cdot \frac{\beta_r}{\beta_g} \cdot \left(\frac{k_{bpf} \cdot 1{,}1}{10\,000} + k_b + 7{,}5 \; k_w\right)$$

und

$$F_{r_2} = 60 \cdot 100 \cdot f_1 \cdot b_g^2 \cdot \left(\frac{\beta_r}{\beta_g}\right)^2 \cdot$$

β_r ist bestimmt durch die Schnittpunkte der Z_i-Linien für konstantes V mit der Reibungsgrenze der Llv-Tafel. Für Vollbeanspruchung ist dann

$$F_{r_1} = \frac{\beta_r}{\beta_g} F_1 \quad \text{und} \quad F_{r_2} = \left(\frac{\beta_r}{\beta_g}\right)^2 \cdot F_2,$$

Bei Vollbeanspruchung erhält man die von der Energiezufuhr an der Reibungsgrenze abhängigen Kilometerkosten

$$\frac{\left(\frac{\beta_r}{\beta_g}\right) F_1 + \left(\frac{\beta_r}{\beta_g}\right)^2 F_2}{V} \; [\text{Pf/km}].$$

Bei teilweiser Beanspruchung ist $F_{\delta_{r_1}} = F_{r_1} \frac{\beta_{\delta_r}}{\beta_r}$ und $F_{\delta_{r_2}} = F_{r_2} \left(\frac{\beta_{\delta_r}}{\beta_r}\right)^2$. Die Quotienten $\frac{\beta_{\delta_r}}{\beta_r}$ erhält man in ähnlicher Weise wie die Werte $\frac{\beta_\delta}{\beta_g}$, indem man hier die Z_{i_r}-Ordinaten für die einzelnen konstanten Geschwindigkeiten in fünf bzw. zehn gleiche

Teile teilt und hierfür die β_{r_δ}-Werte abliest. Mit den Werten für F_{r_1} und F_{r_2} ist dann
$$F_{\delta_{r_1}} = \frac{\beta_{\delta_r}}{\beta_r} \cdot \frac{\beta_r}{\beta_g} \cdot F_1 \text{ und } F_{\delta r_2} = \left(\frac{\beta_{\delta r_1}}{\beta_r}\right)^2 \cdot \left(\frac{\beta_r}{\beta_g}\right)^2 F_2.$$
In Tabelle 10 b sind die Werte
$$\frac{F_1\left(\frac{\beta_r}{\beta_g}\right) + F_2\left(\frac{\beta_r}{\beta_g}\right)^2}{V} \quad \text{sowie} \quad \frac{\left(\frac{\beta_{\delta r}}{\beta_r}\right) \cdot \left(\frac{\beta_r}{\beta_g}\right) \cdot F_1 + \left(\frac{\beta_{\delta r}}{\beta_r}\right)^2 \cdot \left(\frac{\beta_r}{\beta_g}\right)^2 \cdot F_2}{V} \quad [\text{Pf/km}]$$
zusammengestellt, um die Lokkostenmaßstäbe aufzuzeichnen.

b) Der Kilometerkostenmaßstab für volle und veränderliche Kosten. Mit der P_l-Linie, der E_{ab}-Linie, der E_{k_g}-Linie und den E_δ-Linien ist der Lokkostenmaßstab für die Selbstkosten gezeichnet. Setzt man von der V-Achse nach oben die Zinskosten der Lok als Ordinaten (Zukof. 13 D)
$$\frac{0{,}01 \, z_l \cdot f_l}{D_{stl}} \cdot \frac{60 \cdot 100}{V} \quad [\text{Pf/km}]$$
ab, so erhält man die Zinslinie, oberhalb der man die vollen Kosten je km abgreift. Zieht man von den vollen Kosten weiterhin den Zuschlag 16% = 0,16 für Verwaltungsdienst bei den Personalkosten (Zukof. 16, 17, 18), bei den Kosten für sonstige Betriebstoffe $k_{bs} \cdot \vartheta$ (Zukof. 7) sowie bei den Brennstoffkosten (Zukof. 1 D, zweiter Teil, 2 D, 6 D) für die Fahrt mit und ohne Dampf ab, so erhält man die veränderlichen Kosten, die zur Kennzeichnung mit einem Apostroph versehen sind.

Die von dem Energieverbrauch unabhängigen veränderlichen Kosten sind die Grundlage für die Konstruktion der F_l'-Linie über der Zinslinie der Lok. Die Ordinaten der P_l'-Linie sind auf die Zinslinie aufzusetzen

mit den Werten $P_l' = 0{,}16 \cdot \left(\frac{\Delta C_{1p}}{V} + k_{bs} \cdot \vartheta\right) = \frac{0{,}16 \cdot \Delta C_{1p}}{V} + 0{,}16 \cdot k_{bs} \cdot \vartheta$

$\frac{0{,}16 \cdot \Delta C_{1p}}{V}$ [Pf/km] ist ein Kostenanteil, der errechnet wird:

1. aus der Differenz der Personalkosten mit und ohne Kostenzuschlag für den Verwaltungsdienst,
2. aus der Differenz der Personalkosten für das Zugpersonal mit und ohne Ruhegehalt.

Zu 1: Es sind die stündlichen Selbstkosten für das Lok- und Zugbegleitpersonal einschließlich der Kosten für den Verwaltungsdienst nach S. 132 durch
$$C_{1p} = 1{,}16 \cdot 60 \cdot 100 \left[\frac{n_l \cdot E_{lp}}{60 \cdot D_{stlp}(1-\eta_{lp})} + \frac{E_z + n_s \cdot E_s}{60 D_{stz_s}(1-\eta_{z_s})}\right] = 1{,}16 \cdot K_p \quad [\text{Pf/h}]$$
ausgedrückt.

Die Differenz dieser Selbstkosten und der veränderlichen Kosten ist $1{,}16 \cdot K_p - K_p = 0{,}16 \, K_p$. Mit $K_p = C_{1p} : 1{,}16$ ist die Differenz $\frac{0{,}16 \cdot C_{1p}}{1{,}16}$.

Zu 2. Die Differenz des Gehalts des Zugpersonals mit und ohne Ruhegehalt (Indizes m und o) ist:

$\Delta E_l = E_{l_m} - E_{l_o}$ für den Lokführer $\quad \Delta E_z = E_{z_m} - E_{z_o}$ für den Zugführer

$\Delta E_s = E_{s_m} - E_{s_o}$ für den Schaffner.

Der Abzug für den Ruhegehaltszuschlag lautet dann
$$60 \cdot 100 \left[\frac{n_l \cdot \Delta E_{lp}}{60 D_{stlp}(1-\eta_{l_p})} + \frac{\Delta E_z + n_s \cdot \Delta E_s}{60 \cdot D_{stz_s}(1-\eta_{z_s})}\right] = \Delta R.$$

Hiermit ist
$$0{,}16 \cdot \Delta C_{1p} = \frac{0{,}16 \cdot C_{1p}}{1{,}16} + \Delta R \text{ [Pf/h]}.$$

Diesen Wert für $0{,}16 \cdot \Delta C_{1b}$ in die Ausgangsgleichung für die Berechnung der P'_l-Linie eingesetzt ergibt

$$P'_l = \frac{0{,}16 \cdot C_{1p}}{1{,}16 \cdot V} + \frac{\Delta R}{V} + 0{,}16 \cdot k_{bs} \cdot \vartheta \text{ [Pf/km]}.$$

Setzt man auf die P'_l Linie die Ordinaten

$$E'_{k_g} = \frac{0{,}16 \cdot F_1}{V} \text{ [Pf/km] bzw. } E'_{ab} = \frac{0{,}16 \cdot D}{V} \text{ [Pf/km]},$$

so erhält man die E'_{k_g}-Linie bzw. die E'_{ab}-Linie. Neuerdings fällt nach S. 132 die E'_{ab}-Linie fort. Unterteilt man den Abstand zwischen der E'_{k_g}-Linie und der P'_l-Linie in die Kilometerkosten

$$E'_\delta = \frac{E'_{k_g} \cdot \beta_\delta}{\beta_g} \text{ [Pf/km]}$$

für die Lokbeanspruchungen $\delta = 0{,}9; 0{,}8; 0{,}6; 0{,}4; 0{,}2$ und $0{,}0$, so erhält man die den E_δ-Linien entsprechenden E'_δ-Linien. Greift man nun für die verschiedenen Geschwindigkeiten die senkrechten Abstände zwischen den E'_δ- und den E_δ-Linien ab, so erhält man die veränderlichen Kosten je km.

Sollen also die **veränderlichen Kosten** im Lokkostenmaßstab abgegriffen werden, so setzt man für die in Frage kommende Geschwindigkeit die **obere** Zirkelspitze auf die E_{k_g}-Linie bzw. die E_{ab}-Linie bzw. auf die E_δ-Linie für die angegebene Lokbeanspruchung und die **untere** Zirkelspitze auf die entsprechende Grundlinie der veränderlichen Kosten für Volldampf E'_{k_g} bzw. abgestellten Dampf E'_{ab} bzw. auf die Linie E'_δ gleicher Lokbeanspruchung δ. Mit diesem Abstand der Zirkelspitzen liest man sodann auf der senkrechten Kostenachse die Kilometerkosten der veränderlichen Kosten ab.

c) Das Diagramm des Selbstkostenabzugs für das Anfahren des ausgelasteten Zuges. Beim Anfahren des ausgelasteten Zuges mit reinen Fahrzeiten (Zuglauftabelle) wird die Geschwindigkeit von $V = 0$ bis $V = V_ü$ durch die Reibungszugkräfte gesteigert, die durch die **obere** Begrenzungslinie der Llv-Tafel gegeben sind. Von $V_ü$ ab wachsen die Geschwindigkeiten durch die Kesselzugkräfte an deren Leistungsgrenze (**rechte** Begrenzungssenkrechte der Llv-Tafel). Von $V = 0$ bis $V_ü$ sind die Reibungszugkräfte ungefähr gleichbleibend, aber der minutliche Kohlenverbrauch wächst, bis er bei der Geschwindigkeit $V_ü$ den Wert $60 \cdot \beta_g$ [kg/min] für die Kesselleistungsgrenze erreicht hat. Dieser Höchstwert bleibt konstant bei den Geschwindigkeiten $V > V_ü$, wenn die Lokomotive mit voller Beanspruchung fährt, ganz gleich, ob sich die Geschwindigkeiten des Zuges auf den verschiedenen Steigungen ändern. Die mittlere Geschwindigkeit V_{v_m} aller mit voller Lokbeanspruchung befahrenen Streckenabschnitte L_v [km], die nicht zusammenhängend zu sein brauchen, wird durch Teilung von $60 \cdot L_v : T_v$ berechnet und der Zuglauftabelle entnommen. Für diese mittlere Geschwindigkeit werden an der E_{k_g}-Linie des Lokkostenmaßstabes die Kilometerkosten abgegriffen. Multipliziert man diese Kilometerkosten mit der Gesamtlänge L_v der mit voller Lokbeanspruchung befahrenen Streckenabschnitte, so erhält man zu große Zugförderkosten, weil von $V=0$ bis $V_ü$ der minutliche Kohlenverbrauch nicht gleich dem an der Kesselgrenzleistung ist, sondern von einem kleineren Wert bis zu diesem Höchstwert ansteigt. Wenn man aber den Überschuß der vom Kohlenverbrauch abhängigen Anfahrtkosten von $V=0$ bis $V_ü$ von den gesamten der Lok anzulastenden Kosten zwischen zwei Zughalten abzieht, so erhält man die zutreffenden Kostenwerte dieser Zugfahrt. Für die Berechnung des Kostenabzuges nimmt man an, daß der minutliche Kohlenverbrauch von $V=0$ bis $V_ü$ linear von 0 bis $60 \cdot \beta_g$ [kg/min] ansteigt. Dieser Kostenabzug wird wie folgt berechnet und ist als Diagramm in den Abb. 59b und 63b aufgetragen. Die von dem Kohlenverbrauch abhängigen Kosten sind bei Volldampf nach S. 134 für eine Stunde

$$F_1 = 1{,}16 \cdot 60 \cdot 100 \cdot b_g \left(\frac{k_{bpf} \cdot 1{,}1}{10\,000} + k_b + 7{,}5\, k_w \right) \text{ [Pf/h]}$$

und $\qquad F_2 = 60 \cdot 100 \cdot l_g^2 \cdot f_1$ [Pf/h].

Dann sind diese Kosten für eine Sekunde $F_1 : 3600$ bzw. $F_2 : 3600$ [Pf/sec]. Ist $t_ü$ [sec] die Anfahrtzeit von $V=0$ bis $V_ü$, so sind die mittleren Kosten infolge F_1 nunmehr

$$\frac{t_ü \cdot 1{,}16 \cdot b_g}{2} \cdot \frac{60 \cdot 100}{3600} \left(\frac{k_{bpf} \cdot 1{,}1}{10\,000} + k_b + 7{,}5\, k_w \right) \text{ [Pf]}$$

und infolge F_2 ist:

$$t_ü \left(\frac{b_g}{2} \right)^2 \frac{f_1 \cdot 60 \cdot 100}{3600} = t_ü \cdot \frac{b_g^2}{4} \cdot f_1 \frac{60 \cdot 100}{3600} \text{ [Pf]}$$

Mit den Abzügen $b_g - \frac{b_g}{2} = \frac{b_g}{2}$ und $b_g^2 - \frac{b_g^2}{4} = \frac{3 b_g^2}{4}$ ist dann der Kostenabzug

$$A_z = t_ü \cdot \left[1{,}16 \frac{b_g \cdot 60 \cdot 100}{2 \cdot 3600} \left(\frac{k_{bpf} \cdot 1{,}1}{10\,000} + k_b + 7{,}5\, k_w \right) + \frac{3 \cdot b_g^2 \cdot f_1 \cdot 60 \cdot 100}{4 \cdot 3600} \right]$$

$$A_z = t_ü \left[\frac{F_1}{2 \cdot 3600} + \frac{3 \cdot F_2}{4 \cdot 3600} \right] \text{ [Pf]} .$$

Nun ist $t_ü$ durch die Bewegungskräfte und die Geschwindigkeit nach der Newtonschen Gleichung Kraft = Masse · Beschleunigung auszudrücken. Es ist $p = m \cdot b_{an}$ [kg/t] die Anfahrbeschleunigungskraft. Hier ist die Anfahrbeschleunigung $b_{an} = \frac{V}{3{,}6 \cdot t}$ [m/s²] und mit $V = V_ü$ beim Anfahren und $t = t_ü$ ist $b_{an} = \frac{V_ü}{3{,}6 \cdot t_ü}$ [m/s²], und die Masse für eine Tonne Zuggewicht ist $m = 1000 \cdot 1{,}07 : 9{,}81$, wo 1,07 (bzw. 1,09) der Massenfaktor ist. Die Beschleunigungskraft ist dann

$$p = m \cdot b_{an} = \frac{1000 \cdot 1{,}07}{9{,}81} \cdot \frac{V_ü}{3{,}6 \cdot t_ü} = \frac{30 \cdot V_ü}{t_ü} \quad \text{oder} \quad t_ü = \frac{30 \cdot V_ü}{p} \text{ [sec]} .$$

Bei $\varrho = 1{,}09$ ist $t_ü = 30{,}6 \cdot V_ü : p$.

Es ist in dem Geschwindigkeitsbereich von 0 bis $V_ü$ mit $1 - c_{l_s} = 0{,}96$ für Dampflloks und 0,97 für Elloks die Beschleunigungskraft am Triebradumfang

$$p = \frac{0{,}96 \cdot Z_{i_{r_m}}}{G_z} - w \pm s \text{ [kg/t]} \text{ der Dampflok und } p = \frac{0{,}97\, Z_{i_{r_m}}}{G_z} - w \pm s \text{ [kg/t]}$$

der Elloks. Die mittlere Zugkraft $Z_{i_{r_m}}$ greift man in der Llv-Tafel an der flachgeneigten oberen Begrenzungslinie ab. $G_z = G_l + G_w$ ist das Gewicht des ausgelasteten Zuges in Tonnen. Von $V=0$ bis $V=V_ü$ ist für Güterzüge der mittlere

Zugwiderstand auf waagerechter gerader Bahn nach vielen Vergleichsrechnungen $w \backsimeq 3{,}5$ [kg/t]. Da im Regelbetrieb nur auf Bahnhöfen angefahren wird, so schwankt $\pm s$ mit Rücksicht auf die anschließende Strecke zwischen den Neigungen $+5{,}0$ und $-5{,}0$ [⁰/₀₀]. Hiermit ist bei Dampfloks die Anfahrzeit $t_{\ddot{u}} = 30 \cdot V_{\ddot{u}} : p$ oder

$$t_{\ddot{u}} = \frac{30 \cdot V_{\ddot{u}}}{\left(\dfrac{0{,}96 \cdot Z_{i_{r_m}}}{G_z} - 3{,}5 \pm s\right)}$$

und der Kostenabzug für die Anfahrt des ausgelasteten Güterzuges (Abb. 59b)

$$A_z = \left(\frac{30 \cdot F_1}{2 \cdot 3600} + \frac{3 \cdot 30 \cdot F_2}{4 \cdot 3600}\right) \cdot V_{\ddot{u}} : \left(\frac{0{,}96 \cdot Z_{i_{r_m}}}{G_z} - 3{,}5 \pm s\right) =$$

$$= V_{\ddot{u}} \left(\frac{F_1}{240} + \frac{F_2}{160}\right) : \left(\frac{0{,}96 \cdot Z_{i_{r_m}}}{G_l + G_w} - 3{,}5 \pm s\right) \quad [\text{Pf}] .$$

Die Werte F_1, F_2, G_l, $V_{\ddot{u}}$ und $Z_{i_{r_m}}$ liegen für jede Lokgattung fest, ebenso G_w aus der fahrdynamischen Charakteristik. Die fahrdynamische Charakteristik begrenzt nach oben die A_z-Linien für die verschiedenen Zuglasten. So ist für die G 56.15 (50) nach der fahrdynamischen Charakteristik für $s = 5$ [⁰/₀₀] Steigung die Zuglast $G_w = 1330$ [t]. Man wählt in dem Kostenabzugdiagramm (Abb. 59b) die Linie für die nächst niedrigere Zuglast, also $G_w = 1300$ [t] und für $s = 5$ [⁰/₀₀] Steigung als obere Begrenzung. Für 2,5 [⁰/₀₀] Steigung ist nach der fahrdynamischen Charakteristik die Zuglast $G_w = 1600$ [t]. Ermittelt man hierfür in dem A_z-Diagramm den entsprechenden Punkt und verbindet diesen mit dem für $G_w = 1300$ [t] und $s = 5$ [⁰/₀₀] gradlinig, so erhält man die obere Begrenzung des A_z-Diagramms. Die Kostenabzüge kann man für jedes Halten eines ausgelasteten Zuges aus Abb. 59b in Abhängigkeit der Last G_w ablesen. Dieses Diagramm wird links neben dem Kilometerkostenmaßstab gezeichnet. Es hat drei Senkrechte für die Bahnhofsneigungen $s = +5$ [⁰/₀₀], 0 [⁰/₀₀] und -5 [⁰/₀₀]. Die Berechnung des Diagramms ist an einem Beispiel für die Lokgattung 50 in Tabelle 10c gezeigt.

In dem Lokkostenmaßstab für die Schnellzuglok R 01 Abb. 63b wurden für die Anfahrabzüge der Selbstkosten die $t_{\ddot{u}}$-Werte, also die Anfahrzeiten von $V = 0$ bis $V_{\ddot{u}}$, nicht nach der Gleichung $t_{\ddot{u}} = 30\, V_{\ddot{u}} : \left(\dfrac{0{,}96\, Z_{i_{r_m}}}{G_z} - 3{,}5 \pm s\right)$ [sec] gerechnet, sondern nach dem zeichnerischen Fahrzeitverfahren des Verfassers als reine Fahrzeiten für die verschiedenen Neigungen zwischen $s = -5{,}0$ und $+5{,}0$ [⁰/₀₀] und die verschiedenen Wagenzuggewichte in einfachster Weise ermittelt und hiernach die Kurven des Diagramms für die Anfahrabzüge A_z der Selbstkosten in der Abb. 63b aufgetragen. Die zeichnerische Ermittlung des $t_{\ddot{u}}$ wurde deshalb bei Reisezügen bevorzugt, weil bei diesen mit ihren höheren Geschwindigkeiten der Mittelwert des spezifischen Zugwiderstandes w stärker schwankt.

Der einfachen Rechnung wegen wurde beim Anfahrkostenabzug A_z der minutliche Kohlenverbrauch b [kg/min] für $V = 0$ gleich Null gesetzt. In Wirklichkeit ist dieser Anfangswert aber nicht gleich Null, sondern z. B. nach der Llv-Tafel der R 50 ist für $V = 0$ [km/h] $b_a = 3$ [kg/min] und bei $V_{\ddot{u}}$ ist für die Grenze der Kesselleistung $b_g = 22$ [kg/min]. Der Mittelwert von $V = 0$ bis $V_{\ddot{u}}$ ist also nicht $b_g : 2$ sondern $(b_g + b_a) : 2$ und der entsprechende Abzug ist nicht $b_g : 2$ sondern

$b_g - (b_g + b_a) : 2 = (b_g - b_a) : 2$. Entsprechend ist der Abzug für den Kesselverschleiß nicht $3\, b_g^2 : 4$, sondern $b_g^2 - [(b_g + b_a) : 2]^2 = [4\, b_g^2 - (b_g + b_a)^2] : 4$. In beiden Fällen sind mit b_a die Abzüge des Kohlenverbrauchs und damit auch der Anfahrkostenabzug kleiner als bei $b_a = 0$. Jedoch ist diese Veränderung unbedeutend. Der einfacheren Ermittlung wegen sollen aber die Anfahrkostenabzüge A_z mit $b_a = 0$ beibehalten werden. Man bekommt zwar etwas zu kleine Kosten der Zugfahrt bei den reinen Fahrzeiten, insbesondere bei Zügen mit vielen Halten. Da aber bei planmäßigen Fahrzeiten, die in den meisten Fällen vorkommen, im Gegensatz zu der in der Praxis üblichen Fahrweise mit Ausläufen die der Rechnung zugrunde liegende gedrosselte Fahrweise etwas mehr Kohlen und daher auch etwas mehr Zugförderkosten ergibt, so werden die berechneten Mehrkosten etwas kleiner, also das Ergebnis genauer, wenn man die Anfahrkostenabzüge mit $b_a = 0$ berechnet.

d) Umrechnungsfaktoren für die Anfahrabzüge. Das Diagramm für die Anfahrabzüge der Selbstkosten ist vorstehend beschrieben. Es sind aber auch Anfahrabzüge zu machen bei der indizierten Zugkraftsarbeit und den veränderlichen Kosten. Auch kann die Möglichkeit eintreten, den Kohlenverbrauch einer Zugfahrt besonders zu berechnen, dann müßte hierfür auch ein Anfahrabzug ermittelt werden. Für diese drei Ermittlungen brauchen aber keine neuen Anfahr-Diagramme berechnet und gezeichnet werden. Es ist vielmehr möglich, durch Multiplikation der Ablesungen aus dem Diagramm für den Anfahrabzug der Selbstkosten mit entsprechenden Umrechnungsfaktoren auch die Anfahrabzüge der Zugkraftsarbeit und der veränderlichen Kosten sowie für den Kohlenverbrauch und umgekehrt zu erhalten.

α) **Der Umrechnungsfaktor q für den Anfahrabzug der induzierten Zugkraftsarbeit an der Kesselleistungsgrenze.** Der Anfahrarbeitsabzug ist

$$A_a = \frac{\Delta A_{l_m} \cdot t_{\ddot{u}}}{2 \cdot 60}\ [\text{kmt}]$$

(s. S. 65). Der Anfahrabzug der Selbstkosten ist nach S. 138

$$A_z = \left(\frac{F_1}{2 \cdot 3600} + \frac{3 \cdot F_2}{4 \cdot 3600}\right) t_{\ddot{u}}.$$

Das Verhältnis

$$\frac{A_a}{A_z} = \frac{\Delta A_{lm} \cdot t_{\ddot{u}}}{2 \cdot 60 \cdot \left(\frac{F_1}{2 \cdot 3600} + \frac{3 \cdot F_2}{4 \cdot 3600}\right) \cdot t_{\ddot{u}}} = \Delta A_{l_m} : \left(\frac{F_1}{60} + \frac{F_2}{40}\right) = q$$

ist der Umrechnungsfaktor.

F_1 und F_2 [Pf/h] sind S. 178 zu entnehmen. ΔA_{l_m} [kmt/min] ist für die Lok und die Höchstgeschwindigkeit gegeben (s. Zuglauftabelle Abb. 58a). Damit ist auch der Wert q konstant. Man kann infolgedessen aus der rechten Skala für A_z [Pf] mit dem Faktor q die linke Skala A_z [kmt] herstellen. Für die gegebenen Zuggewichte können daher für die verschiedenen Bahnhofsneigungen aus dem Diagramm Abb. 59b und 63b auf der linken Skala die Arbeitsabzüge A_a abgelesen, in die Zuglauftabelle eingetragen und fortlaufend addiert werden.

Die Zugförderkosten. 141

Beispiel: Für die G 56.15 (50) ist nach Abb. 62 $\Delta A_{l_m} = 6{,}65$ [kmt/min] und mit $F_1 = 8135$ und $F_2 = 1692$ [Pf/h] nach S. 178 ist

$$\left(\frac{F_1}{60} + \frac{F_2}{10}\right) = 178 \text{ [Pf/min]}.$$

Dann ist

$$q = \frac{6{,}65}{178} = 0{,}037 \quad \text{[kmt/Pf]}.$$

Mit der Ablesung für $A_z = 122$ [Pf] ist dann $A_a = A_z \cdot q = 122 \cdot 0{,}037 = 4{,}5$ [kmt]. Bei nichtausgelastetem Zuggewicht G'_z sind die Arbeitsabzüge A_a noch im Verhältnis $G'_z : G_z$ zu reduzieren. Um nicht jedesmal den Anfahrarbeitsabzug A_a [kmt] aus den Anfahrkosten berechnen zu müssen, ist im Lokkostenmaßstab der R 50 (Abb. 59 b) links noch eine Skala für den Arbeitsabzug gezeichnet, deren Teilung folgende ist:

Mit $q = 0{,}037$ ist dann $A_a = 0{,}037 \cdot A_z$ oder für $A_a = 10$ [kmt] ist $A_z = 10 : 0{,}037 = 270{,}5$ Pf. Die Ordinate für $A_a = 10$ [kmt] der linken Skala ist die gleiche wie für $A_z = 270{,}5$ Pf der rechten Skala. Die abgelesenen Anfahrarbeitsabzüge A_a [kmt] trägt man in die Zuglauftabelle und ΣA_a in das Zuglaufbuch ein.

Diese Werte sind physikalischer Natur und ändern sich nicht mit den Preisen. Wenn man für eine Zugfahrt die Anfahrkostenabzüge der Haltebahnhöfe ermitteln will, so braucht man die Kostenabzüge A_z nicht mehr neu abzugreifen, sondern man dividiert die ΣA_a der Zuglauftabelle durch den Faktor q und erhält somit alle Anfahrkostenabzüge der Haltebahnhöfe

$$\Sigma A_z = \frac{\Sigma A_a}{q}.$$

Ändern sich die Kostensätze, so ist sowohl der Kilometerkostenmaßstab als auch der Umrechnungsfaktor q neu zu ermitteln. Die A_a-Werte in der Zuglauftabelle bleiben aber davon unberührt. Stehen die ΣA_a in der Zuglauftabelle und berechnet man mit neuen F_1- und F_2-Werten das neue q, so erhält man sofort die Summe der neuen Anfahrkostenabzüge ohne ein neues Abzugsdiagramm der Selbstkosten.

β) **Der Umrechnungsfaktor r für den Anfahrabzug der veränderlichen Kosten.** Sind statt der vollen Kosten (s. S. 136), die sich von den Selbstkosten durch den Zins der Lok unterscheiden, die veränderlichen Kosten (s. S. 136) zu ermitteln, dann sind die Kosten F_1 wegen Fortfall der 16% Zuschlag für den Verwaltungsdienst nur $F_1 : 1{,}16$ und der Abzug der veränderlichen Kosten ist dann

$$A'_z = \frac{V_{\ddot{u}} \cdot \left(\frac{F_1}{240 \cdot 1{,}16} + \frac{F_2}{160}\right)}{\frac{0{,}96 \cdot Z_{i_{r_m}}}{G_l + G_w} - (w \pm s)} \text{ [Pf]}.$$

Diese Kosten A'_z erhält man dadurch, daß man im Diagramm für den Kostenabzug, das für volle und Selbstkosten gilt, die abgelesenen Werte A_z [Pf] mit dem Umrechnungsfaktor

$$r = \left(\frac{F_1}{240 \cdot 1{,}16} + \frac{F_2}{160}\right) : \left(\frac{F_1}{240} + \frac{F_2}{160}\right)$$

multipliziert. Letzteren schreibt man an das Diagramm für den Anfahrabzug für Selbstkosten (Abb. 59b) an. Für die Lokgattung 50 ist nach dem Rechnungsbeispiel (S. 178) $F_2 = 1692$ [Pf/h] und $F_1 = 8135$ [Pf/h] und daher $8135:1,16 = 7000$ [Pf/h]. Der Umrechnungsfaktor für veränderliche Kosten ist dann

$$r = \frac{29,2 + 10,60}{33,9 + 10,60} = \frac{39,80}{44,50} = 0,89415, \text{ wobei}$$

der Nenner

$$\frac{F_1}{240} + \frac{F_2}{160} = 33,9 + 10,60 = 44,50 \text{ ist.}$$

γ) **Der Umrechnungsfaktor u für den Anfahrabzug des Kohlenverbrauchs.** Der Abzug des Kohlenverbrauchs je Anfahrt für die Zeit $t_{\ddot{u}}$ [sec] ist $\beta_g \cdot t_{\ddot{u}} : 2 = b_g \cdot t_{\ddot{u}} : 120$.

Es ist wieder mit

$$t_{\ddot{u}} = 30 \cdot V_{\ddot{u}} : \left[\frac{0,96 \cdot Z_{i_{rm}}}{G_z} - (3,5 \pm s) \right] = \frac{30 \cdot V_{\ddot{u}}}{N}$$

der Kohlenabzug, den Nenner $[\ ] = N$ gesetzt,

$$A_k = \frac{b_g \cdot V_{\ddot{u}}}{4 \cdot N} \text{ [kg]}.$$

Ist nach obigem der Kostenabzug für die Selbstkosten des ausgelasteten Zuges

$$A_z = \frac{\left(\frac{F_1}{240} + \frac{F_2}{160}\right) \cdot V_{\ddot{u}}}{N}$$

und dividiert man durch ihn den Kohlenabzug $A_k = \frac{b_g \cdot V_{\ddot{u}}}{4N}$, so erhält man den Umrechnungsfaktor für den Kohlenabzug

$$u = \frac{A_k}{A_z} = \frac{b_g}{4\left(\frac{F_1}{240} + \frac{F_2}{160}\right)}.$$

Ist A_z aus dem Abzugsdiagramm abgelesen und $b_g = 60 \cdot \beta_g$ an der Kesselleistungsgrenze bekannt, so ist der Kohlenabzug $A_k = u \cdot A_z$ [kg].

3. Die Lokomotivbeanspruchung der Dampfzüge.

Der Quotient der indizierten Zugkraft Z_i für die Geschwindigkeit V zur indizierten Zugkraft an der Kesselleistungsgrenze Z_{i_g} gleicher Geschwindigkeit wird **Lokomotivbeanspruchung** δ genannt. Z_i und Z_{i_g} sind als Ordinaten für dieselbe Geschwindigkeit in der Llv-Tafel zu finden. Das Verhältnis der zugehörigen Abzissen $\beta : \beta_g$ der Llv-Tafel ist der **Drosselgrad**.

Nun wird eine Zugfahrt mit Dampfloks nach der Zuglauftabelle in Streckenabschnitte unterteilt, die

1. mit abgestellter Energie
2. mit veränderlicher gedrosselter Energiezufuhr und gleichbleibender Geschwindigkeit, oder
3. mit gleichbleibender Energiezufuhr aber mit veränderlicher Geschwindigkeit befahren werden.

a) **Die Lokbeanspruchung bei reinen Fahrzeiten.** Zu 1.: Bei abgestellter Energie ist die Lokbeanspruchung $\delta = 0$. Zu 2.: Auf den Drosselstrecken wird die

Energiezufuhr so geregelt, daß für die gleichbleibende Höchstgeschwindigkeit V_h die gedrosselte Zugkraft gleich dem jeweiligen Zugwiderstand ist. Es ist daher die gedrosselte indizierte Zugkraft $Z_{i_d} = G_z \cdot (\pm s + w_{h_k}) : 0{,}96$. Die Lokbeanspruchung ist dann $\delta = Z_{i_{d_k}} : Z_{i_{k_g}}$. Da die Zugkraft an der Kesselleistungsgrenze $Z_{i_g} = G_z \cdot (s_{k_g} + w_{h_k}) : 0{,}96$ und s_{k_g} die Ordinate der $s\text{-}V$-Linie für die mit gleicher Geschwindigkeit befahrenen Drosselstrecken des ausgelasteten Zuges ist, so ist die Lokbeanspruchung des ausgelasteten Zuges mit reinen Fahrzeiten $\delta = (s_{m_d} + w_{h_k}) : (s_{k_g} + w_{h_k})$ auf den Drosselstrecken mit den Neigungen $s_d < s_k$ und $-s_d < w_{hk}$. Es ist s_{md} [⁰/₀₀] die mittlere Neigung der Drosselstrecken einer Zugfahrt (w_{h_k} gilt für V_h und reine Fahrzeiten).

Für den mit reinen Fahrzeiten beförderten nicht ausgelasteten Zug vom Gewicht G'_z, der die gleichen reinen Fahrzeiten und auf Drosselstrecken dieselbe gleichbleibende Geschwindigkeit wie der ausgelastete Zug hat, ist die Lokbeanspruchung

$$\delta' = \frac{G'_z \cdot s_{m_d} + w'_{hk}}{G_z \cdot s_{k_g} + w_{h_k}}.$$

Zu 3.: Für den mit gleichbleibender Energiezufuhr an der Kesselleistungsgrenze bei veränderlichen Geschwindigkeiten mit reinen Fahrzeiten fahrenden ausgelasteten Zug ist die Lokbeanspruchung $\delta = 1$. Wird der nichtausgelastete Zug vom Gewicht G'_z mit den gleichen reinen Fahrzeiten wie der ausgelastete vom Gewicht G_z mit gleichbleibender Energiezufuhr und veränderlichen Geschwindigkeiten gefahren, so haben beide Züge auch die gleiche mittlere Geschwindigkeit und die Lokbeanspruchung ist mit ausgezeichneter Genauigkeit $\delta' = Z'_{i_{m_k}} : Z_{i_{m_{k_g}}} = G'_z : G_z$. Hier ist $Z'_{i_{m_k}}$ die mittlere indizierte Zugkraft des nicht ausgelasteten Zuges und $Z_{i_{m_{k_g}}}$ die mittlere Zugkraft des ausgelasteten Zuges an der Kesselleistungsgrenze für dieselbe Geschwindigkeit. Dies soll mit der Energiegleichung der Zugfahrt bei gleichbleibender Energiezufuhr mit veränderlichen Geschwindigkeiten von L_1 bis L_2 [km] bewiesen werden. Die Energiegleichung lautet

$$\int_{L_1}^{L_2} (0{,}96\, Z_i \mp G_z \cdot s - G_z \cdot w) \cdot dl = \frac{G_z \cdot \varrho\, (V_E^2 - V_A^2)}{2\,g \cdot 3{,}6^2}. \tag{I}$$

Hier ist die V_E die Geschwindigkeit am Ende der mit gleichbleibender Energiezufuhr befahrenen Strecken. V_A ist die Anfangsgeschwindigkeit. Für den anfahrenden Zug ist $V_A = 0$. Ist der Anfahrpunkt der Nullpunkt des Weges, so sind $\int_{L_1}^{L_2} dl = L_2 - L_1 = L_2 = L_v$ [km] die mit gleichbleibender Energiezufuhr befahrenen Streckenabschnitte.

Für die Zugfahrt des ausgelasteten Zuges mit reinen Fahrzeiten lautet dann die Energiegleichung:

$$\int_0^{L_v} (0{,}96\, Z_{i_{k_g}} \mp G_z \cdot s - G_z \cdot w_k)\, dl = \frac{\varrho \cdot G_z\, V_E^2}{2\,g \cdot 3{,}6^2}. \tag{II}$$

Nach dem Mittelwertsatz der Integralrechnung ist dann

$$\frac{(0{,}96\, Z_{i_{m_{k_g}}} \mp G_z \cdot s_{vm} - G_z \cdot w_{a_{m_k}})\, L_v}{L_v} = \frac{\varrho \cdot G_z \cdot V_E^2}{2\,g \cdot 3{,}6^2 \cdot L_v}.$$

oder die mittlere indizierte Zugkraft an der Kesselleistungsgrenze ist

$$Z_{i_{m_{k_g}}} = G_z \cdot \left[\pm s_m + w_{a_{m_k}} + \frac{V_E^2 \cdot \varrho}{2g \cdot 3{,}6^2 \, L_v} \right] : 0{,}96 \qquad \text{(IIa)}$$

In dieser Gleichung ist $Z_{i_{m_{k_g}}}$ die Unbekannte. Auf der rechten Seite der Gleichung ist $\pm s_m$ [$^0/_{00}$] das arithmetische Mittel aller Streckenabschnitte, die mit gleichbleibender Energiezufuhr befahren werden, deren Gesamtlänge L_v [km] aus der Zuglauftabelle zu ersehen ist ebenso wie die Endgeschwindigkeit V_E des Zuges auf dieser Strecke ist.

$w_{a_{m_k}}$ [kg/t] ist der mittlere Zugwiderstand je Tonne auf der waagerechten geraden Bahn, der gleichmäßig auf der gesamten Strecke L_v [km] verteilt die gleiche Widerstandsarbeit $A_w = G_z \cdot w_{a_{m_k}} \cdot L_v$ erzeugt, wie der nach der Geschwindigkeit veränderliche tatsächlich auftretende Zugwiderstand. Man kann dieses $w_{a_{m_k}}$ nach Abb. 62 f, g ermitteln. Diese Ermittlung sei für das Beispiel mit der R 50 kurz beschrieben. In Abb. 62 f trägt man die minutliche Widerstandsarbeit des Zuges auf der waagerechten geraden Bahn als Ordinaten über der V-Achse zur ΔA_w-V-Linie auf. Es ist die minutliche Widerstandsarbeit $\Delta A_w = G_z \cdot w \cdot V \cdot \Delta t : 60 \cdot 1000$ [kmt]. Ist $\Delta t = 1$ Minute, so ist $\Delta A_w = G_z \cdot w \cdot V : 60 \cdot 1000$. Zur Ermittlung dieser Widerstandsarbeit greift man ebenso wie bei der Ermittlung der indizierten Zugkraftsarbeit (Abb. 62e) im Zeitwegstreifen die Wege je Minute $V : 60 \cdot 1000$ [km/min] ab, überträgt diese als Abzissen in die Abb. 62 f und erhält als Ordinaten die ΔA_w-Werte, die man auf der unteren Seite einer Waagerechten aneinanderreiht, deren obere Seite nach demselben Maßstab 1 [cm] = 1 [kmt] unterteilt ist, wie die Ordinaten der ΔA_w-V-Linie. Die V-Achse der ΔA_w-V-Linie hat den gleichen Maßstab wie die Abb. 62d, d. h. 4 [cm] = 60 [km/h]. Das Ergebnis der Aneinanderreihung ist die Zugwiderstandsarbeit A_w [kmt] für die mit reinen Fahrzeiten befahrene Gefällstrecke von $s = -2$ [$^0/_{00}$] von der Länge L_v [km] nach Abb. 62c. Teilt man die Zugwiderstandsarbeit A_w [kmt] durch das Zuggewicht G_z [t] und durch die Länge L_v [km], so ist $A_w \cdot 1000 : G_z \cdot L_v = w_{a_{m_k}}$ [kg/t] der mittlere Widerstand nach der w-Linie. Für die Lok R 50 nach Abb. 62 g mit $A_w = 19{,}67$ [kmt] und $L_v = 3{,}48$ [km] sowie für $G_z = 1236$ [t] ist $w_{a_{m_k}} = 19{,}67 \cdot 1000 : 1236 \cdot 3{,}48 = 4{,}57$ [kg/t]. Auch für die Zugfahrt auf der Gebirgsstrecke von der Steigung $s = 10{,}5$ [$^0/_{00}$] mit dem von der R 44 bespannten Zug von $G_z = 1209$ [t] wurde die Ermittlung durchgeführt. Hierbei ist $w_{a_{m_k}} = A_w \cdot 1000 : G_z \cdot L_v = 46{,}3 \cdot 1000 : 1209 \cdot 9{,}72 = 3{,}94$ [kg/t] für $L_v = 9{,}72$ [km] nach Abb. 32 b.

Um diese Ermittlungen zu ersparen, wurden in den w-Linien der beiden s-V-Diagramme (Abb. 32a u. 62b) bei den mittleren Geschwindigkeiten $V_{v_m} = 60 \cdot L_v : T_v$ die w_{m_k}-Werte abgegriffen. Für die R 50 ist bei $V_{v_m} = 60 \cdot 3{,}48 : 5{,}25 = 39{,}8$ [km/h] der Zugwiderstand $w_{m_k} = 4{,}15$ [kg/t] und für die R 44 ist bei $V_{v_m} = 60 \cdot 9{,}72 : 19 = 30{,}6$ [km/h] der Zugwiderstand $w_{m_k} = 3{,}73$ [kg/t] abgegriffen. Beide Werte sind etwa 8,5 [$^0/_0$] kleiner als die bei V_{v_m} oben berechneten $w_{a_{m_k}}$-Werte. Multipliziert man also die abgegriffenen w_{m_k}-Werte mit 1,085, so erhält man mit guter Annäherung die $w_{a_{m_k}}$-Werte der Gleichung (IIa). Es ist danach z. B. für die R 50 für $V_{v_m} = 39{,}8$ [km/h] $w_{a_{m_k}} = w_{m_k} \cdot 1{,}085 = 4{,}15 \times 1{,}085 = 4{,}52$ [kg/t] gegen 4,57. Bei der R 44 ist für $V_{v_m} = 30{,}6$ [km/h] $w_{m_k} = 3{,}71$ [kg/t] und $w_{a_{m_k}} = w_{m_k} \cdot 1{,}085 = 3{,}71 \cdot 1{,}085 = 4{,}02$ gegen 3,94 [kg/t]. Die Abweichungen schlagen für die Ermittlung der Lokbeanspruchung wenig zu Buche, da die w_{a_m}-Werte für reine und planmäßige Fahrzeiten nach Gl. (III) sowohl im Zähler als auch im Nenner stehen.

Für den nichtausgelasteten Zug vom Gewicht G'_z [t], der dieselbe Strecke L_v mit denselben reinen Fahrzeiten befährt, lautet die Energiegleichung der Zugfahrt

$$\int_0^{L_v} (0{,}96 \cdot Z'_{i_k} \mp G'_z \cdot s - G'_z \cdot w) \cdot dl = \varrho \cdot G'_z \cdot V_E^2 : 2 \cdot g \cdot 3{,}6^2. \qquad \text{(IIb)}$$

Entsprechend ist dann hier die mittlere Zugkraft $Z'_{i_{m_k}}$ des nichtausgelasteten Zuges für die gleichen reinen Fahrzeiten und dieselbe Strecke L_v wie beim ausgelasteten Zug

$$Z'_{i_{m_k}} = G'_z \cdot \left(\pm s_{v_m} + w'_{a_{m_k}} + \frac{V_E^2 \cdot \varrho}{2\,g \cdot 3{,}6^2 \cdot L_v} \right) : 0{,}96. \qquad \text{(IIc)}$$

Hier ist $w'_{a_{m}}$ angenähert der Zugwiderstand des nichtausgelasteten Zuges für das gleiche V_{v_m} wie beim ausgelasteten.

Da $Z'_{i_{m_k}}$ und $Z_{i_{m_{k_g}}}$ bei den gleichen reinen Fahrzeiten und den gleichen L_v [km] dieselbe mittlere Geschwindigkeit haben, so ist die Lokbeanspruchung des nichtausgelasteten Zuges

$$\delta' = \frac{Z'_{i_{m_k}}}{Z_{i_{m_{k_g}}}} = \frac{G'_z}{G_z} \cdot \left(\frac{\pm s_{v_m} + w'_{a_{m_k}} + \frac{\varrho \cdot V_E^2}{2\,g \cdot 3{,}6^2 \cdot L_v}}{\pm s_{v_m} + w_{a_{m_k}} + \frac{\varrho \cdot V_E^2}{2\,g \cdot 3{,}6^2 \cdot L_v}} \right) =$$

$$\delta' = \frac{G'_z}{G_z} \cdot \left(1 + \frac{w'_{a_{m_k}} - w_{a_{m_k}}}{s_{v_m} + w_{a_{m_k}} + \frac{\varrho \cdot V_E^2}{2\,g\, 3{,}6^2 \cdot L_v}} \right) \qquad \text{(III)}$$

Der zweite Summand der Klammer kann wegen seiner Kleinheit gleich Null gesetzt werden, so daß, wie bereits gesagt, für den mit reinen Fahrzeiten auf der Strecke L_v [km] gefahrenen nichtausgelasteten Zug die Lokbeanspruchung $\delta' = G'_z : G_z$ mit ausgezeichneter Annäherung ist.

Die Lokbeanspruchung eines nichtausgelasteten Zuges mit reinen Fahrzeiten erhält man auch aus der Llv-Tafel (Abb. 60), wenn man in ihr die Linie der Fahrweise dieses Zuges einzeichnet, der dieselben Fahrzeiten und Geschwindigkeiten wie der ausgelastete hat. Dieses Verfahren des Verfassers ist veröffentlicht in seinen „Neueren Methoden für die Betriebsuntersuchungen der Bahnanlagen", Berlin: Springer 1935, S. 17—19 (vgl. auch Organ 1933, Heft 11).

Die Konstruktion eines Punktes dieser Linie der Fahrweise ist nach Abb. 60a für den Fall, daß der nichtausgelastete und der ausgelastete Zug mit den reinen Fahrzeiten gefahren werden, folgende: Die Zuglok sei die R 50 mit $G_l = 136$ [t]. Die Zuglast sei für den ausgelasteten Zug $G_w = 1100$ [t] und für den nicht ausgelasteten $G'_w = 800$ [t]. Die entsprechenden Zuggewichte sind dann $G_z = 1236$ [t] und $G'_z = 936$ [t]. In Abb. 60a wurden zunächst die Strahlen für die Zuglasten $G_w = 1100$ [t] und $G'_w = 800$ [t] gezeichnet. Allgemein muß für die gleiche Geschwindigkeit die Zugkraft in Kilogramm je Tonne Zuggewicht gleich dem Widerstand $s + w$ [kg/t] sein. Diese Kräfte werden aus der Gleichung

$$s + w = \frac{0{,}96 \cdot Z_i}{G_z}$$

bzw. $$s + w' = \frac{0{,}96 \cdot Z_i}{G'_z}$$

mit $1 - c_{l3} = 0{,}96$

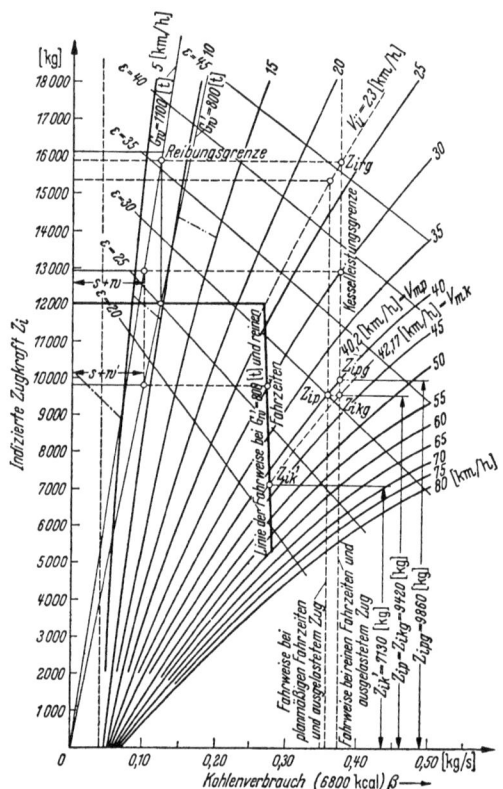
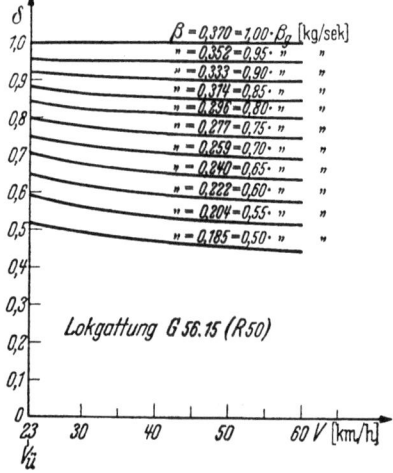

Abb. 60a. Linien der Fahrweise bei planmäßigen Fahrzeiten und nichtausgelasteten Güterzügen in der Llv-Tafel der G 56.15 (50).

Abb. 60b. Lokbeanspruchung δ in Abhängigkeit von der Geschwindigkeit V [kmh] bei verschiedenen Drosselgraden $\beta : \beta_g$.

für ein beliebiges Z_i berechnet, und von Z_i der Z_i-Achse nach rechts im Kräftemaßstab abgesetzt. Dann ist für $Z_i = 16000$ [kg] und $G_z = 1236$ [t]

$$s + w = \frac{0{,}96 \cdot 16000}{1236} = 12{,}42 \text{ [kg/t]} \text{ bzw. für } Z_i = 16000 \text{ [kg] und } G'_z = 936 \text{ [t]}$$

$$s + w' = \frac{0{,}96 \cdot 16000}{936} = 16{,}4 \text{ [kg/t]}.$$

Hiermit sind die Strahlen für $G_w = 1100$ [t] und $G'_w = 800$ [t] gezeichnet. Die w- und w'-Werte kann man für die einzelnen Geschwindigkeiten und die verschiedenen Wagengewichte berechnen. Trägt man die w- und w'-Linie unter der V-Achse des s-V-Diagramms auf und setzt auf diese nach oben die $s + w$- bzw. $s + w'$-Werte auf, so erhält man über der V-Achse die gleiche s-V-Linie. Für die Zugkraft Z_i [kg] bei der Geschwindigkeit $V = 30$ [km/h] an der Grenze der Kesselleistung erhält man die Zugkraft für die gleiche Geschwindigkeit des nichtausgelasteten Zuges dadurch, daß man z. B. von $V = 30$ [km/h] auf der Senkrechten für die Kesselleistungsgrenze waagerecht nach links bis zum Strahl für $G_w = 1100$ [t],

Die Zugförderkosten. 147

von da senkrecht herunter auf den Strahl für $G'_w = 800$ [t] geht und nun waagerecht rechts davon auf der Z_i-Kurve der Llv-Tafel für $V = 30$ [km/h] den Punkt markiert. Diese Konstruktion wiederholt man für alle Geschwindigkeiten von $V_ü$ bis zur gegebenen Höchstgeschwindigkeit V_h und erhält so die Linie der Fahrweise für $G'_w = 800$ [t] bei reinen Fahrzeiten. Ermittelt man für die volle Energiezufuhr die Wege und die Zeiten, so erhält man hieraus die mittlere Geschwindigkeit für die Fahrt mit dieser Energiezufuhr. Im vorliegenden Falle sei $V_{v_m} = 60 \cdot L_v : T_v = 42{,}17$ [km/h]. Interpoliert man für diese Geschwindigkeit die Zugkräfte $Z_{i_{m_k}} = 7130$ [kg] auf der Linie der Fahrweise für $G'_w = 800$ [t] und die Zugkraft $Z_{i_{m_{k_g}}} = 9420$ [kg] für 42,17 [km/h] auf der Senkrechten für die Kesselgrenzleistung, so erhält man $Z_{i_{m_k}} : Z_{i_{m_{k_g}}} = 7130 : 9420 = 0{,}758$. Das ist aber die Lokbeanspruchung des nichtausgelasteten Zuges bei reinen Fahrzeiten aus den Linien der Fahrweisen der Llv-Tafel. Es ist aber auch das Verhältnis der Zuggewichte $G'_z : G_z = 936 : 1236 = 0{,}758$.

b) Die Lokbeanspruchung bei planmäßigen Fahrzeiten. Die Lokbeanspruchung auf Drosselstrecken bei planmäßigen Fahrzeiten erhält man, wenn man die Gleichung $Z_{i_d} = \dfrac{G_z \cdot (\pm s + w_{h_p})}{0{,}96}$ statt auf die Drosselgeschwindigkeit (Höchstgeschwindigkeit $= V_{h_k}$) für reine Fahrzeiten auf die Höchstgeschwindigkeit V_{h_p} der planmäßigen Fahrzeiten bezieht. Hierfür ist der Widerstand w_{h_p} statt w_{h_k} und die Ordinate der s-V-Linie s_{p_g} statt s_{k_g}. Die Lokbeanspruchung ist hier $\delta_d = Z_{i_{d_p}} : Z_{i_{p_g}} = (s_{m_d} + w_{h_p}) : (s_{p_g} + w_{h_p})$. Beim unausgelasteten Zug ist dieser Quotient noch mit $G'_z : G_z$ zu multiplizieren.

Die Lokbeanspruchung auf Drosselstrecken kann man auch aus der Energiegleichung (I) der Zugfahrt herleiten. In dieser Gleichung ist dann die Geschwindigkeit auf der Drosselstrecke $V_E = V_A$. Hierbei wird mit unveränderlicher Zugkraft und gleichbleibender Geschwindigkeit gefahren. Infolgedessen ist die rechte Seite der Gleichung (I) gleich Null und, mit Z_{i_d} statt Z_i und L_d (Drosselstrecke) statt L_r eingesetzt, erhält man dann für reine Fahrzeiten $\delta_d = Z_{i_{d_k}} : Z_{i_{k_g}}$ bzw. für planmäßige Fahrzeiten $\delta_d = Z_{i_{d_p}} : Z_{i_{k_g}}$ die vorgenannten Ausdrücke für die Lokbeanspruchung auf Drosselstrecken.

Bei der Fahrt mit gleichbleibender Energiezufuhr aber planmäßigen Fahrzeiten ist am Ende der Strecke L_v, die für reine und planmäßige Fahrzeiten gleich lang ist, die Geschwindigkeit nicht V_E, sondern $V_E : (1 + 0{,}01 \cdot \alpha)$ [km/h], und die Energiegleichung des ausgelasteten Zuges mit planmäßigen Fahrzeiten auf der Strecke L_v und den indizierten Zugkräften Z_{i_p} ist dann

$$\int_0^{L_v} (0{,}96\, Z_{i_p} \mp G_z \cdot s - G_z \cdot w) \cdot dl = G_z \cdot \varrho \cdot V_E^2 : 2g \cdot 3{,}6^2 \cdot (1 + 0{,}01\,\alpha)^2$$

Nach dem Mittelwertsatz der Integralrechnung ist dann die mittlere Zugkraft für planmäßige Fahrzeiten

$$Z_{i_{m_p}} = G_z \cdot \left(\pm s_{v_m} + w_{a_{m_p}} + \frac{V_E^2 \cdot \varrho}{2g \cdot 3{,}6^2 \cdot (1 + 0{,}01 \cdot \alpha)^2 \cdot L_v} \right) : 0{,}96. \quad \text{(IV)}$$

10*

Für die reinen Fahrzeiten des ausgelasteten Zuges ist nach Gleichung (IIa)

$$Z_{i_{m_{k_g}}} = G_z \cdot \left(\pm s_{v_m} + w_{a_{m_k}} + \frac{V_E^2 \cdot \varrho}{2 g \cdot 3{,}6^2 \cdot L_v} \right) : 0{,}96 \, .$$

Dann ist

$$\frac{Z_{i_{m_p}}}{Z_{i_{m_{k_g}}}} = \frac{\pm s_{v_m} + w_{a_{m_p}} + \dfrac{V_E^2 \cdot \varrho}{2 g \cdot 3{,}6^2 \cdot (1 + 0{,}01 \cdot \alpha)^2 \cdot L_v}}{\pm s_{v_m} + w_{a_{m_k}} + \dfrac{V_E^2 \cdot \varrho}{2 g \cdot 3{,}6^2 \cdot L_v}} \, .$$

Angenähert ist wieder $w_{a_{m_k}} = 1{,}085 \cdot w_{m_k}$ und $w_{a_{m_p}} = 1{,}085 \cdot w_{a_{m_p}}$. Hier sind w_{m_k} und w_{m_p} die Ordinaten der w-Linie bei V_{m_k} bzw. $V_{m_p} = V_{m_k} : (1 + 0{,}01 \cdot \alpha)$ [km/h]. Nun ist aber die Lokbeanspruchung nach der Definition S. 56 für gleiche Geschwindigkeiten zu berechnen. Beim Quotienten $Z_{i_{m_p}} : Z_{i_{m_{k_g}}}$ gehört aber der Zähler zu einer anderen mittleren Geschwindigkeit als der Nenner. Um aber die Lokbeanspruchung für die gleiche mittlere Geschwindigkeit zu berechnen, ist der Quotient $Z_{i_{m_p}} : Z_{i_{m_{k_g}}}$ noch mit dem Quotienten $Z_{i_{m_{k_g}}} : Z_{i_{m_{p_g}}}$ zu multiplizieren. Dann ist die Lokbeanspruchung

$$\delta = \frac{Z_{i_{m_p}}}{Z_{i_{m_{k_g}}}} \cdot \frac{Z_{i_{m_{k_g}}}}{Z_{i_{m_{p_g}}}} \qquad \text{(Va)}$$

Wenn man in der Llv-Tafel Abb. 60a auf der Senkrechten für die Kesselgrenzleistung das Verhältnis der indizierten Zugkräfte $Z_{i_{k_g}}$ und $Z_{i_{p_g}}$ der einzelnen Geschwindigkeiten V_v und $V_p = V_v : (1 + 0{,}01 \cdot \alpha)$ bildet, so zeigt sich, daß sich dieses nur wenig ändert.

Um festzustellen, für welche Geschwindigkeiten das Verhältnis der Werte $Z_{i_{m_{k_g}}} : Z_{i_{m_{p_g}}}$ abzulesen ist, wurde die indizierte Zugkraftsarbeit A_l durch L_v geteilt. Hierdurch erhält man $A_l \cdot 1000 : L_v = Z_{i_{m_{k_g}}}$ [kg] als mittlere indizierte Zugkraft an der Kesselleistungsgrenze. Für die Lok R 50 ergab sich hierbei $Z_{i_{m_{k_g}}} = 31{,}4 \cdot 1000 : 3{,}48 = 9040$ [kg]. Hierfür interpoliert man in der Llv-Tafel (Abb. 60a) auf der Senkrechten für die Kesselleistungsgrenze die Geschwindigkeit 42,8 [km/h]. Die entsprechende mittlere planmäßige Geschwindigkeit ist dann $V_{m_p} = 42{,}8 : 1{,}05 = 40{,}7$ [km/h]. Für das Beispiel mit der R 44 ergab sich $Z_{i_{m_{k_g}}} = A_l \cdot 1000 : L_v = 168 \cdot 1000 : 9{,}72 = 17\,300$ [kg]. Hierfür findet man in der Llv-Tafel (Abb. 15a) 30,8 [km/h]. Die planmäßige mittlere Geschwindigkeit ist 30,8 : 1,05 = 29,2 [km/h]. Vergleicht man diese Geschwindigkeiten mit den mittleren Geschwindigkeiten $V_{v_m} = 60 \cdot L_v : T_v$ [km/h], die bei der R 50 $V_{v_m} = 39{,}8$ [km/h] und bei der R 44 $V_{v_m} = 30{,}6$ [km/h] betragen, so ist der Unterschied der V_{v_m} für die Ermittlung von $Z_{i_{m_{k_g}}} : Z_{i_{m_{p_g}}}$ nicht groß.

Mit hinreichender Genauigkeit kann man demnach auf der Senkrechten an der Kesselleistungsgrenze in der Llv-Tafel das Verhältnis $Z_{i_{m_{k_g}}} : Z_{i_{m_{p_g}}}$ für die mittleren Geschwindigkeiten $V_{v_m} = \dfrac{60 \cdot L_v}{T_v}$ und $V_{m_p} = \dfrac{60 \cdot L_v}{T_v \cdot (1 + 0{,}01 \cdot \alpha)}$ ablesen. Bestimmt man hiernach also das mittlere Verhältnis $Z_{i_{m_{k_g}}} : Z_{i_{m_{p_g}}}$ aus der Llv-Tafel und vervielfältigt dieses mit $Z_{i_{m_p}} : Z_{i_{m_{k_g}}}$ so erhält man für den ausgelasteten Zug die Lokbeanspruchung

$$\delta = \dfrac{Z_{i_{m_p}}}{Z_{i_{m_{k_g}}}} \cdot \dfrac{Z_{i_{m_{k_g}}}}{Z_{i_{m_{p_g}}}} = \dfrac{\pm s_{v_m} + w_{a_{m_p}} + \dfrac{V_E^2 \cdot \varrho}{2g \cdot 3{,}6^2 \cdot (1 + 0{,}01 \cdot \alpha)^2}}{\pm s_{v_m} + w_{a_{m_k}} + \dfrac{V_E^2 \cdot \varrho}{2g \cdot 3{,}6^2}} \cdot \dfrac{Z_{i_{m_{k_g}}}}{Z_{i_{m_{p_g}}}} \qquad (Vb)$$

Da $Z_{i_{m_p}} \cdot L_v : 0{,}96 = A_{l_p}$ die Lokarbeit bei planmäßiger Fahrzeit und $Z_{i_{m_{k_g}}} \cdot L_v : 0{,}96 = A_{l_k}$ die Lokarbeit bei reinen Fahrzeiten ist, so kann man das Verhältnis $Z_{i_{m_p}} : Z_{i_{m_{k_g}}} = A_{l_p} : A_{l_k}$ zur Ermittlung der Lokarbeit bei planmäßiger Fahrzeit aus derjenigen bei reinen Fahrzeiten verwenden. Das Verhältnis $A_{l_p} : A_{l_k}$ kommt auch bei Elloks zur Anwendung (s. S. 195).

Beim nichtausgelasteten Zug mit planmäßigen Fahrzeiten setzt man in der Gleichung (IV) $Z'_{i_{m_p}}$ statt $Z_{i_{m_p}}$, G'_z statt G_z sowie $w'_{a_{m_p}}$ statt $w_{a_{m_p}}$ und erhält für die gleichen planmäßigen Fahrzeiten wie beim ausgelasteten Zug als Gleichung (VI):

$$Z'_{i_{m_p}} = G'_z \cdot \left[\pm s_{v_m} + w'_{a_{m_p}} + \dfrac{V_E^2 \cdot \varrho}{2g \cdot 3{,}6^2 \cdot (1 + 0{,}01 \cdot \alpha)^2 \cdot L_v} \right] : 0{,}96. \qquad (VI)$$

Mit dem gleichen Wert für $Z_{i_{m_k}}$ nach Gleichung Gl. (II) ist dann

$$\dfrac{Z'_{i_{m_p}}}{Z_{i_{m_{k_g}}}} = \dfrac{G'_z \left[\pm s_{v_m} + w'_{a_{m_p}} + \dfrac{V_E^2 \cdot \varrho}{2g \cdot 3{,}6^2 (1 + 0{,}01 \cdot \alpha)^2 \cdot L_v} \right]}{G_z \left(\pm s_{v_m} + w_{a_{m_k}} + \dfrac{V_E^2 \cdot \varrho}{2g \cdot 3{,}6^2 \cdot L_v} \right)}.$$

Hier ist $w_{a_{m_p}} < w'_{a_{m_p}}$. Es ist aber der Unterschied zwischen $w'_{a_{m_p}}$ und $w_{a_{m_k}}$ geringer als der Unterschied zwischen $w_{a_{m_p}}$ und $w_{a_{m_k}}$, so daß man hier $w'_{a_{m_p}} \cong w_{a_{m_k}}$ setzen kann. Damit lautet die Gleichung

$$\dfrac{Z'_{i_{m_p}}}{Z_{i_{m_{k_g}}}} = \dfrac{G'_z \cdot \left[\pm s_{v_m} + w_{a_{m_k}} + \dfrac{\varrho \cdot V_E^2}{2g \cdot 3{,}6^2 \cdot (1 + 0{,}01 \cdot \alpha)^2 \cdot L_v} \right]}{G_z \cdot \left(\pm s_{v_m} + w_{a_{m_k}} + \dfrac{\varrho \cdot V_E^2}{2g \cdot 3{,}6^2 \cdot L_v} \right)}.$$

Um die Lokbeanspruchung $\dfrac{Z'_{i_{m_p}}}{Z_{i_{m_{k_g}}}} \cdot \dfrac{Z_{i_{m_{k_g}}}}{Z_{i_{m_{p_g}}}} = \delta'$ zu erhalten, ist $Z'_{i_{m_p}} : Z_{i_{m_{k_g}}}$ noch wie vor mit dem aus der Llv-Tafel abgelesenen mittleren Verhältnis $Z_{i_{m_{k_g}}} : Z_{i_{m_{p_g}}}$ zu multiplizieren.

Ebenso wie für die Drosselstrecken (s. S. 195) kann man auch für alle mit gleichbleibender Energie befahrenen Streckenabschnitte einer Zugfahrt die Lokbeanspruchung eines Zuges durch eine Gleichung ausdrücken. Die mittleren Neigungen $s_{v_m} [^0/_{00}]$ der letzteren Abschnitte sind ebenso wie die $s_{m_d} [^0/_{00}]$ der Drosselstrecken in der Zuglauftabelle fortlaufend gemittelt. Die mittleren Zugwiderstände w_m sind abhängig von den mittleren Geschwindigkeiten V_{v_m} [km/h] und V_{m_p} [km/h] der ganzen Zugfahrt nach S. 144 und daher bekannt. Die Fahrzeitverlängerung α ist nach dem Buchfahrplan und den reinen Fahrzeiten für die ganze Zugfahrt durch die Zuglauftabelle bestimmt.

Nach dem Mittelwertsatz der Integralrechnung gilt die Gleichung (IIa) (S. 144)

$$\left(0{,}96 \cdot Z_{i_{m_{kg}}} \mp G_z \cdot s_{v_m} - G_z \cdot w_{a_{m_k}}\right) \cdot L_v = \frac{G_z \cdot V_E^2 \cdot \varrho}{2 \cdot g \cdot 3{,}6^2},$$

auch wenn die gleichbleibende Energiezufuhr durch die mit konstanter Geschwindigkeit befahrenen Drosselstrecken und durch die Strecken mit abgestellter Energiezufuhr unterbrochen ist. Bei Fahrten über mehrere Haltestellen hinweg sind die Gl. (IIa) für alle n Streckenabschnitte zwischen den einzelnen Zugmeldestellen zu addieren. Man erhält dann:

$$\sum_1^n \left(0{,}96 \cdot Z_{i_{m_{kg}}} \mp G_z \cdot s_{v_m} - G_z \cdot w_{a_{m_k}}\right) \cdot L_v = \frac{G_z}{2 g \cdot 3{,}6^2} \sum_1^n V_E^2.$$

Da man wie oben gesagt, für s_{v_m} die mittleren Neigungen über die gesamte Strecke

$$\sum_1^n L_v$$

nach der Zuglauftabelle berechnet hat und $w_{a_{m_k}}$ (s. S. 144) für die ganze Zugfahrt bekannt ist, sowie hierfür $Z_{i_{m_k}}$ die gesuchte mittlere indizierte Zugkraft ist, so kann man alle diese Ausdrücke vor das Summenzeichen setzen, und man erhält

$$\left(0{,}96 \cdot Z_{i_{m_{kg}}} \mp G_z \cdot s_{v_m} - G_z \cdot w_{a_{m_k}}\right) \cdot \sum_1^n L_v = \frac{G_z \cdot \varrho}{2 g \, 3{,}6^2} \cdot \sum_1^n V_E^2.$$

Für die ganze Zugfahrt ist dann in sämtlichen Gleichungen für die Lokbeanspruchung δ_v und δ_v'

$$\frac{\sum_1^n V_E^2}{\sum_1^n L_v} \quad \text{statt} \quad \frac{V_E^2}{L_v}$$

zu setzen.

In dem Ausdruck für die mittlere Zugkraft bei planmäßiger Fahrzeit $Z_{i_{m_p}}$ bzw. $Z'_{i_{m_p}}$ ist die rechte Seite der Energiegleichung noch durch $(1+0{,}01 \cdot \alpha)^2$ zu dividieren. Beim nichtausgelasteten Zuge ist mit $w'_{a_{m_k}} \cong w_{a_{m_k}}$ entsprechend Gleichung III auf Seite 145 für reine Fahrzeiten der Klammerwert gleich eins, so daß die Lokbeanspruchung des nichtausgelasteten Zuges mit planmäßigen Fahrzeiten $\delta' = \delta \cdot \dfrac{G'_z}{G_z}$ ist.

c) Lokbeanspruchung bei ständigen Langsamfahrstellen.

An Hand der Abb. 47 ,,Geschwindigkeits-Weg-Diagramm an einer Langsamfahrstelle'' sind zwischen zwei Zugmeldestellen die mit gleicher Energiezufuhr befahrenen Streckenabschnitte durch die Bremsstrecke ($\delta = 0$) und die Langsamfahrstelle (Drosselstrecke) unterbrochen. Die zweite mit gleicher Energiezufuhr

Die Zugförderkosten. 151

befahrene Strecke beginnt mit der Geschwindigkeit V_l der Langsamfahrstelle. In diesen Fällen ist in der Gl. (IIa) die rechte Seite nicht $\frac{G_z \cdot \varrho}{2\,g \cdot 3{,}6^2} \cdot V_E^2$, sondern es sind die Anfangs- und Endgeschwindigkeiten der beiden Teilstrecken l_{v_1} und l_{v_2}, die mit gleicher Energiezufuhr befahren werden, in die Gleichung einzusetzen. Vor der Langsamfahrstelle ist am Anfang der Strecke die Geschwindigkeit $V_A = 0$ und am Ende V_{E_1} [km/h]. Hinter der Langsamfahrstelle beginnt die Teilstrecke l_{v_2}, die am Anfang die Geschwindigkeit $V_{A_2} = V_l$ [km/h] und am Ende die Geschwindigkeit V_{E_2} [km/h] hat. Hiermit lautet die Gleichung (IIa)

$$\left(0{,}96 \cdot Z_{i_{m_{k_{g_1}}}} \mp G_z \cdot s_{v_{m_1}} - G_z \cdot w_{a_{m_{k_1}}}\right) \cdot l_{v_1} + \left(0{,}96 \cdot Z_{i_{m_{k_2}}} \mp G_z \cdot s_{v_{m_2}} - G_z \cdot w_{a_{m_{k_2}}}\right) \cdot l_{v_2}$$
$$= \frac{G_z \cdot \varrho}{2\,g \cdot 3{,}6^2} \cdot (V_{E_1}^2 + V_{E_2}^2 - V_{A_2}^2)$$

Da in der Zuglauftabelle $s_{v_m} = \frac{s_{v_{m_1}} \cdot l_{v_1} + s_{v_{m_2}} \cdot l_{v_2}}{l_{v_1} + l_{v_2}}$ [⁰/₀₀] und der Wert $w_{a_{m_k}}$ $= 1{,}085\, w_{m_k}$ für die Strecke $l_{v_1} + l_{v_2}$ bekannt ist, ergibt sich für ein mittleres $Z_{i_{m_{k_g}}}$ sodann

$$\left(0{,}96 \cdot Z_{i_{m_{k_g}}} \mp G_z \cdot s_{v_m} - G_z \cdot w_{a_{m_k}}\right) \cdot (l_{v_1} + l_{v_2}) = \frac{G_z \cdot \varrho}{2\,g \cdot 3{,}6^2} \cdot (V_{E_1}^2 + V_{E_2}^2 - V_{A_2}^2).$$

Den Klammerwert $(V_{E_1}^2 + V_{E_2}^2 - V_{A_2}^2)$ der rechten Seite der Gleichung berechnet man zwischen den Zugmeldestellen gesondert und trägt den Wert $V_{E_1}^2 + V_{E_2}^2 - V_{A_2}^2$ als V_E^2 in Spalte 12 der Zuglauftabelle ein, der dann mit den anderen Werten fortlaufend summiert wird.

In der Spalte 12 der Zuglauftabelle (Abb. 58a) sind die $\left(\frac{V_E}{10}\right)^2$ Werte eingetragen. Das Summenergebnis ist daher noch mit 100 zu multiplizieren.

Beispiele:

1. Beispiel. Es ist die Lokbeanspruchung für die Anfahrt von $V_A = 0$ bis $V_E = 60$ [km/h] auf dem Gefälle $s_{v_m} = -2$ [⁰/₀₀] des ausgelasteten Zuges mit $G_z = 1236$ [t] und des nichtausgelasteten Zuges mit $G_z' = 936$ [t] bei planmäßigen Fahrzeiten zu ermitteln. Der Zug ist mit einer Lok G 56.15 (R 50) bespannt. Der Massenfaktor ist $\varrho = 1{,}09$, die Fahrzeitermittlung ist in Abb. 62b—g durchgeführt. Die Anfahrstrecke bei reinen Fahrzeiten ist $L_v = 3{,}48$ [km] und die dazugehörige Fahrzeit $T_v = 5{,}52$ [min]. Die Fahrzeitverlängerung ist $\alpha = 5$ [%].

Für den ausgelasteten Zug ist

$$\frac{Z_{i_{m_p}}}{Z_{i_{m_{k_g}}}} = \frac{\pm s_{v_m} + w_{a_{m_p}} + \dfrac{V_E^2 \cdot \varrho}{2\,g \cdot 3{,}6^2 \cdot (1 + 0{,}01 \cdot \alpha)^2 \cdot L_v}}{\pm s_{v_m} + w_{a_{m_k}} + \dfrac{V_E^2 \cdot \varrho}{2\,g\, 3{,}6^2 \cdot L_v}}.$$

Für $V_{m_p} = \dfrac{60 \cdot L_v}{1{,}05 \cdot T_v} = \dfrac{60 \cdot 3{,}48}{1{,}05 \cdot 5{,}25} = 37{,}9$ [km/h]

ist mit $V_{m_k} = V_{v_m}$ nach Abb. 62b $w_{m_p} = 4{,}0$ [⁰/₀₀], also $w_{a_{m_p}} = 4{,}0 \cdot 1{,}085 = 4{,}33$ [⁰/₀₀] (s. S. 144), für $V_{v_m} = 39{,}8$ [km/h] ist $w_{a_{m_k}} = 4{,}15 \cdot 1{,}085 = 4{,}52$ [⁰/₀₀].

Dann ist

$$\frac{Z_{i_{m_p}}}{Z_{i_{m_{k_g}}}} = \frac{-2 + 4{,}33 + \dfrac{1{,}09 \cdot 60^2}{2 \cdot 9{,}81 \cdot 3{,}6^2 \cdot 1{,}05^2 \cdot 3{,}48}}{-2 + 4{,}52 + \dfrac{1{,}09 \cdot 60^2}{2 \cdot 9{,}81 \cdot 3{,}6^2 \cdot 3{,}48}} = 0{,}914 \,.$$

Aus der Llv-Tafel der R 50 wurde für $V_{m_p} = 37{,}9$ und $V_{m_k} = 39{,}8$ [km/h] $Z_{i_{m_{k_g}}} : Z_{i_{m_{p_g}}} = 0{,}95$ abgelesen.

Daher ist die Lokbeanspruchung $\delta = \dfrac{Z_{i_{m_p}} \cdot Z_{i_{m_{k_g}}}}{Z_{i_{m_{k_g}}} \cdot Z_{i_{m_{p_g}}}} = 0{,}914 \cdot 0{,}95 = 0{,}869$.

Für den nichtausgelasteten Zug mit $G'_z = 936$ [t], $w'_{a_{m_p}} = w_{a_{m_k}}$ und den gleichen planmäßigen Fahrzeiten wie bei dem ausgelasteten Zug ist

$$\frac{Z'_{i_{m_p}}}{Z_{i_{m_{k_g}}}} = \frac{G'_z \cdot \left[\pm s_{v_m} + w_{a_{m_k}} + \dfrac{V_E^2 \cdot \varrho}{2 \cdot 9{,}81 \cdot 3{,}6^2 \cdot 1{,}05^2 \cdot L_v}\right]}{G_z \cdot \left[\pm s_{v_m} + w_{a_{m_k}} + \dfrac{V_E^2 \cdot \varrho}{2 \cdot 9{,}81 \cdot 3{,}6^2 \cdot L_v}\right]}$$

$$= \frac{936 \cdot (-2 + 4{,}52 + 4{,}03)}{1236 \cdot (-2 + 4{,}52 + 4{,}44)} = \frac{936 \cdot 6{,}55}{1236 \cdot 6{,}96} = 0{,}713.$$

Es ist wieder $\dfrac{Z_{i_{m_{k_g}}}}{Z_{i_{m_{p_g}}}} = 0{,}95$ und daher die Lokbeanspruchung

$$\delta' = 0{,}713 \cdot 0{,}95 = 0{,}678\,.$$

2. Beispiel. Für einen Zug mit $G_z = 1209$ [t], $\varrho = 1{,}07$ und $G_w = 1040$ [t], der über eine Strecke mit verschiedenen Neigungen, deren stärkste 10,5 [⁰/₀₀] ist, von einer G 56.20 (44) gezogen wird, ist die reine Fahrzeit nach Abb. 32 ermittelt worden. Mit $\delta = 1$ wird eine Strecke von $L_v = 9{,}72$ [km] in der Zeit $T_v = 19$ [min] befahren. Es ist wieder die Lokbeanspruchung δ des ausgelasteten Zuges mit planmäßigen Fahrzeiten zu ermitteln. Die Neigungen des Längenprofils auf der 9,72 [km] langen Anfahrstrecke sind mit $s_{v_m} = 7{,}42$ [⁰/₀₀] gemittelt. $V_E = 60$ [km/h].

Es ist $V_{r_m} = \dfrac{60 \cdot L_v}{T_v} = \dfrac{60 \cdot 9{,}72}{19} = 30{,}6$ [km/h]

und $V_{m_p} = \dfrac{30{,}6}{1{,}05} = 29{,}2$ [km/h]. Hierfür ist nach Abb. 32a $w_{m_p} = 3{,}66$ [⁰/₀₀], $w_{a_{m_p}} = 3{,}66 \cdot 1{,}085 = 3{,}97$ [⁰/₀₀] und $w_{m_k} = 3{,}71$ [⁰/₀₀], $w_{a_{m_k}} = 3{,}71 \cdot 1{,}085 = 4{,}02$ [⁰/₀₀]. Das Verhältnis der Zugkräfte ist

$$\frac{Z_{i_{m_p}}}{Z_{i_{m_{k_g}}}} = \frac{7{,}42 + 3{,}71 + \dfrac{1{,}07 \cdot 60^2}{2 \cdot 9{,}81 \cdot 3{,}6^2 \cdot 1{,}05^2 \cdot 9{,}72}}{7{,}42 + 4{,}02 + \dfrac{1{,}07 \cdot 60^2}{2 \cdot 9{,}81 \cdot 3{,}6^2 \cdot 9{,}72}} = 0{,}962\,.$$

Mit $Z_{i_{m_{k_g}}} : Z_{i_{m_{p_g}}} = 0{,}948$ (Abb. 15a) multipliziert ist die Lokbeanspruchung $\delta = 0{,}962 \cdot 0{,}948 = 0{,}912$. Beim nichtausgelasteten Zug mit planmäßigen Fahrzeiten und $G'_z = 936$ [t] ist $\delta' = (G'_z : G_z) \cdot \delta = 0{,}912 \cdot 936 : 1236 = 0{,}697$.

Wie vorher gezeigt, wurde in der Llv-Tafel der R 50 (Abb. 60a) die Linie der Fahrweise des nichtausgelasteten Zuges mit **reinen Fahrzeiten** eingezeichnet. Die Lokbeanspruchung ist hier

$$\delta' = \frac{Z'_{i_{mk}}}{Z_{i_{m_{k_g}}}} \cdot \frac{Z_{i_{m_{k_g}}}}{Z_{i_{m_{k_g}}}} = \frac{G'_z}{G_z} \cdot 1 = \frac{936}{1236} = 0{,}759\,.$$

Diese Linie der Fahrweise für die gleichbleibende Lokbeanspruchung (Llv-Tafel Abb. 60a) ist etwas geneigt, so daß zwischen V_a bis $V_h = 60$ [km/h] der sekundliche Kohlenverbrauch β [kg/sec] von 0,255 bis 0,27 [kg/sec] schwankt. In Abb. 60b wurden sodann für die gleiche Lok R 50 in Abhängigkeit von der Geschwindigkeit und den verschiedenen Drosselgraden $\beta : \beta_g$ die Lokbeanspruchungen δ aufgetragen. Zur Herstellung der Abb. 60b sind in der Llv-Tafel Abb. 60a Senkrechte für die einzelnen β-Werte zu zeichnen. Diese Senkrechten schneiden die Kurvenschar der Geschwindigkeiten V [km/h]. Jeder Schnittpunkt ergibt als Ordinate die Zugkraft Z_i bei der zugehörigen Geschwindigkeit und der Senkrechten für den sekundlichen Kohlenverbrauch β. Das Verhältnis jeder Zugkraft. Z_i zu der Zugkraft Z_{i_g} bei der gleichen Geschwindigkeit an der Kesselleistungsgrenze ergibt die Lokbeanspruchung δ. Die hiernach gezeichnete Abb. 60b zeigt erstens, daß sich die Lokbeanspruchung in Abhängigkeit von der Geschwindigkeit schwach ändert, und zwar stärker mit abnehmender Lokbeanspruchung, und zweitens, daß die Änderung sowohl des sekundlichen Kohlenverbrauchs als auch der Lokbeanspruchung mit der Geschwindigkeit wenig ausmacht. Infolgedessen ist die für die Geschwindigkeit $V_{a_{m_p}}$ berechnete Lokbeanspruchung auch für die mittlere Geschwindigkeit $V_{m_p} = \dfrac{V_{v_m}}{1+0{,}01 \cdot \alpha} = \dfrac{60 \cdot L_v}{T_v \cdot (1+0{,}01 \cdot \alpha)}$ der mit planmäßigen Fahrzeiten befahrenen Strecke L_v für gleichbleibende Energiezufuhr gültig. Greift man in V_{m_p} den berechneten δ-Wert ab und interpoliert diesen Punkt der β-Linie, so trifft für diesen Schnittpunkt sowohl der mittlere sekundliche Kohlenverbrauch β als auch die mittlere Lokbeanspruchung δ zu. Für dieselbe Lokbeanspruchung weichen aber die Werte der β-Linie für andere Geschwindigkeiten ab. Bei kleineren Geschwindigkeiten sind sie zu groß, bei großen Geschwindigkeiten zu klein. Aber in bezug auf die **mittlere Geschwindigkeit** gleicht sich das Zuviel und das Zuwenig des Kohlenverbrauchs aller Zeitschritte bei veränderlichen Geschwindigkeiten aus. Infolgedessen ist man auch berechtigt, von einer **gleichbleibenden Energiezufuhr zu sprechen.** Dies trifft um so eher zu, je flacher die Kohlenverbrauchslinie mit veränderlicher Geschwindigkeit verläuft (Abb. 60b).

4. Die gedrosselte Fahrweise und die Fahrweise mit Ausläufen.

Bei ausgelasteten Zügen sind die planmäßigen Fahrzeiten des Buchfahrplans um α [%] länger als die reinen Fahrzeiten der Zuglauftabelle bzw. der zeichnerischen Fahrzeitermittlung. Verteilt man die Fahrzeitverlängerung nach dem Vorschlag des Verfassers **gleichmäßig** auf die ganze durchfahrene Strecke, so müßte an jeder Stelle der Zugfahrt für die Geschwindigkeiten V_p bei planmäßigen Fahrzeiten gegenüber den Geschwindigkeiten V_k bei reinen Fahrzeiten die Beziehung $V_p = V_k : (1 + 0{,}01\,\alpha)$ bestehen. Um durch die Bewegungskräfte diese kleineren Geschwindigkeiten V_p zu erhalten, müssen wie auf S. 146 gezeigt die Zugkräfte und somit auch die Ordinaten der s-V-Linie so reduziert werden, daß die Gleichheit der Beschleunigungskräfte p_0 [kg/t] auf der waagerechten geraden Bahn mit den Steigungen s [⁰/₀₀] des Längenprofils nicht bei V_k sondern bei $V_p = V_k : (1 + 0,01\,\alpha)$ vorhanden ist. Diese Forderung muß nicht nur bei den Beharrungsgeschwindigkeiten, sondern auch beim Anfahren und auf starken Steigungen bei Verzögerungen erfüllt sein. Wird auf flachen Steigungen $+ s < s_k$ [⁰/₀₀] und auf flachen Gefällen $- s < w$ [⁰/₀₀] die Höchstgeschwindigkeit V_h reduziert, so ist die Kraftzufuhr so zu drosseln, daß Zugkräfte und Widerstände für die Geschwindigkeit $V_h : (1 + 0,01\,\alpha)$ gleich sind. Auf Gefällen $- s > w$, die ohne Kraftverbrauch befahren werden, wird der Zug gebremst, damit die vorgeschriebene Höchstgeschwindigkeit nicht überschritten wird. Auch hier müssen die für die reinen Fahrzeiten nach den Bremstafeln vorgeschriebenen Geschwindigkeiten bei planmäßigen Fahrzeiten entsprechend ermäßigt werden. Beim nichtausgelasteten Zuge, der ebenfalls nach den fahrplanmäßigen Zeiten des Buchfahrplans befördert wird, sind nach den vorstehenden Ausführungen die Zugkräfte entsprechend zu reduzieren. Dann hat auch der nichtausgelastete Zug an jeder Stelle der Fahrt die Geschwindigkeiten V_p wie der ausgelastete mit planmäßigen Fahrzeiten.

Dies ist die sogenannte **gedrosselte Fahrweise** ausgelasteter und nichtausgelasteter Züge, nach der eine Fahrt mit planmäßigen Fahrzeiten auf der Grundlage der reinen Fahrzeiten für die Kostenermittlung eindeutig festgelegt ist. Diese sogenannte gedrosselte Fahrweise kann in der Praxis verwirklicht werden. Sie bietet darüber hinaus für die Veranschlagung den Vorteil, daß bei geringeren Zuglasten z. B. der Güterzüge bis etwa 0,6 des Zuggewichtes keine neuen Fahrzeitermittlungen nötig sind und daß lediglich durch eine Reduktion der Lokbeanspruchung im Lokkostenmaßstab die Kosten der nichtausgelasteten und der ausgelasteten Züge mit planmäßigen Fahrzeiten ebenso veranschlagt werden können wie die Kosten des ausgelasteten Zuges mit reinen Fahrzeiten.

In der Praxis wird jedoch meist nicht nach der **gedrosselten Fahrweise** gefahren. Hier wird mit **voller Lokbeanspruchung** angefahren und der Zug erreicht etwas schneller die verkleinerte Beharrungsgeschwindigkeit der planmäßigen Fahrzeiten. Die Reduktion der Beharrungsgeschwindigkeiten auf Steigungen $s > s_k$ und der Höchstgeschwindigkeit V_h auf den Drosselstrecken ist dieselbe bei beiden Fahrweisen, also $V_h : (1 + 0,01 \cdot \alpha)$, wenn man die Höchstgeschwindigkeit nicht noch stärker reduziert, um die Einsparung der Fahrzeit beim Anfahren wieder auszugleichen. Die zu kurzen Fahrzeiten können auch auf starkem Gefälle $- s > w$ durch eine Bremsgeschwindigkeit, die kleiner als $V_b : (1 + 0,01 \cdot \alpha)$ ist, wieder ausgeglichen werden.

Auf Strecken mit flachen Steigungen $s < s_k$ und Gefällen $- s < w$ [⁰/₀₀], auf denen die Lok nur wenig beansprucht wird, kann man im Gegensatz zu der gedrosselten Fahrweise die Fahrzeit dadurch verlängern, daß man die Energie abstellt und den Zug, insbesondere vor Bahnhofshalten auslaufen läßt. Dadurch wird gegenüber der gedrosselten Fahrweise etwas Energie gespart.

Auch wird etwas an Energie gespart dadurch, daß man die Energie streckenweise abstellt und dann mit größeren Lokbeanspruchungen wieder beschleunigt. Dabei hat die Lok eine bessere Arbeitslage.

Wenn die Energie vor dem Knick zu einem Gefälle $- s < w$ abgestellt und hinter dem Knick der Zug durch die Gefällkraft beschleunigt wird, so wird hierdurch auch etwas Energie gespart, weil weniger Energie abgebremst zu werden braucht.

Die Herabsetzung der Höchstgeschwindigkeit auf Drosselstrecken ergibt bei schnellfahrenden Zügen einen Energiegewinn durch Verringerung des Windwiderstandes. Diese Ersparnis kommt aber auch der gedrosselten Fahrweise nach dem Vorschlag des Verfassers zugute.

Durch Vergleichsrechnungen der Bundesbahn für einen Reisezug von 300 [t] auf einer Gesamtstrecke von 130 [km] (Hin- und Rückfahrt) wurde festgestellt, daß die Selbstkosten bei gedrosselter Fahrweise 1,24 [%] größer sind als bei der Fahrweise mit Ausläufen. Bei einem leichten Reisezug sind die Unterschiede beider Fahrweisen größer als bei einem schweren Güterzug. Dies beweist auch die Vergleichsrechnung der Bundesbahn für einen Nahgüterzug von 800 [t] mit den Fahrzeiten des ausgelasteten Zuges von 1100 [t] auf einer 63,81 [km] langen Flachlandstrecke bei reinen Fahrzeiten. Die Mehrkosten der Zugförderung betrugen hier nach der gedrosselten Fahrweise nur 0,031 [%] gegenüber der Fahrweise mit Ausläufen.

Diese Mehrkosten sind praktisch belanglos, wenn man sich vor Augen hält, daß die Berechnungen sich auf Annahmen aufbauen, die in bestimmten Grenzen Schwankungen unterliegen. Infolgedessen sind nach wie vor **Fahrweisen mit Ausläufen in der Praxis beizubehalten, aber der Berechnung der Zugförderkosten nach dem Verfahren des Verfassers ist die gedrosselte Fahrweise zugrunde zu legen**, weil hierbei für die Veranschlagung ohne eine merkliche Einbuße der Genauigkeit nicht für jedes andere Zuggewicht und eine andere Fahrzeitverlängerung α eine neue Fahrzeitermittlung nötig ist. Der Wert α enthält als Differenz der Fahrzeit des Buchfahrplans und der reinen Fahrzeiten (s. S. 55/56) nicht nur den prozentualen Zuschlag zu allen reinen Fahrzeiten (Vollzuschlag), sondern auch die Einzelzuschläge zum Ausgleich von Verspätungen und für Zeitverluste beim Geben und Aufnehmen des Abfahrauftrages.

5. Der Fahrwegkostenmaßstab.

Die Kostenanteile (Selbstkosten). Zu den Kosten für den Fahrweg gehören die Kosten des Betriebs- und Bahnbewachungsdienstes (Zukof. 20), die Unterhaltungskosten des Oberbaues (Zukof. 21), die Erneuerungskosten des Oberbaues (Zukof. 22), die Bedienungs-, Unterhaltungs- und Erneuerungskosten der Anlagen der elektrischen Zugförderung (Zukof. 23), die Unterhaltungs- und Erneuerungskosten der Bahnanlagen ausschließlich Oberbau und Anlagen der elektrischen Zugförderung (Zukof. 24) und die Zinskosten des Fahrwegs ohne die Anlagen für elektrische Zugförderung, und getrennt davon die Zinskosten der Anlagen für elektrische Zugförderung (Zukof. 25). Von diesen werden bei Bahnen, die mit Dampf betrieben werden, in dem sog. **Fahrwegkostenmaßstab** Abb. 61 die Zukof. 21, 22 (teilweise), 24, 25 zusammengefaßt. Für 1 [t·km] lauten diese Zuko-Gleichungen:

1. Zukof. 21 (Unterhaltungskosten des Oberbaues). Für Hauptbahnen:

$$1{,}43 \cdot 100 \cdot f_8 \cdot \frac{1{,}21}{V_B}\left[60 + \frac{n}{3} + \frac{e_{lo} \cdot G_l + e_{wa} \cdot G_w}{G_z} \cdot 6\, e_{st} \cdot e_v \sqrt[3]{V_B^2}\right] \; [\text{Pf/tkm}].$$

2. Zukof. 22 (Oberbauerneuerung) erster Summand:

$$\frac{1{,}43 \cdot 2{,}5 \cdot f_9}{10\,000} \; [\text{Pf/tkm}].$$

3. Zukof. 24 (Unterhaltungs- und Erneuerungskosten der Bahnanlagen):
$k_{fu} = 0{,}079$ [Pf/tkm] (Güterzüge) bzw. $= 0{,}127$ [Pf/tkm] (Reisezüge).

4. Zukof. 25 (Zinskosten der Fahrwege ohne Anlagen für elektrischen Betrieb):

$$\frac{k_{zf}}{365\,V_B} \cdot z_f \text{ [Pf/tkm]} \quad (z_f = 3{,}5\% \text{ bei bestehenden Bahnen})$$

k_{zf} [DM/km] sind die Baukosten für 1 [km] Bahnlinie.

(Zukof. 20 und 22 II. Teil werden als Einzelkostenangaben S. 158 u. 164 erfaßt.)

Die Kosten für Oberbauunterhaltung (Zukof. 21) bauen sich auf Formeln auf, die der Dienststellenbewertungsausschuß (Diba) für die Bemessung der Tagewerkköpfe für die Oberbauunterhaltung je Jahr und Kilometer aus dem Durchschnittsergebnis langjähriger Aufschreibung erfaßt hat. Der erste und zweite Summand $60 + \frac{n}{3}$ des Klammerwertes sind völlig unabhängig von den Streckenverhältnissen, der Fahrgeschwindigkeit und der Bauart der Lok und der Wagen, weil sie nur den für jede Strecke gleich großen Anteil des Tagewerkbedarfs bezeichnen, der durch die Witterungseinflüsse (Zahl 60) und durch die Behinderung in den Arbeiten durch den Zugverkehr (Zahl $n:3$) entsteht. Es ist n die tägliche Zugzahl in beiden Richtungen. Die Einflußziffern e_{st}, e_v, e_{lo} und e_{wa} sind dem zweiten Summanden zugewiesen. Wird der Klammerwert durch $365 \cdot V_B$ geteilt, so erhält man die Tagewerke je Tonnenkilometer. Werden die auf einen Tonnenkilometer entfallenden Tagewerke mit der Geldausgabe und dem auf ein Tagewerk bezogenen Geldwert für den Stoffverbrauch $k_{t_w} \cdot (1 + \omega)$ vervielfältigt, so erhält man die Kosten je Tonnenkilometer Zugfahrt für Oberbauerneuerung. Die Faktoren 1,21 und 1,43 sind auf S. 120 u. 124 erklärt und Zahlenwerte für f_8 und f_9 sind in Tabelle 9 S. 180 angegeben. Es ist

$$\frac{k_{t_w}(1+\omega)}{365} = f_8.$$

Die Zukof. 21 (Oberbauunterhaltung) ist wie folgt umgestaltet worden:

Es ist e_{lo} die Einflußziffer der Lokbauart auf den Oberbau, die für jede Lok verschieden ist (s. S. 124).

$e_{wa} = 1{,}12$ Einflußziffer des Wagenbaues auf die Oberbauunterhaltung.
$e_{st} = 1$ Einflußziffer der Streckenneigung auf die Oberbauunterhaltung.
$e_v = 1$ Einflußziffer der Geschwindigkeit auf die Oberbauunterhaltung.

Da $G_w = G_z - G_l$ ist, so ist

$$\frac{(e_{lo} \cdot G_l + 1{,}12\,G_z - 1{,}12\,G_l)}{G_z} = \frac{(e_{lo}-1{,}12) \cdot G_l}{G_z} + 1{,}12.$$

Dann erhält man als Zukof. 21

$$1{,}43 \cdot 100 \cdot f_8 \cdot 1{,}21 \left[\frac{60}{V_B} + \frac{n}{3\,V_B} + \left(\frac{(e_{lo}-1{,}12) \cdot G_l}{G_z} + 1{,}12 \right) \frac{6}{\sqrt[3]{V_B^2}} \right].$$

In der Zuko Teil A, II. Abschnitt, gültig vom 1. 6. 51, ist der letzte Faktor nicht 6 sondern 7. V_B [t] ist die tägliche Streckenbelastung. Es ist $V_B : n = G_m$ das mittlere Zuggewicht auf der Bahnlinie. Dieser Einfluß ändert sich mit dem Wert von G_m wenig. Man kann $G_m = 800$ [t] annehmen (vgl. Abb. 2, Organ 1943, Heft 7—8, S. 107). Der Wert $(e_{lo} - 1{,}12) \cdot G_l : G_z$ ist bei den meisten Loks verschwindend klein

Die Zugförderkosten.

und bei allen Lokbauarten auf Flachlandbahnen wegen seiner Kleinheit zu vernachlässigen. Für Flachlandbahnen lautet dann die Gleichung:

$$1{,}43 \cdot 100 \cdot f_8 \cdot 1{,}21 \left(\frac{60}{V_B} + \frac{1}{3 \cdot 800} + \frac{6{,}72}{\sqrt[3]{V_B^2}} \right) \quad [\text{Pf/tkm}].$$

Bei den Lokgattungen mit großem e_{lo} ist auf Bahnen im Hügelland und Gebirge für ein kleines Zuggewicht G_z der Ausdruck $(e_{lo}-1{,}12) \cdot G_l : G_z$ zu berechnen und diese Linie im Lokkostenmaßstab über der vorgenannten einzutragen. Dann sind als Selbstkosten zweigleisiger Hauptbahnen die Ordinaten des **Fahrwegkostenmaßstabes**

$$k_{fw} = k_{fu} + \frac{2{,}5 \cdot f_9 \cdot 1{,}43}{10\,000} + 100 \cdot f_8 \cdot 1{,}21 \cdot 1{,}43 \left(\frac{60}{V_B} + \frac{1}{3 G_m} + \frac{6{,}72}{\sqrt[3]{V_B^2}} \right) +$$

$$+ \frac{k_{fb} \cdot 100}{365 \, V_B} + \frac{k_{zf} \cdot z_f}{365 \cdot V_B} \quad [\text{Pf/tkm}]$$

über der Abszissenachse V_B [t/Tag] der täglichen Streckenbelastung aufgetragen. In ähnlicher Weise sind im Fahrwegkostenmaßstab auch für geringe tägliche Streckenbelastungen V_B die Ordinaten k_{fw} für eingleisige Haupt- und Nebenbahnen auf S. 185 u. 186 berechnet. Die Vervielfältigung der abgelesenen Werte mit dem Gesamtfahrweg und dem Zuggewicht ergibt die Fahrwegkosten der Zugfahrt. Der Fahrwegkostenmaßstab nach Abb. 61 gilt sowohl für diese drei Bahnarten als auch für die Selbstkosten, die vollen Kosten und die veränderlichen Kosten. Die Linien für volle Kosten erhält man aus den Linien für Selbstkosten, indem man von diesen die Zinskosten des Fahrwegs (Zukof. 25) absetzt. Die Linien für veränderliche Kosten entstehen dadurch, daß man weiterhin von den Linien für volle Kosten nach unten noch die Kosten für Unterhaltung und Erneuerung der Bahnanlagen ausschließlich Oberbau und Anlagen der elektrischen Zugförderung (Zukof. 24) sowie den Zuschlag für Gemeinkosten zu den Zukof. 21, 22, 23 (also bei Hauptbahnen Zukof. 21 und 22) abzieht. Da der Zuschlag für Gemeinkosten mit 1,43 angegeben ist, so erhält man die Abzüge, wenn man die Tabellenwerte (S.180) für die Zukof. 21 und 22 (erster Summand) durch 1,43 teilt, mit 0,43 vervielfältigt und addiert.

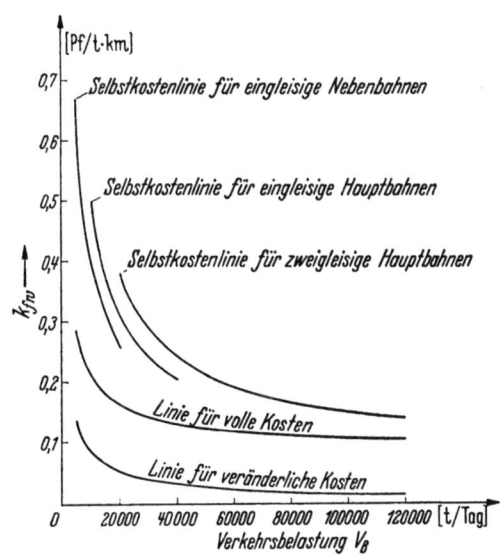

Abb. 61. Fahrwegkostenmaßstab für bestehende Bahnen (berücksichtigt Zukoformel 21, 22 teilweise, 24 und 25a).
Bei Reisezügen erhöhen sich die Ordinaten der Linien für Selbstkosten und für volle Kosten nach Beiblatt zur Anlage 14 der Zuko 1949 Teil A, II um 0,127—0,079 = 0,048 [Pf/tkm].
Bei elektrischen Bahnen erhöhen sich die Gesamtfahrwegkosten einer Zugfahrt nach Zukof. 23 und 25b um
$1{,}1 \cdot (0{,}0135 \cdot 1{,}43 + 0{,}011) \cdot B'_g = 0{,}0334 \cdot B'_g$ [DM]
Die Zukof. 20 wird als Einzelkosten erfaßt:

$$K_{fb} = \frac{k_{fb} \cdot L}{100} \quad [\text{DM}]$$

mit $k_{fb} = 96{,}51$ [Pf/Zugkilometer] bei Güterzügen
mit $k_{fb} = 67{,}50$ [Pf/Zugkilometer] bei Reisezügen.

6. Die Einzelkostenangaben.

a) Die von der indizierten Zugkrafts- und der Widerstandsarbeit der Lok abhängigen Kostenanteile. Die indizierte Zugkrafts- und die Widerstandsarbeit der Triebachsen treten als Verbrauchswerte in Zukof. 9 und 22 auf. Sie dienen als Maß für den Verschleiß des Fahrgestells und der Schienen. Weiterhin sind nach Zukof. 22 die Erneuerungskosten des Oberbaues abhängig von der Widerstandsarbeit des Zuges in Gleisbögen und von der Bremsarbeit für das Halten und für die Fahrt auf Gefällen stärker als der Zugwiderstand.

Für die Zukof. 9 (s. S. 64) lautet dieser Kostenanteil:

$$f_3 \cdot \left[\frac{(1-\eta_i) \cdot A_l + A_p}{T} \right] L = f_3 \left[0{,}04 \cdot A_l + \frac{c_{l_2} \cdot G_{l_2} \cdot L}{1000} + \frac{c_{l_0} \cdot V \cdot L_0}{1000} \right] \cdot \frac{L}{T} \quad [DM]$$

und für Zukof. 22 (s. S. 65) ist dieser Anteil:

$$\frac{1{,}43 \cdot 2{,}5 \cdot f_9}{1000} (\eta_i \cdot A_l + A_p) =$$

$$= \frac{1{,}43 \cdot 2{,}5 \cdot f_9}{1000} \left[0{,}96 \cdot A_l - \frac{c_{l_2} \cdot G_{l_2}}{1000}(L - 2L_0) + \frac{c_{l_0} \cdot V \cdot L_u}{1000} \right] \quad [DM].$$

Die Zugkraftsarbeit A_l kann nach folgendem Verfahren genau ermittelt werden:

Für $V : 60$ [km/min] als Weg je Minute ist die minutliche indizierte Zugkraftsarbeit $\Delta A_l = Z_{i_g} \cdot V : 60 \cdot 1000$ [kmt/min]. Diese Werte werden nach Abb. 62d über der V-Achse aufgetragen. Greift man für die einzelnen Wegstrecken je Minute des Zeitwegstreifens (Abb. 62c), die proportional den Geschwindigkeiten sind, die ΔA_l Werte ab und reiht sie nach Abb. 62e auf einer Waagerechten aneinander, so erhält man die gesamte indizierte Zugkraftsarbeit während der Fahrzeit T_v [min]. Will man die etwas zeitraubende Ermittlung der Lokarbeit A_l nach dem genauen Verfahren vermeiden, so kann man A_l nach folgendem, bereits auf S. 65 erwähnten Näherungsverfahren schnell finden:

Näherungsweise erhält man die gleiche Arbeit A_l, wenn man in der ΔA_l-V-Linie die mittlere minutliche Arbeit ΔA_{l_m} abgreift, die mit der Fahrzeit T_v unter Berücksichtigung der Anfahrzeit $t_ü$ multipliziert die Arbeit A_l ergibt.

Da während der Anfahrzeit $t_ü : 60$ [min] die Arbeit je Minute von Null bis ΔA_{l_m} geradlinig anwächst, kann man so rechnen, als ob während der ersten Hälfte der Anfahrzeit $t_ü : 2 \cdot 60$ [min] keine Arbeit geleistet würde, während in der zweiten Hälfte die volle Arbeit $\Delta A_{l_m} \cdot t_ü : 2 \cdot 60$ aufzuwenden wäre. Die mittlere Zugkraftsarbeit je Minute ΔA_{l_m} ergibt sich also aus der gesamten geleisteten Zugkraftsarbeit A_l, indem man letztere durch die Zeit $T_v - t_ü : 2 \cdot 60$ dividiert, in der die volle minutliche Zugkraftsarbeit ΔA_{l_m} wirksam gedacht wird.

Sie ist also

$$\Delta A_{l_m} = \frac{A_l}{T_v - \dfrac{t_ü}{2 \cdot 60}}.$$

Nun kann man $\Delta A_{l_m} = Z_{i_g} \cdot V_{m_a} : 60 \cdot 1000$ [kmt/min] setzen. Durch Vergleichsrechnungen wurde gefunden, daß mit guter Annäherung die Geschwindigkeit

$$V_{m_a} = \frac{2 \cdot V_h + V_ü}{3} \quad [km/h]$$

ist. Durch die Einführung von V_{m_a} spart man die zeichnerische Integration der indizierten Zugkraftsarbeit und es ist in Abb. 62d die Ordinate in V_{m_a} die mittlere minutliche Zugkraftsarbeit ΔA_{l_m} [kmt/min] bei Fahrt mit Volldampf. Die Formel

$$V_{m_a} = \frac{2 \cdot V_h + V_{\ddot{u}}}{3} \quad [\text{km/h}]$$

dient also nur dazu, um nach Abb. 62 das ΔA_{l_m} zu finden. Die zu V_{m_a} gehörige indizierte Zugkraft Z_{i_g} kann man aus der s-V-Linie nebst der zugehörigen w-Linie berechnen, da allgemein $Z_{i_g} = G_z \cdot (s + w) : (1 - c_{l_s})$ ist, wo s die Ordinate der s-V-Linie und w die zugehörige der w-Linie ist. Dann ist die mittlere minutliche Arbeit $\Delta A_{l_m} = Z_{i_g} \cdot V_{m_{a_k}} : 60 \cdot 1000 = G_z \cdot (s_{a_g} + w_{m_a}) \cdot V_{m_a} : (1 - c_{l_s})$ · 60 · 1000 [kmt/min]. Hier sind s_{a_g} und w_{m_a} die Ordinaten der s-V-Linie und der w-Linie in V_{m_a}.

Ähnlich wie für die G 56.20 (44) (s. S. 66) wurde auch für die Kostenermittlung einer Zugfahrt mit der Güterzuglok G 56.15 (50) auf einer 14 [km] langen Strecke mit dem Gefälle $s = -2$ [⁰/₀₀] bis zur Höchstgeschwindigkeit $V_h = 60$ [km/h] des Zuges vom Gewicht $G_z = 1236$ [t] die Zugkraftsarbeit zu 31,4 [kmt] für $T_v = 5{,}25$ [min] zeichnerisch in Abb. 62e ermittelt. Bei der halben Fahrzeit bis $V_{\ddot{u}}$ von $t_{\ddot{u}} : 2 \cdot 60 = 66 : 2 \cdot 60 = 0{,}55$ [min] nach Abb. 62b ist die mittlere minutliche Arbeit

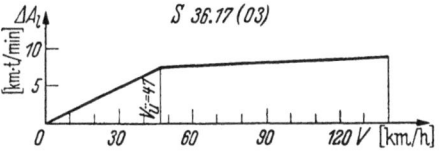
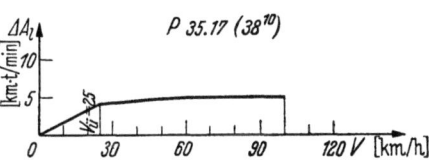

Abb. 62a. ΔA_l-V-Linien bei Reisezugloks.

$$\Delta A_{l_m} = \frac{31{,}4}{5{,}25 - 0{,}55} = \frac{31{,}4}{4{,}7} = 6{,}68 \; [\text{kmt/min}].$$

Nunmehr wurde bei der mittleren Geschwindigkeit

$$V_{m_{a_k}} = \frac{2 \cdot V_h + V_{\ddot{u}}}{3} = \frac{2 \cdot 60 + 23}{3} = 47{,}7 \; [\text{km/h}]$$

in Abb. 62b $s_{a_g} + w_{m_a} = 6{,}55$ [kg/t] abgegriffen. Hiermit ist

$$\Delta A_{l_m} = \frac{1236 \cdot 6{,}55 \cdot 47{,}7}{0{,}96 \cdot 60 \cdot 1000} = 6{,}65 \; [\text{kmt/min}].$$

Der Fehler ist also

$$+ \frac{0{,}02 \cdot 100}{6{,}68} = 0{,}3 \; [\%].$$

Trotz der grundverschiedenen Längenprofile der Abb. 32 und 62 stimmt für den ausgelasteten Zug, der von verschiedenen Loks von $V = 0$ bis $V = 60$ beschleunigt worden ist, die zeichnerische stufenweise Ermittlung der Zugkraftsarbeit mit der näherungsweise berechneten ausgezeichnet überein. Die ΔA_l-V-Linien der Reisezugloks S 36.17 (03) und P 35.17 (38¹⁰) sind in Abb. 62a wiedergegeben.

In der Gleichung $\Delta A_{l_m} = G_z \cdot (s_{a_g} + w_{m_a}) \cdot V_{m_{a_k}} : (1 - c_{l_s}) \cdot 60 \cdot 1000$ ändern sich G_z sowie s_{a_g} und w_{m_a}, aber das Produkt $G_z \cdot (s_{k_g} + w_{m_a}) = Z_i(1 - c_{l_s})$ bleibt für die Beanspruchung an der Kesselleistungsgrenze konstant. Es ist daher ΔA_{l_m} auch für s-V-Linien und w-Linien mit kleinerem Zuggewicht gültig.

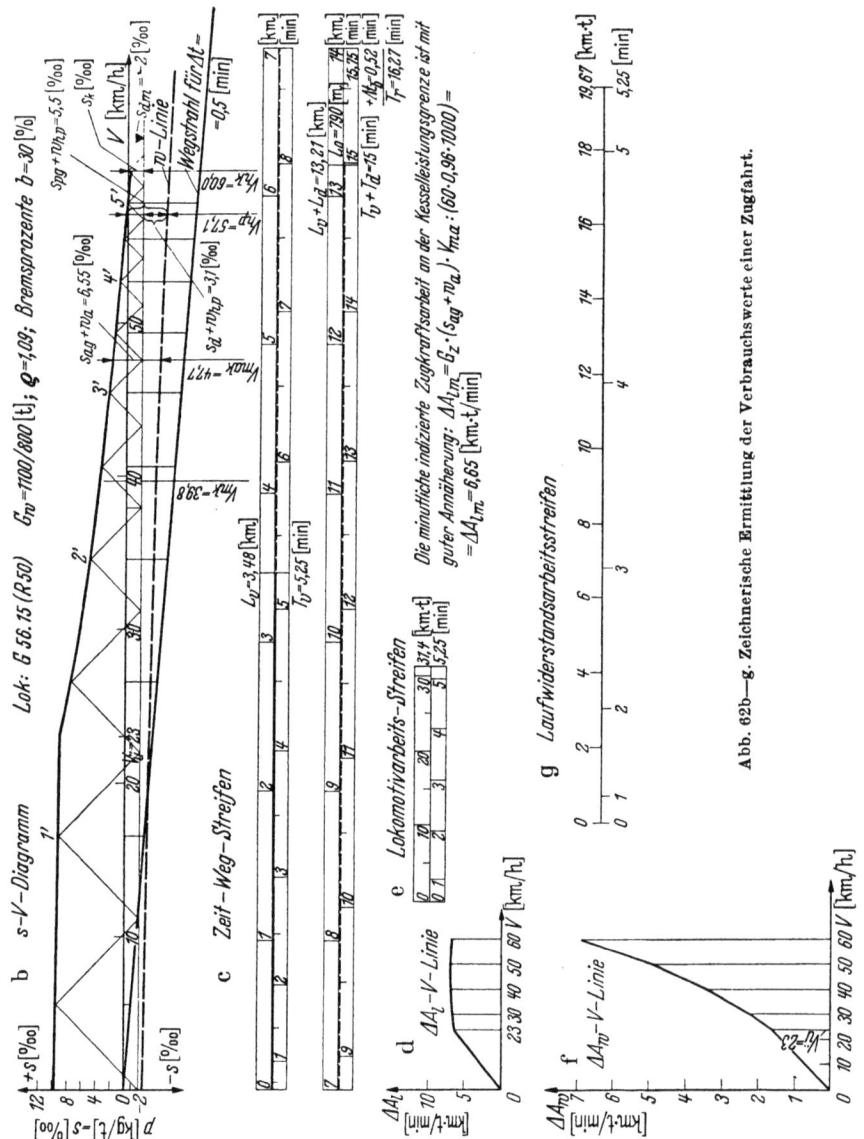

Abb. 62b–g. Zeichnerische Ermittlung der Verbrauchswerte einer Zugfahrt.

Auf S. 65 wurde empfohlen, die Arbeit des planmäßigen Zuges gleich derjenigen des mit reinen Fahrzeiten gefahrenen Zuges zu setzen, weil der Kostenanteil der Lokarbeit unbedeutend ist. Mit dem Quotienten $Z_{i_{m_p}} : Z_{i_{m_{k_g}}}$ nach S. 149 läßt sich jedoch die genauere Berechnung der Lokarbeit, wie im Beispiel S. 167

gezeigt, leicht durchführen. Auf Drosselstrecken oder auf Langsamfahrste'len wird auf den verschiedenen Neigungen die Zugkraft so gedrosselt, daß auf diesen Strecken mit gleichbleibenden Geschwindigkeiten gefahren wird. Das ist der Fall, wenn die gedrosselte Zugkraft gleich dem Widerstand ist. Nun ist auf der Drosselstrecke die gedrosselte Zugkraft $Z_{i_d} = G_z \cdot (\pm s_{d_m} + w_h) : (1 - c_{l_s}) \cdot 1000$. Dann ist mit $1 - c_{l_s} = 0{,}96$ die indizierte Zugkraft auf der Drosselstrecke

$$A_{l_d} = \frac{G_z \cdot (\pm s_{d_m} + w_h) \cdot L_d}{0{,}96 \cdot 1000} \quad [\text{kmt}].$$

$s_{d_m} + w_h$ ist in der s-V-Linie für das zugehörige Zuggewicht G_z der Höhenabstand bei der Höchstgeschwindigkeit zwischen der Waagerechten für s_{d_m} und der w-Linie. Die Abgriffe $s_{d_l} + w_l$ für die Langsamfahrstellen sind von denen für Drosselstrecken mit Höchstgeschwindigkeit getrennt vorzunehmen und mit der Länge der Drosselstrecke L_d bzw. der Länge der Langsamfahrstelle L_l zu multiplizieren. Da $\varDelta A_{l_m}$ von der Geschwindigkeit nahezu unabhängig ist (Abb. 62a), so könnte man die von $\varDelta A_{l_m}$ abhängigen Kosten in den Lokkostenmaßstab einbeziehen. Dadurch würde sich die Berechnung der Einzelkostenangaben der Zukof. 9 und 22 etwas vereinfachen. Aber von der Zukof. 22 würde hierbei nur der Summand

$$\frac{1{,}43 \cdot 2{,}5 \cdot f_9 \cdot 0{,}96 \cdot A_l}{1000} = \frac{1{,}43 \cdot 2{,}5 \cdot f_9 \cdot 0{,}96 \cdot \varDelta A_{l_m}}{1000} \cdot \left(T_v - \frac{t_{\ddot{u}}}{2{.}60}\right)$$

in den Lokkostenmaßstab einbezogen werden können. Dagegen ist das bei der Zukof. 9 in der jetzigen Form nicht möglich, da hier die Arbeit A_l noch durch den Quotient $L : T$ mit dem Gesamtfahrweg und der Gesamtfahrzeit verknüpft ist. Die Werte L und T sind hier nicht nach der Energiezufuhr unterteilt. Die jetzigen Zukof. 9 und 22 kann man daher zweckmäßig nur als Einzelkostenangaben berechnen und es ist nicht angängig, die von der indizierten Zugkraftsarbeit abhängigen Kilometerkosten in den Lokkostenmaßstab einzubeziehen.

b) Die Kosten für Oberbauerneuerung in Bogen- und auf Bremsstrecken. Die Fahrwegkosten für Oberbauerneuerung in Bogenstrecken und auf den Bremsgefällen sowie beim Bremsen auf Halt sind noch anzugeben.

α) Kosten für die Fahrt in Bogenstrecken. Nach S. 67 ist die Widerstandsarbeit in Bogenstrecken der Bahnlinie $G_z \cdot w_{B_m} \cdot L : 1000$ [kmt]. Bei dem Verschleiß 2,5 [g/kmt] sind dann die Erneuerungskosten für den Oberbau nach Zukof. 22:

$$\frac{G_z \cdot w_{B_m} \cdot L \cdot 2{,}5 \cdot f_9 \cdot 1{,}43}{1000 \cdot 1000} \quad [\text{DM}].$$

Für Neubaulinien gleichbleibenden Widerstandes sind mit $w_{B_m} = \zeta \cdot s_{ma}$ die Erneuerungskosten des Oberbaues in Bogenstrecken der Zukof. 22:

$$\frac{G_z \cdot L \cdot \zeta \cdot s_{ma}}{1000} \cdot \frac{2{,}5 \cdot f_9 \cdot 1{,}43}{1000} \quad [\text{DM}] \quad \text{bzw.} \quad \frac{G_z \cdot L \cdot \zeta \cdot s_{ma} \cdot 2{,}5 \cdot f_9 \cdot 1{,}43}{10\,000} \quad [\text{Pf}].$$

Mit $f_9 = 7{,}8$ siehe S. 180 Tab. 9 wird dieser Ausdruck zu

$$\frac{27{,}8 \cdot G_z \cdot \zeta \cdot s_{ma} \cdot L}{10\,000} \quad [\text{Pf}].$$

Bei waagerechten Zwischenbahnhöfen kann man die Länge der in der Steigung liegenden Streckenabschnitte durch den Höhenunterschied ausdrücken. Ist l_s [km]

die in der Steigung liegende Länge der freien Strecke, und ist der entsprechende Höhenunterschied H_s [m] zwischen Anfang und Ende, so ist

$$l_s = \frac{H_s}{(1-\zeta)s_{m_a}} \text{ [km]}, \quad \text{wo} \quad (1-\zeta)s_{m_a} = s_d \text{ [}^0/_{00}\text{]}$$

die Durchschnittssteigung der Linie gleichbleibenden Widerstandes ist. Eingesetzt erhält man nun

$$\frac{27{,}8 \cdot G_z \cdot \zeta \cdot s_{m_a} \cdot H_s}{10\,000\,(1-\zeta)s_{m_a}} \text{ [Pf]} \quad \text{oder} \quad \frac{27{,}8 \cdot G_z \cdot H_s \cdot \zeta}{10\,000 \cdot (1-\zeta)} \text{ [Pf]}$$

als Kostenanteil für Oberbauerneuerung durch die Bogenfahrt in der Steigung. Setzt man

$$\frac{27{,}8 \cdot \zeta}{10\,(1-\zeta)} = \sigma,$$

so ist auf einer Linie gleichbleibenden Widerstandes der Kostenanteil für die Oberbauerneuerung bei der Bogenfahrt in der Steigung $\sigma \cdot G_z \cdot \dfrac{H_s}{1000}$ [Pf].

β) **Kosten für die Fahrt auf Bremsstrecken.** Nach S. 68 ist die Bremsarbeit auf Gefällstrecken — $s > w$ [$^0/_{00}$]

$$G_z \cdot \frac{\sum(s-w) \cdot \varDelta l}{1000} \text{ [kmt]}.$$

Nach Zukof. 22 sind die entsprechenden Kosten für Erneuerung des Oberbaues auf Bremsstrecken im Gefälle beim Bremsenverschleiß von 3,25 [g/tkm]

$$\frac{G_z \sum(s-w) \cdot \varDelta l \cdot 3{,}25 \cdot f_9 \cdot 1{,}43}{1000 \cdot 1000} \text{ [DM]}.$$

Mit $f_9 = 7{,}8$ ist dann dieser Ausdruck gleich

$$\frac{36{,}2 \cdot G_z \cdot \sum(s-w) \cdot \varDelta l}{10\,000} \text{ [Pf]}.$$

Auf der Linie gleichbleibenden Widerstandes mit waagerechten Zwischenbahnhöfen drückt man wieder die Länge l_g der im Gefälle liegenden Strecke durch die Höhe aus. Dann ist bei der Gefällfahrt mit gleichbleibender Geschwindigkeit auf einer Linie gleichbleibenden Widerstandes $\sum(s-w) \cdot \varDelta l = l_g \cdot s_d - w \cdot l_g$ sowie mit

$$s_d = (1-\zeta)s_{m_a} \quad \text{und mit} \quad l_g = \frac{H_g}{(1-\zeta)s_{m_a}}$$

ist

$$\sum(s-w)\,\varDelta l = \frac{H_g \cdot (1-\zeta) \cdot s_{m_a}}{(1-\zeta)s_{m_a}} - \frac{w \cdot H_g}{(1-\zeta)s_{m_a}} = H_g \cdot \left[1 - \frac{w}{(1-\zeta)s_{m_a}}\right].$$

Das eingesetzt ergibt dann

$$\frac{36{,}2}{10\,000} G_z \sum(s-w) \cdot \varDelta l = \frac{36{,}2 \cdot G_z \cdot H_g}{10 \cdot 1000}\left[1 - \frac{w}{(1-\zeta)s_{m_a}}\right]$$

Setzt man

$$\frac{27{,}8\,\zeta}{10 \cdot (1-\zeta)} + \frac{36{,}2}{10} \cdot \left[1 - \frac{w}{(1-\zeta)s_{m_a}}\right] = \gamma \text{ [Pf/tkm]}$$

so ist der Kostenanteil für Oberbauerneuerung infolge Bremsarbeit und Bogenwiderstandsarbeit im Gefälle einer Linie gleichbleibenden Widerstandes

$$\gamma \cdot \frac{G_z \cdot H_g}{1000} \text{ [Pf]}.$$

γ) Die Bremsarbeit bei n_h Halten ist nach S. 69

$$A_b = G_z \sum_1^{n_h} \left(\frac{V_b}{10}\right)^2 \cdot \frac{0{,}421}{1000} \text{ [kmt] und die Kosten sind } \frac{36{,}2 \cdot 0{,}421 \cdot G_z}{1000} \sum_1^{n_h} \left(\frac{V_b}{10}\right)^2 \text{ [Pf]}.$$

Vor n_l Langsamfahrstellen ist

$$G_z \sum_1^{n_l} \frac{(V_1^2 - V_2^2)}{100} \cdot \frac{0{,}421}{1000} = A_b \text{ [kmt]}.$$

Dann sind Erneuerungskosten des Oberbaues für das Bremsen vor Langsamfahrstellen

$$\frac{36{,}2 \cdot 0{,}421 \cdot G_z}{1000} \sum_1^{n_l} \frac{(V_1^2 - V_2^2)}{100} \text{ [Pf]}.$$

c) **Kosten für Stillstand eines Güterzuges je Minute.** Die Selbstkosten je Minute Stillstand sind aus den Kilometerkosten der P_l-Linie und E_{ab}-Linie abzuleiten. Es sind also bei abgestelltem Dampf und beim Weg $L_0 = 0$ die Minutenkosten nach S. 177

$$100 \cdot \left[\frac{1{,}16}{60}\left(\frac{n_l \cdot E_l}{D_{stlp}(1-\eta_{lp})} + \frac{E_z + n_s \cdot E_s}{D_{stz_s}(1-\eta_{z_s})}\right) + \frac{f_4 + f_5 + f_6 + 0{,}01 \cdot z_l \cdot f_7}{D_{stl}} + \right.$$
$$\left. + 0{,}5 \cdot R\left(k_b + \frac{1{,}1 \cdot k_{bpf}}{10000}\right) \cdot 1{,}16\right] = (C_{1p} + C_{1l} + D) \cdot \frac{1}{60} \text{ [Pf/min]}.$$

(Beim Stillstand sind die Kilometerkosten $C_2 = 0$).

Die veränderlichen Kosten je Minute Stillstand erhält man, wenn man von obigen minutlichen Selbstkosten den Betrag von

$$\frac{0{,}16}{60} \cdot (\Delta C_{1p} + D) \text{ [Pf/min]}$$

abzieht. Nun ist nach S. 137

$$0{,}16 \cdot \Delta C_{1p} = \frac{0{,}16 \cdot C_{1p}}{1{,}16} + \Delta R.$$

Dann sind die veränderlichen Kosten je Minute Stillstand

$$\frac{C_{1p} + C_{1l} + D - 0{,}16 \cdot \Delta C_{1p} - 0{,}16 D}{60} =$$
$$= \left(C_{1p} - \frac{0{,}16\, C_{1p}}{1{,}16} - \Delta R + C_{1l} + D - 0{,}16\, D\right) : 60 =$$
$$= \left(\frac{C_{1p}}{1{,}16} + C_{1l} + 0{,}84\, D - \Delta R\right) : 60 \text{ [Pf/min]}.$$

Diese Minutenkosten sind für die verschiedenen Lokgattungen zu berechnen und neben dem Lokkostenmaßstab Abb. 59c einzutragen. Man multipliziert sie mit T_a [min], den planmäßigen Stillstandszeiten des Zuges, um die Kosten für den gesamten Stillstand zu erhalten.

d) **Die Kosten für den Vorbereitungs- und Abschlußdienst.** Zu diesen Kosten gehören nach der Zuko:

α) die Personalkosten für die Betriebspflege der Dampflok (Zukof. 1 D 1. Teil) mit $k_{bpf} \cdot T_{wbm} : l_f$. Hier ist l_f die Zahl der Zugfahrten der verwendeten Betriebsfahrzeuggattung im Tagesdurchschnitt zwischen zwei Lokbehandlungen (Betriebspflege) und T_{wbm} ist die Zahl der Betriebsarbeitertagewerkköpfe für eine Lok im Betrieb ohne Kohlenlader (s. Tabelle 9).

β) Der Brennstoffverbrauch für Rangier- und Nebenleistungen nach Zukof. 3D der Dampflok $1{,}16 \cdot (b_{an} + \Sigma b_n \cdot T_n) \cdot R \cdot k_b$ [DM]; b_{an} [kg/m²] = Brennstoffverbrauch für Anheizen der Lok.

bei $H : R = 50$ ist 59 [kg/m²] $= b_{an}$ H = Heizfläche in [m²]
,, $H : R = 60$,, 66 [kg/m²] $= b_{an}$ R = Rostfläche in [m²]
,, $H : R = 70$,, 74 [kg/m²] $= b_{an}$

b_n = Brennstoffverbrauch für Nebenleistungen bei Ruhe unter Feuer
      = 0,13 [kg/m² · min];

bei Bereitschaft 0,29 [kg/m² · min];

,, Fahrt vom und zum Zug ⎫
,, Rangierdienst   ⎬ 0,75 [kg/m² · min];

T_n [min] = Zeit für die Nebenleistungen (Ruhe unter Feuer, Bereitschaft, Fahrt zum Zug und vom Zug, Rangierdienst).

γ) Die Minutenkosten C_{1l} der Zukof. 10—13 werden mit der Vorbereitungs- und Abschlußzeit T_v [min] multipliziert, also

$$\frac{(f_4 + f_5 + f_6 + 0{,}01 \cdot z_l \cdot f_7)}{D_{stl}} T_v = C_{1l} \cdot T_v.$$

δ) Die Kosten des Fahrpersonals. Hier kann man die Minutenkosten des Lok- und Zugbegleitpersonals zusammenfassen:

$$\frac{1{,}16 \cdot n_l \cdot E_l}{60 \cdot D_{stlp}(1-\eta_{lp})} \cdot T_{vl} + \frac{1{,}16 \cdot (E_z + n_s \cdot E_s)}{60 \cdot D_{stz_s}(1-\eta_{z_s})} \cdot T_{vz_s}.$$

Da die Zeiten T_v, T_{vl}, T_{vz_s} und T_n [min] nach der Verbrauchswertermittlung für jeden Zugbildungsbahnhof verschieden sind, so sind die Vorbereitungs- und Abschlußkosten eines Zuges für den Zugbildungs- und Abschlußbahnhof besonders zu ermitteln und in das Zuglaufbuch S. 127 einzutragen.

e) **Güterwagenkosten.** Die Güterwagenkosten werden getrennt nach offenen, gedeckten Güterwagen und nach Packwagen angegeben in der Zukof. 14 für Unterhaltung und Erneuerung

$$K_{u_{e_w}} = \left(\frac{u_f \cdot \eta_w \cdot k_{a_{u_w}}}{60}\right) \cdot a \cdot \frac{(T + T_a)}{D_{stw}} = f_{10} \cdot a \cdot \frac{(T + T_a)}{D_{stw}} \text{ [DM]}$$

und für Zinsen in der Zukof. 15

$$k_{z_w} = \left(\frac{u_f \cdot \eta_w \cdot k_{a_{u_z}}}{6000}\right) \cdot z_w \cdot a \cdot \frac{(T + T_a)}{D_{stw}} = f_{11} \cdot \frac{z_w \cdot a \cdot (T + T_a)}{D_{stw}} \text{ [DM]}.$$

a ist die Anzahl der Wagen. Mit den Festwerten der Zukof. 14 und 15 sind auf Seite 187 die Güterwagenkosten ohne und mit Zins für Güter- und Reisezüge zusammengestellt. D_{stw} = Jahreswagendienststunden.

f) **Die Kosten des Betriebs- und Bahnbewachungsdienstes.** Nach Zukof. 20 betragen diese

$$K_{fb} = \frac{k_{fb} \cdot L}{100} \text{ [DM]},$$

wo nach dem Beiblatt zu Anlage 14 der Zuko, Teil A, II. Abschnitt

$k_{fb} = 67{,}50$ [Pf/Zugkilometer] auf die Reisezüge
bzw. $k_{fb} = 96{,}51$ [Pf/Zugkilometer] auf die Güterzüge

entfallen.

7. Die Ermittlung der Zugförderkosten bei Verwendung von Schiebeloks.

Die Streckenabschnitte, die mit Schiebeloks befahren werden, sind bei der Ermittlung der Zugförderkosten besonders zu behandeln. Vorausgesetzt ist, daß ebenso wie für die Zuglok auch für die Schiebelok die Llv-Tafel und der Lokkostenmaßstab vorliegen und die Schiebelokstrecke mit der Steigung s_s [⁰/₀₀], dem Weg l_s [km] und der gleichmäßigen Geschwindigkeit V_s gegeben ist. Die gesamte Zuglast G_w ist nun so auf beide Loks zu verteilen, daß bei dem Steigungswiderstand s_s [kg/t] für die gegebene Beharrungsgeschwindigkeit V_s [km/h] die auf eine Tonne Zuggewicht bezogenen Widerstände des durch die Zuglok w_z [kg/t] und des durch die Schiebelok w_s [kg/t] beförderten Zuglastanteils einander gleich sind, also $s_s + w_s = s_s + w_z$ ist. Das anteilige Zuggewicht der Schiebelok ist $G_{l_s} + G_{w_s}$ und das anteilige Zuggewicht der Zuglok $G_{l_z} + G_{w_z} - G_{w_s}$. Es ist G_{w_s} gesucht, während G_{l_z}, G_{w_z}, G_{l_s} bekannt sind. G_{w_z} ist nach der fahrdynamischen Charakteristik für die maßgebende Steigung außerhalb der Schiebestrecke festgelegt. Hiernach ist dann für die Geschwindigkeit V_s und je Tonne Zuggewicht:

$$s_s = \frac{Z_{i_s} \cdot (1 - c_{l_3})}{G_{l_s} + G_{w_s}} - w_s = \frac{Z_{i_z} \cdot (1 - c_{l_3})}{G_{l_z} + G_{w_z} - G_{w_s}} - w_z \quad [⁰/₀₀].$$

Bestimmt man G_{w_s} unter der Voraussetzung, daß

$$w_s = \frac{W_{l_s} + w_w \cdot G_{w_s}}{G_{l_s} + G_{w_s}} = w_z = \frac{W_{l_z} + w_w (G_{w_z} - G_{w_s})}{G_{l_z} + G_{w_z} - G_{w_s}} \quad [kg/t]$$

ist, so wird für $s_s + w_z = s_s + w_s$

$$G_{w_s} = \frac{Z_{i_s}(G_{l_z} + G_{w_z}) - Z_{i_z} \cdot G_{l_s}}{Z_{i_z} + Z_{i_s}} \quad [t].$$

Dann sind die von der Zuglok und der Schiebelok ausgeübten Bewegungskräfte je Tonne der anteiligen Zuggewichte einander gleich. Nun ist noch die Lokbeanspruchung im Falle der Nichtauslastung für die entsprechende Lokgattung zu bestimmen: Aus der fahrdynamischen Charakteristik jeder Lok liest man für die Geschwindigkeit V_s und für die Steigung s_s [⁰/₀₀] die Wagenzuggewichte der ausgelasteten Züge $G_{w_{z_a}}$ und $G_{w_{s_a}}$ ab. Addiert man hierzu die Lokgewichte, so erhält man die Zuggewichte für die Schiebelok $G_{z_{s_a}} = G_{l_s} + G_{w_{s_a}}$ und für die Zuglok $G_{z_{z_a}} = G_{l_z} + G_{w_{z_a}}$. Dann ist die Lokbeanspruchung infolge der Nichtauslastung: für die Schiebelok

$$\frac{G_{l_s} + G_{w_s}}{G_{l_s} + G_{w_{s_a}}}$$

und für die Zuglok

$$\frac{G_{l_z} + G_{w_z}}{G_{l_z} + G_{w_{z_a}}}.$$

Diese Werte sind noch mit den Lokbeanspruchungen des anteiligen Zuges δ_s und δ_z zu multiplizieren, die sich aus der Umrechnung der planmäßigen Fahrzeiten aus den reinen Fahrzeiten ergeben (s. S. 147). Dann ist die gesamte Lokbeanspruchung des anteiligen Zuggewichts für die Schiebelok

$$\delta'_s = \frac{G_{l_s} + G_{w_s}}{G_{l_s} + G_{w_{s_a}}} \cdot \delta_s$$

und für die Zuglok

$$\delta'_z = \frac{G_{l_z} + G_{w_z}}{G_{l_z} + G_{w_{z_a}}} \cdot \delta_z.$$

Hier ist für die Schiebelok $\delta_s = \dfrac{Z_{i_{m_{p_s}}}}{Z_{i_{m_{k_{g_s}}}}} \cdot \dfrac{Z_{i_{k_g}}}{Z_{i_{p_g}}}$ und für die Zuglok $\delta_z = \dfrac{Z_{i_{m_{p_z}}}}{Z_{i_{m_{k_{g_z}}}}} \cdot \dfrac{Z_{i_{k_g}}}{Z_{i_{p_g}}}$, die jeweils nach den Ausführungen des Kapitels B, 3 S. 142 zu berechnen sind.

8. Beispiel für die Ermittlung der Selbstkosten einer Zugfahrt mit Dampflok.

Zum Veranschlagen der Zugförderkosten der Züge einer Bahnlinie sind folgende Unterlagen erforderlich
1. die Zuglauftabelle bzw. das Zuglaufbuch,
2. die Lok- und Fahrwegkostenmaßstäbe mit den auf ihnen enthaltenen Angaben,
3. die Kostensätze für die Wagen nach den Zukoformeln 14a, b und 15,
4. die Llv-Tafel, die s-V-Linie und die w-Linie, die der Fahrzeitermittlung und der Aufstellung der Zuglauftabelle zugrunde gelegt sind.

Ist die Zuglauftabelle nicht vorhanden, so kann man die erforderlichen Angaben durch die zeichnerische Fahrzeitermittlung aus dem Längenprofil, der fahrdynamischen Charakteristik, der s-V-Linie nebst w-Linie sowie den Bremsnetztafeln erhalten. Die Ermittlung der Selbstkosten soll nun durchgeführt werden für die planmäßigen Fahrzeiten eines ausgelasteten sowie eines nichtausgelasteten Zuges. Dies sind die am häufigsten vorkommenden Fälle. Das s-V-Diagramm eines mit einer G 56.15 (50) bespannten Zuges vom Wagenzuggewicht $G_w = 1100$ [t] und dem Zuggewicht $G_z = 1236$ [t] mit der dazu gehörigen w-Linie sind gegeben (Abb. 62b), da diese neuerdings vom Zentralamt der Bundesbahn aufgestellt werden. Ist das s-V-Diagramm mit w-Linie nicht zur Verfügung, so kann es aus der Llv-Tafel und die w-Linie nach den genannten Formeln berechnet werden. Als Längenprofil wurde der Einfachheit halber eine 14 [km] lange Strecke mit gleichbleibendem Gefälle $s = -2$ [⁰/₀₀] gewählt. Es wurden in Abb. 62b die reinen Fahrzeiten des ausgelasteten Zuges ermittelt und Wege und Zeiten für volle, gedrosselte sowie abgestellte Energiezufuhr nebst Bremszeitzuschlag unterteilt. Bei diesem einfachen Beispiel erübrigt sich die Aufstellung einer Zuglauftabelle. Für längere Bahnlinien mit mannigfaltigem Längenprofil und bei Zügen mit vielen Halten ist die Zuglauftabelle, wie auf S. 127 gezeigt, erforderlich. Jedoch erfordert die Auswertung der Zuglauftabelle und das Veranschlagen einer langen Zugfahrt mit vielen Halten nicht mehr Zeit und Arbeit, als die nachfolgend beschriebene Kostenermittlung einer kurzen Zugfahrt mit nur einem Halt.

a) Verbrauchswerte und Lokbeanspruchung.

1. Zeiten, Wege und Geschwindigkeiten.

Die planmäßigen Fahrzeiten sind um $\alpha = 5$ [%] länger als die reinen Fahrzeiten nach Abb. 62c. Der Anfahrweg ist $L_v = 3,48$ [km]. Die reine Anfahrzeit beträgt $T_v = 5,25$ [min], die planmäßige Anfahrzeit ist $T_{v_p} = 1,05 \cdot 5,25 = 5,52$ [min]. Die mittlere Geschwindigkeit bei reinen Fahrzeiten ist $V_{v_m} = 60 \cdot L_v : T_v = 60 \cdot 3,48 : 5,25 = 39,8$ [km/h], die mittlere Anfahrgeschwindigkeit bei planmäßigen Fahrzeiten ist $V_{m_p} = V_{v_m} : 1{,}05 = 39{,}8 : 1{,}05 = 37{,}9$ [km/h]. Die Höchstgeschwindigkeit bei reinen Fahrzeiten ist $V_h = 60$ [km/h], bei planmäßigen Fahrzeiten $V_{h_p} = 60 : 1{,}05 = 57{,}1$ [km/h]. Die Länge der Drosselstrecke ist $L_d = L - L_v - L_0 = 14 - 3{,}48 - 0{,}79 = 9{,}73$ [km]. Hier ist $L_0 = 0{,}79$ [km] der Bremsweg bei 30 [%] Bremsprozenten (Abb. 55b).

2. Die Lokbeanspruchung.

α) Nach S. 152 ist für den ausgelasteten Zug mit planmäßigen Fahrzeiten $\delta_v = 0{,}869$ und für den nichtausgelasteten Zug mit $G'_z = 936$ [t] ist $\delta'_v = 0{,}678$. Ferner ist $Z_{i_{m_p}} : Z_{i_{m_{kg}}} = 0{,}914$.

β) Auf Drosselstrecken ist $\delta_d = (s_d + w_{h_p}) : (s_{p_g} + w_{h_p}) = (-2 + 5{,}2) : 5{,}5 = 0{,}582$ für den ausgelasteten Zug. Für den nichtausgelasteten Zug ist $\delta'_d = \delta_d \cdot G'_z : G_z = 0{,}582 \cdot 936 : 1236 = 0{,}444$.

3. Indizierte Zugkraftsarbeit.

α) Nach Abb. 62 ist für die Anfahrstrecke die mittlere indizierte Zugkraftsarbeit bei reinen Fahrzeiten $\Delta A_{l_m} = 6{,}65$ [kmt/min]. Damit ist die indizierte Zugkraftsarbeit $A_{l_p} = (\Delta A_{l_m} \cdot T_v - A_a) \cdot Z_{i_{m_p}} : Z_{i_{m_{kg}}} = (6{,}65 \cdot 5{,}25 - 3{,}55) \cdot 0{,}914 = (34{,}9 - 3{,}55) \cdot 0{,}914 = 30{,}35 \cdot 0{,}914 = 27{,}7$ [kmt]. Hier ist $A_a = 3{,}55$ [kmt] der Anfahrarbeitsabzug, der in Abb. 59b für $G_w = 1100$ [t] und $s = -2$ [⁰/₀₀] abgelesen ist.

β) Drosselstrecke. Die indizierte Zugkraftsarbeit auf der Drosselstrecke beträgt $A_{l_d} = (s_d + w_{h_p}) \cdot G_z \cdot L_d : 0{,}96 \cdot 100 = (-2 + 5{,}2) \cdot 1236 \cdot 9{,}73 : 0{,}96 \cdot 100 = 40{,}1$ [kmt].

Gesamte indizierte Lokarbeit.

α) des ausgelasteten planmäßigen Zuges $A_l = 27{,}7 + 40{,}1 = 67{,}8$ [kmt].
β) des nichtausgelasteten Zuges $A'_l = A_l \cdot G'_z : G_z = 67{,}8 \cdot 936 : 1236 = 51{,}5$ [kmt].

b) Selbstkostenermittlung des ausgelasteten Zuges mit planmäßigen Fahrzeiten.

1. Lokkosten aus dem Lokkostenmaßstab (Abb. 59a):

α) Volldampf:

$k_{z_{l_v}} \cdot L_v = 2{,}90 \cdot 3{,}48$ . . . . 10,10 [DM]

Aus Abb. 59a sind die Selbstkosten je km für $V_{m_p} = 37{,}9$ [km/h] und $\delta_v = 0{,}869$ zu $k_{z_{l_v}} = 290$ [Pf/km] abgelesen.

β) Drosselstrecken:

$k_{z_{l_d}} \cdot L_d = 1{,}50 \cdot 9{,}73$ . . . . 14,60 [DM]

Bei $V_{h_p} = 57{,}1$ [km/h] und $\delta_d = 0{,}582$ ist $k_{z_{l_d}} = 150$ [Pf/km] abgelesen.

γ) Abgestellter Dampf:

$k_{z_{l_0}} \cdot L_0 = 1{,}21 \cdot 0{,}79$ . . . . 0,96 [DM]

Für $V_0 = 37{,}7$ [km/h] wird auf der E-Linie für $\delta = 0$ der Wert $k_{z_{l_0}} = 121$ [Pf/km] abgelesen.

δ) Anfahrkostenabzug (Abb. 59b):

Für $s = -2$ [⁰/₀₀] und $G_w = 1100$ [t] ist $A_z \cdot \delta_v = 0{,}96 \cdot 0{,}869 = -0{,}83$ [DM]

Lokkosten insgesamt . . . . 24,83 [DM]

Die Kostenermittlungen.

2. **Fahrwegkosten** aus dem Fahrwegkostenmaßstab Abb. 61:
$k_f \cdot L \cdot G_z = 0{,}215 \cdot 14 \cdot 1236 : 100$ . . . . 37,20 [DM]
$k_f = 0{,}215$ [Pf/tkm] für die Verkehrsbelastung
$V_B = 50\,000$ [t/Tag] wurde aus Abb. 61 abgelesen.

3. **Einzelkosten:**
a) Stillstandskosten (aus Abb. 59c, 2)
$0{,}502 \cdot T_a = 0{,}5 \cdot 25$ . . . . 12,50 [DM]
b) Vorbereitungs- und Abschlußdienst
(Abb. 59c 3) für die ganze Zugfahrt von 200 [km].
α) Kosten für Betriebspflege $2 \cdot 25{,}54 : l_f = 2 \cdot 25{,}54 : 4$ . . . . . . 12,77 [DM]
wo $l_f = 4$ Zugläufe pro Tag.
β) Kosten für Brennstoffverbrauch $2 \cdot 16{,}97$ . . . . 33,94 [DM]
Der Faktor 2 berücksichtigt Vorbereitungs- und Abschlußdienst.
γ) Unterhaltungs- und Erneuerungskosten der Dampflok:
$2 \cdot 0{,}1298 \cdot T_{v_l} = 2 \cdot 0{,}1298 \cdot 160$ . . . . 41,54 [DM]
Hier ist die Vorbereitungszeit $T_{v_l} = 160$ [min] gleich der Abschlußzeit T_{ab}.
δ) Kosten des Fahrpersonals:
Lokpersonal $0{,}1338 \cdot (T_{v_{p_l}} + T_{ab}) = 0{,}1338 \cdot 300$ . . . . 40,14 [DM]
$T_{v_{p_l}} + T_{ab} = 2 \cdot 150 = 300$ [min].
Zugführer $0{,}0685 \cdot (T_{v_{p_z}} + T_{ab}) = 0{,}0685 \cdot 190$ . . . . 13,02 [DM]
$T_{v_{p_z}} + T_{ab} = 110 + 80 = 190$ [min].
Ein Zugschaffner $0{,}0517 \cdot (T_{v_{p_z}} + T_{ab}) = 0{,}0517 \cdot 190$ . . . . . 9,83 [DM]
$T_{v_{p_z}} + T_{ab} = 110 + 80 = 190$ [min].
$\overline{}$
151,24 [DM]

Dieser Betrag ist auf die Fahrt von 14 [km] umzulegen, also ist
$14 \cdot 151{,}24 : 200$ . . . . 10,60 [DM]
T_{v_l}, $T_{v_{p_l}}$ und $T_{v_{p_z}}$ sind in Abb. 59c mit T_v bezeichnet.

c) Kostenanteile infolge der Zugkrafts-, Brems- und Getriebewiderstandsarbeit.

α) Lokunterhaltung nach Zukof. 9:
$f_3 \cdot \left(0{,}04 \cdot A_l + \dfrac{c_{l2} \cdot G_{l2} \cdot L}{100}\right) \cdot \dfrac{L}{T_p} =$
$= 0{,}41 \cdot \left(0{,}04 \cdot 67{,}8 + \dfrac{9{,}3 \cdot 75 \cdot 14}{1000}\right) \dfrac{14}{16{,}27 \cdot 1{,}05}$ . . . . 4,19 [DM]

β) Oberbauerneuerung nach Zukof. 22 (2 — 4):
$\dfrac{f_9 \cdot 2{,}5 \cdot 1{,}43}{1000} \cdot \left[0{,}96 \cdot A_l - \dfrac{c_{l2} \cdot G_{l2}(L - 2 \cdot L_0)}{1000}\right] =$
$= \dfrac{7{,}8 \cdot 2{,}5 \cdot 1{,}43}{1000} \cdot \left[0{,}96 \cdot 67{,}8 - \dfrac{9{,}3 \cdot 75 \cdot (14 - 2 \cdot 0{,}79)}{1000}\right]$ . . . . . . 1,58 [DM]

Die Zugförderkosten.   169

γ) Unterhaltung der Bremsen. Bei $s = -2\ [^0/_{00}]$ kann der 2. Summand vernachlässigt werden. Also

$$\frac{0{,}43 \cdot G_z}{1000}\left(\frac{V_b}{10}\right)^2 \cdot \frac{f_9 \cdot 3{,}25 \cdot 1{,}43}{1000} + \frac{3{,}25 \cdot G_z \cdot (-s + w) \cdot L_0}{1000} =$$

$$= \frac{0{,}43 \cdot 1236}{1000} \cdot \left(\frac{57{,}1}{10}\right)^2 \cdot \frac{7{,}8 \cdot 3{,}25 \cdot 1{,}43}{1000} \ \ \ \ \ \ \ \ \ \ \ \ \ \ \ \ \ \ \ 0{,}63\ [\text{DM}]$$

d) Güterwagenkosten nach Tabelle 14 Seite 187:

28 O-Wagen $= 28 \cdot 0{,}00275 = 0{,}0770$
28 G-Wagen $= 28 \cdot 0{,}00541 = 0{,}1515$
 1 Pwg-Wagen $= 0{,}0305\ \ \ \ \ \ \ \ \ \ \ \ \ 0{,}0305$
$\ 0{,}2590$

$0{,}259 \cdot (T_p + T_a) = 0{,}259 \cdot (16{,}27 \cdot 1{,}05 + 25)$ . . . . 10,9 [DM]

e) Kosten des Betriebs- und Bahnbewachungsdienstes:

$k_{fb} \cdot L : 100 = 96{,}51 \cdot 14 : 100$ . . . . 13,51 [DM]
$k_{fb} = 96{,}51$ nach S. 164

Zusammenstellung:
1. Lokkosten . . . . 24,83 [DM]
2. Fahrwegkosten . . . . 37,20 [DM]
3. Einzelkosten   [DM]
  a) Stillstandskosten . . . . 12,50 [DM]
  b) Vorbereitungs- und Abschlußdienstkosten . . . . 10,60 [DM]
  cα) Lokunterhaltung . . . . 4,19 [DM]
  cβ) Oberbauerneuerung . . . . 1,58 [DM]
  cγ) Bremskosten . . . . 0,63 [DM]
  d) Güterwagenkosten . . . . 10,90 [DM]
  e) Kosten für Betriebs- und Bahnbewachungsdienst . . . . 13,51 [DM]
                                                          115,94 [DM]

c) **Selbstkostenermittlung des nichtausgelasteten Zuges mit planmäßigen Fahrzeiten** ($G'_z = 936\ [\text{t}]$.)

1. Lokkosten aus dem Lokkostenmaßstab Abb. 59a:

α) Volldampf:
$k_{z_{l_v}} \cdot L_v = 2{,}33 \cdot 3{,}48$ . . . . 8,10 [DM]
für $V_{m_p} = 37{,}9\ [\text{km/h}]$ und $\delta'_v = 0{,}678$ ist $k_{z_{l_v}} = 233\ [\text{Pf/km}]$
aus Abb. 59a abgelesen.

β) Drosselstrecken:
$k_{z_{l_d}} \cdot L_d = 1{,}31 \cdot 9{,}73$ . . . . 12,74 [DM]
für $V_{h_p} = 57{,}1\ [\text{km/h}]$ und $\delta'_d = 0{,}44$ ist $k_{z_{l_d}} = 131\ [\text{Pf/km}]$
aus Abb. 59a abzulesen.

γ) Abgestellter Dampf wie beim ausgelasteten Zug . . . . . 0,96 [DM]
δ) Anfahrkostenabzug $0{,}96 \cdot 0{,}678$ . . . . − 0,65 [DM]

Lokkosten insgesamt: 21,15 [DM]

Die Kostenermittlungen.

2. **Fahrwegkosten:**

   Aus Fahrwegkostenmaßstab Abb. 61:

   $k_{f_l} \cdot L \cdot G_z' = 0{,}215 \cdot 14 \cdot 936 : 100$ . . . . 28,20 [DM]

3. **Einzelkosten:**

   a) Stillstandskosten wie beim ausgelasteten Zug . . . . . . 12,50 [DM]
   b) Vorbereitungs- und Abschlußkosten wie beim ausgelasteten
      Zug . . . . 10,60 [DM]
   c) Kostenanteile infolge der Zugkrafts-, Brems-
      und Getriebewiderstandsarbeit:

   α) Lokunterhaltung nach (Zukof. 9):

   $$f_3 \cdot \left(0{,}04 \cdot A_l' + \frac{c_{l_2} \cdot G_{l_2} \cdot L}{1000}\right) \cdot \frac{L}{T_p}$$

   $$= 0{,}41 \cdot \left(0{,}04 \cdot 51{,}5 + \frac{9{,}3 \cdot 75 \cdot 14}{1000}\right) \cdot \frac{14}{16{,}27 \cdot 1{,}05} = \quad 3{,}98 \text{ [DM]}$$

   β) Oberbauerneuerung nach Zukof. 22 (2—4):

   $$\frac{f_9 \cdot 2{,}5 \cdot 1{,}43}{1000} \cdot \left[0{,}96 \cdot A_l' - \frac{c_{l_2} \cdot G_{l_2} \cdot (L-2 \cdot L_0)}{1000}\right]$$

   $$= \frac{7{,}8 \cdot 2{,}5 \cdot 1{,}43}{1000} \cdot \left[0{,}96 \cdot 51{,}5 - \frac{9{,}3 \cdot 75 \cdot (14 - 2 \cdot 0{,}79)}{1000}\right] = 1{,}14 \text{ [DM]}$$

   γ) Bremsen:

   $$\frac{0{,}43 \cdot G_z}{1000} \cdot \left(\frac{V_b}{10}\right)^2 \cdot \frac{f_9 \cdot 3{,}25 \cdot 1{,}43 \cdot G_z'}{1000 \cdot G_z} = 0{,}63 \cdot 0{,}7573 \quad . = 0{,}477 \text{ [DM]}$$

   d) Güterwagenkosten:

   ```
   25 O-Wagen  = 25 · 0,00275 = 0,0686
   20 G-Wagen  = 20 · 0,00541 = 0,1082
    1 Pwg-Wagen=          0,0305 = 0,0305
                                   _____
                                   0,2073
   ```

   $0{,}2073 \cdot (T_p + T_a) = 0{,}2073 \cdot (16{,}27 \cdot 1{,}05 + 25)$ . . . . . . 8,73 [DM]

   e) Kosten für Betriebs- und Bahnbewachungsdienst:
      wie beim ausgelasteten Zug . . . . 13,51 [DM]

   Zusammenstellung:

   1. Lokkosten . . . . 21,15 [DM]
   2. Fahrwegkosten . . . . 28,20 [DM]
   3. Einzelkosten
      a) Stillstandskosten . . . . 12,50 [DM]
      b) Vorbereitungs- und Abschlußdienstkosten . . . . . 10,60 [DM]
      cα) Lokunterhaltung . . . . 3,98 [DM]
      cβ) Oberbauerneuerung . . . . 1,14 [DM]
      cγ) Bremskosten . . . . 0,48 [DM]
      d) Güterwagenkosten . . . . 8,73 [DM]
      e) Kosten für Betriebs- und Bahnbewachungsdienst . . . 13,51 [DM]
                                                             _____
                                                             100.29 [DM]

9. Kostenvergleiche für gleiche Züge und gleiche Strecken.

Sind bei den Kostenvergleichen die Zuglasten verschieden, so sind alle Zukoformeln anzuwenden. Haben aber zwei Zugfahrten derselben Strecke die gleiche Zuglast und Bespannung und unterscheiden sie sich nur durch die **Fahrweise**, so fallen alle Kostenanteile fort, die nur vom Fahrweg und dem Zuggewicht abhängen. Wenn beide Züge dieselben Kosten für die Vorbereitungs- und Abschlußarbeiten haben, fallen auch diese Kosten fort. Diese Verhältnisse sind gegeben bei der Ermittlung der Mehr- oder Minderkosten infolge:

1. außerplanmäßigen Haltens;
2. Errichtung oder Aufhebung von Haltestellen;
3. Notbremsung;
4. Langsamfahrstellen (La-Stellen);
5. Verlängerung der Aufenthaltszeiten auf Unterwegsbahnhöfen und der Aufenthalte vor Haltesignalen;
6. Fahrzeitverlängerung durch langsameres Fahren.

Diese Mehr- oder Minderkosten werden nach der Zuko aus dem Unterschied der veränderlichen Kosten (s. S. 136) gebildet, für die (Abb. 59 u. 63) auch der Lokkostenmaßstab konstruiert ist. Diese Ermittlung des Kostenunterschiedes soll anschließend für eine La-Stelle berechnet werden. In ähnlicher Weise sind dann auch die Kostenunterschiede unter 1 bis 3 und 5 bis 6 zu ermitteln.

Zu 4.: **Die Mehrkosten durch das Befahren einer Langsamfahrstelle.** Das Bewegungsbild (Abb. 47) zeigt, daß die eigentliche Langsamfahrstelle l_l [km] mit V_2 [km/h] befahren und um die Zuglänge l_z [km] verlängert wird. Für die Fahrt mit V_2 ist zunächst wie beschrieben die Lokbeanspruchung δ_{d_l} zu berechnen. Für diese Lokbeanspruchung und V_2 liest man im Lokkostenmaßstab zwischen der zugehörigen E_δ-Linie und der E'_δ-Linie die Kilometerkosten der veränderlichen Kosten ab und multipliziert diese mit $l_z + l_l$ [km].

Fährt der Zug nach einer Langsamfahrstelle von V_2 an, so ist dieser Anfahrkostenabzug $A'_z = A_z \cdot \left(\dfrac{V_\ddot{u} - V_2}{V_\ddot{u}}\right)^2$ [Pf] und beim nichtausgelasteten Zug

$$A'_z = A_z \cdot \left(\frac{V_\ddot{u} - V_2}{V_\ddot{u}}\right)^2 \cdot \frac{G'_z}{G_z} \text{ [Pf]}.$$

Da sich beim Anfahren von der Anfangsgeschwindigkeit V_2 [km/h] nach einer Langsamfahrstelle bis zur Höchstgeschwindigkeit V_h [km/h] sowohl die minutliche Zugkraftsarbeit $\Delta A'_{l_m}$ als auch die Zeit $t'_\ddot{u} \cdot \dfrac{1}{2}$ bei konstanter Beschleunigungskraft (mittlere Reibungskraft) im Verhältnis $\dfrac{V_\ddot{u} - V_2}{V_\ddot{u}}$ ändert, so ist der Abzug für die Anfahrarbeit der Zugkraft von V_2 bis V_h

$$A'_a = \frac{\Delta A'_{l_m} \cdot t'_\ddot{u}}{2 \cdot 60} = \frac{\Delta A_{l_m} \cdot (V_\ddot{u} - V_2) \cdot t_\ddot{u} \cdot (V_\ddot{u} - V_2)}{V_\ddot{u} \cdot 2 \cdot 60 \cdot V_\ddot{u}} \quad \text{und mit} \quad \frac{\Delta A_{l_m} \cdot t_\ddot{u}}{2 \cdot 60} = A_a \text{ ist}$$

$$A'_a = A_a \cdot \left(\frac{V_\ddot{u} - V_2}{V_\ddot{u}}\right)^2.$$

Bei der Fahrt mit der gleichbleibenden Geschwindigkeit V_2 auf der Langsamfahrstelle ist die Lokbeanspruchung, und da hier nicht angefahren wird, auch der minutliche Kohlenverbrauch für $V_2 < V_ü$ konstant. Infolgedessen werden die Kilometerkosten für die Fahrt auf der eigentlichen Langsamfahrstrecke aus dem Lokkostenmaßstab ohne Anfahrkostenabzug abgelesen.

In entsprechender Weise sind für die veränderlichen Kosten die Kilometerkosten für die Fahrt auf der Brems- und Lösestrecke im Lokkostenmaßstab abzulesen. Bremsweg und Bremszeit für die Abbremsung von V_1 auf V_2 [km/h] liest man in der Bremsnetztafel (Abb. 52) ab, bildet wie vor die mittlere Geschwindigkeit und liest für diese auf der E_{ab}-Linie bzw. der E-Linie für $\delta = 0$ des Lokkostenmaßstabes die Kilometerkosten ab, die man mit dem Bremsweg vervielfältigt. Für die Anfahrbewegung von V_2 auf V_3 [km/h] sind wieder nach der zeichnerischen Fahrzeitermittlung der Anfahrweg l_a [km] und die Anfahrzeit t_a [min] zu bestimmen. Für $V_m = 60 \cdot l_a : t_a$ [km/h] liest man dann wieder aus dem Lokkostenmaßstab die Kilometerkosten ab, die mit l_a [km] vervielfältigt werden. V_m gilt für die reinen Fahrzeiten, um ohne Überlastung der Lok in etwa Verspätungen zu vermeiden.

Die Mehrkosten infolge Aufenthaltsverlängerung beim Halten sind am einfachsten zu ermitteln. Die Verlängerung der planmäßigen Aufenthalte T_a ist $T_{a_v} - T_a$ [min], wo T_{a_v} [min] die durch Verspätung vermehrte Aufenthaltszeit ist. Bei einem Halt vor einem Signal ist der Aufenthalt vor diesem als Zeitverlängerung zu setzen. Die Mehrkosten bei Aufenthaltsverlängerung setzen sich aus den Stillstandskosten (S. 163) und den Wagenkosten (S. 164) zusammen.

Für die Erfassung der Mehrkosten durch Fahrzeitüberschreitung wird auf S. 56 verwiesen.

Beispiel. Berechnung des Mehrverbrauchs an Fahrzeit, Zugkraft- und Bremsarbeit durch Befahren einer $l_l = 150$ [m] langen La-Stelle mit Geschwindigkeitsbeschränkung auf 30 [km/h] bei einem $l_z = 280$ [m] langen D-Zug mit der Durchfahrgeschwindigkeit $V = 100$ [km/h]. Lok S 36.20 (01) und $G_w = 600$ [t] Last auf einem Gefälle von $s = -2$ [⁰/₀₀,] Lokgewicht $G_l = 172$ [t]. Der Wagenzug besteht aus 1 Pw 4ü und 11 C 4ü.

α) **Wege und Zeiten.** Die Länge der mit 30 [km/h] befahrenen Strecke ist nach Abb. 47 $l_l + l_z = 150 + 280 = 430$ [m] $= 0,43$ [km]. Die Fahrzeit hierfür ist

$$t_l = \frac{60 \cdot 0,43}{30} = 0,86 \text{ [min]}.$$

Die Fahrzeit und der Weg beim Bremsen und Lösen von der Durchfahrgeschwindigkeit $V = 100$ [km/h] auf $V_2 = 30$ [km/h] der Langsamfahrstrecke wurde aus Abb. 52 der Bremsnetztafel für Langsamfahrstellen zu 51,6 [sec] oder 0,861 [min] und $l_b = 0,808$ [km] ermittelt. Die Anfahrbewegung von $V = 30$ [km/h] bis $V = 100$ [km/h] wurde aus der s-V-Linie für $G_w = 600$ [t] bei der Lokbeanspruchung an der Kesselleistungsgrenze nach Abb. 51 zu 4,37 [min] und 5,32 [km] ermittelt. Dann ist der Gesamtweg $L = 0,808 + 0,43 + 5,32 = 6,56$ [km] und die Gesamtfahrzeit ist $T = 0,861 + 0,86 + 4,37 = 6,09$ [min]. Die Fahrzeit des durchfahrenden Zuges auf der 6,56 [km] langen Strecke ist

$$T_d = \frac{60 \cdot 6,56}{100} = 3,94 \cong 4 \text{ [min]}.$$

β) **Die Lokbeanspruchungen nach Abb. 47 und 51:**

1. auf der Bremsstrecke von $V = 100$ bis 30 [km/h] ist $\delta = 0$;

Die Zugförderkosten 173

2. auf der Langsamfahrstelle ist $\delta_d = (\pm s + w_l) : (s_{k_g} + w_l)$. Man greift in Abb. 51a der s–V-Linie der S 36.20(01), die der von der Bundesbahn aufgestellten s–V-Linienschar (RZM 2231 Bfbv) entnommen ist, bei $V_l = 30$ [km/h] zwischen der Waagerechten für $s_d = -2$ [⁰/₀₀] und der w-Linie — $s_d + w_l = 1{,}35$ [⁰/₀₀] ab. Bei $V_l = 30$ [km/h] ist $w_l = 3{,}35$ [kg/t]. Sodann greift man für den Nenner bei derselben Geschwindigkeit senkrecht zwischen der s–V-Linie und der w-Linie $s_{k_g} + w_l = 14{,}6$ [kg/t] ab und die Lokbeanspruchung ist $\delta_d = 1{,}35 : 14{,}6 = 0{,}093$;

3. auf der Anfahrstrecke wird mit reinen Fahrzeiten und voller Lokbeanspruchung gefahren, also ist hier die Lokbeanspruchung $\delta = 1$; $V_{\ddot{u}} = 55$ [km/h];

4. für den durchfahrenden Zug ist die Lokbeanspruchung bei $V_h = 100$ [km/h] $\delta_d = (s_d + w_h) : (s_{k_g} + w_h)$. Hier greift man in der s–V-Linie bei $V_h = 100$ [km/h] zwischen der Waagerechten für $s_d = -2$ [⁰/₀₀] und der w-Linie $s_d + w_h = 7$ [⁰/₀₀] ab. Für den Nenner ist bei derselben Geschwindigkeit die Höhe zwischen der s–V-Linie und der w-Linie $s_{k_g} + w_{l_k} = 10{,}65$ [⁰/₀₀]. Damit ist die Lokbeanspruchung bei der Durchfahrt $\delta_{d_v} = 7 : 10{,}65 = 0{,}656$.

γ) Die Zugkraftsarbeit

1. auf der Langsamfahrstrecke von der Länge $l_l + l_z = 0{,}43$ [km] ist $A_{ll} = G_z \cdot (s_d + w_l) \cdot (l_l + l_z) : 0{,}96 \cdot 1000 = 772 \cdot 1{,}35 \cdot 0{,}43 : 0{,}96 \cdot 1000 = 0{,}47$ [tkm].

2. auf der Anfahrstrecke von $V_2 = 30$ bis $V_h = 100$ [km/h] ist $A_l = \Delta A_{l_m} \cdot t_a - A_a'$. Es ist $\Delta A_{l_m} = G_z \cdot (s_g + w_{a_m}) \cdot V_{m_a} : 60 \cdot 0{,}96 \cdot 1000$. Hier ist die mittlere Arbeitsgeschwindigkeit $V_{m_a} = (2 \cdot V_h + V_{\ddot{u}}) : 3 = (2 \cdot 100 + 55) : 3 = 85$ [km/h]. Die indizierte Zugkraft bei $V_{m_a} = 85$ [km/h] ist $Z_i = G_z \cdot (s_g + w_{a_m}) : 0{,}96 = 772 \cdot 11 : 0{,}96 = 8830$ [kg]. Hier ist nach Abb. 51a zwischen der s–V-Linie und der w-Linie bei $V_{m_a} = 85$ [km/h] die Höhe $s_g + w_{a_m} = 11$ [⁰/₀₀]. Dann ist die minutliche Arbeit $\Delta A_{l_m} = 8830 \cdot 85 : 60 \cdot 1000 = 12{,}5$ [kmt/min] und $\Delta A_{l_m} \cdot t_a = 12{,}5 \cdot 4{,}37 = 54{,}7$ [kmt]. Der Arbeitsabzug ist $A_a' = A_a \cdot [(V_{\ddot{u}} - V_2) : V_{\ddot{u}}]^2$ [kmt]. In Abb. 63b greift man für $s = -2$ [⁰/₀₀] und $G_w = 600$ [t] den Arbeitsabzug auf der linken Skala mit $A_a = 10{,}8$ [kmt] für $G_w = 600$ [t] ab. Dann ist $A_a' = A_a \cdot [(V_{\ddot{u}} - V_2) : V_{\ddot{u}}]^2 = 10{,}8 \cdot [(55 - 30) : 55]^2 = 2{,}24$ [kmt].

3. Die gesamte indizierte Zugkraftsarbeit infolge der Langsamfahrstelle ist daher $A_l = 54{,}7 + 0{,}47 - 2{,}24 = 52{,}93$ [kmt].

4. Die Zugkraftsarbeit des durchfahrenden Zuges auf der Gesamtstrecke $L_d = 6{,}56$ [km] mit $V_h = 100$ [km/h] ist $A_d = G_z \cdot (s_{d_u} + w_h) \cdot L_d : 0{,}96 \cdot 1000 = 772 \cdot 7 \cdot 6{,}56 : 0{,}96 \cdot 1000 = 36{,}9$ [kmt], wo $s_{d_u} + w_h = 7$ [⁰/₀₀] für $V_h = 100$ [km/h] ist.

5. Die Bremsarbeit bei der Verzögerung des Zuges von 100 [km/h] auf 30 [km/h] ist nach S. 163

$$A_b = \frac{G_z \cdot 0{,}421 (V_1^2 - V_2^2)}{1000 \cdot 10^2} = \frac{772 \cdot 0{,}421 (100^2 - 30^2)}{1000 \cdot 100} = 0{,}772 \cdot 0{,}421 \cdot 91 = 29{,}7 \text{ [kmt]}.$$

δ) Ermittlung der Mehrkosten. Die Mehrkosten durch das Befahren einer Langsamfahrstelle gegenüber der Durchfahrt mit unverminderter Geschwindigkeit erhält man aus der Differenz der veränderlichen Lokkosten sowie der Kosten nach der Zukof. 9 und 22 und der Wagenkosten.

a) Die veränderlichen Lokkosten werden:
1. für die Bremsstrecke,
2. für die eigentliche Langsamfahrstelle,
3. für die anschließende Anfahrstrecke
4. für die Durchfahrt

aus dem Lokkostenmaßstab (Abb. 63) abgelesen.

Zu 1.: Die mittlere Geschwindigkeit auf der Bremsstrecke ist (s. S. 172)
$$V_m = \frac{60 \cdot l_b}{t_b} = \frac{60 \cdot 0{,}808}{0{,}861} = 56{,}3 \text{ [km/h]}.$$

Für diese Geschwindigkeit setzt man in dem Lokkostenmaßstab der S 36.20 (01) Abb. 63a auf die E_δ-Linie die eine und auf die E'_δ-Linie die andere Zirkelspitze für $\delta = 0$ und liest 58 [Pf/km] ab. Dieser Betrag mit $l_b = 0{,}808$ [km] vervielfältigt ergibt
$$58 \cdot 0{,}808 = 47 \text{ [Pf]} = 0{,}47 \text{ [DM]}.$$

Zu 2.: Für die mit 30 [km/h] befahrene Langsamfahrstrecke mit der Lokbeanspruchung $\delta = 0{,}093$ sind die Kilometerkosten im Lokkostenmaßstab zwischen der oberen E_δ- und der unteren E'_δ-Linie gleicher Lokbeanspruchung zu 97 [Pf/km] abzulesen. Diese sind mit $l_l + l_z = 0{,}43$ [km] zu multiplizieren.
$$0{,}43 \cdot 0{,}97 = 0{,}42 \text{ [DM]}.$$

Zu 3.: Die veränderlichen Lokkosten für das Anfahren von $V = 30$ [km/h] bis $V = 100$ [km/h] sind in Abb. 63a zwischen der oberen E_{k_g}- und der unteren E'_{k_g}-Linie für $\delta = 1$ bei $V_m = 60 \, l_a : t_a = 60 \cdot 5{,}32 : 4{,}37 = 73{,}7$ [km/h] mit 216 [Pf/km] abzulesen und mit $l_a = 5{,}32$ [km] zu multiplizieren. Das ergibt $216 \cdot 5{,}32 = 1150$ [Pf]. Hiervon ist noch der reduzierte Kostenabzug abzusetzen. Der Kostenabzug für Selbstkosten wird für das Gefälle $s = -2$ [‰] und das Wagenzuggewicht $G_w = 600$ [t] aus Abb. 63b mit $A_z = 291$ [Pf] abgelesen. Die entsprechenden veränderlichen Kosten sind dann $r \cdot A_z = 0{,}9295 \cdot 291 = 272$ [Pf], wenn von $V = 0$ angefahren wird. Wird aber von $V = 30$ [km/h] angefahren, dann ist
$$r \cdot A_z [(V_ü - V_l) : V_ü]^2 = 272 \cdot [(55 - 30) : 55]^2 = 56 \text{ [Pf]}.$$
Der Faktor $r = 0{,}9295$ für die veränderlichen Kosten ist aus Abb. 63b zu ersehen. Die veränderlichen Lokkosten für das Anfahren werden dann
$$1150 - 56 = 1094 \text{ [Pf]}.$$

Zu 4.: Die veränderlichen Lokkosten für die Durchfahrt mit 100 [km/h] und für $\delta_{d_u} = 0{,}656$ sind mit dem Zirkel zwischen der oberen E_δ- und der unteren E'_δ-Linie mit 110 [Pf/km] zu entnehmen und mit $L = 6{,}56$ [km] zu multiplizieren. Es ergibt sich $110 \cdot 6{,}56 = 722$ [Pf]. Die Lokkosten infolge der La-Stelle sind insgesamt
$$47 + 42 + 1094 = 1183 \text{ [Pf]}.$$

b) Für die Zukogleichung 9 sind die Kosten auf der Langsamfahrstrecke bei dem mit $V = 30$ [km/h] befahrenen Abschnitt und der folgenden Anfahrstrecke mit $L = 0{,}808 + 0{,}43 + 5{,}32 = 6{,}56$ [km] und $T = 0{,}861 + 0{,}86 + 4{,}37 = 6{,}09$ [min]
$$\frac{f_3 \cdot L}{T} \left(0{,}04 \, A_l + \frac{c_{l_2} \cdot G_{l_2} \cdot L}{1000} \right) \cdot 100 =$$
$$= \frac{0{,}225 \cdot 6{,}56}{6{,}09} \cdot \left(0{,}04 \cdot 52{,}93 + \frac{7{,}3 \cdot 59 \cdot 6{,}56}{1000} \right) \cdot 100 = 120 \text{ [Pf]}$$

und für Zukof. 22:

$$\frac{f_0 \cdot 2{,}5}{1000}\left[0{,}96\,A_l - c_{l_2}\cdot G_{l_2}\frac{(L-2L_0)}{1000}\right]\cdot 100$$
$$=\frac{7{,}25\cdot 2{,}5}{1000}\left[0{,}96\cdot 52{,}93-\frac{7{,}3\cdot 59}{1000}(6{,}56-2\cdot 0{,}808)\right]\cdot 100 = 88{,}4\,[\mathrm{Pf}].$$

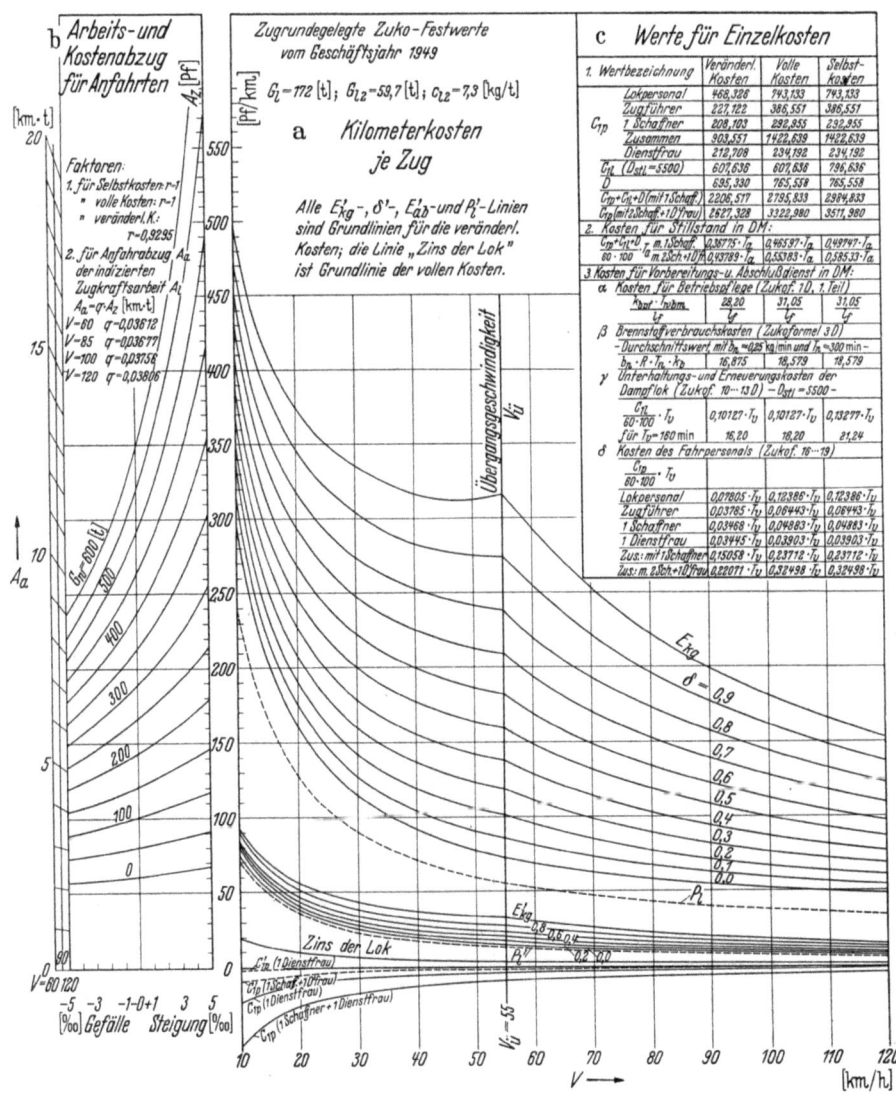

Abb. 63a—c. Lokkostenmaßstab der Dampflok S 36.20(01)

Durchfahrt:

Zukof. 9:

$$\frac{0{,}225\cdot 6{,}56}{3{,}94}\left(0{,}04\cdot 36{,}9+\frac{7{,}3\cdot 59\cdot 6{,}56}{1000}\right)\cdot 100=\frac{0{,}225\cdot 6{,}56}{3{,}94}\cdot 4{,}3\cdot 100 = 161\,[\mathrm{Pf}]$$

und Zukof. 22:
$$\frac{7{,}25 \cdot 2{,}5}{1000}\left[0{,}96 \cdot 36{,}9 - \frac{7{,}3 \cdot 59 \cdot 6{,}56}{1000}\right] \cdot 100 = \frac{7{,}25 \cdot 2{,}5 \cdot 32{,}58}{1000} \cdot 100 = 59 \text{ [Pf]}.$$

Bremsen:

Zukof. 22: Mit der Bremsarbeit $A_b = 29{,}7$ [kmt] ergibt sich
$$100 \cdot \frac{7{,}25 \cdot 3{,}25 \cdot}{1000} 29{,}7 = 65 \text{ [Pf]}.$$

Die Wagenkosten betragen (bei veränderlichen Kosten fallen die Zinskosten fort) für 11 C 4 ü und 1 Pw 4 ü und 600 [t] Zuglast nach Tabelle 14
$$\frac{11 \cdot f_{10} + f_{10P_w}}{D_{stw}} = \frac{11 \cdot 276 + 173}{5100} = 0{,}63 \text{ [DM/min]}.$$

Für die Langsamfahrt ist also: $0{,}63 \cdot 6{,}09 = 3{,}83$ [DM] oder 383 [Pf]
und für die Durchfahrt: $0{,}63 \cdot 3{,}94 = 2{,}58$ [DM] oder 248 [Pf].

Tabelle 7. Ergebnis der Kostenermittlung.

	Langsamfahrt [Pf]	Durchfahrt [Pf]
Lokkosten	1183	722
Zukof. 9	120	161
Zukof. 22	88	59
Bremsen	65	—
Zukof. 14, 15 (Wagen) . . .	383	248
Gesamtkosten	1839	1190
Kosten der Durchfahrt . . .	−1190	
Mehrkosten durch die La-Stelle je Zug	649	

Wenn bei der Abweichung von der Durchfahrt (Langsamfahrstelle bzw. außerplanmäßiges Halten) mit der Lokbeanspruchung an der Kesselleistungsgrenze wieder angefahren wird, so ist hierfür die Lokbeanspruchung $\delta = 1$ und daher von derjenigen auf der Gesamtstrecke unabhängig. Die Berechnung der Mehrkosten beschränkt sich also nur auf die örtliche Änderung der Betriebsweise. Durch diese Unabhängigkeit wird die Behandlung der örtlich bedingten Aufgaben einfach.

Falls die durch das Befahren einer Langsamfahrstelle entstandene Mehrfahrzeit wieder eingefahren werden soll, so ist mit einer Kesselbeanspruchung größer als 57 [kg/m²h] (s. S. 27) anzufahren. Diese erhöhte Beanspruchung ist erst dann einzustellen, wenn die Verspätung aufgeholt ist. In diesem Falle bleiben alle vom Weg und von der Zeit abhängigen Kosten dieselben wie bei der Durchfahrt, es entstehen also hier lediglich Mehrkosten durch den erhöhten Energieverbrauch und die größere Zugkraftsarbeit.

C. Berechnung der Lok- und Fahrwegkostenmaßstäbe sowie der Einzelkostenangaben.

Die Lok- und Fahrwegkostenmaßstäbe werden in Zukunft von der geschäftsführenden Stelle der Deutschen Bundesbahn jährlich herausgegeben. Die Berech-

Die Zugförderkosten.

nung der Lokkostenmaßstäbe soll aber nachstehend als Beispiel für die Güterzuglok G 56.15 (50) und die des Fahrwegkostenmaßstabes für ein- und zweigleisige Hauptbahnen sowie für eingleisige Nebenbahnen gezeigt werden.

a) Zusammenstellung der Formeln zur Berechnung des Lokkostenmaßstabes und ihre Beziehung zu den einzelnen Zukoformeln sowie die Auswertung für die R 50.

Tabelle 8.

I. P_l-Linie.

$$P_l = \frac{C_{1p} + C_{1l}}{V} + C_2 \quad [\text{Pf/km}]$$

1. $C_{1p} = 60 \cdot 100 \cdot 1{,}16 \left[\dfrac{n \cdot E_l}{60 \cdot D_{stlp}(1-\eta_{1p})} + \dfrac{E_z + n_s \cdot E_s + E_f}{60 \cdot D_{stz_s}(1-\eta_{z_s})} \right]$ [Pf/h]

enthält Zukoformel: (16), (17), (18) (19)

$$C_{1p} = 60 \cdot 100 \cdot 1{,}16 \left(\frac{2 \cdot 7348}{60 \cdot 2500(1-0{,}15)} + \frac{7687 + 1 \cdot 5799}{60 \cdot 2500 \cdot (1-0{,}13)} \right)$$
$$= 60 \cdot 100 \cdot 1{,}16 \,(0{,}1151 + 0{,}1049)$$
$$= 60 \cdot 100 \cdot 1{,}16 \cdot 0{,}2200 = \mathbf{1531} \,[\text{Pf/h}]$$

2. $C_{1l} = 60 \cdot 100 \left(\dfrac{f_4 + f_5 + f_6 + 0{,}01 \cdot z \cdot f_7}{D_{stl}} \right)$ [Pf/h]

enthält Zukof.: 10 D, E; 11 D, E; 12 D, E; 13 D, E;

$$C_{1l} = 60 \cdot 100 \cdot \frac{68 + 148 + 209 + 0{,}01 \cdot 6 \cdot 4811}{5490} = \mathbf{779}\,[\text{Pf/h}]$$

3. $C_2 = k_{bs} \cdot \vartheta \cdot 1{,}16 + 100 \cdot f_2$ [Pf/km]

enthält Zukof: 7 D, E; 9 D, E (teilw.)

$$C_2 = 0{,}78 \cdot 3{,}3 \cdot 1{,}16 + 100 \cdot 0{,}104 = 2{,}98 + 10{,}4 = \mathbf{13{,}38}\,[\text{Pf/km}]$$

$$P_l = \frac{1531 + 779}{V} + 13{,}58 = \frac{2310}{V} + 13{,}38 \,[\text{Pf/km}].$$

II. E_{ab}-Linie.

$$E_{ab} = \frac{D}{V}\,[\text{Pf/km}]$$

$$D = 100 \cdot 60 \cdot 1{,}16 \cdot 0{,}5 \cdot R \left[k_b + \frac{1{,}1 \cdot k_{bpf}}{10000} \right]\,[\text{Pf/h}]$$

enthält Zukof.: 2 D, 1 D

$$D = 100 \cdot 60 \cdot 1{,}16 \cdot 0{,}5 \cdot 3{,}9 \cdot \left(0{,}05 + \frac{1{,}1 \cdot 13{,}85}{10000}\right) = \mathbf{700}\,[\text{Pf/h}]$$

$$E_{ab} = \frac{700}{V}\,[\text{Pf/km}].$$

III. E_{k_g}- und E_δ-Linien.

α) $V < V_{\ddot u}$

$$E_{k_g} = \frac{\left(\dfrac{\beta_r}{\beta_g}\right) \cdot F_1 + \left(\dfrac{\beta_r}{\beta_g}\right)^2 \cdot F_2}{V}\,[\text{Pf/km}]$$

$$E\delta = \frac{\left(\dfrac{\beta_{\delta_r}}{\beta_r}\right) \cdot \left(\dfrac{\beta_r}{\beta_g}\right) \cdot F_1 + \left(\dfrac{\beta_{\delta_r}}{\beta_r}\right)^2 \cdot \left(\dfrac{\beta_r}{\beta_g}\right)^2 \cdot F_2}{V}\,[\text{Pf/km}]$$

178   Die Kostenermittlungen.

β_r [g/sec] = Kohlenverbrauch an der Reibungsgrenze nach Llv-Tafel.
β_{δ_r} [g/sec] = Kohlenverbrauch bei gedrosselter Energiezufuhr $(V < V_{\ddot{u}})$.
β_g [g/sec] = Kohlenverbrauch an der Kesselleistungsgrenze nach der Llv-Tafel.
β_δ [g/sec] = Kohlenverbrauch bei gedrosselter Energiezufuhr $(V > V_{\ddot{u}})$.

β) $V > V_{\ddot{u}}$

$$E_{k_g} = \frac{F_1 + F_2}{V} \quad [\text{Pf/km}]$$

$$E_\delta = \frac{\frac{\beta_\delta}{\beta_g} \cdot F_1 + \left(\frac{\beta_\delta}{\beta_g}\right)^2 \cdot F_2}{V} \quad [\text{Pf/km}]$$

$$F_1 = 60 \cdot 100 \cdot 1{,}16 \cdot b \left(\frac{k_{bpf} \cdot 1{,}1}{10\,000} + k_b + 7{,}5\, k_w\right) \quad [\text{Pf/h}]$$

enthält Zukof.: 1 D, 2 D, 6 D

$$F_1 = 60 \cdot 100 \cdot 1{,}16 \cdot 60 \cdot 0{,}37 \left(\frac{13{,}85 \cdot 1{,}1}{10\,000} + 0{,}05 + \frac{7{,}5 \cdot 0{,}15}{1000}\right) = \mathbf{8135}\, [\text{Pf/h}]$$

$$F_2 = 60 \cdot 100 \cdot b^2 \cdot f_1 \quad [\text{Pf/h}]$$

enthält Zukof. 8 D

$$F_2 = 60 \cdot 100 \cdot 60^2 \cdot 0{,}37^2 \cdot 0{,}572 : 1000 = \mathbf{1692}\, [\text{Pf/h}]$$

$$E_{k_g} = \frac{8135 + 1692}{V} = \frac{9827}{V} \quad [\text{Pf/km}]$$

$$E_\delta = \frac{8135 \cdot \left(\frac{\beta_\delta}{\beta_g}\right) + 1692 \cdot \left(\frac{\beta_\delta}{\beta_g}\right)^2}{V} \quad [\text{Pf/km}]$$

IV. **Anfahrkostenabzüge** (s. S. 137):

$$A_z = \frac{V_{\ddot{u}} \left(\frac{F_1}{240} + \frac{F_2}{160}\right)}{\left[\frac{(1-c_{l_3}) \cdot Z_{i_{rm}}}{G_l + G_w} - (w \pm s)\right]} \quad [\text{Pf}]$$

$$= \frac{23 \cdot \left(\frac{8135}{240} + \frac{1692}{160}\right)}{\left[\frac{0{,}96 \cdot 15\,800}{136 + G_w} - (3{,}5 \pm s)\right]} =$$

$$A_z = \frac{1024}{\left[\frac{15\,190}{136 + G_w} - (3{,}5 \pm s)\right]} \quad [\text{Pf}]$$

V. **Zusatzkosten für einen zweiten Schaffner.**

$$\frac{C_{1ps}}{V} = \frac{60 \cdot 100 \cdot 1{,}16}{V} \cdot \left[\frac{n_s \cdot E_s}{60 \cdot D_{sts} \cdot (1 - \eta_s)}\right] \quad [\text{Pf/km}]$$

$\downarrow$ Zukof. 18

$$C_{1ps} = 60 \cdot 100 \cdot 1{,}16 \cdot \left[\frac{1 \cdot 5799}{60 \cdot 2500 \cdot (1 - 0{,}13)}\right] = 309\, [\text{Pf/h}]$$

VI. **Grundlinie der vollen Kosten (Zinslinie).**

$$\frac{C_{1lz}}{V} = \frac{60 \cdot 100 \cdot 0{,}01 \cdot z_l \cdot f_7}{V \cdot D_{stl}} \quad [\text{Pf/km}].$$

$\downarrow$ Zukof. 13

$$C_{1lz} = \frac{60 \cdot 100 \cdot 0{,}01 \cdot 6 \cdot 4811}{5490} = 316\, [\text{Pf/h}].$$

Die Zugförderkosten.

VII. P'_l-Linie (veränderliche Kosten).

1) $P'_l = 0{,}16 \cdot \left(\dfrac{\Delta C_{1p}}{V} + k_{b_s} \cdot \vartheta\right)$ [Pf/km]

Zukof. 16, 17, 18 (Teile)   Zukof. 7 D

$\Delta C_{1p} = \dfrac{C_{1p}}{1{,}16} + \dfrac{60 \cdot 100}{0{,}16} \cdot \left[\dfrac{n_l \cdot \Delta E_l}{60 \cdot D_{stlp} \cdot (1 - \eta_{lp})} + \dfrac{\Delta E_z + n_s \cdot \Delta E_s}{60 \cdot D_{stzs} \cdot (1 - \eta_{zs})}\right]$

$= \dfrac{1531}{1{,}16} + \dfrac{60 \cdot 100}{0{,}16} \cdot \left[\dfrac{2 \cdot (7348 - 5206)}{60 \cdot 2500 (1 - 0{,}15)} + \dfrac{7687 - 5046 + 1 \cdot (5799 - 4670)}{60 \cdot 2500 (1 - 0{,}13)}\right]$

$= 3659$ [Pf/h].

$P'_l = 0{,}16 \cdot \left(\dfrac{3659}{V} + 0{,}78 \cdot 3{,}3\right) = \dfrac{586}{V} + 0{,}412$ [Pf/km]

2) Für den zweiten Schaffner ist von den Selbstkosten (siehe V.) noch folgender Ausdruck abzuziehen, um die veränderlichen Kosten zu erhalten:

$\dfrac{C'_{1p_s}}{V} = \dfrac{0{,}16 \cdot \Delta C'_{1p_s}}{V}$ [Pf/km]

$\Delta C'_{1p_s} = \dfrac{C_{1p_s}}{1{,}16} + \dfrac{60 \cdot 100}{0{,}16}\left[\dfrac{n_s \cdot \Delta E_s}{60 \cdot 2500 \cdot (1 - \eta_s)}\right]$ [Pf/h]

Zukof. 18 (Teile)

$= \dfrac{309}{1{,}16} + \dfrac{60 \cdot 100}{0{,}16}\left[\dfrac{1 \cdot (5799 - 4670)}{60 \cdot 2500 (1 - 0{,}13)}\right] = 593$ [Pf/h]

$\dfrac{C'_{1p_s}}{V} = \dfrac{0{,}16 \cdot 593}{V} = \dfrac{95}{V}$ [Pf/km]

VIII. E'_{ab}-Linie.

$E'_{ab} = \dfrac{0{,}16 \cdot D}{V}$ [Pf/km] (enthält Zukof. 2 D, 1 D) $= \dfrac{0{,}16 \cdot 700}{V} = \dfrac{112}{V}$ [Pf/km]

IX. E'_{k_g} und E'_δ-Linie.

1) $V < V_\ddot{u}$

$E'_{k_g} = \dfrac{0{,}16 \cdot \left(\dfrac{\beta_r}{\beta_g}\right) \cdot F_1}{V}$ [Pf/km] (enthält Zukof. 1 D, 2 D, 6 D)

$= \dfrac{0{,}16 \cdot 8135}{V} \cdot \left(\dfrac{\beta_r}{\beta_g}\right) = \dfrac{1300}{V}\left(\dfrac{\beta_r}{\beta_g}\right)$ [Pf/km]

$E'_\delta = E'_{k_g} \cdot \left(\dfrac{\beta_{\delta_r}}{\beta_r}\right) = \dfrac{1300}{V} \cdot \left(\dfrac{\beta_r}{\beta_g}\right) \cdot \left(\dfrac{\beta_{\delta_r}}{\beta_r}\right)$

2) $V > V_\ddot{u}$

$E'_{k_g} = \dfrac{0{,}16 \cdot F_1}{V} = \dfrac{0{,}16 \cdot 8135}{V} = \dfrac{1300}{V}$ [Pf/km]

$E'_\delta = \left(\dfrac{\beta_\delta}{\beta_g}\right) \cdot E'_{k_g} = \left(\dfrac{\beta_\delta}{\beta_g}\right) \cdot \dfrac{1300}{V}$ [Pf/km].

X. Die Umrechnungsfaktoren r, q und u, mit denen man aus den Anfahrabzügen der Selbstkosten A_z die Anfahrabzüge für die veränderlichen Kosten A'_z, für die Zugkraftsarbeit A_a und für den Kohleabzug A_k erhält, sind auf S. 140 entwickelt. Die Werte r und q befinden sich auf dem Lokkostenmaßstab Abb. 59b und 63b.

Tabelle 9: *Festwerte nach Zuko (1.10.1949) für Dampflokomotiven.*

Zuko-formel Nr.	Lokgattung Festwerte	01 S 36.20	03 S 36.17	38^{10-40} P 35.17 P 8 pr	78^{0-5} Pt 37.17 T 18 pr	41 G 46.20	44 G 56.20	50 G 56.15	57^{10-40} G 55.15 G 10 pr	94^{5-18} Gt 55.17 T 16^1	gültig für
8 D	$1000 \cdot f_1 =$	0,435	0,435	0,517	0,514	0,302	0,421	0,572	0,913	1,502	1948
		0,340	0,388	0,357	0,609	0,365	0,301	1,990	0,679	0,920	1949
9 D	$f_2 =$	0,142	0,113	0,116	0,173	0,119	0,177	0,104	0,119	0,081	1948
		0,134	0,139	0,097	0,104	0,103	0,184	0,159	0,133	0,104	1949
9 D	$f_3 =$	0,431	0,319	0,591	0,738	0,375	0,479	0,410	0,725	1,868	1948
		0,225	0,233	0,365	0,398	0,244	0,420	0,623	0,469	0,800	1949
10 D	$f_4 =$	118	87	70	73	57	106	68	55	44	1948
		77	80	35	33	44	54	42	45	31	1949
11 D	$f_5 =$	303	212	188	268	192	279	148	146	122	1948
		210	203	101	110	129	231	176	129	143	1949
12 D	$f_6 =$	270	263	152	174	241	270	209	145	98	1948
		270	257	142	122	206	300	216	172	99	1949
13 D	$0,01 \cdot z \cdot f_7 =$ ($z = 6\%$)	346,5	320	140	208	353,2	358,7	288,6	137	108,4	1948
		346,5	309,6	130,2	145	302	400	300	161	109,4	1949
	Summe $f_{4,5,6,7} =$	1037,5	882	550	723	843,2	1013,7	713,6	485	373,4	1948
		903,5	849,6	408,2	410	681	985	734	507	382,4	1949
1 D	$T_{wbm} =$	2,06	2,06	1,60	1,36	1,84	1,98	1,59	1,47	1,25	
7 D	$\vartheta =$	3,0	2,6	2,1	2,0	3,4	4,3	3,3	3,0	3,2	
	Für alle Loks gilt:		Zu Zukof. 21: $f_8 = 0,0377$ 0,0389		Zu Zukof. 22: [DM $f_{9h} = 7,8; f_{9n} = 12,10$ 7,25 8,95			Zu Zukof. 23: $f_{12} = 0,0135$ 0,0184			1948 1949

Die Festwerte f_{10} und f_{11} der Güterwagenkosten nach Zukof. 14 u. 15 s. Tab. 14.

Die in der Zuko Teil A Abschn. II Anlage 15 angegebenen Bezeichnungen der Festwerte der Zukof. 8 D bis 13 D und 8 E bis 13 E sind der Einfachheit halber hier mit f_1 bis f_7 bezeichnet und für Dampfloks in Tabelle 9 und für Elloks in Tabelle 12 wiedergegeben. In Tabelle 12 „Festwerte für Elloks" sind außer den Werten auch die Formelausdrücke der Festwerte f_1 bis f_7 enthalten. Diesen entsprechen auch die Formelausdrücke der Festwerte f_1 bis f_7 für Dampfloks, die in Tabelle 9 wegen Platzmangel nicht besonders aufgeführt sind, wo also nur die entsprechenden Werte angegeben sind.

b) Die Durchführung der Rechnung für die G 56.15 (50).

Tabelle 10a. *Zu I u. II: P_l- und E_{ab}-Linien.* $V_{\bar{u}} = 23$ [km/h] $V_h = 80$ [km/h]

V [km/h]	10	15	20	23	40	50	80
$\dfrac{2310}{V} =$	231	154	115,5	100,50	57,70	46,2	28,9
$+ 13,38$	13,38	13,38	13,38	13,38	13,38	13,38	13,38
P_l [Pf/km]	244,38	167,38	128,88	113,88	71,08	59,58	42,28
$E_{ab} = \dfrac{700}{V}$ [Pf/km]	70	46,7	35	30,4	18,7	14,0	8,8

Die Zugförderkosten.

Tabelle 10b. *Zu III: E_{k_g}- und E'_δ-Linien.*

α) $V < V_{\ddot{u}}$ (Langsamfahrstellen)

E_δ-Linien $V<V_{\ddot{u}}$	δ	$V=$ 10	15	20
$\beta_{\delta r}$	1,0	0,160	0,230	0,315
	0,9	0,145	0,207	0,279
	0,8	0,130	0,185	0,244
	0,6	0,110	0,145	0,183
	0,4	0,090	0,110	0,130
	0,2	0,066	0,080	0,090
	0,0	0,050	0,051	0,053
$\dfrac{\beta_{\delta r}}{\beta_r}$	1,0	1,000	1,000	1,000
	0,9	0,906	0,900	0,886
	0,8	0,813	0,804	0,775
	0,6	0,687	0,630	0,581
	0,4	0,563	0,478	0,413
	0,2	0,413	0,348	0,286
	0,0	0,313	0,222	0,168
$\beta_r : \beta_g$		0,432	0,614	0,850
$\dfrac{\beta_{\delta r}}{\beta_r} \cdot \dfrac{\beta_r}{\beta_g} \cdot F_1$	1,0	3514	4995	6915
	0,9	3184	4496	6127
	0,8	2857	4016	5359
	0,6	2414	3147	4018
	0,4	1978	2388	2856
	0,2	1451	1738	1978
	0,0	1100	1109	1162
$\left(\dfrac{\beta_{\delta r}}{\beta_r}\right)^2 \cdot \left(\dfrac{\beta_r}{\beta_g}\right)^2 \cdot F_2$	1,0	316	639	1223
	0,9	260	517	960
	0,8	209	414	735
	0,6	149	254	414
	0,4	100	146	209
	0,2	54	77,4	100
	0,0	31	31,5	34,5
$\dfrac{\beta_{\delta r}}{\beta_r} \cdot \dfrac{\beta_r}{\beta_g} \cdot F_1 +$ $+ \left(\dfrac{\beta_{\delta r}}{\beta_r}\right)^2 \cdot \left(\dfrac{\beta_r}{\beta_g}\right)^2 \cdot F_2$	1,0	3830	5634	8138
	0,9	3444	5031	7087
	0,8	3066	4430	6094
	0,6	2563	3401	4432
	0,4	2078	2534	3065
	0,2	1505	1815	2678
	0,0	1131	1141	1197
$\dfrac{\dfrac{\beta_{\delta r}}{\beta_r} \cdot \dfrac{\beta_r}{\beta_g} \cdot F_1 + \left(\dfrac{\beta_{\delta r}}{\beta_r}\right)^2\left(\dfrac{\beta_r}{\beta_g}\right)^2 \cdot F_2}{V} =$ $= E_\delta$ [Pf/km]	1,0	383,0	375,6	406,9
	0,9	344,4	334,2	354,4
	0,8	306,6	295,3	304,7
	0,6	256,3	226,7	222,6
	0,4	207,8	168,9	153,3
	0,2	150,5	121,0	103,9
	0,0	113,1	76,1	59,9

Die Kostenermittlungen.

Tabelle 10b, $\beta: V > V_{\ddot{u}}$

E_δ-Linien $V > V_{\ddot{u}}$	δ \ $V =$	23	40	50	80
β_δ	1,0 0,9 0,8 0,6 0,4 0,2 0,0	0,370 0,330 0,285 0,209 0,150 0,099 0,055	0,370 0,331 0,289 0,221 0,160 0,105 0,058	0,370 0,333 0,293 0,226 0,164 0,110 0,061	0,370 0,336 0,300 0,236 0,180 0,125 0,075
$\dfrac{\beta_\delta}{\beta_g}$	1,0 0,9 0,8 0,6 0,4 0,2 0,0	1,000 0,892 0,770 0,567 0,406 0,268 0,149	1,000 0,895 0,783 0,597 0,432 0,284 0,159	1,000 0,900 0,792 0,611 0,443 0,297 0,166	1,000 0,910 0,811 0,638 0,486 0,338 0,203
$\beta_r : \beta_g$		1,0	1,0	1,0	1,0
$\dfrac{\beta_\delta}{\beta_g} \cdot F_1 = \dfrac{\beta_\delta}{\beta_g} \cdot 8135$	1,0 0,9 0,8 0,6 0,4 0,2 0,0	8135 7256 6264 4613 3303 2180 1212	8135 7281 6370 4857 3514 2310 1285	8135 7322 6443 4970 3604 2410 1350	8135 7403 6597 5190 3954 2750 1651
$\left(\dfrac{\beta_\delta}{\beta_g}\right)^2 \cdot F_2 = \left(\dfrac{\beta_\delta}{\beta_g}\right)^2 \cdot 1692$	1,0 0,9 0,8 0,6 0,4 0,2 0,0	1692 1348 1004 543 279 121,5 37,5	1692 1358 1040 602 315 136,5 42,2	1692 1370 1060 631 333 149,5 46,5	1692 1402 1113 691 399 193 69,9
$\left(\dfrac{\beta_\delta}{\beta_g}\right) \cdot F_1 + \left(\dfrac{\beta_\delta}{\beta_g}\right)^2 \cdot F_2 =$	1,0 0,9 0,8 0,6 0,4 0,2 0,0	9827 8004 7268 5156 3582 2302 1250	9827 8639 7410 5459 3829 2447 1327	9827 8692 7503 5601 3937 2566 1397	9827 8805 3710 5881 4353 2943 1721
$\dfrac{\left(\dfrac{\beta_\delta}{\beta_g}\right) \cdot F_1 + \left(\dfrac{\beta_\delta}{\beta_g}\right)^2 \cdot F_2}{V} =$ $= E_\delta \, [\text{Pf/km}]$	1,0 0,9 0,8 0,6 0,4 0,2 0,0	427,3 374,1 316,0 244,2 155,7 100,1 54,3	245,7 216,0 185,3 136,5 95,7 61,2 33,2	196,5 173,8 150,1 112,0 78,7 51,3 27,9	122,8 110,1 96,4 73,4 54,4 36,8 21,5

Die Zugförderkosten.

Tabelle 10c. *Zu IV: Anfahrkostenabzüge.*

$+w$	$+3,5$	$+3,5$	$+3,5$
$+s\ [^0/_{00}]$	$-2,5$	± 0	$+2,5$
$-(w\pm s)$	-1	$-3,5$	-6
G_w [t] \ A_z	Pf	Pf	Pf
1600	132,1	195,0	372
1500	123,8	177,0	311
1400	115,1	160,0	262
1300	106,9	144,5	223
1200	99,0	130,3	191
1100	90,8	116,7	163
1000	82,8	103,8	139
900	75,1	91,9	118
800	67,3	80,6	100
700	59,7	69,9	84
600	52,2	59,9	70
500	44,9	50,5	57,5
400	37,5	41,3	46

Tabelle 10d. *Zu V: Zusatzkosten für einen zweiten Zugschaffner.*

V [km/h] =	23	40	50	80
$309:V$ [Pf/km] =	13,45	7,7	6,2	3,9

Tabelle 11. *Zu VI: Zinskosten der Lok je km (Grundlinie der vollen Kosten).*

V [km/h] =	23	40	50	80
$316:V$ [Pf/km] =	13,7	7,9	6,3	3,95

Tabelle 12a. *Zu VII, 1 und 2: P'_l-Linie.*

V [km/h] =	10	15	20	23	40	50	80
$5,86:V$	58,6	39,1	29,35	25,50	14,65	11,70	7,34
$+0,412$	0,412	0,412	0,412	0,412	0,412	0,412	0,412
1. P'_l [Pf/km] =	59,012	39,512	29,762	25,912	15,062	12,112	7,752
2. $C_{1ps}:V=95:V$ [Pf/km] =	9,50	6,33	4,75	4,13	2,37	1,90	1,125

Tabelle 12b. *Zu VIII: E'_{ab}-Linie.*

V [km/h] =	10	15	20	23	40	50	80
$E'_{ab}=112:V$ [Pf/km]	11,20	7,46	5,60	4,87	2,80	2,24	1,40

184 Die Kostenermittlungen.

Tabelle 12c. Zu IX: E'_{k_g}- und E'_δ-Linien.

α) Für $V < V_{\ddot{u}}$.

	δ	V [km/h]		
		10	15	20
$E'_\delta = \dfrac{0{,}16}{V} \cdot \dfrac{\beta_{\delta r} \cdot \beta_r}{\beta_r \cdot \beta_g} \cdot F_1$ [Pf/km]	1,0	56,224	53,308	55,320
	0,9	50,944	47,983	49,016
	0,8	45,712	42,860	42,872
	0,6	38,624	33,586	32,144
	0,4	31,648	25,486	22,848
	0,2	23,216	18,549	15,824
	0,0	17,600	11,836	9,296

β) Für $V \geq V_{\ddot{u}}$.

	δ	V [km/h]			
		23	40	50	80
$E'_\delta = \dfrac{0{,}16 \cdot \beta_\delta \cdot F_1}{V \cdot \beta_g}$ [Pf/km	1,0	56,538	32,540	25,990	16,270
	0,9	50,429	29,124	23,393	14,806
	0,8	43,535	25,480	20,587	13,194
	0,6	32,060	19,428	15,879	10,380
	0,4	22,956	14,056	11,514	7,908
	0,2	15,151	9,240	7,700	5,500
	0,0	8,423	5,140	4,313	3,302

c) Berechnung des Fahrwegkostenmaßstabes für Güterzüge (Dampfloks). Selbstkosten (Abb. 61 S. 157).

Tabelle 13.

a) Zweigleisige Hauptbahnen.

Zukof. 20 (als Einzelkosten).

1. Zukof. 22 (Teil) $= \dfrac{2{,}5 \cdot f_9 \cdot 1{,}43}{10\,000} = \dfrac{2{,}5 \cdot 7{,}8 \cdot 1{,}43}{10\,000} = 0{,}00279$ [Pf/tkm].

2. Zukof. 24 $\begin{cases} k_{fu} = 0{,}127 \text{ [Pf/tkm] (Reisezüge)} \\ k_{fu} = 0{,}079 \text{ [Pf/tkm] (Güterzüge)} \end{cases}$

3. Zukof. 25 $\quad k_{zf} = \dfrac{K_{zf} \cdot z_f}{365\,V_B} = \dfrac{450\,000 \cdot 3{,}5}{365 \cdot V_B} = \dfrac{4315}{V_B}$ [Pf/tkm].

4. Zukof. 21 $\quad k_{ou} = \left[\dfrac{60}{V_B} + \dfrac{1}{3\,G_m} + \dfrac{6{,}72}{\sqrt[3]{V_B^2}}\right] 100 \cdot 1{,}43 \cdot 1{,}21 \cdot f_8$ [Pf/tkm].

$G_m = 800$ [t] $f_8 = 0{,}0377$.

Die Zugförderkosten.

V_B [t/Tag]	20 000	40 000	60 000	80 000	100 000	120 000
1. u. 2.	0,0818	0,0818	0,0818	0,0818	0,0818	0,0818
3. $4315 : V_B$	0,2158	0,108	0,0719	0,0540	0,0432	0,0360
4. $\dfrac{6{,}52 \cdot 60}{V_B}$	0,0196	0,0098	0,0065	0,0049	0,0039	0,0033
$6{,}52 : 3\,G_m$	0,0027	0,0027	0,0027	0,0027	0,0027	0,0027
$\dfrac{6{,}52 \cdot 6{,}72}{\sqrt[3]{V_B^2}}$	0,0595	0,0375	0,0286	0,0236	0,0203	0,0180
Fahrwegkosten [Pf/tkm] Selbstkosten k_{fw}	0,3794	0,2398	0,1915	0,1671	0,1519	0,1418
Volle Kosten [Pf/tkm]	0,1636	0,1318	0,1196	0,1131	0,1087	0,1058
Veränderl. Kosten [Pf/tkm]	0,0544	0,0322	0,0236	0,0190	0,0160	0,0140

b) Eingleisige Hauptbahnen.

Zukof. 20 (als Einzelkosten).

1. Zukof. 22 = 0,00279 [Pf/tkm] (s. 2 gl. H. B.).
   (Teil)

2. Zukof. 24 $k_{fu} = 0{,}079$ [Pf/tkm] (Güterzüge).

3. Zukof. 25 $k_{zf} = \dfrac{K_{zf} \cdot z_f}{365\,V_B} = \dfrac{300\,000 \cdot 3{,}5}{365 \cdot V_B} = \dfrac{2875}{V_B}$ [Pf/tkm].

4. Zukof. 21 $k_{ou} = 100 \cdot 1{,}43 \cdot 1{,}21 \cdot f_8 \left[\dfrac{45}{V_B} + \dfrac{2}{3\,G_m} + \dfrac{672}{\sqrt[3]{V_B^2}} \right]$ [Pf/tkm].

$f_8 = 0{,}0377$ $G_m = 700$ [t]

V_B [t/Tag]	10 000	20 000	30 000	40 000
1. und 2.	0,0818	0,0818	0,0818	0,0818
3. $2875 : V_B$	0,2875	0,1439	0,0959	0,0720
4. $6{,}52 \cdot 45 : V_B$	0,0293	0,0247	0,0098	0,0073
$6{,}52 \cdot 2 : 3\,G_m$	0,0062	0,0062	0,0062	0,0062
$6{,}52 \cdot 6{,}72 : \sqrt[3]{V_B^2}$	0,0944	0,0595	0,0454	0,0385
Fahrwegkosten [Pf/tkm] Selbstkosten k_{fw}	0,4992	0,3061	0,2391	0,2058
Volle Kosten [Pf/tkm]	0,2117	0,1622	0,1432	0,1338
Veränderliche Kosten [Pf/tkm]	0,0881	0,0534	0,0402	0,0336

c) Eingleisige Nebenbahnen.

Zukof. 20 (als Einzelkosten).

1. Zukof. 22 (Teil) $= \dfrac{2{,}5 \cdot 12{,}10 \cdot 1{,}43}{10\,000} = 0{,}00432$ [Pf/tkm].

2. Zukof. 24 $k_{fu} = 0{,}079$ [Pf/tkm].

3. Zukof. 25 $k_{zf} = \dfrac{K_{zf} \cdot z_f}{365 \cdot V_B} = \dfrac{200\,000 \cdot 3{,}5}{365 \cdot V_B} = \dfrac{1920}{V_B}$ [Pf/tkm].

4. Zukof. 21 $k_{ou} = 100 \cdot 1{,}43 \cdot 1{,}50 \cdot f_8 \left[\dfrac{30}{V_B} + \dfrac{1}{G_m} + \dfrac{6{,}72}{\sqrt[3]{V_B^2}} \right]$ [Pf/tkm].

$f_8 = 12{,}1 \quad G_m = 550$ [t]

V_B [t/Tag]		5 000	10 000	20 000
1. u. 2.		0,0833	0,0833	0,0833
3.	$1920 : V_B$	0,3840	0,1920	0,0960
4.	$6{,}52 \cdot 30 : V_B$	0,0392	0,0196	0,0098
	$6{,}52 : G_m$	0,0119	0,0119	0,0119
	$6{,}52 \cdot 6{,}72 : \sqrt[3]{V_B^2}$	0,1498	0,0944	0,0595
Fahrwegkosten [Pf/tkm] Selbstkosten		0,6682	0,4012	0,2605
Volle Kosten [Pf/tkm]		0,2842	0,2092	0,1645
Veränderliche Kosten [Pf/tkm]		0,1362	0,0837	0,0525

d) **Die in den Kostenmaßstäben und den Einzelkostenangaben enthaltenen Zukoformeln.**

A. Der Lokkostenmaßstab einer Lokgattung enthält die Zukoformeln:

a) für Dampfloks.

1 D (2. Teil), 2 D, 4 D, 6 D, 8 D, 9 D (1. Teil), 10 D, 11 D, 12 D, 13 D, 16, 17, 18, 19.

Neben dem Lokkostenmaßstab sind notiert: das Lokgewicht, die Einzelkostenangaben für Stillstand und für den Vorbereitungs- und Abschlußdienst, die auch noch die Zukof. 1 D (1. Teil), 3 D, und 4 D enthalten. Zukof. 5 D wird aus der Heizzeit ermittelt.

b) Elloks.

7 E, 9 E (1. Teil), 10 E, 11 E, 12 E, 13 E, 16, 17, 18, 19.

Neben dem Lokkostenmaßstab sind notiert: das Lokgewicht, die Einzelkostenangaben für den Stillstand und für den Vorbereitungs- und den Abschlußdienst, die auch noch die Zukof. 1 E enthalten. Die Zukof. 2 E, 3 E, 4 E, und 8 E werden an Hand des ermittelten Stromverbrauchs ausgewertet. 5 E wird aus der Heizzeit ermittelt.

B. **Fahrwegkostenmaßstab für Dampf- und Elektrobahnen.**

Enthält die Zukof. 21, 22 (1. Teil), 24, 25a.

Neben dem Fahrwegkostenmaßstab sind notiert als Einzelkostenangaben für elektrische Bahnen Zukof. 23 und 25b, sowie die Zukof. 20 für Betriebs- und Bahnbewachungsdienst aller Bahnen.

Die Zugförderkosten.

C. Tabelle 14: Wagenkosten.

f_{10} = Festwert für Unterhaltung und Erneuerung
f_{11} = Festwert für Verzinsung (Zinssatz $z_w = 6\%$)
D_{stw} = 1100 Wagen-Jahresdienststunden für die Zugförderung (nur für Güterwagen).

1. Güterwagenkosten. $\quad \dfrac{f_{10} + z_w \cdot f_{11}}{1100} \cdot a(T + T_a)$ DM (Zukof. 14 u. 15).

Zukof.		O-Wagen Lieferung		G-Wagen Lieferung		Pwg-Wagen		Gültig für
		vor 1949	1949	vor 1949	1949	Länder	Einheit	
15	$\dfrac{z_w \cdot f_{11}}{1100}$	0,00061	0,00102	0,000802	0,00144	0,00464	0,0123	1949
14a, b	$\dfrac{f_{10}}{1100}$	0,00214	0,00214	0,003070	0,00307	0,01180	0,0182	1949
14a, b u. 15	$\dfrac{z_w \cdot f_{11} + f_{10}}{1100}$	0,00275	0,00316	0,003872	0,00541	0,01644	0,0305	1949

2. Personenzugwagenkosten. $\quad \dfrac{f_{10} + z_w \cdot f_{11}}{D_{stw}} \cdot a(T + T_a)$ DM

$D_{stw} = 4900$ Std./Jahr

Zukof.		c	c_3	c_1 Länder	c_1 Austausch	c_{3i}	c_4	P_{w3i}	P_{wi}	Gültig für
15	$z_w \cdot f_{11}$	12	10,9	8,5	20,8	13	25,4	5,7	9,4	1948
		12,1	10,1	8,64	21,12	12,24	25	6,52	8,7	1949
14a, b	f_{10}	55,2	58,4	46,6	55,4	57,7	100,4	35,2	41,8	1948
		56	55	50	68	54	128	45	48	1949
14a, b u. 15	$z_w \cdot f_{11} + f_{10}$	67,2	69,3	55,1	76,2	70,7	125,8	40,9	51,2	1948
		68,1	65,1	58,64	98,12	66,24	153	51,52	56,7	1949

3. Eil- und D-Zugwagenkosten. $\quad \dfrac{f_{10} + z_w \cdot f_{11}}{D_{stw}} \cdot a(T + T_a)$ DM

$D_{stw} = 5100$ Std./Jahr $\quad$ (Zukof. 14 u. 15)

Zukof.		c_{4i}	$c_{4\ddot{u}}$	P_{w4i}	$P_{w4\ddot{u}}$	Gültig für
15	$z_w \cdot f_{11}$	62,6	92	41,8	55	1948
		44	76,2	32,3	45,4	1949
14a b	f_{10}	153,6	205,4	100,8	134,1	1948
		160	276	135	173	1949
14a, b u. 15	$z_w \cdot f_{11} + f_{10}$	216,2	297,4	142,6	189,1	1948
		204	352	167,3	218,4	1949

$\dfrac{f_{10} + z_w \cdot f_{11}}{D_{stw}}$ = Selbstkosten [DM/Wagen min]

$\dfrac{f_{10}}{D_{stw}}$ = Volle Kosten [DM/Wagen min]

D. Unterhaltungskosten des Fahrgestells von Lok und Tender.
Zukof. 9 (2. Teil).

$$f_3 \cdot \frac{L \cdot 60}{T} \cdot \left(0{,}04 \cdot A_l + \frac{c_{l_t} \cdot G_{l_t} \cdot L}{1000}\right) \quad [\text{Pf}].$$

1. Bei Dampfzügen ist die indizierte Zugkraftarbeit:

$$A_l = \frac{G'_z \cdot (2V_h + V_{\ddot{u}}) \cdot Z_{i_m}}{G_z \cdot 3 \cdot 60 \cdot 1000} \cdot \left(T_v - \frac{t_{\ddot{u}}}{2{,}60}\right) + \frac{(W_l + w_w \cdot G'_w \pm s \cdot G'_z) \cdot L_d}{0{,}96 \cdot 1000} \quad [\text{kmt}].$$

2. Bei Elloks wird A_l aus dem Stromverbrauch ermittelt (s. S. 74). Hier ist 0,97 statt 0,96 zu setzen.

E. Oberbauerneuerung nach Zukof. 22
a) infolge indizierter Zugkraftarbeit.

$$f_9 \cdot \frac{2{,}5 \cdot 1{,}43}{1000} \left[0{,}97\, A_l - \frac{c_{l_t} \cdot G_{l_t}\, (L - 2 \cdot L_0)}{1000}\right] \quad [\text{Pf}].$$

Ermittlung von A_l wie vor.

b_1) infolge Bremsens vor Langsamfahrstrecken und auf Halt. (Bei der Haltbremsung ist $V_2 = 0$.)

$$f_9 \cdot \frac{3{,}25 \cdot 1{,}43 \cdot 0{,}421}{1000 \cdot 1000} \cdot G'_z \left[\sum\left(\frac{V_1^2 - V_2^2}{100}\right) + \frac{(\pm s + w)\, l_b}{1000}\right] \quad [\text{Pf}]$$

für Bremsen auf Halt $(V_1 : 10)^2$ aus dem Zuglaufbuch.

b_2) auf Bremsgefällen

$$f_9 \cdot \frac{3{,}25 \cdot 1{,}43}{1000} \cdot G'_z \frac{\Sigma (s - w)\, \Delta l}{1000} \quad [\text{Pf}],$$

c) bei Bogenfahrten.

$$f_9 \cdot \frac{2{,}5 \cdot 1{,}43}{1000} \cdot G'_z \frac{w_{B_m} \cdot L}{1000} \quad [\text{Pf}],$$

$\dfrac{w_{B_m} \cdot L}{1000}$ [km] und $\dfrac{\Sigma (s - w)\, \Delta l}{1000}$ [km] aus dem Zuglaufbuch.

Beim ausgelasteten Zug ist $G'_z = G_z$.

D. Die Kostenermittlung für die mit Elloks bespannten Züge.
1. Vergleich der fahrdynamischen Charakteristiken der Dampf- und der Elloks.

In Abb. 24 a—f sind für verschiedene Güterzugdampfloks die fahrdynamischen Charakteristiken dargestellt. Aus diesen kann man die größten Zuglasten G_w ablesen, mit denen ein auf der maßgebenden Steigung s_{ma} zum Halten gekommener Zug unter Überwindung des Anrückwiderstandes, wenn auch langsam, wieder in Gang kommt. Die kleinste Geschwindigkeit, mit der der Zug dann die größte Last gleichmäßig weiter befördert, ist die Geschwindigkeit im Übergang von der Reibungszugkraft zur Kesselzugkraft. Auf dem oberen Ast der fahrdynamischen Charakteristik Abb. 24a—f sind auch die gleichförmigen Geschwindigkeiten größer als die Übergangsgeschwindigkeit angeschrieben, die ein Zug beim Anfahren auf einer maßgebenden Steigung s_{ma} [⁰/₀₀] erreichen kann. Der untere Ast verläuft hyperbolisch und nach S. 35 ist für die gleichmäßige Übergangsgeschwindigkeit die Zuglast $G_w = [(1 - c_{l_s})\, Z_i - W_l - G_l \cdot s_{ma}] : (s_{ma} + w)$ [t]. Auch bei geringeren Zuglasten aber höheren gleichmäßigen Geschwindigkeiten ändern sich erstere nach derselben Gleichung mit der maßgebenden Steigung hyperbolisch. Diese Hyperbelschar schneidet den oberen Ast der fahrdynamischen Charakteristik in den eingetragenen Teilpunkten für die höheren Geschwindigkeiten. Diese Hyperbelschar ist aber nicht in den Abb. 24a—f eingetragen, weil die Beziehung zwischen Zuglast, maßgebender Steigung und der gleichmäßigen Geschwindigkeit auf ihr auch aus der Schar der s-V-Linien (Abb. 28 u. 29) abgelesen werden kann. Die fahrdynamische Charakteristik ist also nur zu zeichnen für die größten Lasten eines auf der maßgebenden Steigung zum Halten gekommenen Zuges, die unter Überwindung des Anrückwiderstandes wieder ins Rollen gebracht werden sollen. Der Bereich von der Übergangsgeschwindigkeit auf den maßgebenden Steigungen und der Höchstgeschwindigkeit der mit Dampfloks gezogenen Züge ist verhältnismäßig klein, und mit zunehmender Geschwindigkeit auf derselben maßgebenden Steigung sinken die Zuglasten so sehr, daß die Güterzugfahrten unwirtschaftlich werden.

Anders ist es bei den Reisezügen mit ihren bedeutend geringeren Zuglasten, die aber mit höheren Reisegeschwindigkeiten befördert werden und hierfür auch starke Anfahrbeschleunigungen benötigen. Auch müssen für die höheren Reisegeschwindigkeiten auf der maßgebenden Steigung die Reisezüge höhere Geschwindigkeiten als die Übergangsgeschwindigkeit haben. Man baut daher für die Reisezüge nach diesen Gesichtspunkten andere Dampfloks als für die Güterzüge. Die geringen Reisezuglasten können trotz des höheren Anrückwiderstandes in der Regel auf der maßgebenden Steigung nach einem Halt ohne Schwierigkeiten wieder ins Rollen gebracht werden, so daß hierfür auch der obere Ast und damit auch die ganze fahrdynamische Charakteristik fortfallen kann, da, wie gesagt, die Beziehung zwischen Zuglast, maßgebender Steigung und der gleichmäßigen Geschwindigkeit auch aus der Schar der s-V-Linien (Abb. 28 u. 29) abgelesen werden kann.

Ebenso wie bei Dampfbetrieb wurden bisher auch beim elektrischen Betrieb für Güter- und Reisezüge verschiedene Lokgattungen vorgehalten. Für die Güterzuglok E 94 (Einphasige Wechselstrommotoren mit $16^2/_3$ Hertz) ist in Abb. 25a, b die fahrdynamische Charakteristik für Dauer- und Stundenzugkräfte wiedergegeben. Die Lok ist so stark, daß ein besonderer Kurventeil für die auf der maßgebenden Steigung zum Halten gekommenen Züge fortfällt und die s-V-Linienschar statt der fahrdynamischen Charakteristik verwendet werden kann. In Abb. 25a—b sind die Zuglasten bis zu 1600 [t] abzulesen, die auf den maßgebenden Steigungen mit 25—90 [km/h] gleichmäßig befördert werden können.

Da der Geschwindigkeitsbereich groß ist, liegt der Gedanke nahe, wie es bei der im Bau begriffenen E 10 der Bundesbahn der Fall ist, eine Ellok mit starken Motoren und daher großen Zugkräften für einen Geschwindigkeitsbereich bis 130 [km/h] als Höchstgeschwindigkeit der Schnellzüge zu bauen. Diese Lok kann dann alle Zugarten vom Güterzug bis zum Schnellzug mit ihren entsprechend gestaffelten Höchstgeschwindigkeiten fahren. Für die Beziehung zwischen Zuglast, maßgebender Steigung und der gleichförmigen Geschwindigkeit auf ihr genügen daher für alle 3 Zugarten nur eine fahrdynamische Charakteristik und 3 Scharen von s-V-Linien. Die universelle Verwendung dieser Ellok wird dadurch erreicht, daß sich die Stundenzugkräfte so weit als möglich den Zugkräften anpassen, die durch die Kurve der Haftreibungen in Abhängigkeit von der Geschwindigkeit nach Kother bzw. Curtius und Kniffler (Abb. 18) bestimmt werden.

Da bei der E 10 auch die Anfahrzugkräfte sowie die Übergangsgeschwindigkeit hoch sind, so können mit ihr Güterzüge bis zu 2200 [t] Last schnell gefahren werden.

Ist aber das Verkehrsbedürfnis der Güterzugförderung auf einer Bahnlinie geringer, und daher die Zuglast kleiner, so kann man letztere mit größeren Reisegeschwindigkeiten befördern. Gerade bei Güterzügen macht sich der **Fahrzeitgewinn** hierdurch besonders bemerkbar, da bekanntlich für die gleiche Länge l der Strecke der maßgebenden Steigung die Fahrzeiten t bei Erhöhung der Geschwindigkeit v [m/sec] sich nach der Gleichung $l = t \cdot v$ hyperbolisch verkleinern, weil bei kleinen Geschwindigkeiten die Hyperbel stärker fällt. Dieser Vorteil ist um so größer, je kleiner der Unterschied zwischen der Geschwindigkeit auf der maßgebenden Steigung und der Höchstgeschwindigkeit des Güterzuges ist. Dies setzt aber eine Ellok mit starken Zugkräften voraus.

Infolge dieses Fahrzeitgewinns werden aber auch die maßgebenden Zugfolgezeiten der Güterzüge und daher auch deren Unterschiede mit denen der Reisezüge kleiner. Dies bedeutet eine Erhöhung der Leistungsfähigkeit der Strecke.

In der Vergrößerung der Reisegeschwindigkeiten und der Zuglasten der Güterzüge sowie der Leistungsfähigkeit der Bahnlinien liegt ein sehr großer wirtschaftlicher Vorteil, der dadurch an Bedeutung gewinnt, daß die Güterbeförderung das finanzielle Rückgrat der Fernbahnen ist. Für die Fahrzeitermittlung ist eine sorgfältige statistische Bemessung der dem Verkehrsbedürfnis der Bahnlinien entsprechenden Zuglasten von großer Wichtigkeit.

Dadurch, daß man Güter- und Reisezüge mit **einer** Lokgattung befördern kann, werden diese Loks wegen ihrer mannigfaltigen Verwendungsmöglichkeit besser ausgenutzt. Gegenüber den Dampfloks wird also, abgesehen von dem Fortfall der Bekohlung und Entschlackung, bei diesen Elloks die Laufleistung beträchtlich erhöht. Auch für die Erhaltungswirtschaft der Triebfahrzeuge ist die Verwendung einer einzigen Lokgattung von großer Bedeutung.

2. Der Lokkostenmaßstab (Abb. 64).

Im Gegensatz zur Dampflok mit ihrem von $V_ü$ bis V_h gleichbleibenden sekundlichen Kohlenverbrauch an der Kesselleistungsgrenze ist der sekundliche Stromverbrauch der Elloks bei Dauer- und Stundenzugkraft mit der Geschwindigkeit veränderlich. Er ist daher nach S. 74 für die reinen Fahrzeiten des ausgelasteten Zuges besonders zu ermitteln und der kilometrische Stromverbrauch kann nicht, wie der kilometrische Kohlenverbrauch, im Kostenmaßstab mit berücksichtigt werden. Bei dem Lokkostenmaßstab der Elloks fällt daher auch das Abzugsdiagramm fort, das beim Lokkostenmaßstab der Dampflok für die Ermittlung des Kohlenverbrauchs bei der Anfahrt notwendig ist. Bei den Elloks besteht also der Lokkostenmaßstab in der Hauptsache aus der P_l-Linie, auf der in Abhängigkeit von der mittleren Geschwindigkeit der gesamten durchfahrenen Strecke die Kilometerkosten der vom Energieverbrauch unabhängigen Kostenanteile abgelesen werden.

In den Ordinaten der P_l-Linie sind nach Zuko Teil A, Abschn. II, vom 1. X. 49 die Zukoformeln 7 E, 9 E (1. Summand), 10 E, 11 E, 12 E, 13 E, 16, 17 und 18 — bei Schnellzügen auch noch 19 — zusammengefaßt. Vergleiche die Berechnung der P_l-Linie der Dampflok und der Elloks S. 177 u. 191.

Die Zugförderkosten. 191

Zur Auswertung der P_l-Linie für die reinen Fahrzeiten bildet man die mittlere Geschwindigkeit $V_{m_k} = 60 L : T$ [km/h], wo L [km] die ganze durchfahrene Strecke des Zuges und T [min] die zugehörige Fahrzeit ist. Die mittlere Geschwindigkeit der planmäßigen Fahrzeit ist $V_{m_p} = 60 L : 1,05 T$ [km/h]. Die für diese mittleren Geschwindigkeiten abgelesenen Ordinaten sind dann mit L [km] zu multiplizieren, um die entsprechenden Kosten zu erhalten.

Mit dem auf S. 74 ermittelten Stromverbrauch am Fahrdraht sind weiterhin die Zukoformeln 2E, 4E, 8E, 23 und 25b kostenmäßig auszuwerten. Beim nicht ausgelasteten Zug vom Gewicht G'_z sind der Stromverbrauch nach S. 193 und die Lokarbeit nach S. 197 im Verhältnis $G'_z : G_z$ zu reduzieren, dagegen nicht die auf der P_l-Linie (Abb. 64) abgelesenen Werte. Ferner sind in dem Lokkostenmaßstab der Ellok noch wie bei der Dampflok die Linien für die Zusatzkosten bei einem zweiten Zugschaffner sowie für die Zinskosten der Lok enthalten.

Der Stromverbrauch am Fahrdraht und die Lokarbeit

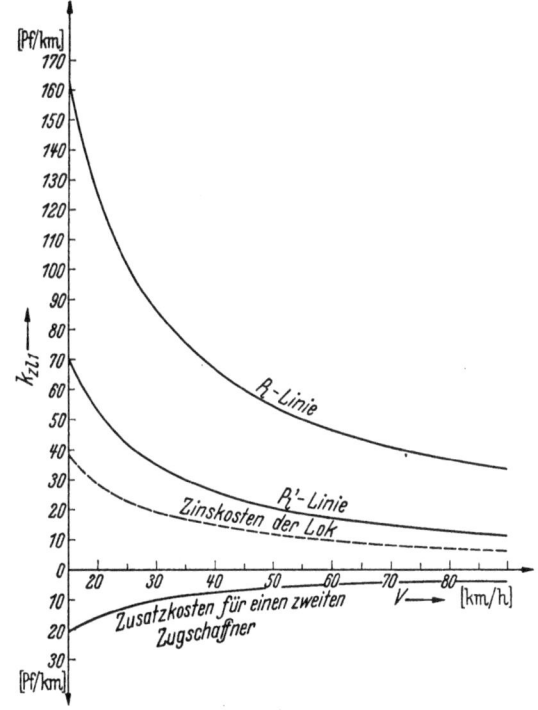

Abb. 64. Lokkostenmaßstab der Co'-Co'-Lok E 94
(1 Lokführer, 1 Zugschaffner,
Lokgewicht G_l = Reibungsgewicht
$G_{l_2} = 118,5$ t, $c_{l_2} = 5,0$ [kg/t])

Kosten für Stillstand:
$$\frac{C_{1p} + C_{1l}}{60 \cdot 100} \cdot T_a = \frac{1214 + 1124}{6000} \cdot T_a = 0,391 \cdot T_a \text{ [DM]}$$
Kosten für Betriebspflege (1. Summ. d. Zukof. 1 E):
$$\frac{k_{bpf} \cdot T_{wbm} \cdot 1,16}{l_f} = \frac{0,79 \cdot 13,85 \cdot 1,16}{l_f} = \frac{12,69}{l_f} \text{ [DM]}.$$

des ausgelasteten Zuges sind für die reinen Fahrzeiten, wie beschrieben, zeichnerisch zu ermitteln und in die Zuglauftabelle einzutragen. Da beides ebenso wie die Fahrzeit physikalische Werte sind, ändern sie sich nicht mit den Preisen.

Tabelle 15. *Berechnung des Lokmaßstabes der Co'-Co'-Lok E 94.*
(Durchgangsgüterzug, 1 Lokfahrer, 1 Zugschaffner.)

I. $P_l = \dfrac{C_{1p} + C_{1l}}{V} + C_2$ [Pf/km] (Selbstkosten).

1. $C_{1p} = 60 \cdot 100 \cdot 1,16 \cdot \left[\dfrac{n \cdot E_l}{60 \cdot D_{stlp}(1 - \eta_{lp})} + \dfrac{E_z + n_s \cdot E_s}{60 \cdot D_{stz_s}(1 - \eta_{z_s})} \right]$ [Pf/h]

$= 60 \cdot 100 \cdot 1,16 \cdot \left[\dfrac{1 \cdot 8444}{60 \cdot 2500 (1 - 0,15)} + \dfrac{7687 + 1 \cdot 5799}{60 \cdot 2500 \cdot (1 - 0,13)} \right]$

$= 60 \cdot 100 \cdot 1,16 \cdot (0,0663 + 0,1083) = 60 \cdot 100 \cdot 1,16 \cdot 0,1746$

$= \underline{1214}$ [Pf/h]

Die Kostenermittlungen.

2. $C_{1l} = 60 \cdot 100 \cdot \left(\dfrac{f_4 + f_5 + f_6 + 0{,}01 \cdot z \cdot f_7}{D_{stl}}\right)$ [Pf/h]

$= 60 \cdot 100 \cdot \dfrac{(41 + 129 + 448 + 0{,}01 \cdot 6 \cdot 10\,317)}{6600}$

$= 60 \cdot 100 \cdot \dfrac{1237}{6600} = \underline{1124\,[\text{Pf/h}]}$

3. $C_2 = k_{bs} \cdot \vartheta \cdot 1{,}16 + 100 \cdot f_2$ [Pf/km]
   $= 0{,}20 \cdot 4{,}9 \cdot 1{,}16 + 100 \cdot 0{,}0678 = 1{,}137 + 6{,}78 = \underline{7{,}92\,[\text{Pf/km}]}$

$P_l = \dfrac{1214 + 1124}{V} + 7{,}92 = \dfrac{2338}{V} + 7{,}92$ [Pf/km].

V [km/h]	15	20	30	50	70	90
$2338:V =$	155,5	117,0	78,0	46,6	33,3	25,9
$+\,7{,}92 =$	7,92	7,92	7,92	7,92	7,92	7,92
P_l [Pf/km] $=$	163,42	124,92	85,92	54,52	41,22	33,82

II. Zusatzkosten für einen zweiten Zugschaffner: $n_s = 2$

$C_{1p_s} = 60 \cdot 100 \cdot 1{,}16 \cdot \left(\dfrac{5799 \cdot 1}{60 \cdot 2500\,(1-0{,}13)}\right) = 60 \cdot 100 \cdot 1{,}16 \cdot 0{,}0443 = 309$ [Pf/h].

$309:V$ [Pf/km] $=$	20,6	15,4	10,3	6,2	4,4	3,4

III. Zinskosten der Lok je km.

$\dfrac{C_{1lz}}{V} = 60 \cdot 100 \cdot \dfrac{0{,}01 \cdot 6 \cdot 10\,317}{6600 \cdot V} = 60 \cdot 100 \cdot \dfrac{618}{6600 \cdot V} = \dfrac{561}{V}$ [Pf/km]

$561:V$ [Pf/km] $=$	37,4	28,11	18,7	11,2	8,0	6,2

IV. P'_l-Linie (Veränderliche Kosten)

1. $P'_l = 0{,}16 \cdot \left(\dfrac{\Delta C_{1p}}{V} + k_{bs} \cdot \vartheta\right)$ [Pf/km]

wo $\Delta C_{1p} = \dfrac{C_{1p}}{1{,}16} + \dfrac{60 \cdot 100}{0{,}16}\left[\dfrac{n_l \cdot \Delta E_l}{60 \cdot D_{stlp} \cdot (1 - \eta_{lp})} + \dfrac{\Delta E_z + n_s \cdot \Delta E_s}{60 \cdot D_{stz_s} \cdot (1 - \eta_{zs})}\right] =$

$= \dfrac{1214}{1{,}16} + \dfrac{60 \cdot 100}{0{,}16}\left[\dfrac{1 \cdot (8444 - 5465)}{60 \cdot 2500 \cdot (1 - 0{,}15)} + \dfrac{(7687 - 5046) + 1(5799 - 4670)}{60 \cdot 2500 \cdot (1 - 0{,}13)}\right]$

$= 3007$ [Pf/h]

$P'_l = 0{,}16 \cdot \left(\dfrac{3007}{V} + 0{,}20 \cdot 4{,}9\right) = \dfrac{480}{V} + 0{,}157$ [Pf/km]

V [km/h]	15	20	30	50	70	90
$480:V$	32,00	24,00	16,00	9,60	6,86	5,33
$+\,0{,}16$	0,16	0,16	0,16	0,16	0,16	0,16
P'_l [Pf/km]	32,16	24,16	16,16	9,76	7,02	5,49

2. Für den zweiten Schaffner ist noch ein Ausdruck von den Selbstkosten abzuziehen, um die veränderlichen Kosten zu erhalten (siehe S. 179, Tabelle 8, VII.2).

3. Der Fahrwegkostenmaßstab.

Die Ermittlung der Fahrwegkostenanteile geschieht wie bei einem Dampfzug, abgesehen von den Kosten der Zukof. 23 und 25b für die Bedienung, Unterhaltung, Erneuerung und Verzinsung der Anlagen der elektrischen Zugförderung. Für die Zukoformeln 23 und 25b ist auf dem Fahrwegkostenmaßstab (Abb. 61) der

Betrag $0{,}0334 \cdot B_g$ [DM] angegeben. Bemerkt sei noch, daß die Zukogleichungen 23 bis 25b die Kosten für die Bedienung, Unterhaltung, Erneuerung und Verzinsung der Anlagen der elektrischen Zugförderung in Abhängigkeit vom gesamten elektrischen Arbeitsverbrauch für die Zugfahrt B_g [kWh] angeben. Wenn auf der Strecke der Zugbetrieb stillgelegt ist, dann brauchten z. B. nach der bisherigen Zukoformel 25b auch keine Zinsen gezahlt zu werden. Es wird daher vorgeschlagen, die Kostengleichung 25b für die Zinsen des Fahrweges in Abhängigkeit von der täglichen Streckenbelastung V_B [t] aufzubauen.

Tabelle 16.
Festwerte für die Kostenformeln bei Zugförderung mit elektrischen Triebfahrzeugen (Ellok).

1	2	3	4	5	6
Zu Kostenformel Nr.	Festwert	\multicolumn{3}{c}{Ellokgattung}	Gültig für
		E 18	E 44	E 94	
1 E	$T_{wbm} =$	0,79	0,67	0,79	
2 E	$\alpha =$	1,10 / 1,08	1,10 / 1,08	1,10 / 1,08	1948 / 1949
3 Ea	$\dfrac{\alpha \cdot E_l}{60} =$	0,535 / 0,090	0,266 / 0,072	0,561 / 0,090	1948 / 1949
3 Eb	$\dfrac{1{,}4 \cdot \alpha \cdot G_l}{1000} =$	0,167 / 0,164	0,122 / 0,118	0,182 / 0,179	1948 / 1949
4 E	$\dfrac{\alpha (E_l + E_H)}{60} =$	1,478 / 0,720	0,847 / 0,595	2,391 / 1,335	1948 / 1949
5 E	$\dfrac{\alpha}{60} =$	0,0183 / 0,0180	0,0183 / 0,0180	0,0183 / 0,0180	1948 / 1949
7 E	$\vartheta =$	3,1	3,0	4,9	
8 E	$f_1 = \dfrac{60 \cdot H_{el} \cdot k_{Hel}}{b_0 \cdot 1000} =$	$\dfrac{0{,}364}{1000}$ / $\dfrac{0{,}330}{1000}$	$\dfrac{1{,}437}{1000}$ / $\dfrac{1{,}570}{1000}$	$\dfrac{1{,}122}{1000}$ / $\dfrac{1{,}095}{1000}$	1948 / 1949
9 E	$f_2 = \dfrac{e \, H_t \cdot k_{Ht}}{1000} =$	0,0520 / 0,0473	0,0619 / 0,0560	0,0678 / 0,0593	1948 / 1949
9 E	$f_3 = \dfrac{(1-e) \cdot H_t \cdot k_{Ht}}{a_{lo}(1-\eta_{lo}) \cdot 1000} =$	0,0594 / 0,0605	0,1565 / 0,1750	0,0975 / 0,0961	1948 / 1949
10 E	$f_4 = \dfrac{H_z \cdot k_{Hz}}{60 \cdot \eta_e} =$	43 / 24	31 / 17	41 / 20	1948 / 1949
11 E	$f_5 = \dfrac{K_{leku}}{60 \cdot \eta_e} =$	127 / 163	103 / 115	129 / 128	1948 / 1949
12 E	$f_6 = \dfrac{a_l \cdot k_{el}}{60 \cdot \eta_e} =$	416 / 430	287 / 304	448 / 524	1948 / 1949
13 E	$f_7 = \dfrac{k_{al}}{60 \cdot \eta_e} =$	8831 / 8170	6118 / 5750	10317 / 9950	1948 / 1949

4. Die Reduktion des Stromverbrauchs.

Bei Dampfzügen sind die Kosten, die dem Kohlenverbrauch anzulasten sind, zugleich mit den anderen der Lok anzulastenden Kosten im Lokkostenmaßstab enthalten. Bei ausgelasteten Zügen mit reinen Fahrzeiten und der Lokbeanspruchung an der Kesselleistungsgrenze werden die Lokkosten je km an der oberen E_{k_g}-Linie des Lokkostenmaßstabes abgelesen. Bei geringerer Beanspruchung der Lok liest man diese Kosten an der darunter liegenden E_δ-Linie für die verschiedenen Lokbeanspruchungen δ ab. Diese Lokbeanspruchungen sind nach S. 142 zu berechnen.

Bei elektrisch bespannten Zügen wird der Stromverbrauch der Zugfahrt des ausgelasteten Zuges mit reinen Fahrzeiten nach dem zeichnerischen Verfahren des Verfassers für die Stunden- bzw. Dauerzugkraft der Motoren ermittelt (s. S. 70).

Bei den mit geringeren Motorzugkräften befahrenen Streckenabschnitten wird der Stromverbrauch der Stunden- und Dauerzugkräfte bei reinen Fahrzeiten des ausgelasteten Zuges für die planmäßigen Fahrzeiten des ausgelasteten und und nichtausgelasteten Zuges reduziert. Entsprechend wird der Stromverbrauch auf den sog. Drosselstrecken reduziert, die mit Höchst- oder beschränkter Geschwindigkeit (Langsamfahrstellen) befahren werden, um eine gleichbleibende Geschwindigkeit des ausgelasteten und nichtausgelasteten Zuges bei reinen und planmäßigen Fahrzeiten zu erhalten. Auf Gefällstrecken — $s > w$ [$^0/_{00}$] wird bei abgestellten Bahnmotoren nur noch der geringe Stromverbrauch für Trafo- und Hilfsmotoren bei der Zugkraft $Z_i = 0$ in Rechnung gestellt.

Die Llv-Tafeln der Elloks bestehen aus zwei Teilen, einer Llv-Tafel der Bahnmotoren und einer für den Verbrauch des Trafo und der Hilfsmotoren. Beide haben als Abzissenachse den sekundlichen Stromverbrauch in [kW] und als Ordinatenachse die Motorzugkräfte Z_i [t]. Zwischen den Achsen sind für die einzelnen Geschwindigkeiten die Z_i-Linien in Abhängigkeit vom Stromverbrauch gezeichnet. Beide Llv-Tafeln sind also gleichartig. Bei verminderter Motorzugkraft sind daher sowohl der Stromverbrauch für die Bahnmotoren als auch der für den Trafo und die Hilfsmotoren zu reduzieren. Nach Abb. 17 verändert sich der minutliche Stromverbrauch der Bahnmotoren mit der Geschwindigkeit anders als der für den Trafo und die Hilfsmotoren. Da die Anteile des minutlichen Stromverbrauchs für Trafo und Hilfsmotoren ziemlich gering sind, so kann man für die Ermittlung des Reduktionsfaktors ξ die Annahme machen, daß sich diese minutlichen Stromverbräuche proportional ändern. Der geringe Fehler kommt im Zähler und im Nenner des Reduktionsfaktors vor. Er gleicht sich dadurch praktisch aus. Für eine einfache Berechnung des Reduktionsfaktors soll daher die Annahme der proportionalen Änderung der beiden minutlichen Stromverbräuche gemacht werden.

a) Reduktion des Stromverbrauchs auf Drosselstrecken.

Der minutliche Stromverbrauch für Stunden- bzw. Dauerzugkraft ist für die Höchstgeschwindigkeit V_{h_k} [km/h] $(\beta_M + \beta_H) : 60$ [kWh/min]. Für die Fahrt auf den Drosselstrecken bei der Geschwindigkeit V_{h_k} ist er in Abb. 35c abzulesen und mit dem Reduktionsfaktor $\xi_d = (\pm s_d + w_{h_k}) : (s_{k_g} + w_{h_k})$ zu multiplizieren.

Die Zugförderkosten. 195

Dann ist für jede Neigung der Drosselstrecken, die mit V_{h_k} befahren werden, der reduzierte minutliche Stromverbrauch

$$\frac{\beta_M+\beta_H}{60} \cdot \frac{\pm s_d + w_{h_k}}{s_{k_g} + w_{h_k}} = \frac{\beta_M+\beta_H}{60} \cdot \xi_d \quad [\text{kWh/min}]$$

nach Abb. 35d aneinanderzureihen. Dies gibt den genauen zeitlichen Verlauf des Stromverbrauchs auf den Drosselstrecken wieder.

Wenn es aber nur auf das Endergebnis ankommt, so berechnet man die mittlere Neigung s_{m_d} [⁰/₀₀] der Drosselstrecken, wie S. 51 beschrieben. Dann ist der Stromverbrauch am Fahrdraht auf der gesamten Drosselstrecke L_d [km] bei reinen Fahrzeiten für die Höchstgeschwindigkeit

$$A_{E_{f_{d_k}}} = \frac{\beta_M+\beta_H}{60} \cdot \frac{\pm s_{m_d} + w_{h_k}}{s_{k_g} + w_{h_k}} \cdot \frac{60 \cdot L_d}{V_{h_k}} \quad [\text{kWh}].$$

Hier ist $60 \cdot L_d : V_{h_k} = T_{d_k}$ [min] die reine Fahrzeit auf der Drosselstrecke. Bei planmäßigen Fahrzeiten des ausgelasteten Zuges ist die Höchstgeschwindigkeit $V_{h_p} = V_{h_k} : (1 + 0{,}01 \cdot \alpha) = 60 L_d : T_{d_p} \cdot (1 + 0{,}01 \cdot \alpha)$ oder es ist die planmäßige Fahrzeit auf den Drosselstrecken $T_{d_p} = 60 \cdot L_d \cdot (1 + 0{,}01 \cdot \alpha) : V_{h_k}$. Für V_{h_p} ist sodann w_{h_p} und s_{p_g} an der s–V-Linie nebst w-Linie abzugreifen. Ebenso ist $(\beta_M + \beta_H) : 60$ für V_{h_p} in Abb. 35c abzugreifen.

Beim nichtausgelasteten Zuge vom Gewicht G_z' ist für reine Fahrzeiten

$$A'_{E_{f_k}} = \frac{G_z'}{G_z} \cdot \frac{\beta_M+\beta_H}{60} \cdot \frac{\pm s_{m_d} + w_{h_k}}{s_{k_g} + w_{h_k}} \cdot \frac{60 \cdot L_d}{V_{h_k}} \quad [\text{kWh}]$$

und für planmäßige Fahrzeiten ist

$$A'_{E_{f_p}} = \frac{G_z'}{G_z} \cdot \frac{\beta_M+\beta_H}{60} \cdot \frac{\pm s_{m_d} + w_{h_p}}{s_{p_g} + w_{h_p}} \cdot \frac{60 L_d}{V_{h_p}} \quad [\text{kWh}].$$

b) **Die Reduktion des Stromverbrauchs für planmäßige Fahrzeiten bei Stunden- bzw. Dauerzugkraft.**

Der Stromverbrauch am Fahrdraht für Stunden- bzw. Dauerzugkraft bei reinen Fahrzeiten des ausgelasteten Zuges ist nach S. 74 zu $A_{E_{f_k}}$ [kWh] ermittelt worden. Es soll nunmehr der entsprechende Stromverbrauch des ausgelasteten Zuges $A_{E_{f_p}}$ [kWh] für planmäßige Fahrzeiten bestimmt werden. Nun verhält sich der Stromverbrauch für die gleiche Strecke bei planmäßigen Fahrzeiten wie die entsprechenden Arbeiten der Motorzugkräfte, also ist der Reduktionsfaktor

$$\xi_v = \frac{A_{E_{f_p}}}{A_{E_{f_{k_g}}}} = \frac{\int_0^{L_v} Z_{i_p} \cdot dl}{\int_0^{L_v} Z_{i_{k_g}} \cdot dl}.$$

In $A_{E_{f_p}}$ und $A_{E_{f_{k_g}}}$ ist nicht nur der Stromverbrauch der Bahnmotoren sondern auch der des Trafo und der Hilfsmotoren enthalten. Nach vorigem ist aber angenommen, daß in dem Quotienten $A_{E_{f_p}} : A_{E_{f_{k_g}}}$ der minutliche Stromverbrauch für Bahnmotoren dem für Trafo und Hilfsmotoren proportional ist. Daher macht

Die Kostenermittlungen.

sich in dem Quotienten der Fehler wenig bemerkbar, daß die Motorzugkraftsarbeiten in Wirklichkeit sich nur wie der Stromverbrauch der Bahnmotoren verhalten.

Wie bei Dampfzügen (s. S. 143) besteht auch für die elektrisch betriebenen Züge die Energiegleichung, die für die Strecke zwischen zwei Halten ähnlich wie für den Dampfzug bei planmäßigen Fahrzeiten lautet

$$\int_0^{L_v} Z_{i_p} \cdot dl - G_z \int_0^{L_v} (\pm s + w) \cdot dl = \frac{G_z \cdot V_E^2 \cdot \varrho}{2g \cdot 3{,}6^2 \cdot (1 + 0{,}01 \cdot \alpha)^2}.$$

Wenn man die Widerstandsarbeit nach dem Mittelwertsatz der Integralrechnung erfaßt, so ist für die Stunden- bzw. Dauerzugkraft bei reinen Fahrzeiten

$$\int_0^{L_v} Z_{i_p} \cdot dl = \frac{G_z (\pm s_{v_m} + w_{a_{m_p}}) \cdot L_v}{0{,}97} + \frac{G_z \cdot V_E^2 \cdot \varrho}{0{,}97 \cdot 2g \cdot 3{,}6^2 (1 + 0{,}01 \cdot \alpha)^2}.$$

Ebenso ist

$$\int_0^{L_v} Z_{i_{k_g}} \cdot dl = \frac{G_z}{0{,}97} \cdot (\pm s_{v_m} + w_{a_{m_k}}) \cdot L_v + \frac{G_z \cdot V_E^2 \cdot \varrho}{0{,}97 \cdot 2g \cdot 3{,}6^2}.$$

Setzt man diese Werte in den Quotienten $A_{E_{f_p}} : A_{E_{f_{k_g}}} = \xi_v$ ein, so erhält man

$$\xi_v = \frac{A_{E_{f_p}}}{A_{E_{f_{k_g}}}} = \frac{G_z \cdot L_v \cdot 0{,}97 \cdot \left[\pm s_{v_m} + w_{a_{m_p}} + \frac{\varrho \cdot V_E^2}{2g \cdot 3{,}6^2 (1 + 0{,}01 \cdot \alpha)^2 L_v}\right]}{G_z \cdot L_v \cdot 0{,}97 \cdot \left(\pm s_{v_m} + w_{a_{m_k}} + \frac{\varrho \cdot V_E^2}{2g \cdot 3{,}6^2 \cdot L_v}\right)}$$

$$= 1 + \frac{w_{a_{m_p}} - w_{a_{m_k}} + \frac{\varrho \cdot V_E^2}{2g \cdot 3{,}6^2 \cdot L_v} \cdot \left[\frac{1}{(1 + 0{,}01 \cdot \alpha)^2} - 1\right]}{s_{v_m} + w_{a_{m_k}} + \frac{\varrho \cdot V_E^2}{2g\, 3{,}6^2\, L_v}}$$

$$= 1 - \frac{w_{a_{m_k}} - w_{a_{m_p}} + \frac{\varrho \cdot V_E^2}{2g \cdot 3{,}6^2\, L_v} \cdot \left[1 - \frac{1}{(1 + 0{,}01 \cdot \alpha)^2}\right]}{s_{v_m} + w_{a_{m_k}} + \frac{\varrho \cdot V_E^2}{2g\, 3{,}6^2\, L_v}}$$

oder $A_{E_{f_p}} = \xi_v \cdot A_{E_{f_{k_g}}}$ [kWh] ist der Stromverbrauch des ausgelasteten Zuges bei planmäßigen Fahrzeiten. $A_{E_{f_{k_g}}}$ ist zeichnerisch ermittelt (S. 73).

Bei der Reduktion des Stromverbrauchs eines nichtausgelasteten Zuges mit planmäßigen Fahrzeiten ist die entsprechende Arbeit der Motorzugkraft

$$\int_0^{L_v} Z'_{i_p} \cdot dl = \frac{G'_z}{0{,}97} \cdot (\pm s_{v_m} + w'_{a_{m_p}}) \cdot L_v + \frac{G'_z \cdot V_E^2 \cdot \varrho}{0{,}97 \cdot 2g \cdot 3{,}6^2 (1 + 0{,}01 \cdot \alpha)^2}$$

Dann ist wieder

$$\xi'_v = \frac{A'_{E_{f_p}}}{A_{E_{f_{k_g}}}} = \frac{G'_z \cdot L_v \cdot 0{,}97 \left[\pm s_{v_m} + w'_{a_{m_p}} + \frac{\varrho \cdot V_E^2}{2g \cdot 3{,}6^2\, L_v \cdot (1 + 0{,}01 \cdot \alpha)^2}\right]}{G_z \cdot L_v \cdot 0{,}97 \cdot \left[s_{v_m} + w_{a_{m_k}} + \frac{\varrho \cdot V_E^2}{2g \cdot 3{,}6^2 \cdot L_v}\right]}$$

$$= \frac{G'_z}{G_z} \cdot \left\{1 - \frac{w_{a_{m_k}} - w'_{a_{m_p}} + \frac{\varrho \cdot V_E^2}{2g \cdot 3{,}6^2 \cdot L_v} \cdot \left[1 - \frac{1}{(1 + 0{,}01 \cdot \alpha)^2}\right]}{s_{v_m} + w_{a_{m_k}} + \frac{\varrho \cdot V_E^2}{2g \cdot 3{,}6^2 \cdot L_v}}\right\}.$$

Die Zugförderkosten.

Näherungsweise ist wie bei Dampfzügen der Zugwiderstand je Tonne des nichtausgelasteten Zuges $w'_{a_{m_p}}$ mit planmäßigen Fahrzeiten gleich $w_{a_{m_k}}$ des ausgelasteten Zuges mit reinen Fahrzeiten, also $w_{a_{m_k}} \cong w'_{a_{m_p}}$. Hiermit ist

$$\xi'_v = \frac{A'_{E_{f_p}}}{A_{E_{f_{k_g}}}} = \frac{G'_z}{G_z} \cdot \left\{ 1 - \frac{\frac{V_E^2 \cdot \varrho}{2g \cdot 3{,}6^2 \cdot L_v} \cdot \left[1 - \frac{1}{(1+0{,}01 \cdot \alpha)^2}\right]}{s_{v_m} + w_{a_{m_k}} + \frac{V_E^2 \cdot \varrho}{2g \cdot 3{,}6^2 \cdot L_v}} \right\} =$$

oder

$$A'_{E_{f_p}} = \frac{G'_z}{G_z} \cdot \xi'_v \cdot A_{E_{f_{k_g}}} \quad [\text{kWh}].$$

Hierbei sind wieder die planmäßigen Fahrzeiten des nichtausgelasteten Zuges gleich denen des ausgelasteten Zuges.

Beim Reduktionsfaktor der Ellok für die ganze Zugfahrt ist entsprechend den Ausführungen für Dampfzüge S. 150 auch hier für den ausgelasteten Zug wieder

$$\frac{\sum_1^n V_E^2}{\sum_1^n L_v} \quad \text{statt} \quad \frac{V_E^2}{L_v} \quad \text{zu setzen, und es ist} \quad \xi_v = \frac{\sum_1^n A_{E_{f_p}}}{\sum_1^n A_{E_{f_{k_g}}}}$$

für alle n Halte. Entsprechend ist für den nichtausgelasteten Zug $\xi'_v = \dfrac{\sum_1^n A'_{E_{f_p}}}{\sum_1^n A_{E_{f_{k_g}}}}$.

Auch bei ständigen Langsamfahrstellen ist der Reduktionsfaktor für die ganze Zugfahrt nach obigen Ausführungen zu berechnen. Nur ist in den Zuglauftabellen in den Zeilen der Spalte $V_E^2 : 100$, in denen die Langsamfahrstellen zu berücksichtigen sind, nicht der Wert $V_E^2 : 100$ sondern $(V_{E_2}^2 + V_{E_3}^2 - V_{A_1}^2) : 100$ einzutragen. Die Werte dieser Spalte sind für die ganze Zugfahrt zu addieren.

Beispiel: Nach Abb. 35a—f ist der Stromverbrauch des ausgelasteten Zuges mit Stundenzugkraft und bei reinen Fahrzeiten $A_{E_{f_k}} = 111{,}6$ [kWh]. Die Endgeschwindigkeit bei ungedrosseltem Stromverbrauch und reinen Fahrzeiten ist $V_E = 55$ [km/h]. Die Anfahrstrecke ist $L_v = 1{,}403$ [km]. Die mittlere Neigung auf dieser Strecke ist nach dem Längenprofil der Abb. 35b

$$s_{v_m} = (0{,}55 \cdot 0{,}84 + 0{,}85 \cdot 5{,}8) : 1{,}405 = 3{,}83 \ [^0/_{00}].$$

Die Verlängerung für die planmäßige Fahrzeit beträgt $\alpha = 5$ [%], der Massenfaktor ist $\varrho = 1{,}09$, das Zuggewicht des ausgelasteten Zuges ist $G_z = 1418{,}5$ [t] und des nichtausgelasteten Zuges $G'_z = 918{,}5$ [t]. Da in Abb. 35a die w-Linie nicht eingetragen ist, sind für die Ermittlung der w-Werte diese in Abhängigkeit von der Geschwindigkeit hier zusammengestellt.

Tabelle 17.

V [km/h] =	0	10	20	30	40	50	60
w [kg/t] =	2,38	2,58	2,93	3,37	3,92	4,57	5,34

Die mittlere Geschwindigkeit $V_{m_k} = 60 \cdot L_c : T_v = 60 \cdot 1{,}403 : 2{,}5 = 33{,}7$ [km/h] ergibt den Widerstand $w_{m_k} = 3{,}57$ [⁰/₀₀]. Nach S. 145 wird $w_{a_{m_k}} = w_{m_k} \cdot 1{,}085 = 3{,}57 \cdot 1{,}085 = 3{,}87$ [⁰/₀₀]. Bei der planmäßigen Geschwindigkeit $V_{m_p} = V_{m_k} : 1{,}05 = 33{,}7 : 1{,}05 = 32{,}1$ [km/h] ergibt sich $w_{m_p} = 3{,}48$ [⁰/₀₀]. Dann wird $w_{a_{m_p}} = w_{m_p} \cdot 1{,}085 = 3{,}48 \cdot 1{,}085 = 3{,}78$ [⁰/₀₀]. Der Reduktionsfaktor nach S. 196 ist

$$\xi_v = 1 - \frac{3{,}86 - 3{,}78 + \dfrac{1{,}09 \cdot 55^2}{2 \cdot 9{,}81 \cdot 3{,}6^2 \cdot 1{,}403} \cdot \left(1 - \dfrac{1}{1{,}05^2}\right)}{3{,}85 + 3{,}86 + \dfrac{1{,}09 \cdot 55^2}{2 \cdot 9{,}81 \cdot 3{,}6^2 \cdot 1{,}403}}$$

$$= 1 - \frac{0{,}932}{16{,}96} = 1 - 0{,}055 = 0{,}945.$$

Dann ist der Stromverbrauch des ausgelasteten Zuges bei der Anfahrt mit planmäßigen Fahrzeiten $A_{E_{f_p}} = A_{E_{f_k}} \cdot \xi_v = 111{,}6 \cdot 0{,}945 = 105{,}5$ [kWh].

Beim nichtausgelasteten Zug mit planmäßigen Fahrzeiten ist der Reduktionsfaktor

$$\xi_v' = \frac{918{,}5}{1418{,}5} \cdot \left[1 - \frac{\dfrac{1{,}09 \cdot 55^2}{2 \cdot 9{,}81 \cdot 3{,}6^2 \cdot 1{,}403} \cdot \left(1 - \dfrac{1}{1{,}05^2}\right)}{3{,}85 + 3{,}86 + \dfrac{1{,}09 \cdot 55^2}{2 \cdot 9{,}81 \cdot 3{,}6^2 \cdot 1{,}403}}\right] =$$

$$= \frac{918{,}5}{1418{,}5} \cdot \left(1 - \frac{0{,}852}{16{,}96}\right) = \frac{918{,}5}{1418{,}5} \cdot (1 - 0{,}052) =$$

$$= \frac{918{,}5}{1418{,}5} \cdot 0{,}948 = 0{,}615.$$

Dann ist der Stromverbrauch des nichtausgelasteten Zuges bei planmäßigen Fahrzeiten $A'_{E_{f_p}} = \xi_v' \cdot A_{E_{f_k}} = 0{,}615 \cdot 111{,}6 = 68{,}6$ [kWh].

Nach Abb. 35b ist die Gesamtstrecke 16 [km], die Anfahrstrecke 1,4 [km], die ohne Strom befahrene Gefällstrecke 1,983 [km] und der Bremsweg vor dem Halt 0,485 [km]. Hieraus ergibt sich die Drosselstrecke $L_d = 12{,}132$ [km]. Die Durchschnittssteigung auf der Drosselstrecke ist

$$s_{m_d} = \frac{5{,}8 \cdot 2{,}116 + 8{,}65 \cdot 4{,}146 + 7{,}3 \cdot 4{,}259 + 0 \cdot 0{,}36 + 0 \cdot 1{,}25}{2{,}116 + 4{,}146 + 4{,}259 + 0{,}36 + 1{,}25} = 6{,}54 \ [^0/_{00}].$$

Bei planmäßigen Fahrzeiten auf den Drosselstrecken ist $V_{h_p} = 55 : 1{,}05 = 52{,}4$ [km/h]. Hierfür ist $(\beta_M + \beta_H) : 60 = 57{,}5$ [kWh/min], ferner $s_{p_g} = 10{,}5$ [⁰/₀₀] und $w_{h_k} = 4{,}96$ [⁰/₀₀] bzw. $w_{h_p} = 4{,}77$ [⁰/₀₀].

Dann ist der Stromverbrauch des ausgelasteten Zuges mit planmäßigen Fahrzeiten auf der Drosselstrecke

$$A_{E_{f_{p_d}}} = 57{,}5 \cdot \frac{(6{,}54 + 4{,}77) \cdot 60 \cdot 12{,}132}{(10{,}5 + 4{,}96) \cdot 52{,}4} = 587 \ [\text{kWh}].$$

Der Stromverbrauch des nichtausgelasteten Zuges mit planmäßigen Fahrzeiten beträgt auf der Drosselstrecke

$$A'_{E_{f_{p_d}}} = A_{E_{f_{p_d}}} \cdot \frac{G'_z}{G_z} = 587 \cdot \frac{918{,}5}{1418{,}5} = 480 \ [\text{kWh}]$$

Der Stromverbrauch bei abgestellten Motoren ist bei reinen Fahrzeiten (nach S. 74) 13,0 [kWh]. Bei planmäßigen Fahrzeiten erhöht sich dieser Betrag um 5 [%] auf 13,8 [kWh]. Bei planmäßigen Fahrzeiten des ausgelasteten Zuges ist also der Stromverbrauch am Fahrdraht $A_{E/p} = 105,5 + 587 + 13,8 = 706,3$ [kWh] $= B + B_o$ und für den planmäßigen nichtausgelasteten Zug ist der Stromverbrauch $A'_{E/p} = 68,6 + 480 + 13,8 = 562,4$ [kWh]. Die Motorzugkraftsarbeit der Fahrmotoren errechnet sich aus dem durch diese verbrauchten Strom. Man erhält sie nach S. 74 aus der Gleichung $A_{mo} = A_{Ef} \cdot \varkappa \cdot 0,367$, wobei für die E 94 der Wert $\varkappa = 0,92$ ist. Dann ist $A_{mo} = (706,3 - 13,8) \cdot 0,92 \cdot 0,367 = 234$ [kmt]. Die Zugkraftsarbeit des nichtausgelasteten Zuges mit planmäßigen Fahrzeiten beträgt $A'_{mo} = (562,4 - 13,8) \cdot 0,92 \cdot 0,367 = 185$ [kmt].

5. Beispiel für die Ermittlung der Selbstkosten einer Zugfahrt mit Ellok.

Auf Grund der Ermittlung der Verbrauchswerte einer Güterzugfahrt mit Ellok mit reinen Fahrzeiten wurden die Kosten dieser Zugfahrt mit planmäßigen Fahrzeiten ermittelt. Die reine Fahrzeit auf der 16 [km] langen Strecke betrug 18,83 [min]. Dann ist die zugehörige mittlere Geschwindigkeit

$$V_{m_k} = \frac{16 \cdot 60}{18,83} = 51 \text{ [km/h]}.$$

Bei 5% Fahrzeitverlängerung ist die mittlere planmäßige Geschwindigkeit
$$= 51 : 1,05 = 48,5 \text{ [km/h]}.$$

Hierfür wurden an der P_l-Linie des Lokkostenmaßstabes (Zukof. 7 E, 9 E, 1. Teil 10 E, 11 E, 12 E, 13 E, 16, 17 und 18) 56 [Pf/km] abgelesen. Die P_l-Kosten der Zugfahrt, sind dann:

$56 \cdot 16 = 896$ [Pf] . . . . 8,96 [DM]

Zukof. 2 E: $\alpha \cdot (B + B_o) \cdot k'_b \cdot 1,16$; $\alpha =$ Arbeitsverlustfaktor s. S. 122.

$\alpha = 1,1$; $k'_b = 2,73$ [Pf/kWh].

Bei reiner Fahrzeit ist nach Abb. 35d $B + B_o$ (Fahrdrahtarbeit) $= 723$ [kWh]. Bei planmäßiger Fahrzeit des ausgelasteten Zuges ist der Stromverbrauch nach obigem $B + B_o = A_{E_{f_p}} = 706,3$ [kWh]. und die entsprechenden Kosten betragen

$\dfrac{\alpha \cdot (B + B_o) \cdot k'_b \cdot 1,16}{100} = \dfrac{1,1 \cdot 706,3 \cdot 2,73 \cdot 1,16}{100}$ . . . . 24,60 [DM]

Bei einem gewählten Stillstand von $T_a = 20$ [min] sind die Kosten für den Stromverbrauch während dieser Zeit:

Zukof. 4E: $\dfrac{\alpha \cdot (E_l + E_h)}{60} \cdot T_a \, 1,16 \cdot k'_b = \dfrac{2,391 \cdot 20 \cdot 1,16 \cdot 2,73}{100}$ . . 1,50 [DM].

$\left(\dfrac{\alpha \cdot (E_l + E_h)}{60} = 2,391 \text{ nach Tabelle 16, S. 193} \right)$

Kosten für den Stillstand (vgl. Abb. 64): $\dfrac{C_{1p} + C_{1l}}{60 \cdot 100} \cdot T_a =$

$0,391 \cdot T_a = 0,391 \cdot 20$ . . . . 7,82 [DM]

Es ist: $C_{1_p} = 1214$ [Pf/h] und $C_{1_l} = 1124$ [Pf/h].   Übertrag: 42,88 [DM]

Zukof. 8E: $\qquad$ Übertrag: 42,88 [DM]

Unterhaltungskosten des elektrischen Teiles der Triebfahrzeuge ohne Heizung: $B = (B + B_o) - B_o = 706,3 - 13,8 = 692,5$ [kWh]; $T - T_o = (18,83 - 2,96) \cdot 1,05 = 16,7$ [min].

$$\frac{B^2}{T - T_o} \cdot f_1 = \frac{692,5^2 \cdot 1,122}{16,7 \cdot 1000} \quad \ldots \ldots \ldots \ldots \quad 32,30 \text{ [DM]}$$

Kosten für Lokarbeit:

Nach S. 199 ist die Lokarbeit bei planmäßigen Fahrzeiten $A_l = A_{mo} = 234$ [kmt].

Zukof. 9:

Bei elektrischen Zügen ist die Zukof. 9:

$$f_3 \cdot \left(0,04 \cdot A_l + \frac{c_{l_2} \cdot G_{l_2} \cdot L}{1000}\right) \cdot \frac{L}{T} =$$

$$= \left(0,04 \cdot 234 + \frac{5 \cdot 118,5 \cdot 16}{1000}\right) \cdot \frac{16 \cdot 0,0975}{18,83 \cdot 1,05} \quad \ldots \ldots \ldots \quad 1,48 \text{ [DM]}$$

$c_{l_2} = 5$; $G_{l_2} = 118,5$ t; $f_3 = 0,0975$.

Zukof. 22:

$$\left[0,96 \cdot A_l + \frac{c_{l_2} \cdot G_{l_2}}{1000}(L - 2 L_o)\right] \frac{f_9 \cdot 2,5 \cdot 1,43}{1000} =$$

$$= \left[0,96 \cdot 234 + \frac{5 \cdot 118,5}{1000}(16 - 2 \cdot 2,5)\right] \frac{7,8 \cdot 2,5 \cdot 1,43}{1000} \quad \ldots \ldots \quad 6,20 \text{ [DM]}$$

$$G_z \cdot 0,43 \cdot \left(\frac{V_b}{10}\right)^2 \cdot \frac{3,25 \cdot f_9 \cdot 1,43}{1000 \cdot 1000} = 1418,5 \cdot 0,43 \cdot \left(\frac{52,5}{10}\right)^2 \cdot \frac{3,25 \cdot 7,8 \cdot 1,43}{1000 \cdot 1000} = 0,61 \text{ [DM]}$$

Zukof. 23 und 25b:

$0,03344 \cdot B'_g = 706,3 \cdot 0,03344 \quad \ldots \ldots \ldots \ldots \quad 23,60$ [DM]

$B'_g = B + B_o + B_h$ [kWh] = gesamter elektrischer Arbeitsverbrauch der Zugfahrt. Beim Güterzug ist $B_h = b_h \cdot T_h = 0$, da dieser nicht geheizt wird.

Vorbereitungskosten:

Berechnet wurden diese Kosten für einen Nahgüterzug zu 37,51 [DM] bei einer Gesamtfahrstrecke von 48 [km]. Für 16 [km] Strecke betragen die Vorbereitungskosten dann $\frac{37,51 \cdot 16}{48}$ $\ldots\ldots$ 12,50 [DM]

Wagenkosten:

für den Zug mit 60 Wagen

$0,005 \cdot 60 \cdot (19,8 + 20) \quad \ldots \ldots \ldots \ldots \quad 11,88$ [DM]

Fahrwegkosten:

Aus dem Fahrwegkostenmaßstab für $V_b = 50\,000$ [t/Tag] abgelesen:

$0,2125$ [Pf/tkm]. Dann ist $\frac{0,2125 \cdot 1418,5 \cdot 16}{100}$ $\ldots\ldots$ 48,20 [DM]

$\qquad$ Insgesamt: $\overline{179,65}$ [DM]

E. Vergleichende Berechnungen
nach dem vereinfachten Verfahren des Verfassers und dem Zuko-Verfahren sowie die Beurteilung des Arbeitsaufwandes.

Von der Bundesbahn wurden auf verschiedene Beispiele die Berechnungsverfahren der Zugförderkosten:

a) nach der Zuko (D.V. 454),

b) nach dem vereinfachten Verfahren des Verfassers angewendet und die Ergebnisse gegenübergestellt. In diesen Beispielen wurden die Zugförderkosten für Zugbewegungen vom Anfahren bis zum Halten sowie für den haltenden Zug ermittelt und miteinander verglichen. Hierbei galt es insbesondere die Genauigkeit der Kostenergebnisse nach dem vereinfachten Verfahren an den Ergebnissen der Zuko zu messen, sowie den äußeren Umfang der Berechnung darzulegen, um hieraus den Arbeitsaufwand im einzelnen erkennen zu können. Als Beispiel erschien die Beförderung eines schweren Kohlenzuges von 1600 [t] vom Ruhrgebiet nach Aschaffenburg über die Ruhr-Sieg-Strecke mit Schiebe- und Vorspannstrecke, sowie Leerrückfahrt der Schiebe- und Vorspannlok besonders geeignet. Weiterhin wurde ein Nahgüterzug von Mainz-Bischofsheim nach Aschaffenburg gewählt, um die Genauigkeit bei kurzen Halteabständen festzustellen. Auch ein Reisezug von Frankfurt a. M. nach Rüdesheim wurde veranschlagt. Um die Anwendbarkeit bei verschiedenen Lokomotiven zu erproben, wurden bei den Untersuchungen vier Lokgattungen (R 44, 50, 38 und 86) verwendet. Ferner wurden Untersuchungen durchgeführt, um festzustellen, ob das Verfahren auch bei kleinen und kleinsten Streckenabschnitten anwendbar sei, z. B. zur Erfassung der Mehrkosten durch außerplanmäßiges Halten und außerplanmäßige Überholungen sowie durch Befahren von Langsamfahrstellen. Auch wurden die Kosten für die Bedienung eines Gleisanschlusses nach beiden Verfahren erfaßt. In allen diesen Fällen wurde die ausgezeichnete Genauigkeit und die Ersparnis an Arbeitsaufwand festgestellt. Besonders wirkte sich die Ersparnis des Aufwandes aus bei der Kostenermittlung unterbelasteter Züge, die mit planmäßigen Fahrzeiten befördert werden.

Die Gegenüberstellung des Zahlen- und Rechenaufwandes für die beiden untersuchten Verfahren (nach Zuko und nach W. Müller) zeigt bereits in der ersten Vergleichsrechnung, daß für die Berechnung der Zugfahrt Vorhalle Aschaffenburg bis zu rd. 7 mal mehr Rechenoperationen nach der Zuko erforderlich werden als nach dem vereinfachten Verfahren. In diesem Falle — Ermittlung der reinen Fahrzeiten — lagen keine Unterlagen vor, auf die für die Kostenermittlung hätte zurückgegriffen werden können.

Das Bild verschiebt sich aber noch weiter wesentlich zugunsten des Verfahrens des Verfassers, wie aus nachstehender Gegenüberstellung hervorgeht, wenn die Beförderungskosten für unterbelastete Züge oder planmäßige Fahrzeiten ermittelt werden sollen, also für Aufgaben, die in Zukunft überwiegend anfallen werden. In diesen Fällen muß nach der Zuko eine neue Fahrzeit- und Kostenberechnung (Fahrweise mit Ausläufen) aufgestellt werden, während nach dem vereinfachten Verfahren des Verfassers die bereits für reinen Fahrzeiten vorliegenden Zuglauftabellen auch für die gedrosselten Fahrweisen ohne weiteres verwendbar sind. Das Verhältnis der eingesetzten Zahlen sowie der Rechenoperationen bei dem Verfahren des Verfassers zur Zuko beträgt in diesen Fällen durchschnittlich 1:15 bzw. 1:30. Daß bei dieser bedeutend höheren Zahl von Ablesungen, Additionen, Subtraktionen, Multiplikationen usw. nach dem Zuko-Verfahren mehr Fehlerquellen vorhanden sind als bei dem vereinfachten Verfahren, sei in diesem Zusammenhang betont.

Die Überlegenheit des Verfahrens des Verfassers tritt jedoch hervorstechend zutage, wenn man den zeitlichen Arbeitsaufwand beider Verfahren gegenüberstellt.

In den nachstehenden Übersichten sind die Arbeitsstunden für jedes Zugförderkosten-Ermittlungsverfahren jeder Vergleichsrechnung zusammengestellt. Die Stunden sind nicht überschläglich, sondern auf Grund genauer Aufschreibungen für einen eingearbeiteten Bearbeiter, der die Berechnungen nicht mit dem Rechenschieber, sondern mit der Rechenmaschine durchführte, ermittelt worden. Bei der ersten Vergleichsrechnung war der Zeitaufwand für die Kostenermittlung nach der Zuko noch etwas höher als bei den folgenden Rechnungen, da später gewisse Anfangsschwierigkeiten bereits überwunden waren.

Für die Berechnung der Kosten ganzer Zugfahrten, für die das Verfahren ursprünglich gedacht war, ergeben sich nach den Übersichten in den Fällen, in denen auf vorhandene Fahrzeitermittlungen zurückgegriffen wird, Verhältnisse des Zeitaufwandes beider Verfahren zwischen 1:8 und 1:13, also im Mittel etwa 1:10.

Wenn die Zuglauftabellen (Zuglaufbücher) einmal aufgestellt sind, lassen sich die Beförderungskosten einer Strecke oder eines Bahnnetzes in noch kürzerer Zeit zusammenstellen.

Bei der Beurteilung der Genauigkeit aller dieser Untersuchungen ergibt sich für die Selbstkosten im günstigsten Falle eine Abweichung von 0% im ungünstigsten Falle von 1,24% (s. S. 155), die also praktisch bedeutungslos sind, wenn man sich vor Augen hält, daß die nach der Zuko errechneten Ergebnisse auf gewissen Annahmen und Voraussetzungen basieren, die in bestimmten Grenzen Schwankungen unterliegen. Diese unbedeutenden Abweichungen nach dem vereinfachten Verfahren des Verfassers dürften zulässig sein, zumal in den nachstehenden zwei Tabellen bei dem vereinfachten Verfahren des Verfassers der eklatante Unterschied des Zahlen- und Rechenaufwandes sowie des Zeitaufwandes für die Kostenermittlung z. B. der Güterzüge, die ja bekanntlich das finanzielle Rückgrat der Bundesbahn sind, in Erscheinung tritt. Das Verfahren des Verfassers ist daher bei der Bundesbahn in der Einführung begriffen. Bei der Prüfung des Verfahrens und beim Entwurf der Dienstanweisung für das Verfahren lag der Bundesbahn das Manuskript des dritten Abschnittes dieses Bandes vor.

Das Ergebnis der Vergleichsrechnungen hinsichtlich des Arbeitsaufwandes nach Untersuchungen der Deutschen Bundesbahn.

Bezeichnung der Vergleichsrechnungen	Verfahren	Insgesamt		Divisionen	Multiplikationen	Ablesungen aus	
		eingesetzte Zahlen	add. bzw. abgezogene Zahlen			Tabellen	Schaubildern
Dg 1600 t Vorhalle–Aschaffenburg (untersuchte Streckenlänge 320 km)	nach „Zuko"	10 029	5941	660	2091	3006	836
	nach W. Müller	2 135	883	142	353	46	406
	Verhältnis W. Müller / Zuko	1:4,7	1:6,7	1:4,7	1:5,9	1:65	1:2,06
Ng 800 t im Fahrplan des Ng 1100 t auf Strecke Mz–Bischofsheim–Aschaffenburg (Streckenlänge 63 km)	nach „Zuko"	4346	735	357	831	1504	200
	nach W. Müller	165	54	20	39	39	9
	Verhältnis W. Müller / Zuko	1:26,3	1:46,8	1:17,9	1:21,3	1:38,6	1:22,2

Gegenüberstellung des Zeitaufwandes.

Bezeichnung	Zeitaufwand für Fahrzeit und Verbrauchsermittlung	für Kostenberechnung	Zusammen
Dg 1600 t Vorhalle-Aschaffenburg (untersuchte Streckenlänge 320 km)			
Zuko . . . . Std.	162	32	194
W. Müller . . . . „	16	5	21
Verhältnis $\frac{\text{W. Müller}}{\text{Zuko}}$	1:10	1:6	1:9
Dg 800 t Mz–Bischofsheim–Aschaffenburg (Streckenlänge 63 km)			
Zuko . . . . Std.	26	8	34
W. Müller . . . . „	3	1,5	4,5
Verhältnis $\frac{\text{W. Müller}}{\text{Zuko}}$	1:9	1:5	1:8
Nahgüterzug auf Strecke Mz–Bischofsheim–Aschaffenburg (Streckenlänge 63 km) N 1100 t bei reinen Fahrzeiten			
Zuko . . . . Std.	50	8	58
W. Müller . . . . „	3	1,5	4,5
Verhältnis $\frac{\text{W. Müller}}{\text{Zuko}}$	1:17	1:5	1:13
N 800 t im Fahrplan des N 1100 t			
Zuko . . . . Std.	80	8	88
W. Müller . . . . „	0,5	1	1,5
Verhältnis $\frac{\text{W. Müller}}{\text{Zuko}}$	1:160	1:8	1:59

II. Ermittlung der gesamten Selbstkosten des Eisenbahnbetriebes.
A. Die Aufteilung der gesamten Selbstkosten.

Da die Transportkosten einen Teil der Gestehungskosten der landwirtschaftlichen, der gewerblichen und der industriellen Erzeugnisse sind und da die Monopolstellung der Eisenbahn seit Ergänzung des Fernstraßennetzes durch die Autobahnen und durch die Entwicklung der Kraftwagen nicht mehr wie früher besteht, so werden bei den heutigen erschwerten Existenzbedingungen die Frachten in jedem einzelnen Falle dem Verkehrsmittel zufallen, das den Verkehr am billigsten und am schnellsten bedient. Bei der Tarifbildung im Güterverkehr werden daher in Zukunft die Selbstkosten als untere Grenze der Tarife stärker in den Vordergrund treten und die Methoden, die die Selbstkosten aus dem technischen Aufwand zuverlässig und schnell erfassen, immer mehr an Bedeutung gewinnen. Wenn eine solche Methode der Selbstkostenermittlung zudem so aufgebaut ist, daß gleichzeitig mit den durchschnittlichen Kosten je Tonnenkilometer deren Entstehung aus den Sonderheiten der Strecke, der Bespannung, der Zuggattung, dem Verkehrsanfall und den Rangierbahnhöfen zurückverfolgt werden kann, so ist dadurch die Möglichkeit gegeben, die Ursachen für die Veränderungen der Jahresausgaben und umgekehrt die Wirkung der geplanten betrieblichen Verbesserungen zu erkennen. Eine solche Methode wäre für ein Verkehrsunternehmen von doppeltem Wert. Gerade die Ausgabensenkung durch Verbesserung des Betriebes liegt im Gegensatz zur Tarifbildung vor allem in der Hand des Verkehrsunternehmers und gibt einen dauernden Anreiz, den Ertrag durch Verminderung der Ausgaben zu erhöhen. Diese Möglichkeit bietet die bei den deutschen Eisenbahnen angewandte Dienstvorschrift für die Aufstellung der Betriebskostenrechnung, kurz Beko genannt, nicht. Die Hauptaufgabe der Beko ist die Gegenüberstellung von Aufwand und Leistung. Es ist nach ihr zwar ein Vergleich für die Gestaltung der Verhältnisse in ihrer zeitlichen Abwicklung und weiterhin für die einzelnen Direktionsbezirke möglich, da sämtliche Direktionen ihre Berechnung in allen Teilen nach genau denselben Vorschriften und Grundsätzen aufstellen. Ein Urteil darüber, ob die Mehr- oder Minderaufwendungen eines Bezirkes in seinen Sonderheiten wirtschaftlich begründet sind, ein Urteil also über die innere Wirtschaftlichkeit des Bezirks bietet die Beko jedoch nicht. Das ist durch die Einheiten begründet, mit denen die Beko die einzelnen Leistungen insbesondere auf den Leistungsgebieten der Zugförderung und der Zugbildung erfaßt. Nach Tecklenburg „Betriebskostenrechnung und Selbstkostenermittlung der Deutschen Reichsbahn 1930" wählt die Beko z. B. für die Güterzüge des Verkehrszweiges Fernverkehr auf Haupt- und Nebenbahnen in dem Leistungsgebiet Abfertigung als Leistungseinheit die Tonne Fracht, im Leistungsgebiet Zugbildung als Leistungseinheit den Wagen, im Leistungsgebiet Zugförderung als Leistungseinheit den Kilometer. Alle diese Ermittlungen werden in den drei Leistungsgebieten getrennt nach Eil-, Durchgangs- und Nahgüterzügen durchgeführt. Im Leistungsgebiet Zugförderung ist die Einheit Kilometer noch weiter im einzelnen charakterisiert. So gilt:

1. für die Personalkosten des Lok- und Zugbegleitpersonals als Einheit der Kopfkilometer,

2. für das Vorhalten der Lokomotiven einschließlich Betriebsstoff und Betriebspflege als Einheit der Lokomotiv-Einheits-Kilometer, wobei die einzelnen Lokgattungen durch sog. Leistungsziffern gekennzeichnet sind,

3. für die Unterhaltung und Erneuerung der Bahnanlagen sowie für den Anteil der Zugförderkosten an der Unterhaltung und Erneuerung der Güterwagen der Bruttotonnenkilometer,

4. als Bezugseinheit der Kosten für Bahnhofs- und Streckendienst der Zugkilometer.

Nun sind die Zugförderung und die Zugbildung physikalische Vorgänge, die sich im Raum auf Kosten der Zeit, des Energieverbrauches und des Materialverschleißes abspielen. Sie können daher nicht nach ihrer Eigenart lediglich durch die Einheit Kilometer in der Zugförderung und durch die Einheit Wagen in der Zugbildung erfaßt werden. Es leuchtet also ein, daß Kalkulationsverfahren, die auf rein statistischer Grundlage beruhen und der Eigenart der Bahnanlagen, der Triebfahrzeuge und des Betriebes keine Rechnung tragen, für eine Selbstkostenermittlung, die zugleich eine Überwachung der Wirtschaftlichkeit des Betriebes sein soll, nicht in Frage kommen. Diese Eigenarten können nur erfaßt werden, wenn man die Zugförder- und Zugbildekosten aus dem technischen Aufwand, der bei diesen Vorgängen entsteht, veranschlagt.

Die Arbeitsvorgänge bei der Abfertigung folgen dem Gesetz der großen Zahl und können teils statistisch teils aufwandstechnisch erfaßt werden. Ebenso folgen die Güterwagenkosten dem Gesetz der großen Zahl. Sie sind daher zweckmäßig aus den drei Leistungsgebieten Abfertigung, Zugbildung und Zugförderung herauszunehmen und statistisch bezogen auf die Umlaufzeit, d. h. auf die Zeit von der Beladung bis zur Wiederbeladung zu erfassen. Sie können dann auf den Kilometer des der Umlaufzeit entsprechenden mittleren Weges von der Beladung zur Wiederbeladung und auf das mittlere Bruttogewicht der Wagen, also auf den Tonnenkilometer bezogen werden.

Auch der Schuldendienst (Rücklagen, Dienst der Kredite, Vorzugsaktien) und die Aufwendungen für Sonderzwecke (Großbauten, Kriegsschäden, Abgaben an die Finanzverwaltung) werden in der Beko getrennt nach Lokomotiven, Güterwagen und Bahnanlagen statistisch erfaßt.

Schließlich sollen nach der Beko wie bisher auch die Werte statistisch ermittelt werden, die in den Kostengleichungen der Zuko für das Veranschlagen der Zugförderkosten enthalten sind.

Die Aufteilung der Kostenanteile ist daher folgende:
1. Zugförderkosten ⎫ aufwandstechnisch nach Zuko,
2. Zugbildungskosten ⎭
3. Abfertigungskosten teils statistisch nach Beko, teils aufwandstechnisch,
4. Güterwagenkosten statistisch nach Beko.

In den Kostengruppen 1 bis 4 ist auch die Verzinsung der Fahrzeuge und der Bahnanlagen enthalten, jedoch sind in den Kostengruppen 1 bis 3 die Güterwagenkosten nicht erfaßt.

5. Schuldendienst und Kosten für Sonderzwecke:
    a) der Güterwagen ⎫
    b) der Lokomotiven ⎬ statistisch nach Beko.
    c) der Bahnanlagen ⎭

Da die Kosten zu 5. kein eigentliches Kriterium für die Wirtschaftlichkeit eines betrieblichen Vorganges sind, fallen sie in der Zuko fort.

B. Die Aufgaben der Selbstkosten bei der Betriebsführung der Eisenbahnen.
a) Die Pfennigkarte.

Das Verfahren zur Ermittlung der Zugförderkosten einer einzelnen Zugfahrt kann weiter ausgebaut werden, um schnell und zuverlässig die Zugförderkosten eines ganzen Bahnnetzes zu erfassen und dadurch insbesondere die Wirtschaftlichkeit des Güterzugverkehrs zu überwachen. Das Mittel hierfür ist die Pfennigkarte. Sie wurde bereits im Organ für die Fortschritte des Eisenbahnwesens 1927, Heft 1, S. 164 von A. Baumann vorgeschlagen. Für ihre Erstellung wurden von A. Baumann Formeln entwickelt, die die Zugförderkosten schnell, jedoch nur überschläglich, also nicht wirklichkeitsgetreu erfassen. Die Pfennigkarte hatte den Zweck, schnell die günstigsten Leitungswege für die Durchgangsgüterzüge zu ermitteln und hierfür genügte die überschlägliche Ermittlung. Zur Erstellung der Pfennigkarte trägt man bisher in das Liniennetz der Durchgangsstrecken des Güterverkehrs die überschläglich ermittelten Zugförderkosten je Tonne Wagenzuggewicht zwischen je zwei Knotenpunkten für jede Fahrrichtung ein. Diesen Kostenangaben ist ein Quotient beigefügt, dessen Zähler die Länge in Kilometern und dessen Nenner die Fahrzeit der Durchgangsgüterzüge in Minuten, also die durchschnittliche Geschwindigkeit des Zuges zwischen je zwei Knotenpunkten angibt.

Will man aber die Pfennigkarte nicht allein für die Ermittlung des günstigsten Leitungsweges sondern darüber hinaus auch zur Erfassung der Selbstkosten für den Umlauf eines Güterwagens nutzbar machen, so wird vorgeschlagen, die Zugförderkosten eines Durchgangsgüterzuges jeder Fahrrichtung einer Strecke für das mittlere Wagenzuggewicht und für die planmäßigen Fahrzeiten zu berechnen und hierfür die Kosten je Tonne Wagenzuggewicht einzutragen. Das mittlere Wagenzuggewicht der Züge, deren planmäßige Fahrzeiten nach dem Buchfahrplan sich auf die zeichnerische Ermittlung der reinen Fahrzeiten aufbauen, kann man für ein Jahr aus den Wagenzetteln mit dem Lochkartenverfahren feststellen. Aus betriebstechnischen Gründen, z. B. um Störungen durch Befahren schienengleicher Kreuzungen und um Langsamfahrstellen zu berücksichtigen, haben nicht alle Güterzüge mit den gleichen reinen Fahrzeiten auch die gleiche Fahrzeitverlängerung. Man kann aber aus diesen verschiedenen planmäßigen Fahrzeiten nach den Buchfahrplänen der Regel- und Bedarfsgüter eine mittlere prozentuale Fahrzeitverlängerung berechnen und für diese und das mittlere Zuggewicht die Zugförderkosten schnell bestimmen. Auch wird im Nenner der Quotienten der Pfennigkarte der mittlere Zug durch die planmäßige Fahrzeit und die Durchschnittsgeschwindigkeit zutreffender erfaßt. Ferner sind für diesen Zug die mittleren Unterwegsaufenthalte zu bestimmen, sowohl für die Regel- als auch für die Bedarfsgüterzüge. Weiterhin wird vorgeschlagen, in der gleichen Weise wie für den Durchgangsgüterzugverkehr, besondere Pfennigkarten der Güterzüge des Nahverkehrs für jeden Direktionsbezirk aufzustellen. Dadurch ist man in der Lage, die Zugförderkosten eines Güterwagens zwischen einem Knotenpunkt der Pfennigkarte des Durchgangsgüterzugverkehrs und jeder beliebigen Versand- bzw. Bestimmungsstation zu ermitteln. Man teilt hierzu die aus dieser Pfennigkarte abgelesenen Zugförderkosten je Tonne der Nahgüterzüge durch die Gesamtlänge der Anschlußstrecke und multipliziert den so erhaltenen Wert mit dem Bruttowagengewicht und mit der kilometrischen Entfernung zwischen Versand- bzw. Bestimmungsstation und Knotenpunkt. Diese Entfernungen kann man aus dem Kursbuch ersehen. Multipliziert man weiterhin das Bruttowagengewicht mit den in der Pfennigkarte des Durchgangsgüterzugverkehrs abzulesenden Kosten je Tonne und addiert sie zu den Zugförderkosten zwischen dem Knotenpunkt und der Versand- bzw. Bestimmungsstation, so erhält man die Zugförderkosten des Wagenumlaufs. Da wie gezeigt, die Zugförderkosten nach dem Verfahren des Verfassers schnell ermittelt werden können, so bringt das Verfahren den nicht zu unterschätzenden Vorteil, daß diese Pfennigkarte stets leicht auf den neuesten Stand gehalten werden kann.

b) Die Kosten für die Beförderungseinheit Pf/Bruttotonnenkilometer.

Aus den Pfennigkarten kann man schnell für jede Bahnlinie die Zugförderkosten je Bruttotonnenkilometer, also die Kosten der sog. Beförderungseinheit feststellen und erhält dadurch einen prägnanten Ausdruck für den wirtschaftlichen Wert der zwei- und eingleisigen Haupt- und Nebenbahnen. Die Kosten je Beförderungseinheit sind eine wertvolle Grundlage für die Entschließung, ob man z. B. den Verkehr einer Nebenbahn wegen zu hoher Kosten je Beförderungseinheit umstellen soll.

c) Die Selbstkosten des Güterwagenumlaufs.

Sollen die gesamten Umlaufkosten eines Güterwagens ermittelt werden, so sind diese aus der Umlaufzeit zu berechnen. Diese setzt sich zusammen:
1. aus der Beladezeit,
2. aus der Abholezeit auf den Versandbahnhöfen,
3. aus der Fahrzeit im Zuge einschließlich der Unterwegsaufenthalte,
4. aus den Aufenthaltszeiten auf den Bahnhöfen, auf denen die Wagen von einem Zug zum anderen übergehen (Rangierbahnhöfe und Knotenpunktbahnhöfe),
5. aus den Bereitstellzeiten auf der Bestimmungsstation,
6. aus der Entladezeit,
7. aus der Zeit zur Bereitstellung zur Wiederbeladung.

Von den obigen Zeiten des Güterwagenumlaufs gehören a) der Aufenthalt auf der Belade- und Entladestation (1+6) ebenso wie das eigentliche Abfertigungsgeschäft zur Abfertigung. Zweckmäßig zählt man hierzu auch die Abholzeit auf dem Versandbahnhof (2) und die Bereitstellzeit auf der Bestimmungsstation (5) sowie die Zeit zur Wiederbereitstellung (7); b) die Zeit des Übergangs von einem Zug zum anderen gehört zur Zugbildung (4); c) die Fahrzeiten mit den Unterwegsaufenthalten (3) gehören zur Zugförderung. Die Beförderungs- und Zugbildezeit nach den Angaben zu 3. und 4. eines Güterwagens von der Versandstation zu der Bestimmungsstation kann man mit dem Güterzugkursbuch feststellen. Damit wären die der Zugförderung und der Zugbildung anzulastenden Zeiten für einen bestimmten Transport zu erfassen.

a) Die Zugförderkosten werden aufwandstechnisch nach dem Verfahren des Verfassers ermittelt, jedoch ohne die Güterwagenkosten. Ebenso werden aufwandstechnisch die Zugbildungskosten ebenfalls ohne die Güterwagenkosten und die sog. ortsfesten Kosten erfaßt. Es wurde in Bd. I, S. 295—302 „Bahnhöfe und Fahrdynamik der Zugbildung" ein auf den Kostengleichungen der Zuko aufgebautes Verfahren des Verfassers zur Veranschlagung eines Nahgüterzuges bekanntgegeben und an Beispielen erläutert. Auch die durchschnittlichen Mehrkosten, die auf den Unterwegsbahnhöfen durch das Auswechseln der Wagen entstehen, können nach S. 274 und 275 des I. Bandes ermittelt werden.

b) Obiges Verfahren des Verfassers wurde durch die Veranschlagung der ortsfesten und der Güterwagenkosten in der Dissertation des Dr.-Ing. E. Graßmann[1] ergänzt, um die Zugbildungskosten eines Güterwagens für eine durchschnittliche tägliche Bahnhofsbelastung zu erhalten. Nach dieser Dissertation ist zunächst das Kapital vor und nach der Währungsumstellung für die Anlagen der Zugbildungs-, also der Einfahr-, Richtungs-, Ordnungs- und Ausfahrgruppe nebst den dazugehörigen Bauten, Signal-, Brems-, Beleuchtungs- und Fernmeldeanlagen usw. festzustellen. Für dieses Anlagekapital sind die Verzinsungs-

---

[1] Die Veranschlagung der Zugbildungsselbstkosten in Rangierbahnhöfen (T. H. Aachen 1952).

und Abschreibungskosten getrennt zu ermitteln. Da die Nutzungsdauer der Anlagen verschieden ist, so sind die Abschreibungskosten der Anlagen für die zugehörige Nutzungsdauer getrennt zu berechnen. Bei der Selbstkostenermittlung des Umlaufs eines Güterwagens fallen die Kosten zu 5. (S. 205) nach der Zuko fort, da diese kein Kriterium für die Wirtschaftlichkeit eines Betriebsvorganges sind. Bevor die Kosten für die Rangierlokomotive ermittelt werden, sind vorher durch eine Untersuchung die Nutzzeit der täglichen Dienstdauer der Lokomotivschichten sowie die Stillstandszeiten festzustellen. Hierfür wird das von Dr. Nebelung entwickelte Verfahren bzw. der Rangierplan empfohlen. (Vgl. W. Müller, Band I, S. 284—288 bzw. S. 293 (Abb. 178)). Diese Unterteilung ist zur genaueren Ermittlung des Kohlenverbrauchs zu machen. Ist keine Llv-Tafel für eine Rangierlok vorhanden, so ist, wie in Band I S. 231 nach Nordmann (Glasers Annalen 1926, Heft 10) angegeben, als mittlerer Kohlenverbrauch für die Arbeitseinheit $b_1 = 5$ [kg/tkm] bei Heißdampfloks zu setzen. Bei geschlossenem Regler der Dampflok wird der Kohlenverbrauch b_0 [kg/min] nach der Zukoformel 3 D ermittelt (vgl. Band I, S. 295—298). Außer den Brennstoffkosten werden bei den Rangierloks noch die Kosten für Speisewasser (Zukof. 6 D) und für sonstige Betriebsstoffe (Zukof. 7 D) sowie die Lokfahrerkosten nach Zukof. 16 ermittelt. Außerdem sind noch die Kosten für Verzinsung, Abschreibung und Unterhaltung bei ordnungsmäßiger Wirtschaft und laufender Pflege im Betriebswerk usw. zu berechnen. Für die letzteren Ermittlungen sind statistische Angaben vorhanden.

Außer den Lokfahrerkosten sind auch die Kosten für das sonstige Personal des Rangierbahnhofes und für die Betriebsführung zu ermitteln, nicht aber für das Personal zur Vorhaltung der baulichen und maschinellen Anlagen der Wagen und der Lokomotiven. Die Wagenvorhaltungskosten sollen für den gesamten Güterwagenumlauf in Rechnung gestellt werden. Die durch die Aufenthalte in den Zugbildungsbahnhöfen verursachten Wagenvorhaltungskosten werden wie folgt ermittelt: Zunächst ist die mittlere Wagenübergangszeit zu bestimmen. Einer besonderen Überlegung bedürfen noch die Anteile der überzähligen Wagen des Betriebsbestandes, die infolge Fehlens von Frachten und als Reserve des Spitzenverkehrs zeitweise unbenutzt abgestellt sind. Sie sind eine Funktion der Jahresschwankungen des Verkehrs. Zu den Vorhaltekosten der Güterwagen (O-Wagen, G-Wagen, übrige Güterwagen) gehören die Verzinsung, Abschreibungs- und Unterhaltungskosten. Weiterhin sind für die ortsfesten Kosten die Vorhaltekosten für Oberbau, sonstige bauliche Anlagen, Signal- und Fernmeldeanlagen, Gleisbremsen, Hemmschuhe, rangiertechnische Geräte (Rangierfunk, Rangierlautsprecher usw.), Gleisfeldbeleuchtung und sonstige maschinenartige und Starkstromanlagen in Ansatz zu bringen. Zum Schluß ist noch ein Betrag für Unfälle und Rangierschäden in Rechnung zu stellen.

Alle diese Kostenanteile werden für jeden Rangierbahnhof in einer Anzahl von Hilfslisten erfaßt. Diese bilden eine Unterlage zur Aufstellung von Berechnungsbögen, in denen die Selbstkosten getrennt nach 1. der Eingangsbehandlung, 2. dem Zerlegevorgang, 3. der Fertigstellung der Ausgangszüge, 4. der Nachordnung, 5. der Mehrkosten für Vorübergang gegenüber den normal behandelten Wagen, der Mehrkosten für Eckverkehr bei zweiseitigen Bahnhöfen usw. erfaßt und zusammengestellt werden. Die Anwendung des Verfahrens wird in der

Dissertation am Rangierbahnhof Bremen gezeigt. Die Zugbildungsselbstkosten wurden für den Durchgangsgüterzug zu 4,18 und für den Nahgüterzug zu 8,77 [DM/Wagen] berechnet. Die letzteren Kosten werden hauptsächlich wegen der geringen Anzahl der nachzuordnenden Wagen hoch.

c) Die eigentlichen Abfertigungskosten entstehen für Wagenladungen

1. durch den Abfertigungs-, Kassen- und Rechnungsdienst,
2. durch den Ladedienst,
3. durch den Wagenreinigungsdienst,
4. durch den inneren Abfertigungsdienst.

Zu diesen verkehrlichen kommen noch die betrieblichen Abfertigungskosten eines Güterwagens für

5. das Laderechtstellen eines ankommenden oder aufkommenden Leerwagens zur Beladung,
6. die Überführung eines Wagens von der Beladestelle zum Abgangszug oder zur Einfahrgruppe des nahen Verschiebebahnhofs,
7. die Überführung eines Wagens vom Ankunftszug (Nahgüterzug) oder bei nahem Verschiebebahnhof mit Ng oder Dg aus dessen Richtungsgruppe zur Entladestelle.

Durch letztere Arbeiten (5—7) entstehen Kapitaldienstkosten für die Gleisanlage, die allgemeinen baulichen Anlagen, Gleisfeldbeleuchtung usw., die dem Rangiergeschäft anzulasten sind. Dagegen müssen Ladestraßen und ihre Beleuchtung, Güterhallen, Laderampen dem verkehrlichen Teil der Abfertigung durch einen statistischen Mittelwert angelastet werden.

Für die Kosten 1—4 bestehen bei der Bundesbahn statistische Mittelwerte.

Auch der anteilige Leerwagenumlauf ist im Rahmen der Abfertigungsselbstkosten zu erfassen. Nach der Beko ist für den mittleren Leerlauf der bruttotonnenkilometrische Anteil an den Zugförderkosten, der zeitliche Anteil an den Wagenvorhaltekosten und der der mittleren Zahl der Umstellungen proportionale Anteil an den Zugbildungskosten zu berechnen und dem Leistungsgebiet Abfertigung zuzuschlagen. Auch die Zugbildungsselbstkosten bei Umstellungen auf kleineren Unterwegsbahnhöfen sind zu erfassen. Vielfach werden diese Vorarbeiten für die Zugbildung von Kleinlokomotiven erledigt. Beim Eisenbahnzentralamt Minden sind hierüber besondere Wirtschaftlichkeitsuntersuchungen im Gange. Diese Teilvorgänge sind in den Berechnungsbögen klar aufzuspalten und zu erfassen.

Für die Praxis müßten die Berechnungsgrundlagen noch in eine verfahrensmäßige Form gebracht werden. Die Arbeiten hierfür sind im Gange. Dann erst ist eine zuverlässige Selbstkostenermittlung des Güterwagenumlaufs als Grundlage für eine wirtschaftliche Betriebsführung sowie für die Tarifbildung gewährleistet.

Die Wagenkosten der Rangierbahnhöfe sowie die Abfertigungskosten werden in das Zuglaufbuch jeder einzelnen Eisenbahndirektion eingetragen.

C. Die Verwendung der Selbstkosten bei der Tarifbildung.

a) Ausnahmetarife.

Allgemein bestimmen die Selbstkosten die untere Grenze der Tarife und der sog. Marktwert eines Gutes die obere Grenze. Im echten Wettbewerb mit anderen Verkehrsmitteln sind die Selbstkosten des für den gleichen Transport in Frage kommenden Verkehrsmittels die oberen Grenzen unter der Voraussetzung, daß auch diese Verkehrsmittel nicht unter den Selbstkosten befördern. Man muß daher in der Lage sein, sich auch von den Selbstkosten der konkurrierenden Verkehrsmittel ein zuverlässiges Bild zu machen. Zur Veranschlagung der dem Transportunternehmer aus dem technischen Aufwand entstehenden Fahrkosten schwerer LKW sei auf den Aufsatz des Verfassers „Die Fahrkosten schwerer Lastkraftwagen" in Heft 12/1951 der Zeitschrift „Internationales Archiv für Verkehrswesen" verwiesen.

Da die Eisenbahnen hohe feste Kosten haben und mit wachsendem Verkehr und zunehmenden Förderweiten die auf den Personenkilometer und Nettotonnenkilometer entfallenden Anteile der festen Kosten hyperbolisch kleiner werden, so ist es bei den Eisenbahnen besonders wichtig, den Verkehrsanfall und die Förderweiten zu steigern und zu Tarifen zu befördern, die die Selbstkosten decken. Dies entspricht auch den Richtlinien, die Acworth in seinem Buch „Grundzüge der Eisenbahnwirtschaftslehre" (aus dem Englischen übersetzt von Dr. H. Wittek, Wien, Berlin 1926) angegeben hat: „Trachtet danach Verkehr zu bekommen. Je mehr Verkehr befördert wird, desto weniger kostet die Beförderung. Daher zuerst und vor allem Verkehr bekommen und stellt keinen Tarif so hoch, daß er den Verkehr hemmt.". Da die Ausnahmetarife individueller gestaltet werden können als die Regeltarife, so können diesen Richtlinien insbesondere die Ausnahmetarife für spezielle Verkehrsbeziehungen folgen und sind für den Wettbewerb besser geeignet. Hierbei ist die Kenntnis der Selbstkosten nicht nur des eigenen, sondern auch der konkurrierenden Verkehrsmittel von besonderer Bedeutung, um den Transportauftrag zu erhalten, ohne dabei Geld zuzusetzen. Bei bestehenden Ausnahmetarifen ist in Zweifelsfällen nachzuprüfen, ob die Ausnahmetarife die Selbstkosten decken.

Will man für verschiedene nach Entfernung und nach Frachtgewicht unterschiedliche Transporte aus den mittleren Selbstkosten die untere Tarifgrenze feststellen, dann muß man für jeden Einzelfall zunächst die Selbstkosten berechnen und auf den Nettotonnenkilometer umlegen, um auf diese Weise aus den Selbstkosten die untere Grenze der Ausnahmetarife festzulegen.

b) Regeltarife.

Die Bundesbahn ist ein öffentliches Verkehrsmittel, und der Staat hat ihr mancherlei Pflichten auferlegt, die bei der Gestaltung der Regeltarife berücksichtigt werden müssen. Man kann daher die Regeltarife nicht so sehr wie die Ausnahmetarife in Anlehnung an die Selbstkosten erstellen. Jedoch kann man aus Selbstkostenberechnungen gewisse Anhalte für die Bildung der Regeltarife erhalten, die nach dem Wert des Gutes, der Entfernung und nach der Wagenausnutzung gestaffelt sind. Veranschlagt man nämlich gesondert für einige typische Entfernungen und Auslastungen Transporte innerhalb der verschiedenen Güterklassen der Wertstaffel, so gewinnt man damit Anhalte für die Bildung der Regeltarife.

D. Die Selbstkosten des Lastkraftwagenbetriebes.

Für die Ermittlung der dem Transportunternehmer entstehenden Fahrtkosten wurde vom Verfasser im Internationalen Archiv für Verkehrswesen, S. 265,

1951, Nr. 12 ein Verfahren für die schweren LKW bekanntgegeben und an einem Beispiel erläutert.

Die dem Staate entstehenden Kosten für Verzinsung, Erneuerung und Unterhaltung der Straßen einschließlich der Aufwendungen für die Sicherung des Betriebes sind nach den Ausführungen des Verfassers in seinem Buch „Erdbau, Linienführung, Gestaltung und Erdarbeiten der Verkehrswege", Berlin: Wilhelm Ernst & Sohn, S. 192—195 zu behandeln.

Um diese auf eine LKW-Fahrt entfallenden Kosten zu erfassen, ist ein **Fahrwegkostenmaßstab** für Straßentransport zu entwerfen (vgl. auch Internat. Archiv für Verkehrswesen 1950, Heft 4, S. 79, Bild 4), an dem man, in Abhängigkeit von der Verkehrsstärke der Straße, die auf den Tonnenkilometer entfallenden Kosten ablesen kann. Multipliziert man diese Kosten mit dem Bruttogewicht des Wagens nebst Anhänger und mit dem Gesamtweg, so erhält man die Straßenkosten, die der LKW-Fahrt anzulasten sind. Diese Kosten wären dann mit den nach dem Betriebsstoffverbrauch aufkommenden Steuern und dem Anteil der Kraftwagensteuer zu vergleichen, um festzustellen, ob die durch die LKW-Fahrt entstehenden Straßenkosten durch die Besteuerung gedeckt werden oder nicht. Somit sind sowohl für den Eisenbahn- als auch für den Straßenverkehr Verfahren bekanntgegeben, nach denen für jeden einzelnen Transport die Selbstkosten berechnet werden können.

Der Fortschritt dieser Verfahren liegt in dem Zeitgewinn unter Wahrung der Genauigkeit. Da diese Methoden schnell zum Ziele führen und zutreffende Ergebnisse auf dem schwierigen Gebiet der Selbstkostenermittlung bringen, so sind sie besonders wertvoll für die Klärung der Wettbewerbsfähigkeit der Verkehrsmittel auf Schiene und Straße zur Beförderung der Personen und Güter.

Dadurch, daß man die Zugförder- und Zugbildungskosten der Eisenbahnen und Lastkraftwagen nicht mehr kameralistisch, sondern **auf physikalischtechnischer Grundlage, also in Abhängigkeit von den örtlichen und betrieblichen Sonderheiten erfaßt**, kommt man einen wesentlichen Schritt der echten Betriebskostenrechnung näher, die im Hinblick auf die Wettbewerbsfähigkeit eine wertvolle Ergänzung der kurzfristigen Erfolgsrechnung ist.

III. Die Ermittlung der wirtschaftlichsten Steigung.
A. Zur Einführung.

Da der Güterverkehr das finanzielle Rückgrat der Eisenbahnunternehmung eines Landes ist, so sind die Neubaulinien für einen wirtschaftlichen Güterzugbetrieb zu trassieren. Hierbei ist vorher festzustellen, ob die Neubaulinie in erster Linie dem Durchgangsverkehr dient oder dessen Zubringer oder Verteiler sein soll. In letzterem Falle hat die Neubaulinie mehr örtlichen Charakter und ist daher so zu führen, daß möglichst viele Siedlungen berührt werden. Die Trassierung der Linie für eine wirtschaftliche Güterzugförderung steht hier nicht so sehr im Vordergrund. Dieses Ziel ist aber bei einer Neubaulinie, die dem Fernverkehr dient, in erster Linie anzustreben.

Für die wirtschaftlichste Führung der Bahnlinien des Durchgangsverkehrs in **waagerechtem ebenem Gelände** hat bereits in den 80er Jahren des vorigen

Jahrhunderts W. Launhard den Satz vom Anschluß einer Neubaulinie an eine bestehende Bahnlinie und den Satz vom Knotenpunkt für die wirtschaftliche Zusammenführung dreier Neubaulinien aufgestellt. Es werden aus dem Kostenminimum der Zugförderkosten mit Hilfe der Differentialrechnung diese Aufgaben gelöst (vgl. W. Müller „Erdbau", S. 92—101, Berlin: Wilhelm Ernst & Sohn 1948). Für die Überquerung eines Gebirges durch eine Eisenbahnlinie des Durchgangsverkehrs wird die wirtschaftlichste maßgebende Steigung einer Linie gleichbleibenden Widerstandes nach einer Gleichung berechnet, die der Verfasser im Organ 1944, S. 137 (vgl. W. Müller „Erdbau" S. 80—92) aus dem Kostenminimum für die Beförderung einer Tonne Zuglast ebenfalls mit Hilfe der Differentialrechnung abgeleitet hat. Dadurch wird die Rampe einer Bahnlinie **gleichbleibenden Widerstandes** für einen gegebenen Höhenunterschied, für eine gegebene Verkehrsstärke und für eine gegebene Lokgattung in unebenem Gelände räumlich optimal festgelegt. Die Anwendung dieser Gleichung ist insbesondere angebracht, wenn der Durchgangsgüterverkehr je Tag bedeutend ist. Dann sind die Möglichkeiten, die gegebene Verkehrsstärke gleichmäßig auf verschiedene Zugzahlen am Tage zu verteilen, mannigfaltiger als bei schwachem Verkehr. Wenn der täglich anfallende Güterverkehr z. B. durch drei bis vier verschiedene Zugzahlen gleichmäßig aufgeteilt werden kann, genügt es, aus der fahrdynamischen Charakteristik die maßgebenden Steigungen für die verschiedenen Zuglasten abzulesen, hierfür die Zugförderkosten in der beschriebenen Weise zu berechnen und aus deren Kleinstwert die wirtschaftlichste maßgebende Steigung zu bestimmen. So kann ein Tagesverkehr von 1800 [t] von 2 Zügen mit je 900 [t] oder von 3 Zügen mit je 600 [t] oder von 4 Zügen mit je 450 [t] Last befördert werden. Bei einem täglichen Güterverkehr von 36000 [t] in einer Richtung können 900 [t] Last von 40 Zügen täglich oder 880 [t] von 41 Zügen oder 860 [t] von 42 Zügen befördert werden. Der Unterschied der Zuglast bei diesen Zugzahlen ist je 20 [t]. Zwischen 20 und 30 [t] schwankt aber in der Regel das Bruttogewicht eines Güterwagens, der ja die Einheit ist, aus der sich ein Zug zusammensetzt. Bei dem Bruttogewicht für die Einheit eines Güterwagens als kleinste Differenz ist daher die wirtschaftlichste maßgebende Steigung nach der Differentialrechnung zu bestimmen.

Das Verfahren wird nachstehend nicht nur abgeleitet, sondern auch in seiner Weiterentwicklung gezeigt.

Die Grundlage des Verfahrens bilden die Zukogleichungen, die auf statistischen Angaben der Deutschen Bundesbahn aufgebaut sind. Da in den Gleichungen auch solche Kosten erscheinen, die von den Konjunkturschwankungen abhängig sind, werden die Zuko-Gleichungen von der Deutschen Bundesbahn von Zeit zu Zeit korrigiert und den neuen Verhältnissen angepaßt. Wollte man das Verfahren auf das Eisenbahnnetz einer anderen Verwaltung anwenden, so müßten, unter Berücksichtigung der verschiedenen Kostenstrukturen, neue Gleichungen und mit ihrer Hilfe neue Kostenmaßstäbe aufgestellt werden. Dies alles würde aber eine sehr umfangreiche Ermittlung statistischer Angaben und eine Durcharbeitung eines großen Zahlenmaterials verlangen, damit die Angaben in der Form vorhanden sind, in welcher sie in den Kostengleichungen erscheinen.

Aber die Wahl der zweckmäßigsten Varianten oder die Ermittlung der günstigsten Steigung einer Bahnlinie stellt eine **Vergleichsrechnung** dar. Wenn Vergleichsrechnungen mit nicht ganz zutreffenden Kostengleichungen durchgeführt werden, so heben sich die entstehenden Fehler, wenn auch nicht ganz, auf und das Ergebnis ist in den meisten Fällen brauchbar, da ja nur **relative** Feststellungen zu machen sind. Fehlen also Kostengleichungen, die den Betriebsverhältnissen und der Konjunkturlage eines bestimmten Eisenbahnnetzes angepaßt sind, so kann das Verfahren — und das ist von ausschlaggebender Bedeutung — doch angewendet werden. In seinem an der Technischen Fakultät der Universität Zagreb, Jugoslawien, am 24. 11. 1951 gehaltenen Habilitationsvortrag „Die heutigen Möglichkeiten des Variantenvergleichs der Eisenbahnlinien" sagte Dr. techn. Dipl.-Ing. Miroslav Čabrian[1]: „In Jugoslawien sind nach dem letzten Krieg neue Eisenbahnstrecken in einem Ausmaße gebaut worden, das vielleicht für denselben Zeitabschnitt alle anderen Länder übertrifft. Es besteht noch großer Bedarf für weitere Neubauten, wenn auch das Bautempo in Zukunft abklingen wird, je mehr sich das Eisenbahnnetz seinem Sättigungszustand nähert. Es ist nicht gleichgültig, mit welchen Trassierungselementen, insbesondere mit welchen Neigungen diese Bahnen angelegt werden. Die Wahl der zweckmäßigsten Trassierungselemente, insbesondere der günstigsten Neigung, muß auf der Vergleichsrechnung der Selbstkosten aufgebaut sein. Das ist derzeit das beste und genaueste Verfahren, das uns die Wissenschaft für diesen Zweck in die Hände gelegt hat." Weiter sagt Čabrian in seinem Habilitationsvortrag wörtlich: „Es ist ein großes Verdienst Müllers, die Berechnung der Selbstkosten durch Einführung graphischer Kostenmaßstäbe vereinfacht zu haben. Als Verbrauchswerte erscheinen, ohne daß die Genauigkeit des Verfahrens wesentlich geopfert wurde, nur noch der Fahrweg und die Fahrzeit. Demnach sind alle Kostensätze in Kilometerkosten und Minutenkosten umgewandelt. Bei Bahnen, die als Linien gleichbleibenden Widerstandes trassiert sind, fällt auch das fahrdynamische Ermitteln der Fahrzeit weg. Es sind lediglich der Drosselgrad der Dampfzufuhr auf verschiedenen Gefällen zu ermitteln, einige Ablesungen in den Lokomotivkosten- und Fahrwegkostenmaßstäben durchzuführen und in wenige sehr einfache Kostengleichungen einzusetzen. Durch das Summieren der Ergebnisse dieser Gleichungen bekommt man die Selbstkosten je Tonne Wagenzuglast.

Diese Berechnung muß schon während der allgemeinen Vorarbeiten durchgeführt sein, also bevor der definitive Entschluß zum Bauen getroffen ist. Ohne diese Berechnung ist jede Diskussion über die Zweckmäßigkeit der neuen Linie oder über Vorteile und Nachteile dieser oder jener Variante unvollkommen und deshalb gegenstandslos.

In der Rückständigkeit der technisch weniger entwickelten Länder liegt eine große Chance. Das erst spät erfolgte Einholen der Versäumnisse der Vergangenheit ermöglicht die Ausnützung modernster und bester Errungenschaften der Wissenschaft."

B. Die günstigste Geschwindigkeit.

Der Berechnung der wirtschaftlichsten maßgebenden Steigung zur Überwindung eines gegebenen Höhenunterschiedes ist die Lokomotive mit dem größten

---

[1] Čabrian, M.: Internationales Archiv für Verkehrswesen 1952. Heft 9 S. 206.

Triebachsengewicht und der größten Triebachsenzahl, also mit der größten Reibungszugkraft zugrunde zu legen. Die Geschwindigkeit beim Übergang von der Reibungszugkraft zur Kesselzugkraft ist die größte, die mit der Reibungszugkraft gefahren werden kann. Dann wird eine möglichst hohe Schlepplast mit einer verhältnismäßig hohen Geschwindigkeit auf einer Linie gleichbleibenden Widerstandes befördert. Hierauf kommt es aber bei einem wirtschaftlichen Durchgangsgüterzugbetrieb an, im Gegensatz zu dem Schnellzugbetrieb, bei dem eine hohe Anfahrbeschleunigung und eine möglichst hohe Höchstgeschwindigkeit anzustreben sind. Nach diesen verschiedenen Grundsätzen werden die Güterzug- und die Schnellzugloks konstruiert (s. S. 27). Die Übergangsgeschwindigkeit $V_ü$ als günstigste Geschwindigkeit des Güterzuges auf der maßgebenden Steigung ist also durch die Konstruktion von Kessel, Zylinder und Triebwerk bzw. der Elektromotoren sowie durch die Größe des Reibungsgewichtes und der Haftreibung festgelegt.

Ist die günstigste Geschwindigkeit bekannt, so sind so viele Größen angegeben, daß die wirtschaftlichste maßgebende Steigung s_{ma} [°/₀₀] einer Linie gleichbleibenden Widerstandes mit dem gegebenen Höhenunterschied H [m] aus dem Kostenminimum einer Güterzugfahrt mit Hilfe der Differentialrechnung bestimmt werden kann. Auf Gefällen gilt die vorgeschriebene Bremsgeschwindigkeit V_b.

C. Die Kilometerkosten eines Güterzuges auf einer Linie gleichbleibenden Widerstandes.

Wenn der ausgelastete Zug die Linie gleichbleibenden Widerstandes mit der günstigsten Geschwindigkeit ohne Halt gleichmäßig befährt, dann sind die Zugförderkosten für die Längeneinheit 1 [km] konstant.

Diese Kilometerkosten lastet man:

1. der Lok,
2. der Strecke und
3. den Wagen an.

Den Kostenanteil zu 1. bei gegebener Bespannung bezeichnet man mit k_1 [Pf/km] und den zu 2. mit $G_z \cdot (k_2 + \sigma + \gamma)$ [Pf/km]. Hier ist G_z [t] das Gewicht des Zuges, k_2 [Pf/tkm] sind die für die gegebene Verkehrsbelastung auf dem ganzen Fahrweg auftretenden, der Strecke anzulastenden Kosten. Zu diesen kommen noch die Kosten σ [Pf/tkm] für die Bogenstrecken auf der Steigung und γ [Pf/tkm] für die Bogen- und Bremsstrecken im Gefälle hinzu. Die Kostenanteile zu 3. sind die Wagenkosten $G_w \cdot k_3$ [Pf/km], wo G_w [t] das Wagenzuggewicht bei gegebener Zusammesetzung des Wagenzuges ist. Die vorgenannten Kostenanteile werden mittels des Lokkostenmaßstabes (Abb. 66) bei k_1, des Fahrwegkostenmaßstabes bei k_2 und der Einzelkostenangaben erfaßt.

Im Gegensatz zu dem auf S. 130 bekanntgegebenen Lokkostenmaßstab (Abb. 59) sind hier die Kilometerkosten k_1 [Pf/km] um die Kostenanteile, die von der indizierten Zugkrafts- und Leerlaufarbeit abhängig sind, erhöht, weil der Zug auf der Steigungsrampe mit $V_s = V_ü$, auf der Scheitelstrecke mit $V' = V_h$ und auf der Gefällrampe mit $V_g = V_b$ gleichmäßig durchfährt. Bei gleichmäßigen

Die Ermittlung der wirtschaftlichsten Steigung.

Geschwindigkeiten konnten in den Lokkostenmaßstab der Ellok die Kosten des Stromverbrauchs mit einbezogen werden (Abb. 65).

Zu den Kosten k_2[Pf/tkm] zählen die Zinskosten für das Baukapital (Zukof. 25a) die Kosten für Oberbauunterhaltung (Zukof. 21) und -erneuerung (Zukof. 22) und für die Unterhaltung der Bahnanlagen (Zukof. 24). Bei elektrischem Bahnbetrieb sind diesen noch die Kosten für Bedienung, Unterhaltung und Erneuerung der Anlagen der elektrischen Zugförderung (Zukof. 23) sowie diejenigen für den Zins der elektrischen Anlagen (Zukof. 25b) zuzufügen.

Da σ und γ [Pf/tkm], die Kostenanteile für die Oberbauerneuerung (Zukof. 22) darstellen, die gleiche Dimension haben wie k_2, sind sie mit diesem Wert zusammengefaßt (s. S. 162).

Unabhängig von der Streckenneigung sind die Kosten k_3 [Pf/br.tkm] für Unterhaltung, Erneuerung und Zins der Güterwagen (Zukof. 14 u. 15).

Die Kilometerkosten k_1 ändern sich mit den gleichbleibenden Geschwindigkeiten und daher auch mit den Streckenabschnitten, die mit den vorgenannten verschiedenen Geschwindigkeiten befahren werden. Diese Streckenabschnitte sind:

1. die Steigungsstrecken l_s [km],
2. die Gefällstrecken l_g [km]
3. die Bahnhofs- und Scheitelstrecken $\sum l_{b_s} + \sum l_{b_g} + l'$ [km].

Wenn die Scheitelstrecke eine Tunnelstrecke ist, so ist hierfür der Wert k_2 höher. Die Länge der Neubaustrecke einer Gebirgsüberquerung ist also

$$L_n = l_s + l_g + \sum l_{b_s} + \sum l_{b_g} + l' \text{ [km]}.$$

Hierauf sind die Kosten für den Vorbereitungs- und Abschlußdienst umzulegen und ebenso die Kosten für den Betriebs- und Bahnbewachungsdienst in Ansatz zu bringen. Ist L_w [km] die Entfernung zwischen zwei Lokwechselbahnhöfen, so sind $K_v \cdot L_n : L_w$ die anteiligen Kosten. Mit diesen Kosten sollen auch die Kosten für den Betriebs- und Bahnbewachungsdienst zusammengefaßt werden, die bezogen auf den km konstant sind, also von der Lokgattung der Zuglast und der Streckenneigung unabhängig sind. Diese Kilometerkosten sind in der Zukof. 20 mit k_{fb} [Pf/km] bezeichnet, und es ist

$K_v \cdot L_n : L_w + k_{fb} \cdot L_n : 100 = k_{v_b} \cdot L_n$ [DM], wo $k_{v_b} = (K_v \cdot 100 : L_w) + k_{fb}$ [Pf/km] ist.

Nach den drei charakteristischen Streckenabschnitten unterteilt sind dann die Kosten eines durchfahrenden Güterzuges auf der Strecke L_n

$$\begin{aligned}K_z =\ & k_{1_s} \cdot (l_s + \sum l_{b_s}) + k_1' \cdot l' + k_{1g} \cdot (l_g + \sum l_{b_g}) + \\ & + (G_l + G_w) \cdot [k_2 \cdot (l_s + \sum l_{b_s} + l_g + \sum l_{b_g}) + k_2' \cdot l'] + \\ & + G_w \cdot k_3 (l_s + \sum l_{b_s} + l_g + \sum l_{b_g} + l') + \\ & + (G_l + G_w) [\sigma (l_s + \sum l_{b_s} + l') + \gamma (l_g + \sum l_{b_g})] + \\ & + k_{v_b} \cdot l_s + k_{v_b} \cdot l_g + k_{v_b} (\sum l_{b_s} + \sum l_{b_g} + l') \quad \text{[Pf]}\end{aligned}$$

oder auf eine Brutto-Tonne Zuglast bezogen ist:

$$\frac{K_z}{G_w} = k_z = \frac{k_{1s}(l_s + \Sigma l_{b_s})}{G_w} + \frac{k_1' \cdot l'}{G_w} + \frac{k_1 \cdot (l_g + \Sigma l_{b_g})}{G_w} +$$
$$+ \frac{G_l}{G_w}[k_2(l_s + \Sigma l_{b_s} + l_g + \Sigma l_{b_g}) + k_2' \cdot l'] +$$
$$+ k_2(l_s + \Sigma l_{b_s} + l_g + \Sigma l_{b_g}) + k_2' \cdot l' +$$
$$+ k_3(l_s + \Sigma l_{b_s} + l_g + \Sigma l_{b_g} + l') +$$
$$+ \frac{G_l}{G_w}[\sigma(l_s + \Sigma l_{b_s} + l') + \gamma(l_g + \Sigma l_{b_g})] +$$
$$+ \sigma(l_s + \Sigma l_{b_s} + l') + \gamma(l_g + \Sigma l_{b_g}) +$$
$$+ k_{v_b} \cdot l_s : G_w + k_{v_b} \cdot l_g : G_w + k_{v_b}(\Sigma l_{b_s} + \Sigma l_{b_g} + l') : G_w \quad [\text{Pf/t}].$$

Bei gegebenem Höhenunterschied der Linie gleichbleibenden Widerstandes, deren Zwischenbahnhöfe von der Gesamtlänge Σl_{b_s} [km] waagerecht sind, ist die Länge der eigentlichen Steigungslinie l_s [km]. Durch den Höhenunterschied H_s [m] ausgedrückt, ist dann $l_s = H_s : s_d$ [km], wo s_d die Durchschnittssteigung ist. Da aber nach S. 68 $s_d = (1-\zeta) \cdot s_{ma}$ [⁰/₀₀] ist, so ist $l_s = H_s : 1 - \zeta) \cdot s_{ma_h}$ [km], wo s_{ma_h} die maßgebende Steigung der Hinfahrt ist. Mit H_g [m] als Höhenunterschied ist die Länge der eigentlichen Gefällstrecke der Hinfahrt $l_g = H_g : (1-\zeta) \cdot s_{ma_r}$ [km], wo s_{ma_r} die maßgebende Steigung der Rückfahrt ist. Für $l_s = H_s : (1-\zeta) \cdot s_{ma_h}$ und $l_g = H_g : (1-\zeta) \cdot s_{ma_r}$ lautet dann die Gleichung zur Beförderung einer Tonne der Zuglast G_w für die Hinfahrt auf der Strecke L_n nach H_s, H_g, l', Σl_{b_s} und Σl_{b_g} zusammengefaßt:

$$k_z = \frac{[k_{1s} + k_{vb} + G_l(k_2 + \sigma)] \cdot H_s}{G_w \cdot (1-\zeta) \cdot s_{ma_h}} + \frac{[k_{1g} + k_{vb} + G_l(k_2 + \gamma)] \cdot H_g}{G_w \cdot (1-\zeta) s_{ma_r}}$$
$$+ \frac{(k_2 + k_3 + \sigma) \cdot H_s}{(1-\zeta) \cdot s_{ma_h}} + \frac{(k_2 + k_3 + \gamma) \cdot H_g}{(1-\zeta) \cdot s_{ma_r}}$$
$$+ \frac{l'[k_1' + k_{vb} + G_l(k_2' + \sigma)] + \Sigma l_{b_s}[k_{1s} + k_{vb} + G_l(k_2 + \sigma)] + \Sigma l_{b_g}[k_{1g} + k_{vb} + G_l \cdot (k_2 + \gamma)]}{G_w}$$
$$+ l'(k_2' + k_3 + \sigma) + \Sigma l_{b_s}(k_2 + k_3 + \sigma) + \Sigma l_{b_g}(k_2 + k_3 + \gamma) \quad [\text{Pf/t}]$$

Die vorstehende Gleichung kommt auch in Frage, wenn der zu überwindende Höhenunterschied der einen Rampe gering und daher deren Neigung flach ist. Dann kann man ähnlich wie bei der Scheitelstrecke den Teil der Neubaulinie mit dem geringeren Höhenunterschied aus der Gelände- und Wirtschaftsstruktur trassieren, ohne hierfür vorher die wirtschaftlichste maßgebende Steigung zu berechnen. Die Länge l_g dieses Abschnittes einschließlich der Zwischenbahnhöfe ist dann bekannt und in der vorstehenden Gleichung ist

$$\frac{H_g}{(1-\zeta) \cdot s_{ma_r}} = l_g - \Sigma l_{b_g}$$

zu setzen und nur s_{ma_h} zu berechnen. In diesem Falle ist die Leistungsfähigkeit in der Fahrrichtung der schwachen Steigung größer.

Wenn aber Rampe und Gegenrampe die **gleiche** maßgebende Steigung s_{ma_h} $= s_{ma_r} = s_{ma}$ und für die gleiche Lokgattung nach der fahrdynamischen Charakteristik die gleichen Zuglasten sowie für die Krümmungsverhältnisse dasselbe ζ haben, dann ist in beiden Fahrrichtungen die Leistungsfähigkeit gleich (vgl. Gotthard-Bahn). Die Kosten je Bruttotonne Last sind dann für eine Fahrrichtung

$$k_z = \frac{[k_{1_s}+k_{v_b}+G_l(k_2+\sigma)]\cdot H_s+[k_{1_g}+k_{v_b}+G_l(k_2+\gamma)]\cdot H_g}{G_w(1-\zeta)\cdot s_{ma}} +$$

$$+ \frac{(k_2+k_3+\sigma)\cdot H_s+(k_2+k_3+\gamma)\cdot H_g}{(1-\zeta)\cdot s_{ma}} +$$

$$+ \frac{l'[k'_1+k_{v_b}+G_l(k'_2+\sigma)]+\sum l_{b_s}[k_{1_s}+k_{v_b}+G_l(k_2+\sigma)]+\sum l_{b_g}[k_{1_g}+k_{v_b}+G_l\cdot(k_2+\gamma)]}{G_w} +$$

$$+ l'(k'_2+k_3+\sigma)+\sum l_{b_s}(k_2+k_3+\sigma)+\sum l_{b_g}(k_2+k_3+\gamma) \quad [\text{Pf/t}]$$

Dann ist
$$\boxed{k_z = \frac{K_1}{G_w(1-\zeta)\cdot s_{ma}}+\frac{K_2}{(1-\zeta)\cdot s_{ma}}+\frac{K_3}{G_w}+K_4 \quad [\text{Pf/t}]}$$

wenn die Zähler die nachstehenden Kostenkonstanten **einer** Fahrrichtung bedeuten:

$$\boxed{K_1 = [k_{1_s}+k_{v_b}+G_l\cdot(k_2+\sigma)]\cdot H_s+[k_{1_g}+k_{v_b}+G_l\cdot(k_2+\gamma)]\cdot H_g \quad \left[\text{Pf}\frac{\text{m}}{\text{km}}\right]}$$

$$\boxed{K_2 = (k_2+k_3+\sigma)\cdot H_s+(k_2+k_3+\gamma)\cdot H_g \quad \left[\text{Pf}\frac{\text{m}}{\text{tkm}}\right]}$$

$$\boxed{\begin{aligned}K_3 = &\; l'[k'_1+k_{v_b}+G_l(k'_2+\sigma)]+\sum l_{b_s}[k_{1_s}+k_{v_b}+G_l\cdot(k_2+\sigma)]+\\ &+\sum l_{b_g}[k_{1_g}+k_{v_b}+G_l(k_2+\gamma)] \quad [\text{Pf}]\end{aligned}}$$

$$\boxed{K_4 = l'(k_2+k_3+\sigma)+\sum l_{b_s}(k_2+k_3+\sigma)+\sum l_{b_g}(k_2+k_3+\gamma) \quad [\text{Pf/t}].}$$

Die Kostenkonstanten sind aber für Hin- und Rückfahrt verschieden, und für die Hinfahrt lautet die Gleichung der Zugförderkosten

$$k_{z_h} = \frac{K_{1h}}{G_w\cdot(1-\zeta)\cdot s_{ma}}+\frac{K_{2h}}{(1-\zeta)\cdot s_{ma}}+\frac{K_{3h}}{G_w}+K_{4h} \quad [\text{Pf/Brt}]$$

und für die Rückfahrt

$$k_{z_r} = \frac{K_{1r}}{G_w\cdot(1-\zeta)\cdot s_{ma}}+\frac{K_{2r}}{(1-\zeta)\cdot s_{ma}}+\frac{K_{3r}}{G_w}+K_{4r} \quad [\text{Pf/Brt}].$$

Da die Nenner vorstehender Gleichungen gleich sind, so sind die **mittleren** Kosten je Bruttotonne Last aus Hin- und Rückfahrt

$$k_{z_m} = \frac{k_{z_h}+k_{z_r}}{2} = \frac{K_{1h}+K_{1r}}{2\cdot G_w\cdot(1-\zeta)\cdot s_{ma}}+\frac{K_{2h}+K_{2r}}{2\cdot(1-\zeta)\cdot s_{ma}}+\frac{K_{3h}+K_{3r}}{2\cdot G_w}+\frac{K_{4h}+K_{4r}}{2} \quad [\text{Pf/Brt}].$$

Bei gleicher Leistungsfähigkeit der Rampen sind auch die Kilometerkosten k_1 der Lok und k_3 der Wagen einander gleich. Für die mittlere Verkehrsstärke, die mittleren Krümmungsverhältnisse und die mittleren kilometrischen Baukosten kann man dann auch die Streckenkosten $k_2 + \sigma + \gamma$ für beide Rampen einander gleich setzen. In diesem Falle sind in obigen Gleichungen der Kostenkonstanten für Hin- und Rückfahrt die Werte in den Klammern gleich. Die Kostenkonstanten ändern sich bei derselben Scheitelstrecke l' nur mit den Rampenhöhen und den Bahnhofslängen. Bei ungleichen Rampenhöhen $H_s \neq H_g$ kann man nunmehr die Kostenkonstanten für eine mittlere Rampenhöhe $(H_s + H_g) : 2$ und eine mittlere Bahnhofslänge beider Rampen $(\Sigma l_{b_s} + \Sigma l_{b_g}) : 2$ berechnen. In diesem Falle sind die Kostenkonstanten

$$K_1 = \frac{K_{1h} + K_{1r}}{2}$$
$$= \left\{ [k_{1_s} + k_{v_b} + G_l \cdot (k_2 + \sigma)] + [k_{1_g} + k_{v_b} + G_l \cdot (k_2 + \gamma)] \right\} \cdot \frac{H_s + H_g}{2} \left[\text{Pf} \frac{m}{km} \right]$$

$$K_2 = \frac{K_{2h} + K_{2r}}{2} = \left\{ (k_2 + k_3 + \sigma) + (k_2 + k_3 + \gamma) \right\} \cdot \frac{H_s + H_g}{2} \left[\text{Pf} \frac{m}{tkm} \right]$$

$$K_3 = \frac{K_{3h} + K_{3r}}{2} = l' \left[k_1' + k_{v_b} + G_l (k_2' + \sigma) \right] + \left\{ [k_{1_s} + k_{v_b} + G_l \cdot (k_2 + \sigma)] + [k_{1_g} + k_{v_b} + G_l (k_2 + \gamma)] \right\} \cdot \frac{\Sigma l_{b_s} + \Sigma l_{b_g}}{2} \text{ [Pf]}$$

$$K_4 = \frac{K_{4h} + K_{4r}}{2}$$
$$= l' (k_2' + k_3 + \sigma) + \left\{ (k_2 + k_3 + \sigma) + (k_2 + k_3 + \gamma) \right\} \cdot \frac{\Sigma l_{b_s} + \Sigma l_{b_g}}{2} \text{ [Pf/t]}$$

Die Kostenanteile für Oberbauerneuerung durch Bogenfahrten auf den waagerechten Zwischenbahnhöfen Σl_{b_s} sowie auf der Scheitelstrecke l' [km] sowie für die Bogen- und Bremsfahrten auf den Zwischenbahnhöfen Σl_{b_g} sind so unbedeutend, daß die Glieder mit σ und γ hier vernachlässigt werden können.

Bei gleichmäßiger Zugbewegung ist die Zuglast

$$G_w = \frac{Z_l - W_l - G_l \cdot s_{ma}}{s_{ma} + w_w} \text{ [t]}.$$

Der spezifische Zugwiderstand ist nach S. 21

$$w = \frac{W_l + G_w \cdot w_w}{G_l + G_w} \text{ [kg/t]}.$$

Setzt man im Zähler der Gleichung für die Zuglast $W_l = w \cdot G_l$ und im Nenner w statt w_w, so wird hierdurch sowohl der Zähler als auch der Nenner etwas zu groß

Die Ermittlung der wirtschaftlichsten Steigung. 219

Aber für die Berechnung der Zuglast heben sich diese Fehler praktisch auf, so daß

$$G_w = \frac{Z_t - G_l \cdot (s_{ma} + w)}{s_{ma} + w} \quad [\text{t}]$$

gesetzt werden kann. Wenn auch in der Gleichung des Zugwiderstandes

$$w = (W_l + w_w \cdot G_w) : (G_l + G_w) \quad [\text{kg/t}]$$

die Zuglast G_w noch nicht bekannt ist, so wird doch der Wert von w durch eine ungenaue Schätzung von G_w nicht wesentlich beeinflußt und die Bestimmung der Zuglast durch die Gleichung

$$G_w = \frac{Z_t - G_l \cdot (s_{ma} + w)}{s_{ma} + w}$$

liefert brauchbare Werte. Diesen Ausdruck für G_w in die Gleichung für k_{z_m} mit den Kostenkonstanten der S. 218 eingesetzt, ergibt

$$k_{z_m} = \frac{K_1 \cdot (s_{ma} + w)}{(1-\zeta) s_{ma} \cdot [Z_t - G_l \cdot (s_{ma} + w)]} + \frac{K_2}{(1-\zeta) \cdot s_{ma}} + \frac{K_3 \cdot (s_{ma} + w)}{Z_t - G_l \cdot (s_{ma} + w)} + K_4 \quad [\text{Pf/t}].$$

Bringt man die rechte Seite obiger Ausgangsgleichung für k_{z_m} auf einen Bruchstrich und ordnet den Zähler und den Nenner nach fallenden Prozenten von s_{ma}, so ist

$$k_{z_m} = \frac{s_{ma}^2 (1-\zeta)(K_3 - K_4 G_l) + s_{ma}\{K_1 - G_l K_2 + (1-\zeta)[w K_3 + K_4(Z_t - w \cdot G_l)]\}}{(1-\zeta)[-s_{ma}^2 G_l + s_{ma}(Z_t - w \cdot G_l)]} +$$

$$+ \frac{K_2(Z_t - w \cdot G_l) + K_1 \cdot w}{(1-\zeta)[-s_{ma}^2 \cdot G_l + s_{ma}(Z_t - w \cdot G_l)]}.$$

Setzt man

$$(1-\zeta)(K_3 - K_4 \cdot G_l) = A; \quad K_1 - K_2 \cdot G_l + (1-\zeta) \cdot [K_3 \cdot w + K_4(Z_t - w G_l)] = B$$

und $K_1 \cdot w + K_2(Z_t - w \cdot G_l) = D$,

so ist

$$k_{z_m} = \frac{A s_{ma}^2 + B s_{ma} + D}{(1-\zeta) \cdot [-s_{ma}^2 G_l + s_{ma}(Z_t - w G_l)]}.$$

Differentiert nach s_{ma} und den Ausdruck gleich Null gesetzt, erhält man

$$\frac{dk_{z_m}}{ds_{ma}} = \frac{(1-\zeta) \cdot (2A s_{ma} + B)[-s_{ma}^2 \cdot G_l + s_{ma}(Z_t - w \cdot G_l)]}{(1-\zeta)^2 \cdot [-s_{ma}^2 \cdot G_l + s_{ma}(Z_t - w \cdot G_l)]^2} -$$

$$- \frac{(1-\zeta) \cdot (A s_{ma}^2 + B s_{ma} + D)[-2 s_{ma} \cdot G_l + (Z_t - w \cdot G_l)]}{(1-\zeta)^2 \cdot [-s_{ma}^2 \cdot G_l + s_{ma}(Z_t - w \cdot G_l)]^2} = 0.$$

Den Zähler gleich Null gesetzt und weiter umgeformt, ergibt sich

$$s_{ma}^2 [A(Z_t - w \cdot G_l) + B \cdot G_l] + 2 D \cdot G_l \cdot s_{ma} = D(Z_t - w \cdot G_l).$$

Dann ist

$$s_{ma} = -\frac{D \cdot G_l}{A(Z_t - w G_l) + B \cdot G_l} \pm$$

$$\pm \sqrt{\frac{D(Z_t - w \cdot G_l)}{A(Z_t - w \cdot G_l) + B \cdot G_l} + \left(\frac{D \cdot G_l}{A(Z_t - w \cdot G_l) + B \cdot G_l}\right)^2} \quad [^0/_{00}]. \quad \text{(I)}$$

Ersetzt man nun wieder die Werte A, B und D durch die Kostenkonstanten K_1, K_2, K_3 und K_4, dann ist

$$D \cdot G_l = [K_1 \cdot w + K_2 (Z_t - w \cdot G_l)] G_l$$

und

$$D(Z_t - w \cdot G_l) = [K_1 \cdot w + K_2 (Z_t - w \cdot G_l)] (Z_t - w \cdot G_l)$$

sowie

$$A(Z_t - w \cdot G_l) + B \cdot G_l = (1-\zeta)(K_3 - K_4 \cdot G_l)(Z_t - w \cdot G_l)$$
$$+ \{K_1 - K_2 \cdot G_l + (1-\zeta) \cdot [K_3 \cdot w + K_4 (Z_t - w \cdot G_l)]\} G_l.$$

Nach Umrechnung erhält man

$$A(Z_t - w \cdot G_l) + B \cdot G_l = (1-\zeta) \cdot K_3 \cdot Z_t + (K_1 - K_2 G_l) G_l.$$

Dann ist

$$\frac{D \cdot G_l}{A(Z_t - w \cdot G_l) + B \cdot G_l} = \frac{[K_1 \cdot w + K_2(Z_t - w \cdot G_l)] G_l}{(1-\zeta) \cdot K_3 Z_t + (K_1 - K_2 \cdot G_l) G_l}.$$

Teilt man Zähler und Nenner durch G_l und setzt $Z_t : G_l = z_t$ [kg/t], sowie

$$(Z_t - w \cdot G_l) : G_l = z_t - w \text{ [kg/t]},$$

so ist

$$\frac{D \cdot G_l}{A(Z_t - w \cdot G_l) + B \cdot G_l} = \frac{K_1 \cdot w + K_2(z_t - w) G_l}{(1-\zeta) \cdot K_3 \cdot z_t + K_1 - K_2 \cdot G_l} = \frac{C}{N} = E \,[^0/_{00}].$$

Ebenso erhält man nach Teilung des Zählers und des Nenners des ersten Summanden unter der Wurzel der Gleichung (I) für s_{ma} durch G_l nach Einsetzen der Kostenkonstanten

$$\frac{D(Z_t - w \cdot G_l)}{A(Z_t - w \cdot G_l) + B \cdot G_l} = \frac{[K_1 \cdot w + K_2(Z_t - w \cdot G_l)](Z_t - w \cdot G_l)}{(1-\zeta) \cdot K_3 \cdot Z_t + (K_1 - K_2 \cdot G_l) G_l}$$
$$= \frac{[K_1 \cdot w + K_2 G_l (z_t - w)](z_t - w)}{(1-\zeta) \cdot K_3 \cdot z_t + K_1 - K_2 G_l} = \frac{C(z_t - w)}{N} = E(z_t - w).$$

Die Ausdrücke C und N haben folgende **Dimensionen**: $K_1 \cdot w$ hat die Dimension $\left[\text{Pf} \cdot \frac{\text{m}}{\text{km}} \cdot \frac{\text{kg}}{\text{t}}\right]$, ebenso $K_2 \cdot G_l \cdot (z_t - w)$ und deshalb hat auch $C = K_1 \cdot w + K_2 \cdot G_l \cdot (z_t - w)$ die Dimension $\left[\text{Pf} \cdot \frac{\text{m}}{\text{km}} \cdot \frac{\text{kg}}{\text{t}}\right]$. K_1 hat die Dimension $\left[\text{Pf} \cdot \frac{\text{m}}{\text{km}}\right]$, ebenso $K_2 \cdot G_l$, ferner hat $(1-\zeta) \cdot K_3 \cdot z_t$ die Dimension $\left[\text{Pf} \cdot \frac{\text{kg}}{\text{t}}\right]$. Da $\left[\frac{\text{m}}{\text{km}}\right] = [\text{kg/t}] = [^0/_{00},]$ so hat

$$N = K_1 + (1-\zeta) K_3 \cdot z_t - K_2 \cdot G_l$$

die Dimension [Pf $\cdot \,^0/_{00}$] und C die Dimension [Pf $^0/_{00} \cdot \,^0/_{00}$]. Daher hat $E = C : N$ die Benennung [$^0/_{00}$.] Dann ist mit $C : N = E$ die **wirtschaftlichste maßgebende Steigung** nach Gl. (1):

$$\boxed{s_{ma} = -E \pm \sqrt{E(z_t - w) + E^2} \,[^0/_{00}].}$$

Ist die wirtschaftlichste maßgebende Steigung berechnet, so findet man aus der fahrdynamischen Charakteristik (Abb. 24) die zugehörige Zuglast G_w. Setzt man die für Rampe und Gegenrampe gleichen Werte für s_{ma}, G_w und ζ in die obige Kostengleichung

$$k_{z_m} = \frac{K_1}{(1-\zeta) \cdot s_{ma} \cdot G_w} + \frac{K_2}{(1-\zeta) \cdot s_{ma}} + \frac{K_3}{G_w} + K_4 \,[\text{Pf/Brt}]$$

ein, so erhält man die mittleren Selbstkosten aus Hin- und Rückfahrt zur Beförderung von einer Tonne Zuglast auf der Neubaulinie mit der wirtschaftlichsten maßgebenden Steigung.

Vor der Lösung der Gleichung für s_{ma} sind im Schichtenplan die Zwangspunkte einzutragen. Das sind die Anschlüsse an bestehende Bahnen, die Fluß- und Wegübergänge, die Wasserscheide bzw. die Tunnellage, sowie die Zwischenbahnhöfe. Für letztere zeichnet man mit Rücksicht auf das Gelände die waagerechten Längsachsen nach Lage und Länge in den Schichtenplan ein und bestimmt danach $\sum l_{b_s}$ und $\sum l_{b_g}$ [km]. Ferner stellt man aus den tiefsten und höchsten Zwangspunkten die Höhenunterschiede H_s und H_g [m] der Zufahrtsrampen fest. Sodann trassiert man vor der Berechnung von s_{ma} die Scheitelstrecke nach bau- und verkehrswirtschaftlichen Gesichtspunkten im Schichtenplan.

D. Beispiele.

1. Ellok.

Für die Verkehrsstärke $V_B = 60000$ [t/Tag] soll eine zweigleisige Hauptbahn über ein Gebirge entworfen werden. Hierfür ist die wirtschaftlichste Steigung einer Linie gleichbleibenden Widerstandes mit elektrischem und Dampfbetrieb zu berechnen. Der Höhenunterschied der beiderseitigen Rampen des Gebirges sei $H_s = 1000$ [m], $H_g = 600$ [m] und daher die mittlere Höhe $H_m = (H_s + H_g) : 2 = 800$ [m], die waagerechte Teilstrecke $l' = 15$ [km], und die Länge der waagerechten Zwischenbahnhöfe $\sum l_{b_s} + \sum l_{b_g} = 8$ [km], $(\sum l_{b_s} + \sum l_{b_g}) : 2 = 4$ [km]. Es ist also $l' + \sum l_{b_s} + \sum l_{b_g} = 15 + 8 = 23$ [km]. Zur Berücksichtigung des mittleren Bogenwiderstandes $w_{b_m} = \zeta \cdot s_{ma}$ [°/₀₀] wurde nach S. 68 ζ mit 0,15 bei Dampf- und elektrischem Betrieb angenommen.

a) Die k_2-Werte. Die Baukosten der beiderseitigen Zufahrtrampen einschließlich der Viadukte und der kleineren Tunnels wurden zu 1,65 Mill. [DM/km] angenommen. Dann betragen bei einem Zinssatz $z = 6$ [%] die Ausgaben je tkm:

$$k_{zf} = \frac{1\,650\,000 \cdot z \cdot 100}{365 \cdot V_B \cdot 100} = \frac{1\,650\,000 \cdot 6 \cdot 100}{365 \cdot 60\,000 \cdot 100} = 0,4525 \text{ [Pf/tkm]}.$$

Zählt man hierzu aus Tabelle 13 (S. 184) die Kostenanteile der

Zukof. 22 mit 0,0028 [Pf/tkm]
„ 24 „ 0,0790 „
„ 21 „ 0,0378 „
0,1196 [Pf/tkm]

so belaufen sich die Fahrwegkosten auf den Rampen mit Dampfbetrieb zu

$$k_2 = 0,4525 + 0,1196 = 0,5721 \text{ [Pf/tkm]}.$$

Die Kosten für die Stromzuleitung sind nach Zukof. 23 und 25b statt auf den Stromverbrauch B_g' auf V_B bezogen:

$$\frac{2905}{V_B} = \frac{2905}{60000} = 0,0484 \text{ [Pf/tkm]}.$$

Die Fahrwegkosten auf den Rampen mit elektrischem Betrieb betragen also

$$k_2 = 0,5721 + 0,0484 = 0,6205 \text{ [Pf/tkm]}.$$

Die Scheitelstrecke ist untertunnelt und als Baukosten der 15 [km] langen

Tunnelstrecke werden 8 Mill. [DM/km] angesetzt. Dann beträgt für die Scheitelstrecke der Bauzins

$$k'_{z1} = \frac{8\,000\,000 \cdot 6 \cdot 100}{365 \cdot 60\,000 \cdot 100} = 2{,}1900 \;[\text{Pf/km}],$$

so daß sich die Fahrwegkosten für die Scheitelstrecke bei Dampfbetrieb auf

$k'_2 = 2{,}1900 + 0{,}1196$
$ = 2{,}3096$ [Pf/tkm]

und bei elektrischem Betrieb auf $k'_2 = 2{,}1900 + 0{,}1196 + 0{,}0484 = 2{,}3580$ [Pf/tkm] belaufen.

b) Der k_3-Wert. Als Güterwagenkosten werden für Dampf- und elektrischen Betrieb nach dem Wirtschaftsergebnis der Bundesbahn für das 2. Halbjahr 1948

$k_3 = 0{,}083$ [Pf/Br.tkm]

gesetzt.

c) Die k_1-Werte. Die Güterzüge sollen von der Ellok E 94 gezogen werden, deren Llv-Tafel in Abb. 17 und deren Lokomotivkostenmaßstab in Abb. 65 wiedergegeben sind. Der Lokkostenmaßstab der Abb. 65 ist für konstante Geschwindigkeiten auf einer Bahnlinie gleichbleibenden Widerstandes entworfen

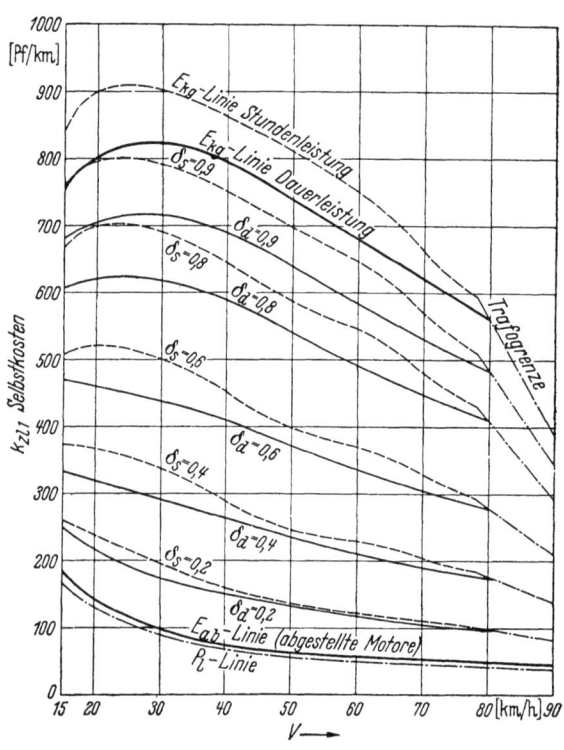

Abb. 65. Lokkostenmaßstab der E 94 für konstante Geschwindigkeiten.

und enthält im Gegensatz zum üblichen Lokkostenmaßstab (Abb. 64) noch die Kilometerkosten, die infolge des Stromverbrauchs sowie der indizierten Zugkrafts- und Leerlaufarbeit der Lok entstehen. Diese Kilometerkosten werden nach S. 130 mit Hilfe der Llv-Tafel der betreffenden Lokgattung und der Zukogleichungen 2 E, 3 E, 8 E, 9 E und 22 für die betreffenden konstanten Geschwindigkeiten berechnet. Das Lokgewicht ist gleich dem Reibungsgewicht, also $G_l = G_r = 118{,}5$ [t]. Die Übergangsgeschwindigkeit der Stundenzugkraft ist nach der Llv-Tafel $V_{ü} = 25$ [km/h] mit $Z_i = 28\,200$ [kg]. Die auf die Tonne Lokgewicht bezogene Zugkraft am Triebradumfang beträgt dann mit $1 - c_{l_3} = 0{,}97$

$$z_t = \frac{Z_t}{G_l} = \frac{0{,}97 \cdot Z_i}{G_l} = \frac{0{,}97 \cdot 28\,200}{118{,}5} = 231 \;[\text{kg/t}].$$

Der Zugwiderstand für eine geschätzte Zuglast $G_w = 600$ [t] ist im Mittel für $V_{ü} = 25$ [km/h] $w = 2{,}8$ [kg/t]. Dann wird

$$z_t - w = 231 - 2{,}8 = 228{,}2 \;[\text{kg/t}].$$

Für $V = 60$ [km/h] auf der Scheitelstrecke ist $w = 4{,}42$ [kg/t]. Die gedrosselte indizierte Zugkraft auf der Scheitelstrecke ist daher

$$Z_{i_d} = w \cdot G_z : 0{,}97 = 4{,}42 \cdot 718{,}5 : 0{,}97 = 3270 \text{ [kg]}.$$

Die indizierte Zugkraft bei Stundenzugkraft beträgt für $V = 60$ [km/h] nach Abb. 17 $Z_{i_g} = 19400$ [kg]. Dann ist die Lokbeanspruchung

$$\delta = \frac{Z_i}{Z_{i_g}} = \frac{3270}{19400} = 0{,}17.$$

Auf der Gefällstrecke wird mit 55 Bremsprozenten nach der Bremstafel der Fahrdienstvorschriften mit $V_b = 50$ [km/h] bei abgestellter Energiezufuhr gefahren.

Im Lokkostenmaßstab (Abb. 65) liest man für die Steigungsstrecke mit $V_s = 25$ [km/h] auf der E_{k_g}-Linie für Stundenzugkraft $k_{1_s} = 910$ [Pf/km], für die Scheitelstrecke mit $V' = 60$ [km/h] auf der E_δ-Linie $k'_1 = 113$ [Pf/km] für $\delta = 0{,}17$ und für die Gefällstrecke mit $V_b = 50$ [km/h] auf der E_{ab}-Linie $k_{1_g} = 65$ [Pf/km] ab.

Die anteiligen Kosten für den Vorbereitungs- und Abschlußdienst: Es wurden für elektrischen Zugbetrieb $K_v = 34$ [DM] ermittelt. Die Laufleistung der Ellok im Durchgangsgüterzugdienst zwischen zwei Lokbehandlungen sei $L_w = 700$ [km]. Dann ist

$$\frac{K_v \cdot L_n}{L_w} + \frac{k_{fb} \cdot L_n}{100} = L_n \left(\frac{K_v}{L_w} + \frac{k_{fb}}{100} \right) = L_n \cdot k_{v_b} \text{ [DM]}.$$

Hier ist mit $K_v = 34{,}-$ [DM] und $k_{fb} : 100 = 0{,}9651$ [DM/km] (nach dem Beiblatt der Zuko, Teil A, II. Abschnitt, Ausgabe 1949):

$$k_{v_b} = \frac{3400}{700} + 96{,}51 = 101{,}4 \text{ [Pf/km]}.$$

Es ist die Länge der Neubaulinie

$$L_n = \frac{2 \cdot 800}{0{,}85 \cdot s_{ma}} + 23 \text{ [km]}.$$

d) σ- und γ-Werte. In Bogenstrecken ist für die mittlere Höhe H_m der Kostenanteil für Oberbauerneuerung in der Steigung

$$\frac{\sigma \cdot H_m}{1000} \cdot G_z \text{ [Pf]}.$$

Nach S. 162 ist

$$\sigma = \frac{27{,}8}{10} \cdot \frac{\zeta}{(1-\zeta)} = \frac{27{,}8}{10} \cdot \frac{0{,}15}{0{,}85} = 0{,}49 \text{ [Pf/tkm]}.$$

Der Kostenanteil für Oberbauerneuerung infolge Bogen- und Bremsfahrten im Gefälle ist für die mittlere Höhe H_m nach S. 162:

$$\frac{\gamma \cdot H_m}{1000} \cdot G_z \text{ [Pf]}$$

und nach S. 162 beträgt

$$\gamma = \frac{27{,}8}{10} \cdot \frac{\zeta}{(1-\zeta)} + \frac{36{,}2}{10} \left[1 - \frac{w}{(1-\zeta) \cdot s_{ma}} \right] \text{ [Pf/tkm]}.$$

Mit $w = 4$ [kg/t] für $V_g = 50$ [km/h], $\zeta = 0{,}15$ als Mittelwert geschätzt für Gebirgsbahnen, $s_{ma} = 22$ [°/₀₀] i. M. für Dampfbetrieb bzw. $s_{ma} = 35$ [°/₀₀] i. M. für elektrischen Betrieb eingesetzt erhält man
bei Dampfbetrieb

$$\frac{36{,}2 \cdot G_z \cdot H_m}{10000} \left[1 - \frac{4}{(1-0{,}15) \cdot 22} \right] = \frac{2{,}85 \cdot G_z \cdot H_m}{1000} \text{ [Pf] bzw.}$$

bei elektrischem Betrieb
$$\frac{36{,}2\,G_z \cdot H_m}{10000}\left[1-\frac{4}{(1-0{,}15)\cdot 35}\right] = \frac{3{,}11\cdot G_z\cdot H_m}{1000}\quad [\text{Pf}].$$
Dann ist auf Gefällen mit Bogenstrecken:
bei Dampfbetrieb
$$\frac{0{,}49\cdot G_z\cdot H_m}{1000}+\frac{2{,}85\cdot G_z\cdot H_m}{1000}=\frac{3{,}3\,G_z\cdot H_m}{1000}=\frac{\gamma\cdot G_z\cdot H_m}{1000}\quad [\text{Pf}].$$
bei elektrischem Betrieb
$$\frac{0{,}49\cdot G_z\cdot H_m}{1000}+\frac{3{,}1\cdot G_z\cdot H_m}{1000}=\frac{3{,}6\,G_z\cdot H_m}{1000}=\frac{\gamma\cdot G_z\cdot H_m}{1000}\quad [\text{Pf}].$$

e) **Die Auswertung der Kostenkonstanten für $H_m = 800$ [m].**

$$K_1 = \left\{\left[\frac{k_{1s}}{100}+\frac{G_l(k_2+\sigma)}{100}\right]+\left[\frac{k_{1g}}{100}+\frac{G_l(k_2+\gamma)}{100}\right]+\frac{2\,k_{v_b}}{100}\right\}\cdot H_m\;[\text{DM}\cdot\text{m/km}].$$

$$K_1 = \{[9{,}10+1{,}185\,(0{,}6205+0{,}5\cdot 10^{-3})]+$$
$$+[0{,}65+1{,}185\,(0{,}6205+3{,}6\cdot 10^{-3})]+$$
$$+1{,}014\cdot 2\}\cdot 800 = \underline{8970}\;[\text{DM}\cdot\text{m/km}].$$

$$K_2 = [(k_2+k_3+\sigma)+(k_2+k_3+\gamma)]\frac{H_m}{100}=$$
$$= [(0{,}6205+0{,}083+0{,}5\cdot 10^{-3})+$$
$$+(0{,}6205+0{,}083+3{,}6\cdot 10^{-3})]\cdot 8 = \underline{11{,}28}\;[\text{DM}\cdot\text{m/tkm}].$$

$$K_3 = \frac{l'}{100}[k_1'+k_{v_b}+G_l(k_2'+\sigma)]+\frac{\Sigma\,l_{b_m}}{100}[k_{1s}+k_{v_b}+G_l(k_2+\sigma)$$
$$+k_{1g}+k_{v_b}+G_l(k_2+\gamma)]\;[\text{DM}]$$
$$= 0{,}15\,[113+101{,}4+118{,}5\,(2{,}3580+0{,}5\cdot 10^{-3})]+$$
$$+0{,}04\,[910+101{,}4+118{,}5\,(0{,}6205+0{,}5\cdot 10^{-3})+$$
$$65+101{,}4+118{,}5\,(0{,}6205+3{,}6\cdot 10^{-3})] = \underline{127{,}00}\;[\text{DM}]$$

$$K_4 = (k_2'+k_3)\cdot l'+(k_2+k_3)\cdot 2\cdot \Sigma\,l_{b_m}\;[\text{Pf/t}]=$$
$$= (2{,}3580+0{,}083)\cdot 15+(0{,}6205+0{,}083)\,2\cdot 4 = \underline{42{,}20}\;[\text{Pf/t}].$$

f) **Berechnung von s_{ma} und $k_{\varkappa m}$.**

$K_1\cdot w = 8970\cdot 2{,}8 =$ 25 400
$K_2\cdot (z_t-w)\cdot G_l = 11{,}28\cdot 118{,}5 =$ 305 000
$\hspace{6cm} C = \overline{\;330\,400\;}$

$K_1 =$ 8 970
$(1-\zeta)\cdot K_3\cdot z_t = 0{,}85\cdot 127{,}0\cdot 231 =$ 24 900
$\hspace{6cm} \overline{\;33\,870\;}$
$-K_2\cdot G_l = 11{,}28\cdot 118{,}5 =$ $-$ 1 338
$\hspace{6cm} N = \overline{\;32\,532\;}$

$E = C : N = 330\,400 : 32\,532 = 10{,}15;\quad E^2 = 103$
$s_{ma} = -10{,}15+\sqrt{10{,}15\cdot 228+103} = \underline{39}\;[^0/_{00}]$.

$G_w = 510$ [t] nach der fahrdynamischen Charakteristik der Stundenleistung (Abb. 25)

$$k_{zm} = \frac{K_1}{G_w \cdot (1-\zeta) \cdot s_{ma}} + \frac{K_2}{(1-\zeta) \cdot s_{ma}} + \frac{K_3}{G_w} + K_4 =$$

$$= \frac{897\,000}{510 \cdot 0{,}85 \cdot 39} + \frac{1128}{0{,}85 \cdot 39} + \frac{12\,700}{510} + 42{,}2 = 154{,}20 \text{ [Pf/t]}.$$

2. Dampflok.

Für dieselbe Verkehrsstärke $V_B = 60\,000$ [t/Tag] und die gleichen Höhenunterschiede $H_s = 1000$ [m], $H_g = 600$ [m], also $(H_s + H_g) : 2 = H_m = 800$ [m] sowie die gleichen Längen für die waagerechten Scheitel- und Bahnhofsstrecken

$$l' + \Sigma l_{b_s} + \Sigma l_{b_g} = 15 + 8 = 23 \text{ [km]}$$

und für $\zeta = 0{,}15$ soll die maßgebende Steigung für die Fahrt der G 56.20 (44) ermittelt werden. Die Llv-Tafel dieser Lokgattung zeigt Abb. 15. Der Lokkostenmaßstab der R 44 in Abb. 66 ist für konstante Geschwindigkeiten berechnet und enthält im Gegensatz zum üblichen (vgl. Abb. 59) noch die Kostenanteile infolge der indizierten Zugkrafts- und Leerlaufarbeit. Diese Arbeiten für konstante Geschwindigkeiten zur Berechnung der Kilometerkosten nach den Zukogleichungen 9 D und 22 werden nach S. 158 ermittelt.

a) **Die k_2-Werte.** Nach S. 221 beträgt $k_2 = 0{,}5721$ [Pf/tkm] und $k_2' = 2{,}3096$ [Pf/tkm].

b) **Der k_3-Wert.** Dieser ist wie bei der Ellok-Fahrt mit $k_3 = 0{,}083$ nach [Pf/Br.tkm] angesetzt.

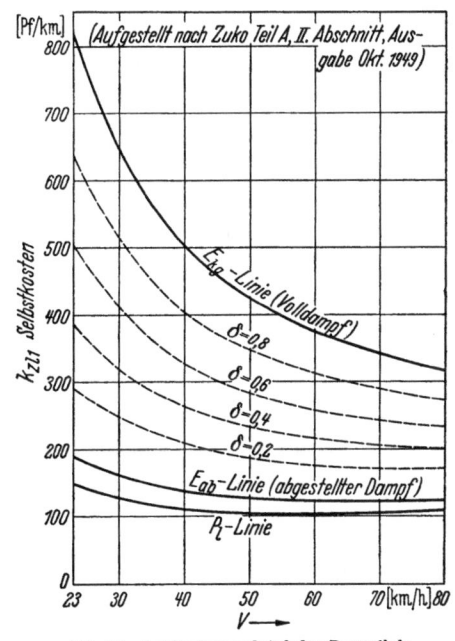

Abb. 66. Lokkostenmaßstab der Dampflok G 56.20 (44) für konstante Geschwindigkeiten.

c) **Die k_1-Werte.** Das Lokgewicht der G 56.20 (44) ist $G_l = 169$ [t], das Reibungsgewicht 95 [t], die Übergangsgeschwindigkeit $V_{\ddot{u}} = 23$ [km/h], die Zugkraft am Triebradumfang $Z_t = (1 - c_{l_s}) \cdot Z_i = 0{,}96 \cdot 21\,300$ [kg] und je Tonne Lokgewicht:

$$z_t = \frac{0{,}96 \cdot Z_i}{G_l} = \frac{0{,}96 \cdot 21\,300}{169} = 121 \text{ [kg/t]}.$$

Der Zugwiderstand ist bei $V_{\ddot{u}} = 23$ [km/h] für eine geschätzte Zuglast von $G_w = 500$ [t], $w = 3{,}4$ [kg/t]. Dann ist $z_t - w = 121 - 3{,}4 = 117{,}6$ [kg/t].

Für $V = 60$ [km/h] auf der Scheitelstrecke ist $w = 5$ [kg/t] und daher

$$w \cdot (G_l + G_w) = 5 \cdot (169 + 500) = 3345 \text{ [kg]}$$

und die indizierte Zugkraft für $V = 60$ [km/h] an der Kesselleistungsgrenze ist nach Abb. 15 $Z_{i_g} = 9550$ [kg]. Dann ist die Lokbeanspruchung

$$\delta = 3345 : 9550 = 0{,}351.$$

Die Geschwindigkeit auf der Gefällstrecke soll wie vor $V=50$ [km/h] bei abgestelltem Dampf betragen.

Für die Fahrt auf der Steigungsstrecke mit $V_ü=23$ [km/h] liest man auf der E_{k_g}-Linie des Lokkostenmaßstabes (Abb. 66) $k_{1_s}=810$ [Pf/km], für die Fahrt auf der Scheitelstrecke mit $V=60$ [km/h] und $\delta=0{,}351$ auf der E_δ-Linie $k_1'=207$ [Pf/km] und für die Fahrt auf der Gefällstrecke mit $V=50$ [km/h] auf der E_{ab}-Linie $k_{1_g}=128$ [Pf/km] ab.

Für den Dampfbetrieb sind die Kosten des Vorbereitungs- und Abschlußdienstes mit $K_v=91{,}40$ [DM] berechnet worden. Der Abstand der Lokwechselbahnhöfe soll $L_w=200$ [km] betragen. Dann ist

$$\frac{K_v \cdot L_n}{L_w}+\frac{k_{fb}\cdot L_n}{100}=L_n\left(\frac{K_v}{L_w}+\frac{k_{fb}}{100}\right)=L_n\cdot k_{v_b} \quad [\text{Pf/km}]$$

$k_{v_b}=45{,}7+96{,}51=142{,}2$ [Pf/km].

d) Kostenkonstanten für $H_m=800$ [m]:

$$K_1=\left\{\left[\frac{k_{1s}}{100}+\frac{G_l}{100}(k_2+\sigma)\right]+\left[\frac{k_{1_g}}{100}+\frac{G_l}{100}(k_2+\gamma)\right]+\frac{k_{v_b}}{100}\cdot 2\right\}\cdot H_m$$
$$=\{[8{,}10+1{,}69\,(0{,}5721+0{,}5\cdot 10^{-3})]+$$
$$+[1{,}28+1{,}69\,(0{,}5721+3{,}3\cdot 10^{-3})]+1{,}422\cdot 2\}\cdot 800$$
$$=\underline{11\,215}\ [\text{DM}\cdot\text{m/km}]$$

$$K_2=[(k_2+k_3+\sigma)+(k_2+k_3+\gamma)]\cdot\frac{H_m}{100}=$$
$$=[(0{,}5721+0{,}083+0{,}5\cdot 10^{-3})+(0{,}5721+0{,}83+$$
$$+3{,}3\cdot 10^{-3}]\cdot 8=\underline{10{,}50}\ [\text{DM}\cdot\text{m/tkm}].$$

$$K_3=\frac{l'}{100}[k_1'+k_{v_b}+G_l(k_2'+\sigma)]+\frac{\sum l_{b_m}}{100}[k_{1s}+k_{v_b}+G_l(k_2+\sigma)+$$
$$+k_{1_g}+k_{v_b}+G_l(k_2+\gamma)]=$$
$$=0{,}15\,[207+142{,}2+169\,(2{,}3096+0{,}5\cdot 10^{-3})]+$$
$$+0{,}04\cdot[810+142{,}2+169\,(0{,}5721+0{,}5\cdot 10^{-3})+$$
$$+128+142{,}2+169\,(0{,}5721+3{,}3\cdot 10^{-3})]=\underline{167{,}40}\ [\text{DM}].$$

$$K_4=(k_2'+k_3)\cdot l'+(k_2+k_3)\,2\cdot\sum l_{b_m}=$$
$$=(2{,}3096+0{,}083)\cdot 15+(0{,}5721+0{,}083)\cdot 2\cdot 4=\underline{41{,}23}\ [\text{Pf/t}].$$

e) Berechnung von s_{ma} und k_{zm}:

$K_1\cdot w=11\,215\cdot 3{,}4=$	38 100
$K_2(z_t-w)\cdot G_l=10{,}5\cdot 117{,}6\cdot 169=$	208 500
$C=$	246 600
$K_1=$	11 215
$z_t(1-\zeta)\cdot K_3=0{,}85\cdot 121\cdot 167{,}4$	17 200
$-K_2\cdot G_l=10{,}5\cdot 169=$	− 1 772
$N=$	26 643

$E = C : N = 246600 : 26643 = 9{,}25; \quad E^2 = 85{,}5$

$s_{ma} = -9{,}25 + \sqrt{9{,}25 \cdot 117{,}6 + 85{,}5} = 25{,}00 \; [^0/_{00}]; \quad G_w = \underline{540} \; [t]$

$k_{z_m} = \dfrac{1\,121\,500}{540 \cdot 0{,}85 \cdot 25} + \dfrac{1050}{0{,}85 \cdot 25} \dfrac{16\,740}{540} + 41{,}2 =$

$\qquad = 97{,}9 + 49{,}4 + 31{,}0 + 41{,}2 = \underline{219{,}5} \; [\text{Pf}/t].$

3. Vergleich der Linienführung bei Dampf- und elektrischem Betrieb.

Auf der vom Dampfzug befahrenen Strecke von

$$\frac{H_s + H_g}{(1-\zeta) \cdot s_{ma}} + l' + \Sigma l_{b_s} + \Sigma l_{b_g} = \frac{1000 + 600}{0{,}85 \cdot 25} + 15 + 4 + 4 = 98{,}3 \; [\text{km}]$$

beträgt die Fahrzeit für die Fahrrichtung mit der längeren Steigung

$$T_d = \left(\frac{1000}{0{,}85 \cdot 25} + 4\right) \cdot \frac{60}{23} + \left(\frac{600}{0{,}85 \cdot 25} + 4\right) \cdot \frac{60}{50} + 15 \cdot \frac{60}{60}$$

$$= 133 + 38{,}7 + 15 = 186{,}7 \; [\text{min}].$$

Auf der vom elektr. Zug befahrenen Strecke von

$$\frac{1000 + 600}{0{,}85 \cdot 39} + 15 + 4 + 4 = 71{,}3 \; [\text{km}]$$

ist die Fahrzeit

$$T_e = \left(\frac{1000}{0{,}85 \cdot 39} + 4\right) \cdot \frac{60}{25} + \left(\frac{600}{0{,}85 \cdot 39} + 4\right) \cdot \frac{60}{50} + 15 \cdot \frac{60}{60}$$

$$= 81{,}8 + 26{,}4 + 15 = 123{,}2 \; [\text{min}].$$

Die Zeitersparnis von

$$186{,}7 - 123{,}2 = 63{,}5 \; [\text{min}]$$

bei praktisch gleichen Geschwindigkeiten des Dampf- und elektrischen Zuges ist lediglich bedingt durch die steileren und dafür kürzeren Rampen. Die eigentliche Gebirgsbahn für elektrischen Betrieb ist 27 [km] kürzer, das sind $27 : 98{,}3 = 27{,}5\,[\%]$ gegenüber dem Dampfbetrieb, und die Zeitersparnis beträgt $63{,}5 : 186{,}7 = 34\,[\%]$ der Fahrzeit bei Dampfbetrieb. Dies bedeutet eine Leistungssteigerung, da die Reisegeschwindigkeit $\dfrac{98{,}3 \cdot 60}{186{,}7} = 31{,}6$ [km/h] bei Dampf und $\dfrac{71{,}3 \cdot 60}{123{,}2} = 34{,}7$ [km/h] bei elektrischem Betrieb ist. Die Zuglasten sind beim Dampfbetrieb $G_w = 540$ [t] und bei elektrischem Betrieb $G_w = 510$ [t], also praktisch fast gleich. Da die Tonne im Mittel für Hin- und Rückfahrt auf der Dampfstrecke mit $s_{ma} = 25\,[^0/_{00}]$ 219,5 [Pf/t] und auf der elektrischen Strecke mit $s_{ma} = 39\,[^0/_{00}]$ 154,2 [Pf/t] kostet, so beträgt die Ersparnis $219{,}50 - 154{,}2 = 65{,}3$ [Pf/t], das sind $\dfrac{65{,}3}{219{,}5} = 30\,[\%]$.

Die Dampf- und die Ellok haben beide gleiches Reibungsgewicht sowie den gleichen Achsdruck, und auch die Geschwindigkeiten beim Dampf- und beim elektrischen Güterzug sind praktisch gleich. Da ferner aus dem Kostenminimum der Zugförderung die maßgebende Steigung so ermittelt wurde, daß auch die Zuglasten beider Züge praktisch gleich sind, so ist die Erhöhung der Leistungsfähigkeit und der Wirtschaftlichkeit lediglich der Überlegenheit der Charakteristik des Elektromotors gegenüber der der Dampfmaschine zu verdanken.

Soll eine bestehende Dampfbahn elektrifiziert werden, so sind nach den beschriebenen Verfahren die Verbrauchswerte und die Zugförderkosten für beide Betriebsarten zu ermitteln. Durch Vergleich ist dann die Verbesserung der Leistungsfähigkeit und der Wirtschaftlichkeit festzustellen.

Ist hierbei die günstigste Berggeschwindigkeit eines neu entwickelten Triebfahrzeuges nicht bekannt, so kann man diese für eine bestehende Bahnlinie, also für ein gegebenes s_{ma} [⁰/₀₀] wie folgt ermitteln: Zunächst bestimmt man die Größe E versuchsweise. In dieser sind die Kostenkonstanten K_2 und K_3 bekannt. In der Kostenkonstanten K_1 ändern sich nach dem Lokkostenmaßstab des neuen Triebfahrzeuges die Kilometerkosten k_1 [Pf/km] mit der Geschwindigkeit. Man liest daher für eine geschätzte Geschwindigkeit im Lokkostenmaßstab k_1 ab und berechnet hierfür E. Der Zugwiderstand w [kg/t] kann mit guter Annäherung für das geschätzte V bestimmt werden. Nun löst man die Gleichung

$$s_{ma} = -E + \sqrt{E(z_t - w) + E^2} \quad [^0/_{00}]$$

nach $z_t = Z_t : G_l$ [kg/t] auf und erhält mit $Z_i = Z_t : (1 - c_{l_s}) = z_t \cdot G_l : (1 - c_{l_s})$ den entsprechenden Wert der indizierten Zugkraft. Für diese liest man in der Llv-Tafel die zugehörige Geschwindigkeit ab. Diese müßte mit der im Lokkostenmaßstab geschätzten Geschwindigkeit übereinstimmen. Anderenfalls ist für die in der Llv-Tafel abgelesene Geschwindigkeit im Lokkostenmaßstab nochmals k_1 abzugreifen und E sowie Z_i solange zu berechnen, bis die Geschwindigkeit in der Llv-Tafel mit der im Lokkostenmaßstab übereinstimmt. Damit ist die günstigste Berggeschwindigkeit ermittelt. Aus der fahrdynamischen Charakteristik des neuen Triebfahrzeuges liest man nunmehr für diese günstigste Berggeschwindigkeit und für das gegebene s_{ma} die Zuglast G_w ab. Nach der vorstehenden Ableitung der Gleichung für s_{ma} ist zu deren Lösung die Kenntnis der Zuglast G_w nicht erforderlich, da diese durch die Zugkraft Z_i, das Lokgewicht G_l sowie die maßgebende Steigung s_{ma} und den Zugwiderstand w eliminiert worden ist (s. S. 218).

In seiner von der Technischen Hochschule Aachen genehmigten Dr.-Ing.-Dissertation hat Delpy[1] mit Hilfe des vorbeschriebenen Verfahrens die Einflüsse: Fahrgeschwindigkeit, Verkehrsbelastung, Höhenlage und Länge des Tunnels auf die wirtschaftlich maßgebende Steigung s_{ma} [⁰/₀₀], das Wagenzuggewicht G_w [t] und die Selbstkosten k_{z_m} [DM/Bruttotonne] einer Gebirgsbahn untersucht. Er legt diesen Untersuchungen die Kesselleistungsgrenze der Dampflok sowie die Stunden- und Dauerzugkräfte der Elloks zugrunde, die in den Z_i-V-Diagrammen enthalten sind. Da auf den Rampen gleichbleibenden Widerstandes mit einer Beharrungsgeschwindigkeit gefahren wird, ist hierdurch nach der fahrdynamischen Charakteristik (s. S. 33) auch die Beziehung zwischen den indizierten Zugkräften und dem Wagenzuggewicht sowie der wirtschaftlich maßgebenden Steigung eindeutig festgelegt. Bei gegebenem Lokgewicht sind auch die spezifischen Lokomotiv-Zugkräfte am Triebradumfang $z_t = Z_t : G_l$ [kg/t] bekannt.

Ausgehend von den Z_i-V-Diagrammen der Dampflok G 56.20 (44) und der Ellok E 94 wurden

a) die wirtschaftlich maßgebenden Steigungen s_{ma} [⁰/₀₀]
b) die Wagenzuggewichte G_w [t] und
c) die auf die Bruttotonne Zuglast bezogenen Selbstkosten k_{z_m} [Pfg/Bruttotonne] ermittelt für folgende Verhältnisse:

---

[1] Delpy A.: „Die wirtschaftlichste maßgebende Steigung der Eisenbahntrasse einer Gebirgsüberquerung in Abhängigkeit von der Tunnelhöhenlage".

Die Ermittlung der wirtschaftlichsten Steigung.

1. für von $V_s = V_{\ddot{u}}$ (Übergangsgeschwindigkeit) bis $V_s = V_h$ [km/h] (Höchstgeschwindigkeit) variable Beharrungsgeschwindigkeiten auf der Steigungsrampe in Abhängigkeit von der Verkehrsbelastung $V_B = 20\,000$ bis $120\,000$ [Ll-t/Tag] und zwar einmal für eine Scheitellinie mit einem Höhenunterschied $H_s = H_g = 1000$ [m] bei einer Tunnellänge von $L' = 10$ [km] und zum anderen Mal für eine Basislinie mit $H_s = H_g = 400$ [m] und $L' = 40$ [km].
2. Für veränderliche Tunnelhöhenlagen in Abhängigkeit von der Tunnellänge und zwar einmal ermittelt für kleinstmögliche Beharrungsgeschwindigkeit $V_{\ddot{u}}$ auf der Steigungsrampe und zum anderen Mal für die Höchstgeschwindigkeit V_h bei einer gegebenen Verkehrsbelastung von 80 000 [Ll-t/Tag]. (Ll-t/Tg = Lokleistungstonnen pro Tg.).

Bei allen Untersuchungen wurden als konstant angesetzt die Talgeschwindigkeit $V_g = 70$ [km/h], die Geschwindigkeit auf der Scheitelstrecke mit $V' = 80$ [km/h] und die Bahnhofsneigungen mit $s_b = 0$ [⁰/₀₀].

Auf Grund dieser Untersuchungen hat Delpy eine Netztafel entworfen zur Bestimmung der wirtschaftlichsten maßgebenden Steigung aus den Z_i-V-Diagrammen der Triebfahrzeuge. Diese Netztafel hat als Abszisse die Tunnellänge L' [km] und als Ordinate die zu überwindenden Höhenunterschiede H [m]. Sind die Höhen der Rampe und der Gegenrampe verschieden ($H_s \neq H_g$), so ist die Ordinate $H_m = \dfrac{H_s + H_g}{2}$ einzusetzen (s. S. 218). Vom Nullpunkt der Netztafel gehen für die Rampensteigungen verschiedene s_{ma}-Kurven aus, die durch Linien gleicher Zugförderkosten je Bruttotonne geschnitten werden. Diese Netztafeln sind ein ausgezeichnetes Hilfsmittel für das Trassieren von Gebirgsbahnen. Näheres ist aus der Dissertation zu entnehmen.

Selbstverständlich können den Untersuchungen im dritten Abschnitt zur Ermittlung der Kosten des Energieverbrauchs der Dampf- und Elloks statt der Llv-Tafeln auch die Kennlinienfelder nach Dr.-Ing. C. Th. Müller und Rb.-Bauref. H.-L. Krugmann, Eisenbahnzentralamt Göttingen (Glasers Annalen 1951 Seite 2) zugrunde gelegt werden. Die Kennlinienfelder der Dampfloks enthalten Kurvenscharen für den Kohlenverbrauch je Kilometer und je min., die der Elloks eine Kurvenschar des Energieverbrauchs [kWh/km]. Durch letztere und die zugehörigen Geschwindigkeiten ist auch der Stromverbrauch je Minute bestimmt.

Vierter Abschnitt.
Leistungsermittlung der Bahnanlagen.
A. Einleitung.
Im Gegensatz zu den kontinuierlichen Förderanlagen z. B. den Öl- und Ferngasleitungen, auf denen das Fördergut sich auf der ganzen Leitung zusammenhängend bewegt, werden auf Eisenbahnen die Personen und Güter in einzelnen Zügen transportiert, die auf den Bahnhöfen halten, um Reisende, Gepäck, Stückgut und Wagen abzusetzen und aufzunehmen. Auch wenn alle Züge mit den gleichen Geschwindigkeiten auf der ganzen Strecke ohne Halt durchfahren würden, müßten doch zwischen den einzelnen Zügen Zwischenräume sein, die mindestens gleich dem Bremsweg sind. Sonst würde bei plötzlichem Halten eines Zuges der nachfolgende Zug auf den stehenden auffahren. Weil nun die Bremswege länger als die Sichtstrecken sind, und zudem zwangsläufig geführte Fahrzeuge nicht an jeder beliebigen Stelle vor einem Hindernis ausweichen können, unterteilt man die Strecke in Abschnitte, an deren Anfang Haupt- und Vorsignale stehen. Diese Gleisabschnitte, deren Signale durch die Streckenblockung voneinander abhängig gemacht sind, heißen Blockabschnitte und müssen mindestens so groß sein wie der größte Bremsweg auf der Strecke. In einen solchen Blockabschnitt darf kein Zug einfahren, bevor nicht festgestellt worden ist, daß der vorhergehende Zug ihn verlassen hat.

Nun verkehren aber auf zweigleisigen Fernbahnen langsame und schnelle Züge, die auf den Bahnhöfen halten oder durchfahren können, in bunter Reihenfolge. Infolgedessen wird aber auch der zeitliche Abstand, in dem ein nachfolgender Zug von einem Bahnhof abgelassen werden kann, verschieden groß. Die Zugfolge muß so geregelt werden, daß ein schneller Zug durch einen langsamen oder ein durchfahrender durch einen im Bahnhof haltenden nicht aufgehalten wird. Soll hierdurch die Leistungsfähigkeit nicht zu sehr sinken, so sind Überholungsgleise anzulegen, in die die langsameren Züge oder die länger haltenden abgelenkt werden, um den nachfolgenden ohne Störung seines Zuglaufs vorzulassen. Liegen die Überholungsgleise unmittelbar neben dem durchgehenden Hauptgleis gleicher Fahrrichtung, so sind die Zugläufe beider Fahrrichtungen unabhängig voneinander und können daher gleichzeitig stattfinden. Wenn aber, wie es meist üblich ist, die Überholungsgleise beider Fahrrichtungen auf der gleichen Bahnhofseite wie die Ladeanlagen liegen, so kreuzen Güterzüge, wenn sie überholt werden, auch das Gleis der Gegenrichtung, und die Zugläufe beider Fahrrichtungen sind dann abhängig voneinander und die Verspätungen der einen Richtung können sich auf die andere übertragen. Die schienengleiche

Kreuzung der Gegenrichtung ist daher nur vertretbar, wenn sie nicht zu häufig erfolgt und die Züge der Gegenrichtung in solchen Abständen verkehren, daß die Verspätungen bald wieder abgebaut werden können.

Noch stärker werden die Zugfahrten beider Fahrrichtungen voneinander abhängig, wenn nicht für jede Richtung ein besonderes Gleis vorgesehen ist, sondern dasselbe Gleis in beiden Richtungen befahren wird. Die Züge beider Richtungen können dann nicht mehr gleichzeitig verkehren, sondern die Gegenfahrt muß warten, bis die Strecke wieder frei ist. Gegenfahrten treten nicht nur auf eingleisigen Strecken auf, sondern auch auf Bahnhöfen zweigleisiger Linien, wenn ein Überholungsgleis für beide Richtungen vorgesehen ist oder wenn auf Kopfbahnhöfen Dampfzüge auf einem Bahnsteiggleis mit Lokwechsel und Triebwagen oder Triebwagenzüge oder Ellokzüge ohne Lokwechsel spitzkehren.

Während bei einer kontinuierlichen Förderanlage die Leistungsfähigkeit dadurch bestimmt wird, daß man die Fördermenge je Zeiteinheit berechnet, ermittelt man die Leistung der Bahnanlagen, auf denen das Fördergut in einzelnen Zügen transportiert wird, dadurch, daß man für die verschiedenen Zugfolgen die Zeitabstände bestimmt, in denen auf einem Bahnhof oder an einer Blockstelle ein Zug einem anderen folgen kann. Diese Zeitabstände nennt man Zugfolgezeiten. Sie dürfen nicht kleiner sein als die Sperrzeiten, die aus den Fahrzeiten auf den zu Sperrstrecken erweiterten Blockabschnitten sowie aus den Stellwerkbedienungszeiten der einzelnen Züge ermittelt werden.

Kennt man die verschiedenen Sperrzeiten der Züge des ungünstigsten Bahnabschnitts, so kann man aus ihnen die tägliche Zugzahl, also die Leistungsfähigkeit der Bahnlinie, berechnen. Bei bestehenden Bahnen wird man die berechneten kleinsten Sperrzeiten des ungünstigsten Bahnabschnitts mit den tatsächlichen Zugfolgezeiten vergleichen, um hieraus Schlüsse für die Verbesserung der Bahnanlagen oder des Betriebs zur Erhöhung der Leistungsfähigkeit der Gesamtstrecke zu ziehen. Hierbei ist zu berücksichtigen, daß die Unregelmäßigkeiten, die in dem ungünstigsten Abschnitt entstehen, durch die Überschüsse und Reserven der günstigeren Abschnitte abgebaut werden können.

Umgekehrt wird man eine Neubaulinie für einen geforderten Verkehr und für eine gegebene Lokomotivgattung hinsichtlich der Blockteilung und der Ausbildung der Überholungsgleise des Bahnhofs sowie des Blocksystems so gestalten, daß die Sperrzeiten der Züge auf der ganzen Strecke möglichst gleichmäßig sind und die geforderten täglichen Züge in solchen Zeitabständen einander folgen können, daß eine gesicherte und planmäßige Durchführung des Verkehrs gewährleistet ist.

Zur Vereinfachung der Untersuchungen werden auf Fernbahnen die verschiedenen Zugarten zu Gruppen zusammengefaßt. So kann man z. B. bei den in Deutschland bisher üblichen Geschwindigkeiten die auf Bahnhöfen nicht haltenden Durchgangsgüterzüge den an sich schnelleren aber auf allen Bahnhöfen haltenden Personenzügen in der Reisegeschwindigkeit (das ist die durchfahrene Strecke geteilt durch die Fahrzeit $+$ Aufenthalte) gleichsetzen. Man braucht daher im allgemeinen nur mit drei Gruppen von Zügen: 1. den Schnellzügen, 2. den durchfahrenden Güterzügen und 3. den auf allen Bahnhöfen haltenden Güterzügen zu rechnen. Da jedoch bei Überholungsgleisen wegen der schienengleichen Kreuzung der Gegenrichtung die Zugläufe beider Fahrrichtungen miteinander verknüpft sind, so ist es nicht angängig, diese Untersuchungen lediglich für eine Fahrrichtung sondern für beide durchzuführen.

Gaede[1] hat mit der systematischen Ermittlung der Leistungsfähigkeit einer Bahnlinie begonnen. Auf Einzelfälle lassen sich seine Betrachtungen aber nicht immer anwenden, da seine Grundbegriffe — z. B. Grundgeschwindigkeit und Betriebslänge — Abstraktionen enthalten. Parodi und Pfungen[2] entfernen sich noch weiter von den im einzelnen gegebenen Verhältnissen. Besonders wichtig ist es bei Bahnen, die durch Signale gesichert sind, deren Standort und Wirkungsweise in Verbindung mit den Blockanlagen zu beachten, die die Leistungsfähigkeit sowohl der Bahnhöfe als auch der Strecke beeinflussen. Der Verfasser hat daher seine Untersuchungen über die Leistungsfähigkeit der Bahnanlagen für den einzelnen Fall aufgebaut und zwar in verschiedenen Veröffentlichungen und Büchern[3]: Nach diesen Verfahren untersuchte G. Potthoff in seiner beachtenswerten Abhandlung „Der stabile Fahrplan"[4] ein Beispiel, insbesondere für den Fahrplanaufbau. Besonders wertvoll ist ferner der Aufsatz Potthoffs „Der gestörte Fahrplan"[5] in dem ein Verfahren entwickelt wird zur Erfassung der Verspätungen des Zuglaufs, die ihre Ursache nicht in den schienengleichen Kreuzungen und der Benutzung der Gleise in beiden Richtungen, sondern in Betriebsstörungen haben, wie Zugzerreißung, Bremsstörung, Lokschäden, Heißläufer, Aufenthaltsüberschreitungen, Langsamfahrstellen usw.

Weiterhin hat Rothacker[6] nach den Verfahren des Verfassers wertvolle Aufschlüsse für den Ausbau zweigleisiger Strecken in Abhängigkeit von der Lage und der Form der Bahnhöfe vermittelt.

Im nachfolgenden Abschnitt baut der Verfasser ein einheitliches Verfahren zur Ermittlung der Leistungsfähigkeit der Bahnlinien auf. Diese Einheitlichkeit wird durch die Eigenart seiner Fahrzeitermittlung und der von ihm entwickelten Stellwerkszeitpläne erreicht. Die Eigenart der Fahrzeitermittlung des Verfassers besteht nach S. 46 Abb. 31 (abgesehen von der zeichnerischen Ermittlungsweise) in der eindimensionalen Darstellung der Zugbewegungen als Zeitwegstreifen in Verbindung mit dem Längenprofil. Dadurch ist es möglich, die Bewegung verschiedenartiger Züge beider Fahrrichtungen unter und über dem Längenprofil auf einem Blatt darzustellen. Da ferner für alle Zugarten einer Fahrrichtung die Anfangs- und Endpunkte der Sperrstrecken dieselben sind, und daher auf diesem Blatt senkrecht übereinanderliegen, so sind den Fahrzeiten dieser Sperrstrecken die zugehörigen Stellwerks-

---

[1] Gaede: Dr.-Ing.-Dissertation: Der Zuglauf bei Bahnen mit nur in einer Richtung benutzten Streckengleisen. Arch. Eisenbahnwes. 1921, S. 52 ff.

[2] Parodi: Leistungsfähigkeit der Eisenbahnlinien. Elektr. Bahnen 1929, Heft 16, S. 297 und Pfungen: Grenzleistungen von Eisenbahnstrecken. Org. Fortschr. Eisenbahnwes. 1933, Heft 20, S. 393.

[3] Müller, W.: Netztafeln für die Untersuchungen des Betriebs der Berliner Stadtbahnen. Organ 1932, Heft 17, S. 319. — Neuere Methoden für die Betriebsuntersuchungen der Bahnanlagen. Berlin: Springer 1935, und Fahrdynamik der Verkehrsmittel. Berlin: Springer 1940.

[4] Potthoff, G.: Ztg. d. Ver. Mitteleurop. Eisenbahnverwaltungen 1943 Nr. 23.

[5] Potthoff, G.: Ztg. d. Ver. Mitteleurop. Eisenbahnverwaltungen 1944 S. 49.

[6] Rothacker, O.: Dr.-Ing.-Dissertation (Berlin): Leistung und Ausbau zweigleisiger Strecken in Abhängigkeit von Lage und Form der Bahnhöfe. Borna/Leipzig: R. Noske 1939.

bedienungszeiten übersichtlich zuzuordnen. Mit den Stellwerksbedienungszeiten werden die Stellwerkszeitpläne durch systematische Auswertung der Verschlußtafel nach der Zeit gezeichnet. Die Fahrzeiten erhält man aus der Doppelintegration der Zugkräfte und Widerstände des Zuges über den Weg und die Stellwerkszeiten aus der Summierung der einzelnen Bedienungszeiten der Stellwerkseinrichtungen vor und nach Befahren der Sperrstrecken. Die Summen dieser Zeiten liefern die Sperrzeiten der Züge. Die Zugfolgezeit zweier im Blockabstand verkehrender Züge darf am Ende der ungünstigsten Sperrstrecke nicht kleiner sein als die Sperrzeit des nachfolgenden Zuges. Im Grenzfall kann man diese Zugfolgezeit gleich der Sperrzeit setzen und erhält damit eine Grundlage für die Leistungsermittlung der Bahnlinie. Mit Hilfe der Sperrzeiten für die verschiedenen Zugarten, in einer Zahlentafel zusammengestellt, kann man sodann eine Neubaulinie mit ihren Bahnhöfen und Sicherungsanlagen für einen geforderten Verkehr entwerfen oder Verbesserungsvorschläge für eine bestehende Bahnlinie machen. Weiterhin kann mit diesen Sperrzeiten auch der Betriebspraktiker die Leistungsfähigkeit der Bahnlinie aus ihrer Eigenart ermitteln sowie, angepaßt an den Verkehr, nach Raum und Zeit den Fahrplan so entwerfen, daß er stabil und sicher auch in den Engpässen durchgeführt werden kann.

Für ein solches Verfahren besteht in der Praxis ein Bedürfnis, in der man sich bisher meist noch mit überschläglichen Ermittlungen auf empirischer Grundlage behilft, die der Eigenart der Bahnanlagen und ihres Betriebs wenig Rechnung tragen. Darüber hinaus will der Verfasser mit diesem einheitlichen Verfahren auch einen Beitrag liefern, um das technische Denken der Eisenbahningenieure weiterzubilden, damit sie mit der gleichen Selbstverständlichkeit die Leistungsfähigkeit der Bahnlinien feststellen und weiterhin Bahnlinien für eine geforderte Leistungsfähigkeit entwerfen können, mit der im konstruktiven Ingenieurbau der Nachweis der Standsicherheit und der Festigkeit bestehender und geplanter Tragwerke gefordert wird. Dann werden auch die Eisenbahningenieure mehr als bisher von ihren Entwurfsarbeiten befriedigt sein.

B. Die Sperrzeiten der Bahnhöfe und der freien Strecken.
1. Die Sperrabschnitte einer Bahnlinie.

Man unterteilt die Bahnlinie, deren Leistung untersucht werden soll, in Sperrabschnitte. Ein Sperrabschnitt kann jeweils nur einen Zug aufnehmen. Erst wenn dieser den Abschnitt geräumt hat, kann ein zweiter Zug folgen. Weil die Leistungsuntersuchungen der Bahnhöfe und der freien Strecken getrennt voneinander durchgeführt werden müssen, unterscheidet man Bahnhofs- und Streckensperrabschnitte. Letztere sind größer als die Blockstrecken.

Das Ende der Blockstrecken wird um die Durchrutschstrecken verlängert. Ein Zug muß mit seinem Schluß um eine Schutzstrecke hinter das Signal am Ende der Blockstrecke gefahren sein, ehe letztere freigegeben wird. Damit soll verhindert werden, daß ein nachfolgender Zug an einem auf Halt stehenden Signal durchrutscht und dort auf einen liegengebliebenen Zug auffährt. Diese Durchrutschstrecken werden von Fall zu Fall bestimmt.

1. Bei Blockstellen ist die Durchrutschstrecke gleich dem Abstand des Schienenkontakts (K_b) der isolierten Schiene vom Blocksignal. Sie ist dort in der Regel

100 m lang. Dieser Kontakt löst die elektrische Streckentastensperre aus, wenn die letzte Achse des Zuges die isolierte Schiene verlassen hat.

2. Bei Bahnhöfen ist das Ende des Sperrabschnitts der Strecke die vom Eisenbahnbetriebsamt festgesetzte Signalzugschlußstelle (K_e). Diese liegt meist am Schienenkontakt der elektrischen Streckentastensperre hinter dem Einfahrsignal. Dieses steht in der Regel 100—200 m vor dem Gefahrpunkt, das ist die erste zu deckende Weiche, jedoch nicht über 300 m. Das Einfahrsignal darf erst auf Halt gelegt werden, wenn der Zugschluß an der Zugschlußstelle vorbei ist.

Auch der Anfang der Sperrabschnitte für durchfahrende Züge liegt vor dem der Blockstrecken. Der Lokführer muß die Freistellung des Vorsignals nach Hofmann[1] auf geradem Gleis bei Schnellzügen etwa 500 m, bei Personen- und Güterzügen etwa 200 m davor wahrnehmen. Bei dem in Warnstellung stehenden Vorsignal würde der Lokführer an dieser Sichtstelle die Dampf- bzw. die Strom- oder Brennstoffzufuhr des Triebfahrzeugs abstellen.

Das Ende der Sperrabschnitte ist, wie oben erläutert, auf den Zugschluß festgelegt. Vorteilhaft bezieht man auch die Sichtstelle vor dem Signal auf den Zugschluß. Hier wird der Unterschied der Bezugspunkte für Güter- und Schnellzüge praktisch bedeutungslos. Ist z. B. die Länge eines Güterzuges 560 m und die eines Schnellzuges 250 m, so ist der Abstand des Zugschlusses vom Vorsignal bei Berücksichtigung der Sichtstrecke für den Lokführer beim Güterzug $560+200=760$ m und beim Schnellzug $250+500=750$ m. Da nun die Zuglängen auf flachen Bahnen noch etwas größer sein können, so wählt man auf Vorschlag von O. Rothacker (s. oben) als Abstand des Zugschlusses sowohl der Güter- als auch der Schnellzüge vom Vorsignal 800 m. Dieser Punkt wird Sichtpunkt (S) genannt. Auch für die Personenzüge, die nach der Reisegeschwindigkeit den Durchgangsgüterzügen gleichgestellt werden, aber kürzer als letztere sind, kann der Sicherheit halber und wegen der höheren Geschwindigkeiten auf der freien Strecke der gleiche Sichtpunkt beibehalten werden.

Für einen an einer Blockstelle durchfahrenden Zug liegt der Sichtpunkt (S_b) 800 m vor dem Blockvorsignal, für einen auf einem Bahnhof durchfahrenden Zug ist er (S_d) 800 m vor dem Ausfahrvorsignal. Ist der Abstand des Ausfahrvorsignals jedoch vom Ausfahrsignal kleiner als der Bremsweg, so tritt an Stelle des Ausfahrvorsignals das Einfahrvorsignal mit seinem Sichtpunkt (S_e). Bei ausfahrenden Zügen ist der Anfangspunkt der Sperrstrecke der Zugschluß des haltenden Zuges (H).

Die Bahnhofssperrabschnitte sind nach der Zugbewegung innerhalb des Bahnhofs zu bilden. Für einen durchfahrenden und für einen einfahrenden Zug ist der Abschnitt vom Sichtpunkt des Einfahrvorsignals (S_e) bis zur Fahrstraßen-Zugschlußstelle (Z oder H) bzw. bis zum Ende der Durchrutschstrecke gesperrt. Der Sichtpunkt (S_e) liegt hier nach den gleichen Grundsätzen, die oben entwickelt sind, 800 m vor dem Einfahrvorsignal. Das Ende der Durchrutschstrecke wird von Fall zu Fall jeweils festgelegt und im Kopf der Verschlußtafel angegeben. In den hier folgenden Beispielen ist der Schienenkontakt (K_a) hinter dem Ausfahrsignal gewählt. Z ist die vom Eisenbahnbetriebsamt festgelegte Fahrstraßen-Zugschlußstelle im Einfahrweg und H der Zugschluß des zum Halten gekommenen Zuges. Die Sperrstrecke für eine Ausfahrt beginnt am Standort

---

[1] Hofmann: Vergleichende Arbeits- und Zeitstudien über den sächsischen und preußischen Eisenbahnblockdienst. Dr.-Ing.-Diss., T. H. Dresden. Dresden: Teubner 1930.

des Zugschlusses (H) dieses haltenden Zuges und endet mit dem Schienenkontakt (K_a) hinter dem Ausfahrsignal; d. h. an der festgesetzten Signal- und Fahrstraßenzugschlußstelle der Ausfahrt. Für eine Rangierfahrt ist Anfang und Ende der Sperrstrecke durch den Anfahrpunkt und Haltepunkt des Rangiergruppenschlusses festgelegt.

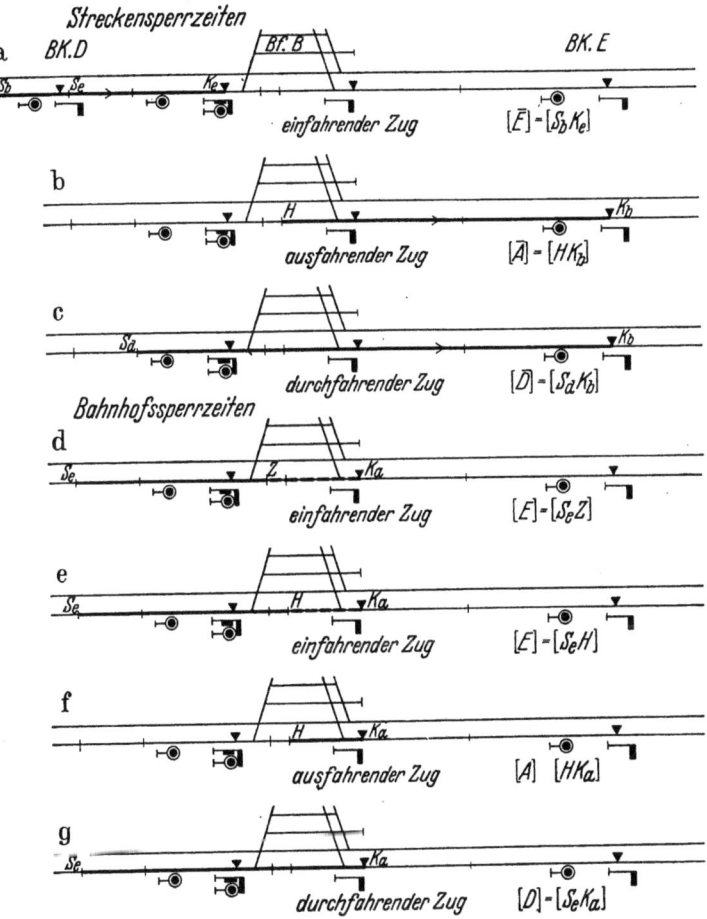

Abb. 67a—g. Längen der Sperrstrecke zur Ermittlung der Sperrzeiten.
a—c für Streckensperrzeiten, d—g für Bahnhofssperrzeiten.

Die Anfangs- und Endpunkte der Sperrabschnitte werden mit großen Buchstaben benannt, die in die Pläne eingezeichnet werden. Es ergeben sich folgende Abkürzungen:

Als Anfangspunkt:
S_e = Sichtpunkt 800 m vor dem Einfahrvorsignal.
S_d = Sichtpunkt 800 m vor dem Ausfahrvorsignal.
S_b = Sichtpunkt 800 m vor dem Blocksignal.
H = Haltepunkt des ausfahrenden Zuges.

Als Endpunkt:

$K_e =$ Schienenkontakt hinter dem Einfahrsignal (Streckentastensperre) (hier ist es möglich, die rückliegende Strecke durch Rückblocken freizugeben) (Signal-Zugschlußstelle der Einfahrt).

$Z\ \ =$ Fahrstraßenzugschlußstelle bei der Einfahrt.

$H\ \ =$ Zugschluß des einfahrenden haltenden Zuges.

$K_a =$ Schienenkontakt zur Auflösung der Ausfahrstraße (Signal- und Fahrstraßen-Zugschlußstelle der Ausfahrt).

$K_b =$ Schienenkontakt (der elektrischen Streckentastensperre) bei Blocksignalen = Signal-Zugschlußstelle.

In Abb. 67 sind die verschiedenen Sperrabschnitte mit ihren Anfangs- und Endpunkten zusammengestellt. Da in dem nachstehend dargestellten Beispiel die Punkte K_e, Z und H räumlich sehr eng zusammen liegen, wird die Rechnung so durchgeführt, als ob die drei Punkte bei Z zusammenlägen, abweichend von der genauen Darstellung der Abb. 67.

2. Die Fahrzeiten auf den Sperrabschnitten.

Auf dem Blatt der Zeitwegstreifen (Abb. 68/III), die nach dem Zeitwinkelverfahren (S. 46) zu dem zu untersuchenden Bahnabschnitt entworfen werden, zieht man durch die Anfangs- und Endpunkte der Sperrabschnitte Senkrechte. Nur muß man beachten, daß bei der Fahrzeitermittlung die Zugbewegung auf die Mitte des Zuges bezogen wird, weil man diesen Punkt als Massenschwerpunkt betrachtet.

Um die Fahrzeiten an den Sichtpunkten, den Schienenkontakten und an den vom Eisenbahnbetriebsamt festgesetzten Zugschlußstellen im Zeitwegstreifen abzulesen, zieht man unter letzteren im Abstand der halben Zuglänge eine waagerechte Linie. Der senkrechte Abstand hat den gleichen Maßstab wie der Längenmaßstab des Längenprofils. Vom Schnittpunkt der Senkrechten in den Sichtpunkten, Schienenkontakten und Zugschlußstellen mit der vorgenannten Waagerechten geht man unter 45° hinauf zum Zeitwegstreifen und liest dort die Fahrzeiten ab. Bei den haltenden Zügen beginnt die Bezifferung der Fahrzeit an der Abfahrstelle und endigt an der Haltestelle der Zugmitte. Hier ist eine Interpolierung der Fahrzeiten nicht erforderlich.

3. Die Stellwerkszeiten und der Stellwerkszeitplan.

Die oben dargestellten Sperrabschnitte sind aber nicht nur für die Dauer der auf ihr befindlichen Zugfahrt (= Fahrzeit) gesperrt, sondern auch für die Dauer einer Vorbereitungszeit zum Bilden der Fahrstraße (= Bildezeit) und einer Abschlußzeit zum Auflösen der Fahrstraße (= Auflösezeit). Die Bilde- und Auflösezeiten setzen sich aus stationären Arbeiten, die vor bzw. nach dem Fahrvorgang in den Stellwerken getätigt werden, und aus Sicherheitszuschlägen für die Signalgebung und Signalaufnahme zusammen.

Die Sicherungseinrichtungen der Bahnanlagen sind in der Verschlußtafel und in dem dazugehörigen Lageplan dargestellt.

Der Lageplan soll erkennen lassen:

a) Die Stellwerksbezirke, Art und Lage der Stellwerksgebäude.

b) Die Fahrwege der Züge und die Grundstellung der fernbedienten und verriegelten Weichen, sowie die Haupt- und Vorsignale nebst Kennzeichen.

c) Die Zungenriegel, Zungenprüfer und Flankenschutzeinrichtungen sowie die Auslösevorrichtungen.

d) Die Streckeneinrichtungen der induktiven Zugbeeinflussung.

e) Die Bahnrichtung nach den Hauptknotenpunkten, nach denen die Bahnlinien bezeichnet werden.

f) Die Neigungsverhältnisse der anschließenden Strecken.

g) Den Maßstab und die Nordrichtung.

Die Verschlußtafel selbst enthält in ihrem Kopf die einzelnen Streckenblock-, Bahnhofsblockfelder, Fahrstraßen-, Signal- und Weichenhebel in Sinnbildern und Kurzbezeichnungen. Darunter sind zeilenweise die im Bahnhof vorkommenden Fahrten aufgeführt. In diese einzelnen Zeilen ist dann die Betätigung der einzelnen Hebel- und Blockfelder in der Reihenfolge der Bedienung eingetragen.

Die Stellwerkszeiten setzen sich aus folgenden Anteilen zusammen:

a) vor der Zugfahrt:
1. aus der Zeit zum Bilden der Fahrstraße einschließlich Nachprüfung des Freiseins der Gleise.
2. aus dem Sicherheitszuschlag für das Aufnehmen der Signale.
3. aus dem Sicherheitszuschlag für das Erteilen des Abfahrauftrages bis zur Aufnahme durch den Lokführer.

b) Nach der Zugfahrt auf der Sperrstrecke,
1. aus der Zeit zum Auflösen der Fahrstraße einschl. Bedienen der Streckenblockeinrichtungen.

Aus welchen einzelnen Tätigkeiten die Zeiten der Stellwerksbedienung und der Signalbeobachtung bestehen, und welche Zeit diese Einzeltätigkeiten erfordern, ist aus nachstehender Tabelle 18 (Zusammenstellung der stationären Bedienungszeiten) zu ersehen. Es sind darin die Zeitelemente der stationären Arbeiten enthalten, die auf den Stellwerken verrichtet werden. Diese Tätigkeiten sind so weit unterteilt, daß sie von der Örtlichkeit unabhängig sind. Sie wurden durch Zeitaufnahmen festgestellt. Aus diesen Beobachtungswerten wurden nach der Häufigkeitsrechnung Mittelwert und Streuung bestimmt. Diese Untersuchung ist für das Bilden der Fahrstraßen bei mechanischen Stellwerken von Hofmann und bei elektrischen Stellwerken von Behr[1] durchgeführt worden. In den Werten sind die vom Wärter zurückgelegten Wege mit einbegriffen. Bei den elektrischen Stellwerken handelt es sich um die Bauart VES 1912. Diese Werte können aber auch bei elektrischen Stellwerken anderer Bauarten sowie bei Mehrreihenstellwerken verwendet werden. Bei letzteren sind zwar die Umstellzeiten etwas kürzer, jedoch fällt der Unterschied bei der Summierung nicht ins Gewicht. Man kann bei Zugfahrten durchschnittlich bei einem Weichensteller vier, bei zwei Weichenstellern je drei Weichenumstellungen, bei Rangierfahrten entsprechend drei und je zwei Weichenumstellungen in Rechnung setzen.

Sicherheitszuschläge: Bei Zugfahrten gilt das betrachtete Zeitelement t_3 sec von der Erteilung des Abfahrbefehls bis zur ersten Bewegung des Zuges. Bei Rangierfahrten zählt man t_3 vom Aufleuchten des Vorrücksignals oder Erteilen

---

[1] Behr: Der Fahrtenabhängigkeitsplan für große Personenbahnhöfe. Dr.-Ing.-Diss., T. H. Berlin, Org. f. d. Fortschr. d. Eisenbahnwesens 1938 (S. 259).

238 Leistungsermittlung der Bahnanlagen.

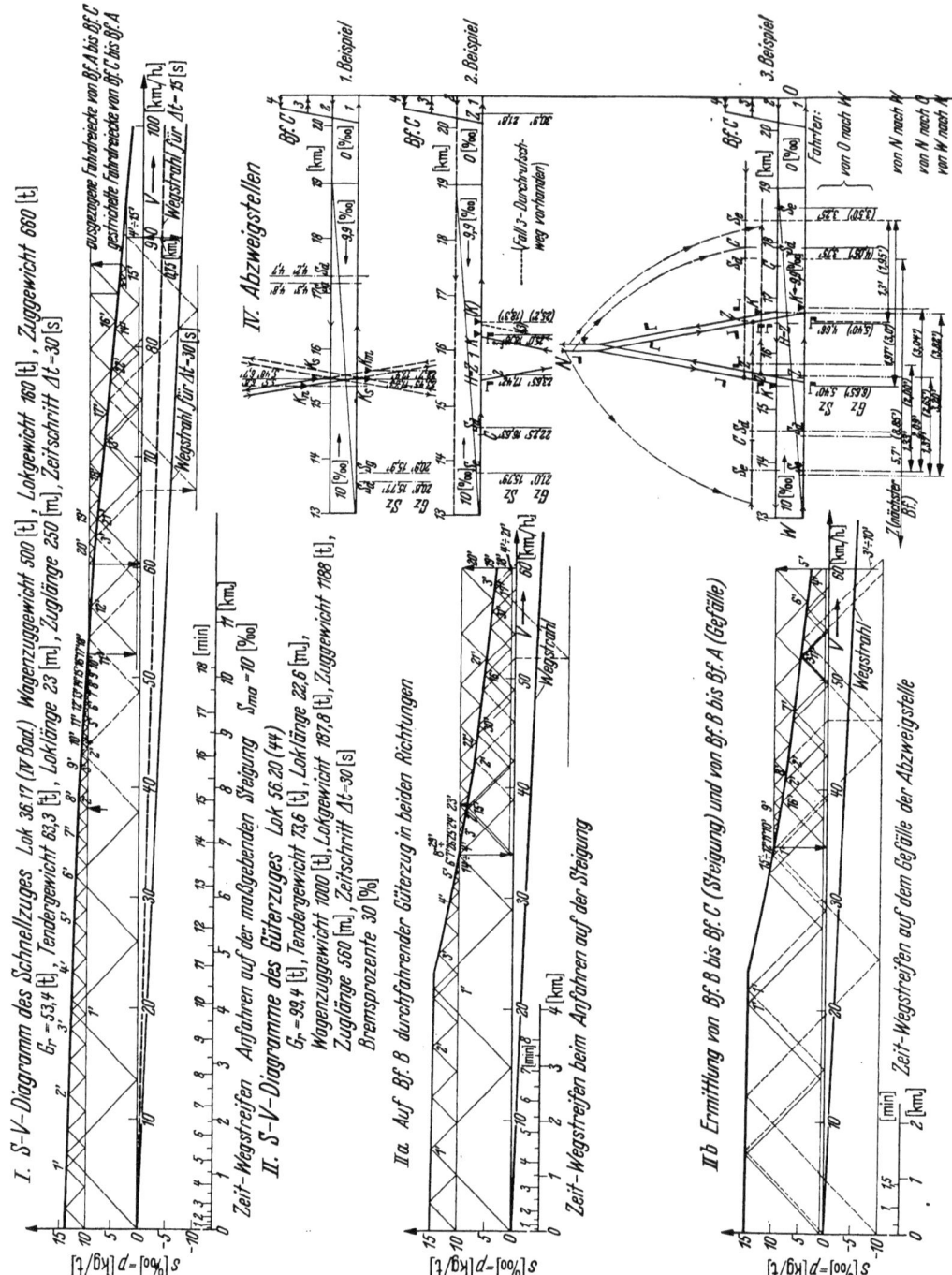

Die Sperrzeiten der Bahnhöfe und der freien Strecken. 239

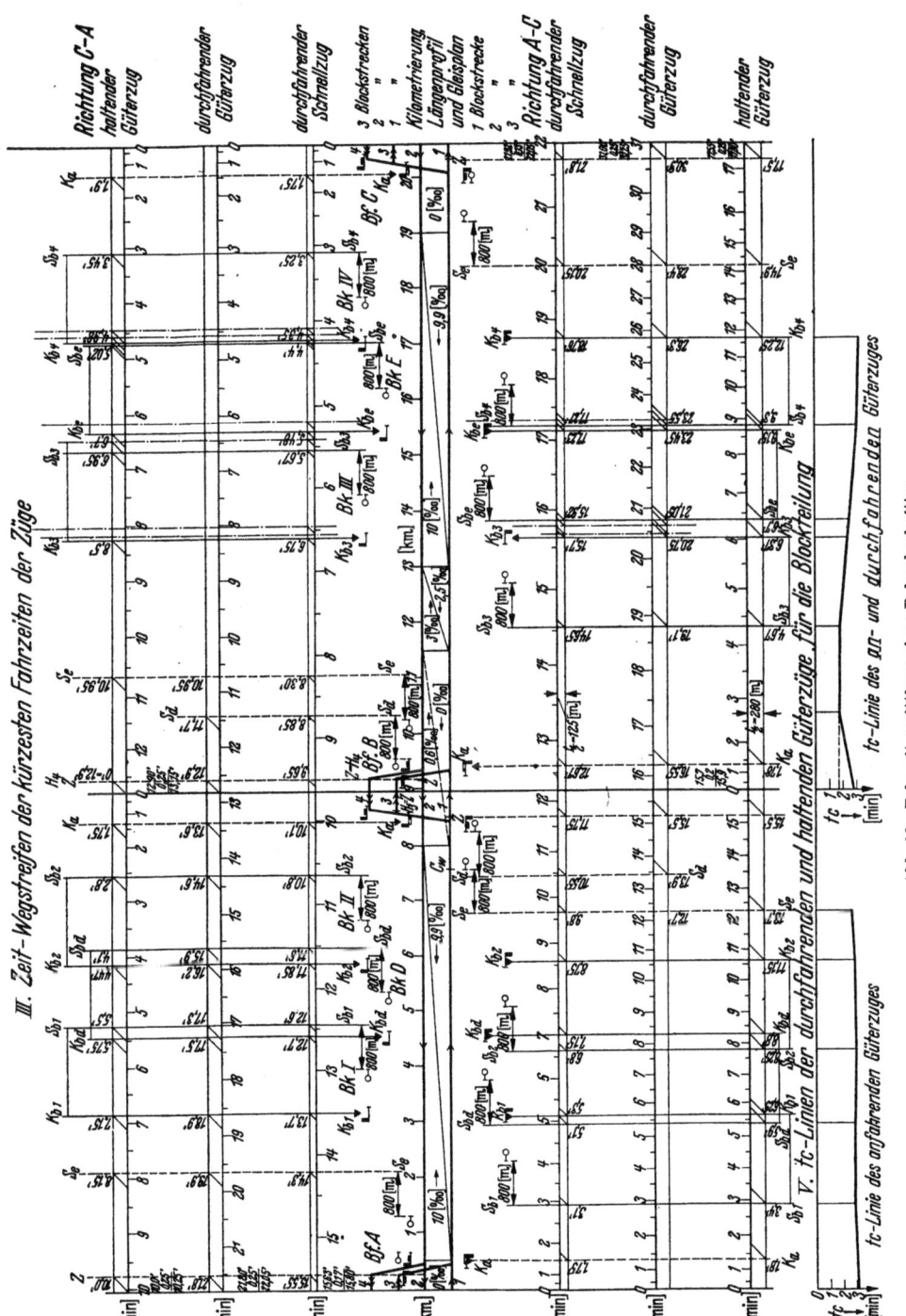

Abb. 68. Fahrzeitermittlung eines Bahnabschnittes.

des Winksignals, Hornsignals oder mündlichen Auftrages zum Vorrücken bis zum Beginn des Fahrvorgangs.

Die Aus- und Einfahrsignale der Bahnhöfe müssen immer eine gewisse Zeitspanne vor der Abfahrt oder der Durchfahrzeit am Einfahrvorsignal auf Fahrt gestellt sein. Bei ausfahrenden Zügen ist diese Zeitspanne der Sicherheitszuschlag bei der Ausfahrt, t_{2a} genannt. Dieser ist deshalb nötig, damit das Zugbegleit- und Lokpersonal sowie der Aufsichtsbeamte nach Beendigung ihrer Vorbereitung zur Abfahrt sich ganz auf die Beobachtung der planmäßigen Abfahrzeit einstellen können, die die Bahnhofsuhr anzeigt. Es ist dann nach Heranrücken der Abfahrzeit der Zug so schnell wie möglich in Gang zu bringen. Die tatsächliche Größe des Sicherheitszuschlags t_{2a} ist von vielerlei Einflüssen: den örtlichen Verhältnissen, Verkehrsstärke, Fahrplanlage, psychologischen Momenten und ähnlichen abhängig und daher außerordentlich verschieden.

In der Tabelle 18 ist für $t_{2a} + t_3 = 65 + 16 = 81$ sec angegeben. Nach Ermittlungen auf dem Ostkopf von Köln-Hauptbahnhof können diese Zeiten bei bester Einarbeitung des Personals auf $t_{2a} + t_3 = 60$ sec ermäßigt werden, wobei noch ein planmäßiger Betriebsablauf gewährleistet werden kann.

Wie oben ausgeführt, muß das Einfahrsignal spätestens zu dem Zeitpunkt auf Fahrt gestellt werden, zu dem der Zugschluß am Sichtpunkt ankommt. Damit mit Sicherheit ein unnötiges Bremsen des Zuges vermieden wird, zieht der Stellwerksbeamte das Einfahrsignal um eine bestimmte Zeitspanne früher, als der Zugschluß den Sichtpunkt erreicht hat. Die Größe des Sicherheitszuschlags t_{2e} ist wieder sehr verschieden und von ähnlichen Einflüssen, wie der Sicherheitszuschlag bei der Ausfahrt, abhängig. Besondere Einflüsse hat hier die Örtlichkeit. Ist z. B. die Sicht vom Stellwerk auf die Strecke und den Bahnhofseinfahrweg ungünstig, so wird der Zuschlag meist größer gewählt werden müssen. Behr hat einen Mittelwert von $t_{2e} = 13$ sec gefunden.

Durch die Auswertung der Verschlußtafel (Abb. 69) mit Hilfe der vorstehenden Zeitwerte (s. Tab. 18) für die einzelnen Tätigkeiten der Stellwerksbedienung erhält man den Stellwerkszeitplan. Zur Herstellung des Stellwerkszeitplans zeichnet man zunächst eine Gleisskizze des Bahnhofs mit Weichen, Gleisnummern, Signalen und Stellwerken, in die man auch die Anfangs- und Endpunkte der Sperrstrecken einträgt. Durch diese Punkte der Gleisskizze zieht man Senkrechte. Auf diesen liegen die Knickpunkte der geradlinig unmaßstäblich gezeichneten Zeitweglinien der Einfahrten, Ausfahrten und Durchfahrten jeder Fahrrichtung, für die der Stellwerkszeitplan dargestellt wird. Senkrecht unter den Stellwerken zieht man Spalten etwa von der Breite der Stellwerksskizze. In diese trägt man gesondert für die Einfahrt, Ausfahrt oder Durchfahrt in der Reihenfolge der Bedienung dieselben Buchstaben für das Bedienen der Stellwerks- und Blockeinrichtungen ein, wie sie in der Verschlußtafel stehen. Seitlich daneben schreibt man die zugehörigen Bedienungszeiten. Man bezeichnet die Bedienung des Fahrstraßenhebels mit kleinen Buchstaben, die der Signale mit denselben großen Buchstaben wie in der Verschlußtafel, die Bedienung der Weichen mit W. Aus den seitlich stehenden Bedienungszeiten kann man die Anzahl der Weichen erkennen. Sind die Buchstaben eingeklammert, so bedeutet das, daß diese Hebel wieder in Grundstellung zurückgelegt werden. Die bedienten Blockfelder haben ebenfalls die gleiche Bezeichnung wie in der Verschlußtafel, also $Ba =$ Befehls-

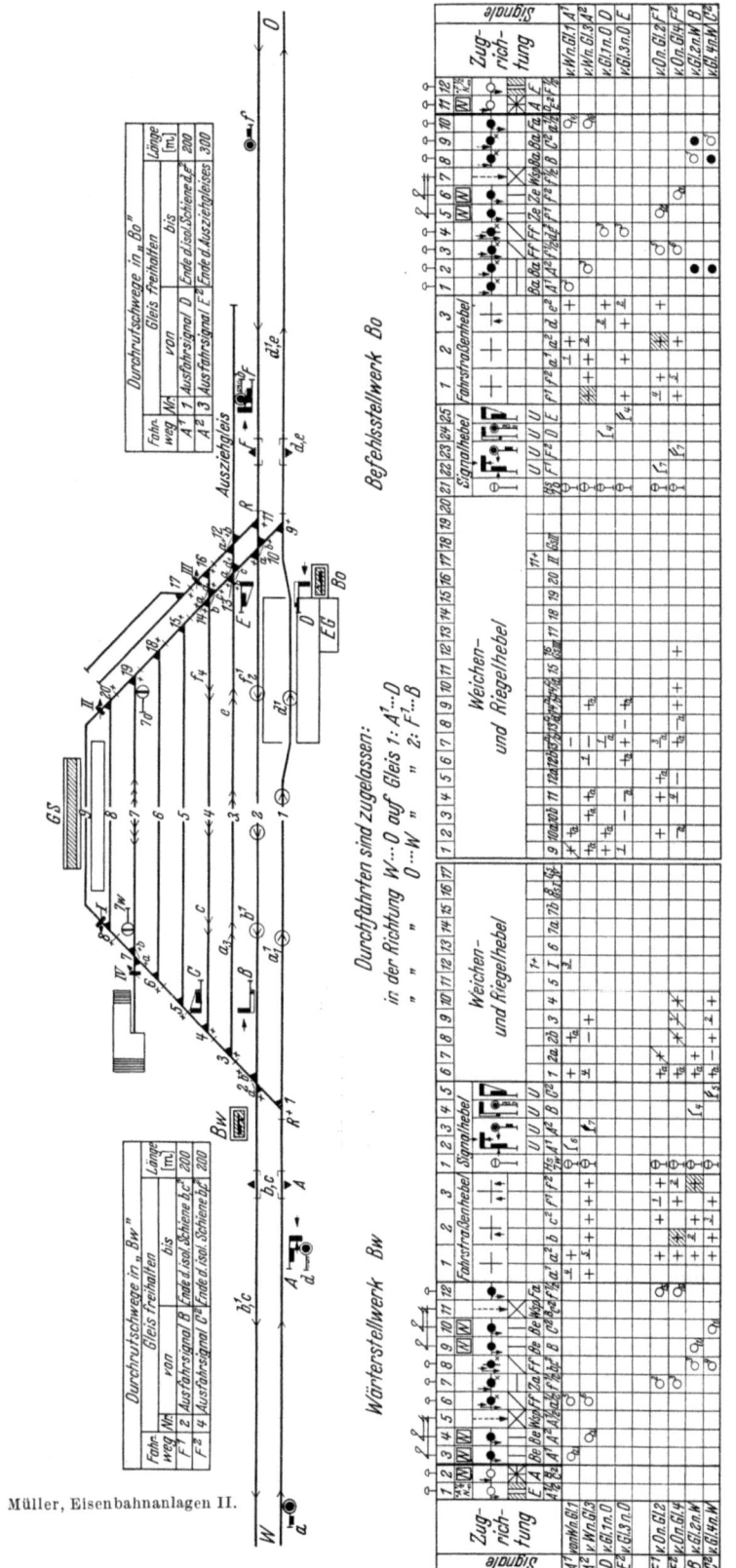

Abb. 69. Verschlußtafel eines Durchgangsbahnhofs an einer zweigleisigen Strecke.

abgabe-, $Be =$ Befehlsempfangsfeld, $Za =$ Zustimmungsabgabe-, $Ze =$ Zustimmungsempfangsfeld, $Ff =$ Fahrstraßenfestlegefeld, $Fa =$ Fahrstraßenauflösefeld, $A =$ Anfangsfeld, $E =$ Endfeld, $V =$ Vorblocken, $R =$ Rückblocken, $A_k =$ Anforderung der Zustimmungsabgabe durch Weckertaste, $W_k =$ Wahrnehmung des Klingelzeichens. Die Prüfung des Freiseins der Gleise wird durch Pr,

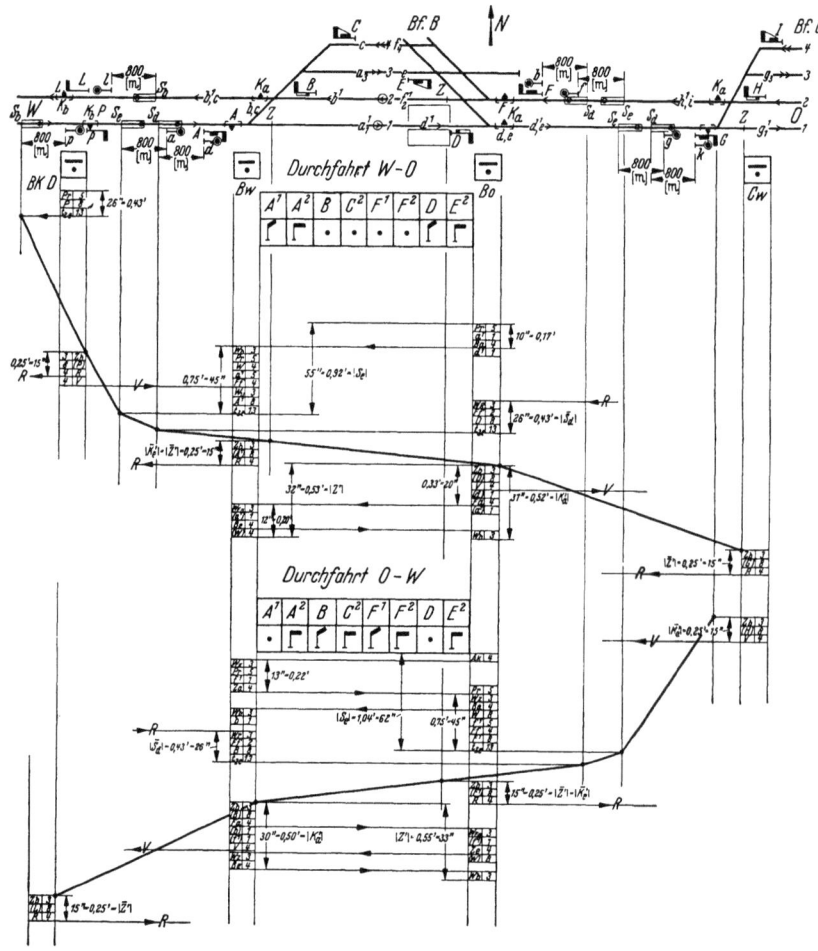

Abb. 70a. Stellwerkszeitplan einer zweigleisigen Strecke (Durchfahrten).

die Beobachtung des Zugschlusses mit Z_b, die Wahrnehmung der Blockvorgänge mit W_b bezeichnet. Die Sicherheitszuschläge der Ausfahrten werden mit t_{2a}, die der Einfahrt mit t_{2e} und das Erteilen und Aufnehmen des Abfahrauftrags einer Zug- bzw. einer Rangierfahrt mit t_3 angegeben. Über jedem Stellwerkszeitplan der Einfahrten, Ausfahrten oder Durchfahrten jeder Richtung zeichnet man noch zwischen den senkrechten Spalten der Stellwerke die Fahrtenausschlüsse ein. Hierbei sind in der oberen Reihe die Signalbezeichnungen der Verschlußtafel und darunter die Signale in gezogener Stellung oder Haltlage gezeichnet. Die

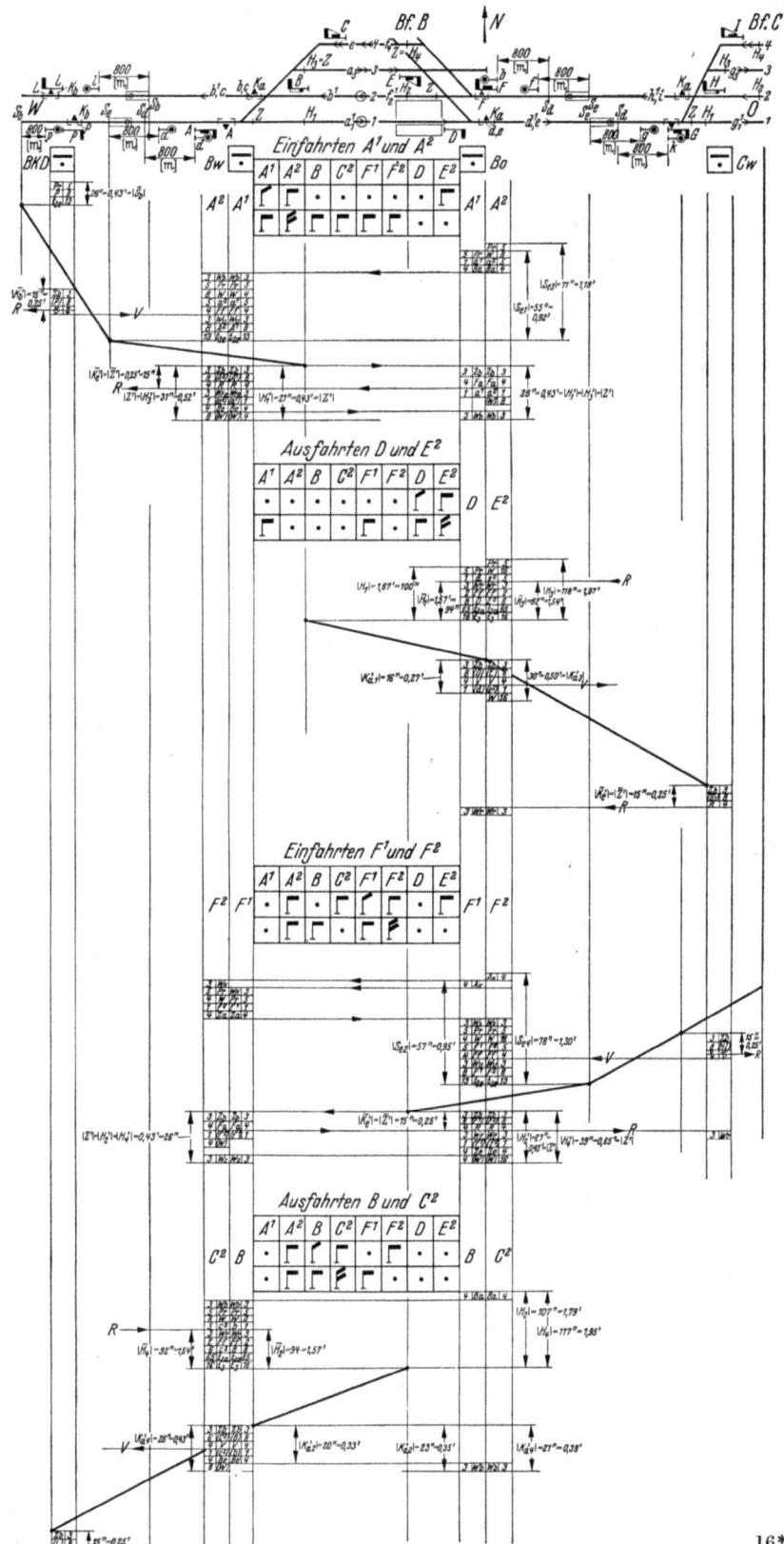

Abb. 70b. Stellwerkszeitplan einer zweigleisigen Strecke (Ein- und Ausfahrten).

nicht verschlossenen Signale sind durch Punkte angedeutet. Die Einwirkung der Bedienung eines Blockfeldes eines Stellwerks auf das korrespondierende des anderen Stellwerks ist durch eine Waagerechte mit Pfeilen gekennzeichnet.

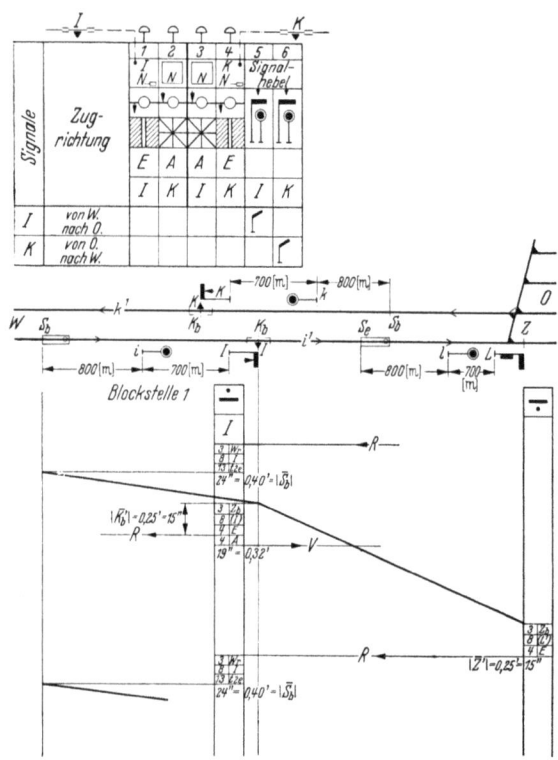

Abb. 71. Verschlußtafel und Stellwerkszeitplan einer Blockstelle.

Die Bedienungszeiten in Sekunden zum Bilden oder zum Auflösen einer Fahrstraße nebst der Blockbedienung und den Sicherheitszuschlägen werden zusammengezählt und in Minuten umgerechnet. In Abb. 70a und b sind zwei Stellwerkszeitpläne für durchfahrende und haltende Züge eines Zwischenbahnhofs (Abb. 69) mit einem mechanischen Befehls- und einem Wärterstellwerk gezeichnet. Diese Stellwerkszeitpläne sollen den nachfolgenden Untersuchungen zugrunde gelegt werden, die den Zweck haben, die Leistungsfähigkeit der Bahnanlagen für die Zugförderung zu ermitteln.

Die Verschlußtafeln nebst dem Stellwerkszeitplan sind weiterhin für eine Blockstelle in Abb. 71 entworfen.

Tabelle 18. *Stationäre Bedienungszeiten.*

Abkürzung	Tätigkeit	Zeitaufwand sec
	1. Bedienen der Sicherungsanlagen:	
	a) Mechanische Stellwerke:	
W	Umlegen eines Weichenhebels	4
W	bei n Hebeln	$n \cdot 4$
a^1	Umlegen oder Zurücklegen des Fahrstraßenhebels anschließend an eine oder vor einer Blocktätigkeit ohne Weg	1
(a^1)	Umlegen oder Zurücklegen des Fahrstraßenhebels einschließlich 4,5 m Weg vom letzten umgestellten Weichenhebel bis zum Fahrstraßenhebel	5
A^1	Umlegen oder Zurücklegen eines Signalhebels oder Vorsignalhebels	6
(A^1)	Umlegen oder Zurücklegen eines Hauptsignalhebels und des zugehörigen Vorsignalhebels	
	mit gemeinsamem Hebel	8
	mit getrennten Hebeln	9

Tabelle 18 (Fortsetzung).

Abkürzung	Tätigkeit	Zeitaufwand sec
W	b) Elektrische Stellwerke: Umlegen des Weichenhebels 1 Hebel . . . . 2 „ . . . . 3 „ . . . . 4 „ . . . . 5 „ . . . . 6 „ . . . . n „	3 4 6 7 9 10 $1{,}5n+1$
Pr	Fahrwegprüfung	5
a^1	Umlegen des Fahrstraßen-, Befehls- oder Zustimmungshebels von 0°—45°	2
A^1	Umlegen des Fahrstraßensignalhebels von 0°—90° ohne Vorsignal . . . . mit „	4 5
	Bedienen von Lichtzeichen (Vorrücksignal, Ersatzsignal u. a.)	2
(A^1)	Zurücklegen des Fahrstraßensignalhebels von 90°—0° . . .	3
(a^1)	Zurücklegen des Fahrstraßen-Befehls- oder Zustimmungshebels von 45°—0°	2
	Betätigen einer Auflösetaste	1
(A^1)	Zurücklegen des Fahrstraßensignalhebels von 90°—45° wenn Signal auf Halt laufen muß . . . . wenn Signalflügel vorher auf Halt gefallen ist	3 2
Z_b	Zugschlußbeobachtung	3
Ba, Za usw.	Bedienen eines Wechselstromblockfeldes	4
Ff usw.	Bedienen eines Gleichstromblockfeldes	2
A	Anforderung der Zustimmungsabgabe durch Weckertaste	4
W_b	Wahrnehmung der Blockvorgänge, Klingelzeichen usw.	3
	Abgabe einer telegraphischen Rückmeldung im Mittel . .	30
	2. Sicherheitszuschläge für das Aufnehmen der Signale:	
t_{2a}	bei der Ausfahrt	65
t_{2e}	bei der Einfahrt	13
	3. Sicherheitszuschläge für das Aufnehmen des Abfahrauftrages:	
t_3	Erteilen und Aufnehmen des Abfahrauftrages durch Befehlsstab bei einer Zugfahrt	16
	Erteilen und Aufnehmen des Abfahrauftrages bei begleiteten Rangierfahrten . . . . bei unbegleiteten „	12 5
	4. Sonstige betriebliche Handlungen:	
	Wendehalt beim Überführen einer Rangierabteilung mit Lokomotive	9
	Wendehalt einer alleinfahrenden Lok	10
	Wendehalt eines Triebwagens wenn beide Führerstände besetzt sind . . . . wenn ein Führerstand besetzt ist	15

Tabelle 18 (Fortsetzung).

Abkürzung	Tätigkeit	Zeitaufwand sec
	Wendehalt beim Überführen eines Leerpersonenzuges	15
	Ankuppeln eines Wagenzuges an die Zuglokomotive bei gleichzeitigem Anschluß an die Druckluftleitung	40
	Halt nach dem Überführen eines luftgebremsten Leerwagenzuges zum Abkuppeln der Lok	42
	Bremsprobe bei Personenzügen	90
	Ankuppeln im Rangierdienst	14
	Abkuppeln im ,,	14
	Wassernehmen einer Lokomotive $W : W' + 75$ sec (W = Wasservorrat der Lok in m³ W' = ausfließende Wassermenge des Wasserkranes in m³/min.)	

Die nachstehend angegebenen Verfahren zur Ermittlung der Leistungsfähigkeit der Strecken können auch angewandt werden für Strecken, die mit Gleisbildstellwerken, automatischem Streckenblock, Mehrabschnittsignalen oder ähnlichem ausgerüstet sind. Durch Zeitstudien müßten für diese Sicherungseinrichtungen lediglich die Werte der Tabelle 18 neu ermittelt werden.

Bei diesen neuzeitlichen Sicherungsanlagen verringern sich bei den Bilde- und Auflösezeiten die stationären Bedienungszeiten auf nur wenige Sekunden, die Sicherheitszuschläge (t_2 und t_3) dürften jedoch ihre bisherige Größe beibehalten, da sie ja nicht von der technischen Anlage sondern von den mitwirkenden Menschen abhängig sind.

4. Die Ermittlung der Strecken- und Bahnhofssperrzeiten.

Die Sperrzeiten sind die durch das Bilden und Auflösen der Fahrstraßen verlängerten Fahrzeiten der Züge innerhalb eines Sperrabschnittes. Während dieser Zeit kann in dem Sperrabschnitt nur ein Zug fahren. Erst wenn der Zug aus dem Sperrabschnitt ist, kann eine andere Zugfahrt folgen.

Um die Sperrzeiten mit einfachen Zeichen anschreiben zu können, werden die Buchstaben der Anfangs- und Endpunkte der Sperrabschnitte nebeneinander in eine eckige Klammer gesetzt. Die Fahrstraßen werden in Ziffern an die Buchstaben und die Zuggattung als Index hinter die eckige Klammer gesetzt. Die Bilde-, die Fahrzeit und die Auflösezeit, deren Summe die Sperrzeit ergibt, werden durch senkrechte Striche vor und hinter den Buchstaben der Anfangs- und Endpunkte der Sperrabschnitte gekennzeichnet, die hier jedoch nicht das Absolutzeichen der Mathematik bedeuten, und zwar ist innerhalb dieser senkrechten Striche der Buchstabe des Anfangspunktes die Bildezeit, die Buchstaben der Anfangs- und Endpunkte nebeneinander die Fahrzeit und der Buchstabe des Endpunkts die Auflösezeit. Letzterer erhält zum Unterschied von dem Buchstaben der Bildezeit noch ein Apostroph. Z.B. wird mit diesen Zeichen die Streckensperrzeit eines Güterzuges der durch Gleis 1 des einen Bahnhofs durchfährt und in Gleis 3 des andern Bahnhofs einfährt in Abhängigkeit von der Bilde-, Fahr- und Auflösezeit in folgender Form dargestellt:

$$[S_{d_1} Z_3]^g = |\overline{S}_{d_1}| + |S_d Z| + |\overline{Z}'_3|.$$

Mit der Überstreichung der Buchstaben für die Bilde- und Auflösezeit soll angedeutet werden, daß es sich um eine Streckensperrzeit zum Unterschied von einer Bahnhofssperrzeit handelt. Die Unterscheidung ist von Wert, weil bei den Streckensperrzeiten im allgemeinen die Fahrzeit eines vorfahrenden Zuges so lang ist, daß bis zum Eintreffen seiner Rückmeldung die Fahrstraße für einen nachfolgenden Zug bereits vorbereitet werden kann. Die Bilde- und Auflösezeiten verkürzen sich hierdurch.

Es fragt sich nun, welche Tätigkeiten schon vor Eintreffen der Rückmeldung ausgeführt werden können. Es sind dies alle Tätigkeiten bis zum Festlegen des Fahrstraßenhebels durch das Gleichstromblockfeld der Ausfahrt. Da dieses nur durch den Zug ausgelöst werden kann, ist es ohne einen Eingriff in das Blockwerk nicht mehr möglich, die Zugfolge umzuändern und einen andern Zug vor dem erst beabsichtigten in die Strecke zu lassen. Es wird daher vorgeschlagen, die Tätigkeiten für das Bilden der Ausfahrt eines Zuges oder der Durchfahrt mit der Wahrnehmung der Rückmeldung beginnen zu lassen. Beim Bilden der Ausfahrt eines Zuges handelt es sich bei mechanischen Stellwerken stets um folgende Tätigkeiten nach Abb. 70b des Stellwerksbedienungsplans:

1. Wahrnehmung der Rückmeldung . . . . . 3 sec
2. Bedienung des Gleichstromfeldes. . . . . . 2 ,,
3. Ziehen des Ausfahrsignals. . . . . 8 ,,
4. Sicherheitszuschlag bei der Ausfahrt . . . . 65 ,,
5. Erteilen und Aufnahme des Abfahrauftrages . 16 ,,
94 sec = 1,57 min.

Bei elektrischen Stellwerken mit Fahrstraßensignalhebeln, durch den die Weichenhebel nicht nur mechanisch sondern auch elektrisch festgelegt und erst durch Befahren eines Schienenkontakts durch den Zug wieder frei werden, beginnt diese Tätigkeit mit der Wahrnehmung der Rückmeldung und dem anschließenden Umlegen des Fahrstraßensignalhebels. Vorstehende Zeit verkürzt sich daher um 5'' auf 89 sec = 1,4 min.

Auch die Auflösezeiten verkürzen sich. Beim Auflösen der Fahrstraße eines Zuges handelt es sich bei mechanischen Stellwerken stets um folgende Tätigkeit nach Abb. 70a des Stellwerksbedienungsplanes:

1. Zugschlußbeobachtung . . . 3 sec
2. Zurücklegen des Signalhebels 8 ,,
3. Rückblockung. . . . . 4 ,,
15 sec = 0,25 min.

Bei elektrischen Stellwerken beträgt diese Zeit nur 12 sec = 0,2 min. Aus den Stellwerksbedienungsplänen ist ersichtlich, daß diese verkürzte Auflösezeit (Streckenauflösezeit) sowohl im Bahnhof für Durchfahrt und Ausfahrt als auch bei Blockstellen zweigleisiger Bahnen stets den konstanten Wert von 0,25 bzw. 0,2 min hat.

Erst wenn die Fahrzeit des vorausfahrenden Zuges so kurz wird, daß die Abschluß- und Vorbereitungszeiten in den Stellwerken für den nachfolgenden Zug nicht mehr durchgeführt werden können, sind die gesamten Stellzeiten, wie bei den Bahnhofssperrzeiten einzusetzen.

248   Leistungsermittlung der Bahnanlagen.

Die Bilde- und Auflösezeiten für die Sperrzeiten der Bahnhöfe umfassen die gesamten Bedienungszeiten, weil hier die Fahrzeiten der Züge kurz sind und deshalb keine Vorbereitungszeit für die anschließende Zugfahrt übrig lassen. Die Bahnhofssperrzeiten zeigen einige Besonderheiten. So reicht der Sperrabschnitt einer Einfahrt über den Endpunkt der Zugbewegung um die frei zu haltende Durchrutschstrecke hinaus. Er erstreckt sich vom Sichtpunkt S_e bis zum Schienenkontakt K_a hinter dem Ausfahrsignal, während die Fahrbewegungen sich nur zwischen den Punkten S_e und H abspielen. Ferner werden die Bahnhofssperrabschnitte durch die Grenzen der Stellwerksbezirke unterteilt und in diesen Teilen je nach der Dauer der Bedienungshandlung in den einzelnen Stellwerken zu verschiedenen Zeiten frei. Diese Unterschiede werden in den Stellwerksbedienungsplänen ausgewiesen. Sie sind im allgemeinen gering. Häufig liegen der Haltepunkt H eines Bahnhofs und der Zugschlußpunkt Z für den rückliegenden Streckensperrabschnitt nicht weit auseinander. Man setzt diese Punkte dann an die gleiche Stelle, wie es im folgenden Beispiel auch geschehen ist.

Die Sperrzeiten sollen nunmehr für eine 20,6 km lange Strecke (Abb. 68) mit je einem Zwischenbahnhof am Anfang und Ende sowie einem in der Mitte berechnet werden. Die maßgebende Steigung der Strecke ist $s_{ma} = 10\,^0/_{00}$. Die Steigungen und Gefälle sind unter Berücksichtigung der Krümmungswiderstände in das schematische Längenprofil eingetragen. Befahren wird diese Strecke in jeder Richtung von einem Schnellzug und einem ausgelasteten Güterzug. Auf dem Anfangsbahnhof A und dem Endbahnhof C halten alle Züge. Auf dem mittleren Bahnhof B fahren die Schnellzüge und Durchgangsgüterzüge durch. Es sollen aber Nahgüterzüge in B halten. Die Ermittlung dieser Fahrzeiten ist auf demselben Blatt oberhalb und unterhalb des schematischen Längenprofils durchgeführt. Entsprechend dem Rechtsbetrieb sind unterhalb des Längenprofils die Zeitwegstreifen der genannten Züge für die Fahrt in der Steigung Richtung AC und oberhalb des Längenprofils die Zeitwegstreifen für die Fahrt der Gegenrichtung CA also für das Gefälle dargestellt. An dem schematischen Längenprofil, dessen waagerechten Begrenzungslinien die durchgehenden Hauptgleise sind, sind die beiden Überholungsgleise eingezeichnet. Die Gleisanlagen sind für alle drei Bahnhöfe gleich angenommen. Ebenso wie in der Gleisskizze des Stellwerkszeitplans sind auch in den Gleisplänen nicht nur die Signale mit ihren Bezeichnungen sondern auch die Anfangs- und Endpunkte der Sperrstrecken nach S. 235 eingetragen. Die Stationierung der durchgehenden Hauptgleise ist auf der oberen waagerechten Begrenzung des schematischen Längenprofils eingetragen und zwar wird 1 km durch 2 cm dargestellt.

Die Schnellzüge sind bespannt mit einer vierzylindrigen Verbund-Heißdampflok 2 C 1 h 4 v mit der Bezeichnung S 36.17 (IV Bad.), die der Einheitslok 03 entspricht. Ihr Gewicht einschließlich Tender ist $G_l = 97 + 63,3 = 160$ t. Angehängt sind ein Packwagen und neun D-Zug-Wagen vom Gesamtgewicht $G_w = 500$ t. Die Gesamtlänge des Zuges einschließlich Lok ist dann $l_z = 250$ m bei einer Loklänge von 23 m. Für dieses Wagenzuggewicht wurde der Abb. 28 die s-V-Linie entnommen. Als Massenfaktor des ganzen Zuges wurde $\varrho = 1,06$ in Ansatz gebracht. (Empfohlen wird nach S. 50 $\varrho = 1,09$.) Als Kräftemaßstab der s-V-Linie wurde $p = 1$ kg/t $= 2$ mm gewählt und als Zeitschritt der Fahrzeitermittlung $\Delta t = 30$ sec. Infolgedessen ist nach S. 55 der Maßstab der Geschwindigkeitsachse $V = 1$ km/h $= 2 \cdot 60 : 30 = 4$ mm. Bei der Geschwindigkeit von 60 km/h legt der Zug in 30 sec $= 0{,}5$ min den Weg 0,5 km zurück. Dieser Strecke entsprechen nach dem angegebenen Längenmaßstab 10 mm, die in $V = 60$ km/h der V-Achse der s-V-Linie nach unten abgesetzt werden. Durch Verbindung des unteren Endpunktes mit dem Nullpunkt der V-Achse erhält man den Wegstrahl für $\Delta t = 30$ sec. Man zeichnet nun für die Fahrt in der Steigung unterhalb des Längenprofils eine Waagerechte als Achse des Zeitwegstreifens und eine solche oberhalb für die Gefällfahrt der Gegenrichtung. Die Fahrzeiten werden nach dem Verfahren des Verfassers, wie S. 48 beschrieben, ermittelt. Hierbei konnte die gezeichnete s-V-Linie für beide Richtungen des durchfahrenden Schnellzuges verwendet werden. Für die Richtung AC sind in der s-V-Linie die Zeitdreiecke ausgezogen und für die Gegenrichtung CA gestrichelt eingetragen. Als Nullpunkt der Zeitwegstreifen, die die Zugbewegung für die Zugmitte angeben, ist im Gleisplan der Haltepunkt des anfahrenden Zuges festzusetzen. Dieser ist im vorliegenden Falle für die drei Bahnhöfe auf die Zugmitte bezogen die Bahnhofsmitte. Nun ist aber für die Sperrstrecken die Zugbewegung auf den Zugschluß bezogen. Zu diesem Zweck ist wie S. 236 beschrieben eine halbe Zuglänge unterhalb bzw. oberhalb der Achse vom Zeitwegstreifen eine Waagerechte gezeichnet, von der man unter 45° in der Fahrrichtung eine Linie zieht.

Nun wird durch die zeichnerische Ermittlung lediglich die Durchfahrzeit bestimmt. Die Fahrzeit des haltenden Zuges erhält man, wenn man zur Durchfahrzeit noch den Bremszeitzuschlag für die Abbremsgeschwindigkeit und für die Bremsprozente hinzufügt. Die Geschwindigkeit von der auf dem horizontalen Bahnhof C abgebremst wird, ist nach der Fahrt in der Steigung rd. 60 km/h. Hierfür beträgt $\Delta t_b = 6$ sec $= 0{,}13$ min und nach der Gefällfahrt mit 90 km/h Abbremsgeschwindigkeit ist der Bremszeitzuschlag des D-Zugs auf Bahnhof A $\Delta t = 10$ sec $= 17$ min. (Die Bremszeitzuschläge der Schnell- und Güterzüge sind nach den später mit neueren Bremsreibungswerten aufgestellten Bremszeitnetztafeln (Abb. 46d und 56) länger. Jedoch wurden für die Leistungsermittlung die früher berechneten kürzeren Bremszeitzuschläge beibehalten.) Mit der Durchfahrzeit in der Bahnhofsmitte des Bahnhofs C von 21,92 min ist dann die Fahrzeit von A bis C des haltenden Zuges $21{,}92 + 0{,}13 = 22{,}05$ min und für die Gegenrichtung ist die Fahrzeit $15{,}63 + 0{,}17 = 15{,}8$ min. Anschließend sollen noch für die Sperrstrecken der freien Strecke und des Bahnhofs die Fahrzeiten durch Interpolieren ermittelt werden.

Streckensperrabschnitte:

1. Die Fahrzeit auf der Sperrstrecke $H_1 Z$ vom Bf A bis B ist 11,75 min.
2. Für die Sperrstrecke $S_d Z$ des vom Bf B bis C durchfahrenden Schnellzuges ist die Fahrzeit $21{,}80 - 10{,}55 = 11{,}25$ min.

Bahnhofssperrabschnitte:

1. Für die Ausfahrt aus Bf A auf der Sperrstrecke $H_1 K$ ist die Fahrzeit 1,75 min.
2. Für die Einfahrt des auf B durchfahrenden Schnellzuges ist die Sperrstrecke $S_e Z$ und die entsprechende Fahrzeit $11{,}75 - 9{,}8 = 1{,}95$ min. Es ist 9,8 min die Fahrzeit bis zur Durchfahrtstelle S_e vor dem Einfahrvorsignal.

3. Für die Durchfahrt des Schnellzuges S_e bis K_a ist die Fahrzeit $12{,}67 - 9{,}8 = 2{,}87$ min.

4. Für die Sperrstrecke $S_e Z$ des in Bf C einfahrenden Zuges ist die Fahrzeit $21{,}80 - 20{,}15 = 1{,}65$ min.

Mit Hilfe der Fahrzeiten und der Stellwerksbedienungszeiten dieser Sperrstrecken sind nun die Sperrzeiten zu ermitteln. Deshalb sind zunächst die aus dem Zeitwegstreifen entnommenen reinen Fahrzeiten durch Vervielfältigungen mit 1,03 bei Reisezügen in planmäßige zu verwandeln. (Bei Güterzügen ist 1,05 statt 1,03 einzusetzen.) Sodann sind die Stellwerkszeiten für das Bilden und das Auflösen der Fahrstraße aus dem Stellwerkszeitplan zu entnehmen. Es ist hier der Einfachheit halber angenommen, daß die Bahnhöfe A, B und C, die die gleichen Gleispläne haben, auch mit den gleichen Stellwerksanlagen ausgestattet sind, so daß die für Bf B im Stellwerkszeitplan ermittelte Bilde- und Auflösezeiten auch für die Bahnhöfe A und C gelten.

Streckensperrzeiten:

Zu 1.: Die Streckensperrzeit von H_1 des Bf A bis zur Zugschlußstelle Z des Bf B erhält man, wenn man zur Fahrzeit $1{,}03 \cdot 11{,}75 = 12{,}1$ min die Bildezeit $|\bar{H}_1| = 1{,}57$ min und die Auflösezeit $|\bar{Z}_1'| = 0{,}25$ min hinzufügt. Es ist dann $1{,}57 + 12{,}1 + 0{,}25 = 13{,}92$ min $= [H_1 Z]^s$ die Sperrzeit eines ausfahrenden Schnellzuges.

Zu 2.: Die Streckensperrzeit von S_d des Bf B bis Z_1 des Bf C ist
$$0{,}43 + 1{,}03 \cdot 11{,}25 + 0{,}25 = 12{,}27 = [S_d Z_1]^s .$$

Bahnhofssperrzeiten:

Zu 1.: Für die Ausfahrt aus Gleis 1 des Bf A von H_1 bis K_a ist die Bildezeit 1,67 min und die Auflösezeit 0,27 min (Abb. 70b). Dann ist die Sperrzeit $[H_1 K_a]^s = 1{,}67 + 1{,}03 \cdot 1{,}75 + 0{,}27 = 3{,}74$ min. Das ist die Bahnhofssperrzeit der Ausfahrt.

Zu 2.: Für die Bahnhofssperrzeit der Einfahrt des durchfahrenden Schnellzuges auf Bf B von S_e bis Z_1 ist die Bildezeit 0,92 und die Auflösezeit 0,43; nunmehr ist $0{,}92 + 1{,}03 \cdot 1{,}95 + 0{,}43 = 3{,}36 = [S_e Z_1]^s$ die Sperrzeit.

Zu 3.: Die Bahnhofssperrzeit des durchfahrenden Schnellzuges von S_e bis K_a auf Bf B ist dann mit der Fahrzeit $1{,}03 \cdot 2{,}87 = 2{,}96$ min (Abb. 70a) und mit den Stellwerkszeiten 0,92 und 0,52 min für Bilden und Auflösen $0{,}92 + 2{,}96 + 0{,}52 = 4{,}40$ min $= [S_e K_a]^s$.

Zu 4.: Die Bahnhofssperrzeiten des auf Bf C einfahrenden und dort haltenden Schnellzuges ist für die Sperrstrecke $S_d Z_1 = 0{,}92 + 1{,}03 \cdot 1{,}65 + 0{,}43 = 3{,}05 = [S_e Z_1]^s$.

Die Güterzüge sind mit einer dreizylindrigen Heißdampf-Zwillingslok 1 E - h 3 bespannt, die die Bezeichnung G 56.20 hat. Ihr Gewicht ist einschließlich Tender $G_l = 114{,}1 + 73{,}6 = 187{,}7$ t bei dem Reibungsgewicht $G_r = 99{,}4$ t. Die Loklänge ist 22,6 m. Das Wagenzuggewicht ist $G_w = 1000$ t. Die Zuglänge ist bei 60 Güterwagen von je 9 m und der Lok rd. $l = 560$ m. Die Höchstgeschwindigkeit ist $V = 60$ km/h. Für das Wagenzuggewicht wurde aus dem s–V-Diagramm die s–V-Linie entnommen und mit den gleichen Kraft- und Geschwindigkeitsmaßstäben wie beim Schnellzug und beim gleichen Zeitschritt $\Delta t = 30$ sec und dem Massenfaktor 1,06 in Abb. 69 aufgetragen. Hieraus wurden für beide Fahrrichtungen die Zeitwegstreifen einmal für den im Bf B durchfahrenden (Abb. 69) und zum andernmal für den in Bf B haltenden Güterzug ermittelt und zwar für die Strecken Bf B bis C und Bf B bis A. Die Zeitdreiecke für die eine Fahrrichtung wurden ausgezogen für die andere wieder gestrichelt gezeichnet. Die Fahrzeitermittlung für die Steigung vom Bf A bis B und für das Gefälle von Bf C bis B sind für die in Bf B haltenden und durchfahrenden Güterzüge die gleichen. Sie unterscheiden sich nur durch die Bremszeitzuschläge. Für $V = 60$ km/h und $s = 10$ $^0/_{00}$ Gefälle betragen die Bremsprozente nach den Bremstafeln für 700 m Bremsweg 41%. Hierfür ist der Bremszeitzuschlag 15 sec $= 0,25$ min. Bei $V = 50$ km/h ist der Bremszeitzuschlag 9 sec $= 0,15$ min.

Durch Multiplikation der reinen Fahrzeiten der Güterzüge mit 1,05 erhält man die planmäßige Fahrzeit. Die Fahrzeiten auf den Sperrstrecken sind nun wieder mit den zugehörigen Stellwerkszeiten vor und nach den Sperrstreckenfahrten zu den Sperrzeiten zusammenzusetzen wie dies in den Zusammenstellungen (vgl. S. 261) für die Bahnhöfe und die freie Strecke ohne Blockstellen wiedergegeben ist.

5. Die Zugfolgezeiten verschiedenartiger Züge.

In Abb. 72 ist ein Sperrabschnitt zwischen zwei Bahnhöfen mit Anfangs- und Endpunkt gezeichnet. Darunter sind die Zeitweglinien fünf verschieden schneller Züge eingetragen, bei denen der vierte als anfahrender Zug angenommen worden ist. Zwischen den horizontalen Linien sind die Sperrzeiten der Züge abzulesen. Im Punkte Z sind die Zugfolgezeiten gleich den Sperrzeiten des nachfolgenden Zuges. Beginn und Ende der Sperrzeit ist gegen die Zugfolgezeit um den Betrag der Auflösezeiten $|\overline{Z}'|$ verschoben. Da aber die Auflösezeit der Streckensperrzeiten, wie die Stellwerkszeitpläne ausweisen, für alle Züge ein konstanter Wert ist, sind die Zugfolgezeiten im Endpunkt der Sperrabschnitte gleich

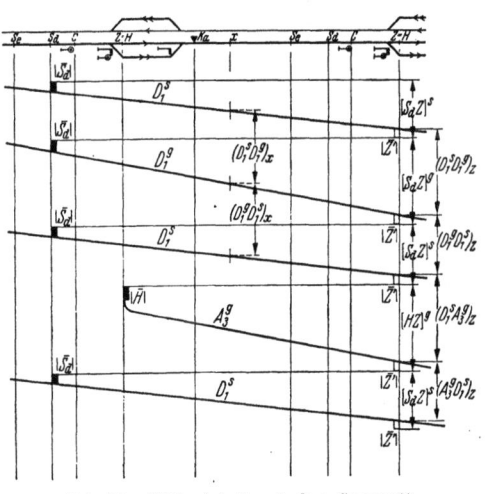

Abb. 72. Abhängigkeit zwischen Sperrzeit und Zugfolgezeit.

der Sperrzeit des nachfolgenden Zuges. Wird die Zugfolgezeit in einem anderen Punkt x der Bahn gesucht, so ergibt sie sich als Summe aus der Zugfolgezeit im Punkte Z und der Fahrzeitdifferenz des ersten vom zweiten Zuge. Für die Zugfolgezeiten werden folgende Bezeichnungen eingeführt. Die Zugfolgen unterscheiden sich nach der Zugbewegung der Zuggattung und der Fahrstraße im Bahnhof. Die Zugbewegungen sind nach Durchfahrt (D) und Ausfahrt (A) unterschieden. Einfahrten (E) bilden keine Zugfolgen, weil sie nicht auf die freie Strecke übergehen. Sie haben nur Einfluß auf den Bahnhof in dem sie stattfinden und bei Behinderung verursachen sie eine Verlängerung der Sperrzeit des rückliegenden Sperrabschnitts. Die Zuggattung wird als Index s oder g oben und die Fahrstraße in arabischen Ziffern unten angeschrieben. $D_1^s D_1^s$ bedeutet also, der Durchfahrt eines Schnellzuges folgt die Durchfahrt eines Schnellzuges durch Gleis 1 oder $D_1^s A_3^g$ bedeutet, der Durchfahrt eines Schnellzuges durch Gleis 1 folgt die Ausfahrt eines Güterzuges aus Gleis 3. **Setzt man die Zugfolgen in runde Klammern, dann bedeutet der Ausdruck die Zugfolgezeit. Die Beziehung zwischen Zugfolgezeit (runde Klammern) und Sperrzeit (eckige Klammern) im Punkte Z am Ende der Sperrstrecke wird also mit diesen Bezeichnungen durch folgende Formeln ausgedrückt:**

$$(D_1^s D_1^g)_x = [HZ]_1^g = |\overline{H}_1| + |H_1 Z| + |\overline{Z}'|.$$

oder bei der Zugfolge mit ausfahrendem Güterzug

$$(D_1^s A_3^g)_x = [H_3 Z]^g = |\overline{H}_3| + |H_3 Z| + |\overline{Z}'|.$$

Die Zugfolgezeit in einem beliebigen Punkte X der Bahn innerhalb des Sperrabschnittes ist bei einer Doppelfolge $(D_1^s D_1^g D_1^s)$ für die erste Zugfolge mindestens:

$$(D_1^s D_1^g) = [S_d Z]^g + |X Z|^s - |X Z|^g$$

und für die zweite Zugfolge:

$$(D_1^g D_1^s) = [S_d Z]^s + |X Z|^g - |X Z|^s$$

Diese Beziehung läßt sich für den Punkt X aus Abb. 72 auch für die Zugfolge $(D_1^s A_3^g)$ eines durchfahrenden Schnellzuges und eines aus dem Überholungsgleis ausfahrenden nachfolgenden Güterzuges ablesen. Sie ist:

$$(D_1^s A_3^g) = [H_3 Z]^g + |X Z|^s - |X Z|^g$$

Diese Beziehungen werden S 313 angewendet.

Für Züge gleicher Geschwindigkeit wird dieser Fahrzeitunterschied 0 und die Zugfolgezeit an jeder Stelle gleich der Sperrzeit. Man kann mehrere Zugfolgen so zusammenfassen, daß der erste und der letzte Zug gleiche Fahrzeiten haben und für diese Mehrfachfolgen den Vorteil ausnutzen, daß die Summe der Sperrzeiten an jeder Stelle gleich der Summe der Zugfolgezeiten wird. Durch die einfache Interpolation der Fahrzeiten in den Gleisachsen kann aber für Einzeluntersuchungen die Fahrzeitdifferenz schnell und bequem gefunden werden (s. oben).

6. Die ungünstigste Zugfolgezeit.

Eine Bahnlinie zwischen größeren Knotenbahnhöfen wird in die verschiedenen Sperrstrecken eingeteilt, wie es in Abb. 67 für einen Bahnhof und dem anschließenden freien Streckenabschnitt angegeben ist. Die Sperrzeiten der so festgelegten Sperrstrecken der freien Strecke und der Bahnhöfe werden ermittelt und zusammengestellt. Diese Zusammenstellung enthält eine längste Sperrzeit für die ungünstigste Sperrstrecke. In der Abb. 72 ist gezeigt, daß die Sperrzeit des nachfolgenden Zuges gleich der Zugfolgezeit beider Züge ist. Die aus der Zusammenstellung sämtlicher Sperrzeiten einer Bahnlinie ermittelte längste Sperrzeit ist demnach die für die Bahnlinie zugrunde zu legende **ungünstigste Zugfolgezeit**.

Schlägt man zu der ungünstigsten Zugfolgezeit noch Zeiten für Verspätung und Zugbehinderungen durch Kreuzungen und Anschlüsse hinzu, so ergibt sich wie S. 267 näher ausgeführt wird, die **maßgebende Zugfolgezeit** z_{ma}, die dann für die Berechnung der Leistungsfähigkeit einer Bahnlinie maßgebend ist.

C. Die günstigste Blockteilung.

Die Austeilung einer Strecke wäre am vorteilhaftesten, wenn die Leistungsfähigkeit der durchgehenden Hauptgleise auf der ganzen Strecke ausgenützt werden könnte, also alle Züge in demselben Zeitabstand, in dem sie in den Bahnhof einfahren, auch diesen wieder verlassen. Das ist bei den Zügen verschiedener Geschwindigkeit und bei den aus Verkehrs- und Betriebsrücksichten verschiedenen Bahnhofsaufenthalten nicht möglich. Wenn dies für die gleichartigen Züge, die am häufigsten sind, verwirklicht werden kann, so ist schon viel erreicht. Sind z. B. die Züge größtenteils durchgehende Güterzüge, so wird man für diesen Fall die Strecke günstig austeilen. Sind die Mehrzahl der Züge Personenzüge, so ist dieser Betriebsfall der zweckmäßigsten Austeilung zugrunde zu legen. Nun liegen aber durch das Gelände und die Besiedlung die Bahnhöfe in gewissen Grenzen fest, so daß man auch bei Neubaulinien die Lage der Bahnhöfe nicht lediglich nach ihrer Leistungsfähigkeit für die Zugfolge bestimmen kann. Man wird aber wenigstens die Strecke zwischen zwei Bahnhöfen durch Blockstellen so unterteilen, daß hierfür die Züge auf den einzelnen Blockabschnitten in gleichem Abstand folgen können. Andernfalls würde nämlich die größte Blockstrecke für die Zugfolge zwischen den beiden Bahnhöfen maßgebend sein. Es empfiehlt sich, die schwersten und langsamsten Güterzüge der Blockteilung zugrunde zu legen, da durch diese Blockteilung die Leistungsfähigkeit der Blockstrecke am meisten beeinflußt wird.

Nun bestimmt die Zugfolgezeit die Zeit, in der ein nachfolgender Zug einem vorausfahrenden im Blockabstand folgen kann. Bei der günstigsten Blockteilung können zwei oder mehrere hintereinanderliegende Blockstrecken zueinander in Beziehung gesetzt werden. Dies geschieht dadurch, daß man die Sperrzeiten dieser Blockstrecken einander gleichsetzt und zwar für gleiche Zugfahrten. Aus dieser Beziehung kann man die Fahrzeiten auf den einzelnen Sperrstrecken berechnen und für diese Fahrzeiten kann man das Ende der Sperrstrecken bzw. die Stelle für das Blocksignal aus dem Zeitwegstreifen durch Interpolieren bestimmen. Da aber bei Zügen gleicher Gattung und gleicher Zugbewegung nach obigem die Sperrzeiten gleich den Zugfolgezeiten sind, so ist die Strecke zwischen zwei Bahnhöfen so zu unterteilen, daß auch die Zugfolgezeiten auf dem Bahnhof und an den Blockstellen einander gleich sind.

1. Blockteilung durch eine Blockstelle.

In Abb. 73a wurden durch Zeitweglinien die Sperrstrecken und -zeiten zweier unmittelbar einander folgender gleicher Zugfahrten dargestellt, die beide entweder auf Bf A durchfahren oder dort halten. Beim ersten Zug ist die Zeitweglinie der Sperrstrecke von der Durchfahrstelle S_d des Ausfahrvorsignals des Bf A bis zum Schienenkontakt K_b hinter der Blockstelle und beim zweiten Zug von S_b der Durchfahrstelle des Blockvorsignals bis zur Zugschlußstelle Z des Bf B stärker ausgezogen. Bei dem auf Bf A anfahrenden Zuge tritt an Stelle von S_d die Anfahrstelle H_1 des abfahrenden Zugschlusses. Die Fahrzeiten auf den Sperrstrecken $|S_d K_b|$ bzw. $|H_1 K_b|$ sind die Unbekannten t_x. Die Gesamtfahrzeit $|S_d Z| = T$ bzw. $|H_1 Z| = T$ kann man aus dem Zeitwegstreifen des Güterzuges der Abb. 68 entnehmen. Die Fahrzeit der zweiten Sperrstrecke $S_b Z$ ist $|S_b Z| = T - (t_x - t_c)$. Hier ist t_c die Fahrzeit auf der 1600 m langen Strecke $S_b K_b$, wenn der Schienenkontakt hinter dem Blocksignal liegt. Diese Fahrzeit ändert sich bei durchfahrenden Zügen wenig, bei anfahrenden Zügen etwas mehr. Man greift daher für drei Zugschlußpunkte in der Gegend in der die Blockstelle liegen wird, aus dem Zeitwegstreifen für 1600 m die Fahrzeit t_c ab und trägt sie über diesen Zugschlußpunkten von einer Waagerechten in beliebigem Maßstab auf. Verbindet man die Endpunkte dieser Senkrechten, so erhält man die t_c-Linie. Addiert man nun zu den Fahrzeiten t_x bzw. $T - (t_x - t_c)$ die Bilde- und Auflösezeiten $t_{s_b} = |S_d|$ und $t'_{K_b} = |K'_b|$ der Fahrstraße bzw. $t_h = |H|$ und $t'_{K_b} = |K'_b|$ sowie $t_{s_b} = |S_b|$ und $t'_z = |Z'|$, so erhält man die beiden Gleichungen der Sperrstrecken $S_d K_b$ und $S_b Z_d$ des durchfahrenden Zuges und zwar:

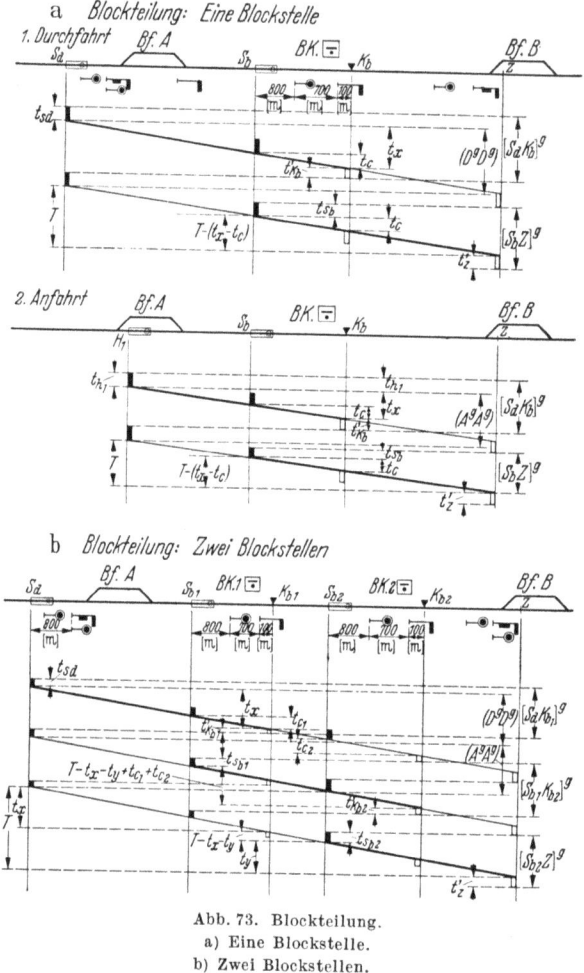

Abb. 73. Blockteilung.
a) Eine Blockstelle.
b) Zwei Blockstellen.

1. $t_{s_d} + t_x + t'_{K_b}$
$= |\bar{S}_d| + |S_d K_b| + |\bar{K}'_b|$
$= [S_d K_b]^g$ und

2. $t_{s_b} + T + t_c - t_x + t'_z$
$= |S_b| + |S_b Z| + |\bar{Z}'|$
$= [S_b Z]^g$.

Die linken Seiten dieser Gleichungen setzt man einander gleich, dann ist

$$t_{s_d} + t_x + t'_{K_b} = t_{s_b} + T + t_c - t_x + t'_z$$

oder die gesuchte Fahrzeit ist

$$\boxed{t_x = 0{,}5 \left[T + t_c + (t_{s_b} + t'_z) - (t_{s_d} + t'_{K_b}) \right] \text{ [min]}.}$$

Durch Interpolieren dieser Fahrzeit vom Durchfahrpunkt S_d ab, findet man im Zeitwegstreifen die Stelle, wo der Schienenkontakt K_b der Blockstelle hinkommt. Das Blocksignal ist dann 100 m davor aufzustellen. Nun ist noch zu prüfen, ob der beliebig abgegriffene t_c-Wert der Wirklichkeit entspricht. Man interpoliert dann diesen Wert zwischen S_b und K_b und vergleicht ihn mit dem Wert, den man in die Gleichung eingesetzt hat. Ist der Unterschied der beiden t_c-Werte erheblich,

Die günstigste Blockteilung.

so setzt man den zuletzt aus der t_c-Linie interpolierten in die Gleichung ein und verbessert den Wert von t_x durch Iteration. Handelt es sich um Züge, die auf Bf A abfahren, so tritt an Stelle von S_d die Abfahrstelle H des Zugschlusses. Hierfür ist dann

$$t_x = 0{,}5\left[T + t_c + (t_{s_b} + t'_z) - (t_h + t'_{K_b})\right] \text{ [min]}.$$

2. Blockteilung durch zwei Blockstellen.

In Abb. 73b sind für zwei Blockstellen die drei Zeit-Weg-Linien der Sperrstrecken $S_d K_{b_1}$, $S_{b_1} K_{b_2}$ und $S_{b_2} Z$ stärker ausgezogen. Die Fahrzeit auf der ersten Sperrstrecke $S_d K_{b_1}$ ist die eine Unbekannte t_x und die Fahrzeit auf der letzten Blockstrecke $S_{b_2} Z$ ist die andere Unbekannte t_y. Da wieder die Gesamtfahrzeit T von S_d bis Z aus dem Zeitwegstreifen durch Interpolieren gefunden werden kann, ist die Fahrzeit auf der mittleren Sperrstrecke $S_{b_1} K_{b_2}$ gleich $T - t_x - t_y + t_{c_1} + t_{c_2}$. Es sind t_{c_1} und t_{c_2} die Fahrzeiten auf den 1600 m langen Strecken $S_{b_1} K_{b_1}$ sowie $S_{b_2} K_{b_2}$. Für diese zeichnet man wie vor die t_{c_1}-Linie sowie die t_{c_2}-Linie.

Ergänzt man diese Fahrzeiten wie vor durch die Bilde- und Auflösezeiten der Fahrstraße, so erhält man folgende Gleichungen für die Sperrzeiten:

$$[S_d K_{b_1}] = t_{s_d} + t_x + t'_{K_{b_1}}. \tag{1}$$

$$[S_{b_1} K_{b_2}] = t_{s_{b_1}} + T + t_{c_1} + t_{c_2} - t_x - t_y + t'_{K_{b_2}}. \tag{2}$$

$$[S_{b_2} Z] = t_{s_{b_2}} + t_y + t'_z. \tag{3}$$

Setzt man die rechten Seiten der Gl. (1) und (2) einander gleich, so ist

$$t_{s_d} + t_x + t'_{K_{b_1}} = t_{s_{b_1}} + T + t_{c_1} + t_{c_2} - t_x - t_y + t'_{K_{b_2}}$$

oder Gl. (1a) ist nun $2 t_x + t_y = T + (t_{c_1} + t_{c_2}) + (t_{s_{b_1}} + t'_{K_{b_2}}) - (t_{s_d} + t'_{K_{b_1}})$.

Setzt man die rechten Seiten der Gl. (2) und (3) einander gleich, so ist:

$$t_{s_{b_2}} + t_y + t'_z = t_{s_{b_1}} + T + (t_{c_1} + t_{c_2}) - t_x - t_y + t'_{K_{b_2}}.$$

oder Gl. (2a) ist:

$$t_x + 2 t_y = T + t_{c_1} + t_{c_2} + (t_{s_{b_1}} + t'_{K_{b_2}}) - (t_{s_{b_2}} + t'_z).$$

Setzt man nun $T + t_{c_1} + t_{c_2} + (t_{s_{b_1}} + t'_{K_{b_2}}) = F$ als Festwert, so ist

$$2 t_x + t_y = F - (t_{s_d} + t'_{K_{b_1}}) \tag{1a}$$

$$t_x + 2 t_y = F - (t_{s_{b_2}} + t'_z) \tag{2a}$$

Gl. (1a) mit (2) multipliziert und Gl. (2a) von (1a) abgezogen ergibt:

$$3 t_x = F - 2(t_{s_d} + t'_{K_{b_1}}) + (t_{s_{b_2}} + t'_z)$$

oder

$$t_x = \left[F - 2(t_{s_d} + t'_{K_{b_1}}) + (t_{s_{b_2}} + t'_z)\right] : 3 \text{ [min]}.$$

Multipliziert man die Gl. (2a) mit 2 und zieht diese von Gl. (1a) ab, so ist

$$3 t_y = F - 2(t_{s_{b_2}} + t'_z) + (t_{s_d} + t'_{K_{b_1}})$$

oder

$$t_y = \left[F - 2(t_{s_{b_2}} + t'_z) + (t_{s_d} + t'_{K_{b_1}})\right] : 3 \text{ [min]}.$$

Der Abstand K_{b_2} von S_d ist dann $T + t_{c_2} - t_y$ min.

3. Beispiele.

Es sollen nun für die Strecke von Bf A bis C in beiden Fahrrichtungen die günstigste Lage der Blocksignale berechnet werden und zwar für eine und für zwei Blockstellen zwischen den Bahnhöfen A und B sowie zwischen B und C. Diese Blockstellen sind für einen ausgelasteten Güterzug, der in Bf A anfährt, auf Bf B durchfährt und auf Bf C hält und in der Gegenrichtung auf Bf C anfährt, auf Bf B durchfährt und auf Bf A hält, zu ermitteln. Die Zeitwegestreifen sind in Abb. 68 für beide Fahrrichtungen des durchfahrenden und haltenden Güterzuges dargestellt.

Bevor diese Ermittlung durchgeführt wird, sind für den Bereich, in dem die Blockstellen liegen können, für drei oder vier Punkte die Zeiten t_c zum Durchfahren der Strecke von 1600 m Länge zwischen dem Durchfahrpunkt S_b und dem Schienenkontakt K_b durch Abgreifen dieser Strecke in dem Zeitwegstreifen und Interpolieren der Zeiten für Anfangs- und Endpunkt zu ermitteln. Die Differenz der abgelesenen Fahrzeiten sind die t_c-Werte, die man von einer Waagerechten absetzt und zwar in den Schlußpunkten dieser Fahrstrecken. Die Endpunkte der abgesetzten t_c-Werte verbindet man zur t_c-Linie (Abb. 68V). Für die Strecke von Bf A bis C ist die t_c-Linie der Zeitwegstreifen für den in Bf A anfahrenden Güterzug, für die Strecke vom Bf B bis zum Bf C für den in Bf B durchfahrenden und anfahrenden Güterzug aufzuzeichnen. Für die Fahrt im Gefälle, auf dem die Güterzüge mit der Höchstgeschwindigkeit $V = 60$ km/h fahren, ist die Fahrzeit auf der 1600 m langen Strecke $t = 1,6 \cdot 60 : V = 1,6$ min.

a) **Eine Blockstelle.**

1a) Vom Bf A bis B Steigung und Anfahrt in Bf A:

$$t_x = 0{,}5\,[T + t_c + (t_{s_b} + t'_z) - (t_h + t'_{K_b})],$$

es ist $T = 15{,}5'$ von H bis Z aus dem Zeitwegstreifen (Abb. 68 III), $t_c = 2{,}8'$ aus der t_c-Linie (Abb. 68V). Aus dem Stellwerkszeitplan des Bf B und der Blockstelle (Abb. 70b und 71) ist $t_{s_b} = 0{,}4'$, $t'_z = 0{,}25'$, $t_{h_s} = 1{,}54$, $t_{K_b} = 0{,}32'$. Eingesetzt ist

$$t_x = 0{,}5\,[15{,}5 + 2{,}8 + (0{,}4 + 0{,}25) - (1{,}54 + 0{,}32)] = 8{,}65'.$$

Interpoliert man diese Fahrzeit im Zeitwegstreifen und geht der Fahrrichtung entgegen unter 45° zur Zugschlußwaagerechten, so kann man für diesen Punkt in der darüberliegenden Kilometrierung 4,40 km als Stelle des Schienenkontakts K_b hinter der Blockstelle ablesen.

1b): Von Bf B bis A Gefälle, Durchfahrt auf Bf B

$$t_x = 0{,}5\,[T - t_c + (t_{s_b} + t'_z) - (t_{s_d} + t'_{K_b})].$$

Es ist $T =$ Fahrzeit von H des Bf C bis Z des Bf $A = 21{,}80'$
— Fahrzeit von H des Bf C bis S_d des Bf $B = \underline{11{,}70'}$
$T = 10{,}10'.$

$t_c = 1{,}6'$, $t_{s_b} = 0{,}4'$, $t'_z = 0{,}25'$, $t_{s_d} = 0{,}43'$, $t'_{K_b} = 0{,}32'$

Eingesetzt ist $t_x = 0{,}5\,[10{,}10 + 1{,}6 + (0{,}4 + 0{,}25) - (0{,}43 + 0{,}32)] = 5{,}80'$
+ Fahrzeit von H auf Bf C bis S_d auf Bf B $= \underline{11{,}70'}$
= Fahrzeit von Bf C ab $17{,}50'.$

Die günstigste Blockteilung.

Für diese Fahrzeit des oberen Zeitwegstreifens zieht man der Fahrrichtung entgegen unter 45° einen Strich zur Zugschlußwaagerechten. Der Schnittpunkt bestimmt den Schienenkontakt, der in km 4,60 liegt. Der Schienenkontakt K_b liegt bei der Fahrt in der Steigung nach obigem in km 4,40. Sollen beide Schienenkontakte in der Mitte dieser Strecke gegenüberliegen, so ist dies bei $0,5 (4,40+4,60) = 4,50$ km. Dann ist das Blocksignal für die Fahrt in der Steigung in km 4,40 und für die Fahrt im Gefälle in km 4,60 zu errichten. Für diese Blockstelle weichen die Werte für t_c in der Steigung nicht von den eingesetzten t_c-Werten ab. Dasselbe trifft auch für das Gefälle zu.

2a) Von Bf B bis C Steigung und Durchfahrt auf Bf B:

$$t_x = 0{,}5 \left[T + t_c + (t_{s_b} + t'_z) - (t_{s_d} + t'_{K_b}) \right]$$

T = Fahrzeit von H des Bf A bis Z des Bf C = 31,0′
— Fahrzeit von H des Bf A bis S_d des Bf B = 13,9′
$$\overline{T = 17{,}1'.}$$

$t_c = 2{,}8'$ aus der t_c-Linie. $t_{s_b} = 0{,}4'$, $t'_z = 0{,}25'$, $t_{s_d} = 0{,}43'$, $t'_{K_b} = 0{,}32'$, $t_x = 0{,}5 \cdot [17{,}1 + 2{,}8 + (0{,}4 + 0{,}25) - (0{,}43 + 0{,}32)] = 9{,}90'$. Dieser entspricht im Fahrzeitstreifen die Zeit $9{,}90 + 13{,}9 = 23{,}80'$. Projiziert man diese Zeit wieder auf die Zugschlußwaagerechte, so liegt der Schienenkontakt in km 15,7.

2b) Von Bf C bis B, Gefälle und Anfahrt auf Bf C:

$$t_x = 0{,}5 \left[T + t_c + (t_{s_b} + t'_z) - (t_{h_1} + t'_{K_b}) \right].$$

Mit $T = 12{,}9'$ von H des Bf C bis Z des Bf B, $t_c = 1{,}6'$, $t_{s_b} + t'_z = 0{,}65'$, $t_{h_1} = 1{,}57'$, $t'_{K_b} = 0{,}32'$ ist $t_x = 6{,}73'$. Hierfür ermittelt man wieder wie vor den Schienenkontakt K_b in km 15,40. Die mittlere Lage der Schienenkontakte für beide Fahrrichtungen ist dann in km 15,55. Das Blocksignal in Richtung $B-C$ steht dann in km 15,45, das der Gegenrichtung in km 15,65.

b) **Zwei Blockstellen.**

1a) Von Bf A bis B Steigung und Anfahrt in Bf A:

$$t_x = [F - 2(t_h + t'_{K_b}) + (t_{s_b} + t'_z)] : 3,$$

wo $F = T + t_{c_1} + t_{c_2} + (t_{s_b} + t'_{K_b})$. Ferner ist $t_y = [F - 2(t_{s_b} + t'_z) + (t_h + t'_{K_b})] : 3$. Es ist $T = 15{,}5'$ wie vor, $t_{c_1} = 2{,}9'$, $t_{c_2} = 2{,}7'$, $t_{s_b} = 0{,}4'$, $t'_{K_b} = 0{,}32'$. Dann ist $F = 15{,}5 + 2{,}9 + 2{,}7 + (0{,}4 + 0{,}32) = 21{,}82'$. Mit $t_{h_2} = 1{,}54'$, $t'_z = 0{,}25'$ ist

$$t_x = [21{,}82 - 2(1{,}54 + 0{,}32) + (0{,}4 + 0{,}25)] : 3 = 6{,}25'$$

die Fahrzeit bis K_{b_1} und

$$t_y = [21{,}82 - 2(0{,}4 + 0{,}25) + (1{,}54 + 0{,}32)] : 3 = 7{,}5'.$$

Dann ist die Fahrzeit bis zum Schienenkontakt

$$K_{b_2} = T + t_{c_2} - t_y = 15{,}5 + 2{,}7 - 7{,}5 = 10{,}7'.$$

Projiziert man wie vor die Fahrzeiten unter 45° auf die Zugschlußwaagerechte, so entspricht K_{b_1} mit der Fahrzeit 6,25′ dem Ort km 3,2 und K_{b_2} mit der Fahrzeit 10,7′ dem Ort km 5,6.

1 b) Von Bf B bis A Gefälle, Durchfahrt in Bf B:

$$t_x = [F - 2(t_{s_d} + t'_{K_b}) + (t_{s_b} + t'_z)] : 3;$$
$$t_y = [F - 2(t_{s_b} + t'_z) + t_{s_d} + t'_{K_b})] : 3.$$

Hier ist $F = T + t_{c_1} + t_{c_2} + (t_{s_b} + t'_{K_b})$. Mit $T = 10{,}10'$ wie vor, $t_{c_1} = t_{c_2} = 1{,}6'$, $t_{s_b} = 0{,}4'$, $t'_{K_b} = 0{,}32'$ ist $F = 10{,}1 + 2 \cdot 1{,}6 + 0{,}4 + 0{,}32 = 14{,}02'$.
Mit $t_{s_d} = 0{,}43$ und $t'_z = 0{,}25$ ist

$$t_x = [14{,}02 - 2(0{,}43 + 0{,}32) + (0{,}4 + 0{,}25)] : 3 = 4{,}39',$$
$$t_y = [14{,}02 - 2(0{,}4 + 0{,}25) + (0{,}43 + 0{,}32)] : 3 = 4{,}49'.$$

Der Schienenkontakt K_{b_1} ist dann bei $4{,}39 + 11{,}7 = 16{,}09'$ zu suchen. Nach Projektion auf die Zugschlußwaagerechte liegt er bei km 6,1.

Es ist dann die Fahrzeit bis K_{b_1} ab S_d des Bf B gerechnet wie vor $T + t_{c_2} - t_y = 10{,}1 + 1{,}6 - 4{,}49 = 7{,}21'$; dann ist die Fahrzeit bis K_{b_2} von Punkt H des Bf C ab gerechnet $7{,}21 + 11{,}7 = 18{,}98'$. Projiziert man diese Fahrzeit wieder unter 45° auf die Zugschlußwaagerechte, so erhält man den Schienenkontakt bei 3,2 km. Die mittlere Lage des Schienenkontakts K_{b_2} ist bei 3,2 km und die des Schienenkontakts K_{b_1} ist bei km $(5{,}6 + 6{,}1) : 2 = 5{,}85$. Die Blocksignale stehen dann in der Steigung bei km 3,1 bzw. 5,75 und im Gefälle bei km 5,95 und 3,3.

2 a) Vom Bf B bis C Steigung, Durchfahrt in Bf B.

$$t_x = [F - 2(t_{s_d} + t'_{K_b}) + (t_{s_b} + t'_z)] : 3.$$
$$t_y = [F - 2(t_{s_b} + t'_z) + (t_{s_d} + t'_{K_b})] : 3.$$

Hier ist $F = T + t_{c_1} + t_{c_2} + (t_{s_b} + t'_{K_b}) = 17{,}1 + 2{,}2 + 2{,}7 + (0{,}4 + 0{,}32) = 22{,}72'$
$$t_x = [22{,}72 - 2(0{,}43 + 0{,}32) + (0{,}4 + 0{,}25)] : 3 = 7{,}29'.$$

Die Fahrzeit bis zum Schienenkontakt K_{b_1} (von Bf A gerechnet) ist $13{,}9 + 7{,}29 = 21{,}19'$. Das ist bei km 13,9.

$$t_y = [22{,}72 - 2(0{,}4 + 0{,}25) + (0{,}43 + 0{,}32)] : 3 = 7{,}39'.$$

Die Fahrzeit ab S_d bis zum Schienenkontakt K_{b_2} ist dann
$$T + t_{c_2} - t_y = 17{,}1 + 2{,}7 - 7{,}39 = 12{,}41'.$$

Dann ist im Fahrzeitstreifen hierfür $12{,}41 + 13{,}9 = 26{,}31'$ die Fahrzeit von Bf A bis zum Schienenkontakt K_{b_2}. Dieser liegt dann in km 17,05.

2 b) Von Bf C bis B Gefälle, Anfahrt auf Bf C.

$F = T + t_{c_1} + t_{c_2} + (t_{s_b} + t'_{K_b})$. Mit $T = 12{,}9'$, $t_{c_1} = t_{c_2} = 1{,}6'$ ist
$$F = 12{,}9 + 3{,}2(0{,}4 + 0{,}32) = 16{,}82'.$$

$$t_x = [F - 2(t_{h_1} + t'_{K_b}) + (t_{s_b} + t'_z)] : 3$$
$$= [16{,}82 - 2(1{,}57 + 0{,}32) + (0{,}4 + 0{,}25)] : 3 = 4{,}9$$

ist die Fahrzeit vom Bahnhof C bis zum Schienenkontakt K_{b_1} der bei km 17,2 liegt.

$$t_y = [F - 2(t_{s_b} + t'_z) + (t_{h_1} + t'_{K_b})] : 3$$
$$= [16{,}82 - 2(0{,}4 + 0{,}25) + (1{,}57 + 0{,}32)] : 3 = 5{,}82'.$$

Die Fahrzeit vom Bf C bis zum Schienenkontakt K_{b_2} ist dann
$$T + t_{c_2} - t_y = 12{,}9 + 1{,}6 - 5{,}82 = 8{,}68'.$$

Der Schienenkontakt liegt dann nach Projektion dieser Fahrzeit unter 45° auf die Zugschlußwaagerechte bei km 13,5. Der Schienenkontakt K_{b_s} in der Steigung liegt bei 13,9 km und der im Gefälle bei 13,5 km, im Mittel liegt er bei km 13,70. Das Blocksignal steht daher in der Steigung bei km 13,60 und im Gefälle bei 13,80. Der Schienenkontakt K_{b_4} liegt in der Steigung bei km 17,05 und im Gefälle bei km 17,2, im Mittel liegt er bei km 17,12. Die Blocksignale liegen in der einen Fahrrichtung bei km 17,02 und in der anderen bei km 17,22.

Die Standorte der Signale sind aber außer von den Bedingungen einer günstigen Blockteilung von den örtlichen Verhältnissen abhängig, so z. B. von den Steigungen und Krümmungen vor den Signalen für das Wiederanfahren der Züge, sowie von der Signalsicht. Auch die Vereinigung der Blocksignale beider Fahrrichtungen, wie in der Rechnung gezeigt und die Vereinigung der Blockwärter- und Schrankenwärterposten ist aus wirtschaftlichen Erwägungen bei der Blockteilung zu berücksichtigen.

Bei der Leistungsberechnung einer Bahnlinie (S. 281) hat sich gezeigt, daß bei drei Blockstellen die maßgebende Zugfolgezeit von der mittleren Blockstrecke abhängig ist. Dies kommt daher, daß der Signalstandort aus den für Steigung und Gefälle berechneten günstigsten Blockteilungen gemittelt worden ist. Nun sind aber wegen des Lokomotivumlaufs die Züge auf der Steigungs- und auf der Gefällstrecke paarig, d. h. die Zugzahl in beiden Fahrrichtungen die gleiche. Die maßgebende Zugfolgezeit ist aber auf der Steigungsstrecke größer als auf der Gefällstrecke. Die Anzahl der Züge wird daher durch die Steigungsstrecke bestimmt. Infolgedessen ist auch die für die Steigungsstrecke berechnete günstigste Blockteilung für die Aufstellung der Blocksignale in erster Linie maßgebend. Wenn man dann die Blocksignale für Steigungs- und Gefällstrecken einander gegenüber aufstellt, so ist für die Gefällstrecke die Blockteilung nicht mehr die günstigste. Dies ist aber von geringer Bedeutung, weil die Gefällstrecke gegen Verspätungen nicht so empfindlich ist.

Bei elektrisch betriebenen Strecken sind die Unterschiede der Zugfolgezeiten auf den Steigungs- und Gefällstrecken und damit die der Leistungsfähigkeit beider Fahrrichtungen nicht so groß, da die Elloks auf den Steigungen schneller fahren als die Dampfloks. Infolgedessen sind hier bei günstigster Blockteilung auch die Entfernungen der Signalstandorte beider Fahrrichtungen nicht so groß wie auf den mit Dampf betriebenen Strecken, so daß man hier bei Mittelung etwas freier in der Wahl für die Standorte der Blocksignale bei zwei bzw. bei drei Blockstrecken ist.

D. Die Leistungsermittlung zweigleisiger Bahnen.
1. Die ungünstigsten Zugfolgezeiten einer Bahnlinie.

Die Zugfolgen eines Sperrabschnitts unterscheiden sich wie S. 251 angegeben nach der Fahrstraße, nach der Zugbewegung und nach der Zuggattung. An dem Beispiel nach S. 238 soll gezeigt werden, wie man diese unterschiedlichen Sperrzeiten und damit auch die Zugfolgezeiten zwischen den Bahnhöfen A, B und C findet:

1. Die durch die Bahnhofsfahrordnung festgelegte Betriebsweise der Bahnhöfe A und C ist die, daß a) auf den durchgehenden Hauptgleisen 1 und 2 alle

Schnellzüge und alle Personenzüge und b) in den Überholungsgleisen 3 und 4 alle Güterzüge halten. Die Züge unter a) haben daher die Bezeichnung A_1^s, A_1^g. Die Züge der Gegenrichtung haben die entsprechende Bezeichnung A_2^s, A_2^g. Die Züge sind unter b) mit A_3^g bzw. A_4^g bezeichnet. Es sind also für jede Fahrrichtung drei verschiedene Züge und damit drei unterschiedliche Zugfolgezeiten gegeben: $(A_1^s A_1^s)$ $(A_1^g A_1^g)$ $(A_1^s A_3^g)$. Variiert man auch noch den ersten Zug nach Fahrstraße, Zuggattung und Zugbewegung, so erhält man alle möglichen Zugfahrten, die aber auf die Endpunkte der Sperrstrecke bezogen keine neuen Zugfolgezeiten liefern (vgl. S. 251).

2. Bei dem Zwischenbahnhof B ist die Betriebsweise nach der Bahnhofsfahrordnung folgende:

a) Schnellzüge und Güterzüge fahren auf Gleis 1 und 2 durch.

b) Personenzüge halten auf Gleis 1 und 2.

c) Güterzüge, die überholt werden, fahren auf Gleis 3 und 4 (Gegenrichtung) aus.

Es gibt also hier für beide Fahrrichtungen vier verschiedene Züge: D_1^s, D_1^g, A_1^g und A_3^g bzw. D_2^s, D_2^g, A_2^g und A_4^g.

Die unterschiedlichen Zugfolgezeiten sind deshalb: $(A_1^g A_3^g)$, $(A_3^g D_1^g)$, $(A_3^g D_1^s)$, $(D_1^s A_1^g)$.

3. Bei Bahnstrecken, die nicht nur durch Bahnhöfe sondern auch durch Blockstellen unterteilt sind, ist auch festzustellen, ob die Sperrzeiten zwischen zwei Blockstellen oder zwischen einer Blockstelle und dem nachfolgenden Bahnhof kleiner oder größer sind als die Sperrzeit zwischen Bahnhof und nachfolgender Blockstelle. Im Beispiel sind die Strecken zwischen den Bahnhöfen in zwei bzw. drei Blockabschnitte unterteilt. Aus den Sperrzeiten der Schnell- und Güterzüge ist dann die größte auszusuchen, die als ungünstigste Zugfolgezeit der Strecke z_{u_s} in Rechnung gestellt wird.

Aus den Tabellen 19, 20, 21 sind nun für die nicht unterteilte sowie die durch eine und durch zwei Blockstellen unterteilte Bahnlinie zwischen zwei Bahnhöfen die Streckensperrzeiten zu ersehen, aus denen die ungünstigste Zugfolgezeit ausgesucht werden kann.

Es ist nach Tabelle 19 bei der Bahnstrecke ohne Blockteilung in der Steigung die längste Sperrzeit als ungünstigste Zugfolgezeit für Schnellzüge $(A_1^s A_1^s)$ $=[H_1 Z]^s = 13{,}92'$ der Strecke A bis B.

Für Güterzüge ist sie $(D_1^s A_1^g) = [H_1 Z]^g = 20{,}52'$ der Strecke B bis C.

Auf dem Gefälle ist die längste Sperrzeit als ungünstigste Zugfolgezeit für Schnellzüge $(A_2^s A_2^s) = [H_2 Z]^s = 11{,}76'$ der Strecke C bis B. Für Güterzüge $(A_2^g A_2^g) = [H_2 Z]^g = 15{,}62'$ der Strecke C bis B.

Nach Tabelle 20 ist in der Steigung für Schnellzüge $(A_1^s A_1^s) = [H_1 K_{b_d}]^s = 9{,}18'$ von A bis B, für Güterzüge $(D_1^s A_1^g) = [H_1 K_{b_e}]^g = 11{,}42'$ der Strecke B bis C.

Im Gefälle ist für Schnellzüge $(A_2^s A_2^s) = [H_2 K_{b_e}]^s = 7{,}47'$ von C bis B. Für Güterzüge $(D_b^g D_b^g) = [S_b Z]^g = 8{,}93'$ von C bis B.

Nach Tabelle 21 ist in der Steigung für Schnellzüge $(A_1^s A_1^s) = [H_1 K_{b_l}]^s = 7{,}28'$ von A bis B, für Güterzüge $(A_1^g A_1^g) = [H_1 K_{b_s}]^g = 8{,}50'$ von B bis C.

Im Gefälle ist für Schnellzüge $(A_2^s A_2^s) = [H_2 K_{b_4}]^s = 6{,}29'$ von C bis B, für Güterzüge $(A_2^g A_2^g) = [H_2 K_{b_4}]^g = 7{,}04'$ von C bis B.

Tabelle 19. *Sperrzeiten der freien Strecke ohne Blockstellen (eine Blockstrecke).*

Zugfolgen	Sperr-strecke	Bildezeit	Fahrzeit	Auflöse-zeit	Strecken-sperrzeiten

Steigung.

Strecke A bis B.

$A_1^s A_1^s$	$H_1 Z$	1,57	$1{,}03 \cdot 11{,}75 = 12{,}1$	0,25	13,92'
$A_1^g A_1^g$	$H_1 Z$	1,57	$1{,}05 \cdot 15{,}50 = 16{,}3$	0,25	18,13'
$A_1^s A_3^g$	$H_3 Z$	1,57	$1{,}05 \cdot 15{,}50 = 16{,}3$	0,25	18,10'

Strecke B bis C.

$A_3^g A_3^g$	$H_3 Z$	1,54	$1{,}05 \cdot 17{,}80 = 18{,}7$	0,25	20,49'
$A_3^g D_1^g$	$S_d Z$	0,43	$1{,}05 \cdot 17{,}00 = 17{,}85$	0,25	18,53'
$A_3^g D_1^s$	$S_d Z$	0,43	$1{,}03 \cdot 11{,}25 = 11{,}59$	0,25	12,27'
$D_1^s A_1^g$	$H_1 Z$	1,57	$1{,}05 \cdot 17{,}80 = 18{,}7$	0,25	20,52'

Gefälle.

Strecke C bis B.

$A_2^s A_2^s$	$H_2 Z$	1,57	$1{,}03 \cdot 9{,}65 = 9{,}94$	0,25	11,76'
$A_2^g A_2^g$	$H_2 Z$	1,57	$1{,}05 \cdot 13{,}15 = 13{,}80$	0,25	15,62'
$A_2^s A_4^g$	$H_4 Z$	1,54	$1{,}05 \cdot 13{,}15 = 13{,}80$	0,25	15,59'

Strecke B bis A.

$A_4^g A_4^g$	$H_4 Z$	1,54	$1{,}05 \cdot 10{,}25 = 10{,}75$	0,25	12,54'
$A_4^g D_2^g$	$S_d Z$	0,43	$1{,}05 \cdot 10{,}35 = 10{,}86$	0,25	11,54'
$A_4^g D_2^s$	$S_d Z$	0,43	$1{,}03 \cdot 6{,}70 = 6{,}90$	0,25	7,68'
$D_2^s A_2^g$	$H_2 Z$	1,57	$1{,}05 \cdot 10{,}25 = 10{,}75$	0,25	12,57'

Tabelle 20. *Sperrzeiten der freien Strecke mit* **einer** *Blockstelle (zwei Blockstrecken).*

Zugfolgen	Sperrstrecke	Bildezeit	Fahrzeit	Auflösezeit	Streckensperrzeiten
			Steigung.		
			Strecke A bis B.		
1. Blockstrecke.					
$A_1^s\ A_1^s$	$H_1\ K_{bd}$	1,57	$1,03 \cdot 7,15 = 7,36$	0,25	9,18'
$A_1^g\ A_1^g$	$H_1\ K_{bd}$	1,57	$1,05 \cdot 8,80 = 9,25$	0,25	11,07'
$A_1^s\ A_3^g$	$H_3\ K_{bd}$	1,54	$1,05 \cdot 8,80 = 9,25$	0,25	11,04'
2. Blockstrecke.					
$D_b^s\ D_b^s$	$S_b\ Z$	0,43	$1,03 \cdot 6,65 = 6,82$	0,25	7,50'
$D_b^g\ D_b^g$	$S_b\ Z$	0,43	$1,05 \cdot 9,60 = 10,07$	0,25	10,75'
			Strecke B bis C.		
1. Blockstrecke.					
$A_3^g\ A_3^g$	$H_3\ K_{be}$	1,54	$1,05 \cdot 9,15 = 9,60$	0,25	11,39'
$A_3^g\ D_1^g$	$S_d\ K_{be}$	0,43	$1,05 \cdot 7,95 = 8,35$	0,25	9,03'
$A_3^g\ D_1^s$	$S_d\ K_{be}$	0,43	$1,03 \cdot 6,48 = 6,67$	0,25	7,35'
$D_1^s\ A_1^g$	$H_1\ K_{be}$	1,57	$1,05 \cdot 9,15 = 9,60$	0,25	11,42'
2. Blockstrecke.					
$D_b^s\ D_b^s$	$S_b\ Z$	0,43	$1,03 \cdot 5,88 = 6,02$	0,25	6,70'
$D_b^g\ D_b^g$	$S_b\ Z$	0,43	$1,05 \cdot 9,85 = 10,27$	0,25	11,00'
			Gefälle.		
			Strecke C bis B.		
1. Blockstrecke.					
$A_2^s\ A_2^s$	$H_2\ K_{be}$	1,57	$1,03 \cdot 5,48 = 5,65$	0,25	7,47'
$A_2^g\ A_2^g$	$H_2\ K_{be}$	1,57	$1,05 \cdot 6,70 = 7,04$	0,25	8,86'
$A_2^s\ A_4^g$	$H_4\ K_{be}$	1,54	$1,05 \cdot 6,70 = 7,04$	0,25	8,83'
2. Blockstrecke.					
$D_b^s\ D_b^s$	$S_b\ Z$	0,43	$1,03 \cdot 5,25 = 5,37$	0,25	6,05'
$D_b^g\ D_b^g$	$S_b\ Z$	0,43	$1,05 \cdot 7,88 = 8,25$	0,25	8,93'
			Strecke B bis A.		
1. Blockstrecke.					
$A_4^g\ A_4^g$	$H_4\ K_{bd}$	1,54	$1,05 \cdot 5,75 = 6,04$	0,25	7,83'
$A_4^g\ D_2^g$	$S_d\ K_{bd}$	0,43	$1,05 \cdot 5,80 = 6,09$	0,25	6,77'
$A_4^g\ D_2^s$	$S_d\ K_{bd}$	0,43	$1,03 \cdot 3,85 = 3,97$	0,25	4,65'
$D_2^s\ A_2^g$	$H_2\ K_{bd}$	1,57	$1,05 \cdot 5,75 = 6,04$	0,25	7,86'
2. Blockstrecke.					
$D_b^s\ D_b^s$	$S_b\ Z$	0,43	$1,03 \cdot 3,95 = 4,04$	0,25	4,72'
$D_b^g\ D_b^g$	$S_b\ Z$	0,43	$1,05 \cdot 5,15 = 6,43$	0,25	7,11'

Tabelle 21. *Sperrzeiten der freien Strecke mit zwei Blockstellen* (drei Blockstrecken).

Zugfolgen	Sperrstrecke	Bildezeit	Fahrzeit	Auflösezeit	Streckensperrzeiten

Steigung.
Strecke A bis B.

1. Blockstrecke.

$A_1^s\ A_1^s$	$H_1\ K_{b1}$	1,57	$1,03 \cdot 5,30 = 5,46$	0,25	7,28'
$A_1^g\ A_1^g$	$H_1\ K_{b1}$	1,57	$1,05 \cdot 6,25 = 6,56$	0,25	8,38'
$A_1^s\ A_3^g$	$H_3\ K_{b1}$	1,54	$1,05 \cdot 6,25 = 6,56$	0,25	8,35'

2. Blockstrecke.

$D_b^s\ D_b^s$	$S_{b1}\ K_{b2}$	0,40	$1,03 \cdot 5,65 = 5,82$	0,25	6,47'
$D_b^g\ D_b^g$	$S_{b1}\ K_{b2}$	0,40	$1,05 \cdot 7,75 = 8,13$	0,25	8,78

3. Blockstrecke.

$D_b^s\ D_b^s$	$S_{b2}\ Z$	0,40	$1,03 \cdot 4,95 = 5,10$	0,25	5,75'
$D_b^g\ D_b^g$	$S_{b2}\ Z$	0,40	$1,05 \cdot 7,25 = 7,60$	0,25	8,25'

Strecke B bis C.

1. Blockstrecke.

$A_3^g\ A_3^g$	$H_3\ K_{b3}$	1,54	$1,05 \cdot 6,37 = 6,68$	0,25	8,47
$A_3^g\ D_1^g$	$S_d\ K_{b3}$	0,43	$1,05 \cdot 6,85 = 7,08$	0,25	7,76
$A_3^g\ D_1^s$	$S_d\ K_{b3}$	0,43	$1,03 \cdot 5,15 = 5,30$	0,25	5,98
$D_1^s\ A_1^g$	$H_1\ K_{b3}$	1,57	$1,05 \cdot 6,37 = 6,68$	0,25	8,50

2. Blockstrecke.

$D_b^s\ D_b^s$	$S_{b3}\ K_{b4}$	0,40	$1,03 \cdot 4,13 = 4,25$	0,25	4,90'
$D_b^g\ D_b^g$	$S_{b3}\ K_{b4}$	0,40	$1,05 \cdot 7,20 = 7,55$	0,25	8,20'

3. Blockstrecke.

$D_b^s\ D_b^s$	$S_{b4}\ Z$	0,40	$1,03 \cdot 4,53 = 4,67$	0,25	5,32'
$D_b^g\ D_b^g$	$S_{b4}\ Z$	0,40	$1,05 \cdot 7,35 = 7,71$	0,25	3,36

Gefälle.
Strecke C bis B.

1. Blockstrecke.

$A_2^s\ A_2^s$	$H_2\ K_{b4}$	1,57	$1,03 \cdot 4,35 = 4,47$	0,25	6,29'
$A_2^g\ A_2^g$	$H_2\ K_{b4}$	1,57	$1,05 \cdot 4,98 = 5,22$	0,25	7,04'
$A_2^s\ A_4^g$	$H_4\ K_{b4}$	1,54	$1,05 \cdot 4,98 = 5,22$	0,25	7,01'

2. Blockstrecke.

$D_b^s\ D_b^s$	$S_{b4}\ K_{b3}$	0,40	$1,03 \cdot 3,50 = 3,60$	0,25	4,25'
$D_b^g\ D_b^g$	$S_{b4}\ K_{b3}$	0,40	$1,05 \cdot 5,05 = 5,30$	0,25	5,95'

3. Blockstrecke.

$D_b^s\ D_b^s$	$S_{b3}\ Z$	0,40	$1,03 \cdot 3,98 = 4,10$	0,25	4,75'
$D_b^g\ D_b^g$	$S_{b3}\ Z$	0,40	$1,05 \cdot 5,95 = 6,24$	0,25	6,89'

Tabelle 21 (Fortsetzung).

Zugfolgen	Sperrstrecke	Bildezeit	Fahrzeit	Auflösezeit	Streckensperrzeit

Strecke B bis A.

1. Blockstrecke.

$A_3^g \; A_3^g$	$H_4 \; K_{b2}$	1,54	$1{,}05 \cdot 4{,}47 = 4{,}69$	0,25	6,48'
$A_4^g \; D_2^g$	$S_d \; K_{b2}$	0,43	$1{,}05 \cdot 4{,}50 = 4{,}72$	0,25	5,40'
$A_4^g \; D_2^s$	$S_d \; K_{b2}$	0,43	$1{,}03 \cdot 3{,}00 = 3{,}09$	0,25	3,77'
$D_2^s \; A_2^g$	$H_2 \; K_{b2}$	1,57	$1{,}05 \cdot 4{,}47 = 4{,}69$	0,25	6,51'

2. Blockstrecke.

$D_b^s \; D_b^s$	$S_{b2} \; K_{b1}$	0,40	$1{,}03 \cdot 2{,}90 = 2{,}99$	0,25	3,64'
$D_b^g \; D_b^g$	$S_{b2} \; K_{b1}$	0,40	$1{,}05 \cdot 4{,}35 = 4{,}57$	0,25	5,22'

3. Blockstrecke.

$D_b^s \; D_b^s$	$S_{b1} \; Z$	0,40	$1{,}03 \cdot 2{,}95 = 3{,}04$	0,25	3,69'
$D_b^g \; D_b^g$	$S_{b1} \; Z$	0,40	$1{,}05 \cdot 4{,}75 = 4{,}98$	0,25	5,63'

2. Einfluß der Bahnhofssperrzeit auf die ungünstigste Zugfolgezeit.

Auf S. 246 wurde zwischen Streckensperrzeiten und Bahnhofssperrzeiten unterschieden und deren Berechnung wurde dort angegeben.

Nach Klärung der Abhängigkeit der ungünstigsten Zugfolgezeiten von den Streckensperrzeiten sollen nunmehr die Verwendung der Bahnhofssperrzeiten erörtert werden. Diese kommen auf Bahnhöfen und auf Abzweigstellen beim Befahren einer Anschlußweiche durch Züge gleicher Richtung und beim Befahren einer Kreuzung durch Züge gleicher oder entgegengesetzter Richtung in Frage. Selbständig treten die Bahnhofssperrzeiten zur Bestimmung der ungünstigsten Zugfolgezeiten **nicht** in Erscheinung, sondern sie sind nur die Zeiten eines **Sperrzuges**, der die Zugfolge zweier Züge beeinflußt. In der Tabelle 22 sind die Sperrzeiten der Sperrzüge eines Bahnhofs zusammengestellt. Hieraus können diese Zeiten für die Fälle, in denen sie für die ungünstigsten Zugfolgezeiten mit bestimmend sind, entnommen werden.

3. Die Verspätungen durch Betriebsstörungen.

Außer den mittleren Verspätungen infolge der Kreuzung der Gegenrichtung, Befahren gemeinsamer Weichenstraßen oder eines Überholungsgleises für beide Richtungen, treten noch Verspätungen durch Störungen des Zuglaufs ein, die nicht mit der Gleisführung oder der Einrichtung der Sicherungsanlagen zusammenhängen. Diese können ihre Ursache in Zugzerreißungen, Bremsstörungen, Lokomotivschäden, Heißläufern, Aufenthaltsüberschreitungen, Langsamfahrstellen usw. haben. Die Zahl und Größe dieser Störungen ist je nach Ursache sehr verschieden. Aus statistischen Aufschreibungen müßten Mittelwerte über ihre Dauer und Häufigkeit im Verhältnis zur Zahl der Züge für die einzelnen Strecken errechnet werden. Im folgenden wurden diese Werte geschätzt. Hierbei muß man auch beachten, daß diese Mittelwerte von den Jahreszeiten und den Witterungsverhältnissen abhängig sind.

Diese Störungen können sich weiterhin auf die nachfolgenden Züge auswirken. Diese Folgestörungen sind um so größer, je dichter die Strecke besetzt

Die Leistungsermittlung zweigleisiger Bahnen.

Tabelle 22. *Sperrzeiten der Zwischenbahnhöfe.*

Sperrzug	Sperrstrecke	Bildezeit	Fahrzeit	Auflösezeit	Sperrzeit
\multicolumn{6}{c}{Steigung.}					

Steigung.

Bahnhof A.

Sperrzug	Sperrstrecke	Bildezeit	Fahrzeit	Auflösezeit	Sperrzeit
A_1^s	$H_1 K_a$	1,67	$1,03 \cdot 1,75 = 1,80$	0,27	3,74'
A_3^g	$H_3 K_a$	1,97	$1,05 \cdot 1,80 = 1,90$	0,50	4,37'
A_1^g	$H_1 K_a$	1,67	$1,05 \cdot 1,80 = 1,90$	0,27	3,84'

Bahnhof B.

Sperrzug	Sperrstrecke	Bildezeit	Fahrzeit	Auflösezeit	Sperrzeit
E_1^s	$S_{e_1} Z_1$	0,92	$1,03 \cdot 1,95 = 2,01$	0,43	3,36'
E_1^g	$S_{e_1} Z_1$	0,92	$1,05 \cdot 2,80 = 2,94$	0,43	4,29'
E_3^g	$S_{e_3} Z_3$	1,18	$1,05 \cdot 2,80 = 2,94$	0,52	4,64'
A_1^g	$H_1 K_a$	1,67	$1,05 \cdot 1,78 = 1,87$	0,27	3,81'
A_3^g	$H_3 K_a$	1,97	$1,05 \cdot 1,78 = 1,87$	0,50	4,34'
D_1^s	$S_{e_1} K_a$	0,92	$1,03 \cdot 2,87 = 2,96$	0,52	4,40'
D_1^g	$S_{e_1} K_a$	0,92	$1,05 \cdot 3,85 = 4,04$	0,52	5,48'

Bahnhof C.

Sperrzug	Sperrstrecke	Bildezeit	Fahrzeit	Auflösezeit	Sperrzeit
E_1^s	$S_{e_1} Z_1$	0,92	$1,03 \cdot 1,65 = 1,70$	0,43	3,05'
E_1^g	$S_{e_1} Z_1$	0,92	$1,05 \cdot 2,50 = 2,62$	0,43	3,97'
E_3^g	$S_{e_3} Z_3$	1,18	$1,05 \cdot 2,60 = 2,73$	0,52	4,43'

Gefälle.

Bahnhof C.

Sperrzug	Sperrstrecke	Bildezeit	Fahrzeit	Auflösezeit	Sperrzeit
A_2^s	$H_2 K_a$	1,79	$1,03 \cdot 1,75 = 1,80$	0,35	3,94'
A_2^g	$H_2 K_a$	1,79	$1,05 \cdot 1,90 = 1,99$	0,35	4,13'
A_4^g	$H_4 K_a$	1,95	$1,05 \cdot 1,90 = 1,99$	0,43	4,37'

Bahnhof B

Sperrzug	Sperrstrecke	Bildezeit	Fahrzeit	Auflösezeit	Sperrzeit
E_2^s	$S_{e_2} Z_2$	0,95	$1,03 \cdot 1,35 = 1,39$	0,45	2,79'
E_2^g	$S_{e_2} Z_2$	0,95	$1,05 \cdot 1,95 = 2,05$	0,45	3,45'
E_4^g	$S_{e_4} Z_4$	1,30	$1,05 \cdot 1,95 = 2,05$	0,65	4,00'
A_2^g	$H_2 K_a$	1,79	$1,05 \cdot 1,75 = 1,84$	0,35	3,98'
A_4^g	$H_4 K_a$	1,95	$1,05 \cdot 1,75 = 1,84$	0,43	4,22'
D_2^s	$S_{e_2} K_a$	0,95	$1,03 \cdot 1,80 = 1,85$	0,50	3,30'
D_2^g	$S_{e_2} K_a$	0,95	$1,05 \cdot 2,65 = 2,78$	0,50	4,23'

Bahnhof A.

Sperrzug	Sperrstrecke	Bildezeit	Fahrzeit	Auflösezeit	Sperrzeit
E_2^s	$S_{e_2} Z_2$	0,95	$1,03 \cdot 1,15 = 1,19$	0,45	2,59'
E_2^g	$S_{e_2} Z_2$	0,95	$1,05 \cdot 1,90 = 1,99$	0,45	3,39'
E_4^g	$S_{e_4} Z_4$	1,30	$1,05 \cdot 1,90 = 1,99$	0,65	3,94'

ist. Der Maßstab der Störungen ist nach Potthoff[1] die mittlere Störungsdauer, um die jeder Zug verspätet wird. Man findet auf diese Weise, daß z. B. auf einer Strecke im Mittel auf Q Züge eine Störung trifft. Ist also die zu untersuchende Strecke mit täglich N Zügen belegt, so kann man $N:Q$ Störungen täglich erwarten, die je P min lang sind. Die Zeitrückhalte sind dann $R_ü = H/N — z_{u_s}$; H [min] ist die tägliche Betriebszeit und z_{u_s} die ungünstigste Zugfolgezeit der Strecke, die die größte Sperrzeit nach Tab. 19, 20, 21 hat. Es genügt hier eine Schätzung der z_{u_s}. Ergibt die Rechnung einen wesentlich abweichenden Wert für z_{u_s} gegenüber der Schätzung, so wiederholt man die Rechnung mit dem neuen Wert. Ist z. B. bei durchgehendem Betriebe $H = 1440$ min, die Erstverspätung eines Zuges P [min] und P größer als der Zeitrückhalt $R_ü$ [min], so wird sich die Störung auf mehrere folgende Züge auswirken. Man kann erwarten, daß die Zahl der betroffenen Züge im Mittel $m = P : R_ü$ ist oder $P = m \cdot R_ü$. Hat der erste primär gestörte Zug P [min] Verspätung, so geht diese beim zweiten auf $p_2 = P — R_ü$, beim dritten auf $p_3 = P — 2 R_ü$, beim m-ten auf $p_m = P — (m — 1) \cdot R_ü$ zurück. Die Summe aller Verspätungen ist dann

$$\sum P = p_1 + p_2 + p_3 + \cdots p_m = P + (P — R_ü) + \cdots + [P — (m — 1) R_ü]$$
$$= m \cdot P — \frac{(m — 1) m}{2} R_ü$$

und mit

$$m = P : R_ü \text{ ist } \sum_1^m P = P \left(1 + \frac{P}{R_ü}\right) : 2.$$

Dies ist die Verspätung infolge einer Störung. Ist aber nach obigem die Zahl der Störungen $N : Q$, so ist die Summe aller Störungen

$$\sum \sum P = \frac{N}{Q} \sum P = \frac{N \cdot P}{2Q} \left[1 + \frac{P}{\left(\frac{H}{N} — z_{u_s}\right)}\right] = \frac{N \cdot P \cdot [H + (P — z_{u_s}) \cdot N]}{2 Q (H — N \cdot z_{u_s})}.$$

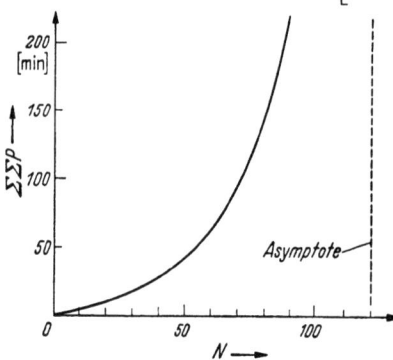

Abb. 74. Zugzahl und Störungszeiten.

Das erste Summenzeichen gilt für die ganze Strecke und einen Tag, das zweite für eine Erststörung und ihre Folgen. Diese Doppelsumme gibt die gesamten Störungszeiten unter den geschilderten Voraussetzungen wieder, also nicht diejenigen durch die Gleis- und Sicherungsanlagen, sondern diejenigen bei den vorgenannten Betriebsstörungen. Sie ist also ein Maßstab für die Gesundheit des Betriebes. Potthoff, der dies abgeleitet hat, gibt folgendes Beispiel: Die Strecke soll mit $N = 80$ Zügen belegt sein. Die Betriebszeit ist $H = 1440$ min und die größte Zugfolgezeit $z_{u_s} = 12$ min. Eine Störung mit $P = 30$ min Dauer kommt im Mittel auf $Q = 50$ Züge. Dann ist

$$\sum \sum P = \frac{80 \cdot 30 \, [1440 + (30 — 12) \cdot 80]}{2 \cdot 50 \, (1440 — 12 \cdot 80)} = 144 \text{ min.}$$

Die Veränderlichkeit der Störungssumme in Abhängigkeit von der Zugzahl N zeigt (nach Potthoff) Abb. 74. Hiernach ist bei 80 Zügen dann die auf jeden Zug fallende Verspätung $z_v = 144 : 80 = 1{,}8$ min.

---

[1] Potthoff: Ztg. Vereins mitteleurop. Eisenbahnverwaltg. 1944, Heft 4. S. 49.

4. Maßgebende Zugfolgezeit.

Zu den aus den Sperrzeiten ermittelten ungünstigsten Zugfolgezeiten z_{u_s} der Strecken ist noch ein Zuschlag für Betriebsstörungen z_v zu machen, der im vorigen Abschnitt erläutert wurde. Die maßgebende Zugfolgezeit z_{ma} ist dann die Summe dieser beiden Zeiten, die auf volle Minuten aufgerundet wird: $z_{ma} = z_{u_s} + z_v$.

Sind innerhalb der untersuchten Strecke Bahnhöfe vorhanden, in denen Fahrtenausschlüsse vorkommen, so ergeben sich durch diese Ausschlüsse Mindestbedingungen für die Zugfolge und durch die gegenseitige Behinderung der ausgeschlossenen Züge Verspätungen, wie es in dem Abschnitt 10 für verschiedene Fälle ausgeführt wird. Der ungünstigste Bahnhof erfordert die Zugfolgezeit z_{u_b} und verursacht die Behinderungsverspätung z_{v_b} (vgl. S. 284). Diese Zugfolgezeit z_{u_b} ist gleich der Sperrzeit, während der die Fahrtenausschlüsse stattfinden können. Kommen diese Fahrtenausschlüsse im ungünstigsten Streckenabschnitt vor, so ist $z_{u_b} = z_{u_s}$. Diese Zeiten sind mit der ungünstigsten Zugfolgezeit der Strecken z_{u_s} zu vergleichen und der größere Wert ist für die weitere Berechnung zugrunde zu legen. Die maßgebende Zugfolgezeit ergibt sich aus folgendem Vergleich:

$$z_{ma} = z_{u_s} + z_v; \quad \text{für} \quad z_{u_s} > z_{u_b} + z_{v_b}$$

und

$$z_{ma} = z_{u_b} + z_{v_b} + z_v; \quad \text{für} \quad z_{u_s} < z_{u_b} + z_{v_b}.$$

Die maßgebenden Zugfolgezeiten sind die Elemente, ohne die ein stabiler bildlicher Fahrplan nicht konstruiert werden kann.

5. Die Zugfolgezeiten der Überholungen ohne Kreuzung der Gegenrichtung.

a) Zughalt im Überholungsgleis.

Verkehren, wie es bei Fernbahnen der Fall ist, Schnell- und Güterzüge in bunter Reihenfolge, so würde bei der ungünstigsten Zugfolge — Güterzug vor Schnellzug — die Leistungsfähigkeit der durchgehenden Hauptgleise sehr stark sinken, falls keine Ausweichmöglichkeiten vorhanden wären. Diesem Absinken der Leistungsfähigkeit wird durch beiderseits angeschlossene Überholungsgleise begegnet. In Deutschland sind diese Überholungsgleise für den längsten Zug zu bemessen. Es wartet der Zug in dem Überholungsgleis, bis der schnellere Zug die dem Überholungsgleis folgende Blockstrecke geräumt hat. Hierbei soll ermittelt werden, um welche Spanne $Ü$ sich die Zeitlage eines Zuges vor und nach seiner Überholung verschiebt.

Am wenigsten wird ein Güterzug durch eine Überholung aufgehalten, wenn er kurz vor dem durchfahrenden Zug ins Überholungsgleis eingefahren ist und dem durchfahrenden Zug mit dem geringsten Abstand folgen kann. Der Fahrplan darf aber nicht für diesen geringsten Aufenthalt konstruiert werden, da sonst die Gefahr besteht, daß er bei der geringsten Unregelmäßigkeit in Unordnung gerät. Der Güterzug muß vielmehr eine gewisse Zeit vorher im Überholungsgleis eintreffen, damit der Schnellzug mit unverminderter Geschwindigkeit vorbeifahren kann. Um dieses festzustellen, sind für die Doppelfolge Güterzug, Schnellzug, Güterzug nach S. 260 die Zugfolgezeiten für die Zugschlußstelle der dem Bf C vorgelegenen Überholungsstation zu bestimmen. D.h. $(D_1^q D_1^s D_1^q) = [S_d Z]^s + [S_d Z]^q$. Ist die erste Zugfolgezeit $(D_1^q D_1^s)$ kleiner als die Sperrzeit $[S_d Z]^s$ so muß der Güterzug überholt werden. Wenn der Güterzug überholt wird, dann fährt er nicht in Gleis 1 durch, sondern in Gleis 3 ein und wartet dort. Dann muß es $(D_1^s A_3^q)$

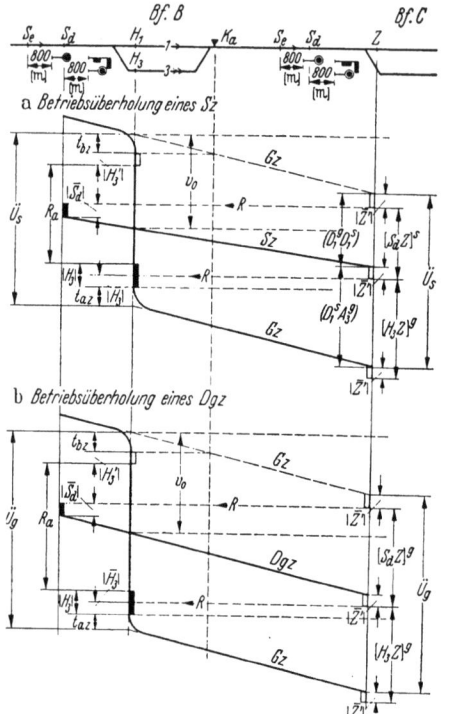

Abb. 75. a) Betriebsüberholung eines Schnellzuges.
b) Betriebsüberholung eines Güterzuges.

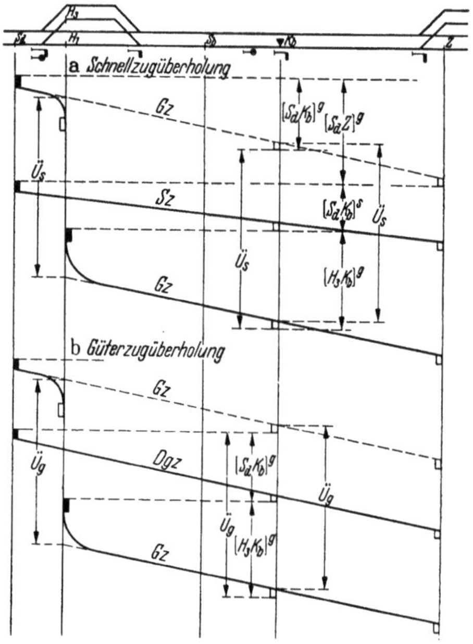

Abb. 76. Betriebsüberholungen bei zwei Blockstrecken.
a) Schnellzugüberholung, b) Güterzugüberholung.

statt $(D^s D_1^q)$ heißen und aus der Doppelfolge $(D_1^q D_1^s D_1^q) = [S_d Z]^s + [S_d Z]^q$ wird dann die Überholungsspanne des Schnellzuges:

$$\ddot{U}_s = [S_d Z]^s + [H_3 Z]^q \quad \text{(vgl. Abb. 75a)}.$$

Die Überholungsspanne ist in allen Punkten des Sperrabschnittes gleich, weil der Güterzug unabhängig von seiner Lage auf der gleichen Strecke auch gleiche Geschwindigkeiten erreicht. Infolgedessen kann man schon im Punkte H des Bf B die Überholungsspanne $\ddot{U}$ zwischen den Zeitweglinien des Güterzuges ablesen.

Sowohl bei der Zugfolgezeit als auch bei der Überholungsspanne handelt es sich um zwei Züge. Der Unterschied besteht darin, daß bei der Überholungsspanne die Reihenfolge der Züge hinter dem Überholungsbahnhof gegenüber der Reihenfolge vor dem Überholungsbahnhof verändert ist. Während bei der Zugfolgezeit die Reihenfolge der Züge unverändert bleibt.

Ist die Strecke zwischen zwei Bahnhöfen durch Blockstellen unterteilt, so errechnet sich die Überholungsspanne bei zwei Blockstrecken nach Abb. 76a:

$$\ddot{U}_s = [S_d Z]^q + [S_d K_b]^s + [H_3 K_b]^q - [S_d K_b]^q.$$

Die Leistungsermittlung zweigleisiger Bahnen.

Die Sperrzeiten des Güterzuges lassen sich zusammenfassen, wenn man sie nach Fahrzeit, Bilde- und Auflösezeit auflöst und die Fahrzeit im Punkte K_b aufspaltet. Es ergibt sich dann:

$$\begin{aligned}\ddot{U}_s &= |\overline{S_d}| + |S_d K_b|^g + |K_b Z|^g + |\overline{Z'}| + |\overline{H}_3| + |H_3 K_b|^g + |\overline{K'_b}| - |\overline{S_d}| - \\ &\quad - |S_d K_b|^g - |\overline{K'_b}| + [S_d K_b]^s = \\ &= |K_b Z^g| + |\overline{Z'}| + |\overline{H}_3| + |H_3 K_b|^g + [S_d K_b]^s = \\ &= |\overline{H}_3| + |H_3 K_b|^g + |K_b Z|^g + |\overline{Z'}| + [S_d K_b]^s = \\ &= [H_3 Z]^g + [S_d K_b]^s.\end{aligned}$$

Diese Untersuchung gilt, wenn der erste Blockabschnitt hinter dem Bahnhof ungünstiger als der zweite Blockabschnitt ist. Es ist also auch noch zu untersuchen, ob $\ddot{U}_s = [H_3 Z]^g + [S_b Z]^s$ nicht ungünstiger wird. Der größere der beiden Werte ist maßgebend.

Bei drei Blockstrecken ist:

$$\ddot{U}_s = [H_3 Z]^g + [S_d K_{b_1}]^s \quad \text{oder} \quad [H_3 Z]^g + [S_{b_1} K_{b_2}]^s \quad \text{oder} \quad [H_3 Z]^g + [S_{b_2} Z]^s.$$

Soll ein Durchgangsgüterzug einen Nahgüterzug, der auf dem Bahnhof Wagen auswechselt, überholen, so handelt es sich hier um die Überholung von Zügen gleicher Streckensperrzeiten. Die kleinste Überholungsspanne des Nahgüterzuges wird hier nicht wie beim Schnellzug durch die vorgelegene Überholungsstation bestimmt. Der Nahgüterzug kann frühestens aus dem Bahnhof ausfahren, wenn der durchfahrende Güterzug den vorgelegenen Sperrabschnitt verlassen hat und die Bilde- und Auflösezeiten vorüber sind. Ist keine Blockstelle vorhanden, so ist das Ende der Sperrstrecke die Zugschlußstelle des nächsten Bahnhofs, bei einer Blockstelle der Schienenkontakt hinter dem Blocksignal. Die Überholungsspanne für Güterzüge wird also bei einer Blockstrecke (vgl. Abb. 75b):

$$\ddot{U}_g = [S_d Z]^g + [H_3 Z]^g.$$

Bei zwei Blockstrecken (Abb. 76b):

$$\ddot{U}_g = [S_d K_b] + [H_3 K_b] \quad \text{bzw.} \quad [S_d K_b]^g + [S_b Z]^g$$

oder bei drei Blockstrecken:

$$\ddot{U}_g = [S_d K_b]^g + [H_3 K_{b_1}]^g \quad \text{oder} \quad [S_d K_b]^g + [S_{b_1} K_{b_2}]^g \quad \text{oder} \quad [S_d K_b]^g + [S_{b_2} Z]^g.$$

Wenn man die Rangierzeit, die im Bf B für den Nahgüterzug zur Verfügung steht, ermitteln will, kann man sie aus der Überholungsspanne errechnen. Es ist die Rangierzeit:

$$R_a = \ddot{U}_g - t_{b_z} - |H'_3| - |H_3| - t_{a_z}.$$

t_{a_z} ist der Fahrzeitunterschied eines in H anfahrenden minus einem in H durchfahrenden Zuges. Also $t_{a_z} = |H_{2_d} Z| - |H_3 Z|$.

t_{b_z} ist der Bremszeitzuschlag des Güterzugs. Damit wird

$$R_a = \ddot{U}_g - t_{b_z} - |H'_3| - |H_3| - |H_{2_d} Z| - |H_3 Z|.$$

Reicht z. B. bei einer Verkehrsüberholung diese Rangierzeit R_a nicht aus, so muß der Güterzug im Überholungsgleis auch noch stehenbleiben und durch zwei Schnellzüge bzw. zwei Güterzüge statt einem überholt werden. Dadurch verlängert sich die Überholungsspanne um die ungünstigste Zugfolgezeit zweier gleicher Züge, die gleich der Sperrzeit $[S_d Z]^s$ bzw. $[S_d Z]^g$ ist.

Im folgenden werden die Überholungsspannen U_s und U_g für Schnell- und Güterzüge nach den Tabellen 19 bis 21 S. 261 für den Bahnhof B berechnet.

1 Blockstrecke min	2 Blockstrecken min	3 Blockstrecken min

a) Bergfahrt.

1. Schnellzugüberholung.

$[H_3 Z]^g = 20{,}49$	$[H_3 Z]^g = 20{,}49$	$[H_3 Z]^g = 20{,}49$
$[S_d Z]^s = 12{,}27$	$[S_d K_{b_e}]^s = 5{,}98$	$[S_d K_{b_3}]^s = 5{,}98$
$U_s\ \ = 32{,}76$	$U_s\ \ = 27{,}84$	$U_s\ \ = 26{,}47$

2. Güterzugüberholung.

$[H_3 Z]^g = 20{,}49$	$[H_3 K_{b_e}]^g = 11{,}39$	$[H_3 K_{b_3}]^g = 8{,}47$
$[S_d Z]^g = 18{,}53$	$[S_b Z]^g = 11{,}00$	$[S_b Z]^g = 8{,}36$
$U_g\ \ = 39{,}02$	$U_g\ \ = 22{,}39$	$U_g\ \ = 16{,}83$

b) Talfahrt.

1. Schnellzugüberholung.

$[H_4 Z]^g = 12{,}54$	$[H_4 Z]^g = 12{,}54$	$[H_4 Z]^g = 12{,}54$
$[S_d Z]^s = 7{,}68$	$[S_b Z]^s = 4{,}72$	$[S_d K_{b_2}]^s = 3{,}77$
$U_s\ \ = 20{,}22$	$U_s\ \ = 17{,}26$	$U_s\ \ = 16{,}31$

2. Güterzugüberholung.

$[H_4 Z]^g = 12{,}54$	$[H_4 K_{b_d}]^g = 7{,}83$	$[H_4 K_{b_2}]^g = 6{,}48$
$[S_d Z]^g = 11{,}54$	$[S_b Z]^g = 7{,}11$	$[S_{b_1} Z]^g = 5{,}63$
$U_g\ \ = 24{,}08$	$U_g\ \ = 14{,}94$	$U_g\ \ = 12{,}11$

b) Fliegende Überholung.

In England baut man Überholungsgleise von mehreren Kilometer Länge. In diese wird der vor einem Schnellzug fahrende Güterzug abgelenkt. Letzterer fährt

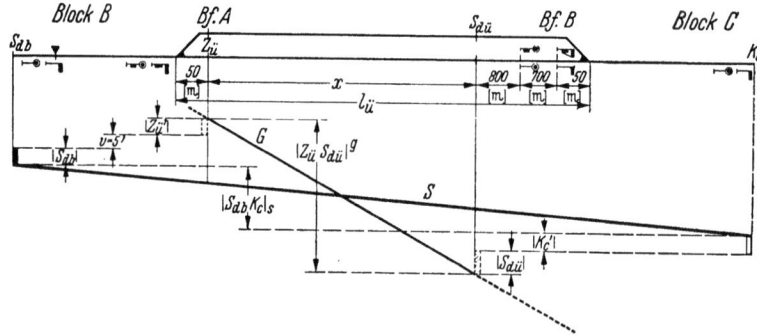

Abb. 77a. Fliegende Überholung.

auf ihm mit verminderter Geschwindigkeit weiter und gelangt erst wieder auf das durchgehende Hauptgleis, wenn der Schnellzug die Blockstrecke hinter dem Überholungsgleis geräumt hat. Aus letzterer Bedingung soll die Länge des Überholungsgleises bemessen werden (Abb. 77a).

Soll der Schnellzug durch den vorausfahrenden Güterzug nicht aufgehalten werden, dann muß letzterer die Zugschlußstelle $Z_{\ddot{u}}$ des Überholungsgleises zu einem Zeitpunkt überfahren haben, der um die Stellwerksbedienungszeiten vor dem Zeitpunkt für das Eintreffen des Schnellzuges im Sichtpunkt S_d der vorgelegenen Blockstelle liegt. Bei geringer Verspätung des Güterzuges würde der Schnellzug aufgehalten werden. Man wird daher den Schnellzug v [min] später als zu obigem Zeitpunkt (im Beispiel $v = 5$ min) folgen lassen. Soll andererseits der Güterzug durch den Schnellzug bei der Ausfahrt aus dem Überholungsgleis nicht zum Halten kommen, dann muß der Schnellzug den Schienenkontakt der vorgelegenen Blockstelle K_c um die Stellwerksbedienungszeiten früher erreicht haben als der Güterzug den Sichtpunkt $S_{d_{\ddot{u}}}$ des Überholungsgleises (Abb. 77a). Aus Abb. 77a kann daher folgende Beziehungsgleichung aufgestellt werden:

$$|Z'_{\ddot{u}}| + v + |S_{d_b}| + |S_{d_b} K_c| + |K'_c| + |S_{d_{\ddot{u}}}| = |Z_{\ddot{u}} S_{d_{\ddot{u}}}|^g . \quad \text{(Gl. 1)}$$

Die Fahrzeiten $|S_{d_b} K_c|^s$ und $|Z_{\ddot{u}} S_{d_{\ddot{u}}}|^g$ ergeben mit Hilfe der mittleren Fahrgeschwindigkeiten V_s und V_g in km/h folgende Beziehungen zu den Fahrstrecken in km. Es ist

$$|S_{d_b} K_c|^s = (b_1 + x + b_2) \cdot \frac{60}{V_s} \quad \text{und} \quad |Z_{\ddot{u}} S_{d_{\ddot{u}}}| = x \cdot \frac{60}{V_g} .$$

Nimmt man die rückgelegene Sperrstrecke $S_{d_b} Z_{\ddot{u}} = b_1 = 3{,}0$ km und die dem Überholungsgleis folgende Sperrstrecke $S_{d_{\ddot{u}}} K_c = b_2 = 3{,}0$ km, die mittlere Geschwindigkeit des Schnellzuges mit $V_s = 100$ km/h und die des Güterzuges im Überholungsgleis mit $V_g = 45$ km/h und weiterhin nach S. 243 die Auflöse- und Bildezeiten

$$|Z'_{\ddot{u}}| + |S_{d_b}| = |K'_c| + |S_{d_{\ddot{u}}}| = 0{,}68 \text{ min und } v = 5 \text{ min}$$

an, so ergibt sich in (Gl. 1) eingesetzt:

$$0{,}68 + 5 + (6{,}0 + x) \cdot \frac{60}{100} + 0{,}68 = x \cdot \frac{60}{45}$$

und hieraus die nutzbare Gleislänge x für die fliegende Überholung:

$$x = \left(0{,}68 + 5 + \frac{6{,}0 \cdot 60}{100} + 0{,}68\right) : \left(\frac{60}{45} - \frac{60}{100}\right) = 13{,}65 \text{ km.}$$

Die Gesamtlänge des Überholungsgleises ist dann $l_{\ddot{u}} = x + 1{,}6 = 15{,}25$ km. Hier setzt sich 1,6 km aus der Sichtstrecke (800 m) vom Zugschluß bis zum Vorsignal, dem Vorsignalabstand (700 m) und 50 m für den Abstand des Signals von der Weichenspitze sowie 50 m für den Abstand der Weichenspitze von der Zugschlußstelle $Z_{\ddot{u}}$ zusammen. Bei höherer planmäßiger Geschwindigkeit des Güterzuges wird das Überholungsgleis für die fliegende Überholung noch länger. Ein Gleis solcher Länge ist größer als der Abstand zweier Bahnhöfe und dürfte kaum noch als Überholungsgleis anzusprechen sein. Es ist vielmehr ein drittes Gleis. Um seine Länge zu begrenzen, kann man die Fahrgeschwindigkeit des Güterzuges nach Einfahrt in das Überholungsgleis so ermäßigen, daß dieser z. B. nur die mittlere Geschwindigkeit von $V_g = 25$ km/h hat. Dann gilt für die nutzbare Länge x des Überholungsgleises die Gleichung:

$$0{,}68 + 5{,}0 + (6{,}0 + x) \cdot \frac{60}{100} + 0{,}68 = x \cdot \frac{60}{25} .$$

oder

$$x = \left(0{,}68 + 5 + \frac{6{,}0 \cdot 60}{100} + 0{,}68\right) : \left(\frac{60}{25} - \frac{60}{100}\right) = 5{,}54 \text{ km.}$$

Die Gesamtlänge des Überholungsgleises ist dann $l_{ü} = x + 1{,}6 = 7{,}14$ km. Mit Hilfe dieser beiden Berechnungen kann man sich entscheiden, ob man ein Gleis für fliegende Überholungen zwischen zwei Bahnhöfen anlegen will oder ob der Bau eines dritten Gleises zwischen den beiden Hauptgleisen in Frage kommt, das in beiden Richtungen mit planmäßigen und nicht mit verminderten Geschwindigkeiten befahren und durch die Unterwegsbahnhöfe durchgeführt wird. Das dritte Gleis muß nach jedem Unterwegsbahnhof an beiden Bahnhofsenden mit den durchgehenden Hauptgleisen verbunden sein. Die Bahnhöfe werden dadurch von den Betriebsüberholungen sowie von den Zugbehinderungen durch Kreuzung der Gegenrichtung entlastet. Auf ihnen finden dann nur Verkehrsüberholungen statt, deren Aufenthalte dazu dienen, die Wagen aus dem Zuge abzusetzen bzw. andere aufzunehmen.

Bei Strecken mit unterschiedlicher Verkehrsbelastung wird man auf ein eigenes Überholungsgleis verzichten können und **Gleiswechselbetrieb** einrichten, d. h. das jeweils schwächer belastete Streckengleis kann in beiden Richtungen befahren und damit als Überholungsgleis unter Sperrung der Gegenrichtung benutzt werden. Dieser Gleiswechselbetrieb führt auf Strecken, wo Züge mit großen Geschwindigkeitsunterschieden die Leistung stark herabmindern (Steigungsstrecken) oder beide Fahrrichtungen nicht zu gleichen Zeiten stark belegt sind, zu einem flüssigeren Betriebe und daher zu höheren Streckenleistungen.

Für den Gleiswechselbetrieb sind aber die älteren Signalanlagen kaum ausreichend und Streckenzentralstellwerksanlagen zweckmäßig, wo der Streckenfahrdienstleiter den Lauf der Züge auf seinem Stelltisch ständig vor Augen hat.

Ob es bei fliegender Überholung mit Gleiswechselbetrieb oder mit besonderem Überholungsgleis vorteilhafter ist, den langsamen oder den schnelleren Zug abzulenken, ist für jeden praktisch vorkommenden Fall mit Hilfe des vorstehend beschriebenen Verfahrens zu untersuchen.

6. Die günstigste Entfernung der Überholungsbahnhöfe. (Abb. 77b).

Nimmt man die Zeitweglinie der durchfahrenden Güter- und Schnellzüge auf die Länge l [km] des zu untersuchenden Bahnabschnitts gradlinig an, dann ist die Fahrzeit des Schnellzuges nach dem Weg l [km], t_s [min] und die des Güterzuges t_g [min]. Hier ist $t_s = 60 \cdot l : V_s$ und $t_g = 60 \cdot l : V_g$, wo V_s [km/h] und V_g [km/h] die gleichmäßigen Geschwindigkeiten dieser Züge sind. Die Annahme, daß die Zeitweglinien auf die Länge des zu untersuchenden Bahnabschnitts gradlinig verlaufen,

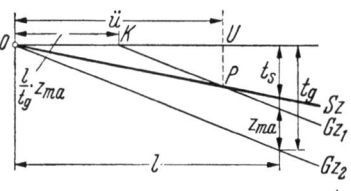

Abb. 77b. Abstand der Überholungsbahnhöfe.

ist für die Bestimmung der günstigsten Lage der Überholungsbahnhöfe zulässig. Die Zeitweglinie der beiden durchgehenden Güterzüge G_{z_1} und G_{z_2} haben die maßgebende Zugfolgezeit z_{ma}. Die Zeitweglinie des G_{z_1} schneidet nach Abb. 77b diejenige des Schnellzuges im Punkte P. Der Schnittpunkt hat vom Beginn des Bahnabschnitts den Abstand $OU = ü$ [km]. Der G_{z_1} ist im Punkte K der Strecke, wenn der G_{z_2} durch den Anfangspunkt O der Strecke fährt. Dann liegt der Punkt K um die Strecke $l \cdot z_{ma} : t_g = OK$ [km] vom Anfangspunkt O entfernt. Der Schnellzug

kreuzt den ersten Güterzug um die Zeit UP [min] nach seiner Durchfahrt durch den Anfangspunkt O. Dann ist $UP = \ddot{u} \cdot t_s : l$ [min]. Für den Güterzug ist
$$UP = (t_g - z_{ma}) \cdot (\ddot{u} - OK) : (l - OK);$$
dann ist $\ddot{u} \cdot t_s : l = (t_g - z_{ma}) \cdot (\ddot{u} - OK) : (l - OK)$. Mit $OK = l \cdot z_{ma} : t_g$ ist:
$$\frac{t_s \cdot \ddot{u}}{l} = (t_g - z_{ma}) \cdot \left(\ddot{u} - \frac{l \cdot z_{ma}}{t_g}\right) : \left(l - \frac{l \cdot z_{ma}}{t_g}\right)$$
$$t_s \cdot \ddot{u} = (t_g - z_{ma}) \cdot (\ddot{u} \cdot t_g - l \cdot z_{ma}) : (t_g - z_{ma}) = \ddot{u} \cdot t_g - l \cdot z_{ma}$$
oder $\ddot{u} (t_g - t_s) = l \cdot z_{ma}$ oder $\ddot{u} = l \cdot z_{ma} : (t_g - t_s)$ [km]

ist der Abstand zweier Bahnhöfe, auf denen die Überholung stattfindet. In dieser Form wird von Potthoff[1] der von Gaede[2] entwickelte Abstand zweier Überholungsbahnhöfe angegeben. Die Anzahl der zu erwartenden Überholungen ist $l : \ddot{u}$. Auch wenn die Überholungsbahnhöfe enger angeordnet sind, überholt der Schnellzug immer nur $l : \ddot{u}$ Güterzüge auf dem ungünstigsten Abschnitt der Bahnlinie. Die gesamte Schnellzugstrecke wird durch Betriebsstellen in Abschnitte unterteilt, in denen sich die Streckenbelegung wesentlich ändert. Diese Betriebsstellen sind im allgemeinen die Zugübergangsbahnhöfe oder die Abzweigstellen. Die Länge l des Abschnitts mit der stärksten Zugbelegung ist in die obige Gleichung einzusetzen, um die Anzahl der zu erwartenden Überholungen zu berechnen.

Die Bahnhöfe sind nach der Besiedlung und der Geländestruktur angelegt. Ihr Abstand ist deshalb bedeutend kleiner als der Abstand $\ddot{u}$. Da meist jeder Bahnhof mit Überholungsgleisen ausgebildet wird, ist die Gelegenheit zur Überholung bedeutend größer. Man kann daher die Bahnhöfe zur Überholung der Durchgangsgüterzüge durch die Schnellzüge so wählen, daß sie dem Werte $\ddot{u}$ am besten entsprechen.

Beispiel: In der Gleichung $\ddot{u} = l \cdot z_{ma} : (t_g - t_s)$ km sei die Länge des ungünstigsten Abschnitts $l = 75$ km. Die maßgebende Zugfolgezeit für Gz sei wie folgt angenommen (vgl. auch S. 281):

bei einer Blockstrecke	zwei Blockstrecken	drei Blockstrecken
$z_{ma} = 22$ min	14 min	12 min

Die planmäßige Fahrzeit des Güterzuges für den 20,6 km langen Abschnitt nach Abb. 68 ist $31{,}25 \cdot 1{,}05 = 32{,}8$ min. Für 75 km ist sie dann $32{,}8 \cdot 75 : 20{,}6 = 120$ min. Für den Schnellzug ist nach derselben Abbildung die planmäßige Fahrzeit $1{,}03 \cdot 22 = 22{,}7$ min. Dann ist $t_s = 22{,}7 \cdot 75 : 20{,}6 = 83$ min und $\ddot{u} = 75 \cdot z_{ma} : (120 - 83)$. Dann ist der Abstand der Überholungsbahnhöfe:

für eine Blockstrecke	zwei Blockstrecken	drei Blockstrecken
$\ddot{u} = 44{,}5$ km	28,4 km	24,4 km

somit wird ein Schnellzug $l : \ddot{u} = n$

| $n = 1{,}7 =$ rd. 2 | $2{,}6 =$ rd. 3 | $3{,}1 =$ rd. 4 |

Güterzüge überholen.

Anders ist es, wenn ein Ngz die Zwischenbahnhöfe bedient und wenn er hierbei von Zügen überholt wird. Er wird im allgemeinen in die Überholungsgleise aller

---
[1] Potthoff: Ztg. Vereins mitteleurop. Eisenbahnverwltg. 1944, Heft 4.
[2] Gaede: Arch. Eisenbahnwes. 1920, S. 368.

Zwischenbahnhöfe einfahren. Nach der Einfahrt in das Überholungsgleis hat der Ngz die durchgehenden Hauptgleise verlassen. Während seines Aufenthalts dort können also die übrigen Schnell- und Durchgangsgüterzüge ohne Beeinflussung des Nahgüterzugs verkehren. Erst wenn er bei der Ausfahrt wieder in die durchgehenden Haupgleise gelangt ist, beeinflußt er bis zu seiner Einfahrt in den folgenden Überholungsbahnhof die Zugfolge. Bei jeder Ausfahrt muß also der Ngz in die Zugfolge der übrigen Züge eingefädelt werden. Ohne Störung des Zuglaufes ist dies nur möglich, wenn die Ausfahrt jeweils nach Ablauf einer Zugfolgezeit stattfindet, und er belegt dabei auf seiner Fahrt zwischen zwei zu bedienenden Bahnhöfen eine Zugfolgezeit.

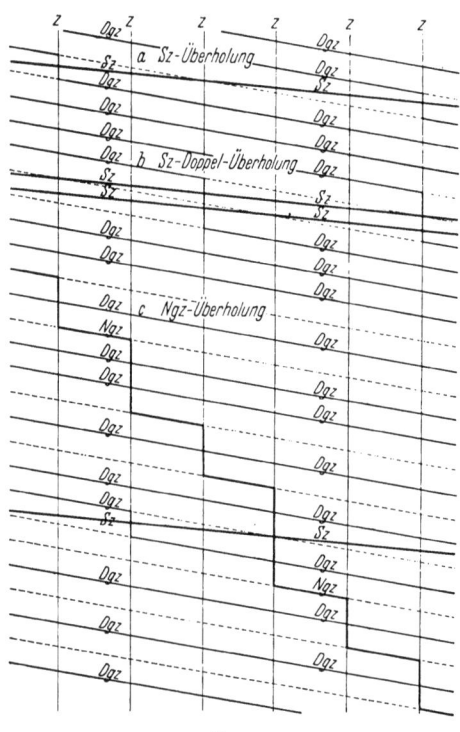

Abb. 78. Überholungen.
a) Schnellzugüberholung.
b) Schnellzug-Doppel-Überholung.
c) Nahgüterzugüberholung.

Soll ein Ngz a_h Zwischenbahnhöfe bedienen, so muß der Zug $a_h + 1$ mal eingefädelt werden. Man benötigt hierfür $a_h + 1$ maßgebende Zugfolgezeiten. Nach Abb. 78c sind hierin a_h maßgebende Zugfolgezeiten für anfahrende Gz und eine maßgebende Zugfolgezeit für durchfahrende Gz enthalten. Die maßgebende Zugfolgezeit eines durchfahrenden und eines anfahrenden Zuges ergibt zusammen die Überholungsspanne eines Güterzuges. Der Nahgüterzug braucht also zu seiner Durchführung

$$\ddot{U}_g + z_v + (a_h - 1) \cdot z_{ma_g} \text{ [min]}.$$

Beispiel: Bei einer Strecke von 75 km seien die Zwischenbahnhöfe im Mittel je 7,5 km entfernt angeordnet. Es ergeben sich neun Zwischenbahnhöfe, die von den Nahgüterzügen bedient werden müssen. Für die Durchführung eines Nahgüterzuges sind mit den maßgebenden Zugfolgezeiten und den Überholungsspannen der S. 281 folgende Zeiten notwendig:

Bei einer Blockstrecke $41 + 8 \cdot 22 = 41 + 176 = 217$ min.
„ zwei Blockstrecken $25 + 8 \cdot 14 = 25 + 112 = 137$ „
„ drei   „ $20 + 8 \cdot 12 = 20 + 96 = 116$ „ .

Dies zeigt die außerordentliche Belastung der Strecke durch die Nahgüterzüge.

7. Die Lage der Güterzugüberholungsgleise und die Signalanlagen.

Durch die Lage der Überholungsgleise zu den Hauptgleisen und durch die Lage der Personenbahnsteige zu den Güterzugüberholungsgleisen wird die Leistung einer Bahnlinie beeinflußt. In der Regel werden die Güterzugüberholungsgleise außer für die Betriebsüberholung der Durchgangsgüterzüge durch Schnellzüge auch für die Verkehrsüberholung der Nahgüterzüge verwendet, um Wagen des Ortsgüterverkehrs ein- und auszusetzen. Man hat dieser letzteren Forderung dadurch Rechnung getragen, daß man die Güterzugüberholungsgleise einseitig neben die durchgehenden Hauptgleise gelegt und diese so in gute Verbindung mit der Ortsgutanlage gebracht hat (Abb. 80). Diese Anordnung hat aber den Nachteil, daß die Gegenrichtung der Strecke durch die Zugfahrten, die das eine Überholungsgleis benutzen, gekreuzt werden muß. Diese Kreuzung setzt die Leistungsfähigkeit

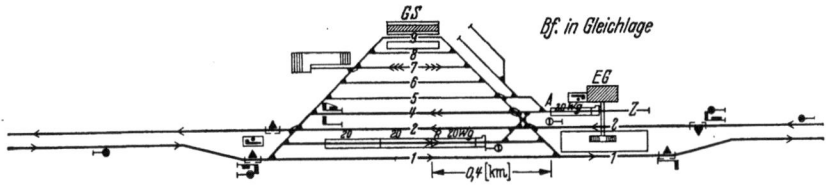

Abb. 79. Bahnhof in Gleichlage.

der Strecken wesentlich herab. Läßt sich diese Anordnung nicht umgehen, so ist es vorteilhaft, die Güterzugüberholungsgleise so anzuordnen, daß das durchgehende Hauptgleis in der Gefällrichtung gekreuzt wird, weil hier die Sperrzeiten und damit die Zugfolgezeiten kleiner sind als in der Steigungsrichtung und deshalb die Behinderungen in den Kreuzungen leichter ausgeglichen werden können.

Eine wesentliche Leistungssteigerung wird durch die Anordnung des Überholungsgleises nach Abb. 79 erzielt, indem ein Überholungsgleis zwischen die durchgehenden Hauptgleise gelegt ist. Die aus- und einzusetzenden Wagen der *Ngz* werden durch Rangierfahrten, die die Gegenrichtung kreuzen, zu den

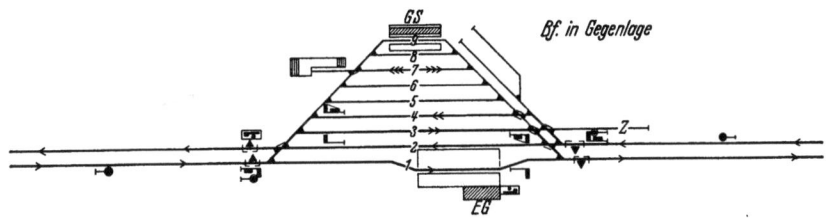

Abb. 80. Bahnhof in Gegenlage.

Aufstellgleisen überführt. Die Kreuzung durch Rangierfahrten kann zwischen zwei Zügen der Gegenrichtung erfolgen, ohne daß eine Verlängerung der Zugfolgezeiten hierdurch im allgemeinen erforderlich wird. Harms[1] hat in seiner Dissertation die Zwischenbahnhöfe verschiedener Gestaltung untersucht und festgestellt, daß die unterschiedlichen Weichenverbindungen der Überholungsgleise mit den durchgehenden Hauptgleisen bei Kreuzung der Gegenrichtung, die eingleisig oder zweigleisig ausgebildet sind, die Leistungsfähigkeit der Strecken nur unbedeutend beeinflussen. Genügt für die Überholungen ein zwischenliegendes Überholungsgleis für beide Richtungen, dann sinkt die Leistung der Strecke nicht so stark gegen-

---

[1] Harms: Die Leistung zweigleisiger Bahnen in Abhängigkeit von der Form der Zwischenbahnhöfe (Dr.-Ing.-Dissertation, Aachen 1949).

über den ähnlichen Formen zweigleisiger Überholungen mit Kreuzung der Gegenrichtung. Es zeigt sich, daß man im ungünstigsten Streckenabschnitt zweckmäßig die Zwischenbahnhöfe so anlegt, daß die Hauptgleise nur durch Rangierfahrten gekreuzt werden (Abb. 79). In den Abschnitten 8 und 10 sind deshalb diese beiden Formen untersucht worden.

Die Lage der Personenbahnsteige zu den Güterzugüberholungsgleisen ist in Abb. 79 und 80 dargestellt. Liegen die Bahnsteige zwischen den Weichenstraßen der Güterzugüberholungsgleise (Abb. 80), dann muß das Empfangsgebäude auf der den Ladeanlagen gegenüberliegenden Bahnseite angeordnet werden. Dies ist ein Bahnhof mit Gegenlage. Liegen die Bahnsteige außerhalb dieser Weichenstraßen (Abb. 79), dann ist es möglich, das Empfangsgebäude auf der gleichen Bahnseite wie die Ladeanlagen anzuordnen. Dann hat man einen Bahnhof mit Gleichlage. Man wird dann die Verkehrsanlagen, Empfangsgebäude und Ladeanlagen auf der Ortsseite anordnen. Die Gleichlage des Bahnhofs ist daher für die Verkehrsbevölkerung sehr bequem. Die Bahnhöfe mit Gleichlage sind aber länger als die mit Gegenlage. Nach Harms ergeben sich hieraus keine Leistungsunterschiede, wenn man die Fahrstraßen mit Teilauflösungen aufrüstet, so daß bei einer Durchfahrt die Einfahrseite eines Bahnhofs für eine Rangierfahrt oder eine Zugfahrt schon frei wird, wenn der Zug die letzte Einfahrweiche überfahren hat und nicht erst dann, wenn der Zug den Bahnhof verlassen hat.

Eine Gegenüberstellung der Zeiten für das Bilden und Auflösen der Fahrstraßen bei den einzelnen Stellwerksarten zeigt nach Harms, daß bei den Kraftstellwerken die Zeit für die Fahrstraßenbildung bis zu 50% und die Zeit für die Fahrstraßenauflösung bis zu 39% kleiner ist als bei den mechanischen Stellwerken mit Wechselstrom-Bahnhofsblock. Diese Unterschiede in der Fahrstraßenbildung und -auflösung sind aber im Verhältnis zu der Dauer der Betriebsvorgänge sehr gering und daher ohne wesentlichen Einfluß auf die Beschleunigung in der Zugfolge. Die Vorteile der elektrischen Stellwerke gegenüber den mechanischen liegen mehr in der dauernden elektrischen Überwachung der eingestellten Fahrstraße, der Vergrößerung der Entfernungen der Weichen und Signale von der Bedienungsstelle, wodurch größere und weniger Stellwerksbezirke entstehen, sowie der Möglichkeit, Stellwerke über den Gleisen als Reiterstellwerke unterzubringen.

Wenn man aber den selbsttätigen Streckenblock mit Mehrabschnittssignalsystem einführt, die Blockabschnitte nach S. 253 austeilt und den Fahrplan so gestaltet, daß möglichst wenig Überholungen notwendig werden, so kann sich dieses neue Blocksystem für die Hebung der Leistungsfähigkeit der Bahnlinien besonders vorteilhaft auswirken, weil die Zugfolgezeiten kleiner werden. Der selbsttätige Streckenblock mit Mehrabschnittssignalsystem ist für Fernbahnen aus dem Selbstblock der Stadtschnellbahnen entsprechend dem Vorbild ausländischer Bahnen entwickelt worden und hat folgende Vorteile:

1. Verkürzung der Blockabschnitte, damit Verdichtung der Zugfolgen, soweit überhaupt möglich.

2. Bessere Ausnutzung der Gleisanlagen und damit Vermeidung von weiteren Überholungs- und Streckengleisen.

3. Möglichkeit der zentralen Fernüberwachung und Fernsteuerung der Zugläufe.

4. Erhebliche Einsparung von Stellwerks- und Meldepersonal.

5. Erhöhte Sicherheit durch Ausschaltung von Bedienungsfehlern und der Unzulänglichkeit des Bedienungspersonals.

6. Die Mehrabschnittssignale (Ma-Signale) entsprechen grundsätzlich den bisherigen Hauptsignalen, d. h. sie gelten nur für Zugfahrten; die Ankündigung durch ein besonderes Vorsignal entfällt jedoch, da jedes Ma-Signal bereits die Stellung des nächsten Signals im Regelabstand erkennen läßt. Das Ma-Signal zeigt nicht nur das Freisein des nächsten sondern auch des übernächsten Blockabschnitts an und gestattet dadurch dem Lokführer ein flüssigeres Fahren als bei den bisherigen Hauptsignalen.

8. Die Kreuzung der Gegenrichtung durch eine Rangierfahrt.

Liegt das Überholungsgleis der West–Ost-Richtung nach Abb. 79 zwischen den beiden Hauptgleisen, so sollen die ankommenden Wagen des Nahgüterzuges mit den abgehenden Wagen, die im Aufstellgleis stehen, durch Rangierfahrten, die die Gegenrichtung kreuzen, ausgewechselt werden. Damit dies möglich ist, muß festgestellt werden, daß zwischen zwei gleichen Zügen der Gegenrichtung so viel Zeit ist, daß die Kreuzung der Rangierfahrt ausgeführt werden kann, ohne daß der nachfolgende Zug der Gegenrichtung Verspätung erhält.

Die Sperrzeit bei Kreuzung der Gegenrichtung durch eine Rangierabteilung setzt sich zusammen:

1. aus der Bahnhofssperrzeit $[S_e K_a]$ des durchfahrenden Zuges der Gegenrichtung oder aus der Bahnhofssperrzeit $[S_e H]$ des in den Bahnhof einfahrenden Gegenzuges;

2. aus der Sperrzeit der unmittelbar anschließenden Rangierfahrt.

Zu 1.: Die Bahnhofssperrzeiten unter 1. sind aus der Tabelle 22 zu entnehmen.

Zu 2.: Die Sperrzeit der Rangierfahrt vom Zug ins Ausziehgleis oder umgekehrt wird entweder für eine Vorwärtsfahrt oder für eine Rückwärtsfahrt wie folgt berechnet. Bei der Vorwärtsfahrt ist die Höchstgeschwindigkeit 20 km/h und bei der Rückwärtsfahrt 15 km/h. Es soll nun der Zeitaufwand für die ungünstigere Rückwärtsfahrt berechnet werden.

Beispiel: Es sind 20 Wagen abzusetzen und 20 Wagen aufzunehmen. Nimmt man als Durchschnittsgewicht eines Wagens 18 t an, so ist das Wagenzuggewicht der Rangiergruppe $G_w = 360$ t. Mit dem Lokgewicht der Zuglok G 56.20 von $G_l = 188$ t ist das Gewicht der Rangierabteilung $G_w = 550$ t. Die Länge des Rangierzuges ist $20 + 9 \cdot 20 = 200$ m. Hier ist 9 m die Wagenlänge und 20 m die Loklänge. Der mittlere Fahrzeugwiderstand der Rangierabteilung ist nach S. 261 (Bd. 1)

$$w = 3{,}5 \cdot G_l/G_z + 2{,}5 = 3{,}5 \cdot 188/550 + 2{,}5 = 3{,}7 \text{ kg/t}$$

und bei dem Reibungsgewicht $G_r = 99$ t der Lok ist die Beschleunigungskraft auf der waagerechten Bahnhofslänge

$$p'_a = 200 \cdot G_r : G_z = 200 \cdot 99 : 550 = 36{,}3 \text{ kg/t}.$$

Dann ist der Anfahrzeitzuschlag

$$t_{a_z} = V : 4 (p'_a - w) = 15 : 4 (36{,}3 - 3{,}7) = 0{,}12' \text{ min}.$$

Der Bremszeitzuschlag ist für $V = 15$ km/h $t_{b_z} = 0{,}06$ min. Der Überführungsweg von der Weichenspitze im Ausziehgleis bis zum Zugrumpf des Nahgüter zugs ist nach Abb. 79 $AR = 0{,}4$ km. Dann ist die Fahrzeit bei der gleichmäßigen Geschwindigkeit $V = 15$ km/h $t_g = 0{,}4 \cdot 60 : 15 = 1{,}6$ min. Die Gesamtfahrzeit der Rückwärtsbewegung ist dann $T_r = t_{a_z} + t_g + t_{b_z} = 0{,}12 + 1{,}6 + 0{,}06 = 1{,}8$ min. Umstellen und Zurücklegen zweier Weichenhebel zu je 4 sec dauert $4 \cdot 4 = 16$ sec. Hierzu kommen noch 20 sec für Befehlsübermittelung. Dann ist die Bilde- und Auflösezeit des Fahrwegs der Rangierfahrt 36 sec $= 0{,}6$ min und die Sperrzeit der Rangierfahrt $1{,}8 + 0{,}6 = 2{,}4$ min $= [R]$. Die Sperrzeit eines auf der Gegenrichtung (Gefälle) durchfahrenden Schnellzuges ist nach Tabelle 22, S. 265 $[S_e K_a]^s = 4{,}40$ min bzw. eines durchfahrenden Güterzuges $[S_e K_a]^g = 5{,}48$ min. Dann ist die gesamte Sperrzeit der Kreuzung $z_k = [S_e K_a]^g + [R] = 5{,}48 + 2{,}4 = 7{,}88$ min. Die Zeit darf nicht größer sein als die maßgebende Zugfolgezeit der Richtung, die die Rangierfahrt kreuzt. Der ungünstigste Streckenabschnitt der Bahn ist derjenige zwischen den Bahnhöfen B und C. Für diesen hat sich an den Streckensperrzeiten durch die Verwandlung des Zwischenbahnhofs in Gegenlage (Abb. 80) in einen in Gleichlage (Abb. 79) praktisch nichts geändert, sodaß auch die ungünstigste Sperrzeit der Tabelle (S. 261 u. f.) ihre Gültigkeit behält. Bei drei Blockstrecken ist auf der Gefällstrecke die ungünstigste Sperrzeit der Güterzüge $z_{u_{s_g}} = 7{,}01$ min. Hierzu kommt die Betriebsverspätung von z_v, die mit 2,5 min angenommen wird. z_{ma} ist dann $z_{u_{s_g}} + z_v = 7{,}01 + 2{,}5 = 9{,}51$ min. Für den Fahrplan aufgerundet ist $z_{ma} = 10$ min. Es besteht also zwischen der Rangiersperrzeit und der maßgebenden Zugfolgezeit ein Spielraum von $z_{ma} - z_k = 10 - 7{,}88 = 2{,}12$ min.

Ist der im Ausziehgleis stehende Rangierzug gerade zum Zurücksetzen bereit, wenn der Güterzug mit der Sperrzeit $[S_e K_a]^g$ die Kreuzung geräumt hat, dann braucht er nicht zu warten. Er braucht auch nicht zu warten, wenn er zum Zurücksetzen 2,12 min später bereit ist. Der Rangierzug muß aber warten bis der durchfahrende Zug die Kreuzung geräumt hat, wenn er zu einer anderen Zeit zurücksetzen will. Die größte Wartezeit des Rangierzuges ist dann $[S_e K_a]^g = 5{,}48$ min. Diese nimmt bei den verschiedenen Zeitlagen der Rangierabteilung zwischen zwei Gegenzügen geradlinig ab.

Der errechnete Aufenthalt im Überholungsgleis wird durch die Verkehrsaufgabe und die Rangiersperrzeit z_k, die die Rangierabteilung zum Überführen und Abholen der Wagen von den Verkehrsanlagen benötigt, bestimmt. Damit der Ngz bei seiner Ausfahrt in den Zuglauf ungestört eingefädelt werden kann, muß diese Zeit ein Vielfaches der maßgebenden Zugfolgezeit dieser Richtung sein.

9. Das Verfahren zur Ermittlung der Leistungsfähigkeit der durchgehenden Hauptgleise einer zweigleisigen Bahn bei Kreuzung der Gegenrichtung durch Rangierfahrten.

Zur Ermittlung der Leistungsfähigkeit einer Bahnlinie stellt man zunächst den ungünstigsten Abschnitt der Bahnlinie fest. Sind alle Bahnhöfe der Strecke so ausgebildet, daß immer ein Überholungsgleis zwischen den beiden Hauptgleisen liegt und bei Nahgüterzügen die Gegenrichtung nur von Rangierabteilungen gekreuzt wird, dann ist nur der Abstand zwischen zwei Bahnhöfen und das Steigungsmaß der Strecke für den ungünstigsten Bahnabschnitt bestimmend.

In anderen Fällen, wenn z. B. der Unterschied der Längen und Neigungen gering, aber die Stellwerksanlagen verschieden sind, ist in zweifelhaften Fällen durch Vergleichsrechnung der ungünstigste Bahnabschnitt zu ermitteln.

Für den ungünstigsten Abschnitt werden nunmehr die Fahrzeiten der haltenden und durchfahrenden Schnell- und Güterzüge ermittelt und die Fahrzeiten der Sperrstrecken im Zeitwegstreifen interpoliert, nachdem man vorher neben dem Längenprofil die Haupt- und Vorsignale sowie die Zugschlußstellen und Schienenkontakte eingetragen und hiernach die Sperrstrecken wie beschrieben, gekennzeichnet hat.

Durch Auswertung der Zugfahrten aus der Verschlußtafel nach der Zeit erhält man nun die Bilde- und Auflösezeiten der Fahrstraßen und ihre Blockbedienung und berechnet die Sperrzeiten, die man in einer Tabelle (S. 261) einträgt. Aus dieser ermittelt man nun die maßgebenden Zugfolgezeiten der Schnell- und Güterzüge für das durchgehende Hauptgleis und weiterhin die Zugfolgezeiten für die Überholungen der Schnell- und Güterzüge.

Aus dem Verkehrsanfall stellt man fest, ob die Bedienung des Bahnhofs durch einen Nahgüterzug bei Überholung eines oder mehrerer Züge ausgeführt wird. Nunmehr ermittelt man an Hand der Verkehrsstatistik, wieviel Schnell-, Eil- und Nahgüterzüge auf der Strecke verkehren. Für die Leistungsberechnung werden die nichthaltenden Durchgangsgüterzüge den an sich schnelleren auf allen Bahnhöfen haltenden Personenzügen hinsichtlich der Reisegeschwindigkeit gleichgesetzt. Ebenso können die durchfahrenden Eilgüterzüge sowie die Eilzüge als Schnellzüge in Rechnung gesetzt werden. Man hat es daher für die Leistungsberechnung der Fernbahnen in der Regel mit nur zwei Zugarten, den Güterzügen und den Schnellzügen, zu tun. Lokleerfahrten und andere Sonderfahrten benutzen den Güterzugfahrplan. Nun füllt man die restliche Tageszeit mit Zugfahrten der Durchgangsgüterzüge auf, um die tägliche Zugzahl zu erhalten.

Man berechnet den Mindestabstand $ü = l \cdot z_{ma} : (t_g - t_s)$ km der Überholungsbahnhöfe und mit $l : ü$ die Anzahl der Güterzüge, die von einem Schnellzug überholt werden. Sodann bestimmt man welche ungünstigsten Zugfolgezeiten $z_{u_s} = (A_1^q A_1^q)$ oder $(D_1^q D_1^q)$ oder $(L_1^q A_3^q)$ man von Fall zu Fall aus den Tabellen (S. 261 u. f.) entnehmen soll und erweitert diese durch Hinzufügung der Betriebsverspätungen und Aufrundung auf volle Minuten zu den maßgebenden Zugfolgezeiten z_{ma}, mit denen man die Leistungsfähigkeit einer Bahnlinie berechnet. Bahnhofsbehinderungen, die nach S. 286 Behinderungsverspätungen und damit längere Zugfolgezeiten erfordern, als die für die freie Strecke ermittelten, treten nur auf:

1. wenn Zugfahrten einander kreuzen;

2. wenn zwei Züge verschiedener Streckengleise gemeinsame Weichenstraßen benutzen oder

3. wenn ein Überholungsgleis in beiden Richtungen befahren wird.

Bei Kreuzung durch Rangierfahrten treten diese Behinderungen nicht auf. Der Rangierzug wartet im Überholungsgleis die Zuglücken der Gegenrichtung ab. In seiner Aufenthaltszeit müssen diese Wartezeiten, deren Ermittlung S. 278 angegeben ist, enthalten sein.

Ist $\ddot{u} = \frac{l \cdot z_{ma}}{t_g - t_s}$ [km] der Mindestabstand der Überholungsbahnhöfe und $l : \ddot{u}$ die Anzahl der Güterzüge, die auf der untersuchten Strecke von einem Schnellzug oder von mehreren hintereinander fahrenden Schnellzügen überholt werden, berechnet, dann ermittelt man die Überholungsspannen der Schnellzüge für eine und mehrfache Schnellzugsüberholungen.

Für die Gegenrichtung (Gefällstrecke) werden in derselben Weise, wie für die Steigungsstrecken die maßgebenden Zugfolgezeiten ermittelt, die kleiner sind als die der Steigungsstrecken. Infolgedessen könnte die Gefällstrecke mit einer größeren Anzahl von Zügen belegt werden. Da aber wegen des Lokomotivumlaufs in der Regel die Züge beider Richtungen paarig sind, so kann man die größere Leistungsfähigkeit der Gefällstrecken nicht ausnutzen. Die Gefällstrecke ist aber infolgedessen nicht so empfindlich gegen Verspätungen. Die berechnete maßgebende Zugfolgezeit im Gefälle kann natürlich bei ungleichmäßiger Verteilung der Züge über den Tag in Anspruch genommen werden. Sie ist daher auch in Rechnung zu stellen, wenn z. B. nach S. 278 festgestellt werden soll, ob die Rangierzeit beim Auswechseln von Wagen unter Kreuzung der Gegenrichtung gleich oder kleiner als die maßgebende Zugfolgezeit der Gefällstrecke ist.

Sollen auf einer Strecke täglich s_1 Schnellzüge einzeln und s_2 Schnellzüge zu zweien oder allgemein s_ν Schnellzüge zu ν Schnellzügen gebündelt verkehren, so ergibt sich die Betriebszeit, die durch die verkehrenden Schnellzüge gebraucht wird, zu:

$$T_s = \sum_{\nu=1}^{\nu=\nu} \frac{s_\nu}{\nu} [(\ddot{U}_s + z_v) + (\nu - 1) z_{ma_s}]$$

Hier ist $s_\nu : \nu$ die Anzahl der Schnellzugbündel zu je ν Schnellzügen, dies ist für $\nu = 1$ bis ν zu ermitteln (Abb. 78a, b).

Die tägliche Betriebszeit für n auf der Strecke verkehrende Nahgüterzüge errechnet sich aus der Anzahl a_h der von jedem Zuge zu bedienenden Bahnhöfe:

$$T_n = n [(\ddot{U}_g + z_v) + (a_h - 1) z_{ma_g}] \quad \text{(Abb. 78c)}.$$

Im allgemeinen wird man hier die maßgebende Zugfolgezeit für anfahrende Güterzüge einsetzen, weil die Nahgüterzüge in jedem Bahnhof anfahren.

Bei ununterbrochenem Betrieb ist die gesamte Betriebszeit $T_{ges} = 24 \cdot 60 = 1440$ min. Zieht man hiervon die Betriebszeiten für die Schnellzüge T_s und Nahgüterzüge T_n ab, so ergibt sich die Betriebszeit für die Durchgangsgüterzüge $T_{ges} - T_s - T_n = T_d$ und hieraus die Anzahl der möglichen Durchgangsgüterzüge zu $T_d : z_{ma_g}$.

1. Beispiel: Auf einer Bahnlinie von rd. 75 km Länge, deren Zwischenbahnhöfe so angelegt sind, daß ein Überholungsgleis zwischen den beiden durchgehenden Hauptgleisen liegt, sollen in jeder Richtung zwölf Schnellzüge und zwei Nahgüterzüge verkehren. Von den Schnellzügen sollen dreimal je zwei im Blockabstand hintereinander fahren, während die anderen sechs einzeln die Güterzüge überholen. Die maßgebenden Zugfolgezeiten sind nach den Tabellen S. 261 bis 264 folgende:

Die Leistungsermittlung zweigleisiger Bahnen.

		z_{u_s}	z_v	$z_{u_s}+z_v$	z_{ma} rd. in min
Für Schnellzüge					
1 Blockstrecke:	$\left(A_1^s\, A_1^s\right)$	13,92	1,3	15,22	16
2 Blockstrecken:	$\left(A_1^s\, A_1^s\right)$	9,18	2,0	11,18	12
3 Blockstrecken:	$\left(A_1^s\, A_1^s\right)$	7,28	2,5	9,78	10
Für Güterzüge					
1 Blockstrecke:	$\left(D_1^s\, A_1^g\right)$	20,52	1,3	21,82	22
	$\left(A_3^g\, D_1^g\right)$	18,53	1,3	19,83	20
2 Blockstrecken:	$\left(D_1^s\, A_1^g\right)$	11,42	2,0	13,42	14
	$\left(D_b^g\, D_b^g\right)$	11,00	2,0	13,00	13
3 Blockstrecken:	$\left(D_b^g\, D_b^g\right)$	8,78	2,5	11,28	12

(Bei drei Blockstrecken ist die ungünstigste Zugfolgezeit im zweiten Blockabschnitt und nicht im ersten und deshalb ist für die weitere Berechnung auch bei anfahrenden Zügen dieser Wert maßgebend.)

$z_v = 1,3$; 2,0 und 2,5 [min] werden als Verspätungen durch Betriebsstörungen angenommen.

Ferner sind die Überholungsspannen wie folgt berechnet worden:

	$\bar{U}$	z_v	$\bar{U}+z_v$	$\bar{U}$ rd. in min
Für Schnellzüge				
1 Blockstrecke:	32,76	1,3	34,06	35
2 Blockstrecken:	27,84	2,0	29,84	30
3 Blockstrecken:	26,47	2,5	28,97	29
Für Güterzüge				
1 Blockstrecke:	39,02	1,3	40,32	41
2 Blockstrecken:	22,39	2,0	24,39	25
3 Blockstrecken:	16,83	2,5	19,33	20

Die Leistungsfähigkeit der Bahnlinie errechnet sich nach obigen Zahlen wie folgt:

1. Bei einer Blockstrecke (keine Blockstelle).

Schnellzüge: $T_s = \sum_{\nu=1}^{\nu=\nu} \dfrac{s_\nu}{\nu}\left[(\bar{U}_s + z_v) + (\nu - 1) z_{ma_s}\right]$

$s_1 = 6$; $\nu = 1$; $T_{s_1} = s_1 \cdot (\bar{U}_s + z_v) = 6 \cdot 35$ . . . . 210 min
$s_2 = 6$; $\nu = 2$; $T_{s_2} = 6/2 \cdot (35 + 16) = 3 \cdot 51$ . . . . 153 min

Nahgüterzüge: $T_n = n\left[(\bar{U}_g + z_v) + (a_h - 1) z_{ma_g}\right]$

$n = 2$; $a_h = 9$; $T_n = 2 \cdot [41 + (9 - 1) \cdot 22] = 2 \cdot (41 + 176) = 2 \cdot 217 = \underline{434}$,,

$\overline{12\,S + 2\,G}$ mit $T_s + T_n$ . . . . $= 797$ min.

Anzahl der restlichen Gz:

$\dfrac{1440 - 797}{20} = \dfrac{643}{20} = 32\, Gz$

$+ 32\, G$

$\overline{12\,S + 34\,G} = \underline{46\ \text{Züge.}}$

282   Leistungsermittlung der Bahnanlagen.

   2. Bei zwei Blockstrecken (eine Blockstelle).

Schnellzüge:

$s_1 = 6$; $v = 1$; $T_{s_1} = 6 \cdot 30$ . . . . 180 min

$s_2 = 6$; $v = 2$; $T_{s_2} = 6/2 \cdot (30 + 12) = 3 \cdot 42$ . . . . 126 ,,

Nahgüterzüge:

$n = 2$; $a_h = 9$; $T_n = 2 \cdot [25 + (9-1) \cdot 14] = 2 \cdot (25+112) = 2 \cdot 137 = $ 274 ,,

$12\,S + 2\,G$ mit $T_s + T_n$ . . . . $= 580$ min.

Anzahl der restlichen Gz:

$$\frac{1440 - 580}{13} = \frac{860}{13} = 66\,Gz$$

$\underline{+ 66\,G}$

$\underline{12\,S + 68\,G = 80\text{ Züge.}}$

   3. Bei drei Blockstrecken (zwei Blockstellen).

Schnellzüge:

$s_1 = 6$; $v = 1$; $T_{s_1} = 6 \cdot 29$ . . . . 174 min

$s_2 = 6$; $v = 2$; $T_{s_2} = 6/2 \cdot (29 + 10) = 3 \cdot 39$ . . . . 117 ,,

Nahgüterzüge:

$n = 2$; $a = 9$; $T_n = 2 \cdot [20 + (9-1) \cdot 12)] = 2 \cdot (20+96) = 2 \cdot 116 = $ 232 ,,

$12\,S + 2\,G$ mit $T_s + T_n$ . . . . $= 523$ min.

Anzahl der restlichen Gz:

$$\frac{1440 - 523}{12} = \frac{917}{12} = 76\,Gz$$

$\underline{+ 76\,G}$

$\underline{12\,S + 78\,G = 90\text{ Züge.}}$

2. Beispiel: Auf einer Bahnlinie von rd. 75 km mit neun Zwischenbahnhöfen sollen in jeder Richtung zwölf Schnellzüge und drei Nahgüterzüge verkehren. Im übrigen gelten die Voraussetzungen des ersten Beispiels S. 280.

   1. Bei einer Blockstrecke (keine Blockstelle).

Schnellzüge:

$s_1 = 6$; $v = 1$ . . . . 210′

$s_2 = 6$; $v = 2$ . . . . 153′

Nahgüterzüge:

$n = 3$; $a_h = 9$; $T_n = 3 \cdot [41 + (9-1) \cdot 22] = 3 \cdot (41+176) = 3 \cdot 217 = $ . . . . 651′

$12\,S + 3\,G$ mit $T_s + T_n$ . . . . $= 1014′$

Anzahl der restlichen Gz:

$$\frac{1440 - 1014}{20} = \frac{426}{20} = 21\,Gz$$

$\underline{+ 21\,G}$

$\underline{12\,S + 24\,G = 36\text{ Züge.}}$

2. Bei zwei Blockstrecken (eine Blockstelle).

Schnellzüge:
$s_1 = 6; v = 1$ . . . . 180'
$s_2 = 6; v = 2$ . . . . 126'

Nahgüterzüge:
$n = 3; a_h = 9; T_n = 3 \cdot (25 + 112) = 3 \cdot 137 =$ . . . . 411'
$12\,S + 3\,G$ mit $T_s + T_n$ . . . . $= 717'$

Anzahl der restlichen Gz:
$$\frac{1440 - 717}{13} = \frac{723}{13} = 55\,Gz$$

$+ 55\,G$
$\overline{12\,S + 58\,G = 70\text{ Züge.}}$

3. Bei drei Blockstrecken (zwei Blockstellen).

Schnellzüge:
$s_1 = 6; v = 1$ . . . . 174'
$s_2 = 6; v = 2$ . . . . 117'

Nahgüterzüge:
$n = 3; a_h = 9; T_n = 3 \cdot (20 + 96) = 3 \cdot 116 =$ . . . . 348'
$12\,S + 3\,G$ mit $T_s + T_n$ . . . . $= 639$

Anzahl der restlichen Gz:
$$\frac{1440 - 639}{12} = \frac{801}{12} = 66\,Gz$$

$+ 66\,G$
$\overline{12\,S + 69\,G = 81\text{ Züge}}$

3. Beispiel: Auf einer Bahnlinie von rd. 60 km mit sieben Zwischenbahnhöfen sollen in jeder Richtung vier Schnellzüge, davon zwei als Zugbündel und ein Nahgüterzug verkehren. Im übrigen gelten die Voraussetzungen des ersten Beispiels S. 280.

1. Keine Blockstelle.

Schnellzüge:
$s_1 = 2; v = 1; T_{s_1} = 2 \cdot 35$ . . . . 70'
$s_2 = 2; v = 2; T_{s_2} = 2/2 \cdot (35 + 16) = 1 \cdot 51$ . . . . 51'

Nahgüterzüge:
$n = 1; a_h = 7; T_n = 1 \cdot [41 + (7-1) \cdot) \cdot 22] = 1 \cdot (41 + 132) = 1 \cdot 173 =$ . . . . . 173'
$4\,S + 1\,G$ mit $T_s + T_n$ . . . . $= 294'$

Anzahl der restlichen Gz:
$$\frac{1440 - 294}{20} = \frac{1146}{20} = 57\,Gz$$

$+ 57\,G$
$\overline{4\,S + 58\,G = 62\text{ Züge.}}$

2. Eine Blockstelle.

Schnellzüge:

$s_1 = 2;\ v = 1;\ T_{s_1} = 2 \cdot 30$ . . . . 60'

$s_2 = 2;\ v = 2;\ T_{s_2} = 2/2 \cdot (30 + 12) = 1 \cdot 42$ . . . . 42'

Nahgüterzüge:

$n = 1;\ a_h = 7;\ T_n = 1 \cdot [25 + (7-1) \cdot 14] = 1 \cdot (25 + 84) = 1 \cdot 109 =$ . . . . . . $\underline{109'}$

$4\,S + 1\,G$ mit $T_s + T_n$ . . . . $= 211'$

Anzahl der restlichen Gz:

$$\frac{1440 - 211}{13} = \frac{1229}{13} = 94\ Gz$$

$\underline{= 94\ G}$

$4\,S + 95\,G = \underline{\underline{99\ \text{Züge}.}}$

3. Zwei Blockstellen.

Schnellzüge:

$s_1 = 2;\ v = 1;\ T_{s_1} = 2 \cdot 29 =$ . . . . 58'

$s_2 = 2;\ v = 2;\ T_{s_2} = 2/2 \cdot (29 + 10) = 1 \cdot 39$ . . . . $=$ 39'

Nahgüterzüge:

$n = 1;\ a_h = 7;\ T_n = 1 \cdot [20 + (7-1) \cdot 12] = 1 \cdot (20 + 72) =$ . . . . 92'

$4\,S +\quad 1\,G$ mit $T_s + T_n$ . . . . $= 189'$

Anzahl der restlichen Gz

$$\frac{1440 - 189}{12} = \frac{1251}{12} = 104\ Gz$$

$\underline{+ 104\ G}$

$4\,S + 105\,G = \underline{\underline{109\ \text{Züge}.}}$

10. Die Ermittlung der Leistungsfähigkeit der durchgehenden Hauptgleise bei Kreuzung der Gegenrichtung durch eine Zugfahrt.

Der Vorteil einer Bahnlinie, auf der die Gegenrichtung nur durch Rangierabteilungen gekreuzt wird, besteht darin, daß sich die Verspätungen infolge der Kreuzung bei einem stabilen Fahrplan durch den Aufenthalt im Überholungsgleis ausgleichen und sich daher nicht auf die nachfolgenden Züge übertragen. Es brauchen daher die für die Züge der durchgehenden Hauptgleise berechneten Zugfolgezeiten für einen stabilen Fahrplan nicht vergrößert zu werden. Die Verspätungen, die durch die Kreuzung der Gegenrichtung entstehen, sind dadurch bedingt, daß der kreuzende Zug nicht immer in die Lücke zweier Züge der Gegenrichtung paßt. Man nimmt dadurch, daß man den Fahrplan der einen Richtung unabhängig von demjenigen der anderen Richtung konstruiert den Nachteil in Kauf, daß man von vornherein alle Zugabstände des Gleises, das gekreuzt wird, nach den Anforderungen, die diese Kreuzungen stellen, bemißt. Aber nicht nur die Zugfolgezeiten des Hauptgleises der Gegenrichtung werden größer, sondern auch die des anderen durchgehenden Hauptgleises. Alle diese Verschlechterungen der Zugfolgezeiten treten aber kaum auf, wenn das Hauptgleis der Gegenrichtung bei Verkehrsüberholungen nur mit **Rangierabteilungen** gekreuzt wird.

Die Züge, die dem kreuzenden Zuge folgen, müssen daher eine größere Zugfolgezeit haben, damit sich die Verspätungen nicht auf die nachfolgenden Züge übertragen. Bei der Ermittlung der Leistungsfähigkeit einer Bahnlinie mit Bahnhöfen auf denen die Überholungsgleise auf der Seite der Ladeanlage liegen, ist bei Zugkreuzungen der Gegenrichtung diese Vergrößerung der Zugfolgezeiten noch zu berücksichtigen.

Sowohl bei der Einfahrt in das, als auch bei der Ausfahrt aus dem Überholungsgleis wird die Gegenrichtung gekreuzt. Zwischen beiden Kreuzungen besteht ein Unterschied. Die ausfahrenden Züge warten im Überholungsgleis so lange, bis sowohl in dem durchgehenden Hauptgleis der Gegenrichtung als auch in dem der gleichen Fahrrichtung in der Zugfolge gleichzeitig eine Lücke entsteht. Der Zug im Überholungsgleis muß also vor seiner Ausfahrt stets auf der Lauer liegen, bis im Gleis der Gegenrichtung eine Lücke frei wird und diese mit einer Lücke im eigenen Streckengleis zeitlich zusammenfällt. Bei der Einfahrt liegt im allgemeinen die Möglichkeit allzulangen Wartens nicht vor, da sonst die dahinterfahrenden Züge aufgehalten werden. Andererseits braucht für den in das Überholungsgleis einfahrenden Zug nur eine Lücke, nämlich nur die in der Zugfolge der Gegenrichtung abgewartet zu werden. Findet der Zug bei der Einfahrt keine Lücke in der Zugfolge der Gegenrichtung vor, so hat er nicht nur vor dem auf Halt stehenden Einfahrsignal zu warten, sondern er muß, nachdem das Einfahrsignal auf Fahrt gestellt ist, auch wieder anfahren, das bedeutet einen weiteren Zeitverlust gegenüber dem ungestört einfahrenden Zuge. Im Gegensatz zu dem auf seine Ausfahrt wartenden Zuge hat der vor dem Einfahrsignal gestellte Zug nicht nur einen Zeitverlust, sondern auch einen erhöhten Energieverbrauch.

Die Verspätung der auf Einfahrt wartenden Züge ist am größten, wenn diese gerade durch den ausfahrenden Zug der Gegenrichtung an der Einfahrt gehindert werden, die Verspätung der auf Ausfahrt wartenden Züge dann, wenn sie gerade durch einen einfahrenden Zug der Gegenrichtung an der Ausfahrt gehindert werden. Der Zug muß solange warten, als seine Ein- oder Ausfahrt durch die Sperrzeit des Zuges der Gegenrichtung ausgeschlossen ist. Die Verspätung ist gleich Null, wenn es dem ein- oder ausfahrenden Zug gelingt, vor dem nächsten Gegenzug das Gleis noch zu kreuzen oder wenn der Zug unmittelbar im Anschluß an die Durchfahrt der Gegenrichtung kreuzt. Sie bleibt daher so lange gleich Null, bis es dem kreuzenden Zuge nicht gelingt, vor Durchfahrt des nächsten Gegenzuges das Gleis zu überqueren. Die Verspätung hängt einmal von der Länge der Bahnhofssperrzeit z_b und sodann von der maßgebenden Zugfolgezeit der Züge der Gegenrichtung ab.

Innerhalb der Zeitspanne $z_{ma} - z_b$ können die Züge ungehindert ein- bzw. ausfahren und durch das Kreuzen der Gegenrichtung entstehen keine Verspätungen. Während der übrigen Zeit muß der Zug kürzere oder längere Zeit auf die Ein- oder Ausfahrt warten und wird dadurch aus seinem Plan verdrängt. Der vor der Einfahrt zum Halten kommende Zug kann zudem auch durch sein Warten den nachfolgenden Zug aufhalten. Man bringt als Zuschlag zur Berücksichtigung der entstehenden Kreuzungsverspätungen nicht die volle Bahnhofssperrzeit z_b sondern einen mittleren Verspätungszuschlag in Ansatz. Diese mittlere Verspätung errechnet sich so, daß man das Verspätungsdreieck nach Abb. 81 oder 82 gleichmäßig auf die Zugfolgezeit z_{ma} umlegt. Dieser mittleren Verspätung liegt die Vorstellung zugrunde, daß die gestörten Züge zu allen Zeitlagen innerhalb der Zugfolgezeit z_{ma} gleichmäßig verteilt die gemeinsame Kreuzung befahren wollen. Das Verspätungsdreieck ist dadurch entstanden, daß man die senkrecht abzugreifenden Wartezeit waagerecht umgeklappt hat. Man erkennt auf diese Weise anschaulich die Abnahme der Verspätung von z_b auf 0. Weiter läßt sich der mittlere Verspätungszuschlag mit Hilfe des Verspätungsdreiecks finden, in dem man die Fläche des Dreiecks über der Zugfolgezeit z_{ma} verwandelt. Es ist:

$$\frac{z_b^2}{2} = z_{ma} \cdot z_{v_b}$$

oder der mittlere Verspätungszuschlag $z_{v_b} = \dfrac{z_b^2}{2\,z_{ma}}$

Bei der mittleren für den ungünstigsten Bahnabschnitt berechneten Verspätung besteht die Möglichkeit, daß durch die Überschüsse und Reserven der übrigen günstigeren Bahnabschnitte die aus dem ungünstigsten Bahnabschnitt noch übriggebliebenen Unregelmäßigkeiten abgebaut werden. Je größer die Differenz $(z_{ma} - z_b)$ ist, um so unempfindlicher ist der Fahrplan gegen Verspätungen. Wird die Differenz klein, so ist es angezeigt, den Bahnhof so anzulegen, daß zur Bedienung der Ladeanlage die Gegenrichtung nur von Rangierabteilungen gekreuzt zu werden braucht. Wird die Differenz negativ, dann müssen die Bahnhöfe so angelegt werden, daß Zugkreuzungen nicht mehr stattfinden, weil dann die Sperrzeit des kreuzenden Zuges länger ist als die Lücke zweier Züge der Gegenrichtung.

a) Berechnung der mittleren Verspätungen bei Kreuzung der Gegenrichtung durch einen ausfahrenden Zug. In Abb. 81 sind bezogen auf den Zugschluß die Zeitweglinien des in der Gegenrichtung mit der Zugfolgezeit z_{ma} durchfahrenden Zugpaares sowie die verschiedenen Zeitlagen der ausfahrenden Güterzüge dargestellt. Die Sperrzeit des in der Zeitlage 1 ausfahrenden Güterzuges setzt sich zusammen: a) aus der Bildezeit $|H_3|$ der Fahrstraße, b) aus der Fahrzeit vom Anfahrpunkt H_3 in Gleis 3 bis zum Schienenkontakt K_a, c) aus der Auflösezeit der Fahrstraße $|K_a'|$. Unmittelbar an letztere schließt sich für den auf Gleis 2 durchfahrenden Zug der Gegenrichtung: a) die Bildezeit der Fahrstraße $|S_e|$, b) dessen Fahrzeit $|S_e K_a|$ vom östlichen Durchfahrpunkt S_e bis zum westlichen Schienenkontakt K_a und c) die Auflösezeit der Fahrstraße $|K_a'|$ an. Anschließend hieran kann wieder ein Güterzug in der Zeitlage 2 ausfahren und zwar z_a später als die Zeitlage 1. Von der maßgebenden Zugfolgezeit z_{ma} der beiden durchfahrenden Züge der Gegenrichtung ist also für die Ausfahrt des Güterzuges die Zeit $z_a = [H_3 K_a]^g + [S_e K_a]$ gesperrt. Die Sperrzeit $[S_e K_a]$ kann von einem durchfahrenden Schnell- oder Güterzug herrühren. (Es ist hier z_a statt z_b gesetzt).

Nimmt man die Lagen des Zuges 1 und seines gleichartigen nachfolgenden Zuges 2 als fest an, und verändert sich diesem gegenüber die Zeitlage des ausfahrenden Zuges, so hat letzterer bei der Lage 1 die Verspätung z_a und bei der Lage 2 die Verspätung Null. Auch von der Lage 2 bis zur Lage 3 ist die Verspätung gleich Null. Die Verspätung von Lage 1 bis Lage 2 nimmt gradlinig ab. Diese Verspätungen sind in Abb. 81 durch das schraffierte Dreieck von der Höhe und der Breite z_a dargestellt. Sie betragen also im Mittel $z_a : 2$. Auf alle möglichen

Lagen der beiden Gegenzüge A und B bezogen ist dann wie gesagt die mittlere Verspätung des ausfahrenden Zuges

$$z_{v_a} = \frac{z_a^2}{2 \cdot z_{ma}} = \frac{([H_3 K_a]^g + [S_e K_a])^2}{2 \cdot z_{ma}}.$$

Für die Überholung der Züge auf der Bergfahrt sollen die Verspätungen für die verschiedenen Blockteilungen sowohl bei einer Schnellzug- als auch bei einer

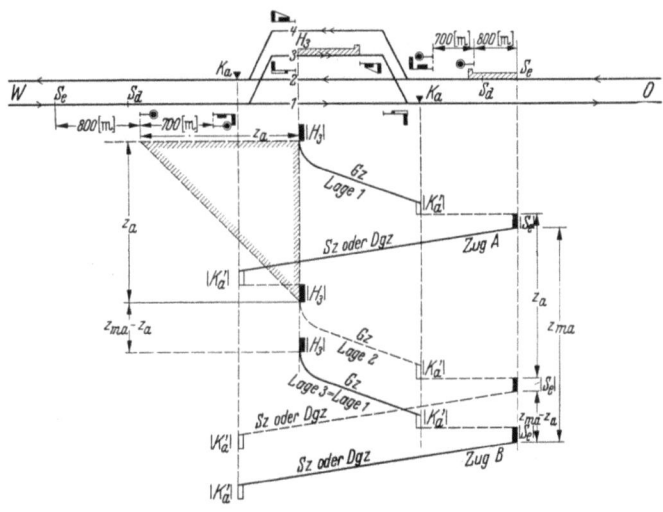

Abb. 81. Kreuzung der Gegenrichtung durch einen ausfahrenden Güterzug.

Güterzugüberholung berechnet werden. Für den Bahnhof B nach Abb. 80 ist mit den Bahnhofssperrzeiten der Tabelle 22 $[H_3 K_a]$ in der Steigung und $[S_e K_a]$ im Gefälle

bei Schnellzugüberholung: $[H_3 K_a]^g + [S_e K_a]^s = 4{,}34 + 3{,}30 = 7{,}64' = z_a$.

bei Güterzugüberholung: $[H_3 K_a]^g + [S_e K_a]^g = 4{,}34 + 4{,}23 = 8{,}57' = z_a$.

Nach der Tabelle S. 281 sind die auf volle Minuten aufgerundeten maßgebenden Zugfolgezeiten bei verschiedenen Blockteilungen für die Fahrt des Gegenzuges im Gefälle:

Schnellzug:
    für 1 Blockstrecke $z_{ma_s} = 16'$
    „ 2 Blockstrecken $z_{ma_s} = 12'$
    „ 3 Blockstrecken $z_{ma_s} = 10'$

Güterzug:
    für 1 Blockstrecke $z_{ma_g} = 22'$
    „ 2 Blockstrecken $z_{ma_g} = 14'$
    „ 3 Blockstrecken $z_{ma_g} = 12'$.

Die mittlere Verspätung $z_{v_a} = z_a^2 : 2 \cdot z_{ma}$ durch die Kreuzungsbehinderung ist dann:

Schnellzug:
    für 1 Blockstrecke $7{,}64^2 : 2 \cdot 16 = 1{,}71'$
    „ 2 Blockstrecken $7{,}64^2 : 2 \cdot 12 = 2{,}42'$
    „ 3 Blockstrecken $7{,}64^2 : 2 \cdot 10 = 2{,}91'$.

Güterzug:
    für 1 Blockstrecke $8{,}58^2 : 2 \cdot 22 = 1{,}67'$
    „ 2 Blockstrecken $8{,}57^2 : 2 \cdot 14 = 2{,}63'$
    „ 3 Blockstrecken $8{,}57^2 : 2 \cdot 12 = 3{,}06'$.

b) Berechnung der mittleren Verspätungen bei Kreuzung der Gegenrichtung durch einen einfahrenden Zug. (Abb. 82).

Auch hier ist zunächst wieder die Zugfolgezeit zweier Züge der Gegenrichtung zu bestimmen, zwischen denen die Einfahrt des Zuges erfolgen kann. Die Einfahrt kann ungehindert stattfinden, wenn der einfahrende Güterzug gerade auf eine Lücke zwischen zwei Züge der Gegenrichtung trifft. Ist aber das zu kreuzende Gleis durch eine Zugfahrt der Gegenrichtung gesperrt, dann kommt der Güterzug vor dem Einfahrsignal zum Halten und muß von neuem anfahren. Mitunter genügt es auch, wenn der Zug lediglich seine Geschwindigkeit mehr oder weniger stark vermindert, also vor der Einfahrt stutzt. Der Bestimmung des Mindestabstandes zweier Züge der Gegenrichtung wird der ungünstigere Fall zugrunde gelegt, daß der Güterzug vor dem Einfahrsignal vollständig zum Halten kommt, und aus dem Halt nach Bilden der Fahrstraße wieder anfährt. Von einer weiteren Wartezeit des Güter-

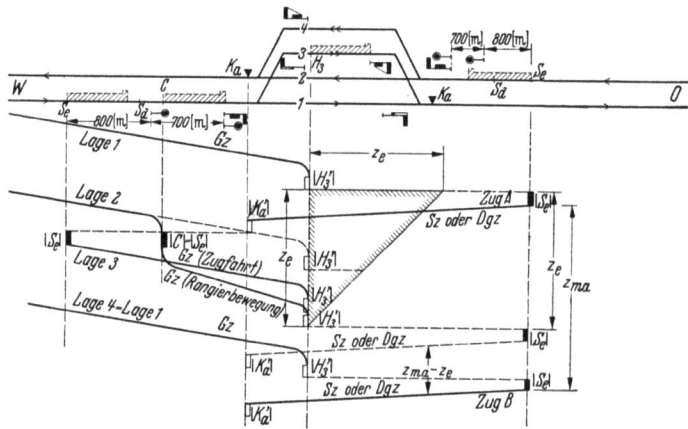

Abb. 82. Kreuzung der Gegenrichtung durch einen einfahrenden Güterzug.

zuges vor dem Einfahrsignal sei abgesehen. Der Mindestabstand zweier Züge der Gegenrichtung wird wie folgt bestimmt. An die Einfahrt des Güterzuges in Gleis 3 nach Zeitlage 1 und die Auflösung der Fahrstraße reiht sich die Bahnhofssperrzeit des durchfahrenden Zuges der Gegenrichtung $[S_e K_a] = |S_e| + |S_e K_a| + |K_a'|$. Ist der einfahrende Güterzug bei der Zeitlage 2 am Einfahrsignal mit seinem Zugschluß in C zum Halten gekommen, dann muß für die Weiterfahrt erst die Fahrstraße gebildet werden, das Einfahrsignal auf Fahrt gestellt und vom Lokführer aufgenommen werden. Bei der Weiterfahrt zum Haltepunkt H_3 in Gleis 3 erreicht der Güterzug aber nur die Geschwindigkeit eines Rangierzuges, der nach Zeitaufnahmen 15—20 km/h beträgt. Die Sperrzeit des am Einfahrsignal zum Halten gekommenen Zuges setzt sich daher im Anschluß an die Zeitlage 2 des Zuges zusammen: a) aus der Bildezeit $|C|$ der Einfahr-Fahrstraße, b) aus der Fahrzeit zwischen den Zugschlußpunkten C und H_3 und c) aus der Auflösezeit $|H_3'|$ der Einfahr-Fahrstraße. Die Sperrzeit ist demnach $[CH_3]^g = |C| + |CH_3| + |H_3'|$. Die Fahrzeit $|CH_3|$ wird wie diejenige der kreuzenden Rangierabteilung nach S. 277 berechnet. Sie setzt sich zusammen aus der Fahrzeit bei gleichmäßiger Geschwindigkeit ($V = 15$ bis 20 km/h) $t_g = 60 \cdot l : V$ [min], wo l [km] der Weg zwischen C und H ist, sowie aus dem Zeitzuschlag für Anfahren und Bremsen

$t_{a_z} + t_{b_z}$. Der Bremszeitzuschlag t_{b_z} [min] wird für $V = 15 - 20$ km/h und für die Bremsprozente des Zuges aus dem Bremszeitzuschlagsdiagramm der Güterzüge abgelesen. Der Anfahrzeitzuschlag ist $t_{a_z} = V : 4 \; (p'_a \pm s - w)$ [min], wo $p'_a = 200 \cdot G_r : G_z$ kg/t die Beschleunigungskraft auf der Waagerechten ist, — $s\,^0/_{00}$ die Steigung, $+ s\,^0/_{00}$ das Gefälle und $w = 3{,}5 G_l/G_z + 2{,}5\,^0/_{00}$ der mittlere Zugwiderstand ist. Es ist G_r das Reibungsgewicht, G_l das Lokgewicht und G_z das Zuggewicht. Die Fahrzeit von C bis H_3 ist also insgesamt $T_z = t_{a_z} + t_g + t_{b_z}$. Wäre der Zug erst am Ende der Sperrzeit $[S_e K_a]$ und nach Bildung der Einfahr-Fahrstraße an der Durchfahrstelle S_e (800 m vor dem Einfahrsignal) und hätte somit nach Abb. 82 die Zeitlage 3, so könnte er wieder ungehindert in Gleis 3 einfahren. Dann hätte er die Einfahrsperrzeit $[S_e H_3]$ statt $[C H_3]$ und die Verspätung bei der Zeitlage 3 wäre gleich Null (Abb. 82).

Bei gleichzeitigem Beginn der Sperrzeiten $[S_e H_3]$ und $[C H_3]$ im unmittelbaren Anschluß an die Sperrzeit $[S_e K_a]$ ist aber die Sperrzeit $[C H_3]$ etwas später beendet und daher ungünstiger. Man setzt infolgedessen als Mindestabstand der beiden durchfahrenden Züge der Gegenrichtung die Summe der Bahnhofssperrzeiten $[S_e K_a] + [C H_3] = z_e$ [min] ein. Das schraffierte Dreieck mit der Grundlinie und Höhe z_e gibt also die der Rechnung zugrunde gelegte Größe der Einfahrverspätung bei den verschiedenen Zeitlagen des einfahrenden Zuges zwischen den beiden durchfahrenden Zügen der Gegenrichtung an. Die mittlere Verspätung aller möglichen Zuglagen ist dann

$$z_{v_e} = \frac{z_e^2}{2 z_{ma}} = \frac{([S_e K_a] + [C H_3])^2}{2 z_{ma}},$$

wenn z_{ma} wieder die nach den Streckensperrzeiten maßgebende Zugfolgezeit der Gegenrichtung ist. Es ist $[S_e K_a]$ wie vor 3,30 min für Schnellzüge und 4,23 min für Güterzüge. Die Sperrzeit $[C H_3]$ hat die Bildezeit $|C| = 0{,}92$ min und die Auflösezeit $|H_3| = 0{,}52$ min.

Bei der Fahrstrecke $l = C$ bis $H_3 = 1{,}05$ km und der Höchstgeschwindigkeit $V = 15$ km/h ist die Fahrzeit $t_g = 60 \cdot l : V = 60 \cdot 1{,}05 : 15 = 4{,}2$ min. Bei dem Reibungsgewicht $G_r = 99{,}4$ t und dem Zuggewicht 1188 t ist die Beschleunigungskraft auf der Waagerechten $p'_a = 200 \cdot G_r : G_z = 200 \cdot 99{,}4 : 1188 = 16{,}7$ kg/t. Die mittlere Steigung ist $s = 10 : 2 = 5\,^0/_{00}$ und der Zugwiderstand ist $= (3{,}5 \cdot 187{,}7 : 1188) + 2{,}5 = 3{,}05$ kg/t, dann ist der Anfahrzeitzuschlag $t_{a_z} = 15 : 4 \cdot (16{,}7 - 5 - 3{,}05) = 0{,}43$ min. Der Bremszeitzuschlag ist bei 40% Bremsprozenten und $V = 15$ km/h $t_{b_z} = 0{,}06$ min; dann ist die Fahrzeit $|C H_3| = 0{,}43 + 4{,}2 + 0{,}06 = 4{,}7$ min und die Sperrzeit $[C H_3] = 0{,}92 + 4{,}7 + 0{,}52 = 6{,}14$ min. Der Mindestabstand der beiden Züge der Gegenrichtung ist beim Schnellzug:

$$[C H_3]^g + [S_e K_a]^s = 6{,}14 + 3{,}30 = 9{,}44 \text{ min} = z_e$$

und beim Güterzug:

$$[C H_3]^g + [S_e K_a]^g = 6{,}14 + 4{,}23 = 10{,}37 \text{ min} = z_e .$$

Dann ist für die Bergfahrt des die Einfahrt kreuzenden Güterzuges die mittlere Verspätung $z_{v_e} = z_e^2 : 2 z_{ma}$ bei den gleichen Werten der Zugfolgezeit z_{ma} der Gegenrichtung wie bei der Ausfahrt.

	z_{v_e}	$z_{ma} - z_e$
Schnellzug:		
1 Blockstrecke	$9{,}44^2 : 2 \cdot 16 = 2{,}78'$	$6{,}56'$
2 Blockstrecken	$9{,}44^2 : 2 \cdot 12 = 3{,}70'$	$2{,}56'$
3 Blockstrecken	$9{,}44^2 : 2 \cdot 10 = 4{,}45'$	$0{,}56'$
Güterzug:		
1 Blockstrecke	$10{,}37^2 : 2 \cdot 22 = 2{,}44'$	$11{,}63'$
2 Blockstrecken	$10{,}37^2 : 2 \cdot 14 = 3{,}83'$	$3{,}63'$
3 Blockstrecken	$10{,}37^2 : 2 \cdot 12 = 4{,}47'$	$1{,}63'$

Die maßgebende Zugfolgezeit der Nah- und Durchgangsgüterzüge, die auf den Bahnhöfen mit Kreuzung der Gegenrichtung überholt werden, sind auch wieder nach den auf S. 267 aufgestellten Gleichungen:

$$z_{ma} = z_{u_s} + z_v ; \quad \text{für } z_{u_s} > z_{u_b} + z_{v_b}$$

und

$$z_{ma} = z_{u_b} + z_{v_b} + z_v ; \quad \text{für } z_{u_s} < z_{u_b} + z_{v_b}$$

zu bestimmen.

Ein Nahgüterzug, der auf allen Bahnhöfen überholt wird, erleidet durch Kreuzung der Gegenrichtung eine Verspätung bei der Ausfahrt aus dem Bahnhof in die Strecke sowie bei der Einfahrt in den nächsten Bahnhof aus der Strecke. Dagegen wird der Durchgangsgüterzug nur bei der Einfahrt von der Strecke in den Bahnhof **oder** bei der Ausfahrt aus dem Bahnhof in den nächsten Streckenabschnitt behindert. Beim Nahgüterzug wird also die Sperrzeit durch die Ausfahrverspätungen z_{v_a} auf dem einen Bahnhof **und** durch die Einfahrverspätung z_{v_e} auf dem anderen Bahnhof vermehrt. Bei der Überholung des Durchgangsgüterzuges kommt zu der Sperrzeit des ungünstigsten Bahnhofs z_{v_b} entweder die Ausfahrverspätung z_{v_a} auf dem einen Bahnhof bzw. die Einfahrverspätung z_{v_e} auf dem anderen Bahnhof in Ansatz je nach dem der ungünstigste Streckenabschnitt vor oder hinter dem Überholungsbahnhof liegt.

c) Beispiele. 1. Beispiel: In den folgenden Beispielen liegen die Überholungsgleise auf **einer** Seite. Die in das Überholungsgleis einfahrenden Züge der Bergfahrt kreuzen die Gegenrichtung. Die Annahmen in bezug auf die Schnellzüge und Nahgüterzüge sollen (vgl. Beispiele S. 280) wegen des besseren Vergleichs beibehalten werden. Auch die Verspätungszuschläge z_v können aus dem vorherigen Beispiel übernommen werden. Es ist zwar zu erwarten, daß die Anzahl der Züge geringer ist, die auf der Strecke mit Kreuzung der Gegenrichtung gefahren werden können und mit der geringen Anzahl der gefahrenen Züge würde nach der Formel:

$$\sum\sum P = \frac{N}{Q} \sum P = \frac{N \cdot P}{2Q} \left[1 + \frac{P}{(H/N - z_{u_s})} \right] = \frac{N \cdot P \cdot [H + (P - z_{u_s}) \cdot N]}{2Q(H - N \cdot z_{u_s})}$$

von S. 264 der Verspätungszuschlag kleiner werden. Es ist aber durch die zahlreichen Störungen der Züge bei der Kreuzung der Gegenrichtung sicher anzunehmen, daß mehr Züge eine Erstverspätung erhalten. Damit würde sich der Wert für z_v wieder erhöhen. Es soll hier angenommen werden, daß sich diese beiden entgegengesetzt wirkenden Einflüsse aufheben. Es wird für eine Blockstrecke

Die Leistungsermittlung zweigleisiger Bahnen.

$z_v = 1,3$ min, für zwei Blockstrecken $z_v = 2,0$ min und für drei Blockstrecken $z_v = 2,5$ min gesetzt (s. S. 281).

Die maßgebenden Zugfolgezeiten für Nahgüterzüge ergeben sich aus folgender Tabelle:

	z_{u_s}	z_{u_b}	z_{v_a}	z_{v_e}	$z_{u_b}+z_{v_a}+z_{v_e}$	z_v	$z_{u_s}+z_v$ bzw. $z_{u_b}+z_{v_a}+z_{v_e}+z_v$	z_{ma_g}
1 Blockstrecke	20,52	20,49	1,67	2,44	24,60	1,3	25,90	26
2 Blockstrecken	11,42	11,39	2,63	3,83	17,85	2,0	19,85	20
3 Blockstrecken	8,78	8,47	3,06	4,47	16,00	2,5	18,50	19

und für Durchgangsgüterzüge:

	z_{u_s}	$z_{u_{b_e}}$	z_{v_e}	$z_{u_{b_a}}$	z_{v_a}	z_{u_s} bzw. $z_{u_{b_e}}+z_{v_e}$ bzw. $z_{v_{b_a}}+z_{v_a}$	z_v	$z_{u_s}+z_v$ bzw. $z_{u_b}+z_v$	z_{ma_g}
1 Blockstrecke	18,53	18,10	2,78	20,49	1,81	22,30	1,3	23,60	24
2 Blockstrecken	11,00	10,75	3,70	11,39	2,42	14,45	2,0	16,45	17
3 Blockstrecken	8,78	8,25	4,45	8,47	2,91	12,70	2,5	15,20	16

Nach S. 270 sind die Überholungsspannen den ungünstigsten Zugfolgezeiten ähnlich. Wenn man also die Verlängerung der ungünstigsten Zugfolgezeit infolge einer Kreuzung bei der Ein- oder Ausfahrt der Züge ermittelt hat, so kann man die Überholungsspannen mit Kreuzung der Gegenrichtung aus den bereits ermittelten Überholungsspannen ohne Kreuzung der Gegenrichtung errechnen, indem man die Verlängerung der ungünstigsten Zugfolgezeiten hinzuschlägt.

	$\bar{v}_s$	$z_{u_{b_e}}+z_{v_e}-z_{u_s}$ bzw. $z_{u_{b_a}}+z_{v_a}-z_{u_s}$	$\bar{v}_{s_k}$	z_v	$\bar{v}_{s_k}+z_v$	
1 Blockstrecke	32,76	22,30 − 18,53 = 3,77	36,53	1,3	37,83	rd. 38
2 Blockstrecken	27,84	14,45 − 11,00 = 3,45	31,29	2,0	33,29	„ 34
3 Blockstrecken	26,47	12,70 − 8,78 = 3,92	30,39	2,5	32,89	„ 33
	$\bar{v}_g$	$z_{u_b}+z_{v_a}+z_{v_e}-z_{u_s}$	$\bar{v}_{g_k}$	z_v	$\bar{v}_{g_k}+z_v$	
1 Blockstrecke	39,02	24,60 − 20,52 = 4,08	43,10	1,3	44,40	rd. 45
2 Blockstrecken	22,39	17,85 − 11,42 = 6,43	28,82	2,0	30,88	„ 31
3 Blockstrecken	16,83	16,00 − 8,78 = 7,22	24,05	2,5	26,55	„ 27

$\bar{v}_{s_k}$ bzw. $\bar{v}_{g_k}$ ist die Überholungsspanne bei Kreuzung der Gegenrichtung.

Mit diesen Zahlen errechnet sich die Leistungsfähigkeit der Bahnlinie wie folgt:

1. Bei einer Blockstrecke (keine Blockstellen).
Schnellzüge:
$$T_s = \sum_{\nu=1}^{\nu=\nu} \frac{s_\nu}{\nu} [(\ddot{U}_s + z_v) + (\nu - 1) z_{ma_s}]$$

$s_1 = 6; \; \nu = 1; \; T_{s_1} = s_1 \cdot (\ddot{U}_{s_k} + z_v) = 6 \cdot 38$ . . . . 228 min

$s_2 = 6; \; \nu = 2; \; T_{s_2} = 6/2 \cdot (38 + 16) = 3 \cdot 54$ . . . . 162 „

(z_{ma_s} enthält keine Behinderungsverspätung, weil die Schnellzüge der Bergfahrt nicht unmittelbar durch die Kreuzung der Gegenrichtung behindert werden.)

Nahgüterzüge:
$$T_n = n[(\ddot{U}_g + z_v) + (a_h - 1) z_{ma_g}]$$

$n = 2; \; a_h = 9; \; T_n = 2 \cdot [45 + (9-1) \cdot 26] = 2 \cdot [45 + 208] = 2 \cdot 253$ 506 „

$\overline{12\,S + \;2\,G}$ mit $T_s + T_n$ . . . . 896 min.

Anzahl der restlichen Gz:
$$\frac{1440 - 896}{24} = \frac{545}{24} = 22\,Gz$$

$\underline{+ 22\,G}$
$\overline{12\,S + 24\,G} = \underline{36 \text{ Züge.}}$

2. Bei zwei Blockstrecken (eine Blockstelle).
Schnellzüge:
$s_1 = 6; \; \nu = 1; \; T_{s_1} = 6 \cdot 34$ . . . . 204 min
$s_2 = 6; \; \nu = 2; \; T_{s_2} = 6/2 \cdot (34 + 12) = 3 \cdot 46$ . . . . 138 „
Nahgüterzüge:
$n = 2; \; a_h = 9; \; T_n = 2 \cdot [31 + (9-1) \cdot 20] = 2 \cdot [31 + 160] = 2 \cdot 191$ 382 „
$\overline{12\,S + \;2\,G}$ mit $T_s + T_n$ . . . . 724 min.

Anzahl der restlichen Gz:
$$\frac{1440 - 724}{17} = \frac{716}{17} = 42\,Gz$$

$\underline{+ 42\,G}$
$\overline{12\,S + 44\,G} = \underline{56 \text{ Züge.}}$

3. Bei drei Blockstrecken (zwei Blockstellen).
Schnellzüge:
$s_1 = 6; \; \nu = 1; \; T_{s_1} = 6 \cdot 33$ . . . . 198 min
$s_2 = 6; \; \nu = 2; \; T_{s_2} = 6/2 \cdot (33 + 10) = 3 \cdot 43$ . . . . 129 „
Nahgüterzüge:
$n = 2; \; a_h = 9; \; T_n = 2 \cdot [27 + (9-1) \cdot 19] = 2 \cdot [27 + 152] = 2 \cdot 179$ . . 358 „
$\overline{12\,S + \;2\,G}$ mit $T_s + T_n$ . . . . 685 min.

Anzahl der restlichen Gz:
$$\frac{1440 - 685}{16} = \frac{755}{16} = 47\,Gz$$

$\underline{+ 47\,G}$
$\overline{12\,S + 49\,G} = \underline{61 \text{ Züge.}}$

2. Beispiel: Es gelten die Voraussetzungen der S. 282.

1. Eine Blockstrecke.

   Schnellzüge:

   $s_1 = 6$; $v = 1$ . . . . 228'

   $s_2 = 6$; $v = 2$ . . . . 162'

   Nahgüterzüge:

   $n = 3$, $a_h = 9$, $T_n = 3 \cdot (45 + 208) = 3 \cdot 253$ . . . . 759'

   $12 S + 3 G$ mit $T_s + T_n$ . . . . 1149'

   Anzahl der restlichen Gz:

   $$\frac{1440 - 1149}{24} = \frac{291}{24} = 12 \, Gz$$

   $+ 12 G$

   $\overline{12 S + 15 G = 27 \text{ Züge.}}$

2. Zwei Blockstrecken.

   Schnellzüge:

   $s_1 = 6$; $v = 1$ . . . . 204'

   $s_2 = 6$; $v = 2$ . . . . 138'

   Nahgüterzüge.

   $n = 3$, $a_h = 9$, $T_n = 3 \cdot (31 + 160) = 3 \cdot 191$ . . . . 573'

   $12 S + 3 G$ mit $T_s + T_n$ . . . . 915'

   Anzahl der restlichen Gz:

   $$\frac{1440 - 915}{17} = \frac{525}{17} = 30 \, Gz$$

   $+ 30 G$

   $\overline{12 S + 33 G = 45 \text{ Züge.}}$

3. Drei Blockstrecken.

   Schnellzüge:

   $s_1 = 6$; $v = 1$ . . . . 198'

   $s_2 = 6$; $v = 2$ . . . . 129'

   Nahgüterzüge:

   $n = 3$, $a_h = 9$, $T_n = 3 \cdot 179$ . . . . 537'

   $12 S + 3 G$ mit $T_s + T_n$ . . . . 864'

   Anzahl der restlichen Gz:

   $$\frac{1440 - 864}{16} = \frac{576}{16} = 36 \, Gz$$

   $+ 36 G$

   $\overline{12 S + 39 G = 51 \text{ Züge.}}$

3. Beispiel: Es gelten die Voraussetzungen der S. 283.

1. Eine Blockstrecke.

   Schnellzüge:

$s_1 = 2;\ v = 1$ $T_{s_1} = 2 \cdot 38$ . . . . 76'

$s_2 = 2;\ v = 2$ $T_{s_2} = 2/2 \cdot (38 + 16) = 1 \cdot 54$ . . . . 54'

   Nahgüterzüge:

$n = 1,\ a_h = 7$ $T_n = 1 \cdot [45 + (7-1) \cdot 26]$

                       $1 \cdot (45 + 156) = 1 \cdot 201$ . . . . 201'

$4S + 1G$ mit $T_s + T_n$ . . . . 331'

                Anzahl der restlichen Gz:

$$\frac{1440 - 331}{24} = \frac{1109}{24} = 46\ Gz$$

$+\ 46\ G$
_____
$4S + 47G = \underline{51\ \text{Züge.}}$

2. Zwei Blockstrecken.

   Schnellzüge:

$s_1 = 2;\ v = 1$ $T_{s_1} = 2 \cdot 34$ . . . . 68'

$s_2 = 2;\ v = 2$ $T_{s_2} = 2/2 \cdot (34 + 12) = 1 \cdot 46$ . . . . 46'

   Nahgüterzüge:

$n = 1,\ a_h = 7$ $T_n = 1 \cdot [31 + (7-1) \cdot 20]$

                       $1 \cdot (31 + 120) = 1 \cdot 151$ . . . . 151'

$4S + 1G$ mit $T_s + T_n$ . . . . 265'

                Anzahl der restlichen Gz:

$$\frac{1440 - 265}{17} = \frac{1177}{17} = 69\ Gz$$

$+\ 69\ G$
_____
$4S + 70G = \underline{74\ \text{Züge.}}$

3. Drei Blockstrecken.

   Schnellzüge:

$s_1 = 2;\ v = 1$ $T_{s_1} = 2 \cdot 33$ . . . . 66'

$s_2 = 2;\ v = 2$ $T_{s_2} = 2/2 \cdot (33 + 10) = 1 \cdot 43$ . . . . 43'

   Nahgüterzüge:

$n = 1,\ a_h = 7$ $T_n = 1 \cdot [27 + (7-1) \cdot 19]$

                       $1 \cdot (27 + 114) = 1 \cdot 141$ . . . . 141'

$4S + 1G$ mit $T_s + T_n$ . . . . 250'

                Anzahl der restlichen Gz:

$$\frac{1440 - 250}{16} = \frac{1190}{16} = 74\ Gz$$

$+\ 74\ G$
_____
$4S + 75G = \underline{79\ \text{Züge.}}$

E. Die Leistungsermittlung eingleisiger Bahnen.

Im Gegensatz zu den zweigleisigen Strecken sind auf eingleisigen die Zugfahrten beider Richtungen von einander abhängig, da das gleiche Streckengleis für Züge und Gegenzüge benutzt wird. Daher kann hier ein Zug nur abgelassen werden, wenn die vorliegende Strecke weder durch einen Zug der gleichen Richtung noch durch einen der Gegenrichtung gesperrt ist.

Auf den Bahnhöfen sind jedoch mehrere Gleise vorzusehen, damit ein Zug einem Gegenzug bzw. einem anderen Zuge gleicher Richtung ausweichen kann. Die Hauptgleise eines Bahnhofs dienen daher der Kreuzung und der Überholung. Es ist also auf Bahnhöfen mindestens ein Kreuzungsgleis vorzusehen. Verkehren aber Güterzüge und Schnellzüge, so sind unter Umständen auch noch Überholungsgleise anzulegen. Für den durchfahrenden kreuzenden oder überholenden Zug kommt das Gleis in Frage, das möglichst ohne Krümmung durch den Bahnhof durchgeführt wird. Dieses Gleis wird dann von Zügen beider Richtungen durchfahren. Die benachbarten Gleise nehmen die haltenden Züge der einen oder anderen Fahrrichtung auf. Für jede Fahrrichtung ist ein Gleis vorzusehen, wenn nicht bei schwächerem Verkehr ein Gleis für Überholung und Kreuzung ausreicht. Die Leistungsfähigkeit ergibt sich wie bei zweigleisigen Bahnen durch Aneinanderreihen der Streckensperrzeiten. Die Sperrzeiten der eingleisigen Strecke entsprechen in ihrem Aufbau den Bahnhofssperrzeiten, wenn Zug und Gegenzug einander folgen. Da hierbei beide Züge im gleichen Bahnhof kreuzen

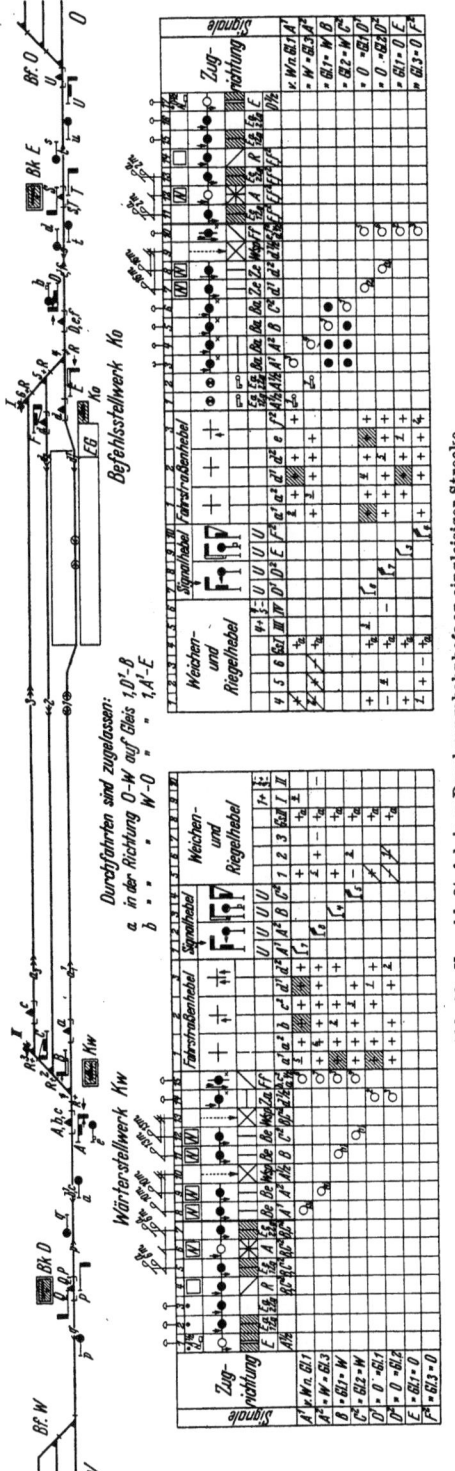

Abb. 83. Verschlußtafel eines Durchgangsbahnhofs an eingleisiger Strecke.

und infolgedessen erst nach Ablauf der ungekürzten Auflösezeit des ersten Zuges die volle Bildezeit des Gegenzuges beginnen kann, werden zur Ermittlung der Sperrzeiten die vollen Bilde- und Auflösezeiten gebraucht. Falls aber auch bei der eingleisigen Strecke Züge gleicher Richtung einander folgen, so sind für ihre Zugfolge die Streckensperrzeiten mit den gekürzten Bilde- und Auflösezeiten wie bei der zweigleisigen Strecke maßgebend (s. S. 246).

Während auf eingleisigen Strecken die Züge beider Fahrtrichtungen dasselbe Gleis regelmäßig befahren, kann auf zweigleisigen Bahnen, wenn ein Gleis unbe-

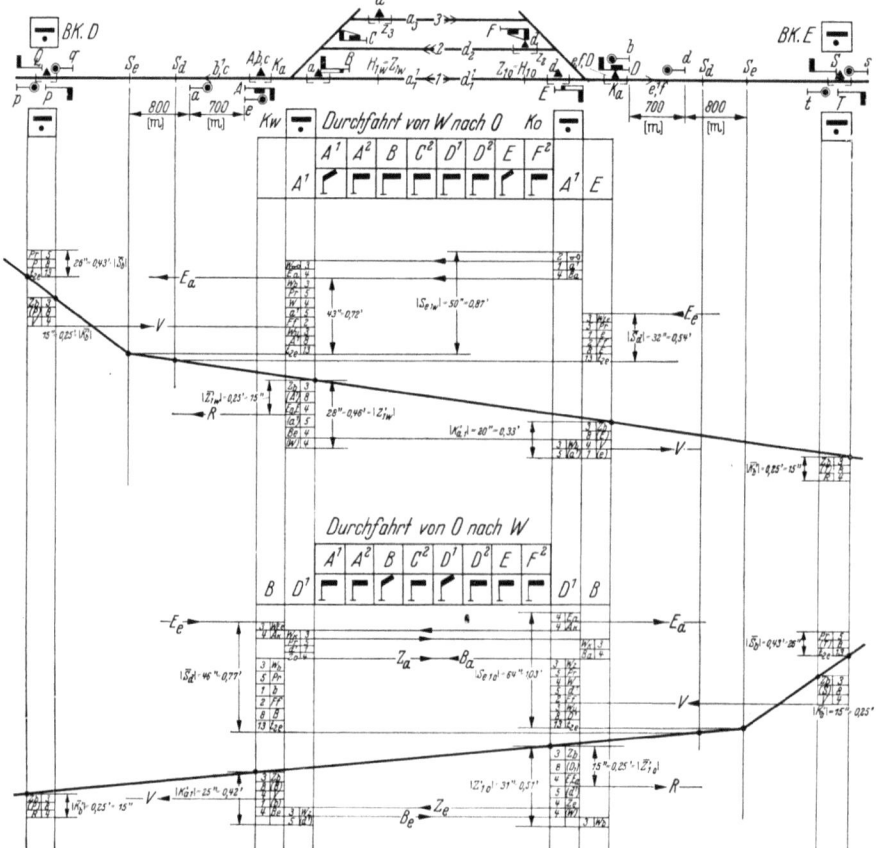

Abb. 84a. Stellwerkszeitplan zu Bahnhof der Abb. 83 (Durchfahrten).

fahrbar geworden ist, oder wenn sonstige zwingende Gründe vorliegen, eingleisiger Betrieb eingerichtet werden. Es wird dann bei längerer Dauer der Unregelmäßigkeit zeitweise eingleisiger Betrieb eingerichtet oder bei kürzerer Dauer wird das falsche Gleis nur ausnahmsweise befahren. Zur Sicherung des Betriebs sind die eingleisigen Hauptbahnen durch Streckenblockung entweder nach der fünffeldrigen Form A oder nach der dreifeldrigen Form B oder C ausgerüstet.

Bei zeitweise eingleisigem Betrieb zweigleisiger Bahnen kann deren Block durch Hinzufügen des Erlaubnisabgabefeldes für jede Richtung zur dreifeldrigen Form der eingleisigen Streckenblockung ergänzt werden. Sind Blockstellen zwischen den beiden Bahnhöfen, so erfahren diese durch die Einführung des zeitweise eingleisigen Betriebs und bei Verwendung eines dreifeldrigen Blocks keine Änderung. Denn die Blockstellen dienen nur der Sicherung der Zugfolge der Züge gleicher Richtung.

Auch die Leistungsfähigkeit einer eingleisigen Bahn wird durch ihren ungünstigsten Abschnitt festgelegt. Für diesen Abschnitt sind die Sperrzeiten der verschiedenen Züge zu betrachten. In den günstigeren Abschnitten muß die kürzere

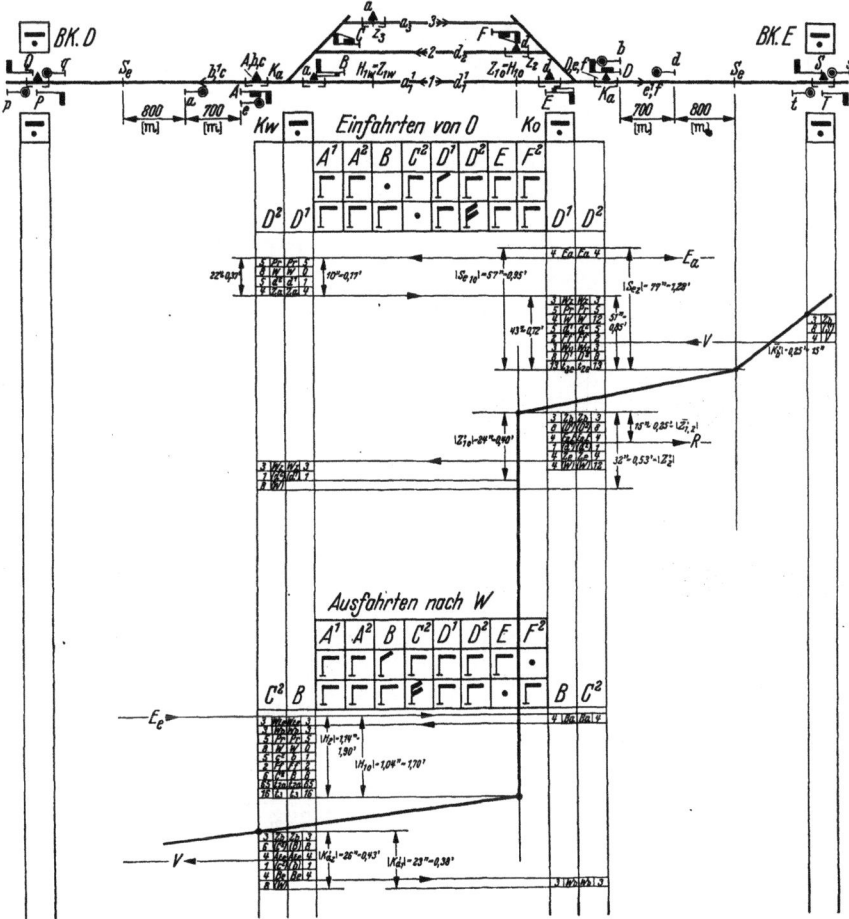

Abb. 84b. Stellwerkszeitplan zu Bahnhof der Abb. 83 (Richtung Ost—West).

Sperrzeit durch Warten der Züge auf den Bahnhöfen ausgeglichen werden. Die zweckmäßige Bemessung dieser Wartezeiten und die Festlegung der Kreuzungen und Überholungen ist eine Aufgabe der Fahrplangestaltung und hat keinen Einfluß auf die Leistungsfähigkeit der Strecke, weil die Sperrzeiten zusammen mit den Wartezeiten in diesen Abschnitten nicht größer zu sein brauchen als die Sperrzeiten des ungünstigsten Abschnitts.

Ist der Verkehrsstrom einer eingleisigen Bahn für beide Richtungen gleich, dann wird man den Betrieb so einrichten, daß sich Zug und Gegenzug im Abschnitt zwischen zwei Kreuzungsbahnhöfen abwechseln. Hierbei erhöht die Unterteilung des ungünstigsten Streckenabschnitts durch Blockstellen die Leistung nicht, weil die Sperrstrecken für kreuzende Züge nicht durch Blockstellen sondern durch die Kreuzungsbahnhöfe begrenzt sind. Sollen die Blockstellen einer eingleisigen Bahn einen Zweck haben, dann muß die Betriebsweise so geändert werden, daß die Züge einer Richtung zeitweise gebündelt werden, d.h. mehrere Züge

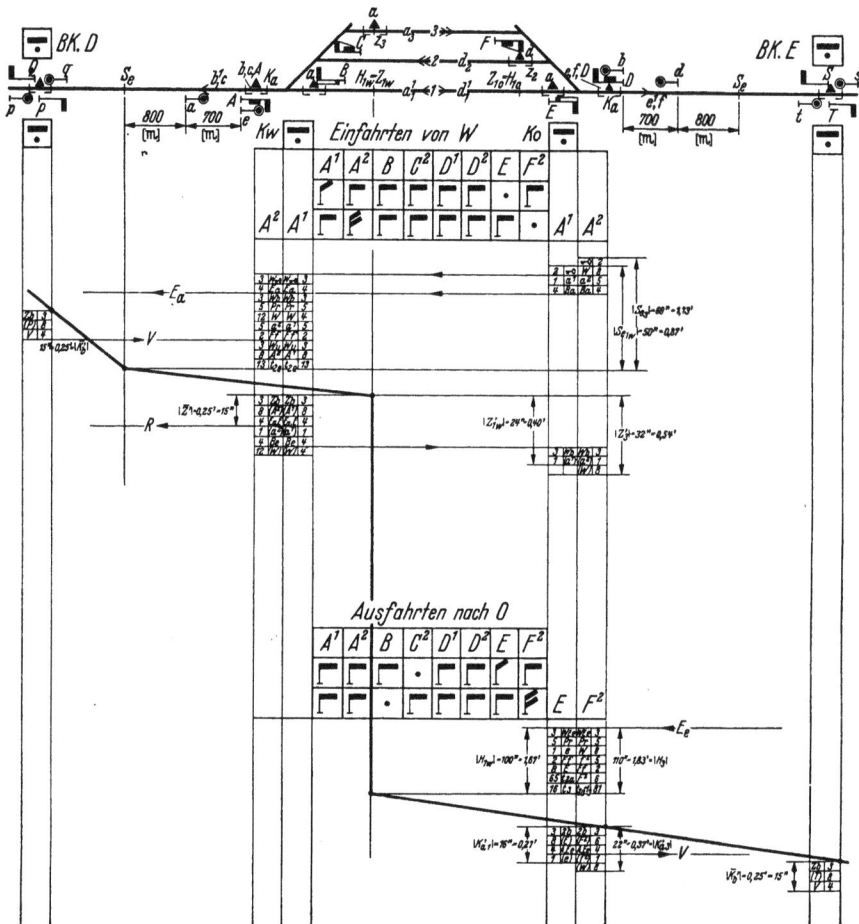

Abb. 84c. Stellwerkszeitplan zu Bahnhof der Abb. 83 (Richtung West—Ost).

einer Richtung im Zugfolgeabstand hintereinander fahren. Nach Ablauf dieses Bündels verkehren erst wieder Züge der Gegenrichtung. Die Zeitdauer des Ablaufs eines Zugbündels wird genau wie bei der zweigleisigen Bahn bestimmt, weil die eingleisige Bahn während des Ablaufs eines Bündels genau so benutzt wird wie ein einzelnes Gleis einer zweigleisigen Bahn. Die Bündelung kann gegeben sein, wenn der Verkehrsstrom in einer Richtung zeitweise überwiegt.

Eine Bündelung der Züge bei gleichmäßigem Verkehrsstrom in beiden Richtungen bringt eine Leistungssteigerung bei Blockteilung des ungünstigsten Bahnabschnitts wie im Beispiel S. 302 nachgewiesen ist. Die Züge der Gegenrichtung müssen aber auf den Ablauf eines Bündels verhältnismäßig lange warten und die Kreuzungsbahnhöfe benötigen mindestens so viele Kreuzungs- und Überholungsgleise, wie die Zugzahl eines der beiden sich begegnenden Zugbündel ausmacht. Aus diesem Grunde wird man eine Bündelung vermeiden.

Die Ermittlung der Leistungsfähigkeit einer eingleisigen Bahn soll nun an zwei Beispielen gezeigt werden. Es wird die Linienführung der zweigleisigen Bahn des Beispiels Abb. 68 S. 238 zugrunde gelegt. Somit gelten die Fahrzeiten der Schnell- und Güterzüge nach Abb. 68 auch hier. Als Gleisplan für die drei Bahnhöfe A, B, C wurde die Gleisskizze nach Abb. 83 zugrunde gelegt. Das durchgehende Hauptgleis 1 wird in beiden Fahrrichtungen benutzt, das Gleis 2 dient den Zügen von Ost nach West und das Gleis 3 denen von West nach Ost sowohl zur Überholung als auch zur Kreuzung. Jeder der drei Bahnhöfe hat am östlichen Ende ein Befehlsstellwerk und am westlichen ein Wärterstellwerk. Zwischen je zwei Bahnhöfen befindet sich eine Blockstelle (Bk D und E). Die Strecke ist mit der fünffeldrigen Streckenblockung ausgerüstet. Die Verschlußtafel (Abb. 83) wurde für jede Zugrichtung zeitlich ausgewertet. Die Ergebnisse sind in den Stellwerkszeitplänen (Abb. 84 a, b, c,) für beide Ein- und Ausfahrten sowie für die Durchfahrten jeder Fahrrichtung dargestellt. Aus den Fahrzeiten auf den Sperrstrecken und den Stellwerkszeiten wurden in den Tabellen 23 und 24 die Strecken- und Bahnhofsperrzeiten der eingleisigen Bahn ermittelt.

Tabelle 23. *Sperrzeiten einer eingleisigen Strecke ohne Blockstellen.*

Sperrzug	Sperr- strecke	Bildezeit	Fahrzeit	Auflösezeit	Sperrzeit
\multicolumn{6}{c}{Steigung.}					
\multicolumn{6}{c}{Strecke A bis B.}					
A_1^s	$H_{1w} Z_{1w}$	1,67	$1,03 \cdot 11,75 = 12,10$	0,40	14,17'
A_1^g	$H_{1w} Z_3$	1,67	$1,05 \cdot 15,5 = 16,30$	0,54	18,51'
A_3^g	$H_3 Z_3$	1,83	$1,05 \cdot 15,5 = 16,30$	0,54	18,67'
\multicolumn{6}{c}{Strecke B bis C.}					
A_3^g	$H_3 Z_3$	1,83	$1,05 \cdot 17,8 = 18,70$	0,54	21,07'
D_1^g	$S_e Z_3$	0,72	$1,05 \cdot 18,2 = 19,10$	0,54	20,36'
D_1^s	$S_e Z_{1w}$	0,72	$1,03 \cdot 12,0 = 12,35$	0,40	13,47'
A_1^g	$H_{1w} Z_3$	1,67	$1,05 \cdot 17,80 = 18,70$	0,54	20,91'
\multicolumn{6}{c}{Gefälle.}					
\multicolumn{6}{c}{Strecke C bis B.}					
A_1^s	$H_{10} Z_{10}$	1,70	$1,03 \cdot 9,65 = 9,94$	0,40	12,04'
A_1^g	$H_{10} Z_2$	1,70	$1,05 \cdot 13,15 = 13,80$	0,53	16,03'
A_2^g	$H_2 Z_2$	1,90	$1,05 \cdot 13,15 = 13,80$	0,53	16,23'
\multicolumn{6}{c}{Strecke B bis A.}					
A_2^g	$H_2 Z_2$	1,90	$1,05 \cdot 10,25 = 10,75$	0,53	13,18'
D_1^g	$S_e Z_2$	1,03	$1,05 \cdot 10,85 = 11,40$	0,53	12,96'
D_1^s	$S_e Z_{10}$	1,03	$1,03 \cdot 7,25 = 7,46$	0,40	8,89'
A_1^g	$H_{10} Z_2$	1,70	$1,05 \cdot 10,25 = 10,75$	0,53	12,98'

Tabelle 24. *Bahnhofssperrzeiten des Zwischenbahnhofs B einer eingleisigen Strecke.*

Sperrzug	Sperrstrecke	Bildezeit	Fahrzeit	Auflösezeit	Sperrzeit
		Steigung.			
E_1^s	$S_{e_1w} Z_{1w}$	0,87	$1,03 \cdot 1,95 = 2,01$	0,40	3,28'
E_1^g	$S_{e_1w} Z_{1w}$	0,87	$1,05 \cdot 2,80 = 2,94$	0,40	4,21'
E_3^g	$S_{e_1w} Z_3$	1,13	$1,05 \cdot 2,80 = 2,94$	0,54	4,35'
A_1^g	$H_{1w} V_{a_1}$	1,67	$1,05 \cdot 1,78 = 1,87$	0,27	3,81'
A_3^g	$H_3 K_{a_1}$	1,83	$1,05 \cdot 1,78 = 1,87$	0,37	4,07'
D_1^s	$S_{e_1w} K_{a_1}$	0,87	$1,03 \cdot 2,87 = 2,96$	0,27	4,16'
D_1^g	$S_{1ew} K_{a_1}$	0,87	$1,05 \cdot 3,85 = 4,04$	0,27	5,24'
		Gefälle.			
E_1^s	$S_{e_{10}} Z_{10}$	0,95	$1,03 \cdot 1,35 = 1,39$	0,40	2,74'
E_1^g	$S_{e_{10}} Z_{10}$	0,95	$1,05 \cdot 1,95 = 2,05$	0,40	3,40'
E_2^g	$S_{e_2} Z_2$	1,28	$1,05 \cdot 1,95 = 2,05$	0,53	3,53'
A_1^g	$H_{10} K_{a_1}$	1,70	$1,05 \cdot 1,75 = 1,84$	0,38	3,92'
A_2^g	$H_2 K_{a_2}$	1,90	$1,05 \cdot 1,75 = 1,84$	0,43	4,17'
D_1^s	$S_{e_{10}} K_{a_1}$	0,95	$1,03 \cdot 1,80 = 1,85$	0,38	3,30'
D_1^g	$S_{e_{10}} K_{a_1}$	0,95	$1,05 \cdot 2,65 = 2,78$	0,38	4,23'

Die Sperrzeiten setzt man zweckmäßig zu Zuggruppen so zusammen, daß die folgende Gruppe mit der gleichen Zugart beginnt wie die vorherige Gruppe. Bei der zweigleisigen Bahn beschränkt sich diese Zusammenfassung nur auf die einfache Zugfolge bei Güterzügen und die Überholungsspanne bei Schnellzügen. Bei der eingleisigen Bahn muß man die einzelnen Gruppen nach den vorkommenden Zugbündeln zunächst bestimmen. Hat man die Gruppen bestimmt, so bekommt man die Anzahl der verkehrenden Züge und damit die Leistungsfähigkeit der Strecke, indem man die einzelnen Gruppen über den Tag der Zeit nach aneinanderreiht. Da die Reihenfolge der Summanden beliebig ist, kann man die Gruppen, die Schnellzüge und Nahgüterzüge enthalten, je für sich vorausberechnen. Die übrigbleibende Zeit verteilt man auf Güterzuggruppen.

In den Beispielen sind die Gruppen so festgelegt, daß sie jeweils mit einem anfahrenden Güterzug der Bergfahrt West-Ost beginnen. Die einfachste Gruppe umfaßt also einen Güterzug der Richtung West-Ost mit einem gleichartigen Gegenzug.

Die Summe der Sperrzeiten dieser Gruppe nach Tabelle 23 (Abb. 85α):

Zwischen Bf A und B: $A_3^g + A_2^g = 18{,}67 + 13{,}18 = 31{,}85'$.

Zwischen Bf B und C: $A_3^g + A_2^g = 21{,}07 + 16{,}23 = 37{,}30'$.

Der Zeitunterschied zwischen den Bahnhöfen B und C und den Bahnhöfen A und B von $36{,}73 - 31{,}28 = 5{,}45'$ muß durch Warten auf den Bahnhöfen ausgeglichen werden. Die größte Zeitdauer für den Ablauf eines Zugbündels auf der ungünstigsten Sperrstrecke ist maßgebend für die Leistung einer Strecke.

Für Schnellzüge sind die Zuggruppen nach Abb. 85 zu ermitteln.

Der vor den Schnellzügen liegende Güterzug der Gegenrichtung würde gerade noch den Kreuzungsbahnhof erreichen, ohne den Schnellzug zu behindern. Bei der geringsten Verspätung würde er diesen jedoch aufhalten. Deshalb wird er auf dem vorgelegenen Bahnhof zurückgehalten. Die Verhältnisse liegen ähnlich wie bei der Überholungsspanne bei zweigleisigen Bahnen. Innerhalb einer der unten gezeichneten Schnellzuggruppen verkehren also zwei Güterzüge und ein D-Zug. Die Zeitdauer einer solchen D-Zuggruppe beträgt:

für einen D-Zug der Bergfahrt West–Ost (Abb. 85a β):

1. Zwischen Bf A und B:

$$A_3^g + A_2^g + A_1^s + A_2^g = 18{,}67 + 13{,}18 + 14{,}17 + 13{,}18 = 59{,}20'.$$

2. Zwischen Bf B und C:

$$A_3^g + A_2^g + D_1^s + A_2^g = 21{,}07 + 16{,}23 + 13{,}47 + 16{,}23 = 67{,}00'.$$

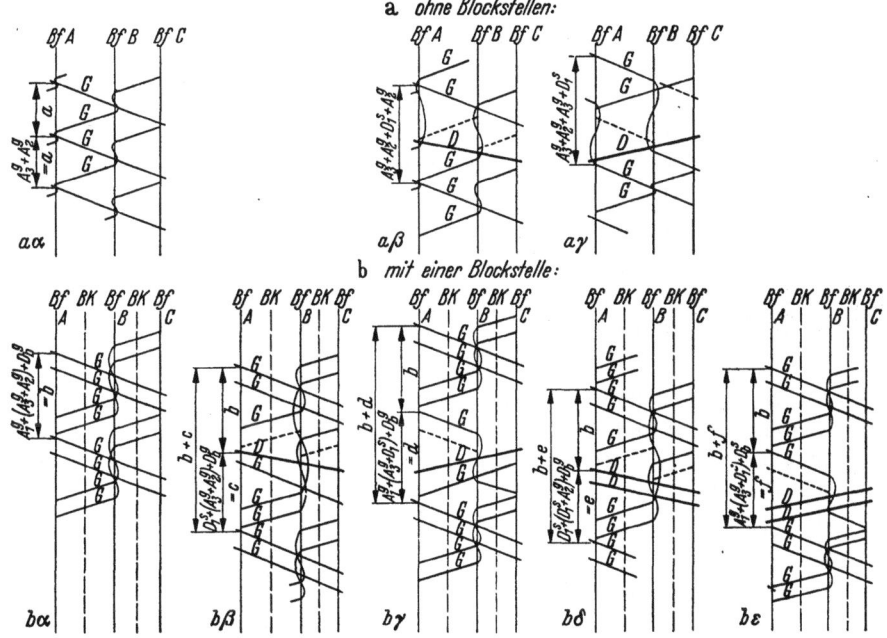

Abb. 85a—b. Zuggruppen bei eingleisigen Strecken.

für einen D-Zug der Talfahrt Ost–West (Abb. 85a γ):

1. Zwischen Bf A und B:

$$A_3^g + A_2^g + A_3^g + D_1^s = 18{,}67 + 13{,}18 + 18{,}67 + 8{,}89 = 59{,}41'.$$

2. Zwischen Bf B und C:

$$A_3^g + A_2^g + A_3^g + A_1^s = 21{,}07 + 16{,}23 + 21{,}07 + 12{,}04 = 70{,}41'.$$

Die Anzahl der erforderlichen Sperrzeiten für die Durchführung eines Nahgüterzugs errechnet man nach den gleichen Regeln, die für die zweigleisige Bahn (S. 280) entwickelt wurden. Für die Rechnung faßt man zweckmäßig die paarig auftretenden Nahgüterzüge der beiden Richtungen der Strecke zu einer Zuggruppe zusammen, auch wenn ihre Zeitlage verschieden ist.

Unterteilt man die ungünstigsten Streckenabschnitte durch eine Blockstelle und läßt zur Ausnutzung der Blockstrecken jeweils zwei Züge hintereinander in gleicher Richtung verkehren, dann ergibt sich die in Abb. 85b α dargestellte

Güterzuggruppe. Diese setzt sich zusammen aus einer Sperrzeit für einen bergwärtsfahrenden Zug der zweigleisigen Strecke (nach Tabelle 20), zwei Sperrzeiten der eingleisigen Strecke (nach S. 300) und einer Sperrzeit für den talwärtsfahrenden Zug der zweigleisigen Strecke (nach Tabelle 20). Diese Gruppenzeit beträgt dann (Abb. 85 bα):

1. Zwischen Bf A und B:
$$A_1^g + (A_3^g + A_2^g) + A_2^g = 11{,}07 + 31{,}85 + 7{,}86 = 50{,}78'.$$

2. Zwischen Bf B und C:
$$A_1^g + (A_3^g + A_2^g) + D_b^g = 11{,}42 + 37{,}30 + 8{,}93 = 57{,}65'.$$

(Es verkehren bei jeder dieser Gruppen vier Güterzüge.)

Unter der einschränkenden Annahme, daß die D-Züge sich innerhalb der eingleisigen Strecke nicht kreuzen, gibt es die Zuggruppen nach Abb. 85. Die Zusammenfassung von sieben Zügen zu einer Gruppe ist etwas schwerfällig. Es genügt, daß jeweils vier Züge zusammengefaßt werden, wenn man beachtet, daß der letzte vor einem Schnellzug verkehrende Güterzug ausfällt. Die Gruppenzeiten betragen hierbei:

1. Ein D-Zug in Bergfahrt West–Ost (Abb. 85 bβ):
Zwischen Bf A und B:
$$A_1^s + (A_3^g + A_2^g) + A_2^g = 9{,}18 + 31{,}85 + 7{,}86 = 48{,}89'.$$
Zwischen Bf B und C:
$$D_1^s + (A_3^g + A_2^g) + D_b^g = 7{,}35 + 37{,}30 + 8{,}93 = 53{,}58'.$$

2. Ein D-Zug in Talfahrt Ost–West (Abb. 85 bγ):
Zwischen Bf A und B:
$$A_1^g + (A_3^g + D_1^s) + A_2^g = 11{,}07 + (18{,}67 + 8{,}89) + 7{,}86 = 46{,}49'.$$
Zwischen Bf B und C:
$$A_1^g + (A_3^g + A_1^s) + D_b^g = 11{,}42 + (21{,}07 + 12{,}04) + 8{,}93 = 53{,}46'.$$

3. Zwei D-Züge gebündelt in Bergfahrt West–Ost (Abb. 85 bδ):
Zwischen Bf A und B:
$$A_1^s + (A_1^s + A_2^g) + A_2^g = 9{,}18 + (14{,}17 + 13{,}18) + 7{,}86 = 44{,}39'.$$
Zwischen Bf B und C:
$$D_1^s + (D_1^s + A_2^g) + D_b^g = 7{,}35 + (13{,}47 + 16{,}23) + 8{,}93 = 45{,}98'.$$

4. Zwei D-Züge gebündelt in Talfahrt Ost–West (Abb. 85 bε):
Zwischen Bf A und B:
$$A_1^g + (A_3^g + D_1^s) + D_b^s = 11{,}07 + (18{,}67 + 8{,}89) + 4{,}72 = 43{,}35'.$$
Zwischen Bf B und C:
$$A_1^g + (A_3^g + A_1^s) + A_1^s = 11{,}42 + (21{,}07 + 12{,}04) + 7{,}47 = 52{,}00'.$$

Beispiel: Zu 3 (vgl. S. 294): Auf einer Bahnlinie von rd. 60 km Länge sollen in jeder Richtung vier Schnellzüge und ein Nahgüterzug verkehren, der sieben Zwischenbahnhöfe bedient. Die Leistungsfähigkeit der Bahnlinie errechnet sich dann wie folgt:

1. Bei einer Blockstrecke (keine Blockstelle).

Die ungünstigste Sperrzeit einer Güterzuggruppe ist nach S. 300 dann 37,30'. Hierzu kommen noch für jeden Zug 3,2 min als Verspätungszuschlag. Da die Gz-Gruppe aus zwei Gz besteht, sind hier $2 \cdot 3{,}2 = 6{,}4$ min zuzuschlagen.

Also werden $37{,}30 + 6{,}4 = 43{,}70 =$ rd. $44'$ für den Ablauf des Gz-Bündels (1 Gz-Paar) benötigt.

Die ungünstigste Sperrzeit für ein Schnellzugpaar setzt sich zusammen aus der ungünstigsten Sperrzeit für die Zuggruppe des bergwärtsfahrenden $Gz = 67{,}00'$ und der ungünstigsten Sperrzeit für die Zuggruppe des talwärtsfahrenden $Gz = 70{,}41'$ also $67{,}00 + 70{,}41 = 137{,}41'$.

In dieser Zeit verkehren 2 Dz und 4 Gz. Der Verspätungszuschlag beträgt daher $6 \cdot 3{,}2 = 19{,}2'$.

Also: $137{,}41 + 19{,}2 = 156{,}61 =$ rd. $157'$ ($= 1$ Dz-Paar $+ 2$ Gz-Paare).

Schnellzüge:
$8\,S + 16\,G$ $4 \cdot 157$ . . . . $628'$

Nahgüterzüge:
   $2\,G$ bei $a_h = 7$ Zwischenbahnhöfe:
     $(a_h + 1) \cdot 44 = 8 \cdot 44$ . . . . $352'$
                                                                            $\overline{980'}$

Anzahl der restlichen Gz:
$$\frac{1440-980}{44} = \frac{460}{44} = 10\ Gz\text{-Paare.}$$

$\underline{20\,G}$

$8\,S + 38\,G = 46$ Züge oder $\underline{23\ \text{Züge in jeder Richtung.}}$

2. Bei zwei Blockstrecken (eine Blockstelle).

Die ungünstigste Sperrzeit einer Gz-Gruppe $= 57{,}65'$ (vgl. S. 302). Also: $57{,}65 + 4 \cdot 3{,}2 = 57{,}65 + 12{,}8 = 70{,}45 =$ rd. $71'$ ($= 2$ Gz-Paare).

Die ungünstigste Sperrzeit einer Dz-Gruppe, bestehend aus je
$$1\ Dz + 2\ Gz = 53{,}58 + 53{,}46 = 107{,}04'.$$
Also: $107{,}04 + 6 \cdot 3{,}2 = 107{,}04 + 19{,}2 = 126{,}24 =$ rd. $127'$
$$(= 1\ Dz\text{-Paar} + 2\ Gz\text{-Paare}).$$

Die ungünstigste Sperrzeit aus einer Dz-Gruppe, bestehend aus je
$$2\ Dz + 1\ Gz = 45{,}98 + 52{,}00 = 97{,}98'.$$
Also: $97{,}98 + 6 \cdot 3{,}2 = 97{,}88 + 19{,}2 = 117{,}18 =$ rd. $118'$
$$(= 2\ Dz\text{-Paare} + 1\ Gz\text{-Paare}).$$

Schnellzüge:
$4\,S + 2\,G$ $1 \cdot 118$ . . . . $118'$
$4\,S + 8\,G$ $2 \cdot 127$ . . . . $254'$

Nahgüterzüge: $(a+1) \cdot 2\ Dgz + 2\ Ngz = 8 \cdot 2\ Dgz + 2\ Ngz = 16 + 2$
   $= 18\,G$ bei $a_h = 7$ Zwischenbahnhöfe:
         $(a_h + 1) \cdot 71 = 8 \cdot 71$ . . . . $568'$
                                                           $\overline{940'}$

Anzahl der restlichen Gz:
$$\frac{1440-940}{71} = \frac{940}{71} = 7\ Gz\text{-Gruppen zu je 4 }Gz.$$

$\underline{28\,G}$

$8\,S + 56\,G = 64$ Züge $= \underline{32\ \text{Züge in jeder Richtung.}}$

Beispiel: Zu 1 (vgl. S. 290): Auf einer eingleisigen Bahnlinie von rd. 75 km mit neun Zwischenbahnhöfen sollen in der Richtung zwölf Schnellzüge und zwei Nahgüterzüge verkehren.

1. Keine Blockstelle.
Schnellzüge:
$12\,S + 24\,G$ $6 \cdot 157$ . . . . 942'
Nahgüterzüge:
    $4\,G$:   bei $a_h = 9$ Zwischenbahnhöfen
         $n(a_h + 1) \cdot 44 = 2 \cdot 10 \cdot 44$ . . . .   880'
                                              — 1822'
$12\,S + 28\,G$ + 1440'
                                              — 382 : 44 =
  — 18 G = rd. 9 Gz-Paare.
$12\,S + 10\,G = 22$ Züge oder <u>11 Züge in jeder Richtung</u>.

2. Eine Blockstelle.
Schnellzüge:
  $8\,S + 4\,G$ $2 \cdot 118$ . . . . 236'
  $4\,S + 8\,G$ $2 \cdot 127$ . . . . 254'
Nahgüterzüge:
    $44\,G$ $(a + 1) \cdot 4\,Dgz + 4\,Ngz = (10 \cdot 4) + 4 = 40 + 4$
         bei $a_h = 9$ Zwischenbahnhöfen
         $n(a_h + 1) \cdot 71 = 2 \cdot 10 \cdot 71$ = 1420'
                                              — 1900'
$12\,S + 56\,G$ + 1440'
                                             — 460' : 71 =
  — 14 G = rd. 7 Gz-Paare.
$12\,S + 42\,G = 54$ Züge oder <u>27 Züge in jeder Richtung</u>.

F. Die Leistungsfähigkeit der Abzweigstellen.

a) Allgemeines.

Befindet sich innerhalb der Bahnlinie eine Abzweigstelle, so sind deren ungünstigste Zugfolgezeiten zu ermitteln und mit den maßgebenden Zugfolgezeiten der bereits untersuchten Strecke zu vergleichen. Sind die Werte der Abzweigstelle größer als diejenige der Strecke, so bestimmt die Abzweigstelle die Leistung der gesamten Bahnlinie.

Die Abzweigstellen sind nach der BO. § 6,4 Bahnanlagen der freien Strecke. Sie unterscheiden sich von einem Bahnhof dadurch, daß die verkehrlichen Aufgaben und auch die Rangierfahrten fehlen. Es finden nur Zugfahrten statt. Besonders häufig ist der einfache Fall der Abzweigung einer zweigleisigen Güterzuglinie oder einer zweigleisigen Hauptbahn aus einer zweigleisigen durchgehenden Hauptbahn nach Abb. 86a—c. Bei schienengleicher Kreuzung der inneren Gleise kann man in bezug auf diese Kreuzung zwei verschiedene Formen unterscheiden. Entweder kreuzt das Abzweiggleis der Vereinigungsweiche (Form I) (Abb. 86a) oder das Abzweiggleis der Trennungsweiche (Form II) (Abb. 86b) das durchgehende Hauptgleis der Gegenrichtung. Auf dem Abzweiggleis der Vereinigungsweiche der Form I ist wegen der schwächeren Belegung der abzweigenden Strecke ein Warten vor der Kreuzung eher gegeben, ohne daß ein nachfolgender Zug aufgehalten wird. Vor der Trennungsweiche der Form II wartet der Zug bei einer Kreuzungsbelegung auf der Gemeinschaftsstrecke, die wegen ihrer starken Belastung störungsempfindlicher ist.

Die Störungen für die Gemeinschaftsstrecke kann man beseitigen, wenn man nach Abb. 86c den Gleisabschnitt zwischen Trennungsweiche und Kreuzung so verlängert, daß dort der abzweigende Zug unter Freigabe des rückgelegten Blockabschnitts anhalten kann. Wegen der notwendigen Entwicklungslänge kann man eine mechanische Sicherungsanlage kaum in einem Stellwerk unterbringen. Aus diesem Grunde hat man m. W. von dieser Möglichkeit keinen Gebrauch gemacht. Neuere elektrische Stellwerke gestatten aber diese Zusammenfassung an einer

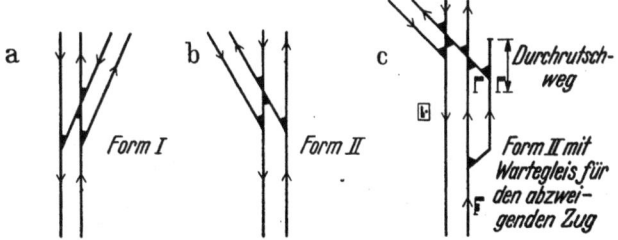

Abb. 86a—c. Einfache Abzweigungen.

Stelle, so daß der Vorschlag zur Leistungsverbesserung einer Abzweigstelle der Form II nach Abb. 86c, der den Bau eines Kreuzungsbauwerks erspart, Bedeutung erhält.

Für den abzweigenden Zug sind sowohl bei dieser Lösung wie auch bei der Form I Kreuzungsverspätungen nicht vermeidbar. Es wird deshalb bei starker Auslastung aller Strecken notwendig sein, die Gleise schienenfrei zu führen. Größere Abzweigstellen sind in „Eisenbahnanlagen", Bd. 1, Abb. 81—85, S. 70—81 dargestellt und beschrieben worden.

Zur Bestimmung der Zugfolgezeiten der Abzweigstellen kann man sich mit großem Vorteil der Methoden bedienen, die mit Hilfe der Topologie der Abzweigstellen[1] gefunden werden. Den zu untersuchenden Gleisplan einer Abzweigstelle zerlegt man in einzelne durchgehende Fahrstraßen und betrachtet jeweils die mit einer solchen durch Weichen verknüpften Fahrstraßen soweit, als letztere Einfluß auf die durchgehende Fahrstraße haben.

Die Verknüpfung der Fahrstraßen wird durch die verschiedenen Weichenformen vorgenommen, die alle auf die einfache Weiche zurückgeführt werden können. Topologisch unterscheidet man Trennungs- und Anschlußweichen. Erstere werden gegen die Spitze (Spitzweiche), letztere mit der Spitze (Stumpfweiche) befahren. Zwischen einer Rechts- und einer Linksweiche besteht kein topologischer Unterschied, da man die eine Form aus der anderen durch Deformation erhält. In jeder Fahrstraße können daher ohne Wiederholung nur eine Anschluß- und eine Trennungsweiche eingebaut werden. Wenn diese Weichen ihre Spitzen

[1] Graßmann, Dr.-Ing. Richard: Die Formen der Abzweigstellen als topologisches Problem. Eisenbahntechnik 1951, Heft 3.

einander zukehren, also in der Reihenfolge stumpf — spitz befahren werden, entsteht ein Engpaß (Abb. 87a). Sämtliche Fahrstraßen führen über ein gemeinsames Gleisstück. Es werden also die Züge der durchgehenden Fahrstraße mit den Zügen der Anschlußfahr-

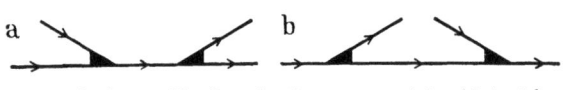

Abb. 87a, b. Gegenseitige Lage der Trennungs- und Anschlußweiche.

straße erst vereinigt, ehe sie in der folgenden Trennungsweiche aufgespalten werden. Die Leistung der zusammenlaufenden Strecken kann nicht ausgenutzt werden, weil sie durch das gemeinsame, kurze Gleisstück zwischen den beiden Weichen begrenzt ist. Denn in die ausgelastete Durchgangsfahrstraße lassen sich keine Züge aus der Anschlußfahrstraße mehr einschieben. Man muß zwischen den Zügen der Durchgangsfahrstraße unter Minderung ihrer Leistung Lücken lassen, in die die Züge der Anschlußfahrstraße hineinpassen. Die Engpaßstellung der Weichen ist deshalb für die Verknüpfung ausgelasteter Strecken nicht verwendbar. Deshalb sind die Weichen so anzuordnen, daß sie stets in der Reihenfolge spitz — stumpf befahren werden (Abb. 87b). Hier werden aus der ausgelasteten Durchgangsfahrstraße zunächst die Züge der abzweigenden Fahrstraße über die Trennungsweiche herausgenommen. An deren Stelle kann man dann wieder Züge der Anschlußfahrstraße einfädeln. Die Reihenfolge Spitzweiche — Stumpfweiche ist z. B. bei einem Überholungsgleis vorhanden, das zur Änderung der Reihenfolge der Züge auf derselben Bahnlinie dient. Hier können also die zusammengeführten Strecken ausgelastet werden und nur das kurze Gleisstück zwischen Trennungs- und Anschlußweiche kann nicht ausgenutzt werden. Diese Anordnung der Weichen wird deshalb für die Abzweigstellen als Grundform bezeichnet. Sie kann in drei topologischen Bildern dargestellt werden (Abb. 88). Durch Zusammensetzung mehrerer dieser Grundformen erhält man alle Formen der Abzweigstellen, wenn man zuläßt, daß erstens in der Grundform eine Trennungs- bzw. Anschlußweiche fehlen darf, zweitens zwischen Rechts- und Linksweichen kein Unterschied ist und drittens die gegenseitige Lage der Gleise 1, 2 und 3 beliebig geändert werden kann. Z. B. 3, 1, 2 wobei die Kreuzung von Gleis 2 mit Gleis 3 nicht vorkommt. Umgekehrt kann man die Abzweigstellen, die aus den Grundformen zusammengesetzt sind, auch wieder in die einzelnen Grundformen zerlegen.

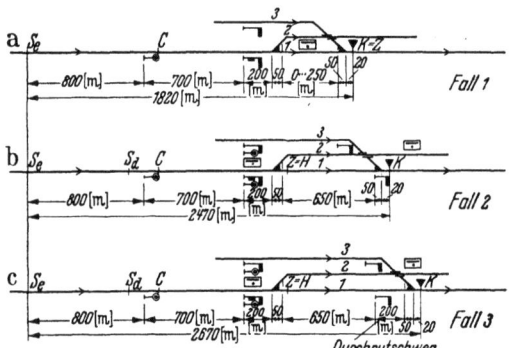

Abb. 88a—c. Grundformen der Abzweigstellen.

Die Leistungsuntersuchung der Abzweigstellen beschränkt sich daher auf die Grundform. Fehlt in der Grundform eine Anschluß- oder Trennungsweiche, so kann man deren Einfluß aus der Leistungsermittlung der Grundform herauslassen.

Die Ausführungen über Abzweigstellen sind eine Wiedergabe der in Frage kommenden Abschnitte der Dissertation „Topologie und Leistungsermittlung

Die Leistungfähigkeit der Abzweigstellen.

der Abzweigstellen zweigleisiger Bahnen", von Dr.-Ing. R. Graßmann der Techn. Hochschule Aachen.

Die in der Grundform verknüpften Fahrstraßen haben in folgenden Grenzen Einfluß auf die Leistungen der Abzweigstellen. Die durchgehende Fahrstraße reicht bis zu den beiden Nachbar-Blockstellen oder, wenn die Blockstellen nicht vorhanden sind, bis zu den Nachbar-Bahnhöfen. Die Fahrstraße der Trennungsweiche reicht bis zu ihrer isolierten Schiene „K_x" und die Anschlußfahrstraße beginnt im Punkt S_e (Abb. 90). Werden diese drei verknüpften Fahrstraßen noch durch eine andere Fahrstraße schienengleich gekreuzt, so ist die kreuzende Fahrstraße mit der Länge ihres Sperrabschnitts S_e bis K einzuzeichnen (Abb. 95b).

Die Abhängigkeiten der so verknüpften Fahrstraßen wiederholen sich bei sämtlichen Grundformen einer zu untersuchenden Abzweigstelle. Sind diese Abhängigkeiten für eine Grundform aufgestellt und ihr Einfluß auf die Leistungsfähigkeit ermittelt, so sind die gefundenen Grundsätze wiederholt anzuwenden, um die Leistung einer bestimmten Abzweigstelle zu ermitteln. Bei einiger Erfahrung in der Bestimmung der Leistung von Bahnanlagen, wird es dann möglich sein, an Hand der Belastung, der Steigungs- und Krümmungsverhältnisse und der schienengleichen Kreuzungen die ungünstigsten Fahrstraßen abzuschätzen und die Untersuchung auf letztere zu beschränken.

Bei Anlagen ohne schienengleiche Kreuzungen kann man nach dem Abstand der beiden Weichen der Grundform in bezug auf die größte Zuglänge drei Fälle unterscheiden, die hinsichtlich der Leistungsfähigkeit und der Sicherungseinrichtungen verschieden sind. Diese Fälle sind in Abb. 88 dargestellt. Werden innerhalb der beiden Weichen noch schienengleiche Kreuzungen angeordnet, so sind letztere ihrer Konstruktionslänge entsprechend zu berücksichtigen.

Zu Fall 1:

Kann der Abstand zwischen Anschluß- und Trennungsweichen nicht zuglang gestaltet werden, so macht man ihn so kurz, wie es aus konstruktiven Gründen möglich ist, um die Sperrstrecke und damit die Fahrzeit auf dieser Sperrstrecke so klein wie möglich zu halten. Der Abstand zwischen Blocksignal und Trennungsweiche entspricht dem Durchrutschweg.

Zu Fall 2:

Ist der Abstand zwischen den Weichen zuglang, dann sind zwei Blocksignale erforderlich. Sie entsprechen den Ein- und Ausfahrsignalen eines Bahnhofs. Sie sollen deshalb auch im folgenden für Abzweigstellen als Ein- und Ausfahrsignal unterschieden werden. Das Einfahrsignal steht 200 m vor der Trennungsweiche und das Ausfahrsignal mindestens 25 m vor der Anschlußweiche. Zwischen den Fahrstraßen besteht nach den „Grundsätzen für den Flankenschutz der Fahrwege der Bundesbahn", Ausgabe 4 folgende Abhängigkeit: Eine Ausfahrt oder Durchfahrt schließt die andere Einfahrt aus. Jedoch können zwei Einfahrten gleichzeitig stattfinden. Bei mechanischen Stellwerksanlagen sind zwei Blockstellen notwendig, die durch Zustimmungsfelder in Abhängigkeit stehen.

Zu Fall 3:

Hier ist der Abstand zwischen den Weichen so groß, daß ein haltender Zug und ein ausreichender Durchrutschweg für diesen Zug Platz hat. Das Einfahrsignal steht um die Länge des Durchrutschwegs — also im allgemeinen rd. 200 m

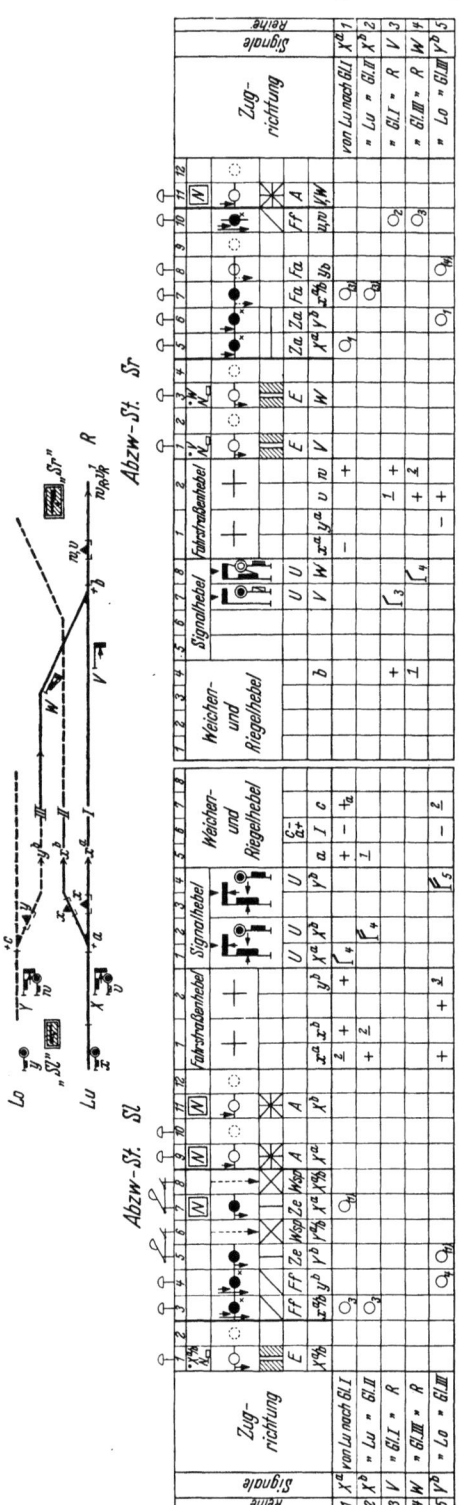

Abb. 89. Verschlußtafel einer Abzweigstelle (Fall 2 und 3 der Abb. 88).

vor der Trennungsweiche. Den gleichen Abstand hat das Ausfahrsignal von der Anschlußweiche. Die Entwicklungslänge bedingt in der Regel zwei Stellwerke, die nicht voneinander abhängig sind.

Die Durchrutschwege müssen in jedem einzelnen Fall nach dem auf S. 87 beschriebenen Verfahren ermittelt werden. Wenn es das Gelände und die Gleisanlage der Abzweiganlage gestattet, kann der Durchrutschweg auch auf einem Stumpfgleis über eine Schutzweiche neben dem Streckengleis untergebracht werden, wenn die Geschwindigkeit der Züge eine plötzliche Ablenkung durch die Weiche des Gleisstumpfs im Falle der Gefahr zuläßt.

Verschlußtafeln zu diesem Fall sind nicht gezeichnet worden, weil man sie einfach aus den Verschlußtafeln für den Fall 2 erhält, indem man dort die Zustimmungsfelder, mit denen die Stellwerke voneinander abhängig gemacht sind, wegläßt.

Die Fahrzeitermittlung einer Abzweigstelle erstreckt sich auf die Anlage selbst und auf die anschließenden Strecken bis zum nächsten Bahnhof. Für jede vorkommende Zugbewegung und Zuggattung trägt man die Fahrzeiten mit Hilfe der Fahrzeitermittlung wie in Abb. 68 in die Gleisachsen ein.

Wie man die Grundform aus dem Lageplan der Abzweigstellen herausschneidet, so kann man auch aus den Stellwerken diejenigen Teile herausnehmen, die zu dem betrachteten Gleisteil gehören. So sind die Verschlußtafeln der Abb. 89 u. 91 entstanden. Die Signale und Fahrstraßen sind für die Grundformen mit X, Y, V und W

bezeichnet worden. Es soll damit angedeutet werden, daß hierfür die jeweils festgelegten Buchstaben eines vorliegenden Gleisplans eingesetzt werden können. Aus der Gleichheit der Stellwerksteile für jede Grundform ergibt sich die Gleichheit der Bedienungshandlungen der Abzweigstellen. Wird also der Stellwerksbedienungsplan für eine Grundform aufgestellt, so erhält man hieraus vollständigen Aufschluß über alle Bilde- und Auflösezeiten der Abzweigstellen.

Die drei in Abb. 88 nach der Länge unterschiedenen Fälle der Grundform zeigen in den Bilde- und Auflösezeiten für das einzelne Stellwerk keine wesentlichen Unterschiede. Vermerkt sei auch hier, daß die Verschlußtafel für den Fall 3 aus der Verschlußtafel für den Fall 2 nach der Abb. 89 hervorgeht, wenn man die Zustimmungsfelder zwischen den beiden Stellwerken herausnimmt. Für die Bilde- und Auflösezeiten der Strecken ergibt sich hieraus kein Unterschied, weil die Bedienung dieser Felder so rechtzeitig vorgenommen werden kann, daß sie nicht in die Zugfolgezeiten fällt. Für die Bilde- und Auflösezeiten innerhalb der Anlage werden unter bestimmten Annahmen Festwerte angegeben, für die die geringen Bedienungszeiten dieser Felder keine wesentliche Rolle spielen.

In Abb. 90 und 91 sind die Stellwerksbedienungspläne gezeichnet. Man findet, daß man auf den freien Strecken einheitlich mit der Bildezeit 26″ und mit der Auflösezeit 15″ rechnen kann. Hat man Einzeltastenbedienung für den Streckenblock und verlangt man, daß das Vorblocken vor dem Rückblocken erfolgen soll, so vergrößert sich die Auflösezeit um 4″. Man erhält dann für das Auflösen 19″.

Die Stellwerkszeiten der Abzweigstellen unterscheiden sich durch die Anzahl der umzustellenden Weichen und Riegelhebel. Die Unterschiede sind aber so gering, daß man auch hier mit festen Werten rechnen kann. Die Bildezeiten werden unter Berücksichtigung der Umstellung von drei Weichen- oder Riegelhebeln rd. 50″ und die entsprechenden Auflösezeiten 30″. Sind keine Weichenhebel umzustellen, dann ergeben sich für die Bildezeit 40″ und für die Auflösezeit 20″. Es genügt für den ungünstigsten Fall einer Abzweigstelle unter Berücksichtigung der verwendeten Sicherungseinrichtung einmal die Bilde- und Auflösezeit für die Strecke und für die Anlage selbst aufzustellen. Diese Werte kann man den Fahrzeiten der Züge auf den einzelnen Sperrstrecken zuschlagen und erhält so die Sperrzeiten. Der Fehler, der sich in einigen Fällen durch Anwendung der höchstens 10″ zu großen Stellzeiten ergibt, ist gegenüber der Sperrzeit ohne Bedeutung. Man spart aber durch diese Einheitswerte die mühsame Aufstellung der Stellwerkszeitpläne. Im Einzelfall bietet die genaue Aufstellung dieser Pläne keine grundsätzlichen Schwierigkeiten. Es wird deshalb weiterhin mit folgenden Einheitswerten gerechnet:

$$|\overline{S}_d| = 26'' = 0{,}43' \qquad |S_e| = |H| = 50'' = 0{,}83'$$
$$|\overline{Z}'| = 19'' = 0{,}32' \qquad |K'| = |Z'| = 30'' = 0{,}50'$$
$$= 0{,}75' \qquad\qquad\qquad\qquad = 1{,}33'$$

b) Die Sperrzeiten und die Verspätungszuschläge durch Anschluß- und Kreuzungsbehinderungen.

Aus der Fahrzeitermittlung und aus dem Stellwerkszeitplan stellt man nun die Sperrzeiten für die Fahrstraßen der zu untersuchenden Abzweigstelle in Tabellen zusammen. Die Form der Tabellen ist aus den Beispielen S. 323 zu ersehen.

310   Leistungsermittlung der Bahnanlagen.

Die Sperrzeiten der Zugfahrten, die sich gegenseitig ausschließen, können nicht gleichzeitig auftreten. Sie können deshalb nur aneinandergereiht werden. Die längsten Zugfolgezeiten, die auf der freien Strecke oder die in den Abzweigstellen gegeben sind, werden der Leistung zugrunde gelegt. In der Anlage können an

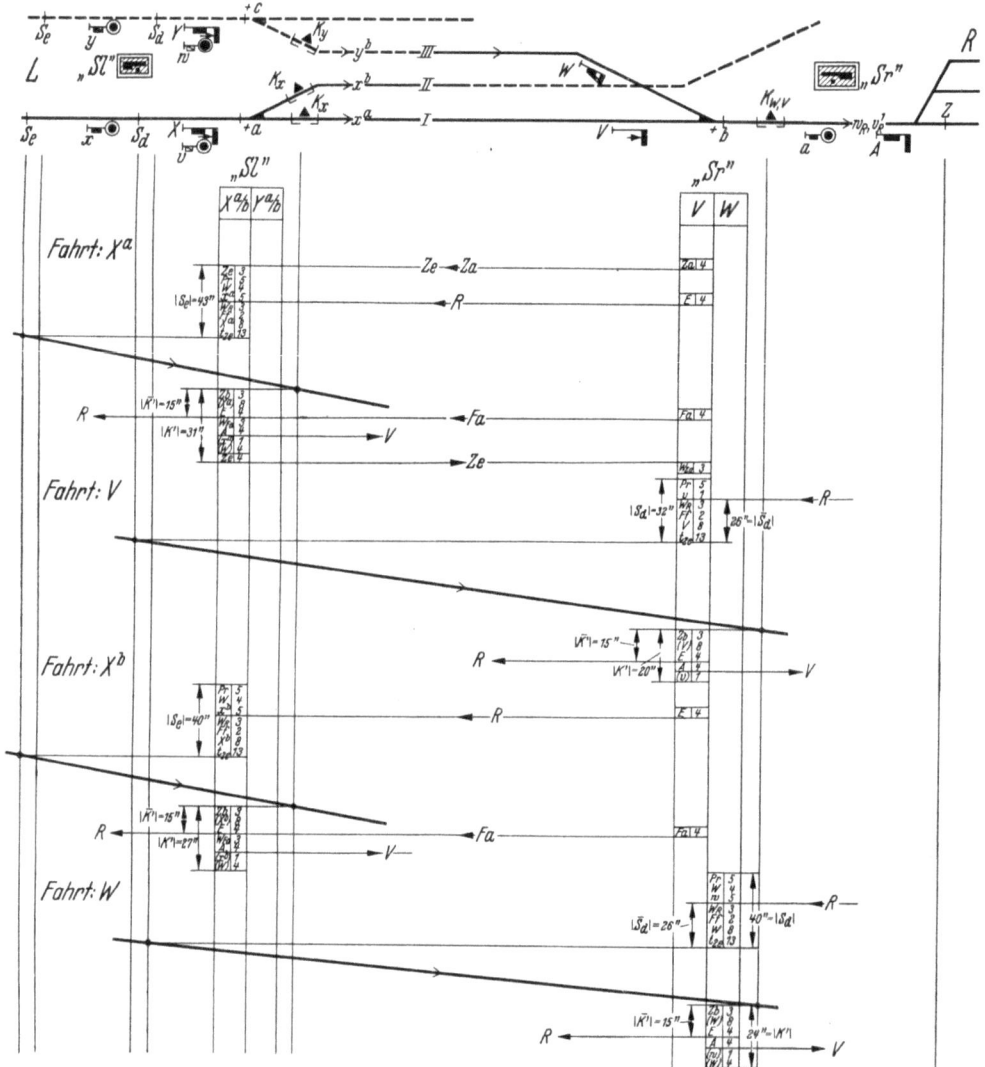

Abb. 90. Stellwerkszeitplan der

Hand des Lageplans und der Verschlußtafel diejenigen Punkte aufgesucht werden, die einen gegenseitigen Ausschluß der Fahrstraßen bedingen. Dieser Ausschluß ist bei gemeinsamen Gleisen für verschiedene Fahrstraßen, bei Kreuzung und Berührung von Fahrstraßen gegeben. Außerdem müssen die Durchrutschwege für

Die Leistungsfähigkeit der Abzweigstellen. 311

einfahrende Züge bis zu ihrem Halt frei bleiben. Vor den Trennungs- und hinter den Anschlußweichen hat man für die in diesen Weichen verknüpften Fahrstraßen gemeinsame Gleise. Bei der Grundform sind Trennungs- und Anschlußweiche nacheinander vorhanden. Damit die ankommenden Züge nicht zurückgehalten

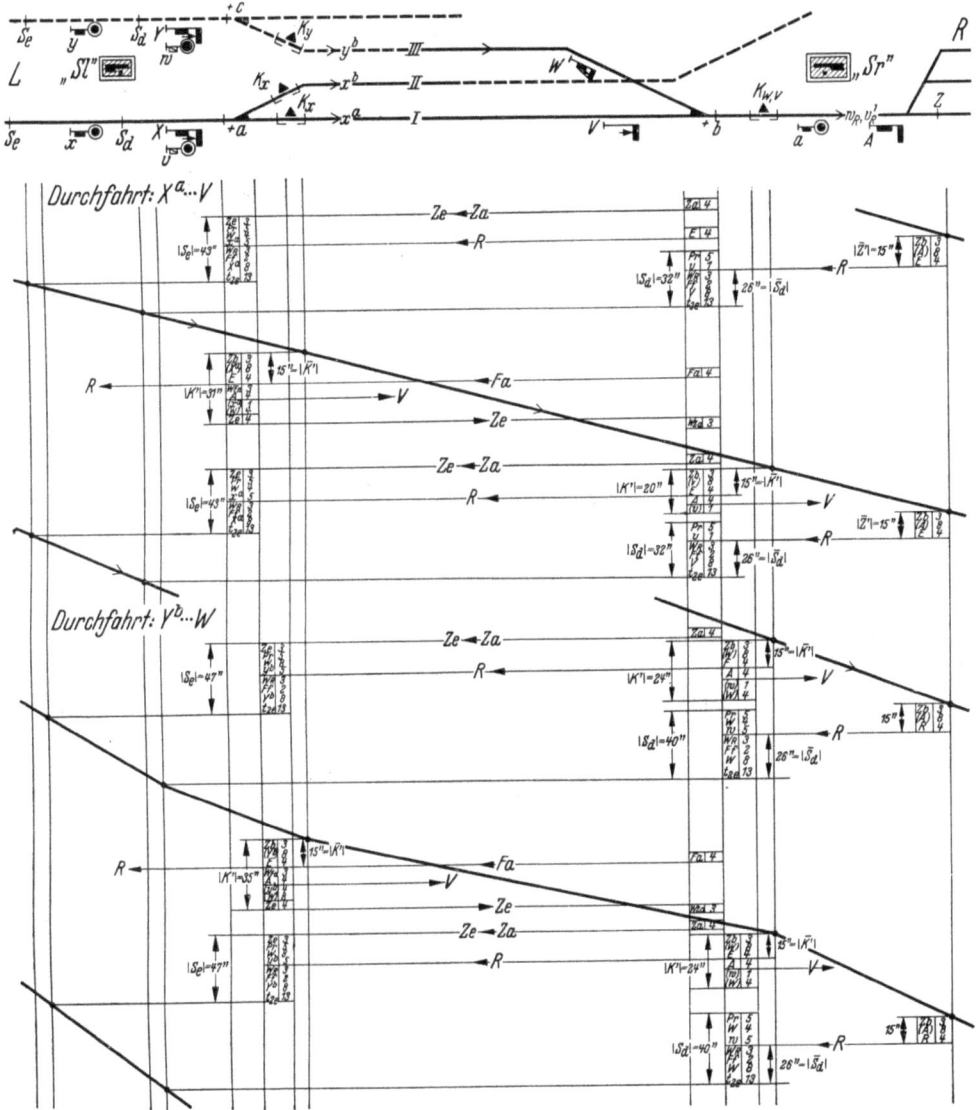

Abzweigstelle Abb. 89 (Fall 2 und 3 der Abb. 88).

werden müssen und dadurch zurückstauen, gilt die Bedingung, daß die Sperrzeiten der Züge, die in der Trennungsweiche abzweigen, größer sind als die Sperrzeiten der Züge, die über die Anschlußweiche eingeschoben werden. Denn sonst finden die Züge, die über den Abzweig der Anschlußweiche ankommen, keine ausreichende

Lücke vor. Durch die Zeit-Wegelinien der Abb. 92 ist diese Bedingung abzulesen. Nach den dort gewählten Bezeichnungen für die Fahrstraßen, 1 für die durch-

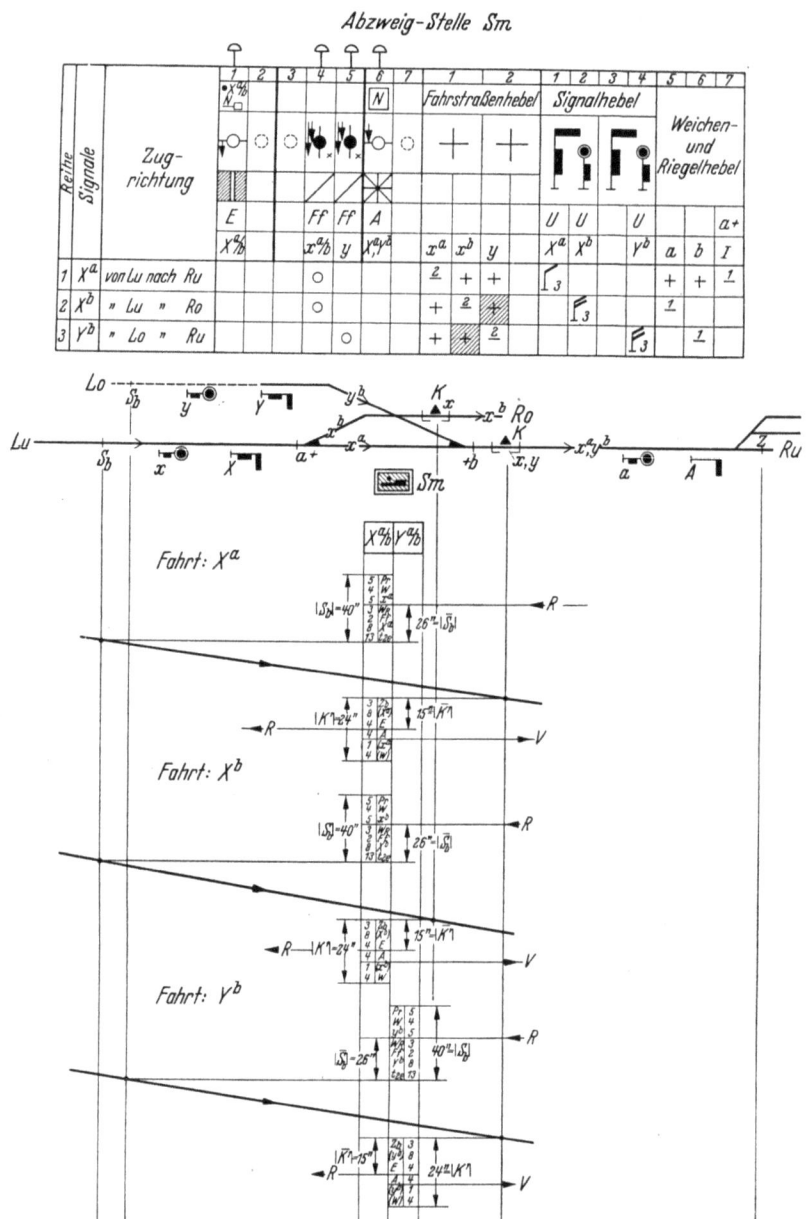

Abb. 91. Verschlußtafel und Stellwerkszeitplan einer Abzweigstelle (Fall 1 der Abb. 88).

gehende, 2 für die abzweigende und 3 für die einmündende Fahrstraße muß die Zugfolgezeit der Züge auf der Fahrstraße 1 so groß sein, daß der Zug auf der Fahrstraße 3 zwischen den beiden Zügen der Fahrstraße 1 ungestört den nächsten

Bahnhof erreichen kann. Diese Bedingung muß auch noch erfüllt sein, wenn der Zug der Fahrstraße 1 in der Abzweigstelle zum Halten gekommen ist. Nennt man die Mindestfolgezeiten z und bezeichnet die beiden zur Zugfolge zusammengeschlossenen Züge durch arabische Zahlen als Index so folgt:

$$z_{11} = z_{12} + z_{21} \geq z_{13} + z_{31}.$$

Hierbei ist

$$z_{31} = [S_d Z]_1 \text{ oder } [HZ]_1 \text{ oder } [CZ]_1.$$

Der größere Wert ist einzusetzen. Fehlt die Trennungsweiche, dann bleibt

$$z_{11} \geq z_{13} + z_{31}.$$

Sind diese Bedingungen nicht erfüllt, dann muß ein Zug 1 für einen Zug 3 ausfallen.

Für die Trennungsweiche ist die Bedingung

$$z_{11} = z_{12} + z_{21}$$

von selbst erfüllt, weil die Züge in dieser Ordnung auf dem Gemeinschaftsgleis ankommen.

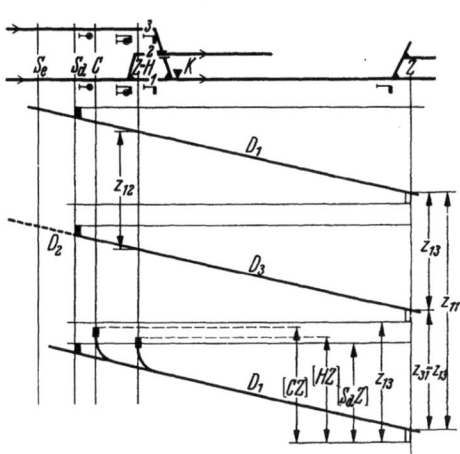

Abb. 92. Einfädeln eines Zuges.

Diese Untersuchung kann auf Güterzüge beschränkt werden. Wird ein Schnellzug abgezweigt und dafür ein Güterzug eingeschoben, so steht für den G-Zug nicht nur die Sperrzeit des S-Zuges, die ja kleiner ist als die Sperrzeit des G-Zuges, sondern die gesamte Überholungsspanne zur Verfügung. Letztere ist gleich der Summe der Sperrzeit des S-Zuges und eines anfahrenden G-Zuges. Anders ist es, wenn für einen abzweigenden G-Zug ein S-Zug eingeschoben werden muß. Zwar ist die Sperrzeit des G-Zuges größer als die Sperrzeiten des S-Zuges. Es muß aber noch geprüft werden, ob der vorausfahrende G-Zug noch den nächsten Überholungsbahnhof erreicht, ohne daß der S-Zug aufgehalten wird. Andernfalls muß für den S-Zug ein G-Zug ausfallen.

Die Bedingung dafür, daß vor schienengleichen Kreuzungen der Fahrstraßen kein Rückstau der Züge

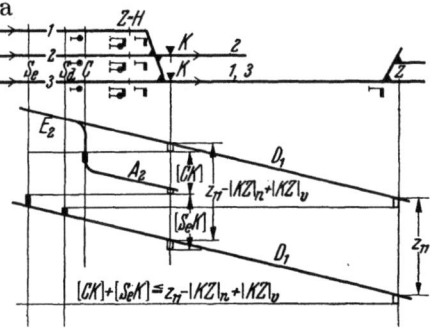

Abb. 93a. Zugkreuzung (Fall 2).

vorkommt, kann in Abb. 93 a—c für Kreuzungen gleich und entgegengesetzt gerichteter Fahrstraßen bei Ausrüstung mit kurzen oder zuglangen Gleisen mit und ohne Durchrutschweg an den Zeit-Wegelinien abgelesen werden. Es muß die Summe der Sperrzeiten für die kreuzenden Zugfahrten innerhalb der Abzweigstellen kleiner sein als die Zugfolgezeit der Züge für die untersuchte Fahrstraße im Punkte K. Also ist

$$[CK] + [S_e K] \leq z_{11} - |KZ|_n + |KZ|_v.$$

Hierin bedeutet z_{11} die Zugfolgezeit der untersuchten Fahrstraße, $|KZ|_v$ die Fahrzeit des ersten und $|KZ|_n$ des zweiten Zuges einer Zugfolge. Für die Ausbildung

der Abzweigstellen mit Durchrutschweg vor der Kreuzung gilt der Anfahrpunkt H. Damit wird die Bedingung
$$[HK] + [S_e K] \leq z_{11} - |KZ|_n + |KZ|_v.$$
Hat man die Sperrzeiten der freien Strecken und der Abzweigstellen ermittelt und für jede Fahrstraße die ungünstigsten Zugfolgezeiten ausgewählt, so würde damit ein Fahrplan aufgestellt werden können, der sich aber nur dann reibungslos abwickeln ließe, wenn die Fahrpläne der an irgendeinem Punkt zusammenhängenden Strecken alle aufeinander abgestimmt und wenn die Züge keinerlei Verspätungen erhalten würden. Diese Abstimmung macht aber die Fahrplanbildung zu umständlich und schwerfällig. Schon bei einer einzelnen Strecke stimmt man die entgegengesetzten Richtungen nicht aufeinander ab, wenn sich die entgegengesetzten Richtungen bei der Fahrt in die Güterüberholungsgleise eines Bahnhofs kreuzen.

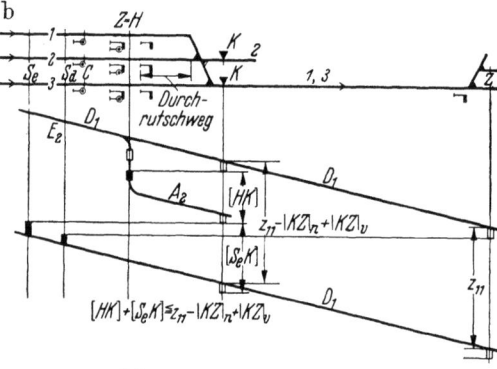

Abb. 93b. Zugkreuzung (Fall 3).

Die Sperrzeiten der Abschnitte vor und hinter den Abzweigstellen erhalten deshalb infolge der Behinderungen in Anschlußweichen und Kreuzungen Zuschläge. Die Zugfolgezeiten müssen um diese Zeitzuschläge erweitert werden. Sie werden deshalb oft größer als die ungünstigste Zugfolgezeit der Strecke, deren Leistungsfähigkeit in diesen Fällen durch die Abzweiganlage vermindert wird. Nennt man die Zugfolgezeiten, die vor oder hinter einer Abzweigstelle um einen Behinderungszuschlag erweitert werden müssen z_a und die Behinderungszuschläge, die weiter unten entwickelt werden, für eine Anschlußweiche z_{a_v} und für eine Kreuzung z_{k_v}, so erhält man die ungünstigste Zugfolgezeit der Abzweigstellen

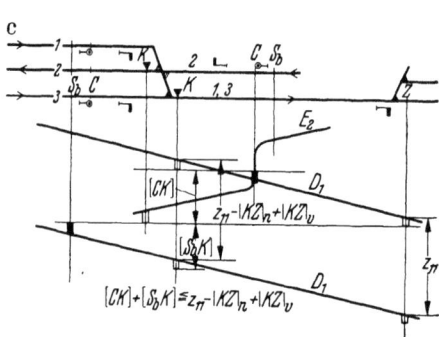

Abb. 93c. Kreuzung der Gegenrichtung.

$$z_{u_a} = z_a + z_{k_v} \text{ bzw. } z_a + z_{a_v}.$$

Dieser Wert ist mit der ungünstigsten Streckenzugfolgezeit z_{u_s} (S. 259) zu vergleichen. Der größere Wert ergibt mit der Erweiterung um die mittlere Betriebsverspätung z_v (S. 264) die maßgebende Zugfolgezeit. Diese ist entweder:
$$z_{ma} = z_{u_s} + z_v$$
oder
$$z_{ma} = z_{u_a} + z_{k_v} + z_v \text{ bzw. } z_{u_a} + z_{a_v} + z_v.$$
Mit den größeren der beiden Werte z_{ma} ist die Anzahl der Züge bestimmt, die auf der Bahnlinie in der Betriebszeit fahren kann.

Zur Errechnung der Behinderungsverspätungen z_{a_v} und z_{k_v} sind in den Abb. 94 und 95 Verspätungsfiguren gezeichnet. In diesen Verspätungsfiguren wurden durch doppelte Schraffuren kleine Dreiecke besonders gekennzeichnet. Diese Dreiecke bedeuten Unsicherheiten in der Bestimmung der Grenzen zwischen dem Anhalten und Durchfahren der Züge. Sie spielen für die Bestimmung der mittleren Verspätungen keine wesentliche Rolle und werden deshalb in der weiteren Berechnung nicht berücksichtigt.

Die Ermittlung der Behinderung durch eine Anschlußweiche ist in Abb. 94 a—d für die verschiedenen Möglichkeiten der Ausbildung von Abzweigstellen aufgezeichnet. In allen Fällen muß von zwei gleichzeitig auf den Fahrstraßen 1 und 3 anrollenden Zügen einer so lange zurückgehalten werden, bis daß der vorfahrende Zug die Zugschlußstelle Z des nächsten Bahnhofs oder der nächsten Blockstelle erreicht hat, d. h. die Sperrzeit des vorfahrenden Zuges abgelaufen ist.

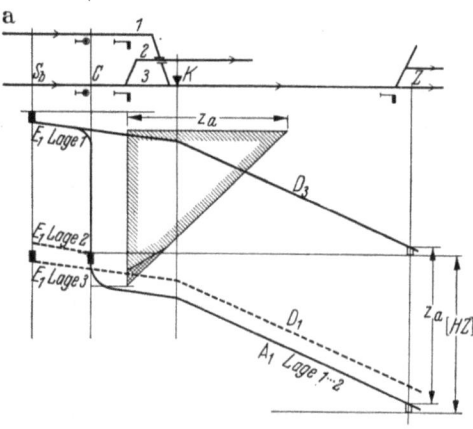

Abb. 94a. Behinderung durch eine Anschlußweiche (Fall 1).

Haben die Züge verschiedene Rangordnung, so müßte der Zug mit geringem Rang schon zurückgehalten werden, wenn er den Bahnhof oder die Blockstelle nicht mehr erreicht, ohne daß der nachfolgende Vorrangzug aufgehalten würde. Seine größte Aufenthaltszeit wäre dann doppelt so lang wie der größtmögliche Aufenthalt gleichrangiger Züge. Dafür würde der Vorrangzug keine Verspätung erhalten und benötigt daher keinen Verspätungszuschlag. Die Unterscheidung Vorrang und Gleichrangzüge würde bedeuten, daß die maßgebenden Zugfolgezeiten unterschiedliche Verspätungszuschläge enthalten, was für die Berechnung der Leistungsfähigkeit sehr hinderlich wäre. Das geforderte Ziel ist aber, daß die unvermeidlichen Verspätungen

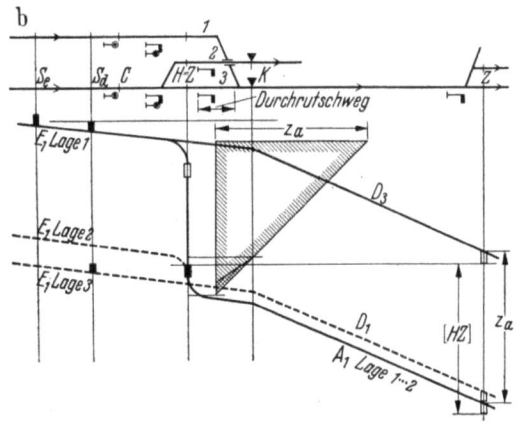

Abb. 94b. Behinderung durch eine Anschlußweiche (Fall 3).

infolge der Anschluß- und Kreuzungsbehinderungen in kurzer Zeit abgebaut werden. Dieses Ziel erreicht man auch, wenn man den Zugfolgen aller Züge einschließlich der Vorrangzüge die gleichen Zuschläge erteilt.

Aus demselben Grunde kann man sich auch darauf beschränken, die Verspätungszuschläge nur für Güterzüge zu ermitteln. Man würde für die Schnellzüge etwas geringere Verspätungszuschläge errechnen, weil die Sperrzeiten dieser Züge kleiner sind als die der Güterzüge. Man befindet sich daher auf der sicheren Seite und berücksichtigt die größere Störungsempfindlichkeit der Schnellzüge, wenn man für letztere auch die Verspätungszuschläge für Güterzüge verwendet. Man vermeidet dabei unnötige Schwierigkeiten bei der Aufstellung der Formeln für die Verspätungszuschläge, die dadurch entstehen, daß die Zugfolgezeit zwischen Zügen verschiedener Geschwindigkeit sich mit dem Ort ständig ändern. Die Formeln erhielten eine unhandliche und für die Anwendung unbrauchbare Form. Der

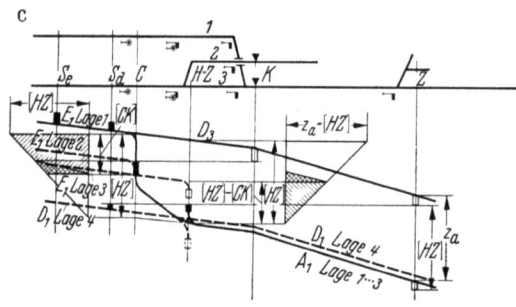

Abb. 94c. Behinderung durch eine Anschlußweiche (Fall 2) ohne Halten vor der Ausfahrt.

größte Aufenthalt eines Zuges vor einer Anschlußweiche ist deshalb gleich der Sperrzeit eines anfahrenden Güterzuges bis zu seiner Ankunft am Zugschlußpunkt des nächsten Bahnhofs oder der nächsten Blockstelle. $z_a = [HZ]$ oder wenn die Strecke bis zum nächsten Bahnhof noch durch Blockstellen unterteilt ist

$$z_a = [H K_b] \text{ bzw. } = [S_{b_1} K_{b_2}] \text{ bzw. } = [S_{b_2} Z],$$

wobei der größere Wert einzusetzen ist. Muß der Zug vor dem Einfahrsignal warten, dann ist $z_a = [CZ]$ oder bei Blockteilung $= [CK_b]$. Die mittlere Verspätung des zurückgehaltenen Zuges ist nach allen möglichen Lagen seines Eintreffens:

$$z_{a_v} = \frac{z_a^2}{2 \cdot z_{ma}}.$$

Hierin ist z_{ma} die maßgebende Zugfolgezeit einer Fahrstraße zwischen dem Anfangs- und Endpunkt einer Bahnlinie. Wird die maßgebende Zugfolgezeit

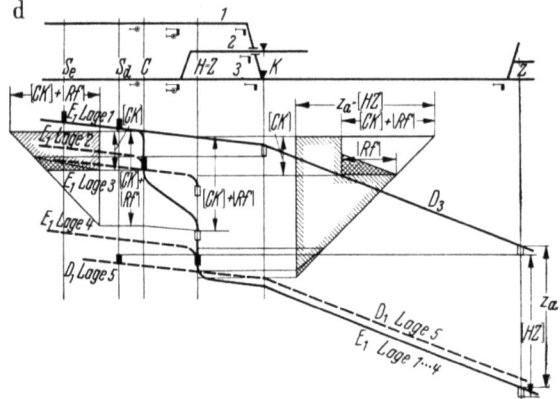

Abb. 94d. Behinderung durch eine Anschlußweiche (Fall 2) mit Halten vor der Ausfahrt.

durch den Sperrabschnitt bestimmt, in dem die Anschlußverspätung entsteht, so ist z_{ma} von z_{a_v} abhängig. Hier ist $z_{ma} = z_a + z_{a_v} + z_v$ und damit:

$$z_{a_v} = \frac{z_a^2}{2(z_a + z_{a_v} + z_v)};$$

$$z_{a_v}^2 + z_{a_v}(z_a + z_v) = \frac{z_a^2}{2};$$

$$z_{a_v} + \frac{z_a + z_v}{2} = \pm \sqrt{\frac{z_a^2}{2} + \left(\frac{z_a + z_v}{2}\right)^2}$$

und
$$z_{a_v} = \sqrt{\frac{z_a^2}{2} + \left(\frac{z_a + z_v}{2}\right)^2} - \frac{z_a + z_v}{2}.$$

Es wird nicht in allen Fällen notwendig sein, die genauere Lösung nach obiger quadratischer Gleichung anzuwenden. Der z_{ma}-Wert der Strecke, der vorher ermittelt wird, ist im allgemeinen nur um geringe Beträge kleiner als der z_{ma}-Wert der Abzweigstelle. Da er im Nenner steht, wird der Verspätungszuschlag ein wenig zu groß.

Die verschiedenen Ausführungen der Abzweigstellen, die sich durch die Längenentwicklung der Grundformen nach Abb. 88 unterscheiden, sind noch hinsichtlich ihrer Einflüsse auf die Zugfolgezeit zu untersuchen. Entscheidend für die Unterschiede ist der Standort des gestörten Zuges, an dem letzterer die Behinderung der Verspätungen abwarten muß. Im Fall 1 — Abstand der Trennungs- und Anschlußweiche ist so kurz wie möglich — und im Fall 3 — Abstand ist zuglang mit Durchrutschweg — ist dieser Standort eindeutig. Im Fall 1 wartet der gestörte Zug vor dem Einfahrsignal und besetzt den rückwärtigen Sperrabschnitt. Die mittlere Verspätungszeit ist der Sperrzeit dieses Abschnitts zuzuschlagen. Weil in diesem Abschnitt auch noch Züge der Fahrstraße 2 fahren, wirkt sich der Aufenthalt hier sehr ungünstig aus, so daß in der Regel die maßgebende Zugfolgezeit durch die Abzweigstelle bestimmt und damit die Leistung der Strecke herabgedrückt wird. Anders ist es im Fall 3. Hier gelangt der Zug immer bis zum Ausfahrsignal unter Freigabe des rückwärtigen Sperrabschnitts. Ein nachfolgender Zug der Fahrstraße 2 kann ungehindert weiterfahren. Die Zugfolge hinter der Trennungsweiche ist bedeutend geringer als vor der Trennungsweiche, so daß hier eine Behinderungsverspätung leichter abgewartet werden kann.

Im Falle 2 — Abstand der Anschluß- und Trennungsweiche zuglang ohne Durchrutschweg — wartet der gestörte Zug teilweise vor dem Einfahrsignal und teilweise vor dem Ausfahrsignal. Die größte Gesamtwartezeit ist auch hier $z_a = [HZ]$, die aber auf die Sperrabschnitte vor und hinter der Abzweigstelle verteilt werden muß. Vor dem Einfahrsignal, also im rückwärtigen Sperrabschnitt, kommt der Zug zum Halten, solange der störende Zug in die Sperrstrecke S_eK einfährt oder diese Sperrstrecke durchfährt. Die größte Wartezeit im Punkt C vor dem Einfahrsignal nach Abb. 94c und d ist gleich $[CK] + |Rf|$. In der Zeit $z_{ma} - [S_eK]$ kann der Zug unmittelbar bis zum Ausfahrsignal vorfahren. $[S_eK]$ wird je nach der Neigung des Gleises und nach der Stellwerksausbildung 5—7 min betragen. Oft wird der Zug den Halt vor dem Einfahrsignal durch Stutzen vermeiden können. Ist er zum Halten gekommen, so wird er sich nach Fahrtstellung des Einfahrsignals mit der Geschwindigkeit einer Rangierfahrt wieder in Bewegung setzen, weil er am Ausfahrsignal wiederum Haltstellung erwarten muß. Sieht der Lokführer während dieser Fahrt das Ausfahrsignal in Fahrtstellung gehen, dann wird er von da ab seine Fahrt normal beschleunigen ($|Rf|$ = Rangierfahrzeit).

In Abb. 94c ist der Übergang der Zeitweglinie für die Rangierfahrt auf die Zeitweglinie eines in H ausfahrenden Zuges dargestellt. Diesen Übergang wird der Zug als ungünstigsten Grenzfall immer erreichen können. Er wurde deshalb der weiteren Berechnung zugrunde gelegt. In Abb. 94d sind die Zeitweglinien für den Fall gezeichnet, daß die Sperrzeit des vorausfahrenden Zuges so lang ist, daß der gestörte Zug nach der Rangierfahrt in H erneut zum Halten kommt. Die

Berechnung der mittleren Verspätungen der Züge ergibt in den Fällen, in denen wie in Abb. 94c ein zweiter Halt in H nicht gegeben ist:

1. Für den Halt im Punkte C:

$$z_{a_{v_C}} \cdot z_{ma} = \frac{[HZ]}{2}[HZ] - \frac{[HZ]-[CK]}{2} \cdot \{[HZ]-[CK]\}$$

$$= \frac{[HZ]^2}{2} - \frac{[HZ]^2 - 2[HZ]\cdot[CK] + [CK]^2}{2}$$

$$= \frac{2[HZ]\cdot[CK] - [CK]^2}{2}$$

$$z_{a_{v_C}} = \frac{2[HZ]\cdot[CK]-[CK]^2}{2 z_{ma}} = \frac{[CK]\{2\cdot[HZ]-[CK]\}}{2 z_{ma}}$$

2. Für den Halt im Punkte H:

$$z_{a_{v_H}} = \frac{\{[HZ]-[CK]\}^2}{2 z_{ma}} = \frac{[HZ]^2}{2 z_{ma}} - z_{a_{v_C}}.$$

Der gesamte Aufenthalt ist:

$$z_{a_v} = z_{a_{v_C}} + z_{a_{v_H}} = \frac{[HZ]^2}{2 z_{ma}}$$

In den Fällen, in denen nach dem Halt im Punkte C auch ein Halt im Punkte H gegeben ist (Abb. 94 d), ergibt sich:

1. Für den Halt im Punkte C:

$$z_{a_{v_C}} = \frac{2\{[CK]+|Rf|\}\cdot[CK]-[CK]^2}{2 z_{ma}}$$

$$= \frac{[CK]^2 + 2[CK]\cdot|Rf|}{2 z_{ma}} = \frac{[CK]\cdot\{[CK]+2|Rf|\}}{2 z_{ma}}$$

2. Für den Halt im Punkte H:

$$z_{a_{v_H}} = \frac{[HZ]^2 - \{[CK]+2|Rf|\}\cdot[CK]}{2 z_{ma}}$$

$$= \frac{[HZ]^2 - \{[CK]^2 + 2[CK]\cdot|Rf|\}}{2 z_{ma}} = \frac{[HZ]^2}{2 z_{ma}} - z_{a_{v_C}}.$$

Das Kriterium dafür, daß der Zug beim Halt in C auch noch in H halten muß, ist durch die Ungleichung:

$$[HC] > [CK] + |Rf|$$

gegeben. Braucht der Zug in H nicht zu halten, dann gilt:

$$[HC] < [CK] + |Rf|.$$

Die Gleichungen für $z_{a_{v_C}}$ und $z_{a_{v_H}}$ können mit Hilfe dieser Ungleichungen auf eine einheitliche Form gebracht werden.

$$z_{a_{v_C}} = \frac{[CK]\{2\alpha - [CK]\}}{2 z_{ma}}$$

bei

$$[HZ] \leq [CK] + |Rf| \quad \text{ist} \quad \alpha = [HZ]$$

und bei

$$[HZ] \geq [CK] + |Rf| \quad \text{ist} \quad \alpha = [CK] + |Rf|$$

$$z_{a_{v_H}} = \frac{[HZ]^2}{2 z_{ma}} - z_{a_{v_C}}.$$

Die Dauer der Rangierfahrt ist, wie in Beispiel S. 324 angegeben, besonders zu ermitteln. Die Sperrzeit $[CK]$ beträgt nach den Tabellen S. 323 3—5 min. Die

Rangierfahrt sei mit $|Rf| = 4$ min angenommen. Erst wenn die Sperrzeit $[HZ]$ größer wird als $[CK] + |Rf| = 7—9$ min ist ein erneuter Halt in H gegeben. Hieraus kann man den Schluß ziehen, daß die Verlängerung der Gleise der Abzweigstelle auf Zuglänge gegenüber der Ausbildung in kürzester Form keine wesentlichen Vorteile bringt. Die Züge müssen auch hier den größten Teil der Behinderungsverspätungen im Punkte C, also im rückwärtsgelegenen, auch durch die Züge der Fahrstraße 2 belasteten Streckenabschnitt abwarten. Erst die verhältnismäßig geringe weitere Verlängerung der zuglangen Gleise der Anlagen um den Durchrutschweg gestattet den Zügen, die Behinderungsverspätungen im Punkte H abzuwarten und verhindert dadurch eine Übertragung der Verspätungen auf die Züge der Fahrstraße 2.

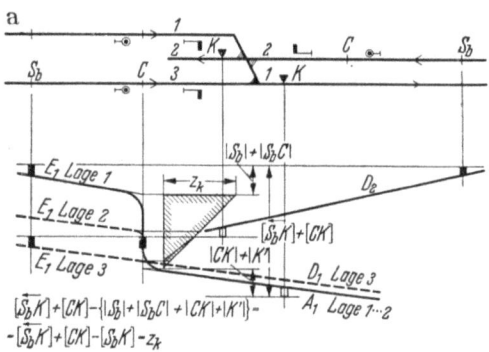

Abb. 95 a. Behinderung durch Kreuzung der Gegenrichtung.

Die schienengleichen Kreuzungen verursachen kleinere Behinderungsverspätungen als die Anschlußweichen, weil die Sperrstrecken hier kürzer sind. Sie reichen nur bis zum Schienenkontakt hinter der Abzweigstelle. Die Verspätungen werden im Falle 1 und 2 (kurze und zuglange Gleise), in den Punkten C vor dem Einfahrsignal und im Falle 3 (unabhängige Durchrutschwege) im Punkte H vor den Ausfahrsignalen abgewartet. Die größte Verspätung ist bei Kreuzungen von Fahrstraßen gleicher Richtung nach Abb. 95 b:

$z_k = [CK]$ bzw. $= [HK]$.

Die größte Verspätung bei Kreuzungen entgegengesetzt gerichteter Fahrstraßen ist nach Abb. 95 a:

$z_k = [\overleftarrow{S_b K}] + [CK] -$
$\quad \{|S_b| + |S_b C| + |CK| + |K'|\}$
$= [\overleftarrow{S_b K}] + [CK] - [\overleftarrow{S_b K}]$.

Die erste Sperrzeit der Gleichung bezieht sich auf die Gegenrichtung, die gekreuzt wird, und erhält dafür einen Pfeil von links nach rechts.

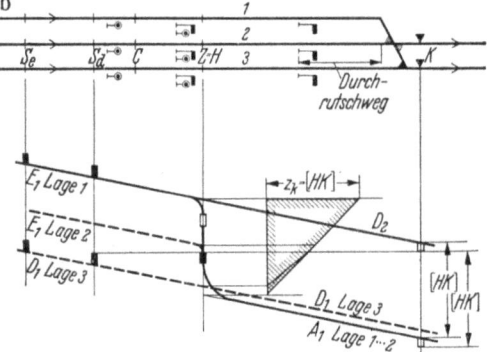

Abb. 95 b. Behinderung durch Kreuzung der gleichen Richtung.

Die mittlere Verspätung ist nach allen möglichen Lagen der Züge in der Kreuzung:

$$z_{k_v} = \frac{z_k^2}{2 \cdot z_{ma}}.$$

Treten mehrere Behinderungen — Kreuzungen und Anschlußweichen — in einer durchgehenden Fahrstraße nacheinander auf, dann addieren sich ihre Einflüsse nicht in jedem Falle.

320 Leistungsermittlung der Bahnanlagen.

1. Können sich Behinderungen gegenseitig ausschließen. Z. B. schließen sich eine Kreuzungs- und eine Anschlußbehinderung in einer Fahrstraße gegenseitig aus, wenn der störende Zug vorher über eine Trennungsweiche entweder zu einer Kreuzung oder zu einer Anschlußweiche fährt. Man hat es hier nur mit einem störenden Zug zu tun, der jeweils entweder die eine oder die andere Behinderung auslöst. Hier ist die größte der beiden mittleren Behinderungsverspätungen einzusetzen.

Auch bei Bahnhöfen mit Kreuzung der Gegenrichtung durch Zugfahrten befinden sich in der Fahrstraße des durchgehenden Gleises, das gekreuzt wird, zwei Kreuzungs- und eine Anschlußbehinderung. Diese Behinderungen treten hier einzeln auf. Die Anschlußbehinderung scheidet aus, weil die Züge des durch-

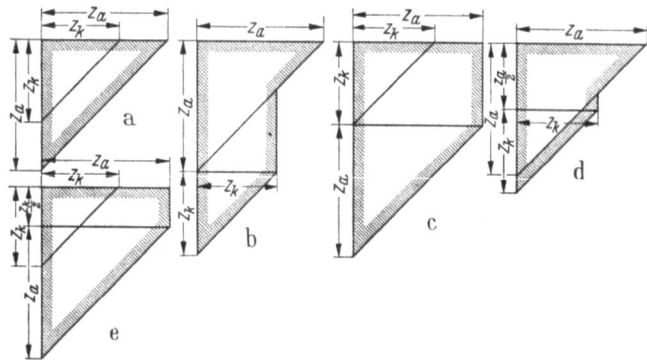

Abb. 96a—e. Verspätungsfiguren.

gehenden Hauptgleises und des Überholungsgleises, die die Anschlußweiche befahren, durch den Fahrplan festgelegt sind, während bei Abzweigstellen dort Züge verschiedener Bahnlinien vereinigt werden. Das Zusammentreffen bleibt also nicht dem Zufall überlassen, wie es zur Entstehung der Behinderungsverspätung vorausgesetzt wird. Die Kreuzungen werden nicht gleichzeitig sondern nur einzeln befahren, weil in den Überholungsgleisen keine Durchfahrten gestattet sind.

2. Können zwei Kreuzungsbehinderungen oder eine Anschluß- und eine Kreuzungsbehinderung unabhängig voneinander sein, d. h. die störenden Züge können in beliebiger Zeitfolge eintreffen und stören sich dabei gegenseitig nicht. So sind die östliche Kreuzungs- und die westliche Anschlußbehinderung im Beispiel S. 328 des Gleisdreiecks unabhängig. Es muß dabei zunächst unterschieden werden, ob die Behinderungen in gleichen oder in verschiedenen Sperrabschnitten abgewartet werden müssen. Im letzteren Falle sind die Behinderungsverspätungen unabhängig voneinander zu ermitteln und dem zugehörigen Sperrabschnitt zuzuzählen. Wird aber die Behinderung im gleichen Abschnitt abgewartet (s. Beispiel des Gleisdreiecks), muß man erst eine Annahme über die gegenseitige Lage der beiden störenden Züge treffen. Kommen die beiden Züge zur gleichen Zeit an, dann wirkt sich nur die größere der beiden Verspätungen aus. Der andere Grenzfall tritt ein, wenn der zweite Zug in dem Augenblick eintrifft, in dem die erste Behinderung abgelaufen ist. In Abb. 96a—c sind diese Grenzfälle durch die Verspätungsdreiecke gekennzeichnet. Die entstehenden Verspätungsflächen sind durch Strichelung eingerahmt. Würde der zweite störende Zug noch später einlaufen, dann müßte

er zurückgehalten werden. Nimmt man nun die Mittellage zwischen diesen Grenzfällen als häufigstes Zusammentreffen der beiden störenden Züge an, dann ergeben sich die Verspätungsfiguren Abb. 96 d und e.

Hieraus ergibt sich:

$$z_{a\,k_v} = \left[\frac{z_a^2}{2} + \left(z_k - \frac{z_a}{2}\right)z_k\right]\frac{1}{z_{ma}} = \left[\frac{z_a^2}{2} + z_k^2 - \frac{z_a \cdot z_k}{2}\right]\frac{1}{z_{ma}}$$

wenn der Zug mit der größeren Behinderung zuerst eintrifft. Fährt der Zug mit der kleineren Behinderung als erster, dann gilt Abb. 96 e und es ergibt sich:

$$z_{a\,k_v} = \left[\frac{z_a \cdot z_k}{2} + \frac{z_a^2}{2}\right] \cdot \frac{z_{ma}}{1}.$$

Bildet man aus beiden Werten das Mittel, so folgt:

$$z_{a\,k_v} = \frac{1}{z_{ma}}\left[\frac{z_a^2}{2} + \frac{z_k^2}{2}\right].$$

Bei unabhängigen Behinderungen, die nacheinander im gleichen Punkt (H oder C) abgewartet werden müssen, addieren sich die mittleren Verspätungen jedes einzelnen Behinderungsfalls.

3. Können zwei Kreuzungen folgeabhängig sein, so daß die Behinderungen nicht gleichzeitig sondern nur nacheinander eintreten können. Z. B. sind die zwei inneren Kreuzungen eines engen Gleisdreiecks durch die dritte Kreuzung voneinander folgeabhängig. Es stellt sich immer der Grenzfall Abb. 96 b oder c ein. Nach b wird

$$z_{k_1 k_2 v} = \left[\frac{z_{k_1}^2}{2} + z_{k_2}^2\right]\frac{1}{z_{ma}} \text{ für } k_1 > k_2$$

und im Grenzfall c:

$$z_{k_1 k_2 v} = \left[\frac{z_{k_1}^2}{2} + z_{k_1} \cdot z_{k_2}\right] \cdot \frac{1}{z_{ma}} \text{ für } k_1 > k_2.$$

Bildet man aus diesen Werten das Mittel, so ergibt sich für die Verspätung zweier folgeabhängiger Kreuzungen:

$$z_{k_1 k_2 v} = \frac{z_{k_1}^2 + z_{k_2}^2 + z_{k_1} \cdot z_{k_2}}{2\,z_{ma}}$$

$$= \frac{(z_{k_1} + z_{k_2})^2 - z_{k_1} \cdot z_{k_2}}{2\,z_{ma}}.$$

c) Drei Berechnungsbeispiele.

1. Beispiel: Die Leistungsberechnung einer einfachen Abzweigstelle nach Abb. 68 IV 1. Die Fahrzeiten sind in Abb. 68 abzulesen und in nachstehende Tabelle einzutragen, in der die Sperrzeiten ermittelt werden.

Die ungünstigste Zugfolgezeit der Strecke Ost—West soll nach einer durchgeführten Untersuchung zu $z_{u_g} = 15'$ für Güterzüge ermittelt sein. Das Abzweiggleis wird nur von Güterzügen befahren. Die Fahrstraße W—O erleidet eine Störung in der Anschlußweiche. Die Verlängerung der Zugfolgezeiten im Streckenabschnitt westlich der Abzweigstelle, in dem die Anschlußbehinderung abgewartet werden muß, würde

$$z_{a_v} = \frac{z_a^2}{2\,z_{ma}} = \frac{11{,}35^2}{2 \cdot 15} = 4{,}3'$$

werden, wenn $z_{u_s} = 15$ min die maßgebende Zugfolgezeit wäre. Die Mindestzugfolgezeit in diesem Abschnitt würde dann

$$z_{ma} = 12{,}85 + 4{,}3 + 2{,}0 = 19{,}15'$$

sein. Sie wird also größer als $z_{u_s} = 15'$. Deshalb ist z_{a_v} nach der Formel S. 317 zu berechnen:

$$\begin{aligned}z_{a_v} &= \sqrt{\frac{z_a^2}{2} + \left(\frac{z_a+z_v}{2}\right)^2} - \frac{z_a+z_v}{2} \\ &= \sqrt{\frac{11{,}35^2}{2} + \frac{13{,}35^2}{4}} - \frac{13{,}35}{2} \\ &= \sqrt{64{,}4 + 44{,}5} - 6{,}88 \\ &= \sqrt{108{,}9} - 6{,}68 = 10{,}4 - 6{,}7 = 3{,}7'\end{aligned}$$

und

$$z_{ma} = 12{,}85 + 3{,}7 + 2{,}0 = 18{,}55 \sim 19'.$$

Die Verspätung durch Betriebsstörungen ist mit $z_v = 2$ min angenommen. Die Fahrstraße O—W erfährt eine Kreuzungsstörung:

$$z_{k_v} = \frac{z_k^2}{2 z_{ma}} = \frac{4{,}69^2}{2 \cdot 15} = 0{,}73'.$$

Die Zugfolgezeit des östlich gelegenen Abschnitts ist damit

$$z_{ma} = 7{,}96 + 0{,}73 + 2{,}0 = 10{,}69 \sim 11'.$$

Die Zugfolgezeit der Strecke bleibt maßgebend und eine Leistungsminderung ist durch die Kreuzung nicht gegeben. Die Fahrstraße NW—O hat eine Kreuzung und eine Anschlußbehinderung, die voneinander unabhängig sind. Weil angenommen ist, daß die Zugdichte hier gering ist, kann auf eine weitere Untersuchung verzichtet werden.

2. Beispiel: Es wird eine Abzweigstelle nach der Grundform untersucht und die Leistungsfähigkeit ihrer Ausbildung nach Abb. 88b — Abstand (Fall 2) der Anschluß- von der Trennungsweiche zuglang ohne Durchrutschweg — und nach der Abb. 88c — Abstand (Fall 3) zuglang mit Durchrutschweg — miteinander verglichen. Die Fahrzeiten sind in Abb. 68 IV 2 ermittelt und in Tabelle 26 wiedergegeben.

a) Ausbildung nach Abb. 88b (Fall 2). Die Bedingung $z_{1,2} = z_{1,3}$ von S. 313, wobei $z_{1,2}$ gleich der maßgebenden Zugfolgezeit gesetzt wird, ist hier erfüllt. Es wird $z_{1,2} = z_{ma} = 14'$ angenommen. Für haltende Güterzüge ist $z_{ma} = 15'$.

$$z_{1,3} = [S_d Z] = 9{,}85' \text{ oder } = [HZ] = 10{,}75'.$$

Für Schnellzüge ist $z_{1,2} = z_{ma_s} = 12'$ angenommen.

$$z_{1,2} = (21{,}8 - 15{,}8) \cdot 1{,}03 + 0{,}75 = 6{,}03 + 0{,}75 = 7{,}05'.$$

Es braucht für einen Zug der Fahrstraße 3 demnach kein Zug der Fahrstraße 1 auszufallen.

Die Leistungsfähigkeit der Abzweigstellen.

Tabelle 25. *Zusammenstellung der Sperrzeiten* (Beispiel 1).

Sperrabschnitt liegt:	Sperr-strecke	Fahrstraßen								
		W—O			O—W			NW—O		
		Fahrzeit	Bilde- u. Auflöse-zeit	Sperr-zeit	Fahrzeit	Bilde- u. Auflöse-zeit	Sperr-zeit	Fahrzeit	Bilde- u. Auflöse-zeit	Sperr-zeit
östlich der Abzweigstelle . .	S_dZ	$10{,}1 \cdot 1{,}05 = 10{,}6'$	0,75'	11,35'	—	—	—	$10{,}1 \cdot 1{,}05 = 10{,}6'$	0,75'	11,35'
	CZ	$11{,}5 \cdot 1{,}05 = 12{,}1'$	0,75'	12,85'	—	—	—	$11{,}5 \cdot 1{,}05 = 12{,}1'$	0,75'	12,85'
westlich der Abzweigstelle . .	S_dZ	$9{,}16 \cdot 1{,}05 = 9{,}6'$	0,75'	10,35'	—	—	—	—	—	—
	CZ	—	—	—	—	—	—	—	—	—
in der Abzweigstelle	S_dK	$2{,}65 \cdot 1{,}05 = 2{,}78'$	1,33'	4,11'	$6{,}8 \cdot 1{,}05 = 7{,}21'$	0,75'	7,96'	$2{,}65 \cdot 1{,}05 = 2{,}78$	1,33'	4,13'
	CK	$3{,}2 \cdot 1{,}05 = 3{,}36'$	1,33'	4,69'	$2{,}00 \cdot 1{,}05 = 2{,}1'$	1,33'	3,43'	$3{,}2 \cdot 1{,}05 = 3{,}36'$	1,33'	4,69'

Tabelle 26. *Zusammenstellung der Sperrzeiten* (Beispiel 2).

Sperrabschnitt liegt:	Sperr-strecke	Fahrstraßen								
		1 = W—O			2 = W—SO			3 = SW—O		
		Fahrzeit	Bilde- u. Auflösezeit	Sperr-zeit	Fahr-zeit	Bilde- u. Auflösezeit	Sperr-zeit	Fahr-zeit	Bilde- u. Auflösezeit	Sperr-zeit
westlich der Abzweigstelle . .	S_dZ	$23{,}65 - 13{,}9 = 9{,}75 \cdot 1{,}05 = 10{,}3'$	0,75'	11,05'	10,3'	0,75'	11,05'	—	—	—
östlich der Abzweigstelle . .	S_dZ	$30{,}9 - 22{,}25 = 8{,}65 \cdot 1{,}05 = 9{,}1'$	0,75	9,85'	—	—	—	9,10'	0,75'	9,85
	CZ	$10{,}8 \cdot 1{,}05 = 11{,}3'$	0,75	12,05'	—	—	—	11,3'	0,75'	12,05
	HZ	$9{,}5 \cdot 1{,}05 = 10{,}0'$	0,75'	10,75'	—	—	—	10,0'	0,75'	10,75'
in der Abzweigstelle	S_eH	$2{,}65 \cdot 1{,}05 = 2{,}78'$	1,33'	4,11'	—	—	—	2,78'	1,33'	4,11
	S_eK	$4{,}2 \cdot 1{,}05 = 4{,}4'$	1,33'	5,73'	—	—	—	4,4'	1,33	5,73
	CH	$3{,}2 \cdot 1{,}05 = 3{,}36'$	1,33'	4,69'	—	—	—	3,36'	1,33	4,69
	CK	$4{,}7 \cdot 1{,}05 = 4{,}94'$	1,33'	6,27'	—	—	—	4,94'	1,33	6,27
	HK	$3{,}3 \cdot 1{,}05 = 3{,}46'$	1,33'	4,79'	—	—	—	3,46'	1,33	4,79
	S_eK	$4{,}0 \cdot 1{,}05 = 4{,}2'$	1,33'	5,53'	—	—	—	4,2'	1,33	5,53
	HK	$2{,}9 \cdot 1{,}05 = 3{,}04'$	1,33'	4,37'	—	—	—	3,04'	1,33	4,37

Es ist zu prüfen, ob der in C gestörte Zug auch noch in H anhalten muß.

Hierzu muß die Dauer der Rangierfahrt ermittelt werden. Der Zug fährt in der Steigung $10^0/_{00}$. Nach Abb. 68 ist das Wagenzuggewicht $G_w = 1000$ t, das Lokgewicht der G 56.20 $G_l = 188$ t, das Reibungsgewicht $G_r = 99$ t und das Zuggewicht $G_z = 1188$ t. Der mittlere Fahrzeugwiderstand wird dann

$$w = 3{,}5 \frac{G_l}{G_z} + 2{,}5 = 3{,}5 \frac{188}{1188} + 2{,}5 = 3{,}05 \text{ kg/t} .$$

Die Beschleunigung auf der Waagerechten wird

$$p'_a = \frac{200 \, G_r}{G_z} = \frac{200 \cdot 99}{1188} = 16{,}7 \text{ kg/t} .$$

Der Anfahrzeitzuschlag ist

$$t_{a_z} = \frac{20}{4\,(16{,}7 - 10 - 3{,}05)} = \frac{20}{4 \cdot 3{,}65} = 1{,}37' .$$

Der Bremszeitzuschlag ist bei 30 Bremsprozenten und $V = 20$ km/h, $t_{b_z} = 0{,}1'$. Die Fahrzeit mit der Höchstgeschwindigkeit von 20 km/h ist auf der Fahrstrecke $CH = 1{,}05$ km

$$t_g = \frac{60 \cdot 1{,}05}{20} = 3{,}15' .$$

Die Fahrzeit der Rangierfahrt ist dann

$$|Rf| = t_{a_z} + t_g + t_{b_z} = 1{,}37 + 3{,}15 + 0{,}1 = 4{,}62' .$$

Nach der Tabelle der Sperrzeiten ist $[CK] = 6{,}27'$, also ist

$$[HZ] = 10{,}75' < [CK] + |Rf| = 4{,}62 + 6{,}27 = 10{,}89' .$$

$$\alpha = [HZ] = 10{,}75' .$$

Der Verspätungszuschlag im Punkte C ist:

$$z_{a_{v_C}} = \frac{[CK] \cdot \{2\alpha - [CK]\}}{2 \, z_{ma}} = \frac{6{,}27\,(21{,}5 - 6{,}27)}{2 \cdot 14} = \frac{6{,}27 \cdot 15{,}23}{2 \cdot 14} = 3{,}4' .$$

Der Verspätungszuschlag im Punkte H ist unter Berücksichtigung der dort vorhandenen Zugfolgezeit $z_{11} = 2\, z_{ma}$

$$z_{a_{v_H}} = \frac{10{,}75^2}{2 \cdot 2 \cdot 14} - \frac{3{,}4 \cdot 14}{2 \cdot 14} = 2{,}07 - 1{,}8 = 0{,}37' .$$

Die maßgebende Zugfolgezeit der Sperrstrecke S_dZ westlich der Anlage ist dann $z_{ma} = 11{,}05 + 3{,}4 + 2 = 16{,}45$ oder rd. $17'$. Die maßgebende Zugfolgezeit östlich der Anlage wird $z_{ma} = 9{,}85 + 0{,}37 + 2{,}0 = 12{,}22'$. Diese Behinderungsverspätung liegt also innerhalb der Zugfolgezeit $z_{ma} = 14'$ der Strecke.

Die maßgebende Zugfolgezeit wird gleich z_{ma} westlich der Anlage mit $z_{ma} = 17'$.

b) Ausbildung nach Abb. 88c. Die Bedingung $z_{1,2} = z_{1,3}$ ist wie im Beispiel 2a) erfüllt. Die Anschlußverspätung entsteht nur im Punkte H. Hier ist wieder die Zugfolgezeit $z_{1,1} = 2 \cdot z_{ma}$ einzuführen.

$$z_{a_v} = \frac{z_a^2}{2 \cdot z_{ma} \cdot 2} = \frac{10{,}75^2}{56} = 2{,}06' .$$

Die Zugfolgezeit in der Fahrtrichtung hinter der Abzweigstelle wird dann

$$z_{ma} = 9{,}85 + 2{,}06 + 2{,}0 = 13{,}91' \text{ oder rd. } 14',$$

also gleich der maßgebenden Zugfolgezeit der Strecke. Die Anlage mit Durchrutschweg mindert also die Leistung der Strecke nicht.

Um die Leistungsminderung nach Beispiel 2a, in Zugzahlen anzugeben, sei folgende Belastungsannahme der Fahrstraße 1 zugrunde gelegt. Für Schnellzüge ist eine Überholungsspanne $\ddot{U}_s + z_v = 30'$ und für die maßgebende Zugfolgezeit zweier Schnellzüge $z_{ma_s} = 12'$ aus der Untersuchung der Strecke berechnet worden. Die Betriebszeit der Schnellzüge ergibt sich allgemein nach folgender Formel (vgl. S. 280):

$$T_s = \sum_{\nu=1}^{\nu=\nu} \frac{s_\nu}{\nu} \left[(\ddot{U}_s + z_v) + (\nu - 1) \cdot z_{ma_s} \right].$$

Die Nahgüterzüge fahren nur jeweils von einem Bahnhof zum nächsten zu bedienenden Bahnhof. Während einer solchen Fahrt kann auf der ganzen Strecke zwischen größeren Knotenbahnhöfen oder Abzweigstellen kein durchfahrender Zug verkehren. Für jede Zwischenfahrt der Nahgüterzüge wird also die Zugfolgezeit eines anfahrenden Güterzugs gebraucht. Hierin zeigt sich die außerordentlich ungünstige Belastung der Strecken durch die Nahgüterzüge. Da bei a_h Zwischenbahnhöfen, die bedient werden müssen, $a_h + 1$ Zwischenfahrten notwendig sind, braucht ein Nahgüterzug zu seiner Durchführung also $a_h + 1$ Zugfolgezeiten oder mit anderen Worten statt eines Nahgüterzuges können $a_h + 1$ Durchgangsgüterzüge verkehren. Während der Zeit vom Ende einer Zwischenfahrt bis zum Anfang der nächsten Zwischenfahrt steht der Nahgüterzug in dem Überholungsgleis und beeinflußt die Streckenleistung nicht. Diese Zeit wird nach den Rangieraufgaben bemessen. Der kleinste Aufenthalt errechnet sich aus dem Bremszeitzuschlag, der Auflösezeit und der notwendigen Rangierzeit. Zweckmäßig macht man ihn noch etwas größer, so daß die durchfahrenden Schnell- und Güterzüge den Nahgüterzug überholen können, d.h. man vergrößert obigen Mindestaufenthalt auf ein ganzes Vielfaches der Zugfolgezeiten für die überholenden Züge. Zur Ermittlung der Streckenleistung braucht man daher nur die Zwischenfahrten und nicht die Aufenthalte zu betrachten.

Die Betriebszeit der Nahgüterzüge ist allgemein durch folgende Formel bestimmt (vgl. S. 280):

$$T_n = n \left[(\ddot{U}_g + z_v) + (a_h - 1) \cdot z_{ma_g} \right].$$

Hierin bedeutet n die Anzahl der verkehrenden Nahgüterzüge und a_h die Anzahl der von den einzelnen Nahgüterzügen zu bedienenden Zwischenbahnhöfe. $\ddot{U}_g$ ist die Überholungsspanne der Güterzüge, die aus den Ermittlungen der Strecke zu $\ddot{U}_g + z_v = 25'$ berechnet worden ist. z_{ma} ist die maßgebende Zugfolgezeit für anfahrende Güterzüge, die mit $15'$ ermittelt wurde. Die Abzweigstellen bewirken dadurch, daß man die Lücken der Nahgüterzüge während der Zwischenfahrten bis auf die letzte zwischen dem vorgelegenen Bahnhof und der Abzweigstelle aus der Anschlußfahrstraße auffüllen kann, eine Änderung der Auslastung der Strecken. Es entstehen aber auf der Gemeinschaftsstrecke hinter der Abzweigstelle durch die dort verkehrenden Nahgüterzüge neue Lücken. Durch diese Eigenschaft der Abzweigstellen ändert sich die Leistung vor und hinter diesen Anlagen nach folgender Gleichung:

$$T_{n_1} - T_{n_2} = A.$$

Hierin bedeutet T_{n_1} die Betriebszeit der Nahgüterzüge vor der Anlage. T_{n_2} die Betriebszeit der Nahgüterzüge hinter der Anlage. A ist der Zeitgewinn oder -verlust hinter der Abzweigstelle durch die Nahgüterzüge. Wird der Zeitunterschied A durch die maßgebende Zugfolgezeit dividiert, so erhält man den Leistungsgewinn oder -verlust in Zugzahlen, der durch die Abzweigstellen entsteht. Die geographische Lage der Abzweigstellen beeinflußt also die Leistungsfähigkeit der dort verknüpften Strecken, verursacht durch die Nahgüterzüge.

Für die Fahrstraße 1, 2 westlich der Abzweigstelle sei folgende Belastungsannahme gemacht: Die Abschnitte zwischen zwei Bahnhöfen bestehen aus zwei Blockstrecken. Die Bahnhöfe werden ohne Kreuzung der Gegenrichtung durch Zugfahrten bedient.

Schnellzüge: $\quad T_s = \sum_{\nu=1}^{\nu=\nu} \frac{s_\nu}{\nu} [(\ddot{U}_s + z_v) + (\nu - 1) \cdot z_{ma_s}]$

$s = 6 = 1 \quad T_{s_1} = 6 \cdot 30 \ldots\ldots\ldots\ldots\ldots\ldots 180'$

$s = 6 = 2 \quad T_{s_2} = 6/2 \cdot 30 + 12 = 3 \cdot 42 \ldots\ldots\ldots 126'$

Nahgüterzüge: $T_n = n [(\ddot{U}_g + z_v) + (a_h - 1) \cdot z_{ma_g}]$

$n = 2; \quad a_h = 9; \quad T_n = 2 \cdot 25 + (9-1) \cdot 15 = 2 \cdot 25 + 120 = 290'$

$\overline{}\ 596'.$

$\underline{12\,S + 2\,G}$ mit $T_s + T_n$

Anzahl der restlichen Gz:

$$\frac{1440 - 596}{14} = \frac{844}{14} = 60\,Gz.$$

$\underline{60\,G}$

$12\,S + 62\,G = 74$ Züge.

Östlich der Abzweigstelle soll die Fahrstraße 1 in einen Verschiebebahnhof einmünden. Es werden also über die Trennungsweiche alle Schnell- und Personenzüge abgezweigt. Es sollen 25 Personenzüge, die ja nach Voraussetzung in den Zugzahlen der Güterzüge enthalten sind, angenommen werden. Das ergibt 37 Züge, die über die Fahrstraße 2 abgezweigt werden. Es verbleiben auf der Fahrstraße 1 noch $74 - 37 = 37$ Züge. Es ist festzustellen, wieviel Züge über die Fahrstraße 3 eingefädelt werden können, wenn die maßgebende Zugfolgezeit für diese Züge nach Fall 3 (Abb. 88) der Grundform $z_{ma} = 17'$ wird.

Zwischen Verschiebebahnhof und Abzweigstellen (Fahrstraße 1, 3) sind keine Zwischenbahnhöfe vorhanden, die von Nahgüterzügen bedient werden müßten. Die Lücken der Nahgüterzüge, die vor der Abzweigstelle vorhanden sind, lassen sich daher durch die Züge der Anschlußfahrstraße auffüllen. Nach der Formel $T_{n_1} - T_{n_2} = A$ und den Werten des obigen Beispiels $T_{n_1} = 290'$ und $T_{n_2} = 0'$ wird der Leistungsgewinn durch das Auffüllen der Lücken der Nahgüterzüge

$$\frac{A}{z_{ma}} = \frac{290}{17} = 17 \text{ Züge pro Tag.}$$

Nach obigem wird die Fahrstraße 1,3 nur von Güterzügen, also von Zügen gleicher Geschwindigkeit befahren. Die Zugzahl der dort fahrenden Züge errechnet sich daher aus der Betriebszeit dividiert durch die maßgebende Zugfolgezeit. Es können also $\frac{1440}{17} = 84$ Züge am Tage verkehren. Bei der Ausbildung der Grundform nach Fall 3 (Abb. 88) können nach der berechneten maßgebenden Zugfolgezeit $z_{ma} = 14'$ auf der Fahrstraße 1, 3

$$\frac{1440}{14} = 103 \text{ Züge}$$

fahren. Die Leistungsfähigkeit nach Fall 2 der Grundform sinkt also gegenüber Fall 3 um 19 Züge pro Tag.

Nach obigem Beispiel beträgt die Leistung der Fahrstraße 1 pro Tag 37 Züge. Für den Fall 2 sind alle Strecken ausgelastet, wenn die Fahrstraße 3 gerade $84 - 37 = 47$ Züge pro Tag und im Falle 3 gerade $103 - 37 = 66$ Züge pro Tag schafft. Man muß daher die Fahrstraße 3, die auch noch mit einer weiteren Fahrstraße verknüpft sein kann, in gleicher Weise wie vorstehend für die Fahrstraße 1 gezeigt wurde, untersuchen, um festzustellen, ob sie die geforderten Züge (47 im Fall 2 und 66 im Fall 3) heranschaffen kann. Leistet die Fahrstraße 3 weniger Züge, dann kann die Leistung des Streckenabschnitts zwischen Abzweigstelle und Güterbahnhof nicht ausgenutzt werden. Im anderen Falle sind die Fahrstraßen 1 und 3 vor der Anlage nicht ausgelastet.

Tabelle 27. *Zusammenstellung der Sperrzeiten* (Beispiel 3).

Sperrabschnitt liegt:	Sperrstrecke	O—W Fahrzeit	O—W Bilde- u. Auflösezeit	O—W Sperrzeit	N—O Fahrzeit	N—O Bilde- u. Auflösezeit	N—O Sperrzeit	W—N Fahrzeit	W—N Bilde- u. Auflösezeit	W—N Sperrzeit	N—W Fahrzeit	N—W Bilde- u. Auflösezeit	N—W Sperrzeit
östlich der Anlage	S_dZ	$5{,}50 \cdot 1{,}05 = 5{,}77'$	—	6,97'	—	—	—	—	—	—	—	—	—
westlich der Anlage	S_dZ	$12{,}9 - 4{,}05 = 8{,}85 \cdot 1{,}05 = 9{,}3'$	0,75'	10,5'	—	—	—	—	—	—	$8{,}85 \cdot 1{,}05 = 9{,}3'$	0,75'	10,05'
	HZ	$8{,}1 \cdot 1{,}05 = 8{,}5'$	0,75'	9,7'	—	—	—	—	—	—	$8{,}1 \cdot 1{,}05 = 8{,}5'$	0,75'	9,25'
in der Abzweigstelle	S_eH	$1{,}9 \cdot 1{,}05 = 2{,}0'$	1,33'	3,4'	$2{,}0 \cdot 1{,}05 = 2{,}1'$	1,33'	3,43'	$2{,}65 \cdot 1{,}05 = 2{,}78'$	1,33'	4,11'	$1{,}95 \cdot 1{,}05 = 2{,}04'$	1,33'	3,37'
	S_eK	$3{,}2 \cdot 1{,}05 = 3{,}36'$	1,33'	3,76'	$3{,}04 \cdot 1{,}05 = 3{,}2'$	1,33'	4,53'	$3{,}82 \cdot 1{,}05 = 4{,}0'$	1,33'	5,33'	$3{,}00 \cdot 1{,}05 = 3{,}14'$	1,33'	4,47'
	HK	$1{,}8 \cdot 1{,}05 = 1{,}89'$	1,33'	3,29'	$4{,}0 \cdot 1{,}05 = 4{,}2'$	1,33'	5,53'	$2{,}8 \cdot 1{,}05 = 2{,}94'$	1,33'	4,27'	$1{,}7 \cdot 1{,}05 = 1{,}78'$	1,33'	3,11'
	CK	$2{,}8 \cdot 1{,}05 = 2{,}94'$	1,33'	4,34'	$3{,}8 \cdot 1{,}05 = 4{,}0'$	1,33'	5,33'	$3{,}2 \cdot 1{,}05 = 3{,}36'$	1,33'	4,69'	$2{,}7 \cdot 1{,}05 = 2{,}84'$	1,33'	4,17'

3. Beispiel: In diesem Beispiel soll der Einfluß mehrerer Behinderungen gezeigt werden. Hierzu soll eine Fahrstraße des Gleisdreiecks der Abb. 68 IV, 3 untersucht werden. Die Gleise der nach Norden führenden Bahn sind nicht maßstäblich gezeichnet. Sie wurden deshalb in die Ost—Westrichtung umgeklappt und die Fahrzeiten auf dem darunterstehenden Fahrzeitstreifen abgelesen. Änderungen der Neigungen wurden schätzungsweise berücksichtigt. Eine genauere Untersuchung würde auch hier eine Fahrzeitermittlung voraussetzen. Für die anzustellende Berechnung genügen hier die überschläglichen Werte.

Behinderungen sind bei der Einfahrt in die Abzweigstelle durch die Kreuzung mit der Fahrstraße Nord—Ost vorhanden. Angenommen wird eine Zugfolgezeit von $z_{ma} = 12$. Die mittlere Verspätung ist:

$$z_{k_v} = \frac{[HK]^2}{2 \cdot z_{ma}} = \frac{5{,}53^2}{2 \cdot 12} = 1{,}28'.$$

Damit wird die maßgebende Zugfolgezeit der Abzweigstelle

$$z_{u_a} = [S_d Z] + z_{k_v} + z_v = 6{,}97 + 1{,}28 + 2{,}0 = 10{,}25' \sim 11',$$

also kleiner $z_{ma} = 12'$ (z_{ma} der Strecke). Eine Leistungsminderung ist durch diese Kreuzung nicht gegeben.

Im Punkte H muß der Zug der Fahrstraße O—W eine Kreuzung und eine Anschlußbehinderung abwarten.

$$z_{a k_v} = \frac{z_a^2 + z_k^2}{2 z_{ma}} = \frac{[HZ]^2 + [S_r K]^2}{2 z_{ma}} = \frac{9{,}7^2 + 4{,}11^2}{2 \cdot 12} = \frac{94{,}2 + 16{,}9}{24} = 4{,}63'.$$

$$z_{ma} = 9{,}7 + 4{,}63 + 2{,}0 = 16{,}33 \text{ oder rd. } 17',$$

also größer $z_{ma} = 12'$ der Strecke.

Für jeden Zug der Richtung N—W müssen die Zugfolgezeiten auf 17' erweitert werden. Verkehren Züge nur der Richtung O—W, dann besteht lediglich die Kreuzungsbehinderung mit der Fahrstraße W—N, hier gilt:

$$z_{k_v} = \frac{z_k^2}{2 z_{ma}} = \frac{3{,}43^2}{24} = 0{,}49 \text{ und } z_{ma} = 9{,}7 + 0{,}49 + 2{,}0 = 12{,}19' \text{ oder rd. } 13'.$$

Durch diese Kreuzung erhöht sich die maßgebende Zugfolgezeit für Güterzüge von 12' auf 13'. Werden Züge von Norden eingefädelt, so tritt für diese Züge eine weitere Verschlechterung der Leistung ein, die sich wie folgt berechnet. Nennt man die Zahl der eingefädelten Züge n, so wird durch die Verlängerung der Zugfolgezeit von 13' auf 17' für diese Züge $(2n+1) \cdot (17-13) = (2n+1) \cdot 4'$ mehr Zeit verbraucht als für die Züge der Fahrstraße O—W. Verkehren die Züge im Mindestabstand auf der Fahrstraße O—W, dann können $1440 : 13 = 111$ Güterzüge verkehren. Sollen beispielsweise 30 Züge von N—W eingefädelt werden, dann können $(2 \cdot 30 + 1) \dfrac{4}{17} = \dfrac{61 \cdot 4}{17} = 14$ Züge weniger fahren.

Die größtmögliche Zugzahl ist dann $111 - 14 = 97$ Züge.

Diese tägliche Zugzahl ist mit denjenigen des ungünstigsten Bahnabschnitts zu vergleichen, um festzustellen, ob der ungünstigste Bahnabschnitt oder die Abzweigstelle für die Leistungsfähigkeit der Bahnlinie maßgebend ist.

G. Die Leistungsfähigkeit der Spitzkehrgleise eines Kopfbahnhofs.

Nach den beschriebenen Verfahren baut sich die Berechnung der Leistungsfähigkeit des ungünstigsten Streckenabschnittes der Bahnlinie und der Abzweigstellen auf die wissenschaftlich ermittelten maßgebenden Zugfolgezeiten auf. In letzteren sind die mittleren Verspätungen enthalten, die eine Zugfahrt haben darf, ohne eine andere zu stören. Für die stärkeren Verspätungen besteht die Möglichkeit, daß diese auf den günstigeren Streckenabschnitten und in den Tageszeiten mit schwächerer Zugbelastung auch auf dem ungünstigsten Streckenabschnitt wieder beseitigt werden. Die Fahrplantoleranzen sind also für die mittleren Verspätungen in die maßgebenden Zugfolgezeiten eingearbeitet.

G. Die Leistungsfähigkeit der Spitzkehrgleise eines Kopfbahnhofs.

Der Kopfbahnhof, dessen Leistungsfähigkeit für die Zugförderung ermittelt werden soll, nimmt zwei zweigleisige Linien auf. Diese dienen nicht nur dem endigenden und beginnenden Verkehr, sondern es sollen auch auf ihm Züge von

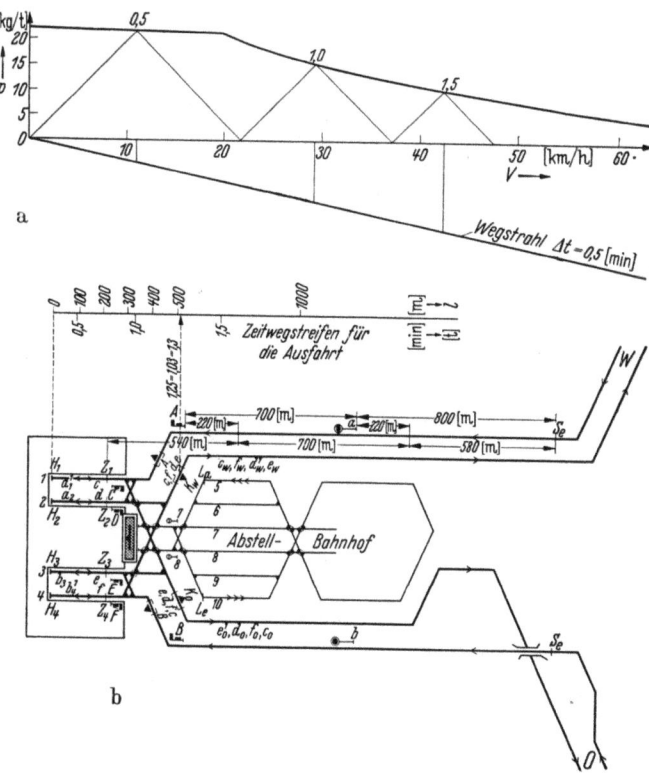

Abb. 97. a s-V-Diagramm eines Personenzuges zur Fahrzeitermittlung im Kopfbahnhof Lok P 35.17 (P 8pr), $G_w = 325$ t;
b Lageplan des Kopfbahnhofes mit eingezeichneter Fahrzeitermittlung.

einer Linie auf die andere übergehen. Für diese Aufgaben wurde ein Kopfbahnhof entsprechend den Ausführungen des I. Bandes (S. 120) entworfen. In dem Kopfbahnhof liegen nach Abb. 97b die Einfahrgleise außen und die Ausfahrgleise innen, so daß beim Übergang der Züge von einer Linie auf die andere ein Zug nur die Ausfahrstraße des anderen schienengleich kreuzt. Das ist betrieblich vertretbar,

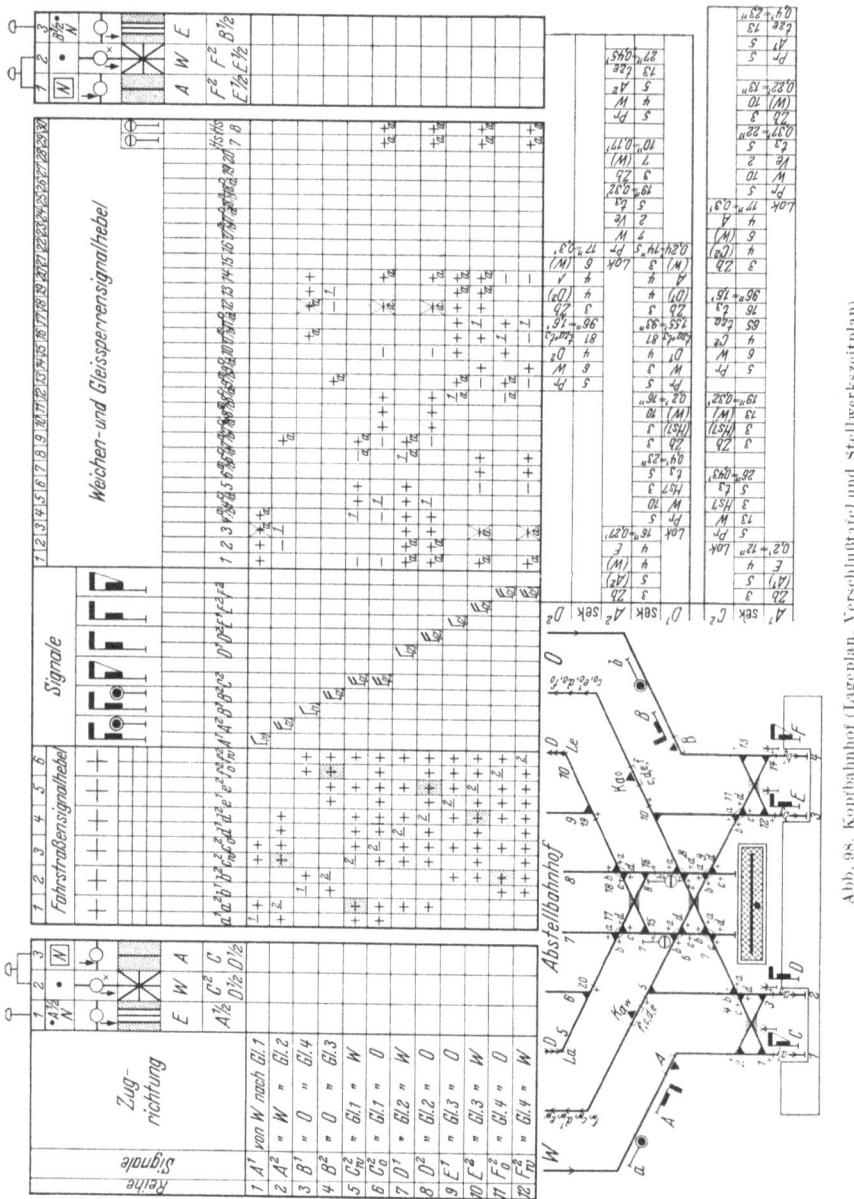

Abb. 98. Kopfbahnhof (Lageplan, Verschlußtafel und Stellwerkszeitplan)

da ja die ausfahrenden Züge in der Gewalt des Fahrdienstleiters sind und die Abfahrstelle nahe bei der schienengleichen Kreuzung liegt. Zwischen den beiden Linien befindet sich der Abstellbahnhof, dessen den Bahnsteigen zugekehrtes

Ende zum Bezirk des Fahrdienstleiterstellwerks gehört. Die Verbindung der Ein- und Ausfahrgleise des Abstellbahnhofs mit den Bahnsteiggleisen ist zweigleisig. Das rechte Gleis dient dem Verkehr nach dem Abstellbahnhof, das linke dem Verkehr nach den Bahnsteigen. Das äußerste Gleis auf jeder Seite der Ein- und Ausfahrgruppe des Abstellbahnhofs ist ein Verkehrsgleis „D". In dem westlichen warten die Loks, bis sie zu den Zügen, die den Bahnhof verlassen sollen, fahren können. In das östliche Verkehrsgleis fahren die Loks, die nach Ausfahrt der Züge von den Bahnsteigen zum Lokschuppen des Abstellbahnhofs gelangen sollen. Für diesen Gleisplan wurde in Abb. 98 die Verschlußtafel eines Kraftstellwerks entworfen, die für den Stellwerkszeitplan (Abb. 98) ausgewertet wurde. Der Gleisplan des Kopfbahnhofs wurde nun im Längenmaßstab 1 cm = 100 m und im Breitenmaßstab 1 cm = 5 m aufgetragen. In ihm wurden die Fahrwege und die Durchfahrpunkte, die Zugschlußstellen, die Abfahrpunkte des Zugschlusses und die Schienenkontakte für die Ausfahrten eingezeichnet. Weiterhin wurde das s–V-Diagramm der Personenzuglok P 35.17 (P 8 pr) für einen Reisezug vom Wagenzuggewicht $G_w = 325$ t und einer Zuglänge von 225 m aufgetragen. Das Gewicht der Lok ohne Tender ist $G_{l_0} = 78{,}2$ t und mit dem Tendergewicht $G_t = 49{,}4$ t ist das Gesamtlokgewicht $G_l = 127{,}6$ t. Das Reibungsgewicht ist $G_r = 51{,}6$ t. Nach dem Verfahren des Verfassers ist auf der Längsachse über dem Gleisplan der Zeitwegstreifen für die Ausfahrt eingezeichnet, nachdem die s–V-Linie durch den Wegstrahl für $t = 0{,}5$ min und den Längenmaßstab 1 cm = 100 m dadurch ergänzt wurde, daß man von der V-Achse in $V = 60$ km/h nach unten für 500 m Weg die Strecke 5 cm absetzt und den Endpunkt mit $V = 0$ verbindet. Auf allen Bahnhofssperrstrecken HK_a der Ausfahrten sind die kürzesten Fahrzeiten nach dieser zeichnerischen Ermittlung 1,25 min. Die planmäßige Fahrzeit ist dann $1{,}03 \cdot 1{,}25 = 1{,}3$ min. Die Fahrzeit auf der Sperrstrecke $S_e Z$ der Einfahrt wurde wie folgt berechnet. Die Geschwindigkeit des Zuges am Durchfahrtpunkt S_e wird aus dem Zeitwegstreifen der Strecke entnommen. Hier ist die Geschwindigkeit $V = 60$ km/h. Sie wird auf der Strecke beibehalten, die der Zugschluß durchfährt, wenn die Zugspitze am Vorsignal ist. Diese Strecke ist $800 - l = 800 - 225 = 585$ m, dann ist die Fahrzeit auf dieser Strecke $60 \cdot 0{,}585 : 60 = 0{,}585$ min. Vom Vorsignal bis zum Hauptsignal, also auf 700 m Länge wird die Geschwindigkeit durch Bremsen auf 40 km/h ermäßigt, so daß die Fahrzeit $2 \cdot 60 \cdot 0{,}7 : (60 + 40) = 0{,}84$ min ist. Vom Einfahrsignal bis zum Haltepunkt H des Zugschlusses, also auf 540 m, ist dann die Fahrzeit bei der mittleren Geschwindigkeit 20 km/h $60 \cdot 0{,}54 : 20 = 1{,}62$ min. Die gesamte reine Fahrzeit auf der Einfahrsperrstrecke ist dann $0{,}585 + 0{,}84 + 1{,}62 = 3{,}045$ min und die planmäßige Fahrzeit ist $1{,}03 \cdot 3{,}045 = 3{,}15$ min. Die planmäßigen Fahrzeiten der Einfahr- und Ausfahrsperrstrecken werden dann mit den Stellwerkszeiten zu den Sperrzeiten nach Tabelle 28 zusammengesetzt. Bei der symmetrischen Ausbildung des Gleisplans in der Nähe der Bahnsteige sind die Fahrzeiten für die Ausfahrten bis zu den Schienenkontakten K_{a_w} und K_{a_o} alle gleich. Da für beide Einfahrgleise die Geschwindigkeit vom Durchfahrtpunkt S_e mit $V = 60$ km/h eingesetzt wurde, so sind auch die Fahrzeiten für die beiden Einfahrten von S_e bis zu den Zugschlußstellen Z alle gleich. Nur die Stellwerkszeiten unterscheiden sich für die Züge, die in die Gleise 1 und 4 einfahren von denen, die in die Gleise 2 und 3 einfahren. Diese Unterschiede sind aber gering.

Tabelle 28. *Bahnhofssperrzeiten der Personenzüge und der Lokfahrten in einem Kopfbahnhof.*

Sperrzug	Sperrstrecke	Bildezeit	Fahrzeit	Auflösezeit	Sperrzeit
			Zugfahrten:		
E_1	$S_e Z$	0,4	1,03 (0,58 + 0,84 + 1,62) = 3,15	0,2	3,75'
E_2	$S_e Z$	0,45	wie vor 3,15	0,27	3,87'
E_4	$S_e Z$	0,4	wie vor 3,15	0,2	3,75'
E_3	$S_e Z$	0,45	wie vor 3,15	0,27	3,87'
A_{1w}	HK_{a_w}	1,6	1,03 · 1,25 = 1,30	0,3	3,20'
A_{2w}	HK_{a_w}	1,55	wie vor 1,30	0,24	3,09'
A_{2o}	HK_{a_o}	1,6	wie vor 1,30	0,3	3,20'
A_{3o}	HK_{a_o}	1,55	wie vor 1,30	0,24	3,09'
A_{3w}	HK_{a_w}	1,6	wie vor 1,30	0,3	3,20'
A_{4o}	HK_{a_o}	1,6	wie vor 1,30	0,3	3,20'
			Lokfahrten:		
R	$L_a Z$	0,43	1,68 + 0,125 = 1,81	0,32	2,56'
R	HL_e	0,37	2,56 + 0,125 = 2,68	0,22	3,27'

Ebenso wie für die Züge wurden die Sperrzeiten für die Lokfahrten ermittelt und zwar werden die Fahrzeiten für die Lok vom Punkt L_a des Verkehrsgleises 5 bis zu den vorgenannten Zugschlußstellen, sowie von den Anfahrpunkten H bis zu dem Punkt L_e im Verkehrsgleis 10 berechnet, und zwar beide Lokfahrten für die gleichmäßige Geschwindigkeit $V = 15$ km/h. Der Weg $L_a Z$ ist 420 m und derjenige $HL_e = 640$ m. Für die gleiche Lokgattung P 35.17 ist nun der Anfahrzeitzuschlag zu berechnen, der nach S. 260 (Bd. 1) $t_{a_z} = V : 4\,(p'_a + s - w_l)$ ist. Es ist die Beschleunigungskraft auf der waagerechten geraden Bahn $p'_a = \mu \cdot G_r : G_l$ kg/t. Nach Massute wird bei einer Einzellok die Haftreibung $\mu = 140$ kg/t angenommen. Mit der Reibungszugkraft $G_r = 51,6$ t und dem Lokgewicht $G_e = 127,6$ t ist $p'_a = 140 \cdot 51,6 : 127,6 = 56,5$ kg/t dann ist mit $s = 0\,^0/_{00}$ und $w_l = 6,5$ kg/t: $t_{a_z} = 15:4\,(56,5 - 6,5) = 0,075$ min. Der Bremszeitzuschlag für $V = 15$ km/h beträgt $t_{b_z} = 0,05$ min, dann ist $t_{a_z} + t_{b_z} = 0,125$ min. Die Fahrzeit bei gleichmäßiger Geschwindigkeit bei 15 km/h ist dann

auf dem Weg $L_a Z = 0,42$ km: $t_g = 60 \cdot 0,42 : 15 = 1,68$ min.

Also ist

$$t_g + t_{a_z} + t_{b_z} = 1,68 + 0,125 = 1,81 \text{ min}$$

und für $HL_e = 0,64$ km ist $t_g = 60 \cdot 0,64 : 15 = 2,56$ min; einschließlich Anfahr- und Bremszeitschlag von 0,125 min ist die Fahrzeit 2,68 min. Die Stellwerkszeiten sind nach dem Stellwerkszeitplan für den ungünstigsten Fall für Bilden und Auflösen bei der Lokfahrt zum Zuge 0,75 min und bei der Lokfahrt vom Zuge 0,59 min; dann sind die Sperrzeiten der Lokfahrt $[L_a Z] = 1,81 + 0,75 = 2,56$, und

$$[HL_e] = 2,68 + 0,59 = 3,27 \text{ min}.$$

Mit diesen Sperrzeiten der Züge und Lokfahrten sind nun die Besetzungszeiten der Bahnsteiggleise des Kopfbahnhofs, die als Spitzkehrgleise befahren werden, zu ermitteln. Diese Gleisbesetzungszeiten können mit den Zugfolgezeiten der Strecken in Beziehung gesetzt werden. Für jede Strecke sind zwei Bahnsteiggleise angeordnet, die sich gegenseitig vertreten können. Die Besetzungszeit eines Bahnsteiggleises darf nicht größer sein als die Zugfolgezeit der Strecke, multipliziert mit der Anzahl der sich gegenseitig vertretenden Bahnsteiggleise, die zu dieser Strecke gehören.

Ist dies der Fall, dann ist die Leistungsfähigkeit des Zugübergangs und damit auch der Strecken bei den topologisch gleichen Zugübergangsbahnhöfen in Kopf- und Durchgangsform dieselbe, obwohl der Aufenthalt der Züge im Kopfbahnhof größer ist als im Durchgangsbahnhof. Nach dieser Überlegung ist die Anzahl der sich vertretenden Gleise zu ermitteln, damit die Streckenleistung durch die Anlage eines Kopfbahnhofs nicht herabgedrückt wird.

Die Besetzungszeit eines Bahnsteiggleises besteht aus den Sperrzeiten für $E_1 A_{1w}$ (s. Tab. 28) des spitzkehrenden Reisezuges, aus den Sperrzeiten der auszuwechselnden Lokomotiven sowie aus den mittleren Verspätungen infolge der schienengleichen Kreuzungen. Die Sperrzeiten des Reisezuges und der Loks sind:

$$[S_e Z] + [H K_{a_w}] + [L_a Z] + [H L_e] = 3{,}75 + 3{,}20 + 2{,}56 + 3{,}27 = 12{,}8 \text{ min}.$$

Hierzu kommen noch die Verspätungen durch Kreuzungsbehinderungen hinzu. Im ungünstigsten Fall erleidet die Ausfahrt aus Gleis 1 eine Kreuzungsbehinderung mit einem von Westen einfahrenden Zuge und außerdem eine solche, mit einem aus Gleis 3 oder 4 nach Westen ausfahrenden Zuge. Wie S. 320 (Abb. 96) nachgewiesen, addieren sich die mittleren Verspätungen unabhängiger Behinderungen. Die größtmögliche Verspätung der ersten Kreuzung infolge des von Westen einfahrenden Zuges ist (vgl. Abb. 95a):

$$z_{k_e} = [S_e Z] + [H K_{a_w}] = 3{,}75 + 3{,}20 \cong 7{,}0 \text{ min}$$

und die der zweiten Kreuzung bei der Ausfahrt aus Gleis 3 oder 4 ist (vgl. Abb. 95b):

$$z_{k_a} = [H K_{a_w}] = 3{,}2 \text{ min}.$$

Nimmt man an, daß die im Kopfbahnhof einmündenden Strecken in ihrem ungünstigsten Abschnitt, die mit zwei Blockstellen ausgerüstet sind, Durchgangsbahnhöfe haben, in denen die Gegenrichtung nur durch Rangierfahrten gekreuzt werden, dann ergibt sich nach S. 281 eine Zugfolgezeit für Durchgangsgüterzüge von $z_{ma} = 12$ min, die wegen der gleichen Reisegeschwindigkeit auch für Personenzüge angewendet werden kann. Daraus erhält man die mittlere Verspätung infolge der beiden Kreuzungen:

$$z_{k_{e_v}} + z_{k_{a_v}} = \frac{z_{k_e}^2 + z_{k_a}^2}{2 z_{ma}} = \frac{7{,}0^2 + 3{,}2^2}{2 \cdot 12} = \frac{49 + 10{,}3}{2 \cdot 12} = 60{,}3 : 24 = 2{,}5 \text{ min}.$$

Die auszuwechselnden Loks erleiden nur jeweils eine Kreuzungsbehinderung durch einfahrende oder ausfahrende Züge. Da der einfahrende Zug die längere Störung ergibt, soll diese für die Berechnung angenommen werden. Die größtmögliche Verspätung ist hierfür bei der zum Zuge fahrenden Lok:

$$z_{k_{l_1}} = [S_e Z] + [L_a Z] = 3{,}75 + 2{,}56 = 6{,}31 \text{ min}$$

und die mittlere Verspätung:

$$z_{k_{l_1} v} = 6{,}31^2 : (2 \cdot 12) = 1{,}72 \text{ min}$$

und bei der vom Zuge kommenden Lok:

$$z_{k_{l_2}} = [S_e Z] + [H L_e] = 3{,}75 + 3{,}27 = 7{,}0 \text{ min}$$

und die mittlere Verspätung:

$$z_{k_{l_2 v}} = 7^2 : (2 \cdot 12) = 2{,}5 \text{ min} .$$

Hierzu kommt noch für das Ankuppeln der neuen Lok und für die Bremsprobe $40 + 90 = 130$ sec oder 2,1 min. Das Abkuppeln der mit dem Zuge ankommenden Lok findet während der Haltezeit des Zuges statt und wird daher nicht in Rechnung gestellt.

Die gesamte Besetzungszeit eines Bahnsteiggleises beträgt also:

$$[S_e Z] + [H K_{a_w}] + [L_a Z] + [H L_e] + z_{k_{e_v}} + z_{k_{a_v}} + z_{k_{l_1 v}} + z_{k_{l_2 v}} + 2{,}1 =$$
$$= 12{,}8 + 2{,}5 + 1{,}72 + 2{,}5 + 2{,}1 = 21{,}62 \text{ min} .$$

Von dieser Zeit stehen für das Aus- und Einsteigen der Reisenden und die Gepäck- und Postbedienung folgende Zeiten zur Verfügung:

1. die Zeit, die der Zug wegen der Kreuzungsbehinderungen am Bahnsteig warten muß,

2. die Zeit, die das Zuführen der neuen Lok einschließlich der Kreuzungsverspätungen erfordert und

3. die Zeit, die für das Ankuppeln dieser Lok und die Bremsprobe des Zuges erforderlich sind.

Diese Zeiten betragen also:

$$2{,}5 + 2{,}56 + 1{,}72 + 2{,}1 = 8{,}88 \text{ min} .$$

Die größte Besetzungszeit eines Bahnsteiggleises in Abhängigkeit von der Zugfolgezeit der Strecke ist bei zwei sich gegenseitig vertretenden Bahnsteiggleisen: $2 \cdot z_{ma} = 2 \cdot 12 = 24$ min; ohne daß die Leistungsfähigkeit der Strecke herabgedrückt wird, kann also der Verkehrsaufenthalt noch um $24{,}00 - 21{,}62 = 2{,}38$ min verlängert werden, so daß hier für den Verkehrsaufenthalt $8{,}88 + 2{,}19$ min $= 11{,}07$ min zur Verfügung stehen.

Die Leistungsfähigkeit der Bahnsteiggleise eines Kopfbahnhofs kann für den Nah- und Nachbarverkehr durch Verwendung von Triebwagenzügen und von Zügen, die auf der Strecke nicht nur gezogen sondern auch geschoben werden können, erheblich gesteigert werden. Es fallen hier die Zeiten fort, die für den Lokwechsel und ihre Kreuzungsverspätungen sowie die Zeiten für das Ankuppeln und die Bremsprobe notwendig sind. Die Besetzungszeit setzt sich dann nur noch aus den Sperrzeiten für den ein- und ausfahrenden Zug und für die Behinderungsverspätungen dieser Zugfahrten zusammen. Sie beträgt:

$$[S_e Z] + [H K_{a_w}] + z_{k_{e_v}} + z_{k_{a_v}} = 3{,}75 + 3{,}20 + 2{,}5 = 9{,}45 \text{ min} .$$

Von dieser Zeit stehen dem Verkehrsaufenthalt 2,5 min zur Verfügung, der um $24{,}00 - 9{,}45 = 14{,}55$ min vergrößert werden kann. Der Zeitgewinn durch Triebwagenzüge wird sich dann vorteilhaft auswirken, wenn die Bahnsteiggleise, die sich gegenseitig vertreten, an mehrere Strecken angeschlossen sind, wie es bei größeren Kopfbahnhöfen notwendig ist. Hier wird man dann Bahnsteiggleise einsparen können, so daß die Bahnhofsbreite möglichst klein wird.

H. Der Bahnhofleistungsplan.

Im vorigen Abschnitt wurde die Leistung der Bahnsteiggleise mit der Leistung der freien Strecke in Beziehung gesetzt. Nun ist aber die Leistungsfähigkeit einer Bahnlinie nicht nur von der Leistung der freien Strecke und der Aufnahmefähigkeit der Bahnsteiggleise abhängig, sondern auch von der Leistung der **gesamten Bahnhofsanlage**. Alle Teile der Bahnlinie müssen aufeinander abgestimmt sein.

Der Bahnhof selbst besteht aus den Bahnhofsgleisen und den Bahnhofsköpfen (d.h. den Weichenbezirken oder dem Übergang vom inneren Teil des Bahnhofs zur freien Strecke). Die Bahnhofsgleise müssen ihrer Zahl und Länge nach so bemessen werden, daß die Züge ohne Störung ihre verkehrliche (Aus- und Einsteigen der Reisenden, Aus- und Einladen von Gepäck, Post usw.) und betriebliche (Lokwechsel, Kurswagenumsetzen usw.) Behandlung erhalten können. Meist überwiegen hier die verkehrlichen Handlungen, so daß sie für die Bemessung der Bahnhofsgleise nach Zahl und Länge maßgebend sind. Anders ist es bei den Bahnhofsköpfen, dort spielen sich nur betriebliche Tätigkeiten (Zug- und Rangierfahrten), neben- und nacheinander ab. Beiderlei Fahrten sind für den ordnungsgemäßen Betriebsablauf erforderlich und müssen daher ungestört verlaufen können. In den folgenden Ausführungen wird auszugsweise die Dissertation ,,Bahnhofsleistungsplan — ein Verfahren zur Bestimmung der Leistungsfähigkeit der Bahnhöfe —" von Happel[1] wiedergegeben. Nach dem dort entwickelten Verfahren ist es möglich, jeden Bahnhof auf seine Leistungsfähigkeit hin zu untersuchen, wie es auch in dieser Dissertation für einen größeren Personenbahnhof gezeigt ist.

Während auf der freien Strecke es immer nur ein Nacheinander gibt, kommt im Bahnhof noch ein Nebeneinander von Betriebsvorgängen vor. Um diesen Betriebsablauf nach dem Ort und der Zeit zu erfassen, wird der Lageplan in Verbindung mit der Verschlußtafel ausgewertet. Hierzu sind folgende Punkte zu bestimmen:

1. die Anzahl der jeweiligen Fahrwege,
2. die Begrenzungspunkte der betrachteten Fahrwege,
3. die zeitliche Belegung der Fahrwege und
4. die gegenseitigen Einflüsse der Fahrwege untereinander.

Die Anzahl der jeweiligen Fahrwege (Punkt 1) innerhalb eines Bahnhofs sind in der Verschlußtafel gegeben, die dann noch um die Rangierfahrwege vermehrt werden und in dem Fahrtenausschlußplan (FAP) (Abb. 99) erfaßt werden. Die Begrenzungspunkte dieser Fahrwege (Punkt 2) werden im Gleisplan festgelegt und ihre zeitliche Belegung (Punkt 3) mit dem Stellwerkszeitplan (StZP) (Abb. 70a u. b) ermittelt. Die gegenseitigen Einflüsse der Fahrstraßen unter-

---

[1] Happel, Dr.-Ing. Oskar: Bahnhofleistungsplan, Dr.-Ing.-Diss. T. H. Aachen, Mai 1950 und Eisenbahntechnik 1951, Heft 12.

einander (Punkt 4) werden mit Hilfe der Verschlußtafel im Fahrtenausschlußplan dargestellt. Aus diesen beiden Plänen wird dann der Bahnhofleistungsplan
(BLP) (Abb. 101) aufgestellt.

In den folgenden Ausführungen wird der Bahnhof B nach Abb. 69 und die
Strecke (Bahnhof B mit den benachbarten Blockstellen nach Osten: Bk III, und
nach Westen: Bk D) nach Abb. 68 zugrunde gelegt. In den Abb. 69 und 70a und b
sind die Verschlußtafel und der Stellwerkszeitplan dargestellt. Während für die freie
Strecke in der Begrenzung der Sperrstrecken eine Vereinfachung getroffen wurde,
ist diese für den Bahnhof nicht zulässig und es gelten die Begrenzungspunkte K_e, Z
und H der Abb. 67.

Zur Bestimmung der oben aufgestellten Punkte 2 und 3 werden der Gleisplan
und die Verschlußtafel nach der Zeit mit Hilfe des Stellwerkzeitplans (Abb. 70)
ausgewertet. Die hier gefundenen Werte und die aus der Abb. 68 gewonnenen
Fahrzeiten werden in nachstehender Tabelle 29 zu den Sperrzeiten vereinigt.

Die Rangiersperrzeiten werden nach S. 277 berechnet.

Zur Bestimmung der Punkte 1 und 4 wird der Gleisplan und die Verschlußtafel
nach dem Ort mit Hilfe eines sog. Fahrtenausschlußplans ausgewertet. Mit dem
Fahrtenausschlußplan soll die örtliche Belegung und die damit verbundenen Ausschlüsse erfaßt werden.

Tabelle 29. *Zusammenstellung der im Bahnhof B vorkommenden Sperrzeiten.*

Fahrt	Sperrstrecke	Bildezeit	Fahrzeit	Auflösezeit	Sperrzeit min
		a) Streckensperrzeiten:			
$\overline{D}_1^s$	$S_d\ K_b$ $S_e\ S_d$	0,43	$1{,}03 \cdot (15{,}7 - 10{,}6) = 5{,}25$ $0{,}80$	0,25	5,93
$\overline{D}_1^g$	$S_d\ K_b$ $S_e\ S_d$	0,43	$1{,}05 \cdot (20{,}8 - 13{,}9) = 7{,}25$ $1{,}20$	0,25	7,93
$\overline{D}_2^s$	$S_d\ K_b$ $S_e\ S_d$	0,43	$1{,}03 \cdot (12{,}7 - 8{,}8) = 4{,}02$ $0{,}50$	0,25	4,70
$\overline{D}_2^g$	$S_d\ K_b$ $S_e\ S_d$	0,43	$1{,}05 \cdot (17{,}6 - 11{,}7) = 6{,}20$ $0{,}80$	0,25	6,88
$\overline{E}_1^s$	$S_b\ K_e$ $S_b\ S_e$	0,40	$1{,}03 \cdot (11{,}6 - 5{,}1) = 6{,}69$ $4{,}70$	0,25	7,34
$\overline{E}_1^g$	$S_b\ K_e$ $S_b\ S_e$	0,40	$1{,}05 \cdot (15{,}4 - 5{,}9) = 9{,}96$ $6{,}80$	0,25	10,61
$\overline{A}_1^g$	$H_1\ K_b$	1,57	$1{,}05 \cdot\ 6{,}4 = 6{,}72$	0,25	8,54
$\overline{E}_3^g$	$S_b\ K_e$	0,40	$1{,}05 \cdot (15{,}4 - 5{,}9) = 9{,}96$	0,25	10,61
$\overline{A}_3^g$	$H_3\ K_b$	1,53	$1{,}05 \cdot\ 6{,}4 = 6{,}72$	0,25	8,50
$\overline{E}_2^s$	$S_b\ K_e$ $S_b\ S_e$	0,40	$1{,}03 \cdot (9{,}4 - 5{,}9) = 3{,}82$ $2{,}60$	0,25	4,27
$\overline{E}_2^g$	$S_b\ K_e$ $S_b\ S_e$	0,40	$1{,}05 \cdot (12{,}6 - 7{,}0) = 5{,}88$ $3{,}90$	0,25	6,53
$\overline{A}_2^g$	$H_2\ K_b$	1,57	$1{,}05 \cdot\ 5{,}8 = 6{,}09$	0,25	7,91
$\overline{E}_4^g$	$S_b\ K_e$	0,40	$1{,}05 \cdot (12{,}6 - 7{,}0) = 5{,}88$	0,25	6,53
$\overline{A}_4^g$	$H_4\ K_b$	1,53	$1{,}05 \cdot\ 5{,}8 = 6{,}09$	0,25	7,87

Tabelle 29. (Fortsetzung.)

Fahrt	Sperrstrecke	Bildezeit	Fahrzeit	Auflösezeit	Sperrzeit min
		b) Bahnhofssperrzeiten:			
D_1^s	$S_e\ K_a$	0,92	$1{,}03 \cdot (12{,}7 - 9{,}8) = 2{,}99$	0,27	4,18
D_1^g	$S_e\ K_a$	0,92	$1{,}05 \cdot (16{,}6 - 12{,}7) = 4{,}10$	0,27	5,29
D_2^s	$S_e\ K_a$	1,10	$1{,}03 \cdot (10{,}1 - 8{,}3) = 1{,}86$	0,33	3,29
D_2^g	$S_e\ K_a$	1,10	$1{,}05 \cdot (13{,}6 - 10{,}9) = 2{,}84$	0,33	4,27
E_1^s	$S_{e_1} Z_1$	0,92	$1{,}03 \cdot (11{,}8 - 9{,}8) = 2{,}06$	0,32	3,30
E_{1d}^s	$S_{e_1} Z_1$	0,92	$1{,}03 \cdot (11{,}8 - 9{,}8) = 2{,}06$	0,30	3,28
E_1^g	$S_{e_1} Z_1$	0,92	$1{,}05 \cdot (15{,}5 - 12{,}7) = 2{,}94$	0,32	4,18
E_{1d}^g	$S_{e_1} Z_1$	0,92	$1{,}05 \cdot (15{,}5 - 12{,}7) = 2{,}94$	0,30	4,16
A_1^g	$H_1\ K_{a_1}$	1,66	$1{,}05 \cdot 1{,}8 = 1{,}89$	0,27	3,82
E_3^g	$S_{e_3} Z_3$	1,18	$1{,}05 \cdot (15{,}6 - 12{,}7) = 3{,}04$	0,38	4,60
E_{3d}^g	$S_{e_3} Z_3$	1,18	$1{,}05 \cdot (15{,}6 - 12{,}7) = 3{,}04$	0,30	4,52
A_3^g	$H_3\ K_{a_3}$	1,97	$1{,}05 \cdot 1{,}8 = 1{,}89$	0,50	4,36
E_2^s	$S_{e_2} Z_2$	1,10	$1{,}03 \cdot (9{,}6 - 8{,}3) = 1{,}34$	0,38	2,82
E_{2d}^s	$S_{e_2} Z_2$	1,10	$1{,}03 \cdot (9{,}6 - 8{,}3) = 1{,}34$	0,30	2,74
E_2^g	$S_{e_2} Z_2$	1,10	$1{,}05 \cdot (12{,}9 - 10{,}9) = 2{,}10$	0,38	3,58
E_{2d}^g	$S_{e_2} Z_2$	1,10	$1{,}05 \cdot (12{,}9 - 10{,}9) = 2{,}10$	0,30	3,50
A_2^g	$H_2\ K_{a_2}$	1,78	$1{,}05 \cdot 1{,}8 = 1{,}89$	0,33	4,00
E_4^g	$S_{e_4} Z_4$	1,37	$1{,}05 \cdot (12{,}9 - 10{,}9) = 2{,}10$	0,52	3,99
E_{4d}^g	$S_{e_4} Z_4$	1,37	$1{,}05 \cdot (12{,}9 - 10{,}9) = 2{,}10$	0,30	3,77
A_4^g	$H_4\ K_{a_4}$	1,95	$1{,}05 \cdot 1{,}8 = 1{,}89$	0,43	4,27
		c) Rangiersperrzeiten (bei $G_w = 200$ t, $V = 15$ km/h):			
R_{3z}^0	$R_3\ R_z$	0,42	$1{,}6 + 0{,}21 = 1{,}81$	0,18	2,41
R_{4z}^0	$R_4\ R_z$	0,28	$1{,}8 + 0{,}21 = 2{,}01$	0,05	2,34
$R_{z_5}^0$	$R_z\ R_5$	0,48	$1{,}4 + 0{,}21 = 1{,}61$	0,25	2,34
R_{zl}^0	$R_z\ R_l$	0,35	$1{,}2 + 0{,}21 = 1{,}41$	0,12	1,88
$R_{zr}^{0\,w}$	$R_z\ R_r$	0,48	$3{,}0 + 0{,}21 = 3{,}21$	0,25	3,94
R_{4w}^w	$R_4\ R_w$	0,42	$1{,}8 + 0{,}21 = 2{,}01$	0,18	2,61
$R_{w_6}^w$	$R_w\ R_6$	0,55	$1{,}2 + 0{,}21 = 1{,}41$	0,32	2,28
R_{zs}^w	$R_z\ R_s$	0,48	$2{,}0 + 0{,}21 = 2{,}21$	0,25	2,94

In diesem Sinne versteht man unter Ausschluß von Fahrten, diejenige Fahrten die nicht gleichzeitig möglich sind. In Abb. 99 sind sämtliche in der Verschlußtafel festgelegten Fahrstraßen und die sonst noch im Bahnhof üblichen Fahrwege (für Rangierfahrten) in der Senkrechten und in der Waagerechten aufgeführt. Hieraus läßt sich dann bei jeder durchgeführten Fahrt, die in ihrer Spalte durch ein auf Fahrt stehendes Signal gekennzeichnet wird, erkennen:

1. welche Fahrwege gleichzeitig frei (entsprechende Spalte frei),
2. welche Fahrwege gleichzeitig ausgeschlossen (Spalte schraffiert),
3. welche Fahrwege belegt (Fahrt selbst bzw. ihr Durchrutschweg) (Spalte voll ausgefüllt) sind.

So sind z. B. bei der Ausfahrt auf Signal E^2 folgende Fahrten gesperrt:

$$A^1 - D,\ A^1,\ A^2,\ D,\ F^1 - B,\ F^1 \text{ und } R^0_{3z}.$$

Die Aufstellung dieses Plans geschieht am zweckmäßigsten aus der Verschlußtafel (Teil: Fahrstraßenhebel) bzw. einem Gleisplan mit allen eingetragenen Fahrwegen. Aus dieser Darstellung lassen sich dann die gegenseitigen Ausschlüsse erkennen und in dem Fahrtenausschlußplan (FAP) nach Abb. 99 darstellen.

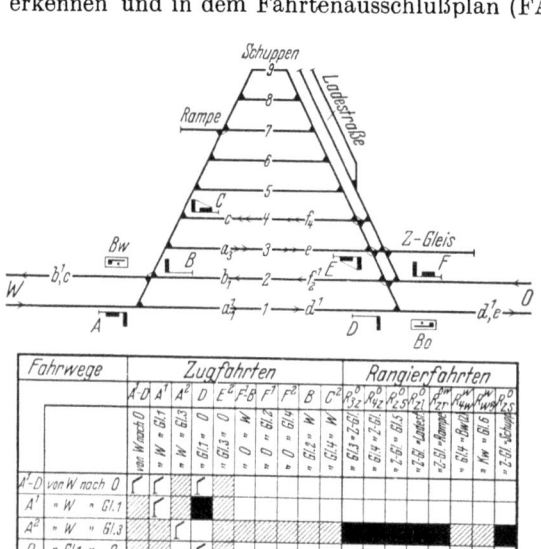

Abb. 99. Fahrtenausschlußplan des Bahnhofs B.

Die durch den Stellwerkszeitplan und Fahrtenausschlußplan erfaßten Betriebsvorgänge werden als Betriebsvorgangsbilder (im weiteren kurz mit BV bezeichnet) aufgezeichnet.

Die einzelnen Betriebsvorgangsbilder werden dann in einem Plan untereinander aufgestellt (vgl. Abb. 100). Wenn nun diese Betriebsvorgangsbilder in einer Darstellung entsprechend dem Fahrplan aneinandergereiht werden, so erhält man einen Plan — „den Bahnhofleistungsplan"—, mit dessen Hilfe die Leistungsfähigkeit von Bahnhofsanlagen bestimmt werden kann. Die äußerliche Anordnung der Zusammenstellung der Betriebsvorgangsbilder (Abb. 100) und des Bahnhofleistungsplans (Abb. 101) unterscheiden sich nur durch ihre Eintragungen, und zwar sind bei der Zusammenstellung die verschiedenen Betriebsvorgangsbilder nach der Reihenfolge der Zeilen der Verschlußtafel dargestellt und beim Bahnhofleistungsplan zeitlich nacheinander entsprechend dem tatsächlichen Fahrplan oder möglichen Betriebsablauf aufgetragen.

Der Bahnhofleistungsplan nach Abb. 101 bzw. die Zusammenstellung nach Abb. 100 enthält einen verzerrten Gleisplan, der senkrecht zur Bahnachse geteilt ist. Zwischen diese beiden Bahnhofsteile wird der Zeitplan eingeschoben, der nach der Zeitdauer die Betriebsvorgangsbilder enthält. In dem verzerrten Gleisplan werden alle sicherungstechnischen Anlagen sowie sämtliche Begrenzungspunkte der Sperrstrecken eingetragen. In dem Zeitplan wird für jedes Bahnhofsgleis eine größere Spalte, mit der Gleisnummer überschrieben, vorgesehen. Diese

Der Bahnhofsleistungsplan.

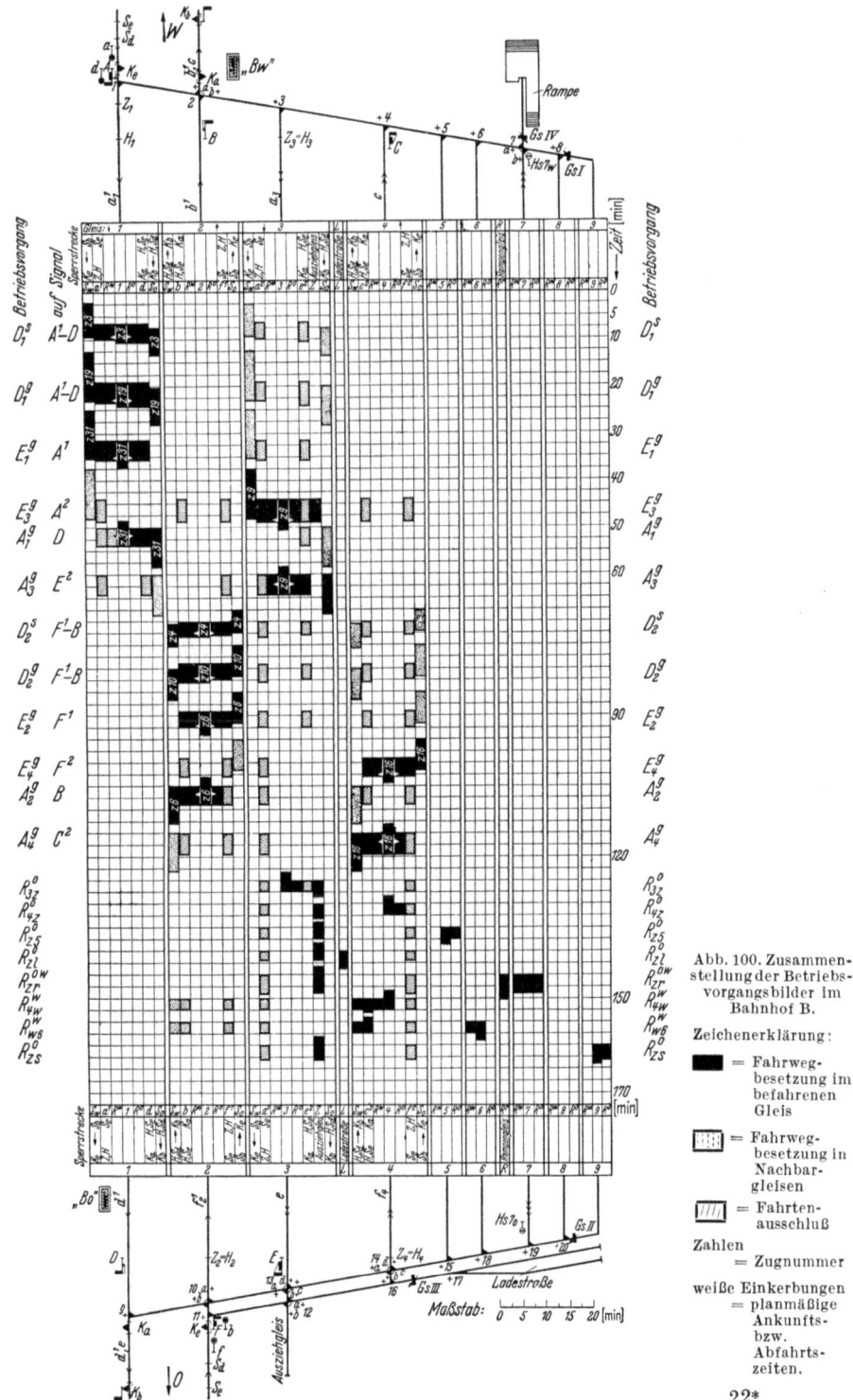

Abb. 100. Zusammenstellung der Betriebsvorgangsbilder im Bahnhof B.

Gleisspalte wird dann wiederum in mehrere Spalten, die die in diesem Gleis vorhandenen Fahrwege bzw. Sperrstrecken enthalten, unterteilt, z.B. die Gleisspalte 1 in die

Sperrstreckenspalte S_w (Einfahrsperrstrecke von S_b der vorgelegenen Blockstelle bis K_e),

Sperrstreckenspalte S_o (Ausfahrsperrstrecke von S_d bzw. H bis $K_a =$ auch meist Durchrutschweg für die Einfahrt),

Fahrstraßenspalte a^1 (Einfahrstraße von S_e bis Z_1 bzw. H_1),

Fahrstraßenspalte d (Ausfahrstaße von S_e bzw. H bis K_a),

Rangierfahrwegspalte R^w (Rangierfahrten auf der westlichen Weichenstraße des Bahnhofs),

Rangierfahrwegspalte R^o (Rangierfahrten auf der östlichen Weichenstraße des Bahnhofs),

Bahnsteigspalte für Gleis 1.

In diese Spalten sind nun die einzelnen Betriebsvorgänge nach der Zeit und dem Ort als Betriebsvorgangsbilder einzutragen. Die Ortsangabe, das Besetztsein und die Ausschlüsse der Fahrwege, erhält man aus dem Fahrtenausschlußplan (Abb. 99) und die Zeitangabe aus den Sperrzeiten (Tabelle 29), die mit Hilfe der Stellwerkszeitpläne ermittelt worden sind.

In der Abb. 100 ist für den hier untersuchten Bahnhof B eine Zusammenstellung der Betriebsvorgangsbilder dargestellt. Die Besetzungszeit wird in der entsprechenden Spalte durch eine ausgefüllte Fläche (im befahrenen Gleis kräftig und in den Nachbargleisen schwach ausgefüllt) dargestellt, die Ausschlußzeit durch eine schraffierte Fläche (Schraffur entsprechend der Zeitweglinie geneigt). Als Zeitmaßstab für den Bahnhofleistungsplan wählt man am zweckmäßigsten

$$1 \text{ min} \triangleq 2 \text{ mm, d.h. } 1 \text{ mm} \triangleq 0{,}5 \text{ min bzw. } 1 \text{ cm} \triangleq 5 \text{ min}.$$

Für die Aufstellung des Bahnhofleistungsplans, der nach dem oben Beschriebenen wie ein Mosaik aus einzelnen Bausteinen — den Betriebsvorgangsbildern — zusammengesetzt werden kann, ergeben sich folgende drei Flächendarstellungen:

a) weiße Fläche = freier unbesetzter Gleisabschnitt (F),

b) schraffierte Fläche = durch Ausschluß gesperrter Gleisabschnitt (A),

c) vollausgefüllte Fläche = besetzter Gleisabschnitt (B).

Die Konstruktion der Betriebsvorgangsbilder (BV) (Abb.100) aus dem Fahrtenausschlußplan (FAP) (Abb. 99) und den Sperrzeiten (Tabelle 29) geschieht z. B. folgendermaßen:

1. BV „D_1^s" = Durchfahrt eines Schnellzugs durch Gleis 1 auf Signal $A^1 - D$; nach FAP (Abb. 99): Besetzung (A): Fahrstraße a^1 und d,

Ausschluß (B): Fahrstraße a^2 und e^2,

demnach nach Tabelle 29 die nachstehenden Spalten belegt bzw. ausgeschlossen:

a) $1/S_w$ und $3/S_w$ für die Zeit $[\overline{E}_1^s] = [S_b K_e] = 7{,}34'$,

b) $1/a^1$, $1/R_w$ und $3/a^2$ für die Zeit $[E_1^s] = [S_{e_1} Z_1] = 3{,}30'$.
(Anfang versetzt um den Betrag $|S_b S_e| = 4{,}70'$.)

c) $1/1, 1/R^o$, $1/d$ und $3/e^2$ für die Zeit $[D_1^s] = [S_e K_a] = 4{,}18'$,

d) $1/S_o$ und $3/S_o$ für die Zeit $[\overline{D}_1^z] = [S_d K_b] = 5,93'$.

(Anfang versetzt um den Betrag $|S_e S_d| = 0,80'$.)

Hierbei gelten als fahrplanmäßige Durchfahrzeit die Einkerbungen in dem Zugnummernspiegel in der Bahnsteigspalte.

2. BV „E_3^g" = Einfahrt eines Güterzuges nach Gleis 3 auf Signal A^2,

nach FAP (Abb. 99): Besetzung (B): Fahrstraße a^2 und R_z,

Ausschluß (A): Fahrstraße a^1, e^2, f^1, f^2, b, c^2,

demnach nach Tabelle 29 die nachstehenden Spalten belegt bzw. ausgeschlossen:

a) $1/S_w$ und $3/S_w$ für die Zeit $[\overline{E}_3^g] = [S_b K_a] = 10,61'$,

b) $1/a^1$, $2/b$, $3/a^2$, $3/R^w$, $3/3$ und $4/c^2$ für die Zeit $[E_3^g] = [S_{e_s} Z_3] = 4,60'$.

(Anfang versetzt um den Betrag $|S_b S_e| = 6,80'$.)

c) $2/f^1$, $3/e^2$, $3/R^o$, $3/Z$ und $4/f^2$ für die Zeit $[E_{3d}^g] = [S_{e_s} Z_3] = 4,52'$.

Hierbei gelten als fahrplanmäßige Ankunftszeit die Einkerbungen in dem Zugnummerspiegel in der Bahnsteigspalte.

3. BV „A_2^g" = Ausfahrt eines Güterzuges aus Gleis 2 auf Signal B,

nach FAP (Abb. 99): Besetzung (B): Fahrstraße b,

Ausschluß (A): Fahrstraße a^2, f^1, f^2, c^2,

demnach nach Tabelle 29 die nachstehenden Spalten belegt bzw. ausgeschlossen:

a) $2/b$, $2/R^w$, $2/2$, $2/R^o$, $2/f^1$, $3/a^2$, $4/c^2$ und $4/f^2$

für die Zeit $[A_2^g] = [H_2 K_{a_s}] = 4,00'$,

b) $2/S_w$ und $4/S_w$ für die Zeit $[A_2^g] = [H_2 K_b] = 7,91'$.

Hierbei gelten als fahrplanmäßige Abfahrtszeit die Einkerbungen in dem Zugnummernspiegel in der Bahnsteigspalte.

In der gleichen Weise sind auch die restlichen Betriebsvorgangsbilder konstruiert worden, wobei zu beachten ist, daß die Schraffur für die Fahrtenausschlüsse in der Richtung anzubringen ist, wie die Zeitweglinie des betrachteten Betriebsvorgangs verlaufen würde.

Der Bahnhofleistungsplan (BLP) läßt sich nun aus diesen Betriebsvorgangsbildern wie folgt am einfachsten zeichnen: Das Gerippe des BLP wird auf durchsichtiges Papier gezeichnet und dann sein Zeitplan über den Betriebsvorgangsbildern so verschoben, wie die Eintragungen in den BLP es nach dem Fahrplan erfordern, und dann durchgepaust.

Bei diesem Auftragen des Bahnhofleistungsplans lassen sich dann folgende Regeln aufstellen:

1. Weiße Flächen (F) können mit allen anderen Flächen überdeckt werden.

2. Schraffierte Flächen (A) dürfen von weißen (F) und schraffierten (A)-Flächen überdeckt werden, aber nicht von ausgefüllten (B).

3. Ausgefüllte Flächen (B) können von weißen Flächen (F) überdeckt werden, aber nicht von ausgefüllten (B) und schraffierten Flächen (A).

Regeln bei der Aufstellung des BLP.

	ist möglich			
	F	A	B	
bei F	ja	ja	ja	(Freisein)
bei A	ja	ja	nein	(Ausschluß)
bei B	ja	nein	nein	(Besetzung)

342   Leistungsermittlung der Bahnanlagen.

In der Abb. 101 wurde nun für einen kurzen Tagesabschnitt ein Bahnhofleistungsplan nach den aufgestellten Richtlinien (S. 341) für den Bahnhof B

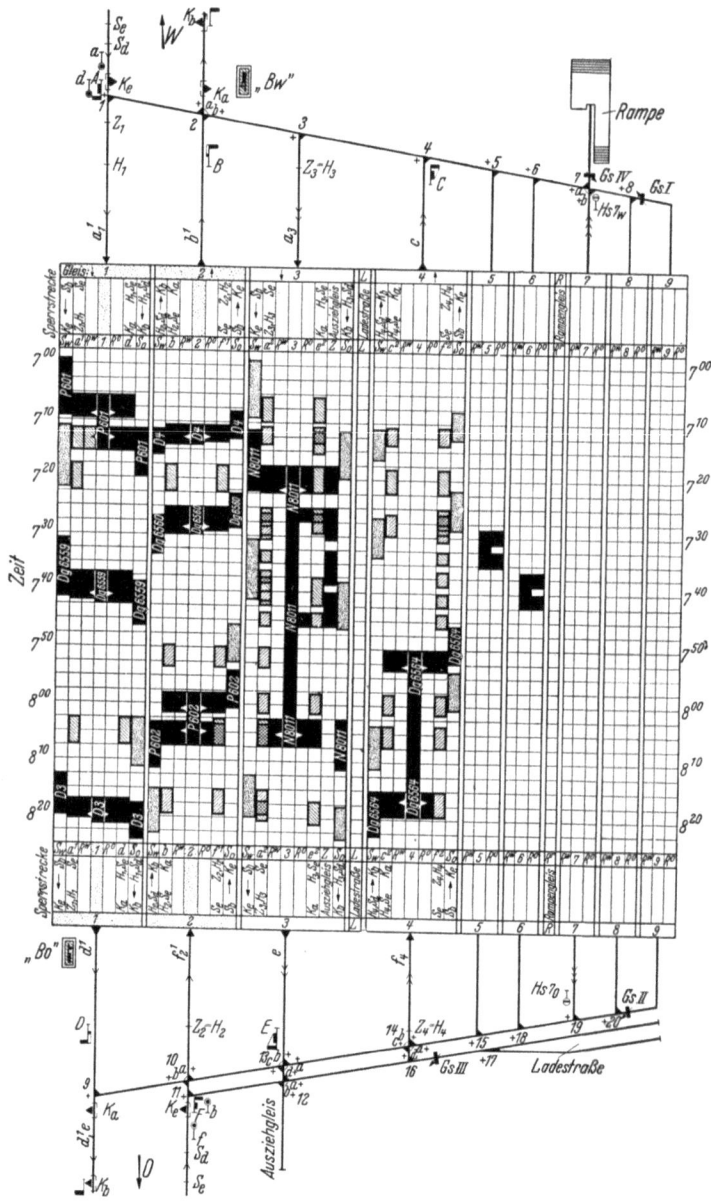

Abb. 101. Bahnhofleistungsplan des Bahnhofs B (Zeichenerklärung: s. Abb. 100).

gezeichnet. Es wurde die Zeit von 7.00 bis 8.20 Uhr gewählt. Während dieser Zeit verkehren folgende Züge:

1. P 601   als BV: „E_1^q" an   7.09 Uhr
            BV: „A_1^q" ab   7.13 „
2. D 4   als BV: „D_2^s" durch 7.13 „
3. N 8011   als BV: „E_3^q" an   7.22 „
            BV: „A_3^q" ab   8.05 „
(Zug setzt Wagen in Gleis 5 ab (R_{3z}^o und $R_{z_5}^o$) und nimmt Wagen aus Gleis 6 auf (R_{5z}^o, $R_{z_6}^o$, R_{6z}^o, $R_{z_5}^o$))
4. Dg 6560 als BV: „D_2^g" durch 7.28 Uhr
5. Dg 6559 als BV: „D_1^g" durch 7.41 „
6. Dg 6564 als BV: „E_4^q" an   7.56 „
            BV: „A_4^q"   8.17 „
(Zug wird von P 602 überholt.)
7. P 602   als BV: „E_2^q" an   8.01 „
            BV: „A_2^q" ab   8.05 „
8. D 3   als BV: „D_1^s" durch 8.20 „

Für die praktische Auswertung empfiehlt es sich, den Teil „Zeitplan" und die beiden Teile „Gleisplan" für sich zu zeichnen, so daß man bei einem ganzen aufgetragenen Tag die Zuordnung der Spalten des Zeitplans zum Gleisplan besser überblicken kann. Denselben Zweck erreicht man auch, wenn man den Plan à la Leporello faltet.

Für die Erfassung der Rangierarbeiten zwischen den Rangiersperrzeiten empfiehlt sich die Anwendung der von Nebelung in seiner Dissertation[1] aufgestellten Rangierlisten.

Im vorigen wurde die Aufstellung eines Bahnhofleistungsplans für einen mittleren Durchgangsbahnhof in Gegenlage an zweigleisiger Strecke gezeigt. Dieser Bahnhof hat zwei Stellwerksbezirke, davon ein Befehlsstellwerk und ein Wärterstellwerk. In Abb. 101 wurde für diese Bahnhofsform der Bahnhofleistungsplan dargestellt.

Nun soll aber für jede vorkommende Bahnhofsform dieser entwickelte Bahnhofleistungsplan anwendbar sein, was, wie anschließend gezeigt wird, mit kleinen Änderungen bzw. Zusätzen möglich ist. Die verschiedenen Bahnhöfe kann man nun folgenden drei Grundformen zuteilen, und zwar dem Kopfbahnhof, dem Durchgangsbahnhof in Gegenlage oder dem in Gleichlage. Hierbei hat der Kopfbahnhof meist einen Stellwerksbezirk und der Durchgangsbahnhof in Gleichlage drei Stellwerksbezirke. Diese drei Bahnhofsformen können dann entweder mit einer oder mehreren Strecken verknüpft sein, wobei es sich dann um einen Anschluß-, Kreuzungs- oder Berührungsbahnhof handeln kann.

Für alle diese verschiedenen Bahnhofsformen gelten aber die in dem vorliegenden Abschnitt aufgestellten Grundsätze uneingeschränkt und zwar bis einschließlich der Aufstellung der Sperrzeiten und des Fahrtenausschlußplans. Lediglich bei der Konstruktion der Betriebsvorgangsbilder und der Form des Bahnhofleistungsplans ergeben sich teilweise Änderungen.

In der Abb. 102 sind für die drei Grundformen bei einer Strecke und bei mehreren Strecken die Bahnhofleistungspläne in Prinzipskizzen dargestellt.

---

[1] Nebelung, Dr.Ing. H.: Bewertung der Zugbildungsanlagen, Dr.-Ing.-Diss. T. H. Berlin 1938.

Bei den Kopfbahnhöfen (Abb. 102 α) entfällt zum Unterschied vom Durchgangsbahnhof in Gegenlage (Abb. 102 β) der eine Gleisplan, d.h. der Bahnhofleistungsplan eines Kopfbahnhofs besteht aus einem Teil Gleisplan und einem Zeitplan. Der eine Gleisplan entspricht hier einem Stellwerksbezirk und der eine Zeitplan einem Bahnhofsteil.

Für einen Durchgangsbahnhof in Gegenlage (Abb. 102 β) ist in Abb. 101 der Bahnhofleistungsplan ausgeführt. Hier besteht der BLP aus zwei Teilen Gleisplan (= 2 Stellwerksbezirken) und einem Zeitplan (= 1 Bahnhofsteil).

Bei einem Durchgangsbahnhof in Gleichlage (Abb. 102 γ) berühren die stattfindenden Fahrten die einzelnen Bahnhofsteile hintereinander. Aus diesem Grund muß jeder Bahnhofsteil einen Zeitplan erhalten. Die Betriebsvorgänge,

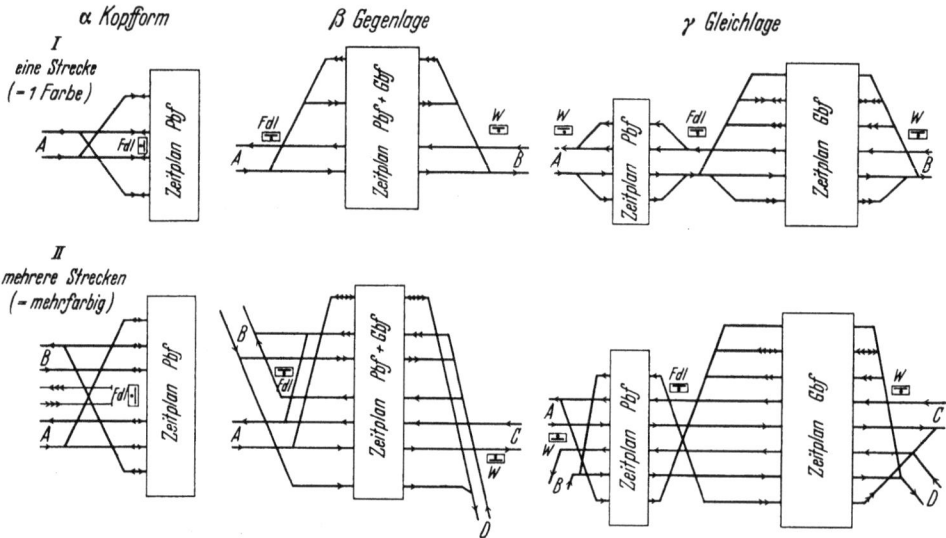

Abb. 102. Prinzipskizzen für Bahnhofsleistungspläne bei verschiedenen Bahnhofsformen.

die nur einen Bahnhofsteil berühren (das sind z. B. beim Personenbahnhof die Ausfahrten nach Westen), werden genau wie bisher konstruiert und nur in dem Zeitplan des zugehörigen Bahnhofsteils eingetragen. Die Betriebsvorgänge dagegen, die beide Bahnhofsteile berühren (das sind z. B. alle Fahrten zwischen den beiden Bahnhofsteilen), erscheinen in beiden Zeitplänen; d.h. sie haben ein zweiteiliges Betriebsvorgangsbild. Dieses besteht aus einer Ausfahrt aus dem einen Bahnhofsteil und einer Einfahrt in den anderen Teil. Für beide Fahrten ist nur ein Signal (hier als Wegesignal) vorhanden. Der Bahnhofleistungsplan besteht aus drei Teilen Gleisplan (= 3 Stellwerksbezirken) und zwei Zeitplänen (= 2 Bahnhofsteilen).

Sind nun diese einzelnen Bahnhofsformen mit mehreren anschließenden Strecken verknüpft, so ist es zweckmäßig, die verschiedenen einmündenden Strecken mit den dazugehörigen Spalten und den entsprechenden Betriebsvorgangsbildern in verschiedenen Farben darzustellen. Durch diese farbige Darstellung ist dann eine einwandfreie Zuordnung der Betriebsvorgangsbilder im Zeitplan zu den einzelnen Strecken gewährleistet.

I. Schlußbemerkungen.

In den Abschnitten D8, D10 und E wurde in verschiedenen Beispielen die Leistungsfähigkeit der zweigleisigen bzw. eingleisigen freien Strecke untersucht. Die Ergebnisse haben gezeigt, daß die Leistungssteigerung durch eine einmalige Unterteilung der Bahnhofsabstände mittels Blockstellen erheblich größer ist als diejenige durch zweimalige Unterteilung. In den Beispielen haben sich die Zugzahlen nach Tabelle 30 ergeben.

Tabelle 30. *Zahlenzusammenstellung der Zugzahlen in jeder Richtung bei den durchgeführten Beispielen.*

		Eingleisige Strecke (S. 302)		Zweigleisige Strecke bei					
				Kreuzung durch Zugfahrten (S. 290)			Kreuzung durch Rangierfahrten (S. 278)		
Blockteilung	Blockstrecken	1	2	1	2	3	1	2	3
		Zugzahlen je Richtung							
Streckenverhältnisse u. Ngz-Anzahl	75 km mit 9 Bf $\quad 12S + 2Ngz$	11	28	36	56	61	46	80	90
	$12S + 3Ngz$	—	—	27	45	51	36	70	81
	60 km mit 7 Bf $4S + 1Ngz$	23	32	51	74	79	62	99	109

In den Abschnitten F wurde die Leistungsfähigkeit verschiedener Abzweigstellen zur freien Strecke in Beziehung gesetzt, im Abschnitt G das gleiche für die Spitzkehrgleise eines Kopfbahnhofs. In Abschnitt H wurde ein Verfahren für die Ermittlung der Leistungsfähigkeit eines Bahnhofs bekanntgegeben.

Hierdurch ist gezeigt, daß mit diesem Verfahren die Leistungsfähigkeit sämtlicher Teile einer Bahnlinie, ganz gleich wie diese betrieben wird oder technisch ausgerüstet ist, bestimmt werden kann.

Für die Leistungsfähigkeit einer gesamten Bahnanlage ist die Leistung ihrer schwächsten Stelle maßgebend. Diese schwächste Stelle kann ein Sperrabschnitt der freien Strecke, ein Sperrabschnitt einer Abzweigstelle oder ein Bahnhof sein. Dieser ungünstigste Abschnitt ist aufzusuchen. Seine Leistung ist für die Gesamtanlage maßgebend und gibt die Fahrplandichte an, die auf der untersuchten Bahnlinie erreicht werden kann. Um eine Leistungssteigerung zu erzielen, wäre dann dieser ungünstigste Abschnitt als erster zu verbessern. Mittel zur Verbesserung sind u. a. eine feinere Blockteilung, in Verbindung mit dem neuzeitlichen Mehrabschnittsignalsystem. Sind beide Richtungen einer zweigleisigen Bahn ungleichmäßig belastet, so kann der Gleiswechselbetrieb (s. S. 272) eine Leistungssteigerung bringen.

Alle Teile einer Bahnlinie können nur dann gleichmäßig ausgelastet werden, wenn sie für die gleiche Leistung dimensioniert sind. Hierdurch können betriebliche Engpässe vermieden werden.

Literaturverzeichnis des II. Bandes.

A. Selbständige Werke.

Capelle, A. Baumann u. R. Feindler: Zugbildungskosten, Zugförderkosten und ihre Wechselbeziehungen. (Sonderdruck der Verkehrstechnischen Woche, 23. Jahrg. in Technisch-Wirtschaftliche Bücherei, H. 41. Berlin: Hackebeil.)

Launhardt Wilh.: Theorie des Trassierens, 2. Aufl. Hannover 1887.

Müller, W.: Ein einheitliches zeichnerisches Verfahren zur Ermittlung der Fahrzeiten, der Zugförderarbeit sowie des Kohlen- und Stromverbrauchs (Habilitationsschrift T. H. Darmstadt). Mainz: Prickarts 1920.

— Neuere Methoden für die Betriebsuntersuchung der Bahnanlagen. (Vgl. auch Org. Fortschr. Eisenbahnwes. [1934] H. 3, S. 41.) Berlin: Springer 1935.

— Fahrdynamik der Verkehrsmittel. Berlin: Springer 1940.

— Erdbau, Linienführung, Gestaltung und Erdarbeiten der Verkehrswege. Berlin: W. Ernst u. Sohn 1948.

Müller, P.: Die elektrischen Vollbahnen und das 50-Per.-System. Berlin: G. Siemens 1948.

Nordmann, Hans: Die Leistungsbeurteilung des Lokomotivkessels. Fortschritte der Technik, H. 1. Berlin: G. Siemens 1948.

Röder: Die Kunze-Knorr-Bremse, S. 42. Nürnberg 1930.

Tecklenburg, K.: Betriebskostenrechnung und Selbstkostenermittlung bei der Deutschen Reichsbahn. Verkehrswissenschaftliche Lehrmittelgesellschaft bei der Deutschen Reichsbahn 1930.

Deutsche Reichsbahn: Stellwerks- und Blockanlagen. Lehrstoffheft 18, Heft 1—3, 3. Aufl. Verkehrswissenschaftliche Lehrmittelgesellschaft Reinhold Rudolph, Leipzig 1943.

— Das Wirtschaftsergebnis des Fernverkehrs im Jahre 1948. Druck: Reichsbahndirektion Nürnberg.

— Bremsen. Lehrstoffheft Lehrfach m 15 II. Lehrmittelgesellschaft Leipzig 1942.

Deutsche Bundesbahn: Dienstvorschrift für die Berechnung der Kosten einer Zugfahrt (Zuko). Teil A, I. und II. Abschnitt und Teil B. Druck: Eisenbahndirektion München 1949, 1950, 1951.

Druckschriften der Knorr-Bremsen-AG. Berlin-Lichtenberg:

— Die Kunze-Knorr-Bremse mit Beschleunigungsventil für Personen- und Schnellzüge. 3. Aufl. Berlin 1933.

— Die Kunze-Knorr-Bremse für Güterzüge. 6. Aufl. Berlin 1930.

— Die Hildebrand-Knorr-Bremse für Güterzüge. Berlin 1935.

— Die Hildebrand-Knorr-Bremse für Schnellzüge. Berlin 1936.

B. Aufsätze aus Zeitschriften.

Baeseler, Wolfgang: Zur Beurteilung von Gleisentwicklungen. Ztg. Ver. dtsch. Eisenb.-Verw. (1919) S. 173, 181, 672.

— Zur Weiterbildung der schienenfreien Gleisentwicklungen. Verkehrstechn. Woche (1926) S. 73.

Behr, E.: Der Fahrtenabhängigkeitsplan für große Bahnhöfe. Dr.-Ing.-Diss. Org. Fortschr. Eisenbahnwes. (1938) S. 259. Berlin 1937.

Bretschneider, E.: Die Fahrzeitermittlung beim elektrischen Zugbetrieb. Elektr. Bahnen. Ergänzungsheft (1941) S. 138.

Čabrian, M.: Die heutigen Möglichkeiten des Variantenvergleichs der Eisenbahnlinien. Internat. Arch. Verkehrswes. (1952) Heft 9, S. 206.

Cauer, Wilh.: Kreuzungsfreie Gleisentwicklungen. Verkehrstechn. Woche (1926) S. 334.

Literaturverzeichnis.

Curtius u. Kniffler: Neue Erkenntnisse über Haftung zwischen Triebrad und Schiene. Elektr. Bahnen (1944) S. 25 u. 51 und (1950) S. 201.

Delpy, A.: Die wirtschaftlichste maßgebende Steigung der Eisenbahntrasse einer Gebirgsüberquerung in Abhängigkeit von der Tunnelhöhenlage. Dr.-Ing.-Diss. T. H. Aachen (1952).

Feindler, Robert: Wirtschaftliche Beurteilung schienengleicher und schienenfreier Gleiskreuzungen. Dr.-Ing.-Diss. Darmstadt 1921.

Flörke: Zur Beurteilung von Gleiskreuzungen. Verkehrstechn. Woche (1930) S. 166.

Fritzsche, Rudolf u. Kilb, Ernst: Ergebnisse des 50-Hertz-Betriebs auf der Höllentalbahn. Elektr. Bahnen (1944) H. 3/4 S. 31.

Gaede: Der Zuglauf bei Bahnen mit nur in einer Fahrrichtung benutzten Streckengleisen. Arch. Eisenbahnwes. (1921) S. 52. 358, 535, 765.

Garbers: Die Fahrzeuglager der Deutschen Reichsbahn. Org. Fortschr. Eisenbahnwes. (1936) S. 293.

Graßmann, E.: Die Veranschlagung der Zugbildungsselbstkosten in Rangierbahnhöfen. Dr.-Ing.-Diss. T. H. Aachen (1952).

— Die Wirtschaftlichkeit technischer Neuerungen im Eisenbahnwesen. Die Bundesbahn (1951) H. 3, S. 72.

Graßmann, R.: Topologie und Leistungsermittlung der Abzweigstellen zweigleisiger Bahnen. Dr.-Ing.-Diss. T. H. Aachen (1949), Eisenbahntechnik (1951) H. 3, S. 62.

— Die Abschätzung des Verkehrs als Aufgabe der mathematischen Statistik. Habilitationsschrift, T. H. Aachen 1952.

Happel, O.: Bahnhofleistungsplan, ein Verfahren zur Bestimmung der Leistungsfähigkeit der Bahnhöfe. Dr.-Ing.-Diss., T. H. Aachen, 1950. Eisenbahntechn. (1951) H. 12, S. 265.

Hoffmann: Vergleichende Arbeits- und Zeitstudien über den sächsischen und preußischen Eisenbahnblockdienst. Dr.-Ing.-Diss. Dresden: B. G. Teubner 1930.

Kopp, G.: Der Einfluß der Langsamfahrstrecken der Eisenbahnen auf Fahrplan und Kosten. Dr.-Ing.-Diss. Ztg. Ver. mitteleurop. Eisenb.-Verw. (1938) S. 593 u. 616. Berlin 1937.

Kother, Joh.: Zeichnerisches Verfahren zur Vorausbestimmung der betriebsmäßigen Erwärmung elektrischer Maschinen, insbesondere von Bahnmotoren. Elektr. Bahnen (1937) H. 5, S. 108.

— Verlauf und Ausnutzung des Haftwertes zwischen Rad und Schiene bei elektrischen Triebfahrzeugen. Elektr. Bahnen (1940) S. 219 und (1941) S. 160.

— Verlauf und Ausnutzung des Reibwertes zwischen Rad und Bremsklotz. Elektr. Bahnen (1941) S. 21.

Kriemler, Karl, J.: Über die Kraftwirkung zwischen Kraftwagen und Straße. Bautechn. (1929) S. 292.

Leibbrand, K.: Die eingleisige Strecke. Eisenbahntechn. (1950) H. 6, S. 117.

Melchior, P.: Der Ruck. Z. VDI (1928) S. 1842.

Müller, W.: Ermittlung der Fahrzeiten durch Zeichnung. Org. Fortschr. Eisenbahnwes. (1920) Nr. 13.

— Die Entwicklung der Fahrzeitberechnungen der Personen- und Güterzüge. Verkehrstechn. Woche (1921) Nr. 26/27.

— Die Mittelung der Neigungen des Längenprofils für die Fahrzeitberechnungen. Verkehrstechn. Woche (1922) Nr. 16/17.

— Der Personal- und Stoffverbrauch der Zugfahrt als Vergleichsmaßstab für die betriebliche Bewertung der Eisenbahnlinien. Habilitationsschrift T. H., Berlin 1922. Verkehrstechn. Woche (1922) Nr. 26/27.

— Betriebswissenschaftliche Ziele im Eisenbahnwesen. Bauing. (1925) Nr. 18.

— Anlaufsteigungen. Verkehrstechn. Woche (1925) Nr. 41.

— Die dynamischen Grundlagen für die Kostenberechnung der Dampfzüge. Verkehrstechn. Woche (1925) Nr. 51/52.

— Die betriebswirtschaftliche Wertung der Eisenbahnstrecken. Verkehrstechn. Woche (1927) Nr. 3/4.

— Die Sätze vom Anschluß- und vom Knotenpunkt. Verkehrstechn. Woche (1927) Nr. 12.

— Die Zugfolge auf Stadtschnellbahnen in Abhängigkeit von der selbsttätigen Streckenblockung. Verkehrstechn. Woche (1928) Nr. 7.

Müller, W.: — Die Ermittlung des Bremsvorganges eines Zuges durch zeichnerische Integration. Verkehrstechn. Woche (1929) Nr. 18.
— Konstruktion und Eigenschaften der Streckenkraftlinien. Verkehrstechn. Woche (1930) Nr. 10.
— Netztafeln für die Untersuchung des Betriebes der Berliner Stadtbahn. Org. Fortschr. Eisenbahnwes. (1932) Nr. 17.
— Betriebstechnische Untersuchung der freien Strecke. Org. Fortschr. Eisenbahnwes. (1934) Nr. 3, S. 41.
— Vereinfachte Fahrzeitermittlung. Bahning. (1936) Nr. 6.
— Der Anlaufwiderstand der Güterwagen und die Gestaltung der Anlauframpe eines Verschiebebahnhofs. Bahning. (1936) Nr. 35.
— Fahrzeitermittlung und Bestimmung der Beanspruchung der Fahrmotoren und des Transformators elektrischer Triebfahrzeuge. Elektr. Bahnen (1939) H. 11, S. 251.
— Die Kosten einer Zugfahrt mit Dampflokomotiven durch Auswertung der zeichnerischen Fahrzeitermittlung. Org. Fortschr. Eisenbahnwes. (1943) H. 7/8.
— Die wirtschaftlichste Eisenbahntrasse einer Gebirgsüberquerung. Org. Fortschr. Eisenbahnwes. (1944) H. 11/12, S. 137.
— Kostenmaßstäbe für die Wirtschaftlichkeit einer Eisenbahntrasse. Ztg. Ver. mitteleurop. Eisenb.-Verw. (1944) Nr. 23.
— Das allgemeine Verfahren zur Veranschlagung der Güterzugfahrten. Eisenbahntechn. (1948) H. 4 u. 5, S. 49 u. 65.
— Die Selbstkostenermittlung des Güterwagenumlaufs. Eisenbahntechn. (1948) H. 8/9, S. 125.
— Neues Rüstzeug für die Lösung von Eisenbahnproblemen. Internat. Arch. Verkehrswes. (1949) S. 73.
— Bremsnetztafeln für Schnell- und Güterzüge. Eisenbahntechn. (1949) H. 8, S. 151.
— Die Selbstkostenermittlung der Fernverkehrsbetriebe. Internat. Arch. Verkehrswes. (1950). S. 73.
— Der Einbau der „Zuko" in die „Beko". Eisenbahntechn. (1950) H. 1, S. 10 und H. 8, S. 161.
Parodi: Leistungsfähigkeit der Eisenbahnlinien. Elektr. Bahnen (1929) H. 16, S. 297.
Pfungen, Robert: Grenzleistung von Eisenbahnstrecken. Org. Fortschr. Eisenbahnwes. (1933) H. 20, S. 393.
Potthoff, G.: Fehler bei der zeichnerischen Fahrzeitermittlung. Dr.-Ing.-Diss., Berlin 1938. Leipzig/Borna: R. Noske 1939.
— Der stabile Fahrplan. Ztg. Ver. mitteleurop. Eisenb.-Verw. (1943) Nr. 23, S. 343.
— Der gestörte Fahrplan. Ztg. Ver. mitteleurop. Eisenb.-Verw. (1944) S. 49.
— Ein betrieblicher Engpaß und seine Verbesserung. Ztg. Ver. mitteleurop. Eisenb.-Verw. (1943) S. 391.
— Gleisdreiecke. Ztg. Ver. mitteleurop. Eisenb.-Verw. (1944) S. 251.
Protopapadakis: Bemerkungen über die zur Berechnung des Krümmungswiderstandes w_r angegebenen Formeln. Internat. Eisenb.-Kongreß-Vereinigung 1937, Aprilheft.
Rothacker, O.: Leistung und Ausbau zweigleisiger Strecken in Abhängigkeit von Lage und Form der Bahnhöfe. Dr.-Ing.-Diss., Berlin 1939. Leipzig/Borna: R. Noske 1939.
Sasse, H. W.: Gleiswechselbetrieb, Zielsetzung und Lösungsmöglichkeiten. Eisenbahntechn. (1951) H. 11, S. 241.
Sauthoff, Friedrich: Die Bewegungswiderstände der Eisenbahnwagen. Dr.-Ing.-Diss. Berlin: VDI- Verlag 1933.

Namen- und Sachverzeichnis.

(Die Seitenzahlen in Kursivschrift weisen auf Abbildungen hin.)

Abfertigungskosten 119, 205, 207, 209.
Abhängigkeit (Zugfahrten) 230, 231.
Ablaufberg *86*, 87.
Abnutzung s. Verschleiß.
Abschlußdienstkosten **163**, 168, 215.
Abschreibung s. Zins.
Abzweigstellen **304**, *305*, *306*, **308**.
A c w o r t h 210.
Anfahrabzug (s. a. Umrechnungsfaktoren).
— des Kohlenverbrauchs133, 139, 142.
— der Kosten 129, *131*, **137** bis 141, 167, 171, 174, *175*, 178, 183, 190.
— der Zugkraftsarbeit **65**, 126, 129, *131*, 140.
Anfahren 24, 31, 56, 101, *102*, 126, 172.
Anfahrzeitzuschlag 277, 289, 324, 332.
Anfahrzugkraft 26, 31 (s. a. Zugkraft).
Anheizen 164.
Anlaufsteigung *80*, 84, *85*.
Anlaufwiderstand 17, 33, 34. 37.
Anschlußpunkt 212.
Anschlußweiche **304**, *305*, *306*, 311.
Arbeit 7, 17.
Arbeitsaufwand 200.
Aufenthaltsverlängerung 172, s. a. Verspätung.
Auflösezeit 236, 237, 244, 247, 248, 250, 251, 261, 269, 276, 296, 299, 309.
Auslastung 55, 59, *146*, 165, 169, 191.
Auslauf 56—60, *58*, 153.

Bahnbewachung 124, 155, 164, 169, 215.
Bahnhofleistungsplan **335**, *342*, *344*.
Bahnhofsneigung 3.
Bahnhofsskizzen *275*, *295*, *329*, *330*.
Bahnhofssperrabschnitt 234, s. a. Sperrabschnitt.
Bahnhofssperrzeiten 231, 233, 235, **246**, 250, *251*, 260, 264—267, 277, 286, 288, 289, 300, 332, 337.
Bahnkörper 1.
Bahnsteig 276.
Bahnstromsystem 32.
B a u m a n n 205.
Bedienungszeiten **244**.
Behinderung s. Betriebsstörung, s. Verspätung.
B e h r 237, 240.
Beispiel für die Ermittlung:
 des Anfahrarbeitsabzuges 141, 173.
— der Anlauframpe 84.
— der Blockteilung 256.
— einer Bremsfahrt 101.
— der Entfernung von Überholungsbahnhöfen 273.
— der Fahrzeit (Dampflok) 55, *160*, 166, 172, 248.
— der Fahrzeit (Ellok) *71*, 73.
— der Fahrzeitverlängerung (Auslauf) 60.
— der Fahrzeitverlängerung (Bremsen) 57.
— der Kosten einer Zugfahrt (Dampflok) 166.
— der Kosten einer Zugfahrt (Ellok) 199.
— der Leistungsfähigkeit von Abzweigstellen 321.
— der Leistungsfähigkeit eingleisiger Strecken 302.
— der Leistungsfähigkeit zweigleisiger Strecken 280, 292.
— der Lokarbeit (Dampflok) *160*, 167.
— der Lokbeanspruchung 151, 167, 173.
— des Lokkostenmaßstabes (Dampflok) 177.
— des Lokkostenmaßstabes (Ellok) 191.

Beispiel für die Ermittlung
— der Mehrkosten einer La-Stelle 172.
— der Motorzugkraftsarbeit 74, 199.
— der Sperrzeiten (Zugfahrt) 250.
— der Sperrzeiten (Rangierfahrt) 277.
— der Steigung (wirtschaftl. maßgeb.) 221, 225.
— des Stromverbrauchs 74, 197.
— der Überholungsspannen 291.
— der Verbrauchswerte *71*, 73, *160*, 166, 172.
— der Verspätung durch Kreuzung 287.
— der Widerstandsarbeit 144, *160*.
— der Zugfolgezeiten 291.
— der Zugkraftsarbeit 66, *160*, 173, 199.
Beko 116, 117, 120, 204, 205, 209.
Berechnungsbögen 208.
Beschleunigung 6, 85.
Beschleunigungskraft 40, 44, 289, 324, 332.
B e s s e r 105.
Betriebs-dienstkosten 164, 169, 215.
— -führung 205.
— -kosten 116, 119, 155.
— -stoffkosten 115, 121, 132.
— -störungen 232, 264, 305.
— -überholung *268*, 272, 275.
— -vorgangsbilder 338, *339*.
— -zeiten 280, 325.
Bewegung, geradlinige 5.
—, krummlinige 8.
Bewegungsenergie 12.
Bewegungsgleichung 80, 81.
Bewegungsgröße 6.
Bewegungskräfte 5, 80.
Bildzeit 236, 237, 244, 247, 248, 250, 261, 269, 276, 296, 299, 309.

Blockabschnitt 230, 233, 276, 296.
Blockstelle *244*.
Blockteilung *239*, **253**, *254*, 298.
Bogen 3, 9, 21, 67.
Bogenband 21, *68*.
Bogenwiderstand 21, 52, **67**.
Bremsarbeit *68*, 162, 173.
Bremsbauarten 89.
Bremsdruck 91—93, 98, 106, 107.
Bremsdruckschaulinien 93, 96, *97*, *98*, 104, *108*.
Bremsen 68, *89*, *90*.
Bremsfahrt, Haltbremsung *107*.
—, La-Stelle *100*.
—, Neigungsknick *113*, 114.
Bremsgefälle 55.
Bremskolbendurchmesser 93, 106.
Bremskosten 169.
Bremskraft 5, 91, 94, 112.
Bremskraftlinien 93, 94, *96*, *97*, *98*, *100*, 101, 104, *107*, *108*, *113*, 114.
Bremslok 27, 41, 42.
Bremsnetztafeln 87.
— für Güterzüge 104, *110*.
— für Schnellzüge (Halt) 93, *96*.
— für Schnellzüge (La-Stelle) 97, *103*.
— (Zeitzuschlag Güterzüge) *112*.
— (Zeitzuschlag Schnellzüge Halt) *96*, *97*.
— (Zeitzuschlag Schnellzüge La-Stelle) *103*.
Bremsprozente 106, 108, 112.
Bremsreibung 92.
Bremsstrecken 126.
Bremsventil 90, 97, 100, **102**.
Bremsverzögerung 58.
Bremsweg 87, 95, *96*, 101, *103*, 109, *110*, 112, 230.
Bremszeit 87, 95, *96*, 101, *103*, 109, *110*.
Bremszeitzuschlag 87, *96*, 97, *103*, 104, *112*, 249.
Brennstoff s. Energie.
Bündelung 298, 300, 302.

Č a b r i a n 213.
Charakteristik der Dampflokomotiven **27**.

Charakteristik der Elloks 30.
—, fahrdynamische **33**, *36*, *37*, **39**, 188, 228.
C u r t i u s 24, 26, 34, 35, 39, 189.

Dampfgefälle 29.
Dampflokomotive 24.
Dampfverbrauch 22.
Dauerstrom 30.
Dauerzugkraft 26, 30.
D e l p y 228, 229.
Dienstgewicht (Lok) 19.
Dienstvorschrift s. Beko, s. Zuko.
Differentiation, zeichnerische *84*.
Drosselgrad 56, 142, *146*, 153, 213.
Drosselstrecke 126, 134, 143, 147, 153, 161, 167, 194.
Drosselverlust 22, 29, 56.
Druckluftbremsen, s. Bremsen.
Durchgangsverkehr 4.
Durchrutschweg 87, 233, 234, 241, 248, 307, 308, 319.
Durchschnittssteigung 68, 69.

E c k h a r d t 29.
Einfädeln von Zügen 274, 285, 306, 311, *313*, 317, 326, 328.
Einzelkosten 119, **158**, 161, 168, **176**.
Elloks 24, 30, 189.
Endübertemperatur 75.
Energie 7.
Energiegleichung 143, 196.
Energiekosten (Kohlen) 132. 194.
Energieverbrauch, s. Heizen, Kohlenverbrauch, Stromverbrauch.
Engpaß 306.
Erdbeschleunigung 8, 11.
Erneuerungskosten 115.
Erwärmung 26, 30, **75**.
Erwärmungskennlinie *76*.
Erwärmungstafel 77, *78*.

Fahrbahnkosten (Dampflok) 117, 119, 124, 168, 214, 222.
— (Ellok) 192, 222.
— (Straße) 211.
Fahrbahnkostenmaßstab 118, 155, *157*, 184.

Fahrdynamik 5, 45.
Fahrdynamische Charakeristik, s. Charakteristik.
Fahrplan 232, 233, 267, 284, 297, 314, 329.
Fahrstraßenzugschlußstelle 234, 236.
Fahrtenausschlüsse 242, 337, 338.
Fahrtenausschlußplan 335, 336, *338*.
Fahrweg s. Fahrbahn.
Fahrweise 55, *58*, **61**, *146*, 153.
Fahrzeit, planmäßige, 55, 56, 57, 59, 125, 146, 166.
—, reine, 55, 59, 125, 166, 206.
Fahrzeitermittlung 40, **46**, *48*, *54*, *70*, *85*, *86*, 88, 95, 166, 172, 236, *238*, 248, 254, 289, *329*, 331.
Fahrzeitverlängerung 56, 57, 60, 171, 206.
Fahrzeugkosten, s. Lokkosten, Wagenkosten.
Fahrzeugwiderstand 13, 19, 277.
Fehler der Fahrzeitermittlungen 52.
Festwerte 120, 180, 193.
Flächendruck des Rades 17.
Fliegende Überholung *270*.
F r i t s c h e - K i l b 32.
Führerbremsventil s. Bremsventil.
Füllungsgrad 22, 29, 40.

G a e d e 232, 273.
G a r b e r s 14, 15, 17.
Gebirgsüberquerung 215.
Gefällkraft 21.
Gegenfahrt 231.
Gegenlage *275*, 276.
Gegenwind 19, 21.
Gemeinkosten 120, 157.
Genauigkeit der Fahrzeitermittlung 52.
— — Kostenermittlung 201.
Geschwindigkeitsschritt **46**.
Geschwindigkeitsweglinie 47, *97*.
Geschwindigkeitszeitlinie 47, 57, *58*, 60.
Getriebewiderstand 13, 63, 64.
Gewicht der Lok 19.
Gewichtsverlust durch Verschleiß 70.
Gleichlage *275*, 276.

Namen- und Sachverzeichnis.

Gleichstromlokomotiven 30, 31.
Gleisbildstellwerk 246, 272, 276.
Gleisplan s. Bahnhofskizzen.
Gleiswechselbetrieb 272.
Gleiten 10.
Gleitlager 14.
Graßmann, E., 207.
Graßmann, R., 305, 307.
Grundgleichungen der Mechanik 6, 7.
Grundwiderstand 13.
Günther 40.
Güterwagenwiderstand 20.
Gütezahl 116.

Haftreibung 8, 23, 24, *26*, 29, 31, 34, 41, 93, 214, 332.
Haftwerte 24, **26**.
Halbmesser 3.
Haltbremsung s. Bremsen.
Happel 335.
Harms 275, 276.
Hauptbahnen 1.
Hauptgleise 3.
Heißdampf *22, 23, 24*.
Heizen der Züge (Dampfl.) 56, **72**, 121, 123, 132, 133, 164, 194, 208.
— — — (Elloks) 56.
Heizfläche 22.
Heizflächenanstrengung 22.
Heizflächenbelastung 27, 29, 40.
Heizwert 22.
Hertz (50 bzw. 16 2/3) 32.
Hildebrand-Knorr-Bremse 91, 105, 106, 107.
Hilfsliste 208.
Hilfsmotoren 26, 194.
Hofmann 234, 237.
Höhenplan s. Längenprofil.
Höllentalbahn 32.

Impuls 6.
indizierte Zugkraft — s. Zugkraft.
induktive Zugbeeinflussung 112, 113, 237 (s. a. Schienenkontakt).
Isochronen, Isotachen 95, 102, 112.

Kapitalkosten 115 s. a. Zins.
Kennlinienfelder 229.
Kesselbeanspruchung 27, 40.
Kesselleistungsgrenze 23, 28, 40, 41, 55.

Kesselzugkraft s. Zugkraft.
Kilometerkosten 117, 118, 213, 214.
Klotzdruck s. Bremsdruck.
Kniffler 24, 26, 34, 35, 39, 189.
Knotenpunkt 212.
Kohlenverbrauch 22, 61, 73, **132**, 229.
Kopfbahnhof 231, 329.
Kostenabzug s. Anfahrabzug.
Kosten in Bogenstrecken 161.
— — Bremsstrecken 162.
Kostenermittlung (Dampfloks) 115.
— (Elloks) 190.
— (LKW) 208.
Kostenformeln 116.
Kostenmaßstäbe s. Fahrbahnkostenmaßstab, Lokkostenmaßstab.
Kostenkonstante 217, 218, 224, 225, 226.
Kostensätze 115, 116, 117, 119.
Kosten für Stillstand 163.
Kostenvergleich 120, 171, 212, 220.
Kosten, veränderliche 120, 136, 157, 163, 174, 179.
—, volle, 120, 136, 157.
Kother 26, 31, 32, 34, 46, 76, 92, 189.
Kraft 6, 11.
Kraftfahrzeuge 79, 210.
Kraftstoffzufuhr 118.
Kreuzung 230, 275, 277, 278, 284, *287, 288*, 295, 304, *305*, *313, 314*, 319.
Kronenbreite 3.
Krugmann 229.
Krümmungen 3, 9, 21, 67.
Krümmungswiderstand 21, 52, 67.
Kunze-Knorr-Bremse *89, 90*, 105, 106.
Kuppelung der Züge 34.

Lagerreibung 13, 14, 33.
Längenprofil *2*, *54*, 67, *68*, *71*, *85*, *86*, *239*, 248.
Langsamfahrstellen *97*, 126, 128, 129, 133, 135, 150, 161, 163, 171, 197.
— (Bremsnetztafeln) 97, *100, 103*.
Lastkraftwagen 210.
Lastwechsel 90, 105, 107.
Launhard 212.

Leerlaufarbeit 63.
Leistung 7, 27, 28, 29.
Leistungseinheit 117.
Leistungsfähigkeit, Abzweigstellen 304.
—, Bahnanlagen 230—345.
—, Bahnhof **335**.
—, eingleisige Bahnen 295.
—, Kopfbahnhof 329.
—, zweigleisige Bahnen 259, 278.
Leistungsfaktor 24.
Lichtraumprofil 3, 4..
Linie gleichbleibenden Widerstandes 4, *68*, 69, 118, 213.
Llv-Tafel 21, *22*, *23*, *24*, *25*, *43*, *55*, *146*, 194, 208, 229.
Lokbeanspruchung 56, 62, 74, 126, 142, *146*, 165, 167, 171, 172, 194, 226.
Lokkosten 117, 119, 167, 214.
Lokkostenmaßstab, Dampfloks, veränderliche Geschw. 118, 130, *131*, *175*, 176, 194.
—, —, konstante Geschw. 118, 214, 225.
—, Elloks, konstante Geschw. 215, *222*.
—, —, veränderl. Geschw. 190, *191*.
Lokomotivcharakteristik 26.
Lokwiderstand 19, 20, 38.
Lösekräfte 98, 99.
Lösen der Bremsen 102.
Löseschaulinien *98*, *100*.
Luftwiderstand 13, 18, 33.
Luftwiderstandsbeiwert 18.

Masse 6, 11, 48.
Massenfaktor 8, 11, 48, 50.
— der Dampfloks 50.
— — Elloks 13, 50.
— — Wagen 13, 50.
— — Züge 50, 248.
Massenpunkt 11.
maßgebende Steigung s. Steigung.
Maßstab für Anlaufsteigung 84.
— — Bahnhofleistungsplan 340.
— — Bremsnetztafeln 94, 101, 109.
— — Fahrzeitermittlung 49, 50, 55, 84, 73, 248, 331.
— — Geschwindigkeitszeitlinie 57.

Maßstab für Kohlenverbrauchserm. 61.
— — Stromverbrauchserm. 70.
— — Übertemperaturerm. 77.
— — Zugkraftsarbeit 63.
Massute 332.
Materialkosten 115.
Materialverschleiß s. Verschleiß.
Mechanik 5.
Mehrabschnittsignal 246, 276, 345.
Mehrkosten s. Kostenvergleich
Metzkow 92.
Minutenkosten der Lok 117, 213.
— — Wagen 119.
Mittelbildung der Neigung 51.
Motorerwärmung s. Erwärmung.
Motorschienenfahrzeuge 79.
Motorzugkraft s. Zugkraft.
Müller, C. Th. 229.
Müller P. 32.
Müller-Genf 34.

Nebelung 208, 343.
Nebenbahn 1.
Nebengleise 3.
Neigungen 3.
Neigungsband s. Längenprofil.
Neigungsknick 82.
Neigungswechsel 3.
Netztafeln 87 s. a. Bremsnetztafeln.
Netztafel der wirtschaftl. Steigung 229.
Newton 6.
Nichtausgelastet s. Auslastung.
Nordmann 24, 28, 208.
Nutzungsdauer 115.

Oberbau 2.
Oberbauerneuerung 70, 124, 129, 155, **161**, 168, 188, 218.
Omnibus 79, 88.
Ortsverkehr 4.

Parodi 232.
Personalkosten 115, 119, 121, 123, 132, 163, 168.
Personenbahnsteig 276.
Personenzug 189.
Pfennigkarte 119, 205.
Pforr 47.

Pfungen 232.
Planum 2.
Potthoff 12, 52, 53, 232, 266, 273.
Puffer 34.

Rangierfahrt 235, 277, 278, 284.
Rangierkosten s. Zugbildungskosten.
Reduktion des Stromverbrauchs 194.
Reduktionsfaktoren s. Umrechnungsfaktor.
Reduktionsfaktor ξ 194—198.
Reibung 5, 8, 10, 13, 14, 18, 70.
Reibungsgewicht 19, 23, 214.
Reibungsgrenze 23.
Reibungsziffer 14, *92*.
Reibungszugkraft s. Zugkraft, s. a. Bremsreibung, Haftreibung.
Reihenfolge der Weichen 306.
Reisegeschwindigkeit 231.
Reisezug 189.
Relativgeschwindigkeit 18, 19, 21.
Restglied 18.
Richey 34.
Röder 95.
Rollen 10.
Rollenlager 14.
Rollwiderstand 13, 17, 33.
Rostanstrengung 22.
Rostfläche 22, 121.
Rotationsenergie 12.
Rothacker 232, 234.
Ruck 5, 6, 8, 9, 112.

Sandstreuer 34.
Sauthoff 13, 18, 20.
Seitenkraft 8.
Seitenruck s. Ruck.
Selbstkosten (Zugfahrten) 115, 116, 120, 136, 155, **203**.
— (LKW) 210.
Sicherheitszuschläge 240, 245.
Sichtpunkt 234, 235, 240, 248.
Signalabstand 87, 256, 271, 307.
Signale 230, 234, 240, *241*, *242*, 259, 276, *295*.
Signalzugschlußstelle 234, 236.
Sog 18, 21.
Soltau 94.
Solveen 40.

Sperrabschnitt **233**, 234, *235*, 248, 249, 251, s. a. Blockabschnitt.
Sperrstrecke 231, *235*, 240.
Sperrzeit 231, 269, 277, 309, 311, 323, 327, s. a. Bahnhofs- u. Streckensperrzeit.
Spitzkehrgleise 329.
Spitzweiche s. Trennungsweiche.
s–V-Diagramm 23, **40**, *42*, *44*, *48*, *54*, *71*, *85*, *86*, *102*, *160*, 189, *238*, *329*.

Schiebelok 165.
Schienenkontakt 233, 234, 236, 247, 254, 257.
Schienenomnibus 79.
Schienenverschleiß s. Verschleiß.
Schnellzug 189.
Schleppfahrt *86*, 87.
Schlüpfen 11.
Schuldendienst 204.
Schutzweiche 308.

Stellwerk 276, s. a. Gleisbildstellwerk.
Störung s. Betriebsstörung, Verspätung.
Störungszeiten *266*.
Streckensperrzeiten 231, 233, *235*, **246**, 250, *251*, 255, 260, 264, 267, 295, 299, 323, 327, 336.
Stromverbrauch *25*, 26, 45, 46, 56, **70**, *71*, 72, 74, 190, 191, 194—199, 222, 229.
Stumpfweiche s. Anschlußweiche.
Stutzen 317.

Tabelle 1 = 19, 2 = 54, 3 = 73, 4 = 98, 5 = 108, 6 = 121, 7 = 176, 8 = 177, 9 = 180, 10 = 180, 11 = 183, 12 = 183, 13 = 184, 14 = 187, 15 = 191, 16 = 193, 17 = 197, 18 = 244, 19 = 261, 20 = 262, 21 = 263, 22 = 265, 23 = 299, 24 = 300, 25 = 323, 26 = 323, 27 = 327, 28 = 332, 29 = 336, 30 = 345.
Tarife 118, 203, **209**.
Tecklenburg 204.
Topologie 305, 333.
Trägheitsmoment 12.
Transformator 26, 194.

Translationsenergie 12.
Trassieren 5, 211, 221.
Trennungsweiche 304, 305, 306, 311.
Triebfahrzeug s. Lok.
Triebwagen 24, 79, 334.
Tunnel 215.

Übergangsbögen 3, 9.
Übergangsgeschwindigkeit 36, 41, 55, 188, 214.
Überhöhung 3, 8, 9.
Überholung 267, 270, *274*, 277.
Überholungsbahnhof *272*, 280.
Überholungsgleise 230, 267, 270, 274, 275, 295, 306.
Überholungsspanne (Schnellzug) 268, 270.
— (Güterzug) 269, 270, 274.
Übersetzung (Elloks) 31.
— (Bremsen) 107.
Übertemperatur 76.
Umrechnungsfaktoren 140, 174, 179 s. a. Anfahrabzug.
Umstellgewicht 105, 107.
Umstellzeit (Bremsventil) 97, 101, 114.
Unausgelastete Züge s. Auslastung.
Unrein 47, 53.
Unterhaltungskosten 115, 121, 132, 168, 188.

Veränderliche Kosten s. Kosten.
Veranschlagen s. Kosten.
Verbrauchswerte 45, *54*, *70*, *71*, *73*, 79, *85*, *86*, 115, 116, 117, 119, *160*, 166, 172.
Verdampfungsleistung 27.
Verdampfungsziffer 22.
Vereinigungsweiche 304, *305*.
Vergleich s. Kostenvergleich.
Verkehrsüberholung 272, 275.
Verlängerung der Fahrzeit 56.
Verlustzeit beim Bremsen 95, 101, 102.
Verlustweg beim Bremsen 95, 101.
Verschleiß 45, 115, 158.
— der Lok 65, 72.
— — Schienen 65, 69, 72, 158, 161.
Verschlußtafel 236, 237, 240, *241*, 244, 295, *308*, *312*, *330*, 338.

Verspätung 176, 230, 264, 266, 280, 285, 287, 289, 305, 316, 319, 329, 333.
Verspätungsdreieck 285, 286, *287*, *288*, 289, *315*, *316*, *319*, 320.
Verspätungszuschlag 286, 302, 309, 314, 315, 324.
Verwaltungskosten 115, 120.
Verzögerung 59, 85.
Verzögerungskraft 44.
Volldampfstrecke 126.
volle Kosten s. Kosten.
Vorbereitungsdienst 163, 168, 215.
Vorkalkulation 116.

Wagengewicht 21, 38.
Wagenkosten 119, 123, 164, 169, 174, 187, 205, 207, 208, 214, 215, 222.
Wagenwiderstand 20, 38.
Wärmeabgabekoeffizient 75.
Wärmeäquivalent 75.
Wärmekapazität 75.
Wärmemenge, spezifische 75.
Wärmeverlust 75.
Wechselstromloks 30, 32.
Wegkosten s. Kilometerkosten.
Wegstrahl *48*, 49, *54*, *71*, *85*, *86*, 94, *96*, 99, *100*, 101, *102*, *107*, 109, *113*, *160*, *238*, 249, *329*, 331.
Weichen 304, *305*, *306* s. a. Anschluß- u. Trennungsweichen.
Widerstand, Fahrzeug- 13, 19, 277, 324.
—, Getriebe- 13.
—, Krümmungs- 21.
—, Lagerreibungs- 14.
—, Lokomotiv- 19, 38.
—, Luft- 18.
—, Roll- 17.
—, Steigungs- 21.
—, Strecken- 21.
—, Wagen- 20, 38.
—, Zug- 21, 197, 289, 324.
Widerstandsarbeit 62, 67, 130, 144, 158, 161.
Widerstandsbeiwert 19.
Winkelgeschwindigkeit 9.
Wirkungsgrad 23, **63**.
wirtschaftlichste Steigung — s. Steigung.
Wirtschaftsergebnisse (WiErg) 117, 120.

Wittek 210.
w-Linie *48*, *54*, *96*, *100*, *102*, 144, 160.
Wolf 76.

Zeichenerklärung für Sperrabschnitte 235.
— — Sperrzeiten 246, 247, 252.
— — Stellwerksbedienungszeiten 244—246.
— — Stellwerkszeitplan 240, 241.
— — Verspätungszuschläge 314.
— — Zugfolge 251, 260.
— — Zugfolgezeit 252, 260, 313, 314.
— — Zukoformeln 121.
Zeitdreieck 46, *48*, 49, 99, *54*, *71*, *85*, *86*, *96*, *100*, *113*, *160*, 236, *238*, 248, *329*.
Zeitkonstante 75.
Zeitkosten s. Minutenkosten.
Zeitschritt s. Zeitdreieck.
Zeitweglinie 240, *251*, 254, *268*, *272*, *287*, *296*, *312*.
Zeitwegstreifen s. Zeitdreieck und 47, 55, 101, 249.
Zeitzuschläge (Anfahren) 277, 289, 324, 332.
—(Bremsen) 97, 104.
Zentrifugal-Beschleunigung 8.
— -Kraft 8.
Zentripetalkraft 8.
Zinskosten 115, 120, 132, 136, 155, 178, 183, 192, 193, 205, 208.
Zugbeeinflussung, induktive 112, 113, 237.
Zugbildungskosten 119, 205, 207, **209**.
Zugbündel 298, 300, 302.
Zugfolge 230, *251*, 261.
Zugfolgezeit, eingleisige B. 295—304.
— bei Kreuzung 278, 285, 286, 288, 289.
—, maßgebende 252, **267**, 272, 273, 274, 289, 290, 304, 310, 314.
— bei Überholung 267.
—, ungünstigste, 252, 259, 260, 264, 304, 314.
—, zweigleisige B., 231, 233, *251*, 252, 253, 274.
Zugförderkosten 115, 117, 119, 205, 206, 207, 214.

Zuggruppen *301*.
Zuko 13, 47, 116, 117, **119**, **121**, 200, 212.
Zuko-Formeln:
1 = 119, 120, **121**, 122, 132, 133, 134, 136, 163, 177, 178, 179, 180, 191, 193.
2 = 119, 120, **121**, 122, 132, 133, 134, 136, 177, 178, 179, 191, 193, 199, 222.
3 = 119, 120, **121**, 122, 164, 193, 208, 222.
4 = 119, 120, **121**, 123, 133, 191, 193, 199.
5 = 119, 120, **121**, 123, 193.
6 = 119, 120, **121**, 123, 132, 134, 136, 178, 179, 208.
7 = 119, 120, **121**, 123, 132, 136, 177, 179, 180, 190, 193, 199, 208.
8 = **121**, 123, 132, 134, 178, 180, 191, 193, 200, 222.
9 = **122**, 123, 132, 158, 161, 168, 170, 174, 175, 177, 180, 188, 190, 193, 199, 200, 222, 225.
10 = **122**, 123, 132, 164, 177, 180, 190, 193, 199.

Zuko-Formeln:
11 = 120, **122**, 123, 132, 164, 177, 180, 190, 193, 199.
12 = 120, **122**, 123, 132, 164, 177, 180, 190, 193, 199.
13 = 120, **122**, 123, 132, 164, 177, 178, 180, 190, 193, 199.
14 = 119, 120, **123**, 164, 176, 180, 187.
15 = wie 14.
16 = 119, 120, **123**, 132, 136, 177, 179, 190, 199, 208.
17 = wie 16.
18 = wie 16.
19 = 119, 120, **124**, 177, 190.
20 = 119, 120, **124**, 155, 156, *157*, 164, 215.
21 = 119, 120, **124**, 155, 156, 157, 180, 184, 215.
22 = 119, 120, **124**, 155, 156, 157, 158, 161, 162, 168, 170, 175, 176, 180, 184, 188, 200, 215, 222, 225.
23 = 119, 120, **125**, 155, 157, 188, 191, 192, 200, 215, 221.
24 = 119, 120, **125**, 155, 156, 157, 184, 193, 215.

Zuko-Formeln:
25 = 119, 120, **125**, 155, 156, 157, 184, 191, 192, 200, 215, 221.
Zugkraft 13, 21, 28, 33, 35, 161.
—, Anfahr- 26, 31.
—, effektive 41.
—, indizierte 13, 22, 27, 29, 43.
—, Kessel- 36, 41, 55, 214.
—, Motor- 13, 21, 24, 27, **72**.
—, Reibungs- 23, 24, 26, 34, 35, 41, 55, 214.
— am Triebradumfang 35, 43.
Zugkraftsarbeit 64, *159*, 167, 173, 188, 196.
— (Näherungsrechnung) 65, 158, *159*.
— (zeichnerische Erm.) *54*, 62, 74, 158.
Zugkraftslinien 23, 29.
Zugkreuzung s. Kreuzung.
Zuglast 33, 35, 37, 38, 188, 218, 219.
Zuglaufbuch 125, *127*, 130, 164, 209.
Zuglauftabelle 118, 125, *127*, 151, 166, 191.
Zuschlußstelle 234, 236.
Zugwiderstand 21, 33, 34, 37, 68, 94, 99, 139, 144, 197, 218, 289.

Verzeichnis der Druckfehler und Berichtigungen des 1. Bandes.

S. 33: In der 7. Zeile von unten muß die Gleichung lauten:
$$F = \sqrt{2\,p \cdot E \cdot c} \quad [\text{m}^2].$$

S. 54: In Abb. 62 und Abb. 63 muß die Maßzahl für die größte Auslegung des Krans 11 statt 13 m lauten.

S. 80: In Abb. 84 fällt bei dem Ausfahrsignal H im Gleis 3 der Zusatzflügel fort.

Das Vorsignal neben dem Einfahrsignal $A\,1/2$ muß die Kennbuchstaben $V_{g,k}$ statt $V_{h,k}$ haben.

Das Vorsignal neben dem Einfahrsignal $B\,1/2$ muß die Kennbuchstaben $V_{h,i}{}^2$ statt $V_{g,l}$ haben.

S. 122: In Abb. 106 muß die Pfeilrichtung des rechten äußeren Gleises nach oben gerichtet sein.

S. 127: In der dritten oberen Zeile muß es heißen: „Die Gleisüberwerfungen vor" statt „von".

In der 6. Zeile muß es lauten: „Die Anschlußlinie von e" statt von „c".

S. 138: Der rechte obere Teil der Abb. 114 ist folgendermaßen zu verbessern:

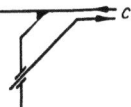

S. 138: In der vierten Zeile von unten muß es heißen: „Hauptrepräsentant" statt „Hauptpräsentant".

S. 139: In der 24. Zeile von oben muß es lauten: „vor dem Bahnhof" statt „von dem Bahnhof".

S. 176: In der Zeile 11 von oben muß die Gleichung lauten:
$$x = 2\sqrt{r^2 - \left[r - \frac{(n-2)\cdot c}{4}\right]^2} \quad [\text{m}].$$

S. 181: In der 5. Zeile von unten muß die Gleichung lauten:
$$w_l = (v \pm v_l \cdot \cos\beta)^2 \cdot \frac{c \cdot F}{16 \cdot G} \quad [\text{kg/t}].$$

S. 182: Die Zahlentafel 4 muß lauten:

für $\alpha =$	0°	30°	60°	90°
ist c bei Gutläufern...	0,94	1,4	0,28	0
bei Schlechtläufern...	0,94	1,34	0,25	0

S. 182: In der 12. Zeile von unten muß die Gleichung heißen:
$$w = w_0 + w_l = 2{,}4 + \frac{4}{16 \cdot 30} \cdot (v + v_l)^2\,.$$

S. 183: In der 11. Zeile von unten muß es heißen: „Haftkraft $\mu_h \cdot G : 4$.

S. 206: In der Zeile 9 von oben muß es am Anfang heißen: 8,83 statt 88,3 [m/sek²].

S. 211: In der 16. Zeile von unten muß die untere Grenze des Integrals $s = s_2$ lauten statt $s = s^2$.

S. 211: In der 2. Zeile von unten muß es lauten: $x = 1{,}0$ statt 10 m.

S. 220: In der 13. Zeile von unten muß es heißen:
$$v_a = \sqrt{[2 \cdot 9{,}5\,(2{,}5 + 2) \cdot 210 + 1000] : 1000}\,.$$

S. 221: In der obersten Zeile muß die Gleichung lauten:
$$v_a = \sqrt{[2 \cdot 9{,}5 \cdot (2{,}3 - 1{,}3) \cdot 800 + 1000] : 1000}\,.$$

S. 239: In Abb. 161a muß der zweitunterste Maßpfeil mit $l'_z = l_z = 50$ bezeichnet werden statt mit b'_z.

MIX
Papier aus verantwortungsvollen Quellen
Paper from responsible sources
FSC® C105338

If you have any concerns about our products,
you can contact us on
ProductSafety@springernature.com

In case Publisher is established outside the EU,
the EU authorized representative is:
**Springer Nature Customer Service Center GmbH
Europaplatz 3, 69115 Heidelberg, Germany**

Printed by Libri Plureos GmbH
in Hamburg, Germany